现代有色金属
冶金科学技术 丛书

钨冶金

万林生　等著

北　京
冶金工业出版社
2011

内 容 提 要

本书全面介绍了钨冶金离子交换法生产仲钨酸铵（APT）全流程技术创新方面的研究成果，内容涉及白黑钨矿高效分解、吸附－解吸离子交换技术、仲钨酸铵结晶动力学和结晶过程化学质量及物性控制、APT结晶母液和氨尾气闭路循环回收等技术的工艺和原理、设备选择和工艺配置。书中还介绍了国内外科学工作者相关的最新研究成果，同时对萃取等其他钨冶炼工艺，以及前后相关的钨矿采选和钨粉生产也进行了简要介绍。

本书可作为钨冶金企业技术人员、冶金工程专业的教师、研究生、本科生及有关研究人员的参考书。

图书在版编目（CIP）数据

钨冶金/万林生等著．—北京：冶金工业出版社，2011.2

（现代有色金属冶金科学技术丛书）

ISBN 978-7-5024-5447-0

Ⅰ.①钨…　Ⅱ.①万…　Ⅲ.①钨—有色金属冶金　Ⅳ.①TF841.1

中国版本图书馆CIP数据核字（2011）第011133号

出 版 人　曹胜利

地　　址　北京北河沿大街嵩祝院北巷39号，邮编100009

电　　话　（010）64027926　电子信箱　yjcbs@cnmip.com.cn

责任编辑　杨盈园　美术编辑　李　新　版式设计　孙跃红

责任校对　王贺兰　责任印制　牛晓波

ISBN 978-7-5024-5447-0

北京百善印刷厂印刷；冶金工业出版社发行；各地新华书店经销

2011年2月第1版，2011年2月第1次印刷

787mm×1092mm　1/16；21.75印张；524千字；334页

65.00元

冶金工业出版社发行部　电话：（010）64044283　传真：（010）64027893

冶金书店　地址：北京东四西大街46号（100010）　电话：（010）65289081（兼传真）

（本书如有印装质量问题，本社发行部负责退换）

出版者的话

近年来，通过自主创新和技术引进相结合，我国的有色金属工业一直保持持续、快速、健康的发展势头，现代化程度不断提高，开发了许多具有世界先进水平和自主知识产权的工艺技术与装备，令世界同行瞩目。我国已经成为名副其实的有色金属大国，10 种常用有色金属的总产量居世界第一位，其中铅、锌、镍、锑、钨的产量均为世界第一。

随着对可持续发展认识程度的进一步加深，社会对有色金属工业的发展提出了减少资源消耗和能耗、环境更加友好的要求；全球经济一体化，也对我国有色金属工业在世界市场中的核心竞争能力提出了更高要求。因此，我国有色金属工业将面临前所未有的挑战和发展机遇。我社根据有色金属行业发展需要和广大读者的需求，组织出版《现代有色金属冶金科学技术丛书》，一方面是为了总结有色金属冶金领域的国内外最新生产与技术进展，促进科研成果向生产的转化，推动行业科技进步，适应目前有色金属行业发展的需要；另一方面，冶金工业出版社作为专业科技出版社，有责任和义务为有色金属行业的读者提供更加实用、有特色、可广泛选择的现代有色冶金工程专业书籍，并促进学术交流和科技文化的传承发展。

本套丛书将由有色金属行业各领域的知名专家学者撰写，主要读者对象是有色金属行业的工程技术、科研教学、生产管理人员。每本书在内容上涵盖资源、采矿、选矿、冶炼、产品深加工、资源循环利用与环境保护等方面，重点是冶炼和产品深加工。各方面内容包括基本原理、工艺流程、主要设备、安全操作、环境卫生等。要求理论与实践相结合，科研与生产相结合，能够反映和展示该领域的国内外最新科研和生产成果。

我们将在科学发展观重要思想的指导下，切实履行好出版者的社会责任，努力做好有色金属科技图书的出版工作。热忱欢迎广大读者提出意见和建议，以便我们把丛书组织出版得更好。

前　言

中国黑钨冶炼工艺经历了三个发展阶段：1958 年由前苏联引进的苏打烧结（后为 NaOH 分解）－净化除杂－沉白钨－酸分解－氨溶－蒸发结晶生产仲钨酸铵（APT）的经典工艺，在株洲硬质合金厂建成。由于工艺流程长，金属回收率低、腐蚀严重、产品质量差等工艺缺陷，经典工艺于 1990 年初基本退出生产领域。1981 年，黑钨压煮－净化除杂－萃取－蒸发结晶生产 APT 的萃取工艺在株洲硬质合金厂投入生产。1983 年中国首创的 NaOH 分解－离子交换－结晶 APT 工艺在株洲钨钼材料厂诞生，由于工艺流程短，金属收率高，辅材用量少，产品质量和环境条件好，操作简单等一系列优点，从诞生开始就获得迅速发展。目前，应用面已占钨冶炼业的 90%，成为我国 APT 生产的主流工艺。

中国白钨冶炼工艺经历了两个发展阶段：1970 年，采用盐酸分解－氨溶净化－蒸发结晶工艺生产 APT 的白钨酸法冶炼厂，在中国自贡硬质合金厂诞生。由于环境污染大，设备腐蚀严重，氨溶渣和结晶母液处理的副流程长，产品质量相对较差，2004 年后陆续关闭。由于白钨和黑白钨碱分解技术的突破，2003 年后我国白钨冶炼主要采用离子交换工艺。

中国离子交换法生产 APT 的工艺已相当成熟和完善，居世界领先水平。本书主要介绍离子交换法生产仲钨酸铵工艺的最新研究成果。

全书共分 6 章，其中万林生教授（江西理工大学，钨资源高效开发及应用技术教育部工程研究中心）撰写第 1 章、第 3.1 节、第 3.3 节、第 3.5 节～第 3.7 节、第 4 章、第 5 章；赵奎教授（江西理工大学，钨资源高效开发及应用技术教育部工程研究中心）撰写第 2.1 节；叶雪均教授（江西理工大学）撰写第 2.2 节；羊建高教授（江西理工大学，钨资源高效开发及应用技术教育部工程研究中心）撰写第 6 章；聂华平副教授（江西理工大学）撰写第 3.4 节；习雪康硕士（江西理工大学）撰写第 3.2 节。全书由万林生教授编审，习雪康硕士绘图制表。

在著者相关技术的研究过程中，著者研究生习雪康、石忠宁、聂华平、张耀静、晏慧娟、张子岩、郜伟、江胜、赵宙、杨亮、章小兵、付赞辉、周洁英、曾金玉、徐国钻、代亚琦、陈玲、王忠兵、李红超、孙丽、龚丹丹做了大量的基础研究工作；在相关技术的产业化过程中，崇义章源钨业股份有限公司肖学有、陈邦明、李飞和湖南辰州矿业股份公司石泽华、李光梅、杨运光等做出了重要的贡献。著者在此表示诚挚的谢意。

由于水平所限，书中疏漏敬请读者批评指正。

著　者

2010 年 7 月

目　　录

1 绪论

1.1 钨冶金发展简史

1.1.1 概述

钨是1781年瑞典化学家K. W. 席勒（K. W. Scheele）发现的。他用硝酸分解钨酸钙（后来称白钨矿）时，析出了一种尚未发现的新物质，各种试验证明它是一种新元素——钨的化合物，称为黄钨酸。1783年，人们又从黑钨矿中制得了黄钨酸。并在同年，用木炭还原三氧化钨而在世界上首次制得了金属钨粉。

早期，钨冶金工业发展比较缓慢，直到1855年人们才发现金属钨作为炼钢的添加剂，炼出的钢具有特殊的性能，这才加速了钨冶金工业的发展。由于钨的熔点高，熔点：(3400±50)℃，冶炼比较困难，因此，直到1909年才由粉末状的钨制成了致密状的金属钨，钨才扩大了应用范围。后来发现碳化钨具有非常高的硬度（显微硬度1.78×10^4MPa），其效能超过了最好的工具钢。1927～1928年，人们创造出以碳化钨为基体，用粉末冶金法生产硬质合金后，钨的生产得到快速发展。直到目前，碳化钨及其合金仍然是金属切削的优良材料。

近年来，钨已广泛应用于航空航天、机械制造业、电子工业、能源工业、家庭轿车、重型汽车、起重机械、采矿与建筑业、工具与模具等领域。直至2009年世界原生钨需求量约为4.5万吨（按金属钨计）。

1.1.2 国外钨冶金发展

1900年在巴黎世界博览会首次展示出以钨作为合金元素的高速钢及采用钨丝的灯泡、1927～1928年研制成的碳化钨基烧结硬质合金等，钨冶金开始得到发展，使钨精矿的产量迅速提高。

20世纪50年代以前工业上黑钨精矿的分解方法主要为NaOH熔合法、苏打烧结法及苛性钠溶液分解法。白钨精矿的分解方法主要为盐酸分解法，同时，美国联合碳化物公司比晓普（Bishop）厂在1941年着手建设第二套苏打高压浸取设备。钨化合物提纯的方法主要为氨镁盐沉淀法和MoS_3沉淀法，产出的三氧化钨纯度为99%～99.9%。

从20世纪50年代初期到60年代，苏打烧结法由于采用添加返渣的办法解决了炉料熔结问题，因而实现了生产连续化；由于大量试验的成功，用苏打高压浸出法处理白钨精矿和中矿得到迅速推广，再加上20世纪60年代发展起来的萃取工艺，使苏打高压浸出－萃取流程更为完善。

1.1.3 我国钨冶金发展

我国钨业百年发展可划分为4个历史阶段：

（1）第一个发展阶段（1907～1949 年）：1907 年在江西大余发现了钨矿。德籍传教士和国内商家先后开始收购人们从干枯的河床拾得黑钨矿石。以后，在赣、湘、粤等地陆续建立了人工开采的钨矿，形成了我国早期的钨业。到新中国建立前夕，钨矿开采基本上还是手工作业方式，我国钨冶炼、加工业基本上还是一片空白。

（2）第二个发展阶段（1949～1981 年）：我国引进原苏联援建技术，后经技术改造形成了一个包括钨冶炼、硬质合金、钨铁合金和钨材在内的较完整的工业体系。

（3）第三个发展阶段（1981～2000 年）：这一阶段我国钨工业快速发展：一是形成了完备的钨冶炼工艺体系，钨冶炼产品不仅满足了国内钨制品的需要，还以国际先进的质量标准，大量进入国际市场。二是我国已成为硬质合金大国，我国的硬质合金工业已由落后的手工作坊生产方式开始转为现代化硬质合金生产线。三是钨加工业突飞猛进，在 20 世纪 80 年代，通过引进消化吸收，我国钨材产量大幅度上升，产品品种、质量规格呈现新格局。四是在钨生产产品结构发生较大变化的同时，改变了几十年一贯出口钨精矿的局面。

（4）第四个发展阶段（2001～2010 年）：我国钨工业的发展整体上已经达到较高水平。目前，已形成从地质勘查、采矿选矿到冶炼加工和经贸、设计、科研、教育等完整的工业体系。可生产数千个产品品种，基本满足国民经济的需要，部分工艺技术和产品已接近和达到国际先进水平。

1.2 钨的主要用途

由于钨具有优异的物理化学性质，所以有其他金属难以替代的特殊用途。比如说制造硬质合金，其高硬度、高强度及高热稳定性，广泛应用于金属切削和岩石钻探；钨还可以改善钢的特性，可作为合金成分用于生产高速钢、工具钢和合金钢等；钨加工材主要是金属钨轧制成的各种电子电器产品，如钨丝、钨电极等；在航空航天和军工方面的主要用途是：燃气轮机、火箭、导弹、核反应堆的部件及装甲、穿甲弹头等产品；钨在化工方面的用途主要是：做石油催化剂、无机颜料和高温润滑剂等。金属钨及其化合物的主要用途见表 1－1，图 1－1 所示为美国 Kennametal 公司的钨产品在应用领域的占比。

表 1－1　金属钨及其化合物的主要用途

应用领域	相关需求
机械制造	高性能、高精度硬质合金等
钢铁工业	硬质合金轧辊、模具、刀具及特殊钢生产所需的钨等
汽　车	高质量、高档次和高精度的切削刀具、孔加工刀具用硬质合金；耐震钨丝、钨触头材料等
国　防	钨基合金、硬质合金等
航空航天	高档次、高精度硬质合金等
信息产业	高性能钨材、钨触头材料等
矿山采掘、冶炼	矿用硬质合金、钨制品等
石油、化工	矿用硬质合金、含钨催化剂等
电力能源	钨基复合材料、钨触头和高性能钨合金等

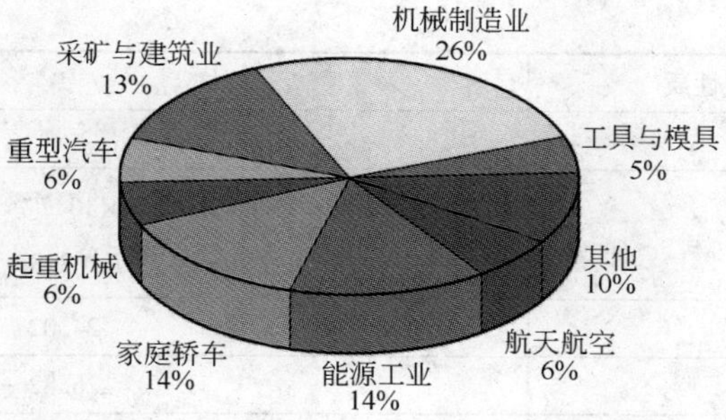

图1-1 美国 Kennametal 公司的钨产品应用领域

1.3 钨及其化合物的性质

1.3.1 金属的性质

钨（W）是银灰色金属，原子序数为74，相对原子质量为183.84。它最突出的物理性质是熔点高达3410℃，位居所有金属之冠。钨的密度大，在20℃时密度19.3g/cm^3，为钢的2.5倍，与黄金相当。它有良好的抗腐蚀性、热和电的传导性，较低的膨胀系数。在温度超过1650℃时，钨是所有金属中抗拉强度最高的。钨的主要物理性质和机械性质见表1-2。

表1-2 钨的主要物理性质和机械性质

主要物理性质和机械性质	钨
原子序数	74
相对原子质量	183.84
稳定同位素（所占百分比数）/%	180（0.14）；182（26.41）；183（14.40）；184（30.64）；186（28.41）
晶体结构及晶格常数 A	α-W：体心立方 $a=3.16524$（25℃） β-W：立方晶格 $a=5.046$（630℃以下稳定）
密度/g·cm^{-3}	19.3
熔点/℃	3410±20
沸点/℃	5700±200
德拜温度/K	400
蒸汽压/kPa	
与温度（K）关系式	$\lg p=\frac{-44000}{T}+0.5\lg T+7.884$（298~3298K）
2000K时蒸汽压	3.38×10^{-13}
2800K时蒸汽压	7.75×10^{-7}
熔化点/kJ·mol^{-1}	40.13±6.67
升华热（25℃）/kJ·mol^{-1}	847.8
蒸发热（沸点时）/kJ·mol^{-1}	823.85±20.9

续表 1-2

主要物质性质和机械性质	钨
热容/kJ·(mol·K)$^{-1}$	
与温度（K）关系式	$C_p = 24.85 - 1.194 \times 10^5 T^{-2} + 1.669 \times 10^{-3} T + 4.234 \times 10^{-10} T^3$ (298~3298K)
298K	24.02
1000K	26.82
2000K	31.55
电阻率（25℃）/Ω·cm	5.5×10^{-6}
热导率（300K）/W·(m·K)$^{-1}$	178
线膨胀系数（20~100℃）/K^{-1}	4.59×10^{-6}
电子逸出功/eV	4.8
热中子俘获面/b	18.0
硬度 HB/kg·mm^{-2}	
烧结帮（条）	200~230
锻造件	350~400
弹性模量（丝材）/kg·mm^{-2}	$(3.5 \sim 3.8) \times 10^5$ MPa
抗拉强度极限/kg·mm^{-2}	
未退火丝	180~415
退火丝	110

1.3.2　钨主要化合物的性质

钨属周期表Ⅵ族副族，其外层电子结构为 $5d^4 6s^2$，因此，它的化合物主要为 +6 价，此外还有 +2、+4、+5 等价态，钨化合物的性质介绍如下。

1.3.2.1　氧化物

钨的主要氧化物为 WO_3 和 4 价的 WO_2，此外还有其他中间化合物，钨-氧系有 $WO_{2.9}$、$WO_{2.72}$等，其相图如图 1-2 所示。

A　三氧化物

WO_3 为酸性氧化物，能溶于碱或氨水生成相应的钨酸盐；WO_3 为黄色粉末，在800~900℃都能还原成钨；高于 800℃左右能显著升华。WO_3 不溶于除氢氟酸外的所有无机酸，其性质见表 1-3。

表 1-3　WO_3 的性质

性　质	性　状	密度/g·cm^{-3}	熔点/℃	沸点/℃	生成热/kJ·mol^{-1}	溶解度/g·L^{-1}
WO_3	黄色粉末	7.2~7.4	1472	1837	842.5 ±2.9	0.02

B　二氧化物 WO_2

将 WO_3 在 570~600℃下用氢还原，则可得 WO_2，WO_2 为深褐色粉末，实际上不溶于

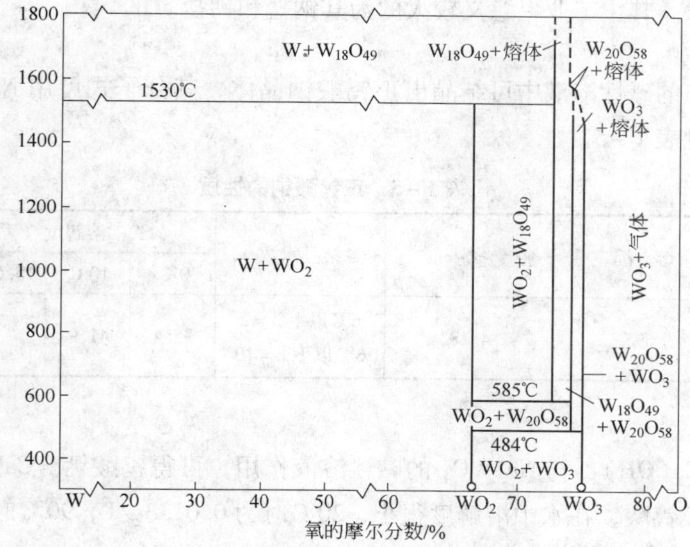

图 1-2 钨—氧系平衡图（总压力为 0.101MPa）

水、碱和稀酸，硝酸能将其氧化成 WO_3，WO_2 的生成热为（589.5±6.3）kJ/mol。

C 中间氧化物

WO_3 还原可得相应的中间氧化物。钨的中间氧化物主要有 $WO_{2.9}$、$WO_{2.72}$。$WO_{2.9}$ 为蓝色粉末，为 $WO_{2.72}$ 为紫色，它们的生成热分别是 807.5kJ/mol 和 754.0kJ/mol。工业上所谓的蓝色氧化钨实际上是氧的指数介于 2.72～2.94 的氧化钨混合物。钨酸铵在 450℃ 下氢气氛中离解所得的蓝钨中也含有大量的铵钨青铜，铵钨青铜的分子式可以近似用 $[(NH_4)_2O]_{0.3\sim0.15}\cdot WO_{2.8\sim3.0}$ 表示。

1.3.2.2 钨酸

钨酸有黄钨酸，胶态白钨酸和粉状白钨酸的形态。将盐酸加入热 Na_2WO_4 溶液往往得到黄钨酸，加入冷 Na_2WO_4 溶液得胶态白钨酸，控制适当条件亦可得粉状白钨酸。黄色钨酸有固定的脱水温度，高于 180℃ 则脱水成 WO_3。胶态钨酸则无固定的脱水温度。钨酸在水和盐酸中的溶解度较小，见表 1-4。

表 1-4 H_2WO_4 在盐酸中的溶解度 (g/L)

HCl 浓度/$g\cdot L^{-1}$	20℃	50℃	70℃
400	7.02	9.45	6.48
270	4.32	4.86	5.25
200	1.7	2.50	2.16
130	0.65	0.69	0.67
80	0.25	0.28	0.25
40	0.13	0.09	0.01

1.3.2.3 正钨酸盐

碱金属及铵的正钨酸盐均溶于水，碱土金属（除镁外）及铁、锰、铜等金属的正钨酸盐均难溶于水。其中工业上意义较大的为其钠盐和钙盐。

A　正钨酸钠

从 Na_2WO_4 的碱性溶液中可结晶出正钨酸钠晶体，其分子式可用 $Na_2WO_4 \cdot nH_2O$ 表示，其性质可见表1-5。

表1-5　正钨酸钠的性质

性　质	熔点/℃	密度/g·cm^{-3}	含结晶水数/n	溶解度（无水盐）/%				
				0℃	10℃	15.5℃	40℃	100℃
正钨酸钠	695	4.18	6℃以上 $n=2$ 6℃以下 $n \doteq 10$	35.4	41.9		43.8	49.2

B　钨酸钙

用 $CaCl_2[Ca(OH)_2]$ 与 Na_2WO_4 的碱性溶液作用，可得钨酸钙。$CaWO_4$ 为白色粉末，与酸作用能生成钨酸，在水中溶解度很小，20℃时为0.0133g/L，90℃时为0.0023g/L。

1.3.2.4　同多酸及其盐类

将正钨酸盐溶液酸化，则 WO_4^{2-} 将聚合成多种同多酸根，现将钨的主要同多酸及其盐分别介绍如下：

A　钨的同多酸及其盐

将正钨酸盐溶液酸化时，WO_4^{2-} 的聚合过程及其与pH值的关系可表示为：

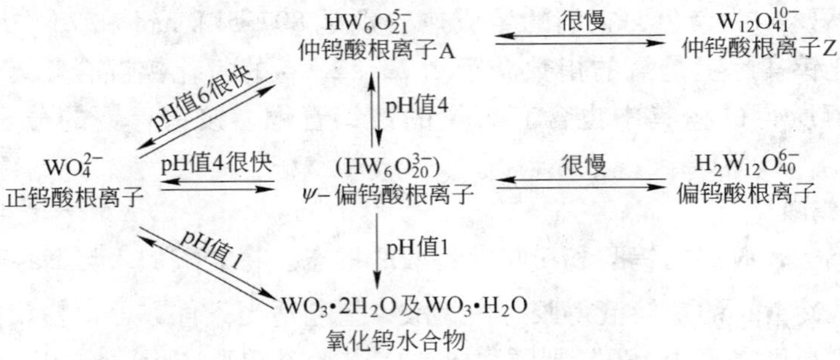

上述聚合过程的反应及其平衡常数如下：

$$7H^+ + 6WO_4^{2-} \rightleftharpoons HW_6O_{21}^{5-} + 3H_2O \qquad \lg K = 53.98 \pm 0.02$$

$$14H^+ + 12WO_4^{2-} \rightleftharpoons W_{12}O_{41}^{10-} + 7H_2O \qquad \lg K = 110.3 \pm 0.05$$

$$18H^+ + 12WO_4^{2-} \rightleftharpoons H_2W_{12}O_{40}^{6-} + 8H_2O \qquad \lg K = 132.5 \pm 0.03$$

B　仲钨酸盐

a　仲钨酸铵

简称APT，分子式为 $5(NH_4)_2O \cdot 12WO_3 \cdot nH_2O$，当温度低于50℃，则 $n=11$，针状结晶；温度高于50℃，则 $n=5$，片状结晶。

将 $(NH_4)_2WO_4$ 溶液蒸发，或用酸中和或冷冻均可得仲钨酸铵结晶，其反应为：

$$12(NH_4)_2WO_4 \longrightarrow 5(NH_4)_2O \cdot 12WO_3 \cdot nH_2O + 14NH_3 + (7-n)H_2O$$

$$12(NH_4)_2WO_4 + 14HCl \longrightarrow 5(NH_4)_2O \cdot 12WO_3 \cdot nH_2O + 14NH_4Cl + (7-n)H_2O$$

仲钨酸铵在水中溶解度小，其溶解度与温度的关系见表1-6。

表 1-6 仲钨酸铵在水中溶解度与温度的关系

温度/℃	17	29	45	49	52	70
溶解度（无水盐）/%	1.064	2.0147	3.467	4.341	3.280	7.971

b 仲钨酸钠

$5Na_2O \cdot 12WO_3 \cdot nH_2O$，室温下 $n=28$；60～80℃，$n=25$，其溶解度随温度升高而急剧升高，按无水盐计，在12.4℃和101.8℃分别为5.52%和70.6%。

c 铵钠复盐

即仲钨酸钠与仲钨酸铵的复盐，将 Na_2WO_4 溶液中和至 pH 值为 6.5～6.8，再加入 NH_4Cl，则产生铵钠复盐沉淀。反应式：

$$10Na_2WO_4+6NH_4Cl+12HCl+9H_2O = 3(NH_4)_2O \cdot Na_2O \cdot 10WO_3 \cdot 15H_2O+18NaCl$$

铵钠复盐的溶解度小，在饱和的 NH_4Cl 溶液中仅 0.3g/L，同时将其晶体用 20% NH_4Cl溶液处理时，又能转化成仲钨酸铵：

$$6[(NH_4)_2O \cdot Na_2O \cdot 10WO_3 \cdot 15H_2O]+14NH_4Cl =$$
$$5[5(NH_4)_2O \cdot 12WO_3 \cdot 11H_2O]+2HCl+34H_2O+12NaCl$$

此性质在冶金中曾用以从 Na_2WO_4溶液中提取 APT。

C 偏钨酸及其盐

偏钨酸及其盐类（包括钙盐、铁盐）的特点是在水中溶解度大，因此当溶液中存在偏钨酸根离子时，则难以用沉淀剂如 Ca^{2+}、H^+ 等将它的沉淀完全，此时应加 NaOH 长期煮沸，使之转化为 WO_4^{2-}。

在偏钨酸盐中，偏钨酸铵在工业上有较大意义，其分子式可用 $(NH_4)_2O \cdot 4WO_3 \cdot 8H_2O$ 表示，简称 AMT，一般钨酸（特别是白钨酸）与钨酸铵溶液或仲钨酸铵溶液作用，或将仲钨酸铵在225～350℃部分脱氨，或用隔膜电解、离子交换等方法均可制得偏钨酸铵，偏钨酸铵的特点是在水中溶解度大，20℃时为303.9g/100gH_2O。

1.3.2.5 杂多酸及其盐类

将钨酸盐溶液与能够提供配阴离子的中心原子的盐溶液混合，通过酸化，便形成钨的杂多酸。例如：

$$SiO_4^{4-}+12WO_4^{2-}+28H^+ = H_4[Si(W_3O_{10})_4]+12H_2O$$

约有30多个元素可以作为中心原子形成杂多酸，与钨形成杂多酸（盐）的重要元素有硅、磷、砷，称为杂原子。它们与钨形成如下的杂多酸根：$[SiW_{12}O_{40}]^{4-}$，$[PW_{12}O_{40}]^{3-}$，$[AsW_{12}O_{40}]^{3-}$，其中杂原子与钨原子之比为：1∶12。一般以1∶12类型的杂多酸（或盐）为最常见。此外，还有1∶9、1∶11、2∶18、2∶17等类型的杂多酸（或盐）。

杂多酸的酸性比母体酸本身要强得多。杂多酸仅在酸性或中性溶液中稳定，在碱性溶液中容易分解，杂多酸盐则比杂多酸稳定。杂多酸（包括部分杂多酸盐）易溶于水，由于它们具有较高的相对分子质量，形成的溶液比重较大而且黏稠。然而，某些碱金属杂多酸盐（特别是铯和铷）溶解度较小，其铵盐如磷钨酸铵、砷钨酸铵也难溶于水。

1.3.2.6 钨的卤化物

钨有 WCl_6、WCl_5、WCl_4、$WOCl_4$、WO_2Cl_2等一系列氯化物及氯氧化物，以及 WF_6、WF_4、WOF_4等一系列氟化物和氟氧化物，它们的共同特点是沸点（或升华温度）、熔点低，有的在高温下还易发生各种歧化反应，但由于人们对这些化合物研究不够，因此，不同作者的数据不尽一致，现将其主要性质介绍如下：

（1）六氯化钨：暗紫色结晶，熔点281.5℃，沸点348℃，高于600℃则明显离解成WCl_5或WCl_4，遇水蒸气易水解成氯氧化钨。制备WCl_6的简单方法为将氯气与钨铁、金属钨或碳化钨在600℃左右进行反应。在800℃还原气氛下将氯与WO_3或钨矿反应也能得到部分WCl_6，但产物实际上为WCl_6、WO_2Cl_2、WCl_4等的混合蒸汽，随着氯分压的增高及还原气氛的加强，混合蒸汽中WCl_6的分压增加。

（2）五氯化钨：暗绿色结晶，熔点244℃，沸点286℃，与WCl_6相似，遇水蒸气也易水解，将WCl_6用氢还原或热离解则在一定条件下可得WCl_5。

（3）四氯化钨：灰褐色，遇水蒸气易水解，高温下易歧化生成WCl_2和WCl_5。450~600℃时，歧化反应为：

$$3WCl_{4(g)} \xlongequal{} WCl_{2(g)} + 2WCl_{5(g)}$$

（4）二氯化钨：灰色，难挥发，有强还原性，遇水激烈反应析出氢，490~580℃歧化成钨和WCl_4。

（5）二氯二氧化钨（WO_2Cl_2）：亮黄色结晶，高于298℃时易发生分解并升华。

$$2WO_2Cl_{2(s)} \xlongequal{} WO_{3(s)} + WOCl_{4(g)}$$

$$3WO_2Cl_{2(s)} \xlongequal{} 2WO_{3(s)} + WCl_{6(g)}$$

故平衡气相中为WO_2Cl_2与$WOCl_4$、WCl_6的混合物，升华残渣主要为WO_3。

在800℃左右有碳存在下将WO_3或钨矿物与氯作用可得WO_2Cl_2。

（6）四氯氧化钨（$WOCl_4$）：暗红色针状结晶，熔点204℃，沸点224℃，高于沸点能局部分解：

$$2WOCl_{4(g)} \xlongequal{} WO_2Cl_{2(s)} + WCl_{6(g)}$$

（7）六氟化钨：熔点3℃，沸点17℃，遇水蒸气易水解冒白烟。

1.3.2.7 钨的碳化物

钨具有WC、W_2C等两种碳化物，它们的特点是熔点高（分别为2900℃和2750℃）、硬度大，在烧结硬质合金中，主要是用WC。

1.4 钨的储量及消费

1.4.1 世界钨的储量及消费

中国的钨资源储量丰富，在全球经探明的钨矿产资源储量中占比超过60%，居全球首位。表1-7为世界钨资源储量最大的前5个国家及其经探明的矿产储量及储量基础。

表1-7 世界钨资源储量最大的国家钨产量及资源储量（金属钨）

国 家	2009年产量		探明储量		储量基础	
	t	占比/%	t	占比/%	t	占比/%
美 国	—	0.00	140000	5.00	200000	3.17
澳大利亚	1000	1.72	10000	0.36	15000	0.24
加拿大	2000	3.45	111000	3.96	490000	7.78

续表 1-7

国家	2009 年产量		探明储量		储量基础	
	t	占比/%	t	占比/%	t	占比/%
中国	47000	81.03	1800000	64.29	4200000	66.67
俄罗斯	3700	6.38	250000	8.93	420000	6.67
其他	4300	7.41	489000	17.46	975000	15.48
全球总计	58000	100.00	2800000	100.00	6300000	100.00

世界钨消费量在20世纪的60年代为2.6万吨/a，70年代为3.4万吨/a，20世纪80年代为4.5万吨/a，90年代受世界经济危机的影响，西方发达国家经济发展滞缓，钨消费水平下降，1990～1998年世界平均消费量下降到4.2万吨/a。而2000年世界钨消费量为4.42万吨，2001～2009年世界钨需求量一直稳定在4.5万吨左右。世界主要钨消费地区及国家消费领域占比见表1-8。

表1-8 世界主要钨消费地区及国家消费领域占比 (%)

项目	西欧	日本	美国	中国
硬质合金	62	51	60	50
钢/超合金	24	21	21	26.56
轧制量	6	8	15	18.87
其他	8	20	4	4.57
合计	100	100	100	100

1.4.2 国内钨的储量及消费

我国钨矿地质勘查工作自20世纪80年代基本停滞以来，进入21世纪开始复苏。“十一五”期间，在北方发现一批钨成矿区带，新区找钨取得突破，南方钨锡成矿区发现钨矿新类型，形成了一大批钨矿战略资源地，展现出我国钨矿资源潜力巨大。

截至2007年底，我国钨矿查明资源储量共551.55万吨，其中基础储量为240.87万吨，占43.67%；查明资源量310.68万吨，其中共伴生钨矿资源量占钨矿资源量的20%以上。

在中国已探明钨矿储量有21个省、自治区、直辖市。其中保有储量在20万吨以上的有8个省，依次为湖南179.89万吨、江西110.09万吨、河南62.85万吨、广西34.92万吨、福建30.67万吨、广东23.02万吨、甘肃22.29万吨、云南21.66万吨，合计485.39万吨，占全国钨保有储量的91.7%。我国主要钨矿的储量和类型见表1-9。

表1-9 我国主要钨矿的储量和类型

钨矿名称	储量/万吨	钨矿类型
湖南柿竹园钨矿	74.70	世界第一大白钨精矿
湖南新田岭钨矿	50	世界第二大白钨精矿
湖南川口钨矿	32.5	世界第三大白钨精矿
湖南瑶岗仙钨矿	25.96	黑钨枯竭后成为世界第四大白钨精矿
江西香炉山钨矿	21.43	白钨精矿

续表 1－9

钨矿名称	储量/万吨	钨矿类型
江西漂塘钨矿	8	黑钨精矿
福建行洛坑钨矿	30.43	黑白混合
河南三道庄钨钼矿	50.24	白钨精矿
吉林杨金沟钨矿	10.9	白钨精矿

随着我国经济的快速发展，国内钨消费量增加很快。2009 年国内消费钨金属量 21834t，比 1998 年的 7866t 增加 13968t，是 1998 年的 2.77 倍。近五年我国钨消费量的增长情况见表 1－10。

表 1－10　近五年我国金属钨消费量的增长情况　(t)

年　份	2004	2005	2006	2007	2008	2009
产　量	43970	37803	41130	41426	43500	49000
进口量	2355	4600	7209	5468	5918	5033
出口量	27678	31150	28369	26111	23790	12573
消费量	18573	18589	20547	22694	22874	21834
供需差额	74	－7336	－577	－1911	2754	19626
国内钨精矿年均价/元	35042	86691	105875	96608	81367	63300

参 考 文 献

[1] 孔昭庆，等．我国优势矿产资源利用与可持续发展战略研究［M］．北京：中国有色金属工业协会，2005.
[2] 李洪桂．稀有金属冶金学［M］，北京：冶金工业出版社，1990.

2 钨矿的采选工艺

2.1 钨矿的开采

2.1.1 钨矿采矿技术概述

2.1.1.1 开拓方法

钨矿山多为地下开采，由于地形和矿体赋存条件比较复杂，地下开采时采用的开拓方法较多。当矿体（或其大部分）赋存在地平面以上时，广泛采用平硐开拓法，在山岭地区，矿体的一部分赋存在地平面以上，而其下部延伸至地平面以下，则广泛采用平硐与盲竖井联合开拓法。当矿体赋存于地平面以下，矿体倾角不小于45°时，常采用竖井开拓法。

2.1.1.2 主要钨矿床类型及其开采方法

华南钨矿是驰名中外的钨矿区，不但矿床数量多、规模大、类型齐全，而且矿石品位高、质量好，黑钨矿和白钨矿两者兼有之。加里东期、海西—印支期、燕山早期、燕山中期、燕山晚期这5个主要成矿期形成的钨矿床占总储量的93%，占钨矿床总个数的89.8%。

华南钨矿床类型按生成原因不同可分为内生矿床和外生矿床，内生矿床占总储量的84.72%。内生矿床类型主要有石英脉型、矽卡岩型、伟晶岩型和云英岩型钨矿床，其中，石英脉型钨矿床和矽卡岩型钨矿床占总储量的74.78%。

石英脉型钨矿床以充填为主，围岩多为浅变质砂岩、板岩、千枚岩、花岗岩，坚固性系数（普氏系数）f大部分为8～15，中等稳固以上。矿脉倾角绝大多数为倾斜、急倾斜，少量矿脉倾角在30°以内。矿体成群成组出现，一个矿床中矿脉少者十余条，多者上百条，个别矿床矿脉可多达近千条。矿脉延长、延深一般数十米至数百米，大者可达上千米。矿脉发育程度受矿田构造和容矿裂隙展布特征所控制，矿脉在矿床中多呈平行排列。根据矿床中矿体的规模和密集程度分为脉带和单脉两种。脉带矿床多为细脉带，单脉脉幅数厘米，其间夹十厘米以上薄脉，矿脉密度一般1～5条/m。很多情况下，脉带矿体和单脉矿体可以出现于同一矿床中，自上而下出现有规律的形态分带。单脉矿床由于脉距较大（一般在4m以上），只能单独勘探或开采，开采的脉幅下限取决于有用金属品位的高低。华南地区本类型矿床平均脉幅一般在0.2～1m之间。目前国内石英脉型钨矿床开采方法有留矿法、全面法、阶段矿房法、削壁充填法。其中，在矿石和围岩均稳固的急倾斜薄和极薄矿脉中，留矿法在采矿强度、矿房日生产能力、劳动生产率、采矿成本等方面均优于其他可用于这种矿脉的采矿方法，得到了广泛应用，如西华山钨矿、盘古山钨矿、画眉坳钨矿等。也有少量矿山为了降低采矿贫化率，采用削壁充填法回采矿体，如红岭钨矿、画眉坳钨矿等。对于脉钨矿床中部分细脉带或必须合采的矿脉群，则采用阶段矿房法，如大吉山钨矿、岿美山钨矿、漂塘钨矿等。全面法主要应用于回采薄和中厚（小于5～7m）的矿石和围岩均稳固的缓倾斜矿体，如浒坑钨矿。

矽卡岩型钨矿床以交代为主，碳酸盐岩为有利成矿围岩，矿体形态以不规则囊状、扁豆状、凸透镜状者居多。根据矿体赋存条件采矿方法有留矿法、全面法、阶段矿房法。国内部分钨矿山实例见表2－1。

表2－1　钨矿山实例

<table>
<tr><th>矿山名称</th><th colspan="2">矿床类型</th><th>围岩</th><th>矿体产状</th><th>采矿方法</th></tr>
<tr><td>西华山钨矿</td><td colspan="2">内接触带石英脉型钨矿床</td><td>中粒黑云母花岗岩</td><td>矿体呈脉状；倾角70°～90°；脉宽0.34m</td><td>留矿法</td></tr>
<tr><td>大吉山钨矿</td><td colspan="2">石英脉大脉型黑钨矿床</td><td>变质砂岩、板岩、闪长岩，f=8～14</td><td>倾角65°～85°，单脉厚0.01～3m，平均0.4m</td><td>留矿法；阶段矿房法</td></tr>
<tr><td>浒坑钨矿</td><td colspan="2">石英脉型黑钨矿床</td><td>白云岩、花岗岩，f=12～15</td><td>最大厚度2.12m，平均0.45m</td><td>留矿法为主；全面法</td></tr>
<tr><td rowspan="2">岿美山钨矿</td><td rowspan="2">岿美山蒲芦合</td><td>高温热液黑钨石英大脉型矿床</td><td>变质砂岩、板岩；f=8～12，中等稳固</td><td rowspan="2">急倾斜</td><td rowspan="2">阶段矿房法；留矿法</td></tr>
<tr><td>高温热液黑钨石英脉型矿床</td><td>花岗岩</td></tr>
<tr><td>画眉坳钨矿</td><td colspan="2">黑钨—绿柱石—石英大脉型</td><td>千枚岩和砂岩，f=8～12</td><td>最大厚度3m，平均0.33m，倾角70°～75°</td><td>留矿法</td></tr>
<tr><td>铁山垅钨矿</td><td colspan="2">黄沙矿区为高中温热液裂隙充填矿床；黑钨矿－石英大脉型；黑钨矿－石英细脉型</td><td>变质砂岩、板岩和千枚岩</td><td>矿体有大脉、大脉带、细脉带之别。中组大脉带倾角65°～75°，最大厚度16m，平均厚4.6m，f=8～12</td><td>留矿法；阶段矿房法</td></tr>
<tr><td>漂塘钨矿</td><td colspan="2">高温热液石英脉型钨矿床，石英大脉型钨矿床和石英细脉带型钨矿床共存。以石英细脉带型钨矿床最具规模，内外接触带均含矿，以外带产出为多</td><td>变质砂岩、板岩</td><td>矿床有细脉带和大脉型两类，前者为主；漂塘矿区矿体垂直分向上呈五层楼特征；大龙、木梓园钨钼矿区为单独大脉型钨钼矿床</td><td>留矿法；阶段矿房法</td></tr>
<tr><td rowspan="4">荡坪钨矿</td><td>半边山</td><td>石英脉矿床</td><td>变质砂岩夹板岩，f=10～14</td><td>倾角80°～85°，矿脉平均厚度0.3m</td><td>留矿法</td></tr>
<tr><td>宝山</td><td>矽卡岩型矿床</td><td>灰岩、花岗岩，稳定f=6～14</td><td>最大厚度48m，最小厚度1.24m，平均厚度11.95m，倾角20°～40°</td><td>阶段矿房法；留矿法；全面法</td></tr>
<tr><td rowspan="2">九西樟东坑</td><td>黑钨矿—云英岩细脉带型</td><td>砂岩、板岩、花岗岩</td><td>厚20～30m，倾角55°～65°</td><td>留矿法</td></tr>
<tr><td>石英脉型矿床</td><td>变质砂岩，稳定，f=12～14</td><td>倾角60°～80°</td><td>留矿法</td></tr>
</table>

续表 2-1

矿山名称	矿床类型	围岩	矿体产状	采矿方法
湘东钨矿	高中温热液薄矿脉脉状矿床	花岗岩	急倾斜	留矿法、削壁充填法
珊瑚钨矿	石英脉型多金属矿床	泥盆系砂页岩、灰岩中	平均 0.42m 厚，脉幅 0.1~0.8m	留矿法、辅以中深孔分段崩落法
红岭钨矿	高温热液裂隙充填黑钨石英脉型矿床	花岗岩以细粒斑状黑云母花岗岩为主	矿床以单独大脉或呈脉组零散分布，脉幅 0.22m 走向长 1100m	留矿法：木漏斗或振动放矿，无底柱脉外小穿装岩机出矿；上向分采胶结底板采矿法
棉土窝钨矿	石英脉型黑钨矿床	花岗岩	急倾斜，平均脉幅 0.8m	留矿法，人工底柱、木漏斗或振动放矿机出矿
龙胫钨矿	高-中温热液裂隙充填石英脉型黑钨矿床	矿脉产于变质砂岩和燕山期花岗岩之内外接触带上		留矿法

2.1.1.3 地压

华南钨矿区由于开采年代已久，大部分矿山已经进入深部开采阶段，地压显现频繁。通过对赣南国有大中型钨矿山进行地压调查与评价，目前赣南钨矿山地压活动正处于发展阶段，少数矿山局部有大面积地压预兆，深部作业区地压显现明显加剧，地压区残矿回采困难。华南钨矿山地压显现特征可分为以下 4 类：

（1）岩层及地表移动和陷落。多见于采用留矿法、阶段矿房法回采矿体的矿山，如大吉山钨矿、岿美山钨矿、铁山垅黄砂矿区等。

（2）大规模地压活动。破坏波及范围沿走向方向大于 300m，宽度在两条矿脉间距以上，深度大于 100~200m，一般影响 3 个中段以上，如盘古山钨矿、下垄钨矿樟斗矿区、小龙钨矿都发生过大规模地压活动。

（3）局部地压活动。地压表现形式包括井下巷道片帮、冒顶、下沉、倒塌，岩体沿断层、结构面开裂或位移，采场两帮围岩闭合收敛挤压矿柱和留矿堆，导致采场回采即放矿困难，或随采而动，随放而跨。该类地压活动比较普遍，发展较缓慢，但在岩石邻近破坏时，局部表现比较强烈。

（4）岩爆。当采深大于 500m 时，少数矿山，如盘古山、大龙山，出现了不同于上部中段的地压现象。部分采场围岩发生强烈声响之后出现片帮，有的采场底柱突然发生巨响崩塌堵塞岩脉巷道，有的采场工作面或顶柱中的石英脉石在出现高频度的岩石爆裂声响之后，呈粉状或片状突出等小型岩爆。随着开采深度的增加，地应力相应增大，钨矿山深部开采中的岩爆现象有增多趋势。

造成赣南钨矿山地压活动产生的原因主要有以下 4 个方面：

（1）采空区，钨矿山浅部开采地压周期性活动规律表明，当连续空区高度达到 160m 以上，沿脉方向连续长度达 150~200m 以上时，往往容易在岩体受构造切割部位或位移松软区段形成应力释放突破口，从而产生较大规模的岩移。

（2）地质构造，地质构造是影响地压活动的最重要因素之一，大型结构面（断层、破碎带等）成为岩体移动边界的切割面或滑动面，20世纪60年代赣南钨矿发生的几起大规模地压活动均受地质弱面控制。而岩层节理是深部开采岩体岩爆的有利条件。

（3）矿柱及残矿回收，由于近些年钨矿山对原生矿柱，尤其是关键部位的保安矿柱回收过于彻底，加剧了地压活动的发展与发生。

（4）水的作用，雨季和春季解冻时期钨矿山地压活动明显加剧，地下水促使岩块向开挖面发生位移，并且随着水流的增加促使了风化的加剧和时效退化。

目前，赣南钨矿山地压治理措施主要有：

（1）采空区处理，作为地压控制的采空区处理是以防治大规模冲击性地压为出发点，不是以防止单个采空区不冒落为目的，因此，应将整个采空区作为一个整体看待。采空区处理方法有崩落围岩、充填和封闭三种，这三种空区处理方法各有其优点和不足之处，具体选择时应根据空区围岩变形破坏特点因势利导。

（2）合理的开采顺序，不同的开采方案反映了不同的加载路径和加载历史，应力、应变的变化过程和最终结果也会不同，采场地压显现也不同。

（3）设置充填隔离层，在地压现象严重的矿区，为防止上部开采中段采空区破坏对下部中段造成危害，在受地压影响的上部中段和下部中段之间设置一定厚度的中间隔层。

（4）地压监测，通过对地压的长期监测，可掌握地压变化规律，为地压控制及下一步矿体开采设计提供参考依据。

2.1.2　钨矿采矿方法的选择

2.1.2.1　*采矿方法选择的主要影响因素*

影响采矿方法的选择主要有矿床地质条件和开采技术经济条件两个方面：

A　矿床地质条件

a　矿石和围岩的物理力学性质

矿石和围岩的物理力学性质中，以其稳固性最重要，它对选择采矿方法有很大的影响，决定着采场地压管理方法、采场构成要素及落矿方法。开采具有氧化性、自燃性的结块矿石时，不得采用矿石在采场中存留时间较长的采矿方法，如留矿法、阶段崩落法等。

b　矿体产状

矿体倾角决定矿石在采场内的运搬方式。倾角大于60°的急倾斜矿体和较厚的倾斜、缓倾斜矿体都可利用矿石自重运搬，漏斗放矿。矿体倾角30°～50°时，可采用爆力运搬或借助溜槽、溜板进行自重运搬；倾角小于30°的矿体，采用电耙运搬为宜。

矿体厚度影响采矿方法、落矿方法及矿块布置方式的选择。一般不小于0.8m的极薄矿体，要考虑分采或混采；分段崩落法要求厚度应大于6～8m；阶段崩落法要求厚度应大于15～20m。落矿方法一般在小于5～8m厚度的矿体中用浅孔落矿；在大于5～8m厚度时用中深孔落矿；在大于10m厚度时用深孔落矿；药室落矿要求厚度比深孔落矿更大。矿块的布置，在极厚矿体中应垂直矿体走向。

矿体形状、矿石与围岩的接触情况影响矿石贫化损失。矿体形状不规则、矿石与围岩的接触面不明显，采用深孔落矿或药室落矿的采矿方法，会引起较大的矿石贫化和损失；

在开采形状规则的极薄矿体，而且矿石与围岩的接触面明显时，应采用分采的采矿方法。否则，宜采用混合回采的采矿方法。

c 矿石品位及价值

开采品位较高的富矿、价值较高的贵金属和短缺的金属矿石，应采用回收率较高的采矿方法，如充填采矿法。反之，则应采用成本低，效率高的采矿方法，如崩落采矿法。

d 矿体内有用成分的分布及围岩矿化

矿体内有用成分分布不均匀而差别又大的矿体，应采用分采的采矿方法。同时，还可以在无品位和品位极低的部位，留规则或不规则的矿柱。在围岩有矿化现象的情况下，可采用大规模落矿的采矿方法。

e 矿体赋存深度

开采深度超过500~700m以上时，地压显著增大，有可能产生岩爆现象。故在开采埋藏很深的矿体时，应慎重采用空场采矿法，以崩落法和充填法为宜。

B 开采技术经济条件

a 对地表陷落的要求

在地表移动带范围内如有大的河流、铁路、主要建筑物和构筑物时，地表不允许陷落，因而不得采用崩落法和采后崩落采空区的空场法，应采用维护采空区不会引起地表岩层大规模移动的采矿法，如充填法；或当矿体不厚时，采用水砂充填法；或留一定数量的矿柱同时充填采空区的采矿方法。

b 加工部门对矿石质量的技术要求

主要是对最低出矿品位要求。规定矿石的质量标准，限制矿石贫化率，矿石块度等，这也影响采矿方法的选择。

c 材料、设备的供应条件

应尽量采用不用或少用木材的采矿方法。在采用胶结充填采矿法时，应考虑水泥和充填料的来源。在采用水砂充填采矿法时，应考虑尾砂矿使用的可能性和在本区域内能否开采充填料的问题。

设备也是选择采矿方法应考虑的一个问题。所采用的采矿方法需要用的设备能否供应。在设计采矿方法时，其矿房结构尺寸必须考虑所用设备的特性。

d 采矿方法所要求的技术管理水平

采用的采矿方法应力求工艺简单，技术操作容易，管理方便。如壁式崩落法要经常放顶，较难掌握；留矿法比分段凿岩阶段矿房法容易掌握，在这两种方法都可用的情况下，如是小型矿山，则采用留矿法可能会收到较好的效果。

2.1.2.2 采矿方法适用条件

华南钨矿围岩多为变质砂岩、板岩、花岗岩、灰岩，坚固性系数f多在8~15，中等稳固以上，矿石与围岩接触面明显。目前，国内钨矿床主要采用留矿法、全面法、阶段矿房法和削壁充填法回采矿体。根据矿体不同的赋存条件，对以上四种采矿方法进行择优选用。

开采矿石和围岩均稳固的急倾斜薄和极薄矿脉，留矿法是成熟的采矿方法，在今后急倾斜脉状矿床开采中，仍将是优先考虑的采矿方法之一。当矿石品位高时或为了降低废石混入率也可采用削壁充填法。阶段矿房法主要用于细脉带或厚大矽卡岩矿体，全面法用于回采水平、缓倾斜矿体。

对于倾斜、急倾斜薄矿脉和脉距大于3m矿脉可采用浅孔留矿法，当矿石品位高时或为了降低废石混入率也可采用削壁充填法，对于水平、缓倾斜薄矿体可采用全面法，对于矿脉密集、适宜合采的矿脉群的倾斜矿带和厚大矽卡岩矿体可采用阶段矿房法。表2－2为钨矿床常用采矿方法适用条件。

表2－2　钨矿床常用采矿方法适用条件

采矿方法	变形方案	适用条件				优缺点
		厚度/m	倾角/(°)	矿岩坚固性 f	矿岩稳固性	
留矿法	顺路天井留矿法 中央天井留矿法 电耙道底部结构留矿法 深孔留矿法	<5	>55	>6	稳固以上	工艺简单，管理方便，采准工程量小，但平场工作繁重，安全性差，积压矿石，影响资金周转
全面法	留矿全面法	<4	<30	>6	中等稳固以上	工艺简单，采准工程量小，成本低。但顶板暴露面大，矿柱损失大
阶段矿房法	分段凿岩阶段矿房法 水平深孔落矿阶段矿房法 垂直深孔落矿阶段矿房法	倾斜和急倾斜厚和极厚矿体，急倾斜平行矿脉组成的细脉带		>6	稳固以上	劳动生产率高，成本低，回采作业安全。但矿柱矿量比重大，回采矿柱损失大，不能分采和剔除夹石，深孔不易控制边界
削壁充填法	倾斜工作面削壁充填法 沿走向壁式削壁充填法	<0.8	>55			最大限度地降低废石的混入率。但回采工序复杂，矿块生产能力低，材料消耗多

2.1.3　钨矿采矿方法

2.1.3.1　全面法

A　特点

在阶段（或盘区中）把矿体划分为矿块，在矿块中留规则的和不规则的矿柱进行回采，或不划分矿块，在连续回采时，留下不规则矿柱。矿柱的规格、形状、间距可灵活采用，主要取决于顶板的稳固性和矿石的价值。当开采薄的高品位金属矿体时，为尽量回收资源，常用混凝土预制块垛或废石垛、木垛代替矿柱。当顶板欠稳固，也可把矿块沿走向划分成分间进行回采。矿体厚度小于3m时，整层回采；大于3m时，分层回采。

全面采矿法适合于开采矿石和顶板岩石中等稳固以上的水平和缓倾斜薄矿体，厚度小于3~4m最适宜。图2－1所示为全面采矿法的典型方案。

B　采区构成要素

由于矿石与围岩均稳固，采区沿走向长度可达50m或更大。采区长度越大，则一个

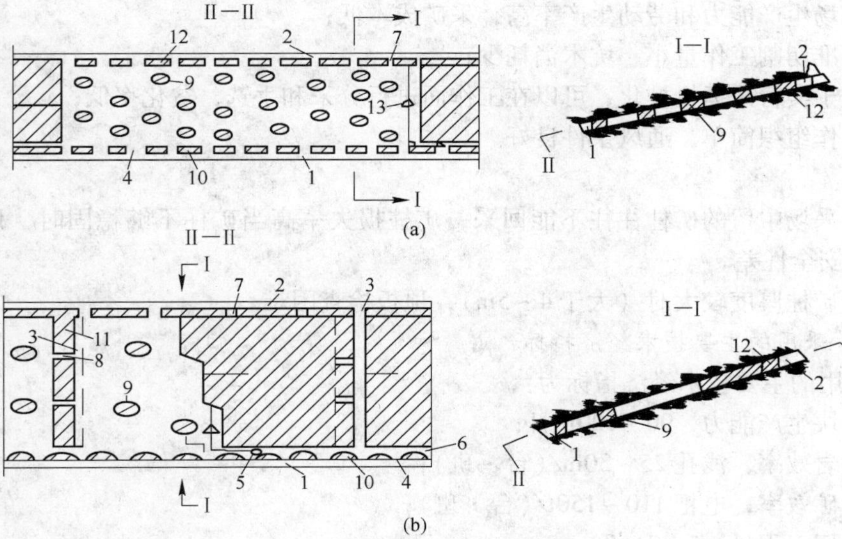

图2－1 全面采矿法

（a）将阶段划分为采区的全面采矿法；（b）不划分为采区的全面采矿法；
1—阶段平巷；2—通风平巷；3—切割天井；4—漏斗；5—电耙绞车；6—切割平巷；
7，8—联络道；9—矿柱；10—底柱；11—间柱；12—顶柱；13—电耙

阶段布置的采区越少，因而切割天井的数目也减少；但回采工作面数目减少，致使矿山生产能力受到限制，因此，采区长度应结合矿山年产量来确定，不能太大。阶段斜长一般为40～60m。

C 采准切割工作

在靠下盘接触带掘进阶段平巷1，将井田划分为阶段。从阶段平巷每隔一定的距离，沿下盘在矿体中掘进倾斜天井（切割天井）3，将阶段划分为采区。这个切割天井也就是采区回采时的起始自由面。沿阶段平巷每隔5～7m掘进漏斗4。在距阶段平巷上侧约3m处，从倾斜天井，在矿体中掘进切割平巷6。为了采区的通风和行人，在顶柱12及间柱11中掘进联络道7和8。

D 回采工作

（1）打眼放炮自切割天井开始，用带气腿子的手持式凿岩机打眼，用电雷管或火雷管起爆。回采工作面的形式呈直线形，如图2－1（b）所示，或梯段形，如图2－1（a），以阶段全高沿矿体走向推进。

（2）采区通风，新鲜风流从阶段平巷经未回采区段的漏斗口进入切割平巷，清洗工作面的污风，从联络道7进入回风平巷，再从回风井排至地面。

（3）出矿，出矿设备多采用电耙，采下矿石用电耙扒至漏斗口，装入阶段平巷的矿车中。电耙绞车一般安装在切割平巷内。

（4）采区支护，如果矿体的品位分布不均匀，一般将夹石或贫矿留下来不采，作为不规则矿柱，若遇顶板局部不稳固，则留下部分矿石作矿柱进行支护。在一般情况下，由于矿岩稳固，无需留大量矿柱。

E 评价

全面采矿法的优点：

（1）采场生产能力和劳动生产率高，采矿成本低；

（2）采准切割工作量小、坑木消耗少；

（3）便于实行采运机械化，可以在工作面进行分采和手选，贫化率低；

（4）工作组织简单，通风条件良好。

缺点：

（1）因采场中留的矿柱往往不能回采，矿柱损失率高当矿柱不够稳固时，顶板暴露面积较大，安全性差。

（2）当矿柱厚度较大时（大于4～5m），顶板检查困难。

F　推荐采用的主要技术经济指标

推荐采用的主要技术经济指标为：

（1）矿块生产能力，90～120t/日；

（2）凿岩效率，浅孔25～30m/(台·班)；

（3）运矿效率，电耙110～150t/(台·班)；

（4）采切工程量，5～7m/kt。

2.1.3.2　留矿法

在矿房中自下而上进行回采，将采下矿石的一部分利用矿石的重力从矿房中放出来，其余的矿石暂时留在矿房中，这种采矿方法称为留矿采矿法。它的特点是在矿房中，用浅眼自下而上逐层回采，每次采下的矿石暂时只放出35%～40%；其余的存留于采空场中，作为继续作业的工作台和对围岩起支撑作用，待矿房的回采作业全部结束后，再全部放出。

根据出矿方法的不同，留矿法又分为自溜放矿留矿法和振动出矿留矿法。

A　自溜放矿留矿法

图2-2所示为自溜放矿留矿法的典型方案。

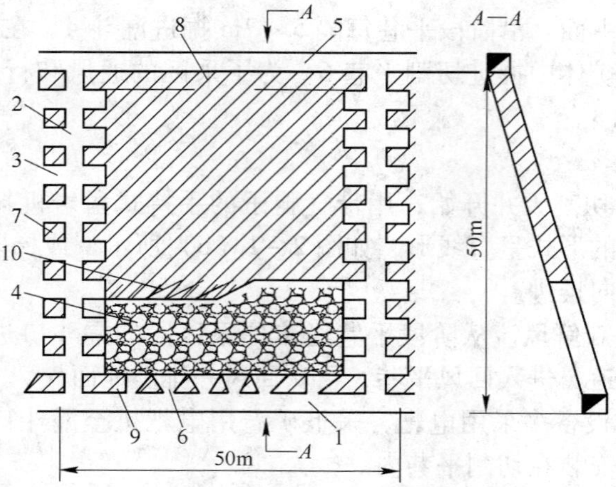

图2-2　自溜放矿留矿法

1—阶段平巷；2—天井；3—联络道；4—采下的矿石；5—回风平巷；6—放矿漏斗；7—间柱；8—顶柱；9—底柱；10—炮眼

a　采区构成要素

（1）阶段高度：在薄矿脉中，宜采用30~40m，最大的为50m；在中厚以上的矿体中，属于第Ⅲ或第Ⅳ勘探类型的宜采用30~40m，属于Ⅰ~Ⅱ勘探类型的可以采用40~60m。

（2）采区长度：主要取决于工作面的顶板及上盘岩石所允许的暴露面积。从我国采用留矿法矿山的情况看，在阶段高度为40~50m时，采区长度一般为40~60m。如果围岩很稳固可采用80~120m。

（3）顶柱高度：在薄矿脉中，一般只留2~3m；在中厚以上矿体中，一般留3~4m至5~6m。留顶柱的目的，主要是保护运输平巷和对围岩起暂时的支护作用。

底柱高度：在薄矿脉中为4~6m，在中厚以上矿体中为6~10m。留底柱的目的是保护运输平巷，承托矿房中存留的矿石和对围岩起暂时的支护作用。

（4）间柱宽度：在薄和极薄矿脉中，一般是不留间柱，若需要留，则在天井两侧各留2m；在中厚以上矿体中，一般留8~12m。

b 采准切割工作

采准工作包括掘进阶段平巷、天井和联络道。在薄和极薄矿脉中，为了便于探矿，阶段平巷和天井沿矿脉掘进；在中厚以上矿体中，在矿体中掘进。联络道一般沿天井每隔4~5m掘进一条。它的主要作用是使天井与矿房连通，以便人员、设备、材料、风水管和新鲜风流等进入矿房。

切割工作包括掘进放矿漏斗与拉底。拉底高度一般为2.2m。在中厚以上矿体中，拉底宽度与矿房的宽度相等。薄矿脉中，为了顺利放矿，宽度不应小于1.2m。

漏斗间距，在薄和极薄矿脉中，一般为4~5m。在中厚以上矿体中，每个漏斗担负的面积一般为25~36m²，最大不应超过50m²。漏斗负担面积过大，回采时平场工作量大，放矿效率显著降低。

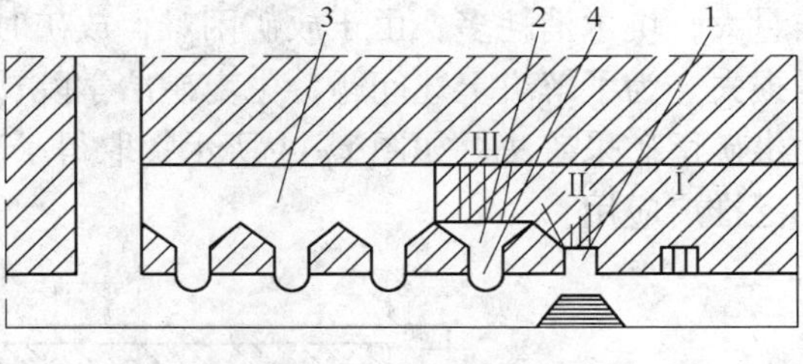

图2-3 留底柱木漏斗口底部结构及切割方法
1—漏斗颈；2—漏斗；3—拉底空间；4—漏斗口

图2-3所示为留底柱木漏斗口底部结构及切割方法示意图。首先在设计的漏斗位置上用YSP-45型凿岩机向上打2~3面炮眼，掘好漏斗颈，并形成漏斗，如图2-3Ⅰ、Ⅱ、Ⅲ。然后再向上打一面炮眼，待装好漏斗口后再放炮，使崩下的矿石从漏斗装车运出。一般掘进3~4面炮眼即可掘好漏斗和完成拉底工作，形成拉底空间。

c 回采工作

回采工艺包括：打眼、爆破、通风、局部放矿、撬顶及平场、二次破碎。顺序完成这些作业，称为一个回采循环。回采循环一个接一个重复进行，当回采工作面达到设计的顶柱边界时，停止回采，进行大量放矿。

（1）打眼。一般打上向炮眼（见图2-3），炮眼深度1.3~1.8m，若太深会使大块增加，开采薄和极薄矿脉时，会使炮眼利用率降低，影响采幅控制，使贫化率增大。若矿石稳固性较差，也可以打与水平呈微倾斜的炮眼，其深度一般为2~2.5m。

（2）爆破。一般采用铵油炸药，火雷管起爆。近年来，有些矿山采用导爆管起爆，取得了很好的效果。

(3) 通风。爆破后，需要经过一段时间的通风，将炮烟排除后，人员方能进入矿房作业。进行回采作业时，也需要不断进行通风，供给作业人员新鲜空气和排除作业中所产生的粉尘。新鲜风流是从阶段平巷沿天井上升，经联络道进入矿房，清洗工作面后，污风由另一侧的联络道，经回风天井上升到上部回风平巷排出。

(4) 局部放矿。矿石崩落后，其体积因破碎而发生膨胀。如果每次崩落后不立即放出一部分，则回采空间被堵塞而不能继续进行作业。因此，每次崩矿后应立即放出崩下矿石的35%～40%，这就叫局部放矿。其余的矿石暂时贮存于矿房中，作为继续上采的工作台和对围岩起支撑作用。

(5) 撬顶、平场和二次破碎。局部放矿后，应将顶板和两帮已松动而未落下的矿石或岩石撬落，以保证后续作业安全的工作称为撬顶。为了便于工人在留矿堆上进行凿岩爆破等作业，应将留矿堆表面整平，称为平场。崩矿和撬顶时落下的大块，应在平场时破碎，以免放矿时卡塞漏斗，称为二次破碎。二次破碎可用人工捶击的方法，也可以用爆破的方法。

最终放矿也称为大量放矿。就是在矿房的采矿工作全部结束后，放出存留在矿房中的全部矿石。

B　振动出矿留矿法

在开采急倾斜薄和极薄矿脉中，广泛采用自溜放矿留矿法。这种采矿方法存在的问题是：常发生大块卡斗，因而二次破碎炸药消耗量和漏斗修理工作量大，放矿劳动条件差，工伤事故多，为了顺利放矿，要求采幅宽度较大，致使贫化率增高；漏斗间距小，切割工作量大，坑木消耗多；由于放矿困难，放矿时间长，常因此而发生围岩片帮，造成矿石大量损失。为了解决上述问题，中南矿冶学院，东风萤石公司，冯家山铜矿等单位试验了振动出矿留矿采矿法，如图2－4所示，取得了良好的技术经济效果，在我国许多矿山得到广泛推广应用。

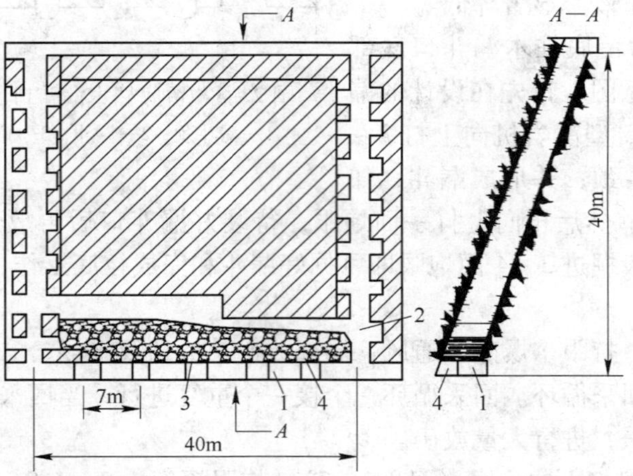

图2－4　振动出矿留矿法

1—阶段平巷；2—天井；3—漏口；4—振动出矿机安装硐室

振动出矿留矿法与自溜放矿留矿法的生产工艺基本相同，所不同的是前者采用了振动出矿机出矿，从而引起了采区某些结构的变化。

图2－4所示为振动出矿留矿法的基本方案。实践证明，振动出矿留矿法与自溜放矿留矿法相比，有如下的优点：

（1）放矿口的通过能力显著增加，因此，卡斗次数减少，二次破碎的炸药消耗量降低，安全条件和劳动条件大大改善。

（2）用振动出矿机取代木漏斗，底部结构中可以不用坑木。

（3）放矿实现电控操作，劳动强度大大减轻，工效提高两倍以上。

（4）振动改善了矿石的流动性，采幅宽度可以适当减小，漏斗间距增大，有利于降低矿石损失、贫化和切割工作量。

C 评价

留矿法具有以下优点：

（1）结构简单，管理方便；

（2）采准切割工作量小，坑木消耗少；

（3）直接在留矿堆上进行作业，不需要架设平台，利用重力放矿。

其主要缺点是：

（1）工人在较大暴露面下工作，安全性差；

（2）平场工作繁重，难以实行机械化；

（3）积压大量矿石，影响资金周转；

（4）矿房采完后，留有大量的空场需要处理等。

D 推荐采用的主要技术经济指标

（1）采场生产能力：100～150t/日；

（2）贫化率：8%～10%；

（3）损失率：5%～8%；

（4）采切工程量：7～20m/kt。

2.1.3.3 阶段矿房法

阶段矿房采矿法的特点是：将采区划分为矿房与矿柱，用深孔回采矿房，矿房采完后形成敞空的空场，空场一般是在回采矿柱的同时进行处理。

按深孔布置形式，阶段矿房采矿法又分为垂直深孔崩矿的阶段矿房采矿法和水平深孔崩矿的阶段矿房采矿法。按深孔的深度不同，前者又分为分段凿岩的阶段矿房采矿法和阶段凿岩的阶段矿房采矿法。在阶段矿房采矿法中，国内用得最广泛的是分段凿岩的阶段矿房采矿法，在十种主要有色金属矿山中，使用比重曾达16.23%。阶段凿岩的阶段矿房采矿法在国外应用较广，且发展较快。

A 分段凿岩的阶段矿房采矿法

这个方法是在分段凿岩巷道中进行打眼和爆破的空场采矿法，图2－5所示为它的典型方案。

a 采区构成要素

根据矿体的厚度，采区可沿矿体走向布置和垂直矿体走向布置。图2－5是采区沿矿体走向布置的。

阶段高度取决于围岩允许的暴露面积，一般为50～70m，国外矿山有的达120～150m。矿房长度主要决定于矿石和围岩的稳固性，同时也要考虑电耙的有效耙运距离，

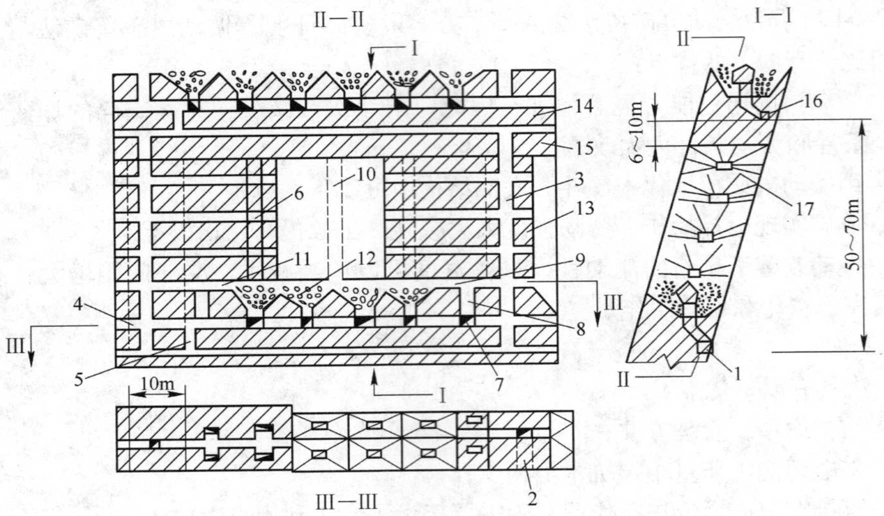

图 2－5　分段凿岩阶段矿房采矿法

1—阶段平巷；2—横巷；3—通风人行天井；4—电耙巷道；5—矿石溜井；6—分段凿岩巷道；7—漏斗穿；8—漏斗颈；9—拉底平巷；10—切割天井；11—拉底空间；12—漏斗；13—间柱；14—底柱；15—顶柱；16—上阶段平巷；17—上向扇形深孔

一般为 40～60m。矿房宽度，在沿矿体走向布置时，一般为 15～25m。间柱的宽度与作用在间柱上的载荷大小，间柱的回采方法等因素有关。在矿房沿矿体走向布置时，为 8～12m；垂直矿体走向布置时，为 10～14m。顶柱高度一般为 6～10m。底柱高度，取决于底部结构形式，本方案采用电耙道底部结构，一般为 7～12m。分段高度决定于所采用的凿岩设备，用 YG－80 型凿岩机时，为 12～15m；用潜孔钻时，可增大到 10～20m 以上。分段高度增加，可以使分段凿岩巷道数目减少，降低采准工作量。

b　采准切割工作

在矿体中靠下盘掘进阶段平巷，从阶段平巷在间柱中掘进横巷，从横巷末端，在矿体厚度的中央掘进通风、人行天井。从天井掘进拉底平巷及分段凿岩巷道。从阶段平巷掘进矿石溜井及电耙巷道。从电耙巷道每隔 5～7m 开掘漏斗穿和漏斗颈。在矿房中央，从拉底平巷掘进切割天井。从拉底平巷两侧用浅眼扩帮至矿体全厚形成拉底空间，并将漏斗颈上部扩大成漏斗。最后将切割天井扩大成切割槽，为回采工作创造自由面。

由于回采工作面是垂直的，矿房下部的拉底和扩大漏斗工程，不需要一次全部完成，而是随着回采工作面的向前推进逐步进行。一般情况下，拉底和扩大漏斗工程超前回采工作面 1～2 排漏斗的距离。

矿房底部是受矿漏斗，出矿是用电耙，故这种底部结构称漏斗电耙道底部结构，如图 2－6 所示。底柱高度 8～15m。这种底部结构在底柱中掘进的巷道少，因而底柱的稳固性较好，是目前应用较广泛的一种底部结构。

切割槽布置在矿房的中央，见图 2－5。其优点是矿房有两个崩矿自由面，可以提高矿房的回采强度。形成切割槽的方法是用水平深孔拉槽法，如图 2－7 所示。即在拉槽部位的底部进行拉底以切割天井为凿岩天井，打水平扇形深孔，分次爆破后，形成宽为 5～8m 的切割槽，这种拉槽方法，由于宽度较大，爆破时的夹制性较小，容易保证切割槽的质量。

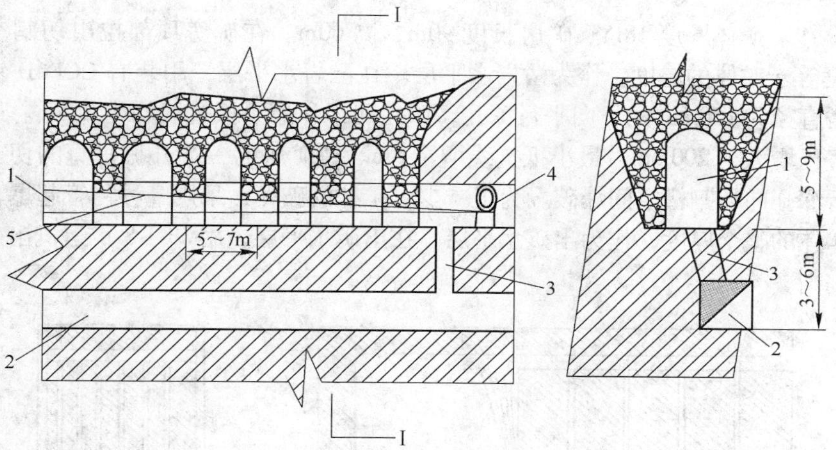

图2-6 漏斗的电耙运搬矿石的底部结构

1—电耙巷道；2—阶段平巷；3—矿石溜井；4—电耙绞车；5—电耙

c 回采工作

拉底、扩大漏斗和开切割槽等工程完成后，在分段凿岩巷道中打上向扇形深孔 17，见图 2-5，以切割槽为爆破自由面，分次进行爆破，每次爆破1~5 排深孔。装药采用机械或人工进行。用秒差雷管或微差雷管分段或多排同段爆破。崩落的矿石借自重落到矿房的底部，经漏斗溜到电耙巷道中再用电耙扒到阶段平巷中的矿车内运出。

矿房回采时的通风，主要要保证电耙道内风流畅通。风流线路是，新鲜风流从电耙绞车附近的通风、人行天井进入，清洗电耙道后，污风经另一回风天井至上阶段的回风平巷排出，如图 2-8 所示。

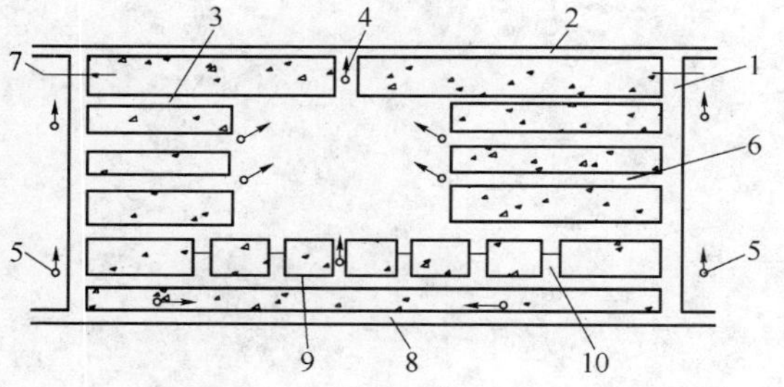

图2-8 分段凿岩的阶段矿房采矿法通风示意图

1—通风、人行天井；2—回风平巷；3—检查巷道；4—回风小井；5—风流方向；6—分段凿岩巷道；7—风门；8—阶段平巷；9—电耙巷道；10—漏斗颈

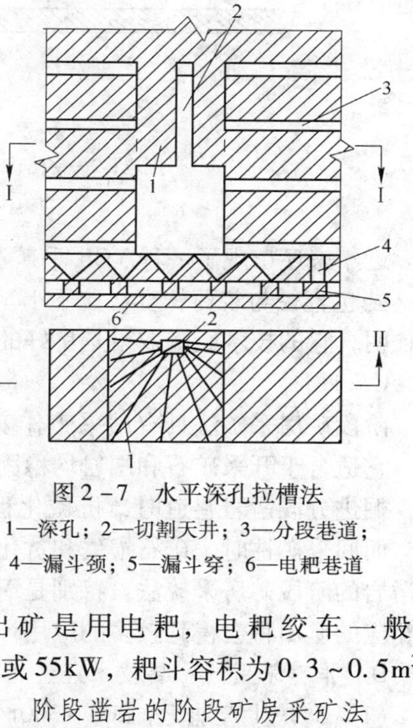

图2-7 水平深孔拉槽法

1—深孔；2—切割天井；3—分段巷道；4—漏斗颈；5—漏斗穿；6—电耙巷道

出矿是用电耙，电耙绞车一般为 28kW 或 55kW，耙斗容积为 0.3~0.5m^3。

B 阶段凿岩的阶段矿房采矿法

在国外，由于采用铲斗容积很大的装载设备和大型破碎机，矿石的合格块度允许增大。因此，直径为 150~200mm 的深孔在一部分矿山中被采用，它比小直径深孔在经济上有更大的优越性，如每米深孔的崩矿量增加，每吨矿石的凿岩费用降低等。

1972 年，加拿大国际镍公司首次采用垂直下向大直径深孔崩矿的阶段矿房采矿法，见图2－9。矿体厚度18m。矿房长度90m，高60m。在矿房顶部拉出切割空间，高为3.6m，宽度等于矿体的厚度，作为凿岩水平层。在凿岩水平层，用装有COP6D钻机的凿岩台车，钻凿直径为150mm的下向平行深孔，深孔间距和最小抵抗线均为3.5m。最近有的矿山将深孔直径增大至200mm，最小抵抗线增至6m。在矿房的一端开掘垂直的切割槽，然后用下向平行深孔向切割槽空间爆破。为了减少对矿柱的破坏，采用毫秒雷管起爆。矿房底部要拉底至矿体的整个厚度，作为出矿水平层。在出矿水平层，用ST－8铲运机出矿。

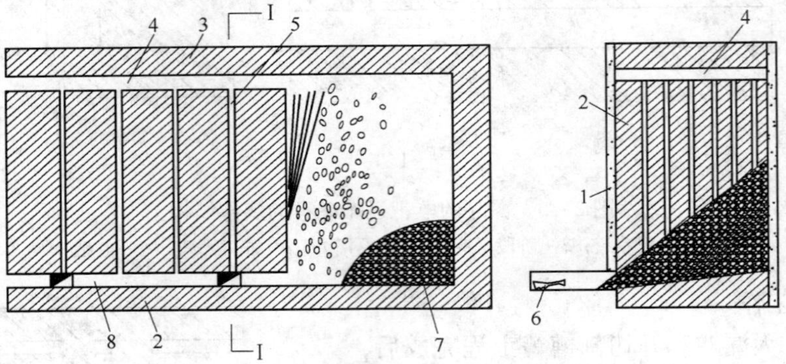

图2－9　阶段凿岩的阶段矿房采矿法

1—围岩；2—矿体；3—顶柱；4—切割空间；5—下向平行深孔；6—铲运机；7—崩落矿石；8—出矿水平

近年来还出现了一种VCR采矿法，它与上述采矿方法相类似，所不同的是利用球状药（药包直径与装药长度之比不小于1:6），从下向上分段爆破平行下向深孔。在国外已经证明，它的技术经济效果是良好的，我国凡口铅锌矿现正在进行试验。

C　评价

阶段矿房采矿法具有回采工作安全，通风良好，矿房回采强度大，坑木消耗少等优点。它适合于开采矿石和围岩均稳固的厚和极厚的急倾斜矿床。缺点是：采准切割工作量大，掘进分段凿岩巷道时，机械化程度低，劳动强度大；由于矿柱的矿量所占的比重较大，而回采矿柱时，矿石损失和贫化都大，因此恶化了矿石的损失和贫化指标。但是，阶段凿岩的阶段矿房采矿法，特别是VCR采矿法是一种高效率采矿方法，可以预料，在我国相应的矿山将会得到较多的应用。

D　推荐采用的主要技术经济指标

（1）矿块生产能力：200～300t/日；

（2）采矿工效：25～44t/(台·班)；

（3）贫化率：10%～15%；

（4）损失率：10%～20%；

（5）炸药消耗：0.15～0.3kg/t。

2.1.3.4　削壁充填法

A　特点

削壁充填法是开采极薄矿脉的一种干式充填法。在回采过程中分别崩落矿石和围岩，采下矿石经溜井放出，崩落的废石则存留在采空区进行充填，支撑围岩，并作为回采工作台。

用留矿法开采极薄矿脉时，废石混入率有时竟高达60%～80%以上，而用削壁充填法，废石混入率通常可控制在20%～25%以下。由于废石混入率的减小，从而降低了采出矿石的运输、提升和选矿费用，还减少了随尾矿而流失的金属量。削壁充填法有利于最大限度地回收矿产资源和提高矿山开采的经济效益。

B 方案

削壁充填法主要用于开采急倾斜的极薄矿体，在个别矿山也用于开采缓倾斜的矿体。

开采急倾斜矿脉时，可按采场内矿石运搬方法的不同，分为人工运矿和机械运矿两种方案。国内当前使用这类采矿方法的多数矿山仍采用人工运矿方案，只在个别矿山采用了小型电耙及小铲运机运搬矿石。典型方案如图2－10所示。

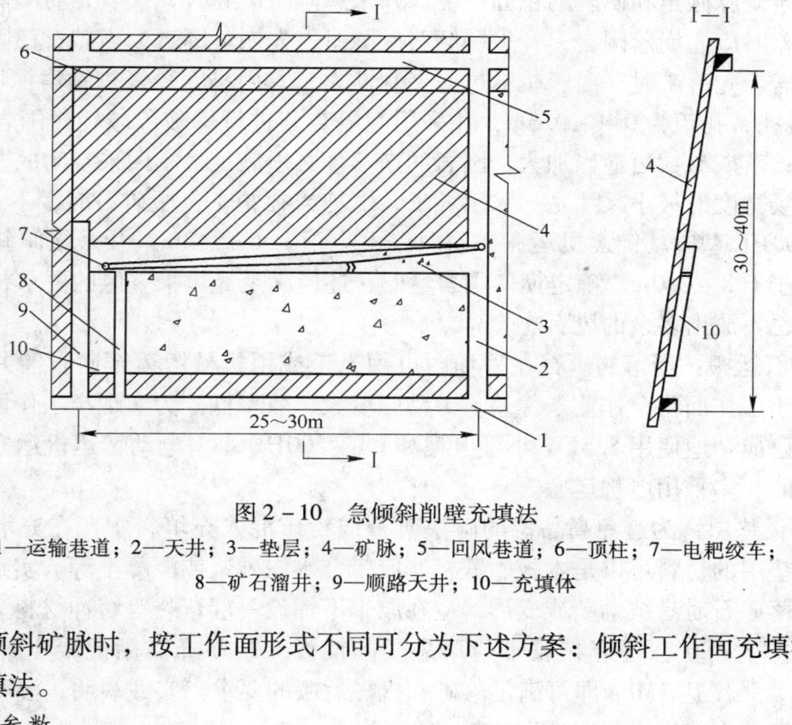

图2－10 急倾斜削壁充填法

1—运输巷道；2—天井；3—垫层；4—矿脉；5—回风巷道；6—顶柱；7—电耙绞车；8—矿石溜井；9—顺路天井；10—充填体

开采缓倾斜矿脉时，按工作面形式不同可分为下述方案：倾斜工作面充填法和沿走向壁式削壁充填法。

C 结构参数

由于极薄矿脉赋存条件变化大，开采技术条件复杂，阶段高度不宜过大，一般为30～40m；矿块长度取决于采场内的矿石运搬方法，采用机械运搬时按设备的有效运输距离确定：电耙运搬矿石时，单向耙运25～30m，双向耙运50～60m；铲运机运矿时可取75～150m，一般不留间柱底柱高度为2～4m，当矿石为品位高的高价矿石时，往往用人工砌筑的钢筋混凝土底柱或木棚底柱代替矿石底柱，顶柱厚度取决于矿岩稳定程度和回采方法，一般为2～4m；分层高度取决于矿岩的分采条件，变化在0.5～1.5m范围内；矿石溜井间距当采用人工运搬方式时，运距以不超过7～8m为宜；采用手推车运搬时可增加30m。

D 采准

开采急倾斜矿脉时，矿块下部的运输巷道可用沿脉探矿巷道：上山可布置在矿块一侧或中央，拉底巷道的宽度不宜过大，只要达到采场宽度并便于掘进即可；矿石溜井的数量和位置根据采场矿石的运搬方式而定；在回采过程中如有废石放出时，还应设置废石溜井。

开采缓倾斜矿脉时，运输巷道应在下盘岩石中掘进，以满足放矿要求；在矿房下部掘进拉底巷道，当采用壁式工作面回采方案时，利用上山作为切割上山或专门掘进切割上山；放矿溜井根据采场结构而定。

E 回采

削壁充填法回采工艺过程包括：落矿、矿石运搬、崩落围岩和充填、铺设垫层、架设顺路天井等。

(1) 崩落采矿和围岩：削壁充填采矿法要求对矿石和围岩分次崩落，崩落矿岩的先后顺序取决于矿脉倾角和矿岩的稳固程度。开采急倾斜矿脉时，一般先崩落矿石，而在围岩稳固条件差时应先崩落围岩；开采缓倾斜矿脉时，先崩落围岩，当矿石稳固性差时，应崩落顶板围岩。先落矿时，由于矿脉过薄夹制性大，宜用小直径钎头钻凿深度不超过1.0~1.5m的浅孔，孔距为0.4~0.6m，并采用间隔装药进行爆破以减轻对围岩的破坏。先崩落围岩时，落矿参数可适当加大，围岩的崩落量必须满足最小回采空间的要求，开采急倾斜矿体采场宽度的最小尺寸是：采用人工、电耙或独轮车运搬矿石时，不小于0.8；当采用CT－500HE型电动铲运机运搬矿石时，不小于1.1~1.2m。开采缓倾斜矿脉时，采幅高度不小于1.8~2.0m。确定崩落围岩量时，还应满足充填采空区的要求，力争既不外取充填料，也不放出多余的废石。

(2) 矿石运搬：崩落的矿石在采场内可用人工或用机械搬运至矿石溜井。人工运搬矿石时，由于工作面狭窄作业条件差，劳动强度大，效率低。为实现窄工作面矿石运搬机械化，目前已成功地使用5.5kW小型电耙和CT－500HE小型电动铲运机运搬矿石。开采缓倾斜矿脉时，多采用电耙运搬。

(3) 铺设垫层：为避免高品位的碎块矿石或粉矿混入充填料中，在充填体面上必须铺设垫层。垫层的材料可以是木板、铁板、胶带、水泥砂浆或混凝土等。实践表明，木板或铁板在崩落矿石时易被砸断或变形，应在胶带下铺设一层草袋等缓冲材料。为回收从胶带搭接处漏掉的粉矿，还应在胶带与草袋层间铺设一层帆布。用混凝土铺面的厚度为0.1~0.15m，强度达3MPa即可满足落矿和机械运搬的要求。实践表明，混凝土垫层有利于机械化运搬，也能最大限度地回收粉矿。

(4) 架设顺路天井：采场中的顺路人行井和顺路矿石溜井要随分层的向上推进而不断加高。顺路天井通常布置成双格，以供行人和运料。为给回采创造条件，顺路天井应超前回采分层一定的距离，多用木撑架设，但靠充填体的一侧要用密集木板隔开。为节省木料天井还可用钢板围成的圆圈逐段加高，筒内焊接人行梯子。顺路矿石溜井最好用3mm厚钢板围成的倒锥形圆筒架设，每节高为0.5~1.0m，直径0.6~0.8m。顺路矿石溜井还可以用木料架设，为防止粉矿损失，在溜井的内侧必须钉一层密接木板。

(5) 充填：开采急倾斜矿脉时，充填料用人工、电耙或铲运机倒运、平整充填料墙面。

开采缓倾斜矿脉时，充填工作是一项较繁重的体力劳动，随回采工作面的掘进，每隔1.5~2.0m用崩落下来的大块废石砌筑一道石墙，为使其具有良好的承压性能和不致在爆破时被击倒，应使墙面与水平面间有70°~80°夹角，石墙间用碎石填满。堆筑石墙和充填废石都要做到严密接顶。当开采局部矿脉较厚、崩落围岩不够充填时，也可以铲采用间断充填，这时为增加充填体稳定性还应在适当的位置架设一些由钢筋混凝土预制件垛成的挡墙。

F 评价

削壁充填法适合于开采矿石与围岩接触明显且易分离、贵重矿石或高价富矿、围岩不含品位、厚度小于0.3~0.4m的极薄矿脉。

这种采矿方法的突出优点是能最大限度地降低矿石的废石混入率，充填料能有效地支撑围岩使之不发生大面积错动。与混采方法比较其缺点是回采工序多且复杂，落矿效率低，材料消耗多，对垫层的铺设质量要求严格，矿块生产能力和工效较低，人工运搬矿石时劳动强度大。该方法与混采相比较，虽然采矿成本高，但由于降低了废石混入率和提高了出矿品位，条件适合时，矿石的最终效益会明显提高。

G 推荐采用主要技术经济指标

(1) 矿块生产能力：7~30t/d；

(2) 贫化率：11%~69%；

(3) 损失率：2.5%~3%；

(4) 采矿工人劳动生产率：1.77~3.7t/(工·班)；

(5) 炸药消耗：0.32~1.1kg/t。

2.2 钨矿的选矿

迄今，自然界中已经发现20多种钨矿物，其中工业价值最大的是白钨矿和黑钨矿。

黑钨矿 (Fe, Mn) WO_4是钨铁矿 $FeWO_4$和钨锰矿 $MnWO_4$所构成的一系列连续固溶体类质同象的混合物。其中锰、铁两元素可以无限制的相互替换。一般把 $w(FeWO_4):w(MnWO_4) \geq 80:20$ 的矿石称为钨铁矿，其比值 $\geq 20:80$ 的称为钨锰矿，介于两者之间称为钨锰铁矿。

白钨矿 ($CaWO_4$) 是由钙的钨酸盐组成，其化学成分（质量分数）为 WO_3 80.5%，CaO 为19.5%。表2-3列出了主要钨矿物的物理性质。

表2-3 主要钨矿物的物理性质

种类	钨锰铁矿	钨锰矿	钨铁矿	白钨矿
韧性	脆	脆	脆	脆
硬度	5~5.5	5~5.5	5~5.5	5~5.5
密度/$g \cdot cm^{-3}$	7.1~7.5	7.1~7.5	7.2~7.5	6.8
磁性	弱磁性	弱磁性	弱磁性	磁性极弱
颜色	褐红及黑色	褐红及黑色	褐红及黑色	乳白色

钨矿物的物理性质是钨矿石选矿的重要依据。

所有的钨矿床可以大致归纳成四类：石英脉型、岩体型、矽卡岩型、盐卤类型的矿床。不同的矿床类型，对应相应的选矿方法不同。表2-4列出了其对应关系。

表2-4　矿石类型与选矿方法的关系

类　型	赋存方式	脉石矿物	有用矿物	选矿方法
石英脉型	大脉状、脉状、条带状、细脉状构造	石英、萤石、长石、云母、电气石、黄玉、磷灰石、毒砂等	黑钨矿（多）、白钨矿、辉铋矿、辉钼矿、黄铜矿、黄铁矿、绿柱石、锆石等	预先富集+重选
岩体型	细脉状、网脉状、浸染状构造	石英、萤石、长石、云母、电气石、黄玉、磷灰石、毒砂等	黑钨矿（中）、白钨矿、辉铋矿、辉钼矿、黄铜矿、黄铁矿、锡石、磁铁矿、金红石、磁黄铁矿等	重选+浮选（少数需预先富集）
矽卡岩型	细网脉状、浸染状构造	石英、萤石、长石、方解石、石榴子石等	黑钨矿（少）、白钨矿、辉铋矿、云母、辉钼矿、电气石、黄铜矿、黄铁矿、闪锌矿、磁铁矿、金红石、磁黄铁矿等	浮选+化学选矿
盐卤类型	湖水和海水	—	—	化学选矿（离子交换）

随着大脉型的钨矿开采挖掘殆尽，钨矿资源的回收利用转向品位低、嵌布粒度细、赋存状态比较复杂的细网脉状或浸染状构造的钨矿石，同时也促进了钨选矿技术的进步。

2.2.1　我国钨精矿质量的要求

钨精矿质量标准与市场需求和科技进步有关。中华人民共和国成立以来先后共制定过4个部颁和国家级钨精矿质量标准，前三个都以追求精矿质量而逐个提高，一直以WO_3品位不低于65%的钨精矿为基本要求。随着石英脉型易选钨矿石资源的逐渐枯竭，岩体型尤其是细粒浸染状黑钨矿石的开采，黑钨精矿产品结构发生改变，进入21世纪以后，循环经济战略、清洁生产模式逐步深入人心，使人们更加珍惜资源，重视对资源的利用从而刺激了科技进步，特别是钨湿法冶金除杂技术的突破，使钨资源的利用更加充分有效；技术与经济相关性受到更加重视，促使新的钨精矿质量标准（YS/T 231—2007）应运而生，见表2-5。

表2-5　钨精矿的化学成分　　（质量分数/%）

品种			WO_3	杂质含量（不大于）									用途举例
类型	类别	品级	（不小于）	S	P	As	Mo	Ca	Mn	Cu	Sn	SiO_2	
黑钨精矿	Ⅰ类	特级	68	0.4	0.03	0.10	—	5.0	—	0.06	0.15	7.0	优质钨铁、直接冶炼合金钢
		一级	65	0.7	0.05	0.15	—	5.0	—	0.13	0.20	7.0	钨铁
		二级	60	0.7	0.05	0.20	—	5.0	—	0.15	0.20	—	
	Ⅱ类	一级	65	0.7	0.10	0.10	0.05	3.0	—	0.25	0.20	5.0	仲钨酸铵、硬质合金、钨材、钨丝、触媒
		二级	65	0.8	0.10	0.15	0.05	5.0	—	0.25	0.25	7.0	
		三级	60	0.9	0.10	0.15	0.10	5.0	—	0.30	0.30	—	
		四级	55	1.0	0.10	0.15	0.20	5.0	—	0.30	0.35	—	
		五级	50	1.2	0.12	0.15	0.20	6.0	—	0.35	0.40	—	

续表 2-5

品种			WO_3（不小于）	杂质含量（不大于）									用途举例
类型	类别	品级		S	P	As	Mo	Ca	Mn	Cu	Sn	SiO_2	
白钨精矿	Ⅰ类	特级	68	0.4	0.03	0.03	—	—	0.5	0.03	0.03	2.0	直接炼合金钢、优质钨钢
		一级	65	0.7	0.05	0.15	—	—	1.0	0.13	0.20	7.0	钨铁
		二级	60	0.7	0.05	0.20	—	—	1.5	0.25	0.20	—	
	Ⅱ类	一级	65	0.7	0.10	0.10	0.05	—	1.0	0.25	0.20	5.0	仲钨酸铵、硬质合金、钨材、钨丝、触媒
		二级	65	0.8	0.10	0.10	—	—	1.5	0.25	0.20	7.0	
		三级	60	0.9	0.10	0.15	—	—	2.0	0.3	0.20	—	
		四级	55	1.0	0.10	0.15	—	—	2.0	0.3	0.35	—	
		五级	50	1.2	0.12	0.15	—	—	2.0	0.3	0.40	—	
混合钨精矿			65	0.7	0.10	0.10	—	—	—	0.25	0.20	5.0	仲钨酸铵、硬质合金等
钨细泥			30	2.0	0.50	0.30	—	—	—	0.5	—	—	

注：1. 表中“—”为杂质不限；
2. 精矿中钽铌为有价元素，供方应报出分析数据；
3. 混合钨精矿、钨细泥的 Mo、Ca、Mn 虽不限制，但供方应报出分析数据；
4. 供需双方对表中规定的个别杂质含量及其他杂质（如 Fe、Sb、Pb、Bi 等）有特殊需要时，可协商解决。

按照 YS/T 231—2007 标准钨精矿按矿物类型分为黑钨精矿和白钨精矿两种；按冶金方法分为Ⅰ类和Ⅱ类两种类别，Ⅰ类主要供火法冶炼用，Ⅱ类供湿法冶炼用；按化学成分划分为特级、一级、二级、四级、五级、混合钨精矿和钨细泥，共 18 个品种。混合钨精矿是指黑钨、白钨没有严格分离的钨精矿。钨细泥是指粒度小于 0.074mm（WO_3 含量为 30% ~40%）、杂质含量较高的钨矿产品，仅供湿法冶炼用。

钨精矿质量除 WO_3 品位、杂质含量外，还对产品的粒度、水分有要求。一般情况下其粒度不宜大于 9mm（钨细泥除外），水分不大于 1%。

2.2.2 我国黑钨矿的选矿工艺

2.2.2.1 黑钨矿石的重选

20 世纪 90 年代前，我国的绝大多数钨矿山开采的钨矿以石英脉型黑钨矿为主，黑钨矿多呈粗、中粒嵌布为主，因此，重选方法占有绝对地位。之后，特别是 21 世纪以来，随着石英脉型钨矿石越来越少，岩体型钨矿石逐渐增多，黑钨矿石的选矿方法出现多元化，但是，黑钨矿比重大、性脆易泥化的特点决定了重选法仍然是钨矿山的首选。在实践中积累的经验至今仍起着重要的指导作用。这些经验可大致归纳为：采用重选为核心的预选富集，手选丢废；三级跳汰，多级摇床，阶段磨矿，摇床丢尾；细泥归队集中处理，多种工艺精选，矿物综合回收的选矿流程。从开采出的原矿到分选出精矿大致经历以下几个工序。

A 矿石破碎

大型钨矿选厂和多数中型钨选厂都采用三段一闭路的破碎流程；小型钨选厂和少数中型钨选厂采用两段一闭路或两段开路破碎流程，为了降低磨矿能耗和减少矿石泥化，一般都多碎少磨，降低矿石入选粒度。目前，我国大多数矿山的矿石破碎最终粒度为 8～12mm。

B　预先富集

通常，石英脉黑钨矿石入选原矿中混入围岩量多达 80% 左右，贫化了原矿品位，据统计我国大多数黑钨矿山的出窿原矿 WO_3 的品位在 0.2%～0.25%，因此，设置预选作业丢弃围岩废石提高入选品位，扩大选矿处理能力，提高选矿回收率、降低选矿成本，成为黑钨矿山提高经济效益的重要举措。主要的预选方法有手选、光电选矿、重介质选矿和动筛跳汰等，我国大多数黑钨选矿厂采用手选和动筛跳汰预选抛尾。手选成为我国钨矿山预选的主要手段，一方面是源于我国有着丰富廉价的劳动力资源，另一方面是因为脉石和围岩颜色差别显著，易于肉眼识别。手选可分为正手选（拣出脉石）和反手选两种，多用于粗粒物料。据统计我国钨矿山经手选平均废石选出率可达 50% 左右，预选富集作业 WO_3 的回收率一般为 96%～98%。动筛跳汰机则多用于相对较细的物料。

C　重选与磨矿

黑钨矿石重选的核心在于跳汰、摇床选别与磨矿的有机结合。阶段磨矿、阶段选别，能收早收、早收多收，窄级别入选等我国黑钨选矿厂通过长期生产实践积累出来的经验，被集中的体现在这个工艺环节中。我国石英脉型黑钨矿山的典型重选简易流程如图 2－11 所示。

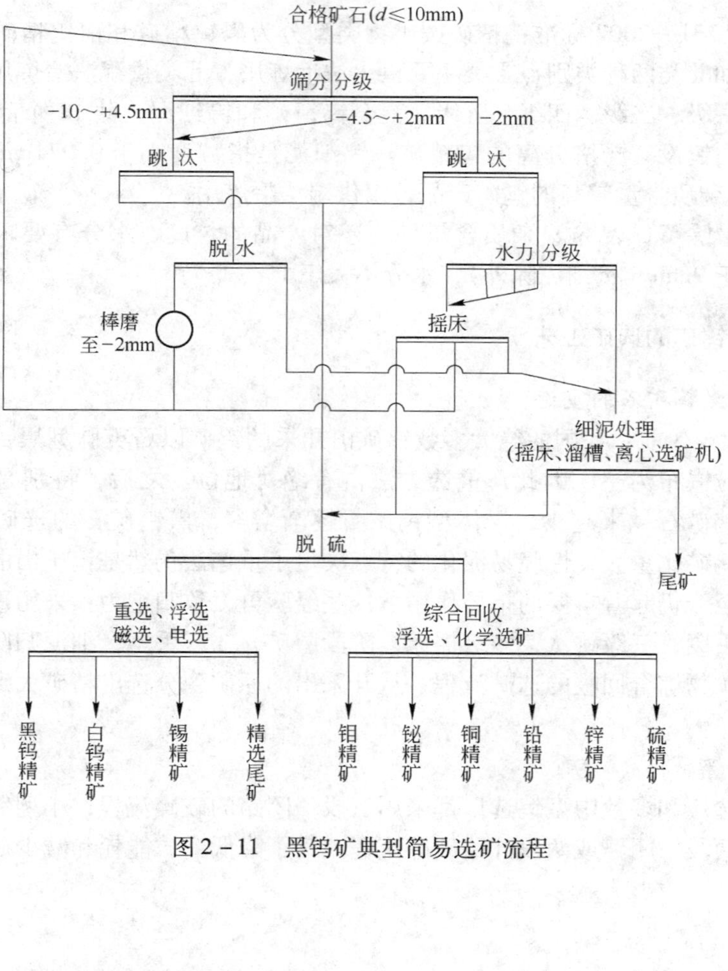

图 2－11　黑钨矿典型简易选矿流程

重选（有的选厂称前重）以跳汰选别作业为主，预选的合格矿一般经筛分分为粗粒（-10～+4.5mm）、中粒（-4.5～+2.0mm）、细粒（-2.0mm）3个级别进入跳汰作业。据统计，跳汰作业所回收的精矿占全部重选精矿的30%～50%；粗、中粒跳汰的作业回收率可达65%～75%，细粒跳汰约为35%～45%。细粒跳汰尾矿经水力分级（5～7级）后入摇床分选，摇床作业丢尾，摇床作业的回收率一般为70%～80%。

磨矿作业设置于重选流程中主要用来磨粗、中粒跳汰尾矿，而磨矿设备通常多用棒磨机。部分选厂也有设置第二段磨矿用于磨摇床中矿的。磨矿作业产品返回分级、筛分，构成大闭路循环，最后经摇床丢尾。据统计，重选段所获得的粗精矿一般含 WO_3 30%～35%，作业回收率可达85%～92%。最高达96%，最低约75%。

D 精选及综合回收

除少数小型钨矿外，钨选矿厂都设有精选工序，对重选精矿进行精选（有的选厂称后重作业）和综合回收，以获得符合标准的商品钨精矿和回收伴生的有价金属矿物。

精选是黑钨矿选厂最复杂的工序，应用到的选矿方法最多，可有重选、磁选、浮选、电选、化学选矿等几乎所有的选矿方法。重选主要是以跳汰、摇床来进一步剔除脉石，提高粗精矿品位；粗精矿中黑钨矿与硫化矿的分离主要采用粒浮或泡沫浮选；黑钨矿与锡石、白钨矿的分离大都采用磁选工艺；而锡石与白钨矿的分离以采用电选为多；黑钨精矿的除杂则多采用电选、浮选、化学浸出等。

矿产资源属不可再生资源，综合回收钨矿石中的伴生有价矿物是提高钨矿山经济效益的重要手段。在许多钨选厂都得到充分重视，虽然锡、钼、铋、铜、铅、锌等有价金属矿物在原矿石中含量都很低，一般都没有直接回收的价值，但这类矿物的密度都较大，在重选过程中或以单体或以与钨呈连生体一块富集在钨粗精矿中，因此，从重选粗精矿中进行多金属综合回收就具有重要意义。伴生于钨矿石中的钼、铋、铜、铅、锌等金属一般多以硫化矿赋存。我国的大多数钨选矿厂都采用台浮（粒浮）摇床处理黑钨粗精矿，使硫化矿从中分离出来，然后用浮选法分离硫化矿。

E 细泥处理

细泥单独处理是我国黑钨矿选矿的另一特色。也是黑钨矿选矿工艺拓展完善和技术进展的亮点。钨矿石性脆、易泥化，在采选过程中容易产生大量细泥。钨细泥不仅产率大，而且 WO_3 金属占有率高。据全国十几个主要钨选矿厂的统计，原、次生矿泥的产率占出窿原矿的11.00%～14.00%，每年的矿泥有几十万吨，相应的 WO_3 金属占有率为15.00%～20.00%；且细泥粒度细，小于74μm的含量为70%～80%，部分钨矿山细泥小于10μm级别超过20%。据统计，1983～1985年各钨选厂的细泥回收率一般为40%～50%，精矿品位15%～25%，最低的钨矿山细泥回收率只有22%～27%。调查结果表明，当前钨选矿厂尾矿中钨金属损失的80%是钨细泥的损失，因此研究钨细泥，提高钨细泥的选别指标是提高钨选厂回收率的关键所在。

用单一的摇床流程处理钨细泥，虽然工艺简单可靠，容易操作，选矿技术指标稳定，但回收率较低，-40μm以下的粒级几乎不能回收，因此，联合选矿方法登上了钨细泥回收的舞台并收到了不错的效果。如江西的荡坪钨矿将原钨细泥单一摇床工艺流程改进为细泥摇床—绒毯溜槽—横流皮带选矿机精选的联合流程，投入工业生产，获得的精矿品位相对稳定，钨细泥回收率平均提高了22.89%，每年可多回收钨金属4～10t。

随着离心选矿技术的完善，钨细泥选矿的发展再上一个台阶。铁山垅钨矿黑钨细粒含WO_3为0.56%，其中+74μmWO_3金属量仅占7.00%，-40μmWO_3金属量占66.00%。采用离心选矿机粗选丢尾，抛尾率高达83.00%，获钨粗精矿含$WO_3$2.70%，粗选回收率80.50%，钨粗精矿浮选以混合甲苯胂酸为捕收剂，经一次粗选、一次扫选，得到钨精矿含$WO_3$36.75%，富集比为13.61，回收率达91.29%。西华山钨矿采用重—浮联合流程：以离心选矿机处理该矿精选段浓缩作业的溢流沉淀，其粒度小于40μm的产率占83.00%。经一次选别得到粗精矿含WO_3品位为9.00%，该精矿再用浮选法精选，以A-22为捕收剂，硅氟酸钠和硅酸钠为硅酸盐和稀土矿物的抑制剂，一次浮选得到精矿品位为36.60%WO_3，尾矿品位为0.07%WO_3，作业回收率达98.00%。

采用离心选矿机—浮选流程，其特点是细泥原矿浆不经分级入选，既节省了分级工序，又充分发挥了离心选矿机的潜力。离心选矿机处理量大，粗选时就可以丢弃大量的尾矿，且回收粒级下限低，可达10μm。实践表明，离心选矿机获得的粗精矿再用浮选精选，回收率比全摇床流程高。

漂塘钨矿大龙山选厂对其原钨细泥处理工艺进行改进、完善。设置两台SQC-2-700磁选机、一台900mm×900mm倾斜浓密箱和一台6-S刻槽水泥摇床组成的磁—重流程，经工业试验和投入试生产，细泥精矿品位提高10.00%，细泥作业回收率提高30.00%。

2.2.2.2　黑钨矿浮选

黑钨矿浮选主要用于呈细粒嵌布的黑钨矿石和黑钨细泥的处理。由于黑钨矿被认为是由钨铁矿$FeWO_4$和钨锰矿$MnWO_4$所构成的一系列连续固溶体类质同象的混合物，因此这三种钨矿物的可浮性顺序大致为：钨锰矿>黑钨矿>钨铁矿。

黑钨矿的捕收剂有油酸、甲苯胂酸、羟肟酸、甲苄砷酸和苯乙烯膦酸等胂酸以及一些螯合剂，如，8-羟基喹啉等。另外，一些捕收剂的组合使用也有报道，如胂酸（或磷酸）与美狄兰组合，8-羟基喹啉与煤油组合等，这些药剂为提高黑钨细泥的回收率起了很好的作用。用油酸（十八烯酸［9］）浮选黑钨矿时一般以碳酸钠作pH值剂在碱性介质中进行；用砷酸类、磷酸类捕收剂浮选黑钨矿都在酸性介质中进行，常用硫酸调节；硝酸铅是黑钨矿的常用活化剂。

浮选黑钨矿时常用的脉石抑制剂是氟硅酸钠、水玻璃、水玻璃和硫酸铝的混合物、硫酸和氟氢酸等，但是，当这些抑制剂用量大时同样会抑制黑钨矿，因此必须严格控制其用量。

相对于重选来说，钨浮选的优点是明显的：设备配置简单、处理量大、产品质量和回收率高。但它的缺点也同样突出：选矿成本高（尤其是黑钨矿），污染严重。因此，开发低成本、低用量、低污染的浮选药剂将成为钨浮选研究的一个热点和方向。

朱建光等人曾以甲苄胂酸为主要捕收剂，丁基黄药为辅助捕收剂，$Pb(NO_3)_2$为活化剂，精选离心机黑钨粗精矿。工业试验结果，可从含WO_3 14.07%的给矿中，得到52.16%WO_3的黑钨精矿，WO_3回收率为89.96%。但是，由于这类药剂大部分有一定毒性，在制造和使用过程中会造成环境污染，越来越引起人们的注意，从而推动了替代它们的新型黑钨矿捕收剂的研制和应用。

各种羟肟酸例如水杨羟肟酸、萘羟肟酸、苯甲羟肟酸等螯合捕收剂的研制和应用近年来都获得很好的效果。试验研究和选矿实践表明，这类羟肟酸是黑钨矿的良好捕收剂，其毒性远比砷、磷酸类捕收剂弱，它们在黑钨矿表面产生化学吸附，与黑钨矿表面定位离子Fe^{2+}、Mn^{2+}生成的螯合物比其他直线形捕收剂在黑钨矿表面生成的产物要稳定得多。苯甲羟肟酸和萘羟肟酸已成功地应用于柿竹园矿黑钨细泥的浮选。研究表明，以硝酸铅为活化剂，添加以苯甲羟肟酸为主、塔尔油与煤油为辅的组合捕收剂，可以充分发挥药剂间的互补和协同效应，强化捕收效果，大大降低主捕收剂的用量。广州有色研究院从黑钨细泥浮选作用机理入手，开展黑钨细泥与萤石、方解石、石英等矿物浮选分离研究，采用苯甲羟肟酸与塔尔皂等组合捕收剂，硝酸铅为活化剂，以水玻璃为主、组合添加硫酸铝、羧甲基纤维素为抑制剂，浮选湖南柿竹园矿 -40μm 粒级约占 90.00% 的黑钨细泥时，当给矿含 WO_3 1.62%，获得粗精矿含 WO_3 8.78%，粗选回收率达到 79.03% 的试验指标，粗精矿精选时再添加氟硅酸钠为抑制剂，采用一次粗选、三次精选、三次扫选精选流程，获得黑钨细泥精矿含 WO_3 48.91%，回收率 70.89% 的工业生产指标。

新型羟肟基螯合捕收剂 COBA 对黑钨矿有良好的捕收性能，但单独使用时，黑钨矿基本不浮，只有与油酸和 2 号油混合使用时才能有效发挥其捕收性能。-75 ~ +38μm 黑钨矿单矿物浮选试验表明：单独使用油酸钠 8×10^{-5}mol/L 时钨的回收率才达 90%，而采用 COBA 与油酸钠的混合捕收剂用量只需 3×10^{-5}mol/L 并辅加 2 号油 50mg/L 时，钨的回收率就可达 90%，当混合捕收剂用量增大到 5×10^{-5}mol/L 时，钨的回收率可达 99.1%，说明使用 COBA 可以大大减少药剂用量，COBA 对黑钨矿有很好的捕收性能。

有用矿物的选择性絮团能增大浮选粒度，提高微细粒浮选速率。20 世纪 90 年代，有人对黑钨矿选择性絮凝剂进行了研究，根据聚合物与捕收剂的联合选择性团聚作用，提出了一种新的絮团浮选工艺—CPC 絮团浮选。被选用的絮凝剂主要有聚丙烯酸、阴离子聚丙烯酰胺（APAM）羧甲基纤维素（CMC）糊精和 FD 等，值得注意的是这些絮凝剂一般都要进行适当改性后才会具有较好的选择性絮凝作用，但这些研究尚处于实验室阶段。

2.2.3 我国白钨矿的选矿工艺

我国的白钨矿储量丰富，据已探明的钨矿资源总储量中白钨矿大于黑钨矿。2002 年统计黑钨矿占 28.9%，白钨矿占 70.5%。但目前实际开采的白钨矿床却少于黑钨矿床。近年来，随着黑钨矿储量下降和原矿品位降低，不少黑钨矿山相继闭坑或停产，黑钨产量显著下降，亟待加大白钨矿开发力度，以保持钨业持续发展。

目前，已开采的白钨矿石大致可分为三类：第一类为矽卡岩铅 - 锌 - 铜 - 白钨矿石，白钨矿呈浸染状嵌布，一般粒度为 0.1 ~ 0.2mm，矿石磨矿后，先混合浮选铜、铅、锌混合精矿，再分离获得铜精矿、铅精矿、锌精矿和硫精矿，混浮尾矿经调浆后浮选白钨矿，经多次精选可获优质白钨精矿，WO_3 回收率一般为 79% ~ 80%；第二类为石英脉 - 自然金 - 锑 - 白钨矿石，白钨矿呈粗细不均匀嵌布，采用阶段磨矿阶段选别的重 - 浮联合流程处理，一段磨矿后用摇床选得金、锑、白钨矿混合精矿，再用浮选 - 摇床分离得到白钨矿和金 - 锑精矿，一段摇床尾矿经二段磨矿后用油酸浮得细粒白钨精矿和金 - 锑混合精矿，WO_3 的选矿回收率一般为 82% ~ 83%。第三类为热液充填交代萤石型 - 铅 - 锌 - 白钨矿石，一般采用浮 - 重联合工艺流程可获得硫化矿精矿和白钨精矿。

白钨矿的比重较大，选矿方法的选择一般与其嵌布粒度有关，当其呈粗粒嵌布时，属易选钨矿石，采用与黑钨矿石相同的方法即重选方法处理。白钨矿的浮选性能优于黑钨矿，我国已经发现的白钨矿床中绝大多数白钨矿的品位低，嵌布粒度细，达到理想的解离粒度大多属于浮选粒度范围，故白钨矿选矿主体工艺及其选矿技术研究主要集中于浮选。

2.2.3.1　白钨浮选药剂

白钨浮选常用的捕收剂有油酸及其代用品如731氧化石蜡皂、妥尔油等，这类药剂的共同特点是对温度较敏感，温度越低时它在矿浆中的分散越差，通过皂化或添加乳化剂可以改善其使用效果。近年来，以苯甲羟肟酸和CF（亚硝基苯胲胺盐）为代表的螯合捕收剂开始推广应用于白钨矿浮选，如CF、GY系列、R31、胺类捕收剂松脂胺、SW或CKY等，但一般都与脂肪酸及其皂类混合使用，并适量添加硝酸铅作活化剂，以发挥这类捕收剂选择性强的优势。此外，也有人用氨基酸类两性捕收剂用于白钨矿的浮选，如RO—12（N—十四酰基氨基乙酸）、RO—14（N—十六酰基氨基乙酸）等。

有人对苯甲羟肟酸捕收白钨矿浮选溶液化学研究中，在白钨浮选过程中苯甲羟肟酸作白钨捕收剂，苯甲羟肟酸离子会螯合在白钨矿表面，苯甲羟肟酸分子的非极性部分又会以氢键的形式吸附在原先的单分子层上，这种离子—分子共吸附的作用，增加苯甲羟肟酸的活性，导致白钨矿最大的回收率和最大的吸附量。在 $4.7 < pH$ 值 < 13.7 区间内，金属定位离子为 Ca^{2+}，有利于苯甲羟肟酸静电吸附，且通过化学键合，达到最佳浮选效果。

白钨浮选的矿浆pH值剂通常有碳酸钠和氢氧化钠；对脉石最常用的抑制剂是水玻璃。水玻璃的模数（SiO_2/Na_2O）和pH值对抑制效果有显著的影响。研制和应用高效选择性抑制剂一直是白钨矿与以萤石、方解石、磷灰石为主的含钙脉石矿物浮选分离的关键，目前已经较少单独使用水玻璃作抑制剂。提高抑制剂的选择性有三条途径：一是碳酸钠与水玻璃组合。从浮选溶液化学的角度看，碳酸钠作为强碱弱酸盐不仅可以调节矿浆的酸碱度，还兼有软化水质、减少捕收剂消耗和分散矿泥的作用；当它与水玻璃组合使用时，会影响水玻璃在矿浆中起主要抑制作用的 $HSiO_3^{2-}$ 有效组分的浓度。值得注意的是，水玻璃（$Na_2O \cdot mSiO_2$）的模数 m 值对矿物组成不同的矿石，尤其是萤石、方解石的比例不同，它的抑制作用也不同。二是水玻璃与高价金属离子、偏磷酸盐、氟硅酸盐、羧甲基纤维素等混合添加或制成组合抑制剂。组合抑制剂的应用，不但大大减少了水玻璃的用量，强化了对含钙脉石矿物的选择性抑制作用，也对用常温浮选取代长期用“彼得洛夫法”进行白钨精选的传统工艺有了可能的途径。因此，这种方法已成为目前提高白钨浮选选择性的主流。水玻璃是常用的硅酸盐类矿物的有效抑制剂，在常温下对一些含钙脉石也有一定的抑制作用，通过添加高价金属离子可使其在某些脉石矿物表面产生选择性吸附来强化水玻璃的抑制作用，从而提高水玻璃对性质类似的矿物分离时的选择性。研究表明，在pH值为4～9时有 $Pb(NO_3)_2$ 存在的情况下，对萤石有明显的抑制作用，而对白钨矿和黑钨矿的可浮性影响不大，但对方解石则没有抑制作用。羧甲基纤维素对方解石和萤石有良好的抑制作用，但对白钨矿也有一定的抑制作用，在添加羧甲基纤维素后，白钨矿可浮性高的pH值范围被缩小至7.0～9.0，pH值为8～9时萤石基本被抑制，pH值为9.0时，方解石也被基本抑制，可见，使用这类抑制剂时必须严格控制好pH值。三是矿浆加温。对有水玻璃存在的矿浆加温并达到一定温度时，吸附在脉石矿物表面的捕收剂膜比白钨矿更易解析，从而受到抑制。这是高温浓浆法得以应用的主要依据，由于需要消耗大量能源，一般仅用于粗精矿的加温。实践已经证明，强化对脉石抑制的选择性是实现白钨浮选分离的关键。不同类型的白钨矿矿石需要采用不同的抑制剂组合。

脉石抑制剂大体可分为无机和有机抑制剂两大类。有机抑制剂常用的有单宁、白雀树皮汁等。有人研究抑制剂咔唑磺酸钠、蒽磺酸钠、菲磺酸钠对矿物可浮性的影响，结果表明咔唑磺酸钠抑制选择性最好，进一步考察代用品 SMR（含咔唑磺酸钠 23.46%），其抑制效果优于硅酸钠与硫酸亚铁混合物，是一种很有前途的白钨矿浮选调整剂。还有人研究获得，在柠檬酸溶液中测出白钨矿表面的动电电位无明显变化，而萤石表面动电电位明显变负，说明柠檬酸未在白钨矿表面吸附，而被吸附在萤石表面，是萤石表面亲水，降低其可浮性。用柠檬酸为抑制剂、F_{305}为捕收剂对品位为 0.57% WO_3的柿竹园矿原矿进行试验，获得粗精矿品位为 3.24% WO_3，回收率为 88.45% 的指标。此外，在白钨矿浮选中研究过的有机调整剂还有糊精、淀粉等。

白钨矿浮选的难易与脉石的种类有关，当脉石以石英及硅酸盐矿物为主时，属易选矿石；此时，以碳酸钠为矿浆 pH 值剂，水玻璃作脉石抑制剂，油酸或其代用品为捕收剂，经粗、扫选和多次精选就可以获得合格的白钨精矿。当脉石以方解石、萤石、磷灰石、重晶石等碳酸盐为主时，由于矿物的可浮性相近而变得难选，在这一类矿石中最常见的脉石依次是方解石、萤石、磷灰石，当脉石中含有较多的重晶石时则更加难选。

2.2.3.2 白钨浮选工艺

目前，白钨浮选应用成熟的工艺有彼德诺夫法（即浓浆高温法）和 731 氧化石蜡皂常温浮选法等。前者一般浮选指标稳定，对矿石的适应性强，但需要加温矿浆，选矿成本较高。后者的工艺流程简单，便于操作、成本低，但对温度的适应性较差，通常适用于南方地区。近年来，有人采用阴离子或非离子型乳化剂与 731 氧化石蜡皂混合用于我国北方地区获得了成功。

A 加温浮选工艺

该方法即浓浆高温法。白钨矿石经磨矿后以碳酸钠为 pH 值剂、水玻璃作抑制剂，油酸为捕收剂调浆常温粗选；粗精矿经浓缩后，添加大量水玻璃在高温 90～95℃条件下长时间强烈搅拌，利用矿物间表面吸附的捕收剂膜解析速度的不同，使方解石、萤石等脉石受到强烈抑制而白钨矿仍疏水可浮，然后稀释常温精选。近年来，有人用羟肟酸类高效捕收剂替代油酸类用于白钨粗选收到不错的效果。如江西某大型白钨矿，以 GY 替代 731 氧化石蜡皂作白钨矿的捕收剂，采用“优先浮铜脱硫—白钨粗选—粗精矿加温搅拌不脱药精选”工艺流程，获钨品位为 65.37%，对原矿钨回收率为 86.31% 的最终钨精矿，WO_3回收率明显提高。广东粤北地区某大型矽卡岩型白钨矿，用 R31 为捕收剂替代油酸，Na_2CO_3为调整剂，水玻璃为抑制剂进行白钨粗选，白钨精选采用加温浮选的工艺，在原矿含 $WO_3$0.28% 的小型试验中，获得白钨精矿品位 73.10%，回收率 81.67%。

柿竹园白钨矿精选虽然还应用加温法，但已经对传统的“彼德诺夫法”进行了改进，改添加单一水玻璃为以水玻璃为主的组合抑制剂，不但取消了脱药和脱硫工序，而且改善了精选的效果，原来采用的彼德诺夫法精选，给矿含 WO_3 18.76%，经一粗三精四扫的流程后获得了白钨精矿含 WO_3 69.78%，回收率为 58.04%。

B 常温浮选工艺

该方法即白钨的粗、精选均在常温下进行。与加温法相比，此法更加重视粗选作业。强化粗选作业对脉石矿物抑制的选择性，获得较高的粗选富集比，是 731 氧化石蜡皂常温浮选法的技术关键。一般可以有两种渠道：一是利用不同的水玻璃模数对脉石矿物有不同的抑制作用来提高抑制的选择性；二是采用混合抑制剂。江西理工大学在这方面做了较多的工作。如在白钨浮选试验中采用“水玻璃+偏磷酸盐”组合抑制剂获得了很好的效果，这种组合抑制剂对含磷矿物有较强的抑制能力并兼有调泡作用。对我国皖南某含磷灰石的矽卡岩白钨矿采用731氧化石蜡皂和妥尔油为捕收剂，水玻璃+偏磷酸盐为抑制剂，经一次粗选、二次扫选、六次精选的闭路流程试验，从含 WO_3 0.37%、含 P_2O_5 0.12%原矿中，获得的白钨精矿含 WO_3 70.18%、含P 0.03%，钨的回收率为85.35%的指标。“石灰+碳酸钠法”是另一类混合抑制剂的添加方法，目前已有较多的应用。其实质是，在浮选中先添加适量石灰搅拌调浆，然后再添加碳酸钠和水玻璃，石灰中的钙离子首先吸附在方解石、萤石、石英表面，后添加的碳酸钠使这些矿物表面产生碳酸钙沉淀，形成微粒覆盖层，使其受到抑制，而白钨矿表面则一直荷负电，没有任何沉淀产生，保持良好的可浮性。石灰的另一作用是对锡石、硫化物、砷化物也有抑制作用，可以减少这些杂质的上浮。该法用于湖南柿竹园多金属矿石的白钨浮选，试样含 WO_3 0.52%，获粗精矿含 WO_3 10.81%，其富集比比传统的碳酸钠法高58.78%。而作业回收率相近。

不同的水玻璃模数对脉石矿物的抑制作用不同，一般认为水玻璃模数在一定范围内，模数越大抑制作用越强，但是，由于矿石的产地、成矿条件不同，其矿物的组成也不同，从而引起水玻璃的抑制作用的不同。河南栾川某选钼尾矿属低品位，其含 WO_3 0.10%、Mo0.034%，主要以白钨矿和辉钼矿存在；脉石矿物以石榴子石、透辉石等硅酸盐矿物为主，次为方解石（7%）、萤石（5%）。江西理工大学研究人员在现场取瞬时浮钼尾矿矿浆样进行验证试验，在白钨粗选其他药剂条件相同时，用模数为2.2～2.3的水玻璃与现场使用的水玻璃对比，结果获白钨粗精矿含 WO_3 6.30%，富集比达63，比现场使用的模数为3.2的水玻璃高16（白钨粗精矿含 WO_3 4.72%/富集比47.2），为白钨常温精选创造了条件。试验室优先浮钼脱硫后，郭亮明[27]对张掖有色金属公司白钨矿石优先浮选硫化矿，采用阴离子、非离子型乳化剂或它们的复合物乳化剂（*A* 和 *B* 以5:6的比例混合）对白钨矿捕收剂731进行乳化，在低温环境下，进行一次粗选白钨粗精矿品位20.03%。

2.2.3.3　细粒低品位白钨浮选

我国的白钨矿储量中贫、细、杂的矿床占多数，还有大量属于品位极低、赋存于其他金属矿床中的白钨矿，这里白钨矿的选矿是我们近期需要认真研究的问题。进入80年代后，开采的白钨矿石品位每况愈下，传统的浮选工艺也越来越不能适应矿石的贫、细、杂化。在这种形势下，许多新工艺、新药剂脱颖而出，极大的推动了细粒低品位白钨矿的浮选技术。

河南栾川钼钨矿田含白钨资源，其白钨矿 WO_3 储量达62万吨，但由于矿石中 WO_3 含量低，自开发利用钼以来，一直未能找到合适的工艺综合回收钨，数万吨被丢弃于尾矿中。2000年我国厦门钨业集团率先在河南栾川建成4500t/d选厂投产，处理洛钼集团二公司钼选厂的同步浮选尾矿，2006年又引进快速浮选设备射流式浮选机，使日处理能力扩大到15kt。2008年江西理工大学以栾川三道庄尾矿库老尾矿为试料，用碳酸钠调浆，以改性的731氧化石蜡皂组合TS为捕收剂，模数为2.2的水玻璃作抑制剂进行常温浮选工艺回收白钨矿，现场试验经一次粗选、二次扫选、三次精选，获白钨精矿含 WO_3 29.84%，回收率为83.82%的指标。

采用重-浮联合流程回收江西某地细粒难选白钨矿石原矿的研究取得成功。对 WO_3

品位1.45%的原矿，试验采用棒磨—细筛闭路磨矿，溢流经螺旋溜槽重选丢弃约75%的尾矿，产出含 WO_3 30.50%的粗精矿，再用常温浮选法精选，可获得白钨精矿含 WO_3 66.58%。对选厂的原、次生细泥集中归队，经浓缩后浮选回收细泥中的白钨矿，最终获得白钨精矿的总回收率达82.15%，与全浮流程接近，但重—浮工艺由于预选抛尾使选矿成本大大降低。

近年来，浮选柱处理钨细泥较为活跃，已有多家钨矿山得到应用。为提高钨资源利用效率，针对湖南安化湘安钨业公司白钨浮选尾矿中微细粒级在浮选机中未能有效分选的特点，利用微泡技术开发了CMPT微泡浮选柱。半工业试验和工业试验表明，微泡浮选柱能从浮选尾矿中回收微细粒级白钨。通过半工业试验获得了浮选柱的较优工作参数，工业试验表明其平均精矿质量和回收率分别为24.52%和43.41%，富集比达35.03。经水析试验发现5~10μm，10~19μm，19~38μm 3个粒级的回收率均达到65.00%。表明微泡浮选柱能较好地回收细粒和微细粒白钨。

国外有学者研究了超细粒白钨矿的剪切絮凝，认为悬浮于油酸钠溶液中的高负荷的钨矿粒在高速剪切力的作用下搅拌可以形成絮团，絮团可浮性比细粒钨矿好得多。白钨矿形成絮团后其浮游速度比分散之颗粒快20倍，回收率由30%提高至50%，而精矿品位不降低，说明剪切絮凝是处理细粒白钨矿的有效方法。

2.2.4 我国黑、白钨混合矿的选矿工艺

自然界完全不含白钨的黑钨矿石和完全不含黑钨的白钨矿石很少见，通常把白钨相 WO_3 占有率小于10%的划为黑钨矿石；把黑钨相 WO_3 占有率小于10%的划为白钨矿石。介于两者之间的为黑白钨混合矿石。

黑白钨混合矿石通常要比黑钨矿石和白钨矿石更加难选，其主要原因是因为白钨矿的嵌布粒度要比黑钨矿细得多，一般以浮选为主要回收方法，即黑白钨需要采用不同的选矿方法才能有效回收。黑、白钨矿均属脆性矿物，白钨矿嵌布粒度又细，因此细粒黑、白钨混杂不可避免，分选难度大。

以湖南柿竹园多金属矿为代表的黑、白钨、钼、铋、萤石多金属矿石的选矿技术，自20世纪90年代初起，经过近20年的科技攻关获得了重大突破，其核心技术就是黑白钨混合浮选中使用的高效螯合捕收剂和选择性组合抑制剂。

2.2.4.1 黑、白钨的浮选药剂

A 黑白钨混浮捕收剂

目前用于黑白钨混合矿石浮选的捕收剂主要是各种羟肟酸类如水杨羟肟酸、萘羟肟酸、苯甲羟肟酸等和亚硝基苯胲胺盐（CF）系列。它们的共同特点是，以螯合的作用形式与钨矿物表面的 Mn^{2+}、Fe^{2+} 发生吸附；单独使用捕收效果不好，通常需要与油酸或其代用品混用；与活化剂硝酸铅配合使用可大大提高其捕收性能；以水玻璃为主的多种组合抑制剂是不可或缺的，提高分选效果的组分。广州有色金属研究院研制的新型螯合捕收剂GY混合浮选黑钨矿和白钨矿，对混合粗精矿进行加温精选，得到白钨精矿；加温精选尾矿，再用GY捕收剂浮选，得到黑钨精矿。工业试验结果表明，对含 WO_3 为0.47%的原矿，可获钨精矿含 WO_3 70.07%，钨总回收率达到81.62%。与733氧化石蜡皂法相比，钨粗精矿量大为减少，回收率大幅度提高。最近，由该院研发并采用钨矿新型捕收剂

GYB 与 ZL 混用，对含 $WO_3$0.81% 的原矿，进行黑钨矿和白钨矿的混合浮选，发现 GYB 与 ZL 的组合存在正协同作用，并获得了含 $WO_3$30.07%、回收率为 88.79% 的粗精矿。对粗精矿进行加温精选获得白钨精矿中 WO_3品位为 68.24%，回收率为 60.02%；精选尾矿经摇床选别获得黑钨精矿中 WO_3品位为 66.17%，回收率为 13.74%；次钨精矿中 WO_3品位为 32.72%，回收率为 10.79%；钨精矿中 WO_3总回收率为 84.55%，获得了较好的选矿指标。

中南大学通过对黑钨矿、白钨矿、萤石单体矿物和实际矿物进行浮选分离试验研究，发现 CKY 或 CKY 与油酸钠混合对黑钨矿、白钨矿有较强的捕收能力，配合使用适当的抑制剂，可实现钨矿物与萤石的有效分离。

江西理工大学采用苯甲羟肟酸与 731 氧化石蜡皂组合捕收剂，对取自不同矿山的多种黑、白钨混合细泥进行全浮选试验发现，组合捕收剂虽然对不同矿物组成的钨矿石中的黑、白钨都具有捕收性，但它们对确定的钨细泥试样而言，矿浆 pH 值比较敏感，适宜的 pH 值范围较窄，同时对组合抑制剂组分的适应性也不尽相同，尤其在不添加活化剂 $Pb(NO_3)_2$时作业回收率不高。表明使用这类药剂对技术的要求仍然较高。

B　黑白钨混浮抑制剂

研制和应用对萤石、方解石、石英等脉石矿物有选择性抑制作用的药剂，对提高钨矿浮选效率十分重要。近年来，对改性水玻璃和以水玻璃为主的混合抑制剂的研制应用取得可喜进展。改性水玻璃比普通水玻璃对脉石矿物具有更强的抑制性能，还能有效分散矿泥、降低矿泥对钨矿物的覆盖，改善钨矿物的浮选效果。在柿竹园矿黑、白钨混合浮选中使用改性水玻璃对提高钨浮选粗选指标起了很好的作用，当用普通水玻璃粗选时，获得钨精矿品位为含 $WO_3$1.48%、钨回收率 78.69%，用同量的改性水玻璃时，钨精矿品位提高到含 $WO_3$3.4%，钨回收率提高到 93.00%。混合抑制剂 AD 对含钙脉石矿物具有选择性抑制作用，它是以水玻璃为主，再配入羧甲基纤维素和硫酸铝后组成，羧甲基纤维素和硫酸铝都增强了水玻璃的抑制作用，这种混合抑制剂已在柿竹园矿黑钨细泥浮选中得到成功应用，取得较显著的抑制效果。

2.2.4.2　黑白钨选矿分离工艺

传统的黑白钨矿石的选矿分离工艺由于不能解决黑、白钨混合细泥的有效分离这一难题，而曾经使这类钨矿石的开发利用停滞不前。20 世纪 90 年代初，我国选矿工作者开展了以柿竹园钨钼铋等多金属矿为代表的难选钨矿石的技术攻关，先后历经国家“八五”、“九五”、“十五” 和 “十一五” 近 20 年的科技攻关，取得重大突破，特别是以羟肟酸类螯合捕收剂为代表的高效捕收剂的研发与应用，使黑白钨混合矿石选矿工艺技术得到快速的发展。与此同时，黑白钨矿石的选矿流程也得到了不断完善。

A　传统工艺流程

1993 年，江西理工大学的研究人员在承接国家“八五” 科技攻关的课题研究时，针对柿竹园钨钼铋多金属难选矿矿石性质的特点继承传统选矿工艺，推荐采用具有借鉴意义的浮—磁—浮主干流程。见图 2 – 12。

柿竹园多金属矿床属云英岩叠加于矽卡岩之上的复合矿床，兼有云英岩和矽卡岩的特点。矿石中有用矿物以白钨矿、黑钨矿、辉钼矿、辉铋矿、磁铁矿、萤石为主，次为黄铁矿等，脉石以石榴石、透辉石、长石、石英为主，次为云母、方解石、绿帘石、电气石等。钨矿物是矿石中分布最广、最多，且经济价值最大的主要矿物。黑、白钨共存，且两者比例波动大；主要有用矿物嵌布粒度细，无法预选抛尾是矿石分选的主要难题。

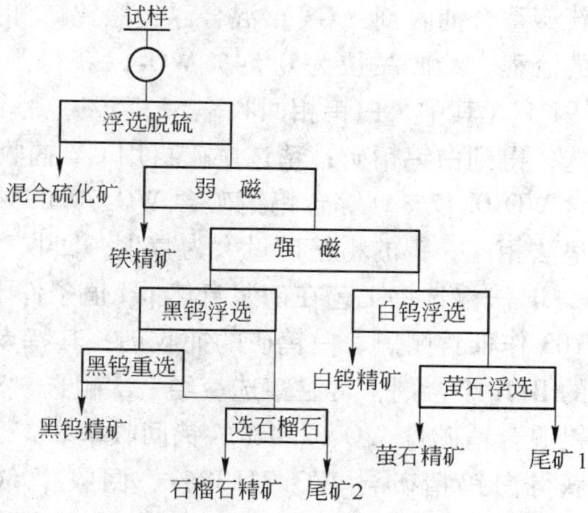

图2-12 柿竹园浮—磁—浮原则流程

推荐采用的浮—磁—浮流程具有以下特点：(1) 符合先硫后氧的矿石选矿规律，硫化矿一次性回收，有利于综合回收；(2) 强磁分流后两边矿浆流的矿物组成被简化，分别回收黑钨和白钨时，选矿干扰因素相对减少，且对矿石的适应性强，可以不受黑、白钨矿物比例波动变化大的影响，钨选别指标稳定，产品质量有保证；(3) 为萤石浮选直接获得合格精矿提供了条件，大大降低了含硅矿物（石榴石）对萤石精矿质量的影响；(4) 黑钨浮选尾矿采用简单重选方法即可回收获得石榴石精矿。因石榴石在原矿中占有率高达27.32%，所以，石榴石的回收不仅使矿产资源得到充分利用，提高矿山的经济效益，还减轻了选厂尾矿运输的负荷，延长尾矿库服务年限。

强磁分流后，弱磁性产品主要为黑钨矿、石榴石，少量的角闪石、黑云母和绿泥石等。试验确定以浮—重流程回收黑钨矿，即以酸性水玻璃为抑制剂，A—22和731氧化石蜡皂作捕收剂，经一次粗选二次扫选，黑钨浮选粗精矿摇床精选，获含$WO_3$67.02%的黑钨精矿，对原矿回收率为17.54%和含$WO_3$10.24%、回收率8.71%，可供水冶的黑钨中矿。其中浮选段作业回收率为93.09%、摇床作业回收率达99.11%。采用浮—重流程回收黑钨的回收率相对原矿黑钨相达到85.45%；黑钨浮选尾矿与摇床精选尾矿合并经一次摇床分选可获石榴石纯度92.31%，作业回收率达76.42%的石榴石精矿。

强磁分流后的非磁性产品中有用矿物为白钨矿和萤石，脉石以长石、方解石和白云母为主。白钨矿粗选用石灰与碳酸钠调浆，水玻璃作抑制剂，NFA+煤油为捕收剂，经一次粗选二次扫选获白钨粗精矿含$WO_3$8.69%、作业回收率为85.86%；粗精矿常温精选以水玻璃+偏磷酸盐组合剂作脉石抑制剂，经七次精选获白钨精矿含$WO_3$65.52%、对原矿回收率达55.74%。白钨浮选尾矿原浆添加酸性水玻璃，搅拌调浆至pH值为8.0~8.5时，用733氧化石蜡皂作萤石捕收剂，萤石粗精矿精选使用酸性水玻璃+偏磷酸盐作抑制剂，经七次精选可获萤石精粉含$CaF_2$97.61%、$SiO_2$0.79%、$CaCO_3$0.93%，对原矿回收率64.84%，质量达到GB5690—85二级品要求，免去了采用全浮选主干流程浮选回收萤石时因石榴石的干扰造成萤石精矿需要再磨强磁脱硅的复杂工序。

B 全浮选流程

1995年“柿竹园法”首创将高效螯合捕收剂混合浮选黑钨矿和白钨矿新工艺中，解决了长期以来黑钨矿和白钨矿必须用不同选矿方法分步回收以及白钨矿与含钙矿物难以浮选分离的选矿领域公认的两大难题，首次制定并采用了钨细泥浮选新工艺，成功研制出螯合捕收剂CF和GY的工业合成工艺并大批量工业生产。

GY法浮钨新工艺是用改性水玻璃选择性抑制萤石等脉石矿物，铅盐活化钨矿物，添加新型螯合捕收剂（GY）混合浮选黑钨矿和白钨矿，采用一次粗选、三次扫选。五次精选的流程，给矿品位为 0.54% WO_3，获得黑、白钨混合精矿含 $WO_3$35.80%，钨回收率 85.91%（其中，白钨相回收率 85.75%，黑钨相回收率 86.26%）；混合粗精矿进行加温精选，得到白钨精矿；精选尾矿再用 GY 捕收剂浮选，得到黑钨精矿。工业试验结果：原矿含 $WO_3$0.47%，综合钨精矿含 $WO_3$70.07%，钨总回收率达到 81.62%。与 733 氧化石蜡皂法相比，钨的粗精矿量大为减少，回收率大幅度提高。

CF 法浮选钨工艺在矿浆自然 pH 值条件下进行，采用 CF（亚硝基苯胲胺盐）系列中 CF103 作柿竹园黑、白钨矿的捕收剂，其特点是对萤石的捕收力较弱，抑制剂以水玻璃为主的 BLR 组合剂，常温精选。经一次粗选、五次精选、二次扫选的闭路流程试验获得黑、白钨混合精矿含 $WO_3$62.4%，钨回收率 84.77%，混合钨精矿再经磁选和酸浸工艺处理最后获得白钨精矿含 $WO_3$71.38%、回收率 56.23%，黑钨精矿含 $WO_3$66.61%，回收率 27.30%，钨总回收率达 83.53%。CF 法浮选钨工艺已被应用于柿竹园矿的工业生产。

黑、白钨全浮工艺的优势在于高效螯合捕收剂可有效地回收微细粒的黑白钨矿物，工艺流程简单，易操作管理，占用设备少，基础投资低，但目前使用的高效螯合捕收剂价格普遍昂贵增加了选矿成本，促使选矿工作者在此基础上进行改进。如在 GY 法中，对混合钨粗精矿加温浮选获白钨精矿后的精选尾矿改浮选为分级进入摇床选别，产出黑钨精矿，摇床尾矿被集中到细泥系统处理。在 CF 法中，针对混合黑白钨的分离，在弱磁除铁后引进了先进的高梯度强磁选机设备。

C　钨细泥选矿联合流程

随着矿石的不断开采和挖掘，原生钨矿资源越来越稀少，当今开采的钨矿石都面临着原矿品位降低，嵌布粒度更细，矿石成分愈加复杂的特点。选矿比和富集比不断提高，选矿成本增加的同时选矿难度加大。欲从贫、细、杂的矿石中获得高质量和高回收率的精矿，单一的选矿方法已很不现实。借助多种选矿方法，采用联合流程已成为钨选矿的必然趋势。钨细泥原本就是钨矿山选矿技术的难点，而黑白钨混合细泥的分选难度则更大。从以下的几个生产实例不难看到，黑白钨混合细泥的技术进展主要在多种选矿方法的组合和高效螯合捕收剂的应用。

江西大吉山钨矿选厂原次生细泥含 WO_3 一般在 0.13% ~ 0.5%，粒度细，其中 −74μm粒级产率 92.74%、钨金属量占 97.9%，−20μm 粒级产率 32.3%、钨金属量占有率 25.92%，采用重选预富集—浮选—重选新工艺回收黑、白钨混合细泥，即先用离心选矿机 + 摇床对混合细泥进行预富集，丢弃 80% ~ 90% 的细泥量、大幅减少进入浮选作业的矿量，降低药剂及运行成本并使钨细泥的品位提高了八倍；预选富集精矿经浮选脱硫后用 NF 和改性水玻璃作调整剂，螯合剂 FB 与 TA3 作捕收剂经一次粗选、二次精选三次扫选获黑白钨混合粗精矿含 $WO_3$10.0% 以上，粗精矿运用改进的“彼德诺夫法”对混合精矿进行加温精选后获得白钨精矿；加温精选尾矿用云锡快速细泥摇床回收黑钨矿。工业试验指标为：混合细泥给矿含 $WO_3$0.25%，总钨精矿品位 $WO_3$51.15%，回收率 62.52%，其中白钨精矿品位 $WO_3$65.43%，回收率 31.40%；黑钨精矿品位 $WO_3$41.90%，回收率 31.12%。该工艺自 2008 年 12 月工业应用以来，生产指标稳定。

采用重—磁—重联合流程处理江西某钨矿选厂的钨细泥，试验以 30μm 为界用 φ125mm 水力旋流器分级，+30μm 粒级用刻槽摇床粗选，粗精矿用浮选脱除硫化矿后，用湿式强磁选机进行黑、白钨分选，分别获得黑、白钨最终精矿；$-30\mu m$ 粒级用 800mm×600mm 离心机进行一次粗选和一次精选，获得的粗精矿再用皮带溜槽精选，为次精矿。经工业试验验证，处理含 WO_3 0.24% 的混合细泥，可获得优质精矿，含 WO_3 67.00% 以上，回收率 40.81%，比原单一摇床重选流程提高 13.71%；次钨精矿含 WO_3 26.00% 以上的，回收率 13.24%，比原流程提高 11.62% 以上，两者合计比原工艺提高钨回收率 26.95%。

广州有色研究院采用浮—重流程处理江西某钨矿钨的黑白钨混合细泥，细泥（$-30\mu m$占70%）的 WO_3在白钨矿、黑钨矿和钨华中的分布率分别为45.30%，53.01%，1.69%。浮选时，采用 Na_2CO_3、改性水玻璃和 $Pb(NO_3)_2$作调整剂，TA-4 作捕收剂对黑白钨矿进行粗选，混合粗精矿加温精选分离，浮选泡沫产品经酸浸除磷获得白钨精矿；加温精选尾矿经摇床选别得到黑钨精矿。试验结果：当钨细泥给矿品位 WO_3为 0.2% 时，获得品位 59.55%、回收率 47.21% 的白钨精矿和品位 36.62%、回收率 19.53% 的黑钨精矿，钨精矿的平均品位为 50.60%、总回收率为 66.74%。

根据柿竹园矿加温细泥尾矿含 WO_3 品位 1.93%，尾矿中 $-45\mu m$ 粒级含量占 99.12%，主要金属矿物有黑钨矿、白钨矿和磁铁矿等。通过磁—浮—重选别新工艺，以弱磁脱铁，采用浮选法获钨的浮选精矿，浮选精矿经重选作业，获得商品黑钨精矿和钨中矿两种产品。黑钨细泥选矿的工业生产表明，新工艺能适应矿石性质的变化和其他条件的波动，工艺先进合理，指标稳定可靠且操作简便，不仅可使柿竹园矿钨回收率得到提高，而且对其他钨矿山的细粒黑钨矿选矿也有一定的借鉴意义。

参考文献

[1] 冶金部岭南钨矿专题组．华南钨矿［M］．北京：冶金工业出版社，1985.

[2] 顾丽兰，费梅英，周致勤．世界钨钼矿山实录［M］．北京：冶金工业出版社，1992.

[3] 赵奎，中国生，廖亮等．赣南钨矿山地压特征、治理及地压区残矿回采［J］．中国钨业，2009，24（5）：38~41.

[4]《采矿手册》编辑委员会．采矿手册，第四卷［M］．北京：冶金工业出版社，1990.

[5] 方秋香．难选钨细泥的选别研究．赣州有色冶金研究所．1989，（3）：21~25.

[6] 吕福生，晏惕非，余信途，等．细粒浸染状石英脉型黑钨矿重选流程探讨．内蒙古地质实验测试中心．

[7] 林海清．钨选矿评述．有色金属（选矿部分）［J］．2001（增刊）：57~63.

[8] 林培基．离心选矿机在钨细泥选矿中的应用［J］．金属矿山，2009（2）：137~140.

[9] 朱建光．混合捕收剂的协同效应在黑钨锡石细泥浮选中的应用．中南工业大学学报，1995（4）：465~469.

[10] 朱一民，周菁．萘羟肟酸浮选黑钨细泥的试验研究［J］．矿冶工程，1998，（4）：33~35.

[11] 高玉德．黑钨细泥浮选中高效浮选剂的联合使用．有色金属（选矿部分）［J］．2000（6）：41~43.

[12] 高玉德．黑钨细粒级的浮选研究及浮选药剂作用机理浅析［J］．矿冶工程，1995，4（4）：38~42.

[13] 戴子林，张秀玲，高玉德．苯甲羟肟酸浮选细粒黑钨矿的研究［J］．矿冶工程，1995，15（2）：24~27.

[14] 肖庆苏，李长根，康桂英．柿竹园金属矿 CF 法浮选钨主干全浮选矿工艺研究［J］．矿冶工程，1996（3）：26～28.
[15] 王明细，蒋玉仁．新型螯合捕收剂 COBA 浮选黑钨矿的研究［J］．矿冶工程，2002，22（1）：56～60.
[16] 卢毅屏．细粒黑钨矿絮团浮选的研究．南方冶金学院学报．1991，12（3）：286～290.
[17] 杨久流，等．微细粒黑钨矿选择性絮凝剂的研究．有色金属（选矿部分）［J］．1995（6）：30～33.
[18] 张忠汉，张先华，叶志平，等．柿竹园多金属矿 GY 法浮钨新工艺研究［J］．矿冶工程，1999，19（4）：22～25.
[19] 余军，薛玉兰．新型捕收剂 CKY 浮选黑钨矿、白钨矿的研究［J］．矿冶工程，1999.19（2）：34～36.
[20] 韩兆元，管则皋，卢毅屏，等．组合捕收剂回收某钨矿的试验研究［J］．矿冶工程，2009，29（1）：50～54.
[21] 方夕辉．组合捕收剂提高钨细泥浮选回收率的试验研究［J］．中国钨业，2007，22（4）：26～28.
[22] 周晓彤，邓丽红．黑白钨细泥选矿新工艺的研究［J］．材料研究与应用．2007，1（4）：303～306.
[23] 严在春．李晓东，等．黑白钨混合浮选分离的生产实践［J］．有色金属（选矿部分）1992（1）：5～6.
[24] 程新朝．白钨常温浮选工艺及药剂研究［J］．有色金属（选矿部分）2000（3）：35～38.
[25] 徐晓萍，梁冬云，等．江西某大型白钨矿钨的选矿试验研究［J］．中国钨业，2007，22（2）：23～26.
[26] 邓丽红，周晓彤．新型捕收剂 R31 浮选低品位白钨矿的研究［J］．矿产保护和利用，2007（4）：19～22.
[27] 叶雪均，刘丽，丰章发，等．从某钼尾矿资源中综合回收白钨的试验研究［J］．中国钨业，2009（2）：20～22.
[28] 周士强，等．从高硫铜锌浮选尾矿中综合回收白钨矿试验研究［J］．国外金属矿选矿，2003（8）：30，31.
[29] 郭亮明．白钨矿浮选 731 捕收剂低温乳化试验研究［J］．金属矿山，2002（7），26～28.
[30] 邱冠周，胡岳华，等．颗粒间相互作用与细粒浮选［M］．长沙：中南工业大学出版社，1993.
[31] 黄光耀，等．浮选柱法从浮选尾矿中回收微细粒级白钨矿的研究［J］．稀有金属，2009（4）：263～266.
[32] 张旭，李占成，戴惠新．白钨矿浮选药剂的使用现状与展望［J］．矿业快报，2008（9）：9～11.
[33] 叶雪均．白钨常温浮选工艺研究［J］．中国钨业，1999.（5～6）：113～117.
[34] 孙传尧，程新朝，李长根．钨铋钼萤石复杂多金属矿综合选矿新技术——柿竹园法［J］．中国钨业，2004，19（5）：8～13.
[35] 孙传尧．当代世界的矿物加工技术与装备．第十届选矿年评［M］．北京：科学出版社．2006.
[36] 高玉德，邱显扬，冯其明．苯甲羟肟酸捕收白钨矿浮选溶液化学研究［J］．有色金属（选矿部分），2003（4）：28～31.
[37] 周菁，朱一民．新型捕收剂浮选钨钼铋多金属矿中白钨矿试验研究［J］．中国矿山工程，2009.38（1）：11～15.
[38] 叶雪均．柿竹园多金属矿资源综合利用选矿流程研究［J］．世界有色金属，1999（11）：39～41.
[39] 孙伟，胡岳华，覃文庆，徐竞．钨矿回收工艺研究进展［J］．2000（1）：42～46.
[40] 彭劲松．分级－重－浮－磁流程选别大吉山钨细泥的研究［J］．江西有色金属，1991（2）：

18～23.

[41] 林鸿珍．大龙山选厂钨细泥回收工艺的研究［J］．中国钨业，2000（1）：20～22.

[42] 周晓彤，邓丽红．黑白钨细泥选矿新工艺的研究［J］．材料研究与应用，2007（4）：303～306.

[43] 林海清．黑钨矿细粒选矿技术的研究和应用［J］．矿冶工程，1989（2）：57～60.

[44] 张忠汉，张先华，叶志平，等．难选白钨矿重—浮选矿新工艺的研究［J］．矿冶工程，2001（2）：79～83.

[45] 常祝春，叶志平，林日孝，等．黑钨细泥选矿新工艺工业应用的研究［J］．广东有色金属学报，1995（2）：81～85.

[46] 周晓彤，邓丽红．钨细泥重－浮－重选矿新工艺的研究［J］．材料研究与应用，2008（3）：231～233.

[47] 张梅英．钨细泥的选别工艺应用与实践［J］．有色金属（选矿部分），1996（3）：44～45.

3 仲钨酸铵生产工艺

3.1 中国钨冶炼工艺发展历程及技术进步

中国黑钨冶炼工艺经历了3个发展阶段：（1）1958年由苏联引进的苏打烧结（后为NaOH分解）—净化除杂—沉白钨—酸分解—氨溶—蒸发结晶生产仲钨酸铵（APT）的经典工艺，在株洲硬质合金厂建成。由于工艺流程长，金属回收率低、腐蚀严重、产品质量差等工艺缺陷，经典工艺于1990年初基本退出生产领域。（2）1981年，黑钨压煮—净化除杂—萃取—蒸发结晶生产APT的萃取工艺在株洲硬质合金厂投入生产。（3）1983年中国首创的离子交换工艺在株洲钨钼材料厂诞生，由于工艺流程短，金属收率高，辅材用量少，产品质量和环境条件好，操作简单等一系列优点，从诞生开始就获得迅速发展。目前，应用面已占钨冶炼业的90%，成为我国APT生产的主流工艺。

中国白钨冶炼工艺经历了两个发展阶段：1970年，采用盐酸分解—氨溶净化—蒸发结晶工艺生产APT的白钨酸法冶炼厂，在中国自贡硬质合金厂诞生。由于环境污染大，设备腐蚀严重，氨溶渣和结晶母液处理的副流程长，产品质量相对较差，2004年后陆续关闭。2003年后，我国白钨冶炼主要采用NaOH分解—离子交换—结晶APT工艺。

3.1.1 我国钨冶炼工艺技术经济比较

经过近30年的努力，中国钨冶炼萃取工艺和离子交换工艺技术和装备取得了长足的进步。与30年前相比，离子交换法生产APT金属收率提高8.0%~8.5%，以2007年可比价格计算，生产加工成本（不含钨矿）下降42%，劳动生产率提高10倍以上，APT生产成本下降10.37%，以年产50kt APT计算，每年可节约钨精矿6070t，相当于两个特大型钨矿山的产量。无论从哪方面衡量，中国离子交换法和萃取法生产APT的工艺已相当成熟和完善，居世界领先水平。黑、白钨矿生产APT总体经济指标分别见表3-1和表3-2。

表3-1 国内外黑钨矿生产APT经济指标比较

厂　家	生产工艺	回收率（WO_3计）/%	加工成本/元	劳动生产率（APT）/t·(人·年)$^{-1}$
（美）Sylvania	碱压煮—萃取—结晶	95~96	不详	不详
（美）Teledyne—Wahchang	碱压煮—萃取—结晶	96~97	不详	不详
（美）Amax	碱压煮—萃取—结晶	95.75	不详	不详
（德）Hoffmann Stark	碱压煮—萃取—结晶	95	不详	不详
（日）东芝	常压碱煮—经典工艺	95	不详	不详
中国1厂	常压碱煮—经典工艺	89.73	11308	8
中国2厂	碱压煮—萃取—结晶	96~97	8070	50
中国3厂	碱压煮—离子交换—结晶	97.5~98	6538	85

表3-2 白钨矿酸法和碱法工艺生产APT的经济指标

厂 家	生产工艺	回收率（WO_3计）/%	加工成本/元	劳动生产率（APT）/t·(人·年)$^{-1}$
中国4厂	HCl分解-氨溶净化	95.5	8370	55
中国5厂	NaOH分解-离子交换	96.5	8176	85

3.1.2 近年来我国钨冶炼技术最新进展

3.1.2.1 白钨矿酸法工艺向碱法工艺转变

2004年前，我国白钨矿基本采用酸法工艺生产APT。2003年后，由于白钨矿高碱（NaOH）分解以及高压低碱-活化分解技术的成熟，NaOH分解—离子交换—结晶APT工艺实现大规模工业化生产。与酸法工艺相比，白钨矿碱法—离子交换工艺回收率提高1个百分点，APT加工成本（不含钨矿）降低2.32%，劳动生产率提高35%。

3.1.2.2 黑白钨矿单一冶炼工艺向混合冶炼工艺转变

由于强碱性阴离子交换除杂-转型技术以及钨矿物分解等关键技术获得突破，1990年后，中国黑、白钨矿单一冶炼工艺实现了向混合冶炼工艺的转变。目前，混合冶炼工艺适用的黑、白钨成分和后续工艺见表3-3。

表3-3 黑白钨混合冶炼工艺适用的矿物成分和后续工艺

黑白钨混合矿分解工艺	钨矿成分/%		后续适用工艺
	黑钨	白钨	
高碱（NaOH）分解	0~30	0~70	1. 离子交换工艺 2. 钨酸钠结晶-萃取
高压低碱-活化分解	0~100	0~100	1. 离子交换工艺 2. 萃取工艺

3.1.2.3 高品位低杂质原料向中低品位高杂质原料的转变

由于钨钼分离技术及钨矿物分解等重大创新技术的发明，1989年后，中国钨冶炼原料逐步由高品位低杂质向中低品位高杂质钨矿转变。不同时期主流冶炼企业采用的钨矿物经济成分见表3-4。

表3-4 不同时期冶炼企业采用的钨矿物经济成分 （质量分数/%）

时 间	WO_3	Mo	Sn	Sb	Ca
1958~1988年	≥65	≤0.02	≤0.4	≤0.04	≤1
1989~2009年	≥50	≤1	不限	≤0.04	不限

3.1.2.4 APT化学质量提高由不稳定向稳定转变

中国钨冶炼离子交换工艺具有磷、砷、硅、金属阳离子去除率高、产品质量好的优点。同时1994年解吸剂由工业氯化铵改用精制氯化铵，以及2000年广泛采用选择性除钼技术后，APT 中 Na、K 和 Mo 等杂质含量大幅降低，产品质量不断提高，实现了由不稳定向稳定的转变。美国碳化物公司（1989 年）、中国经典工艺（1989 年）、萃取工艺（1996 年）和离子交换工艺（2007 年）的典型 APT 杂质含量（质量分数）见表 3－5。

表 3－5　国内外不同冶炼工艺 APT 杂质含量比较　　（质量分数/%）

国别、工艺	Mo	P	As	Fe	Ca	Si	Na	K	Cu	Mn	Mg	Al
美国碳化物公司	10×10^{-4}	10×10^{-4}	21×10^{-4}	10×10^{-4}	20×10^{-4}	30×10^{-4}	10×10^{-4}	10×10^{-4}	2×10^{-4}	10×10^{-4}	50×10^{-4}	5×10^{-4}
中国经典工艺	18×10^{-4}	4.4×10^{-4}	5×10^{-4}	10×10^{-4}	5×10^{-4}	10×10^{-4}	8×10^{-4}	8×10^{-4}	5×10^{-4}	5×10^{-4}	5×10^{-4}	5×10^{-4}
中国萃取工艺	18×10^{-4}	6×10^{-4}	9×10^{-4}	9×10^{-4}	9×10^{-4}	9×10^{-4}	9×10^{-4}	9×10^{-4}	3×10^{-4}	5×10^{-4}	5×10^{-4}	5×10^{-4}
中国离子交换工艺	$<5\times10^{-4}$	$<5\times10^{-4}$	$<8\times10^{-4}$	$<5\times10^{-4}$	$<5\times10^{-4}$	$<5\times10^{-4}$	3×10^{-4}	3×10^{-4}	$<1\times10^{-4}$	$<5\times10^{-4}$	$<3\times10^{-4}$	$<4\times10^{-4}$

国别、工艺	Ni	Co	Cr	V	Ti	S	Cd	Pb	Bi	Sn	Sb	NH_3
美国碳化物公司	10×10^{-4}	10×10^{-4}	10×10^{-4}	10×10^{-4}	10×10^{-4}	—	—	10×10^{-4}	$<1\times10^{-4}$	10×10^{-4}	$<1\times10^{-4}$	5.4×10^{-4}
中国经典工艺	5×10^{-4}	10×10^{-4}	10×10^{-4}	10×10^{-4}	10×10^{-4}	7×10^{-4}	1×10^{-4}	1×10^{-4}	1×10^{-4}	1×10^{-4}	1×10^{-4}	5.5×10^{-4}
中国萃取工艺	5×10^{-4}	5×10^{-4}	5×10^{-4}	5×10^{-4}	5×10^{-4}	7×10^{-4}	1×10^{-4}	1×10^{-4}	1×10^{-4}	1×10^{-4}	2×10^{-4}	—
中国离子交换工艺	$<3\times10^{-4}$	$<4\times10^{-4}$	$<4\times10^{-4}$	$<4\times10^{-4}$	$<4\times10^{-4}$	$<5\times10^{-4}$	$<1\times10^{-4}$	$<1\times10^{-4}$	$<1\times10^{-4}$	$<1\times10^{-4}$	$<5\times10^{-4}$	—

3.1.2.5　APT 物理性能由不可控向可控转变

1994 年以前，中国 APT 产品的平均粒度、粒度分布、松装比重、流动性以及晶体形貌基本处于不可控的状态。经过此后 10 多年的研究开发，在探明 APT 结晶动力学的基础上，实现了 APT 物性可控的目标，并制取出了晶体特性优良的单晶、球形、超细 APT 粉体。国内外 APT 物理性能对比见表 3－6。

表 3－6　国内外 APT 物理性能对比

产品内容	美国碳化物公司	国内普通 APT	本项目研制产品		
			单晶 APT	球形 APT	超细 APT
产品形态	多晶团聚	多晶团聚	单晶	球形	超细
松装密度/$g\cdot cm^{-3}$	1.6～2.0	1.6～1.98	1.5～3.0	1.5～3.0	0.5～0.6
费氏粒度/μm	28～36	33～38	30～60	30～80	1～5
每 50g 霍尔流动性/s	50～60	无流动性	30～50	30～40	—
单晶率/%	无	无	≥95	—	60
球化率/%	无	无	—	≥95	—

3.1.2.6 冶炼废水废气超标排放向达标排放转变

中国钨冶炼离子交换工艺具有一系列优点，但也存在着废水排放量大的缺点。1990年前，交换废水和结晶氨尾气 pH 值和氨氮一直超标排放。经过近 20 年的努力，研发出高效低碱分解、APT 结晶母液和氨尾气高效闭路循环技术，目前已实现全工艺达标排放。不同时期废水和废气环境检测数据见表 3-7 和表 3-8。

表 3-7 不同时期钨冶炼离子交换工艺废水排放监测结果 (mg/L)

时间	As	Cu	Cd	Pb	Ni	氨氮	pH 值	COD	生物输氧量	悬浮物
1990 年	2.5	0.26	0.04	0.5	0.16	354	11.61	16	2L	192
2007 年	0.2	0.006	0.016	0.068	0.054	8	8.24	15	2L	68

表 3-8 APT 结晶氨尾气排放监测结果

时间	氨气浓度 /$g \cdot m^{-3}$	尾气排放量 /$m^3 \cdot h^{-1}$	氨气排放量 /$kg \cdot h^{-1}$	排气筒高度 /m	允许排放量 /$kg \cdot h^{-1}$
1990 年	2.157	5215	11.25	28	4.9
2007 年	0.410	5170	2.12	28	4.9

3.1.3 离子交换工艺的技术进步

20 多年来，中国钨业科技工作者针对我国黑钨资源几近枯竭，白钨已成为我国钨产业主要原料的现状，围绕严重制约钨冶炼产业持续发展的重大关键问题，为使离子交换工艺成为先进成熟，符合国家环保要求的工业化生产技术，展开了全面持续的研究攻关，中南大学和江西理工大学等单位研发出了"白黑钨矿高效碱分解"、"模糊交换-超解吸"、"钨钼深度分离"、"APT 物性控制"、"结晶母液和氨尾气高效闭路循环"等多项核心技术，在国内外率先实现了钨的工业化"绿色冶炼"，有效地解决了我国钨冶炼产业持续发展问题，使我国白钨冶炼总体技术处于世界领先地位，有力地促进了我国钨及其相关产业的技术进步。

现对推动我国钨冶炼业持续发展起了重大作用的关键技术作一简要介绍。

3.1.3.1 白（黑）钨矿高效碱分解技术

A 白钨矿及黑白钨混合矿的 NaOH 分解技术

中南工业大学通过基础研究，一方面采用较高碱浓度和适当高温以保证正反应的进行，另一方面在反应完全后的排料和稀释过程中，加入少量 PO_4^{3-}（约为使反应生成的 $Ca(OH)_2$ 转化为 $Ca_3(PO_4)_2$ 所需的 3% ~5%）或 F^-，使 $Ca(OH)_2$ 表面因生成 $Ca_3(PO_4)_2$ 或 CaF_2 薄膜而钝化，抑制了逆反应的进行，从而在工业条件下处理各种钨矿物原料（含白钨精矿、黑钨白钨混合的难选钨中矿）时，渣含 WO_3 都保持在 2.5% 左右。

B 白黑钨矿低碱高效分解技术

江西理工大学利用"离子活化"和"晶格活化"手段，采用过饱和-活化分解新技术，从改善体系中分解试剂的传质条件、提高体系中分解试剂活度系数和过饱和浓度等入手，实现了低碱条件下选择性高效分解白（黑）钨矿的目标。在碱用量为理论量的 1.2 ~ 1.50 倍的条件下，分解渣含钨 <1%，技术同时适用于黑白钨混合矿和钨中矿。

上述两技术结束了白钨矿酸法分解严重污染环境的历史，使采用离子交换法处理白钨矿成为可能，降低了钨冶炼的经济品位，提高了钨选冶综合回收率，大幅度节约了中国的钨资源。

3.1.3.2　模糊交换-超解吸技术

江西理工大学发现并利用了溶液中钨酸根与氯根的非均相化现象，开发出模糊交换-超解吸技术，使树脂工作交换容量提高37.2%，解吸剂氯化铵和液氨用量降低30%，高峰液钨浓度提高至280g/L，Cl^-浓度降低至3~8g/L，技术同时解决了解吸前稀液优化利用、结晶氨尾气回收氨水返回利用的溶液平衡，以及结晶母液返回交换Cl^-影响交换的三大技术难题。

技术为钨冶炼节能降耗，实现氨氮达标排放起了重大作用。

3.1.3.3　钨钼深度分离技术

A　离子交换法除钼

中南工业大学利用溶液中钼比钨优先硫化的特性，先向钨酸盐溶液中加入S^{2-}，使其中的钼硫化成容易被吸附的硫代钼酸根后，用强碱性阴离子交换树脂吸附除钼，再用氧化剂解吸，处理Mo/WO_3达1%~1.5%的矿时，产出APT中钼含量能完全符合国标零级APT的要求。

B　选择性沉淀法除钼

中南工业大学根据分子设计的原理，找到了从钨酸盐溶液中吸附硫代钼酸根及其他亲硫元素的高效吸附剂CuS，一次性从经过硫化处理后的溶液中将钼、锡、砷等杂质深度除去。该技术成本低，操作简便，钨损失少，在国内得到迅速推广使用，使用面达90%以上。

上述两项技术为扩大中国高钼矿资源利用率，大幅度提高APT结晶工序直收率和产品质量做出了巨大的贡献。

3.1.3.4　APT物性控制技术

江西理工大学采用产品粒度分布与固相析出率动态拟合对比法测定成核速率，用成核期最大成核速率法、积分平均速率法替代初始速率法和串联速率法，研究APT结晶动力学，建立了数学模型，彻底解决了APT晶体的多晶团聚现象。

同时采用悬浮-层流结晶技术和装置，制备出粒度均匀、松装密度1.5~3.0g/cm^3、每50g流动性30~50s、费氏粒度在30~60μm范围的单晶APT；采用水溶液结晶过程固体球化技术制取了流动性30~40s、费氏粒度30~80μm的球形APT；采用低温-表面活性技术制取了1~5μm的超细APT。

上述技术实现了APT物性由不可控向可控的转变，研究成果为中国后续高性能钨丝、钨材和钨合金的开发奠定了基础，促进了相关行业的技术进步。

3.1.3.5　APT结晶母液闭路循环高效回收技术

江西理工大学以基本溶液离子平衡理论为基础，利用“无害化”、“钨酸盐转化”以及“氨氮相转移”技术和装置，解决了母液体系中复杂杂质成分对离子交换的不利影响等技术难题，获得脱氨、除P、Si、As等杂质的技术效果。使母液回收工序钨回收率提高了25%，氨氮回收率提高77.8%，离子交换废水氨氮含量可降到8mg/L。

技术为实现APT结晶母液无害化返回离子交换工序，解决废水排放氨氮超标，提高金属回收率和实现钨冶炼“绿色化”生产发挥了重要作用。

3.1.3.6　APT结晶氨尾气闭路循环高效回收技术

江西理工大学以气－液相变理论及相变动力学为基础，采用强制冷凝的思路，通过冷凝方式选择和冷凝设备设计，解决目前APT结晶氨尾气回收率不高的问题；基于离子水溶液化学理论，采用化学转移法“无害化”处理技术，实现了回收氨水最大限度地循环利用。技术使结晶尾气氨回收率达到80%，提高了100%，氨水浓度提高83.3%，降低了解吸剂氯化铵、液氨消耗和生产成本。

技术解决了长期困扰我国钨冶炼废水废气氨氮超标排放的问题，为实现APT生产过程废水废气达标排放和中国钨冶炼可持续发展做出了重要的贡献。

3.1.4　中国钨冶炼工艺技术的发展方向

根据国家环境保护总局2008年3月发布的新规，钨冶炼为一类元素排放废水，强制执行零排放要求。随着国家环保政策日趋严厉，现行中国钨冶炼面临着环保高标准高要求的严峻挑战，研究金属收率高、能耗低，能够实现闭路循环和零排放的创新性白黑钨冶炼工艺迫在眉睫。

中国首创的离子交换工艺，对中国钨冶炼的发展和技术进步发挥了巨大作用，其历史贡献不可磨灭。诞生后20多年，涵盖所有工序的重大技术创新也使该工艺十分完善和成熟。但由于受离子交换原理工艺的限制，体系中Na^+和Cl^-无法闭路循环。Na^+和Cl^-又难以找到经济可行的沉淀或膜分离方法，因此离子交换工艺目前尚不能实现零排放。

研究Na^+和Cl^-的净化技术，是实现离子交换工艺可持续发展的重要课题。研究金属收率高、成本低、能够实现废水废气闭路循环和零排放的APT冶炼全新工艺，是中国钨冶炼业当前和今后相当一段时间的技术发展方向。

3.2　离子交换工艺

3.2.1　工艺流程

阴离子交换工艺是我国20世纪70年代末期首创的钨冶炼技术，后经不断的技术改进形成了成熟的黑白钨冶炼体系。其主要工艺为：黑白钨矿NaOH分解所得钨酸钠溶液过滤稀释后，经201×7型强碱性阴离子交换除去P、As、Si及阳离子杂质，并用NH_4Cl和NH_4OH对负载钨的饱和树脂进行解吸转型和富集，制得纯净的高浓度$(NH_4)_2WO_4$溶液，再经深度除Mo后蒸发结晶制取APT。其典型的工艺流程如图3－1所示。

目前，离子交换工艺是我国白、黑钨冶炼的主流工艺。本书将在第4章进行详细的介绍。

3.2.2　工艺过程

精矿由电动葫芦吊进矿仓，经螺旋给料机定量送入振动球磨机，由水箱定量给水球磨。磨好的矿浆流入矿浆稀释槽，加水稀释后用泵打入压力釜。片碱等辅料计量后同时加入压力釜，加热分解；分解所得钨酸钠浆液压入矿浆搅拌槽，由泥浆泵泵入板框压滤机过滤、洗涤；滤后钨酸钠溶液与定量母液在转化锅混合转化后由贮槽泵入转后液槽，放入交前液配制槽加水配料液；配好的料液经二次板框压滤机过滤后，泵入料液中间槽。中间槽

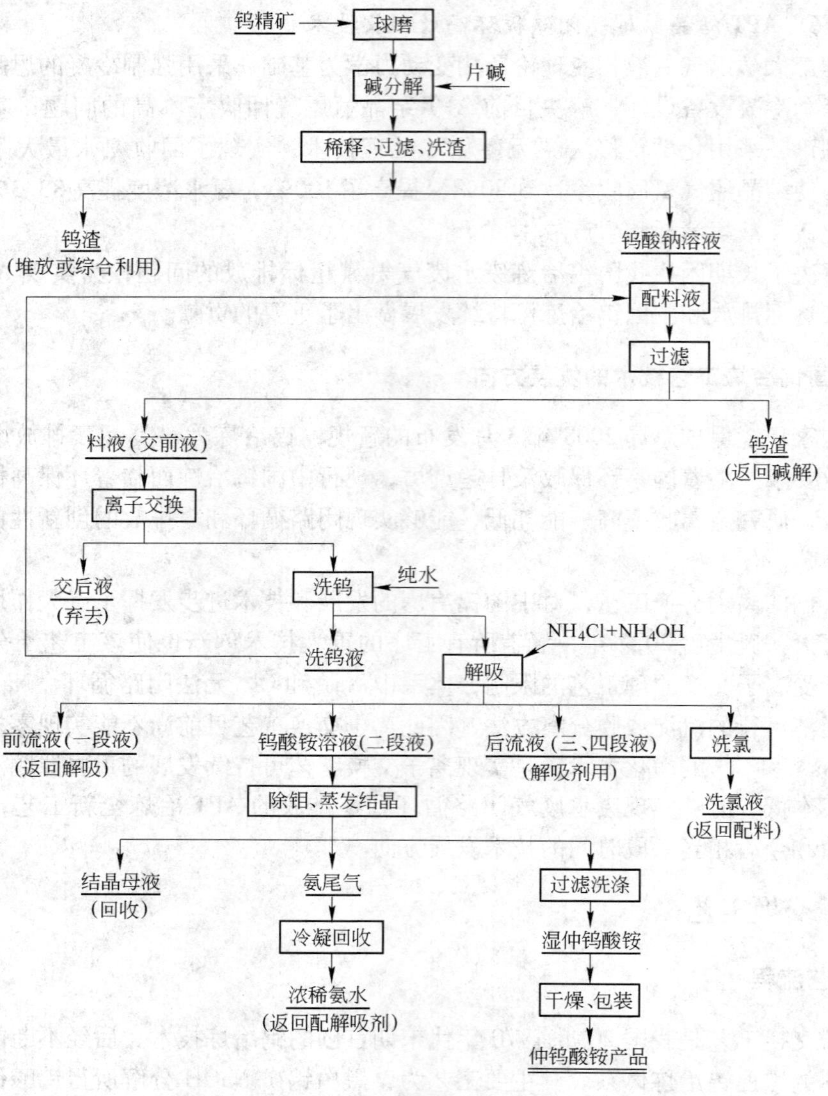

图3－1　离子交换典型工艺流程

中的料液泵入精细过滤后，流入交前液贮槽，再由输送泵打入料液高位槽，放入交换柱由转子流量计控制线速度进行交换。交换所得交后液经污水处理系统处理合格后达标排放；洗钨液放入交前液配制槽作配料液用；解吸前流液（一段液）放入一段液贮槽，下循环泵入一段液高位槽作解吸用。产品溶液（二段液）放入二段液贮槽供除钼蒸发结晶用。解吸后流出液（三段液）放入三段液贮槽，泵入解吸剂配制槽配旧解吸剂，四段液加氨回收液（浓氨水和 NH_4Cl 浓缩液）配新解吸剂。洗氯液放入交前液配制槽配料液；解吸所得钨酸铵溶液（二段液）经除钼后泵入反应锅进行真空蒸发结晶，所得钨酸铵晶体经真空吸滤器抽洗，湿晶体装入干燥机进行干燥。干燥后晶体经振动筛过筛后称量，装入塑料袋封口后放入铁桶，成为仲钨酸铵产品；结晶母液转化处理后返回配交前液。结晶挥发 NH_3 尾气冷凝回收浓氨水和稀氨水，稀氨水与工业盐酸合成 NH_4Cl 并经浓缩后与浓氨水一起返回配新解吸剂。

3.3 经典工艺

我国1958~1990年曾采用经典工艺以黑钨精矿为原料生产仲钨酸铵。但由于工艺流程长、金属回收率低、辅助材料消耗高、生产环境较差，已于1990年退出生产领域，被离子交换工艺取代。但其工艺原理和方法依然可用于部分复杂矿物处理、二次资源利用和废旧金属回收，本书作一简要介绍。

3.3.1 工艺流程

黑钨精矿经典工艺生产仲钨酸铵的工艺过程为：黑钨精矿 NaOH 分解所得粗 Na_2WO_4 溶液，经 HCl 中和后加入 $MgCl_2$ 除去 P、As、Si；净化后的 Na_2WO_4 溶液加入 $CaCl_2$ 沉淀白钨；所得人造白钨加入工业钨酸进行酸分解；所得钨酸可直接煅烧制取 WO_3，也可加入氨水进行氨溶；氨溶所得钨酸铵溶液经蒸发结晶后制取仲钨酸铵；结晶母液加入少量粗 Na_2WO_4 溶液中和，加入 HCl 和 Na_2S 溶液除钼后返回净化除 P、As、Si 工序；酸分解废液加入 $Ca(OH)_2$ 中和回收 $CaCl_2$。黑钨精矿生产仲钨酸铵经典工艺如图3-2所示。

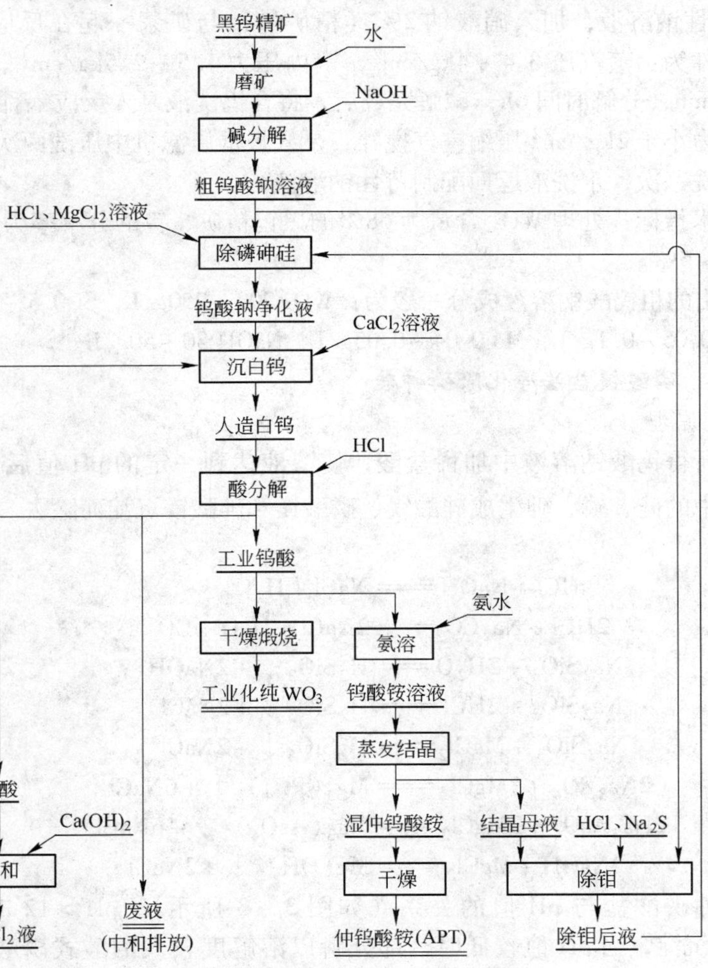

图3-2 黑钨矿经典工艺流程

3.3.2　工艺过程和技术条件

3.3.2.1　磨矿

A　工艺原理

见本书 4.2 节。

B　工艺过程和技术条件

采用两段湿式磨矿：先在 MQY 型球磨机（ϕ900mm × 1800mm）内细碎到小于 0.1mm，再引入 300L 振动球磨机细磨。矿∶水 = 5∶1 的条件下将矿粒磨细至粒度 −325 目 ≥98%，磨好矿浆比重为：3.2 ~ 3.3kg/dm^3，加水稀释至比重为：2.2 ~ 2.5kg/dm^3 后泵入分解锅。

3.3.2.2　碱分解

A　工艺原理

见本书 4.3 节。

B　工艺过程和技术条件

将片碱加入含钨的碱解渣洗液，配制成密度为 1.48 ~ 1.5kg/dm^3、NaOH 含量 680 ~ 720g/L 的苛性钠溶液，加入硝酸钠 2%（精矿量）与矿浆一起在反应锅中进行碱分解。碱解技术条件为：蒸汽压 3.4 ~ 4kg/cm^2，锅内压力 1.5 ~ 2.5kg/cm^2，温度 110 ~ 120℃，转速为 80r/min，分解时间 6h；碱解完成后，将含钨洗液泵入反应锅稀释矿浆，并往反应锅内通入压力小于 2kg/cm^2 压缩空气搅拌，泵入板框压滤机中压洗两次，压洗后的钨渣在浆化槽中水洗一次，水洗液返回配制苛性钠溶液。

经济技术指标：处理 WO_3 含量为 68% 的黑钨精矿，钨的分解率为 97% ~ 98%，渣含 WO_3 为 3% ~ 5%。

碱分解出的粗钨酸钠溶液成分一般为：WO_3 200 ~ 250g/L，Si 0.5 ~ 1.0g/L，As 0.05 ~ 0.08g/L，P 0.05 ~ 0.1g/L，Mo 0.04 ~ 0.05g/L，NaOH 30 ~ 50g/L。

3.3.2.3　磷酸镁盐法净化除磷砷硅

A　工艺原理

在碱解所得钨酸钠溶液中加稀盐酸，使溶液达到一定的 pH 值后加入 $MgCl_2$ 作沉淀剂，使溶液中的硅、磷、砷生成硅酸镁、磷酸镁和砷酸镁沉淀而除去。净化过程的反应如下：

$$HCl + NaOH = NaCl + H_2O$$

$$2HCl + Na_2CO_3 = 2NaCl + H_2O + CO_2\uparrow$$

$$Na_2SiO_3 + 2H_2O = H_2SiO_3\downarrow + 2NaOH$$

$$Na_2SiO_3 + 2HCl = H_2SiO_3\downarrow + 2NaCl$$

$$Na_2SiO_3 + MgCl_2 = MgSiO_3\downarrow + 2NaCl$$

$$2Na_3PO_4 + 3MgCl_2 = Mg_3(PO_4)_2\downarrow + 6NaCl$$

$$2Na_3AsO_4 + 3MgCl_2 = Mg_3(AsO_4)_2\downarrow + 6NaCl$$

$$2NaOH + MgCl_2 = Mg(OH)_2\downarrow + 2NaCl$$

根据各种磷酸盐与 pH 值的关系（如图 3 − 3 所示），pH > 12 时，磷以正磷酸盐 $Mg_3(PO_4)_2$沉淀，当 pH 值较低时，部分磷以溶解度较大的酸式磷酸盐 $MgHPO_4$ 沉淀，将影响除磷效果。由于 $Mg(OH)_2$ 的溶度积 $K_{sp} = 1.0 \times 10^{-12.91}$，如 pH 值过大，加氯化镁

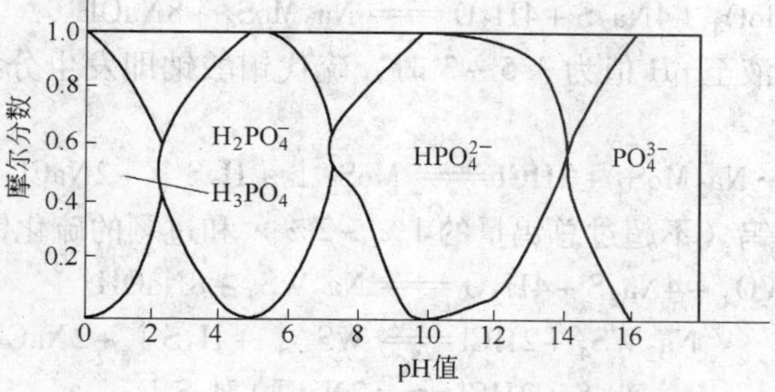

图3-3 磷酸根离子摩尔分数与溶液pH值的关系

后将有大量的$Mg(OH)_2$生成，不但影响除磷、砷、硅的效果，而且增加氯化镁的消耗量，同时由于渣量增多使三氧化钨的吸附损失增大。由于氢氧化镁的水解会使溶液的碱度降低，所以加氯化镁后碱度应控制pH值为12，则加氯化镁前，溶液碱度应控制为1.0±0.2g/L NaOH，加氯化镁后碱度以0.2~0.4g/L NaOH为宜。

温度高有利于细粒磷酸镁、砷酸镁聚沉；也有利于因局部过酸而生成的仲钨酸盐、偏钨酸盐和杂多酸盐转化成正钨酸盐，并促使所形成的酸式磷（砷）酸镁转变成正盐沉淀。此外，仲钨酸钠的溶解度随温度升高而增大，温度高，可减少钨在渣中的损失。加氯化镁前后的溶液均应保持在沸腾状态。

氯化镁的用量多少对除去硅、磷、砷有直接的关系。氯化镁加入的理论量倍数根据溶液中砷含量的高低而定。

盐酸浓度高、中和速度快容易造成局部过酸，促成仲钨酸盐、偏钨酸盐或磷、砷、硅杂多酸盐的生成，将导致钨的损失并影响除杂效果。应使用稀酸（盐酸∶水=1∶3），以多股细流缓慢加入为宜。

澄清时间长、冷却温度低可促进硅酸和磷、砷酸镁盐的凝聚。净化后的溶液应较长时间澄清并冷却到50℃以下。

B 工艺过程和技术条件

磷（砷）酸镁盐法的工艺实践：用稀盐酸中和钨酸钠溶液至碱度为1.0±0.2g/L NaOH，这时溶液中的一部分硅酸钠水解为偏硅酸（H_2SiO_3）析出。溶液沸腾10~20min后，加入密度为1.18~1.20g/cm^{3}的氯化镁溶液，剩余部分硅以硅酸镁，磷、砷以磷酸镁、砷酸镁一起沉淀析出。当钨酸钠溶液中砷含量为0.1g/L以下时，氯化镁溶液加入量为钨酸钠溶液的1%~2%（体积），同时，其加入量随砷含量增加而增大。氯化镁加完后，沸腾20~30min，溶液澄清并冷却到50℃以下。取样分析砷含量，合格后送去过滤。净化滤液送去沉白钨。硅、磷、砷渣用稀碱水洗涤，洗涤水返回系统回收。

3.3.2.4 硫化物除钼

A 工艺原理

考虑到人造白钨分解时，采取适当措施可除去70%~80%的钼，因此当钨酸钠溶液中Mo含量超过Mo/WO_3=0.4%时，才须在沉白钨之前进行除钼作业。用此法净化后，钼含量（Mo/WO_3）可降至0.01%。

除钼是通过加入硫化钠溶液，使硫化钠与钨酸钠溶液中的钼反应而生成硫代钼酸钠 Na_2MoS_4，其反应如下：

$$Na_2MoO_4 + 4Na_2S + 4H_2O = Na_2MoS_4 + 8NaOH$$

当用盐酸酸化溶液至 pH 值为 2.5 ~ 3 时，硫代钼酸钠即发生分解而生成不溶性硫化钼，反应为：

$$Na_2MoS_4 + 2HCl = MoS_3\downarrow + H_2S\uparrow + 2NaCl$$

此时溶液中少量钨（不超过总钨量的 1% ~2%）和过剩的硫化钠也同时发生反应：

$$Na_2WO_4 + 4Na_2S + 4H_2O = Na_2WS_4 + 8NaOH$$

$$Na_2WS_4 + 2HCl = WS_3\downarrow + H_2S\uparrow + 2NaCl$$

$$Na_2S + 2HCl = 2NaCl + H_2S\uparrow$$

因此，硫化钠的加量不能太大，应不超过理论量的 125% ~150%。酸化时，用盐酸酸化效果最好，溶液中最终钼含量可降至 0.01 ~0.05g/L。如用硝酸酸化，由于 MoS_3 部分被氧化，溶液中最终钼含量达 0.2 ~0.3g/L。

B　工艺过程和技术条件

将蒸发结晶母液（WO_3/Mo =（750 ~850）: 1）与少量碱分解粗钨酸钠溶液按比例混合，保持混合液含游离碱 15 ~20g/L，在常温和搅拌条件下反应 1 ~1.5h，使其转化为钨酸钠溶液；按含 Mo 量加入化学计量 4 ~5 倍硫化钠并反应 1h，使钼酸钠转换成硫代钼酸钠，再加入稀 HCl 调整 pH 值为 2.5 ~3，并反应 1 ~1.5h，使钼呈三硫化钼沉淀而与钨分离，除钼液含钼控制在 0.02g/L 以下，WO_3: Mo 比可达（8000 ~10000）: 1。将除钼液和剩余的粗钨酸钠溶液一起送白钨沉淀工序。

3.3.2.5　沉白钨

A　工艺原理

$CaWO_4$ 的溶解度很小并随温度的升高而下降（见表 3 -9），其溶度积 $K_{sp} = 2.13\times10^{-9}$。用氯化钙从钨酸钠溶液中沉淀出人造白钨，其反应按下式进行：

$$Na_2WO_4 + CaCl_2 = 2NaCl + CaWO_4$$

表 3 -9　钨酸钙溶解度与温度的关系

温度/℃	15	50	100
溶解度/g · L^{-1}	0.0064	0.0032	0.0012

溶液中少量没有除去的杂质硅、磷、砷、钼以及溶液中的阴离子 CO_3^{2-}、SO_4^{2-}，它们与氯化钙按下式进行反应：

$$Na_2SiO_3 + CaCl_2 = CaSiO_3\downarrow + 2NaCl$$

$$2Na_3PO_4 + 3CaCl_2 = Ca_3(PO_4)_2\downarrow + 6NaCl$$

$$Na_2MoO_4 + CaCl_2 = CaMoO_4\downarrow + 2NaCl$$

$$Na_2AsO_4 + CaCl_2 = CaAsO_4\downarrow + 2NaCl$$

$$Na_2CO_3 + CaCl_2 = CaCO_3\downarrow + 2NaCl$$

$$Na_2SO_4 + CaCl_2 = CaSO_4\downarrow + 2NaCl$$

由于硫酸钙的溶解度较大（在 30℃ 时为 2.09g/L），钨酸钠溶液中的硫含量不超过 2g/L 时，用 80℃ 以上的软化水洗涤 2 ~3 次，大约可洗去 40% ~60% 的硫酸钙；盐酸分解人造白钨时，将母液的酸值提高至120~140g/L，也可除去部分硫。

影响人造白钨沉淀的因素：

钨酸钠溶液和氯化钙溶液浓度愈大，生成钨酸钙的过饱和度愈大、晶核生成速度愈快，得到的钨酸钙粒度愈细愈难过滤。一般钨酸钠溶液浓度采用密度1.16~1.18g/cm^3，氯化钙溶液浓度控制在密度为1.20~1.25g/cm^{3}范围为宜。如果制取细颗粒的人造白钨，可将氯化钙溶液密度提高到1.28~1.30g/cm^3。

溶液的碱度对白钨沉淀完全关系极大，沉淀过程中NaOH应控制为0.3~0.7g/L，以保证钨以正钨酸盐形态存在。溶液碱度过大，容易生成氢氧化钙悬浮粒子，阻碍钨酸钙分子扩散，影响碰撞和长大。过高的碱度下生成难以过滤的、含杂质较高的细粒钨酸钙。

沉淀温度高，钨酸钙溶解度降低，不但可使白钨沉淀完全，而且可获得粗大、易于过滤的$CaWO_4$晶体。

加入微过量的氯化钙即可使钨沉淀完全。氯化钙加量应使钨酸钙母液中三氧化钨含量在0.03~0.1g/L的范围内。如果WO_3的含量高于0.1g/L，则要继续沉淀并煮沸。

B 工艺过程和技术条件

在温度80~90℃的粗钨酸钠溶液中，以50~60L/min的速度加入密度1.2~1.25g/cm^3、pH值为7.8的氯化钙沉淀白钨。控制沉钨母液WO_3小于0.1g/L，经自然澄清后移去母液，将白钨浆液放入洗槽内，加入80~90℃的转化水，连续浆化洗涤两次。洗净钠盐后将白钨浆液送入P5-175型鼓式过滤器（过滤面积5m^2），在转速0.17~0.26r/min和真空度（200~300）×9.81Pa下进行过滤，获得水分50%~60%的白钨滤饼。

3.3.2.6 盐酸分解

A 工艺原理

见本书3.5节。

B 工艺过程和技术条件

往搪瓷反应锅中加入浓度30%的盐酸，用蒸汽加热到70~80℃。启动搅拌后通过螺旋给料机往锅内加入相应的白钨滤饼和2~3kg硝酸钠。升温至溶液沸腾，在母液含游离酸70~90g/L条件下分解15~20min，制得的钨酸浆在离心机上过滤。再往离心机内加入细股热软化水以洗净余酸和铁、钙、钠等杂质，直至钨酸洗水的pH值为3~4时为止。酸解得钨酸呈鲜黄色，含水分40%左右，其成分为（wt.%）：$WO_3$91~92，Mo 0.01，As 0.002，Si 0.005，Ca 0.005，Fe 0.005~0.01，S 0.003，Na 0.003。散装比重0.5~0.7g/cm^3，平均粒度0.8~0.85μm。

含酸母液用石灰中和制成氯化钙溶液，供沉淀合成白钨用。含酸的洗液送污水处理工序，用石灰中和至pH值为8~9后排放。

3.3.2.7 钨酸氨溶

A 工艺原理

用氨水将粗钨酸溶解，钨以钨酸铵形式进入溶液，由于pH值升高，酸分解工序未洗涤干净的铁、锰等可溶性杂质可发生水解沉淀，与在弱碱性介质中不溶的偏硅酸H_2SiO_4和未分解的矿粒一起进入渣相而除去。其反应如下：

$$H_2WO_4 + 2NH_4OH = (NH_4)_2WO_4 + 2H_2O$$

$$FeCl_2 + 2NH_4OH = Fe(OH)_2\downarrow + 2NH_4Cl$$

$$FeCl_3 + 3NH_4OH = Fe(OH)_3 \downarrow + 3NH_4Cl$$

$$MnCl_2 + 2NH_4OH = Mn(OH)_2 \downarrow + 2NH_4Cl$$

粗钨酸中未洗净的二氯化钙在氨溶时生成钨酸钙进入渣中造成钨的损失，其反应如下：

$$CaCl_2 + (NH_4)_2WO_4 = CaWO_4 \downarrow + 2NH_4Cl$$

酸不溶杂质 SiO_2 及未加氧化剂不被酸分解的 As_2O_3（毒砂）、MoS_2（辉钼矿）等也一起进入氨溶渣。

由于铁、锰等杂质的氢氧化物溶度积相当低（见表3－10），沉淀是相当完全的。然而当溶液中游离 NH_4OH 浓度高时，Fe^{3+}、Fe^{2+}有可能形成下列络阳离子（它们的稳定性常数见表3－11）：$[FeOH]^{2+}$、$[Fe(OH)_2]^{+}$、$[Fe_2(OH)]^{4+}$、$[FeOH]^{+}$、$[MnOH]^{+}$、$[FeNH_3]^{2+}$、$[Fe(NH_3)_2]^{2+}$，因而有少部分的铁残留在溶液中。

表3－10　一些氢氧化物的溶度积 K_{sp} 及溶解度

氢氧化物化学式	沉淀时的pH值①	溶度积 K_{sp}	溶解度	
			g/L	mol/L
$Fe(OH)_3$	2.5	3.8×10^{-38}	2.0×10^{-8}	1.9×10^{-10}
$Fe(OH)_2$	5.5	4.8×10^{-16}	4.4×10^{-4}	4.9×10^{-6}
$Mn(OH)_2$	8.5	4.0×10^{-14}	1.9×10^{-3}	2.14×10^{-5}
$Ca(OH)_2$	>10	4.26×10^{-5}	1.65×10^{0}	2.2×10^{-2}

①金属离子活度为1时，析出氢氧化物的pH值。

表3－11　铁、锰络阳离子的稳定常数

配阳离子	$[FeOH]^{2+}$	$[Fe(OH)_2]^{+}$	$[Fe_2(OH)]^{4+}$	$[FeOH]^{+}$	$[MnOH]^{+}$	$[FeNH_3]^{2+}$	$[Fe(NH_3)_2]^{2+}$
$K_{稳}$	1.26×10^{11}	4.90×10^{21}	1.25×10^{25}	7.70×10^{3}	2.0×10^{3}	2.5×10	1.56×10^{2}

粗钨酸中夹带的钼酸、磷酸、砷酸和硅酸，氨溶时以 MoO_4^{2-}、HPO_4^{2-}、AsO_4^{3-} 及 SiO_3^{2-} 的铵盐形式进入溶液。在仲钨酸铵蒸发结晶前期，磷、砷杂质将与钨形成难溶的杂多酸铵，影响仲钨酸铵产品质量，结晶后期磷、砷、硅杂质与钨形成溶解度很大的杂多酸，降低仲钨酸铵的结晶率。

对于磷、砷含量较高的粗钨酸，可在氨溶时加入 $MgCl_2$ 或 MgO 使之以铵镁盐形态除去，$MgCl_2$ 的用量为理论量的3～4倍，MgO按1kgWO_3 加入0.05kgMgO。

B　工艺过程和技术条件

在搪瓷反应锅中，先加入按 WO_3 氨溶化学计算量150%、密度0.9g/cm³（含$NH_3$25%）的氢氧化铵溶液，再泵入一定量经软水浆化的钨酸浆液（密度1.4～1.5kg/dm³），在常温和搅拌下溶解1.5h，钨酸即完全溶解为钨酸铵溶液，自然澄清8h后，将上清液移入真空过滤器进行过滤。制得的钨酸铵溶液密度1.3～1.35kg/dm³，其成分为（g/L）：$WO_3$320～350，Mo 0.05～0.06，As 0.01～0.015，P 0.01～0.015、Fe 0.003～0.005，SiO_2 0.03～0.035，NH_3 25～30。

3.3.2.8　蒸发结晶

A　工艺原理

见本书4.11～4.14节。

B 工艺过程和技术条件

将钨酸铵溶液泵入搪瓷反应锅，开启搅拌并向反应锅夹套中通入蒸汽进行蒸发结晶，当母液 WO_3 含量降至 70 ~ 80g/L 时放料，在真空吸滤器中进行吸滤，湿仲钨酸铵用去离子水洗涤两次。蒸发结晶控制结晶率在 90% 左右。

3.3.2.9 烘干包装

A 工艺原理

见本书4.15节。

B 工艺过程和技术条件

将湿仲钨酸铵装入不锈钢盘中，放入远红外干燥箱中控制温度 110℃ 进行干燥。干燥后的仲钨酸铵产品经 60 目筛分机筛分后包装。

3.3.3 经典工艺主要技术经济指标

我国某厂黑钨精矿经典工艺生产仲钨酸铵的主要技术经济指标见表 3－12。

表 3－12 经典工艺主要技术经济指标（每吨 APT）

技术经济指标	历史最好水平	1984 年
产品合格率/%	100	100
WO_3 回收率/%	89.68	89.73
烧碱/t	0.625	0.6986
盐酸/t	4.03	3.1589
氯化镁/t	0.19	0.1812
硝酸钠/t	0.06	0.028
液氨/t	0.29	0.26
石灰/t	0.7372	0.48
除杂电耗/kW·h	4909	3320

3.4 萃取工艺

溶剂萃取技术是 20 世纪迅速发展起来的金属分离技术之一，是一种高效分离和提取物质的最先进的方法之一，具有选择性高、投资少、无污染、分离效果好、能耗低、适应性强等特点，如今已在湿法冶金等领域得到了越来越广泛的应用。

溶剂萃取法应用于钨的冶金约始于 1959 年，当时已有一些成熟的生产工艺，如美国矿务局采用苯胺从钨酸钠溶液中萃取钨，美国碳化物公司用三癸胺萃取钨，美国西里瓦尼亚电气元件公司用三辛胺萃取钨，英国慷岛公司用三辛胺萃取钨等。苏联、德国、加拿大等国家也进行了大规模的研究，认为这是钨的湿法冶金的新方向。日本东京钨公司当时也拟将溶剂萃取技术应用在将钨酸钠转换到钨酸铵的工序中。我国从 20 世纪 70 年代开始研究和采用这种技术，在萃取法提钨的工艺及机理方面也进行了很多工作，如今在工艺和设备方面都有了较为深入的研究成果。

萃取钨的萃取剂主要有胺类（包括伯、仲、叔胺和季铵盐）、酮类、磷酸酯类如 TBP 等。萃取工艺用于钨的生产主要是用以从纯 Na_2WO_4 溶液中制取 $(NH_4)_2WO_4$ 溶液，以取代经典工艺中的人造白钨沉淀、人造白钨酸分解和钨酸氨溶等工序，这样不仅易于实现生产过程的连续化、自动化，而且还可以解决酸分解过程中出现的废酸问题，同时还因为设备简单，流程短，克服了经典工艺沉淀结晶过程中固液分离多阶段操作的缺点，提高了生产效率，降低了试剂消耗。其基本应用大致分为两种：一是在酸性条件下将纯的钨酸钠溶液萃取转型成高浓度钨酸铵溶液，此法缺点是不能除杂；二是在碱性钨酸钠溶液中直接萃取钨，使钨酸根进入有机相，杂质留在萃余液中，再反萃取有机相获得较纯的钨溶液。

3.4.1　胺类萃取剂萃取法从钨酸钠溶液制取钨酸铵溶液

将白钨矿精矿或黑钨矿精矿用碱在高压条件下浸出，所得粗钨酸钠溶液用经典方法去除磷、砷、硅、钼，然后调整纯 Na_2WO_4 溶液的酸度至 pH 值为 2.5～4.0（一般用硫化物沉淀法除钼后的溶液，其 pH 值约为 2～3），再与有机相混合萃取。萃余液含少量萃取剂、其他有机物和无机盐等，处理后可排放。负载钨的有机相经水洗后，用 NH_4OH 溶液反萃取得到 $(NH_4)_2WO_4$ 溶液，反萃取后的有机相经水洗等处理后返回萃取。其原则流程如图 3－4 所示。

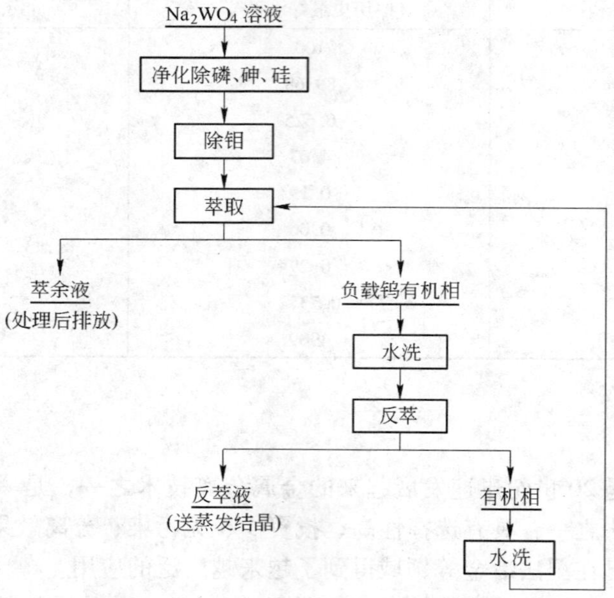

图 3－4　溶剂萃取处理钨酸钠溶液的原则流程

萃取法将钨酸钠溶液转型成钨酸铵溶液基本上都利用胺类萃取剂，以叔胺为主，如三辛胺（TOA）、阿拉明－336（Alamine－336）等，我国常用 N235。采用高碳醇或 TBP 作萃取剂的极性改进剂，以煤油作稀释剂。此外，亦可利用伯胺、季铵盐作萃取剂，其萃取的原理都相同，属离子缔合萃取体系。

3.4.1.1　胺类萃取剂的一般介绍

胺类萃取剂的研究和使用始于 20 世纪 40 年代，与其他萃取剂如磷类萃取剂相比，它的发展较晚，但这类萃取剂的选择性高，目前已广泛用于稀有金属及有色金属的提取工艺中。

胺类萃取剂可以看作是氨的烷基取代物，氨分子中3个氢逐步被烷基取代，生成伯胺、仲胺、叔胺和季铵盐：

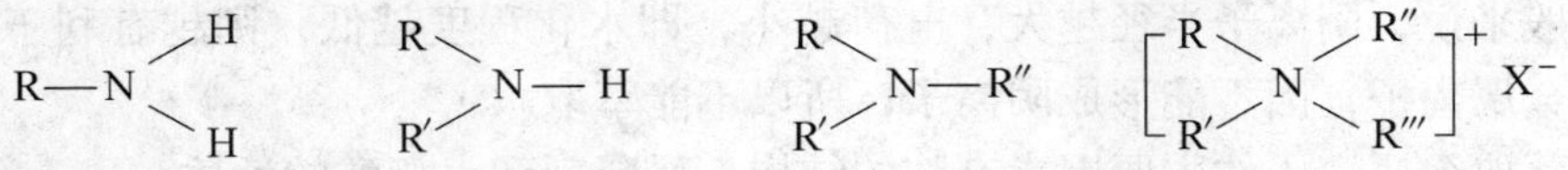

一级胺(伯胺)　二级胺(仲胺)　三级胺(叔胺)　四级胺盐(季胺)

用作萃取剂的有机胺的相对分子质量通常在250～600之间，相对分子质量小于250的烷基胺在水中的溶解度较大，使用时将导致萃取剂在水中溶解损失；相对分子质量大于600的烷基胺则往往是固体，在有机溶剂（稀释剂）中的溶解度较小，萃取时分相困难，萃取容量低。

伯、仲、叔胺属于中等强度的碱性萃取剂，它们必须与强酸作用生成胺盐阳离子（如 RNH_3^+、$R_2NH_2^+$、R_3NH^+）后，才能萃取金属络合阴离子或其他阴离子。所以伯、仲、叔胺的萃取只有在酸性溶液中才能进行，在中性或碱性溶液中不能萃取。而季铵盐属于强碱性萃取剂，因为它本身就含有阳离子 R_4N^+，所以能够直接与金属络合阳离子缔合，因此季铵盐在酸性、中性和碱性溶液中均可萃取。

在伯、仲、叔胺中，作为萃取剂用得比较多的是叔胺，伯胺与仲胺用得比较少。这是因为伯胺 RNH_2 和 R_2NH 中含有亲水性基团 N－H，它们在水中的溶解度要比同分子量的叔胺大。另外，伯胺在有机溶剂中，使有机相能溶解相当多的水，对萃取不利，所以直链的伯胺一般不用作萃取剂。但带有很多支链的伯、仲胺可以作为萃取剂，如表3－13中的 Primene JM－T 和 Amine S－24。常用的胺类萃取剂名称、简式和结构式见表3－13。

表3－13　常用胺的名称和结构式

名　称	结构式	胺类	英文名
N235 三烷基胺	$N\{CH_2—(CH_2)_{6-8}—CH_3\}_3$	叔胺	Alamine－336
N263 氯化三烷基甲胺	$CH_3N\{CH_2—(CH_2)_{6\sim10}—CH_3\}_3^+Cl^-$	季铵盐	Aliquat－336
N1923 三烷基甲胺	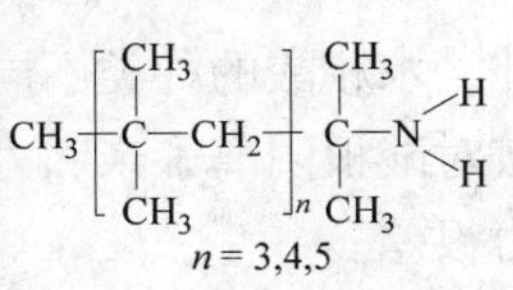	伯胺	Primene JM－T
二（1－异丁基－3，5－二甲基己基）胺	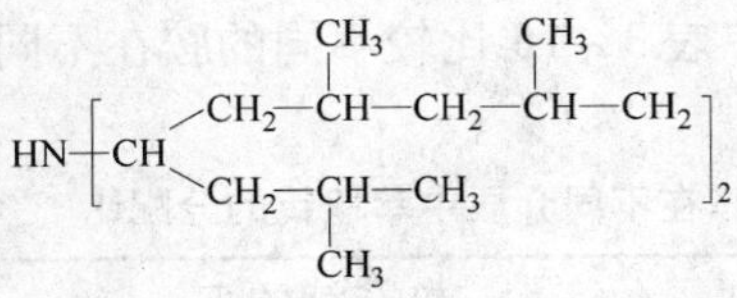	仲胺	Amine S－24
三正辛胺	$N(C_8H_{17})_3$	叔胺	TOA
三异辛胺	$N[CH_2—CH_2—CH(CH_3)—CH_2—CH(CH_3)—CH_3]_3$	叔胺	TIOA
三月桂胺	$N-[CH_2(CH_2)_{10}CH_3]_3$	叔胺	TLA

烷基胺盐或季铵盐可以与其他阴离子发生交换反应。因此，凡是在水相中能与酸根离子形成金属络合阴离子的，以及在水相中以含氧酸根或以其他阴离子形式存在的元素，都能被萃取。一般来说，阴离子半径越大，电荷越小，即水化程度越低，则越有利于萃取。碱金属、碱土金属离子，因不能形成阴离子，所以不能萃取。

影响胺类萃取金属离子的主要因素有胺的结构、稀释剂和水相酸的性质。

A　胺的结构

一般随着伯、仲、叔胺次序的变化以及烷基支链化程度的增加，其诱导效应增加，使萃取能力增加。但同时，随着这个次序的变化，空间效应也增加，因而使萃取能力减弱。空间效应增加可以使选择性加大。

pH 值和胺类型对钨萃取的影响见表 3－14。

表 3－14　pH 值和胺类型对钨萃取的影响

平衡 pH 值	萃取相中钨（WO_3）/g · L^{-1}		萃取率/%	
	Aliquat 336	Alamine 336	Aliquat 336	Alamine 336
1.5	16.0	16.0	100	100
2.5	16.0	9.8	100	61
3.5	16.0	5.6	100	35
4.5	16.0	4.8	100	30
5.5	16.0	3.6	100	22
6.5	15.4	1.4	98	9

注：水相：16g/L WO_3；有机相：1. 10% Aliquat－336（SO_4^{2-} 盐）－10% 戊基膦酸二戊酯－煤油；2. 10% Alamine－336（SO_4^{2-} 盐）－10% 戊基膦酸二戊酯－煤油；O/A＝1∶1。

B　稀释剂

这一影响主要通过稀释剂促进或抑制萃取剂的缔合而增加或降低萃取能力。其次，稀释剂的介电常数对离子缔合物的稳定常数也有很大的影响。

C　水相酸性质

由于胺类萃取剂都有萃酸的性质，因此，水相酸的种类不同，会导致胺类萃取剂对水相中金属离子萃取能力的不同。例如，伯胺对酸根阴离子亲和力大，萃取 NO_3^-、Cl^- 的能力很强，导致其对金属络阴离子的萃取能力很差。

研究表明，在硫酸介质中，胺类萃取剂对钨的萃取能力有如下次序：叔胺 > 仲胺 > 伯胺。但在盐酸和硝酸介质中正好相反。表 3－15 比较不同的胺在不同的无机酸介质中对钨的萃取。

表 3－15　不同胺在不同介质中萃取钨的分配比

胺（C_8）	钨的萃取分配比 D		
	H_2SO_4	HCl	HNO_3
伯　胺	0.6	—	—
仲　胺	90	100	18
叔　胺	160	36	0.5

续表 3-15

胺 (C_8)	钨的萃取分配比 D		
	H_2SO_4	HCl	HNO_3
萃取条件	胺浓度：0.1M；稀释剂：正辛烷；$[SO_4^{2-}]$：0.5M；pH 值为 3	胺浓度：0.1M；稀释剂：苯；$[Cl^-]$：0.5M；pH 值为 3	胺浓度：0.1M；稀释剂：苯；$[NO_3^-]$：0.5M；pH 值为 3

3.4.1.2 叔胺类萃取剂从钨酸钠溶液中萃钨的基本原理

目前，国内外在工业上用萃取法将 Na_2WO_4 溶液转型成 $(NH_4)_2WO_4$ 溶液基本上都是利用叔胺作萃取剂。下面以三烷基胺（叔胺的一种）萃取钨为例，讨论从钨酸钠溶液中提取钨的过程。常用的三烷基胺是三辛胺（TOA），相当于国内产品 N235，商品牌号是 Alamine 336。

三烷基胺化学结构式可缩写为 $(C_nH_{2n+1})_3N$ 或 R_3N。三辛胺（TOA）结构式中碳原子数 $n=8$，N235 是多种叔胺的混合物，其中含叔胺大于98%，结构式中碳原子数 $n=8\sim10$。三辛胺主要性能见表 3-16。

表 3-16 三辛胺（TOA 主要性能）

名　称	三辛胺（TOA）	三烷基胺（N_{235}）
化学式	$(C_8H_{17})_3N$	R_3N
相对分子质量	353.6	387
沸点/℃	365~367	180~230（3 毫米汞柱）
闪点/℃	188	189
密度/$kg \cdot L^{-1}$	0.8110（20℃）	0.8153（25℃）
黏度/mPa · s	8.41	10.4
表面张力/$N \cdot cm^{-1}$	28.35×10^{-5}（20℃）	28.2×10^{-5}（25℃）
介电常数（ξ）	2.25（20℃）	2.44（20℃）
水中溶解度/$g \cdot L^{-1}$	<0.01（25℃）	<0.01（25℃）
折光率	1.4449（20℃）	1.4525（20℃）
凝固点/℃	-46	-64
燃点/℃	226	226
叔胺含量/%	99.85	>98

用叔胺类萃取剂萃取钨的过程属阴离子交换过程，主要经过叔胺的酸化、钨酸钠溶液的酸化、萃取以及反萃取四步骤，分别介绍如下。

A 叔胺的酸化

当采用胺萃取金属时，由于游离胺（R_3N）本身对金属络离子无萃取能力，胺首先萃取无机酸形成胺盐后，才能进行萃取金属络离子的反应。以硫酸酸化为例，其反应式如下：

水相中酸浓度低时形成硫酸胺：

$$2R_3N_{(org)} + H_2SO_{4(aq)} \xlongequal{} (R_3NH)_2SO_{4(org)}$$

水相中酸浓度高时形成硫酸氢胺：

$$R_3N_{(org)}+H_2SO_{4(aq)}═══(R_3NH)HSO_{4(org)}$$

B　Na_2WO_4 溶液的酸化

Na_2WO_4 溶液在酸化至 pH 值为 2～4，钨酸根离子聚合成 $[HW_6O_{21}]^{5-}$、$[W_{12}O_{39}]^{6-}$ 和 $[H_2W_{12}O_{40}]^{6-}$ 等同多酸离子。

钨酸钠溶液中的钨，在不同 pH 值下，是以各种阴离子形式存在，因此，用胺从钨酸钠溶液中萃取钨，其机理是属于阴离子交换类型。钨在钨酸钠溶液中以何种阴离子形式占优势，取决于溶液的 pH 值和钨的浓度。当加酸于钨酸钠的水溶液中，随着 pH 值的降低，生成的钨同多酸根阴离子的组成变化，呈现着复杂的情况。在各种 pH 值的钨酸钠溶液中，钨存在的主要阴离子的化学式见表 3－17。

表 3－17　不同 pH 值钨酸钠溶液中存在的主要阴离子形式

pH 值	主要存在的阴离子	著者			钨原子数 n / 阴离子价数 Z
		Kepert	Cotton Wilkinson	Souchay Lauany	
pH＞6	正钨酸根	WO_4^{2-}	WO_4^{2-}	WO_4^{2-}	1/2＝0.5
pH 值为 6～4	仲钨酸根 A	$HW_6O_{21}^{5-}$	$HW_6O_{21}^{5-}$	$HW_6O_{21}^{5-}$	6/5＝1.2
	仲钨酸根 Z	$W_{12}O_{41}^{10-}$	$W_{12}O_{41}^{10-}$	$W_{12}O_{41}^{10-}$	12/10＝1.2
pH≤4	Ψ－偏钨酸根	$[HW_6O_{20}^{3-}]_n$		$W_{12}O_{39}^{6-}$	12/6＝2.0
	Ψ′－偏钨酸根			$HW_{12}O_{39}^{5-}$	12/5＝2.4
	偏钨酸根	$H_2W_{12}O_{40}^{6-}$	$W_{12}O_{39}^{6-}$	$H_2W_{12}O_{40}^{6-}$	12/6＝2.0

注：一些文献报道，Ψ′－偏钨酸根 $HW_{12}O_{39}^{5-}$ 在 pH 值较低时如 pH 值为 1 时，比较稳定；pH 值增加时，它就逐步转化为 Ψ－偏钨酸根 $W_{12}O_{39}^{6-}$：$HW_{12}O_{39}^{5-}=H^++W_{12}O_{39}^{6-}$。pH 值增至 4 时，全部转化为 Ψ－偏钨酸根。

可以认为，在一定 pH 值范围内，钨以某一种离子为主，但并不是只存在这一种离子。当其中某一种离子的浓度增减或 pH 值在一定范围内变化时，平衡发生移动，一种离子可转变为另一种离子。

C　萃取

当胺盐与酸化后的钨酸钠溶液接触时，与溶液中的钨同多酸阴离子发生交换反应，并生成钨的同多酸胺盐或钨的同多酸胺酸式盐进入有机相：

$$4(R_3NH)HSO_{4(org)}+2H^++[W_{12}O_{39}]^{6-}_{(aq)}═══(R_3NH)_4H_2W_{12}O_{39(org)}+4HSO^-_{4(aq)}$$

$$3(R_3NH)_2SO_{4(org)}+[H_2W_{12}O_{40}]^{6-}_{(aq)}═══(R_3NH)_6H_2W_{12}O_{40(org)}+3SO^{2-}_{4(aq)}$$

$$5(R_3NH)_2SO_{4(org)}+2H^++2[H_2W_{12}O_{40}]^{6-}_{(aq)}═══2(R_3NH)_5H(H_2W_{12}O_{40})_{(org)}+5SO^{2-}_{4(aq)}$$

影响萃取反应的主要因素是水相 pH 值。

一方面，在水相 pH 值较高时，与之平衡的有机相中胺盐水解成游离胺。以三辛胺的氯化物为例，水解反应方程式为：

$$(R_3NH)Cl_{(org)}═══R_3N_{(org)}+H^+_{(aq)}+Cl^-_{(aq)}$$

而游离胺本身是不能萃取钨的。

另一方面，在不同的 pH 值条件下，钨存在的同多酸根形式不同，n/z 比值影响胺萃取钨的克分子饱和容量。如果胺离子 R_3NH^+ 与钨的同多酸根结合成钨的同多酸胺正盐，如生成偏钨酸铵（$(R_3NH)_6H_2W_{12}O_{40}$，则每一克分子胺对钨的萃取量（克原子钨）等于钨的同多酸阴离子中钨的原子数 n 与阴离子价数 Z 之比。从表3－17可以看出，钨酸钠溶液pH值愈小，钨的同多酸根的 n/Z 愈大，胺萃取钨的萃取容量也会愈大。为了提高萃取量，应将溶液pH值调节在4以下使溶液中的钨主要以偏钨酸根存在对萃取最为有利。

使用三烷基胺萃取钨时，水相pH值对钨萃取率及分配比的影响见表3－18。

表3－18 水相pH值对叔胺萃取钨的影响

初始水相		平衡水相		萃取率 E /%	分配比 D
$WO_3/g\cdot L^{-1}$	pH值	$WO_3/g\cdot L^{-1}$	pH值		
50.50	2.0	0.10	2.5	99.8	500
	3.0	0.15	3.5	99.7	334
	4.0	0.18	4.05	99.6	250
	5.0	0.30	5.5	99.4	167
	6.0	10.41	5.14	79.5	3.83
	7.0	16.10	5.6	68.2	2.15
89.35	2.0	0.76	3.0	99.1	118
	3.0	2.10	4.2	97.6	43.67
	4.0	31.96	5.04	64.1	1.79
	5.2	39.38	5.5	55.6	1.27
	6.0	42.90	5.6	51.9	1.08

注：70%叔胺（C_7-C_9）－20%辛醇－煤油，使用前先用硫酸处理，$O/A=1$。

由此可见，WO_3 低时的分配比较原始浓度高时的大。萃取率和分配比随着pH值的升高而下降。当原始水相 WO_3 含量为50.5g/L时，须使水相平衡pH值保持在2.5～4.5的范围内，钨才能完全进入有机相；而当 WO_3 含量为89.35g/L时，在pH值保持在3.0～4.2的范围内，钨才能较完全进入有机相。

此外，萃取有机相的组成对萃取也有显著影响。由于是高分子胺，密度高，黏度大，萃取时很少采用纯萃取剂，通常是加入一廉价的有机溶剂稀释以改善其物理性质。工业中常采用煤油作稀释剂。另外，有些胺特别是叔胺，当其与无机酸接触时易生成不溶于有机相的盐，于是在萃取时形成了第三相。为了破坏第三相，常加入高碳链的醇、某些中性溶剂如磷酸三丁酯（TBP）作相调节剂。防止形成第三相所需长链醇的量可由下述方法确定：当未加相调剂的有机相与水相达到平衡以后令其澄清分层，分离出两个有机相，并用醇滴定至形成单相，一般情况下，大约3%的高碳醇便足以防止形成第三相。

有的胺类萃取体系，根据萃取能力，气味及分相等因素，也常选用中性溶剂TBP，其分子式是（$(C_4H_9O)_3PO$，作相调节剂。实践证明，TBP不仅起了相调节剂的作用，明显地消除了第三相。同时，TBP的加入还发生了“协同效应”（混合萃取剂体系中分配比大于相同条件下各单一萃取体系分配比之和的现象称为“协同效应”）。TBP之所以发生“协同效应”可能是起溶剂化的作用。胺萃取偏钨酸根离子时，有部分水合分子也随着偏钨酸胺盐转入有机相［$(R_3NH)_5H(H_2W_{12}O_{40})\cdot xH_2O$］，因而假定中性溶剂具有置换部分水的能力，从而减少了萃合物的水合作用，也就是说使它更容易萃取入有机相：

$$(R_3NH)_5H(H_2W_{12}O_{40})\cdot xH_2O + yTBP = (R_3NH)_5H(H_2W_{12}O_{40})\cdot yTBP + xH_2O$$

值得指出的是，叔胺萃取时，由于在 pH 值为 2～4 的情况下，磷、砷、硅等杂质都与钨形成杂多酸阴离子，钼的性质与钨相近，同时也有可能形成杂多酸阴离子，因此，它们都一道被萃入有机相，从而不能分离除去上述杂质。

D　反萃取

在反萃取过程中达到两个目的：回收有机相中的钨；再生萃取剂以便循环使用。

一般地，根据萃取机理来选择反萃取剂，要求它能破坏萃取平衡，使萃取反应发生逆过程，被萃取金属所形成的萃合物分子发生离解，使金属呈化合物（或离子）自有机相返回到水相。对胺萃取体系，是采用适当的水溶液与负载金属的有机相接触，萃合物中的金属络阴离子与水相中阴离子进行交换，使金属返回至水相中。对于金属不发生水解的情况，可以用碱性溶液与有机相接触，胺盐变成游离碱，而金属被反萃出来。

对于叔胺萃取工艺，根据下一步加工的要求，宜选用氨水作反萃剂。负载有机相用水进行多级洗涤除去杂质特别是 Na^+ 后，用氨水进行反萃取。氨水溶液促使反萃出来的偏钨酸根离子 $H_2W_{12}O_{40}^{6-}$ 转化为不利萃取的正钨酸根离子 WO_4^{2-}，从而有利于钨返回到水相。反萃的反应方程式如下：

$$(R_3NH)_5H(H_2W_{12}O_{40})_{(org)} + 24NH_4OH_{(aq)} = 4R_3N_{(org)} + 12(NH_4)_2WO_4 + 16H_2O$$

反萃过程中的主要问题是钨在有机相中形态为偏钨酸根离子，在反萃进入水相时，平衡水相 pH 值为 7.5～8.5，在由 pH 值 2～3 进入 pH 值为 8.5 时，经过 pH 值为 6 左右的过程，此时易产生仲钨酸铵沉淀，导致出现乳化等不正常现象。因此，必须采取相应的措施，以防止或减轻上述现象的发生。可将反萃液回流以加大水相体积并使反萃剂中预先含部分 $(NH_4)_2WO_4$；加快搅拌速度；适当提高反萃剂氨的浓度，可在相当程度上使暂时产生的 APT 晶核在水相中迅速溶解，从而使反萃顺利进行。

叔胺萃取工艺可处理由低品位矿石得到的低浓度钨酸钠溶液，也可处理 Na_2WO_4 质量浓度较高（310～350g/L）的溶液，存在的主要问题是在反萃取过程中过早沉淀析出仲钨酸铵，阻碍反萃取过程的正常进行，缺点是仅能实现 Na_2WO_4 溶液转型成 $(NH_4)_2WO_4$ 溶液，萃取过程不能同时除去 P、As、Si 和 Mo 等杂质，同时钨酸钠溶液调酸和叔胺的酸化都需耗用大量试剂，这将恶化劳动环境并造成萃余液酸度较高，增加排放物治理费用。

3.4.1.3　叔胺萃取工业实践

通常，有机相成分为 5～10（体积分数）% 叔胺，加 10～15（体积分数）% 高碳醇或 TBP 作相调节剂，其余为煤油作稀释剂。在 $O/A = 5/1$ 下用 0.5mol/L 的 H_2SO_4 进行酸化处理。

钨酸钠溶液酸化后通常含 WO_3 为 50～100g/L，亦可高达 310～350g/L，pH 值为 2～4。

萃取时，相比 $O/A = 1/1$ 左右，经过三级左右萃取，钨萃取率可达 99.5% 左右，萃余液含 $WO_3 < 0.1$g/L。

反萃剂为 2～4mol/L 的氨水，或反萃剂中预先含部分 $(NH_4)_2WO_4$。反萃液一般含 WO_3 达 250～400g/L，送蒸发结晶。

现以黑钨精矿苛性钠浸取—液－液萃取工艺为例，介绍胺萃取钨的过程。其工艺流程如图 3－5 所示。

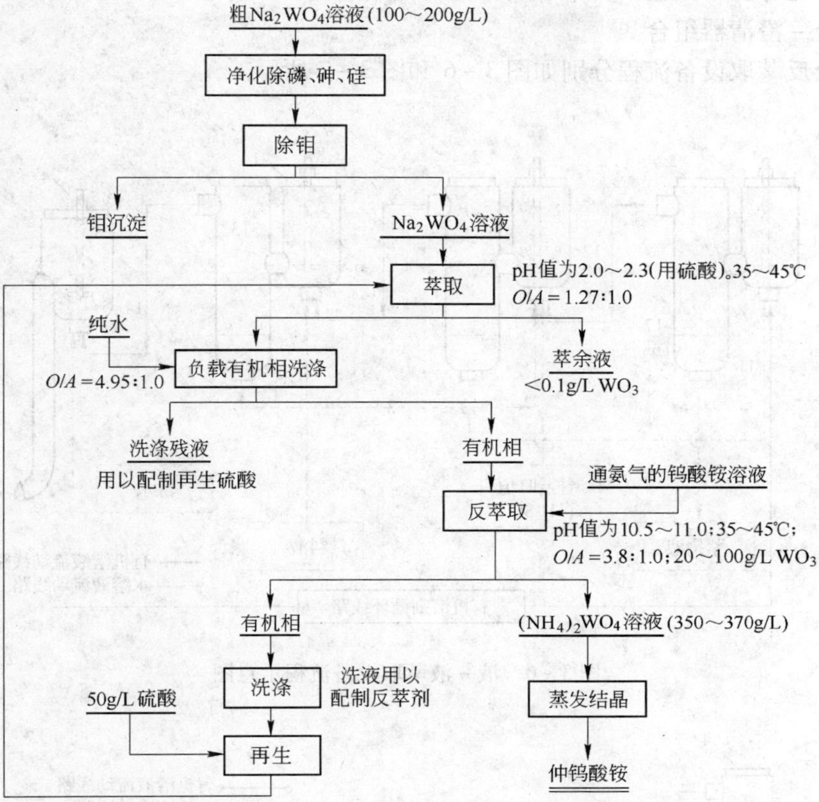

图3－5 苛性钠浸取—液－液萃取工艺流程

工艺条件如下：

苛性钠分解黑钨精矿并净化除杂以后得到的钨酸钠溶液浓度为 $WO_3$100～200g/L，调整 pH 值至 2.0～2.3。

有机相组成：10%（体积分数）三辛胺 TOA 作为萃取剂；12%（体积分数）TBP 作为相调节剂；78%体积高闪点煤油作为稀释剂。

萃取：*O/A* 为 1.27∶1.0。萃余液中含 WO_3 在 0.1g/L 以下，pH 值为 1.0。温度为 35～45℃。

洗涤：负载钨的有机相用纯水进行洗涤。洗涤时有机相和水相之比为 4.95∶1.0。洗涤水用以配制再生有机相的稀硫酸溶液。

反萃取：反萃剂是事先通入氨气制得 pH 值为 10.5～11.0 的稀钨酸铵溶液，其浓度以 20～100g/L。洗涤后的萃取相加到柱式反萃接触器的底部，与充有氨气的稀钨酸铵反萃剂并流接触。有机相与水相的相比为 3.8∶1。温度为 35～45℃。

反萃后的有机相用纯水洗涤，以除去有机相中夹杂的 $(NH_4)_2WO_4$，此洗液充氨以后作为反萃剂循环使用。洗涤时相比为有机相∶水相＝6∶1，洗涤后的有机相 pH 值约为 10.6，密度约 0.93g/L，含 $WO_3$0.64g/L，在再生器内用 150g/L 的硫酸溶液再生，重新使用。

反萃后所得的钨酸铵溶液浓度可达 350～370g/L，可直接送去蒸发结晶。

萃取及反萃取设备可采用混合澄清器、脉冲塔、填料塔、筛板塔、转盘塔、振动板塔及离心萃取器等。本工艺中，萃取设备采用柱式混合－澄清器，反萃设备采用柱式反萃接触器及混合－澄清器组合。

萃取及反萃取设备流程分别如图3－6和图3－7所示。

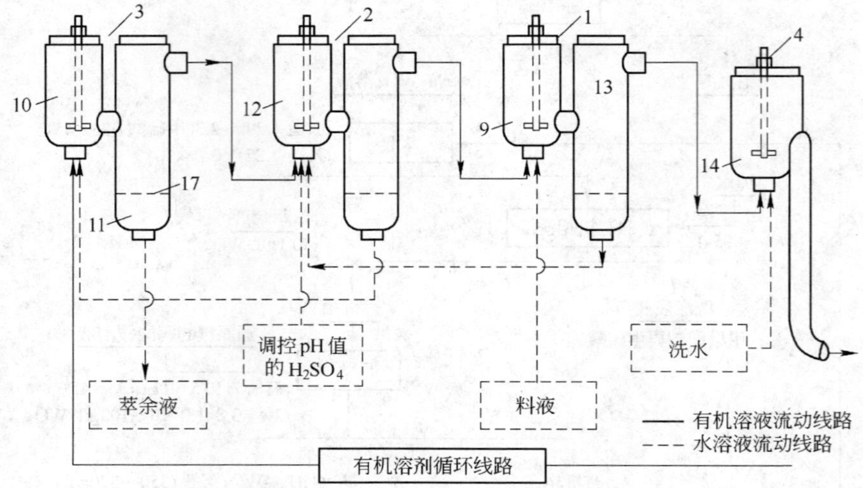

图3－6　液－液萃取设备流程示意图

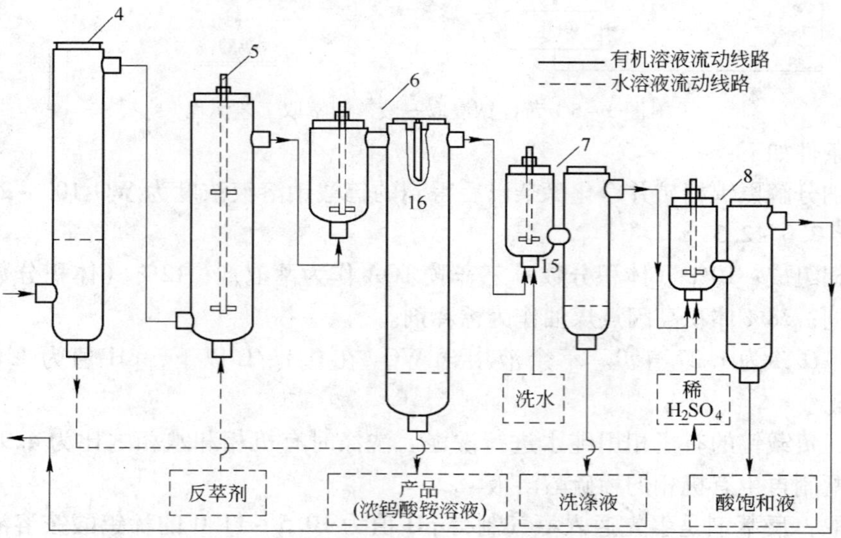

图3－7　液－液萃取反萃设备流程示意图

萃取部分由四级组成：第一级（1）；第二级（2）；第三级（3）和洗涤级（4）。

水相料液依次从第一级（1）开始经过第二、三级（2，3）以逆流方式运行与从（3）流向（1）的有机相接触。水相中的钨逐步萃入到有机相。萃取后的萃余相，从（3）的澄清室放出。含钨的有机相从第一级（1）的澄清室（13）通至洗涤级（4）的混合室（14），并用纯水洗涤。

反萃取部分由柱式反萃接触器（5）；混合—澄清器（6）；洗涤级（7）和再生级

(8) 组成。在反萃取系统中，洗涤后的负载钨的有机相流至柱式反萃接触器 (5) 的底部的一个进口处，在变速搅拌器搅拌下与反萃液相接触，两者以并流方式通过反萃柱向上流动。经反萃的有机相从混合—澄清器 (6) 经过装在澄清室上面的折流板 (16) 流入洗涤级 (7)。经反萃并洗涤后的有机物在最后一级（有机相再生级）(8) 内用稀硫酸进行再生。从 (6) 的澄清器出来的水相是浓钨酸铵溶液，送去结晶，制取仲钨酸铵。

负载钨的有机相开始与反萃剂接触时出现一些白色的含钨沉淀物随着溶液朝柱的上方流动，这种沉淀物在它到达澄清级 (6) 以前又重新溶解。所以要求反萃柱有足够的长度。其长度 L 与直径 D 之比 (L/D) 最好是在 (3.7～4.5)∶1 的范围内。

该萃取工艺的特点是克服了以往工艺用稀氨水反萃得到的低浓度钨酸铵溶液的缺点，用 pH 值为 10～11 充氨的稀钨酸铵溶液作反萃剂，得到浓的不含固体粒子的钨酸铵溶液，有利于下一步工序的处理。

另一萃取生产工艺是处理白钨精矿的实例。柿竹园钨矿是我国钨储量最大的钨矿之一，其生产的白钨精矿含钼较高，通常在 1% 左右。典型的化学成分为 (%)：WO_3 64.2、Mo 0.95、As <0.04、P 0.023、SiO_2 3.0、Fe 1.52、Mn 0.39、Cu 0.10、Sn 0.011、S 0.36。为了生产高纯度的 APT，可采用酸分解—碱溶—净化—萃取的工艺。其流程如图 3－8 所示。

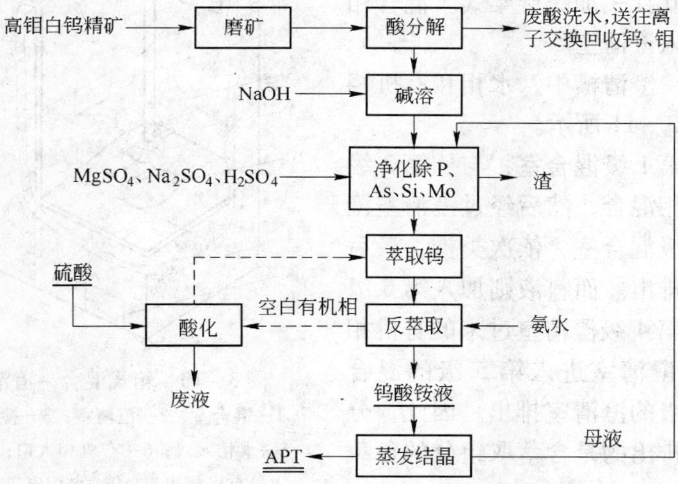

图 3－8 高钼白钨精矿萃取工艺提钨流程

萃取有机相为 10% N235－10% 仲辛醇－80% 煤油。萃取料液的组成为 (g/L)：$WO_3$113、Mo 0.03、As 0.012、P 0.011、SiO_2 0.015，pH 值为 2.7。经过三级萃取，二级水洗、氨水反萃后，即可实现满意的萃取和分离效果。高钼白钨精矿萃取提钨操作如图 3-9 所示。

萃取过程除了可在图 3－6 所示的塔式萃取器内进行外，亦可在箱式混合澄清槽内进行。二者都能实现多级连续逆流萃取方式。

箱式混合澄清槽是一种效率较萃取塔要高的萃取设备，它是由若干个包括混合室和澄清室的单级所构成。混合室有搅拌桨，有利于两相混合接触；澄清室是供两相静置分层的，比混合室要大，以保证两相分层时间。每一个混合室和澄清室组成一个级。图 3－10 所示为箱式混合－澄清槽简单结构示意图。

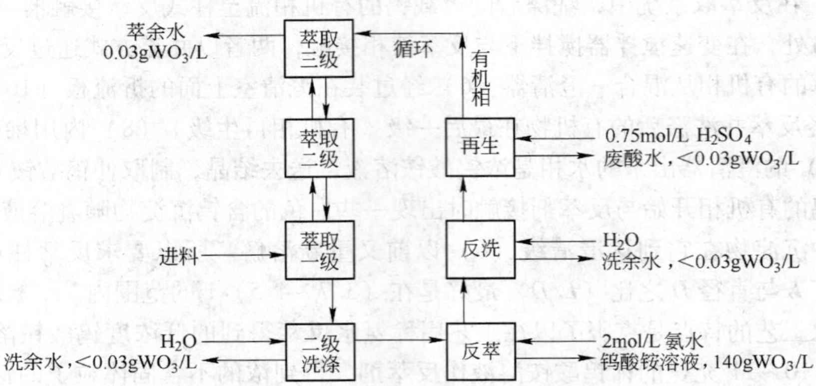

图 3-9　高钼白钨精矿萃取提钨操作示意图

水相和有机相分别从前一级和后一级澄清室通过水相入口和有机相入口进入混合室，两相经桨叶搅拌充分混合接触。搅拌桨一般用叶片式，特殊情况下用双层，或叶片式加涡轮式，或叶片式加螺旋桨式。混合相经混合相入口进入澄清室。

在箱式混合-澄清槽中，水相和有机相的流动情况如图 3-11 所示。

有机相加入第 1 级混合室，与从第 2 级澄清室进来的水相混合，然后经过澄清室澄清后，进入第 2 级混合室，依次类推，最后从第 6 级澄清室排出。而料液则加入第 6 级的混合室，与从第 4 级澄清室过来的有机相混合，然后经过澄清室进入第 5 级的混合室，最后从第 1 级的澄清室排出。因此，分别从萃取槽两头排出的是含萃取组分的负载有机相和萃余液。

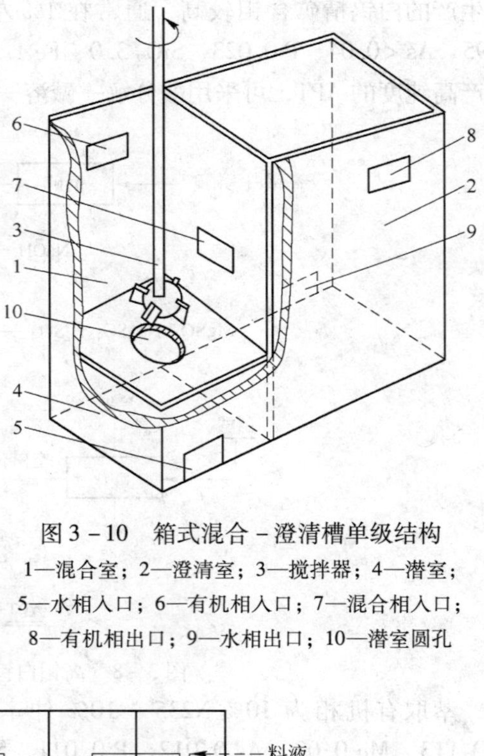

图 3-10　箱式混合-澄清槽单级结构

1—混合室；2—澄清室；3—搅拌器；4—潜室；5—水相入口；6—有机相入口；7—混合相入口；8—有机相出口；9—水相出口；10—潜室圆孔

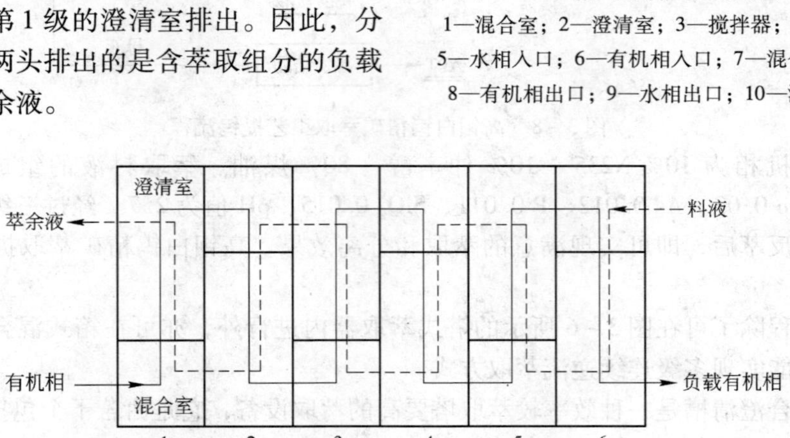

图 3-11　箱式混合-澄清槽有机相和水相流动示意图

3.4.1.4 其他胺类萃取

A 伯胺萃取

常用的伯胺类萃钨试剂是 N1923。其通式为（R_1，R_2 为 C_{9-11} 烷基）：

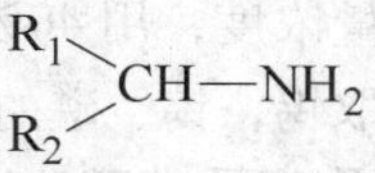

当伯胺盐与酸化后的钨酸钠溶液接触时，与溶液中的钨同多酸阴离子发生交换反应，并生成钨的同多酸胺盐或钨的同多酸胺酸式盐进入有机相，其反应机理如下：

（1）pH 值为 3.0，$[W^{6+}]/[RNH_3^+]=1.8$，W（Ⅵ）的存在形式是 $H_2W_{12}O_{40}^{6-}$ 和 $H_2W_6O_{21}^{4-}$，其萃取反应为：

$$3(RNH_3)_2SO_{4(org)}+H_2W_{12}O_{40(aq)}^{6-} \Longrightarrow (RNH_3)_6H_2W_{12}O_{40(org)}+3SO_{4(aq)}^-$$

和

$$2(RNH_3)_2SO_{4(org)}+H_2W_6O_{12(aq)}^{4-} \Longrightarrow (RNH_3)_4H_2W_6O_{21(org)}+2SO_{4(aq)}^- \quad (3-1)$$

（2）pH 值为 4.0，$[W^{6+}]/[RNH_3^+]=1.5$，W(Ⅵ) 的存在形式是 $H_2W_6O_{21}^{4-}$，其萃取反应是式（3－1）。

（3）pH 值为 5.0，$[W^{6+}]/[RNH_3^+]=1.3$，W(Ⅵ) 的存在形式是 $HW_6O_{21}^{5-}$，其萃取反应是：

$$5(RNH_3)_2SO_{4(org)}+2HW_6O_{21(aq)}^{5-} \Longrightarrow 2(RNH_3)_5HW_6O_{21(org)}+5SO_{4(aq)}^-$$

初始水相 pH 值对伯胺盐萃取钨的影响表现为如下规律：随着 pH 值的增大，$[W^{6+}]/[RNH_3^+]$ 逐渐减少。在 $pH<7.0$ 时，伯胺盐能够完全萃取钨，$pH>7.0$ 时，其萃取率随 pH 值的增加而迅速减少，直到 pH 值为 12 时变为零。这是由于伯胺盐开始水解转变为伯胺，因而失去了伯胺盐的特性。

国内研究者对用伯胺 N1923－异辛醇体系萃取钨进行了较系统的实验，其萃取效果及分相性能良好。对其进行连续运转试验，结果表明：

（1）相比于盐酸而言，水相体系用硫酸调 pH 值为佳。

（2）稀释剂种类及浓度以选用 20% 异辛醇为宜。

（3）随着 N1923 浓度的增加，钨的萃取率成正比增加；但 N1923 浓度增加的同时，分相时间延长，且界面有一层白膜。一般选择 8%～12% 的 N1923 浓度较为合适。

（4）萃取平衡时间选择为 5min。

（5）有机相酸化条件：有机相组成为 10% 的 N1923＋20% 的异辛醇＋70% 煤油，用浓度为 1.5～2.0mol/L 的硫酸按 $O/A=5$ 进行酸化即可。

在料液中 WO_3 质量浓度为 105g/L、有机相组成为 10% N1923＋20% 异辛醇＋70% 磺化煤油，室温 23～28℃条件下，分相良好，连续运转情况良好，萃余液、萃洗液完全达到排放标准，实现了常温反萃取，反萃取液中 WO_3 质量浓度达 300g/L。此体系对工业料液的适应性较强，允许料液有较高浓度的 WO_3 和较高的 pH 值，可以满足生产合格 APT 的要求。

B 季铵盐萃取

除用叔胺和伯胺外，国内外亦有用季铵盐作萃取剂的。季铵盐萃取剂的特点是可在较宽的 pH 值范围内实现萃取，且因它本身带有可交换的阴离子，故不需像叔胺那样要预先酸化。

国外曾研究过碱性条件下用氯化季铵盐甲基三烷基铵（N263）萃取分离钨和磷。控制水相中 Cl^-、SO_4^{2-} 等阴离子的质量浓度，用 40% N263 + 10% 癸醇溶液，在 pH 值为 8～12 的钨磷混合溶液中多级逆流萃取钨，钨、磷的分离因数可达 20 以上。用 0.5mol/L 的 NH_4Cl 溶液反萃取，钨的单级反萃取率可达 70% 以上。

国内研究者也研究过硫酸体系中用 N263 优先萃取钨而将钼留在水相，再用浓度大于 2mol/L 的 NH_4Cl 溶液作反萃剂将 WO_3 绝大部分反萃下来。有机相用一定浓度的 NaOH 处理后，水洗，硫酸化，将氯化季铵盐转化为羟基季铵盐。有机相组成为 20% N263 + 10% B50 + 70% 煤油，Na_2WO_4 料液中 WO_3 质量浓度为 54.11g/L，Mo 质量浓度 1.02g/L，pH 值为 6。经 6 级萃取、2 级反萃取后，反萃取液中 Mo 与 WO_3 的质量浓度比为 0.0058%，WO_3 萃取率为 98.7%。

与伯胺、叔胺萃取相比，季铵盐萃取可以实现在碱性或弱碱性条件下从钨酸钠溶液中直接萃取钨，使钨酸根进入有机相，杂质留在萃余液中。但杂质的去除不能同时进行，如除钼和除磷、砷、硅要选择不同的萃取工艺，这样就工艺路线较为冗长。此外，杂质的去除效果不是十分理想，产品不能达到国际 0 级品标准，且由于其价格较贵，因而限制了它的使用。

3.4.1.5　胺类萃取小结

采用胺类萃取剂从钨酸钠溶液中提取钨，用氨水或氨水－铵盐溶液作反萃剂，将钨从有机相反萃取出来得到钨酸铵溶液，最后从中析出仲钨酸铵结晶。所以溶剂萃取法提钨的过程，实质上是将钨酸钠转变成钨酸铵的过程。它克服了经典工艺多阶段的缺点，并可节约大量试剂，经济上收益大，最终产品质量也高。但是，从钨酸钠溶液中萃取钨，比较有成效的都是在弱酸性介质中进行。从碱性钨酸钠溶液中直接萃取钨至目前为止，仍然没有较满意的结果。据报道，用季铵 Aliquat－336 从 pH 值为 13.7 的碱性溶液中萃取钨（30.6g/LWO_3），萃取率大约只达 40%。在该萃取体系中，pH 值对 WO_3 萃取量的影响见表 3－19。实际上，实现从碱性钨酸钠溶液中直接高效提取钨，仍是亟待解决的难题。

表 3－19　水相 pH 值对 Aliquat 萃取钨的影响

有机相：10% Aliquat－336（CO_3^{2-} 形）
2.5% 异癸醇
87.5% 煤油
水　相：30.6g/L WO_3；40g/L NaOH
萃取情况：一级；$O/A=1$；通过 CO_2 控制 pH 值

初始水溶液 pH 值	平衡 pH 值	负载有机相分析，WO_3/g·L^{-1}
13.7	13.5	12.6
10.0	9.7	8.8
8.40	8.6	8.8

此外，从钨酸钠溶液中萃取钨工艺本身，只是将钨酸钠转变为钨酸铵，至于溶液中所含硅、磷、砷、钼等杂质，通过萃取后大部分不能除去，仍需要另行增加净化除杂质的作

业。为简化工艺，便于生产组织管理，应力争除杂质也采用萃取法或在萃取钨的过程中净化除去杂质。这也是未来钨萃取技术的发展方向之一。

3.4.2 从碱性浸出液中直接萃取钨

由前所述，现行的溶剂萃取工艺存在两个重要缺点：一是钨的溶剂萃取是在酸性介质中进行的，而钨矿目前的主流工艺是碱分解工艺，碱分解液中通常含有大量的游离碱。因此，该工艺需要消耗大量的无机酸去中和钨矿碱分解液，这样就使得有价的化工原材料及存在于浸出液中的游离碱变成了萃余液中无用的无机盐。随着环保要求的日益严格，处理这种含盐量很高的萃余液就成为一个严重的问题。二是在传统溶剂萃取工艺中，溶剂萃取仅起转型作用而没有除 P，As，Si，F，Mo 等杂质的功能，故需设专门的沉淀除杂工序，流程长且随沉淀渣损失的钨也相当多。

而基于从碱性介质中直接萃取钨的方法就为彻底地解决上述问题提供了一种新思路。对于苏打高压浸出白钨矿来说，俄罗斯科学院西伯利亚分院以工业规模研究了直接从钨酸钠的苏打浸出液中萃取钨及分离磷、砷、硅杂质。采用碳酸氢盐型季铵盐作萃取剂，以 NH_4HCO_3 为反萃取剂，克服了现行酸性介质需先用化学法除杂的缺点。萃余液返回分解钨矿，其与酸性萃钨工艺相比，在保持相同萃取率的条件下，既降低了电耗，又减少了废液排放量。在萃取转型的同时，杂质磷、砷、硅去除率都在 97% 以上。

然而，苛性钠浸出是另外一种更为重要的钨矿分解方法，特别是对黑钨矿来说，在中国，绝大部分的钨生产厂家采用苛性钠浸出钨矿。本节对季铵盐直接从钨矿苛性钠浸出液中萃取钨的湿法冶金清洁生产工艺做一简单介绍。

3.4.2.1 季铵盐类萃取剂从碱性溶液中萃取的基本原理

对于胺类萃取剂，在强碱性介质中，由于伯、仲、叔胺失去萃取能力，必须选择强碱性萃取剂季铵盐进行钨的萃取。采用季铵盐实现碱性溶液中直接萃取钨，关键问题是选择季铵盐萃合适的盐型和合适的无机铵盐反萃剂。这也是在研究碱性介质直接萃取钨一直未取得突破的关键所在。

国内研究者通过大量的实验对萃取体系进行了选择，研究表明，以碳酸根型季铵盐为萃取剂，碳酸氢铵为反萃剂的萃取系统可很好地实现从钨矿苛性钠浸出液中直接萃取钨，从而在从钨矿苛性钠浸出液中直接萃取钨上取得了较大的突破。该技术从钨矿苛性钠浸出液中直接萃取钨可表示如下：

（1）萃取：

$$(R_4N)_2CO_{3(org)} + Na_2WO_{4(aq)} = (R_4N)_2WO_{4(org)} + Na_2CO_{3(aq)}$$

（2）反萃：

$$(R_4N)_2WO_{4(org)} + 2NH_4HCO_{3(aq)} = 2(R_4N)HCO_{3(org)} + (NH_4)_2WO_{4(aq)}$$

（3）有机相再生：

$$2(R_4N)HCO_{3(org)} + 2NaOH = (R_4N)_2CO_{3(org)} + Na_2CO_{3(aq)} + H_2O$$

有机相组成为 40% N263 + 20% 仲辛醇 + 40% 煤油。

研究结果表明：

（1）当料液 pH 值在 8.5 ~ 13 之间时，钨的分配比几乎不随料液 pH 值的升高而变化，只有当料液 pH 值大于 13 时，钨的分配比才随料液 pH 值的升高而略下降。

（2）钨的萃取等温线和反萃等温线显示，碳酸根型季铵盐可有效地从碱性介质中萃钨，其饱和容量接近 $60gWO_3/L_{有机相}$；而碳酸氢铵溶液可将有机相中的钨有效地反萃下来。

（3）在萃取过程中，绝大部分的P、As、Si、F离子留在萃余液中而与钨分离。料液中的大部分 Cl^- 在萃取过程中萃入有机相，萃入有机相中的 Cl^- 仅有一部分在反萃过程中进入反萃液。故 Cl^- 会在萃取循环中于有机相中积累，积累在有机相中的 Cl^- 会降低有机相的萃钨容量。故必需严格控制料液中 Cl^- 的含量。

3.4.2.2　季铵盐类萃取剂从碱性溶液中萃取的工艺

采用季铵盐从钨酸钠的苛性钠溶液中萃取钨。其原则流程如图3－12所示。

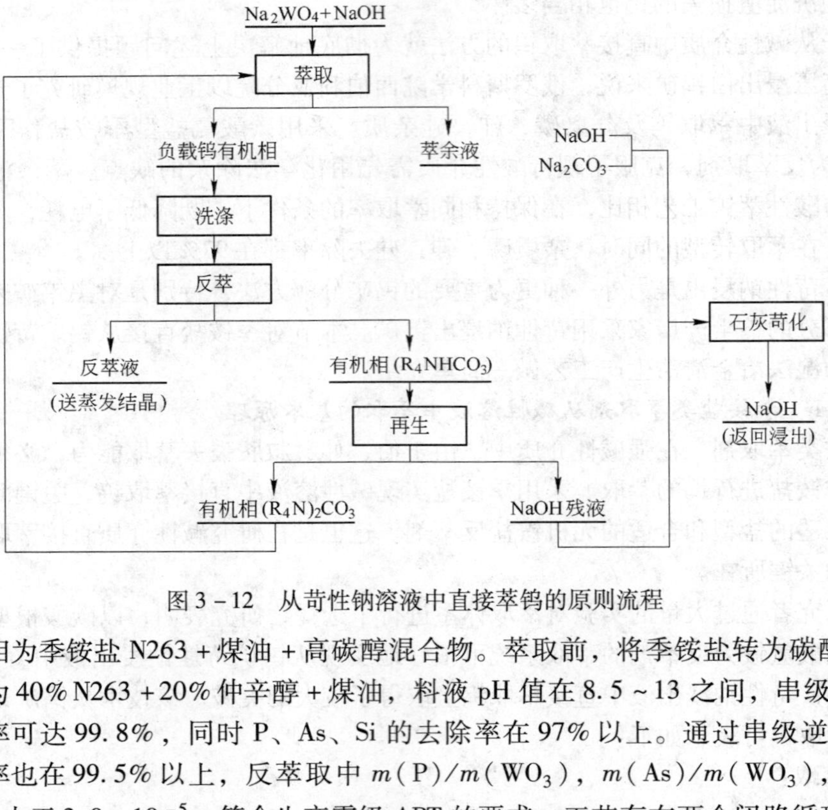

图3－12　从苛性钠溶液中直接萃钨的原则流程

有机相为季铵盐N263＋煤油＋高碳醇混合物。萃取前，将季铵盐转为碳酸盐型，有机相组成为40％N263＋20％仲辛醇＋煤油，料液pH值在8.5～13之间，串级逆流萃取，钨的萃取率可达99.8％，同时P、As、Si的去除率在97％以上。通过串级逆流反萃取，钨的反萃率也在99.5％以上，反萃取中 $m(P)/m(WO_3)$，$m(As)/m(WO_3)$，$m(Si)/m(WO_3)$ 均小于 3.0×10^{-5}，符合生产零级APT的要求。工艺存在两个闭路循环，即水相闭路循环和有机相闭路循环，是一种清洁生产工艺。其浸出液中的碱可返回使用，整个工序既无酸耗又无废液排出，萃取过程同时除掉了阴离子杂质P、As、Si、F等，这些杂质在回收碱的过程中以沉渣形式排出水相而与钨分离。该工艺与传统萃取工艺相比，废水排放量小，环境污染低，同时缩短了工艺流程，减少了酸耗。

3.5　白钨矿酸法工艺

酸分解法是处理白钨精矿有效方法之一，原则上，盐酸、硝酸、硫酸都可以用来分解白钨精矿，但以经济价值、生产效果等各种因素来考虑，工业上一般采用盐酸。

3.5.1 反应热力学

3.5.1.1 分解反应式

盐酸分解白钨矿过程及精矿中少量黑钨矿的反应式如下：

（1）白钨矿与盐酸的反应为：

$$CaWO_{4(s)} + 2HCl_{(aq)} = H_2WO_{4(s)} + CaCl_{2(aq)} \quad (3-2)$$

（2）黑钨矿与盐酸的反应为：

$$FeWO_{4(s)} + 2HCl_{(aq)} = H_2WO_{4(s)} + FeCl_{2(aq)} \quad (3-2a)$$

$$MnWO_{4(s)} + 2HCl_{(aq)} = H_2WO_{4(s)} + MnCl_{2(aq)} \quad (3-2b)$$

（3）白钨矿中杂质与盐酸的反应：

为防止钨酸局部还原成低价化合物，酸分解中加入氧化剂 $NaNO_3$（精矿质量的0.1% ~ 0.2%）。在氧化剂存在的条件下，白钨矿中杂质与盐酸的反应为：

$$2Ca_5F(PO_4)_3 + 18HCl = 6H_3PO_4 + 9CaCl_2 + CaF_2$$

$$Ca_5F(PO_4)_3 + 10HCl = 3H_3PO_4 + 5CaCl_2 + HF$$

$$3As_2S_3 + 28NaNO_3 + 10HCl + 4H_2O = 6H_3AsO_4 + 9Na_2SO_4 + 10NaCl + 28NO\uparrow$$

$$CaSiO_3 + 2HCl = CaCl_2 + H_2SiO_3$$

$$MoS_2 + 6NaNO_3 + 2HCl = H_2MoO_4 + 2Na_2SO_4 + 2NaCl + 6NO\uparrow$$

$$CaMoO_4 + 2HCl = CaCl_2 + H_2MoO_4$$

$$Fe_3O_4 + 8HCl = 2FeCl_3 + FeCl_2 + 4H_2O$$

$$FeS_2 + 2HCl = FeCl_2 + H_2S + S$$

$$Al_2O_3 + 6HCl = 2AlCl_3 + 3H_2O$$

由上述反应可知，盐酸分解白钨矿过程大部分磷、砷、硅、钼以可溶性的酸进入溶液，少量以溶解度很大的杂多钨酸形态存在于溶液中，导致钨的损失和酸分解金属收率下降，因此应控制白钨矿中磷、砷、硅、钼的含量。白钨矿中的 $Ca_5F(PO_4)_3$ 生成腐蚀性很大的 HF，容易腐蚀设备。钙、铁、铝大部分与氯盐形态进入溶液而除去。

H_2MoO_4 在盐酸中的溶解度比 H_2WO_4 大得多，且随着酸度的提高而增加（见表 3 - 20），故白钨矿分解过程有较好的除钼效果。

表 3-20 70℃下 H_2WO_4 和 H_2MoO_4 在盐酸中的溶解度 (g/L)

HCl 浓度/g · L^{-1}	40	80	130	200	270	400
H_2WO_4	0.01	0.25	0.67	2.16	5.25	6.48
H_2MoO_4	4.6	13.0	42.6	135.9	265.0	535.6

酸性溶液中 W^{6+}、Mo^{6+} 的标准还原电位相差较大：$E^{\ominus}_{(Mo^{6+}/Mo^{5+})} = 0.52V$；$E^{\ominus}_{(W^{6+}/W^{5+})} = 0.26V$；而还原剂硅铁（SiFe），$E^{\ominus}_{(Fe^{2+}/Fe)} = -0.41V$；当硅铁加入到酸性溶液中时，$Mo^{6+}$ 较之 W^{6+} 优先被还原而生成极易溶于盐酸的（$MoOCl_3$）。对于高钼白钨矿可采用硅铁作为还原剂除钼。

$$3H_2MoO_4 + SiFe + 2HCl = Mo_3O_8 + FeCl_2 + Si\downarrow + 4H_2O$$

$$Mo_3O_8 + 6HCl = 2MoOCl_3 + H_2MoO_4 + 2H_2O$$

$MoOCl_3$ 容易水解而降低除钼效果，硅铁除钼时应保持溶液酸度在 140～160g/L：

$$2MoOCl_3 + 6H_2O \longrightarrow 2H_2MoO_4 + 6HCl + H_2\uparrow$$

3.5.1.2　反应的平衡常数

根据化学平衡原理，式（3－2）反应的平衡常数可以表达为：

$$K = \frac{[CaCl_2]}{[HCl]^2}$$

式中　K——平衡常数；

$[CaCl_2]$——平衡时二氧化钙的浓度；

$[HCl]$——平衡时盐酸的浓度。

平衡常数 K_a 值可通过热力学计算得出；浓度平衡常数可以通过实验测定反应达到平衡后二氧化钙和盐酸的浓度计算得出。

正反应测定：称取 20g 粒度大小为 78μm 的白钨精矿，测定条件为：盐酸用量为理论量的 70%，浓度为 2% 的盐酸；逆反应测定：称取一定量的 H_2WO_4，测定条件为：$CaCl_2$ 用量为理论量，浓度为 30g/L。温度 20℃和 80℃下，热液球磨机中测定的生成物与反应物的浓度商变化如图 3－13 及图 3－14。其平衡常数见表 3－21。

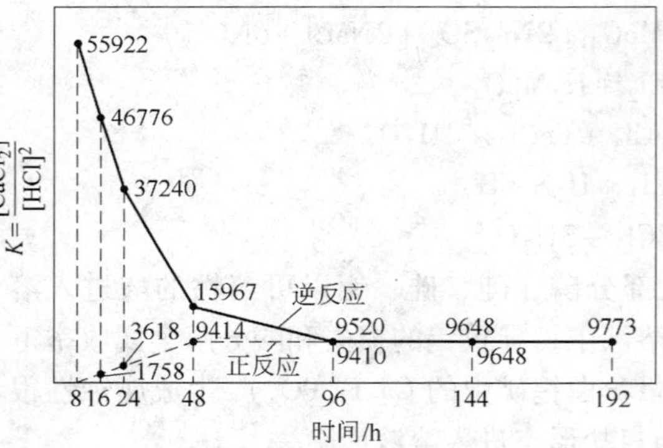

图 3－13　在 20℃时，盐酸分解白钨矿生成物与反应物的浓度商变化

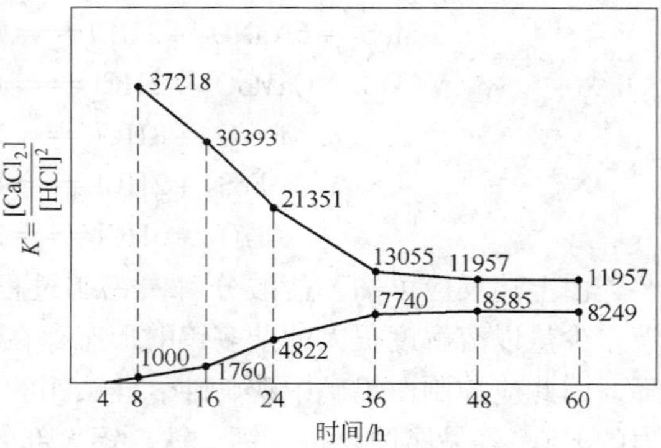

图 3－14　在 80℃时，盐酸分解白钨矿生成物与反应物的浓度商变化

表 3－21　温度 20℃和 80℃盐酸分解白钨矿的浓度平衡常数

温度/℃	20	80
K_c	9.5×10^3	1.2×10^4

前人用热力学计算法算出了上述反应的平衡常数，同时苏联学者计算出的盐酸分解白钨矿和黑钨矿的 K_a 值和测定的 K_c 值见表 3－22。平衡常数值的结果表明白钨矿和黑钨矿均能彻底分解。

表 3－22　盐酸分解白钨矿和黑钨矿的 K_a 值和测定的 K_c

反　应	反应（3－2）	反应（3－2a）	反应（3－2b）
K（25℃时的计算值）	10^7	6.3×10^4	2.5×10^8
$K_c=[MeCl_2]/[HCl]^2$ 测定值	10^4（20℃）	约 700（100℃）	

从表 3－22 可知，上述反应的平衡常数都很大，能进行完全。

3.5.2　反应动力学

3.5.2.1　分解反应的速率

热液球磨机中和机械搅拌器中，测定的盐酸分解白钨矿反应速率如图 3－15所示。

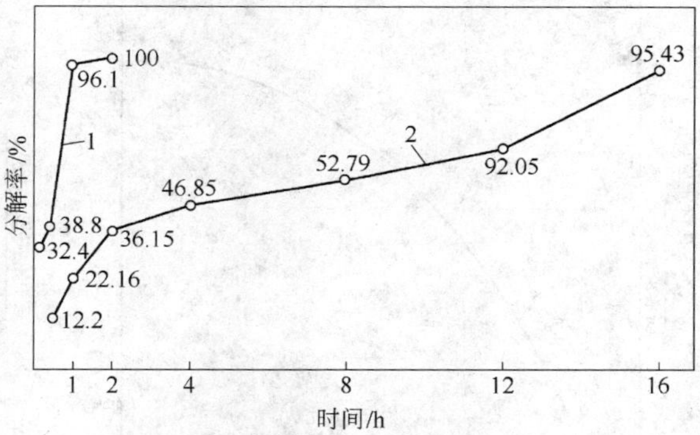

图 3－15　热液球磨机和机械搅拌器中测定的盐酸分解白钨矿反应速率

1—在热液球磨机中；2—在机械搅拌反应器中

3.5.2.2　反应机理

图 3－15 的结果表明，与机械搅拌器中的反应速率相比，热液球磨机中盐酸分解白钨矿去膜后反应速度大大加快。由此可知盐酸分解白钨矿时，在白钨精矿颗粒的表面生成了一层钨酸薄膜，反应速度受固膜扩散控制。其动力学机理为：

（1）反应物由溶液主体通过边界层扩散到矿粒的表面（外扩散）；

（2）反应物被吸附在固体颗粒的表面上；

（3）被吸附的反应物进一步扩散通过钨酸固体膜与未分解的白钨矿物接触（内扩散）；

（4）反应物与白钨矿发生化学反应；

（5）反应生成的可溶性物通过钨酸固体膜向外扩散（内扩散），不溶的钨酸沉积在矿粒表面，随着反应的进行，使得钨酸固膜层变厚；

（6）生成的可溶性物在固体颗粒表面上解吸；

（7）可溶物由固体颗粒表面通过边界层向溶液主体内部扩散（外扩散）。

郑昌琼等人的研究表明：过程中分解率 x 与浸出时间的关系服从下列方程式：

$$1-\frac{2}{3}x-(1-x)^{2/3}=kt$$

式中　k ——常数，与温度及其他浸出条件有关；

t ——浸出时间，并求出在 40～90℃时的活化能，对人造白钨而言为 37.9kJ/mol，对白钨精矿而言为 43.6kJ/mol。

3.5.3　盐酸分解白钨矿的技术条件

3.5.3.1　盐酸浓度及用量

增大盐酸浓度和用量，可以提高 HCl 和 $CaCl_2$ 在钨酸固体膜中的外扩散和内扩散速度，有利于盐酸分解白钨矿。工业生产中，一般在盐酸浓度 25%～30%，盐酸理论用量 250%～300% 的条件下分解白钨矿。在盐酸浓度 30%、矿粉粒度 －200 目、温度 100℃、时间 1.5h、机械搅拌的条件下盐酸用量与白钨矿分解率的关系见表 3－23。

盐酸用量和浓度升高有利于白钨矿酸分解过程除钼。华昌公司处理含 71.4% WO_3、1.15% Mo 的白钨精矿时，盐酸用量和浓度与除钼效果的关系如图 3－16 和图 3－17 所示。

表 3－23　盐酸用量和浓度与白钨矿分解率的关系

盐酸用量为理论量比率/%	150	170	200	225	250	300	400
分解率/%	82.2	83.9	87.1	89.7	92	92.2	95.5

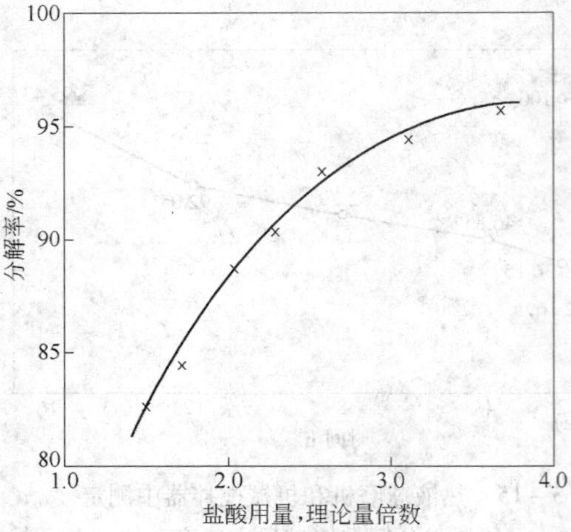

图 3－16　盐酸用量与除钼效果的关系

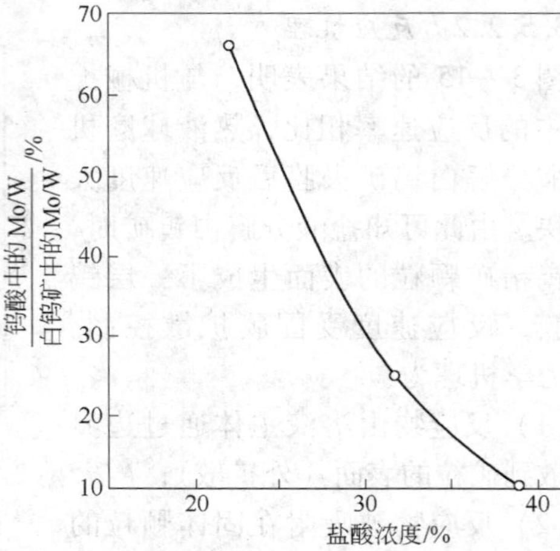

图 3－17　盐酸浓度与除钼效果的关系

3.5.3.2　分解温度

升高温度可降低溶液黏度，增大 HCl 和 $CaCl_2$ 在钨酸固体膜中的扩散速度，有利于加快反应速度。但温度太高盐酸挥发损失大，不但恶化环境而且降低溶液中盐酸的浓度，对白钨矿的分解产生不利影响。工业生产中，当采用敞开式分解设备时，一般在溶液沸点以下分解白钨矿。在盐酸浓度 30%、矿粉粒度 －200 目、时间 1.5h、机械搅拌的条件下，温度对白钨矿分解率的影响见表 3－24。

表 3－24　温度与白钨矿分解率的关系

温度/℃	80	90	100	105
分解率/%	74.2	83.8	89.2	90.5

3.5.3.3　矿粉粒度

由于盐酸分解白钨矿受钨酸固体膜扩散速度的影响，矿粉粒度细，反应的表面积增大、固体膜的厚度减小，有利于白钨矿的分解。过细的矿浆黏度较大，反而会降低扩散速度，影响白钨矿的分解。在温度 105℃、盐酸用量 200%、浓度 30%、时间 1.5h、机械搅拌的条件下，精矿粒度对分解白钨精矿的影响见表 3－25。

表 3－25　精矿粒度对白钨精矿分解率的影响

粒度范围/目	－200～＋250	－250～＋300	－250	－325
分解率/%	87.3	92.5	95.1	99.0

3.5.4　盐酸分解白钨矿的工艺过程

3.5.4.1　工艺流程

盐酸分解白钨矿的工艺流程如图 3－18 所示。

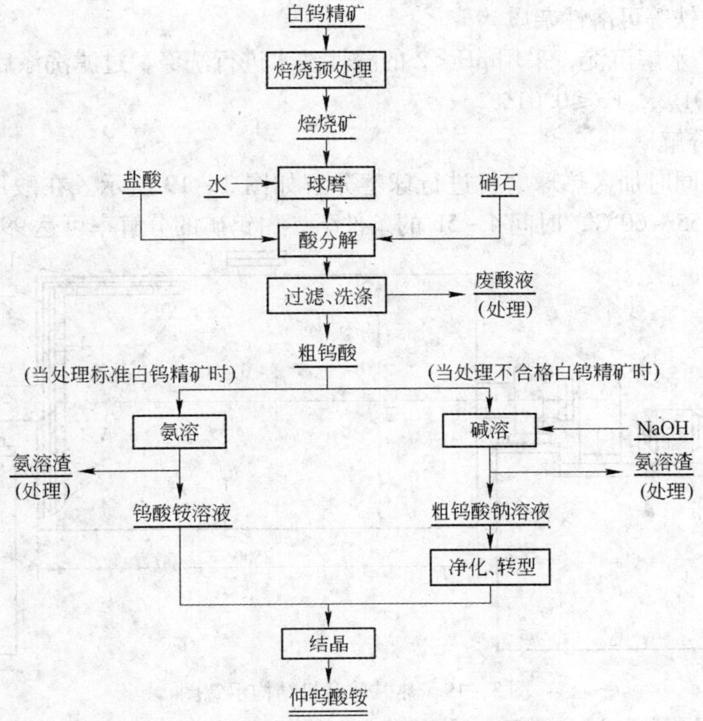

图 3－18　盐酸分解白钨矿的工艺流程

3.5.4.2　盐酸分解白钨矿工艺

A　焙烧预处理

酸分解前先将白钨精矿于 800～900℃下焙烧 1h，预先除去部分磷、砷、硫及挥发性有机浮选剂，以增加反应活性并避免有机物导致酸分解冒槽现象，改善钨酸过滤性能。

焙烧过程磷、硫和砷分别以 PF_5、SO_2 和 As_2O_3 气体形态挥发部分除去。三氧化二砷在各种温度下的蒸汽压见表 3－26。

表 3－26　三氧化二砷在各种温度下的蒸汽压

温度/℃	212.5	259.7	299.2	332.5	412.2	457.2
蒸汽压/Pa	1	10×133.3	40×133.3	100×133.3	400×133.3	760×133.3

B　盐酸分解

a　敞开式分解工艺

焙烧矿湿磨至－320 目≥95%，调整矿浆密度至 1.8～2.0g/cm³ 后送酸分解。酸分解操作是先将工业盐酸（理论量的 200%～250%）放入酸分解槽中，用蒸汽加热至 60～70℃，然后放入矿浆，并加入精矿量 0.1%～0.15% 的硝石，沸腾 1～1.5h，分解后母液中的盐酸为 90～110g/L，WO_3 含量为 0.5～2g/L。

如精矿中含砷高，酸分解前又未采取焙烧处理除砷，则酸分解时不但不能加氧化剂，反而要加还原剂硫代硫酸钠（$Na_2S_2O_3$），这时，砷以气态物三氯化砷（$AsCl_3$）的形式除去，反应式（在酸性溶液中）为：

$$2Na_2S_2O_3 + Ca(AsO_4)_2 + 12HCl = 2Na_2SO_4 + 2AsCl_3\uparrow + 3CaCl_2 + 2S\downarrow + 6H_2O$$

分解母液后的粗钨酸滤饼，需采用耐盐酸的连续皮带过滤机或回转真空过滤机进行洗涤，以洗去钙、铁等可溶性杂质。

为防止 Fe^{3+} 水解沉淀，采用 $pH<2$ 的酸性洗水进行洗涤，过滤洗涤后的粗钨酸要求：$pH \geqslant 4$，$Ca \leqslant 0.01\%$，$Fe \leqslant 0.01\%$。

b　热球磨分解

将盐酸与矿同时加入热球磨机进行球磨分解如图 3－19 所示。在酸用量为理论量的 1.5 倍，温度为 55～60℃，时间 4～5h 的条件下，白钨矿的分解率可达 99%。

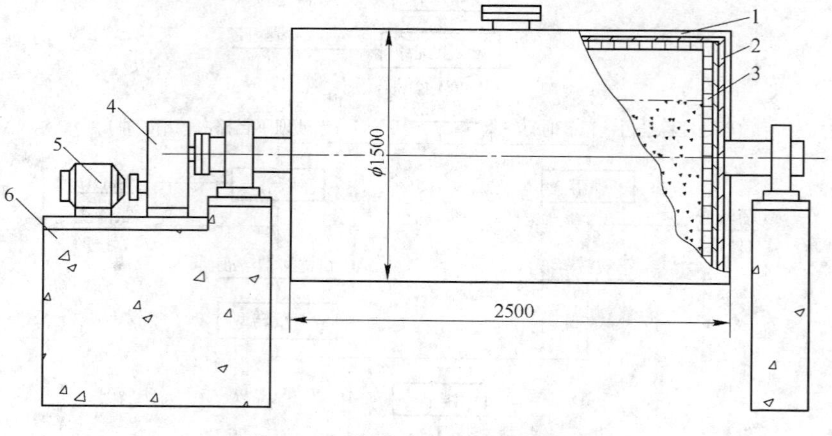

图 3－19　热碱球磨机结构示意图

1—钢质筒体；2—耐酸胶；3—石英砖；4—减速机；5—电动机；6—钢筋混凝土机架

c　连续酸分解

将白钨矿与盐酸加入一个四级连续逆流浸出系统，流速通过溢流控制，在溢流管路上通过加热器维持反应的温度。各级温度依次升高，分别为 60℃、70℃、80℃、90℃，矿浆连续流过此 4 个槽，总停留时间为 2h，本工艺具有分解率高，易于控制等优点。

C　氨溶、结晶、干燥

参照本书 3.3 节及 4.11～4.15 节。

3.5.5　白钨矿盐酸分解新工艺

我国白钨矿酸法制取仲钨酸铵工艺曾经用于生产，由于生产成本和环境污染问题，而于 2006 年退出工业领域。但经过几十年对传统白钨酸法工艺的改进，某些工序的创新技术仍可应用于低品位复杂白钨矿物及二次资源的回收。

3.5.5.1　白钨矿盐酸分解新工艺流程

白钨矿盐酸分解新工艺流程见图 3－20。

3.5.5.2　技术改进

该工艺在盐酸密闭分解、净化除磷、除钼方面做了某些技术改进：

（1）密闭酸分解：将白钨矿敞开负压酸分解改为密闭正压酸分解，大大改善了工作环境，降低了盐酸和蒸汽消耗，且白钨矿酸分解率提高至 99%。

（2）采用新型复合净化剂除磷：在氨溶净化工序采用新型复合净化剂除磷处理，克服了传统 $MgCl_2$ 除磷的缺点，降低了仲钨酸铵结晶母液氨氮处理成本，解决了 Cl^- 的排放问题。

（3）采用新型除钼工艺和试剂：在酸分解和氨溶工序加入新型除钼试剂，并使钼在氨溶中以液相沉淀的方式进入氨溶渣，实现了钼的深度净化，降低了仲钨酸铵的钼含量，

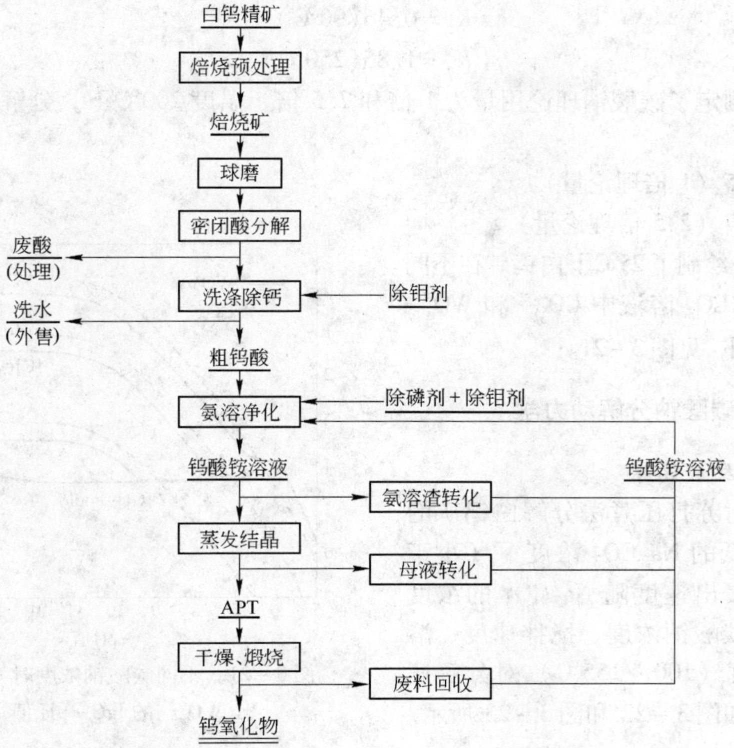

图3-20　白钨矿盐酸分解新工艺流程

实现了钼的富集回收，降低了生产成本。

3.6　白钨矿碳酸钠分解工艺

苏打高压浸出法是国外生产仲钨酸铵的主要方法之一，适用于处理白钨精矿、黑钨矿、钨中矿和尾矿。美、原苏联、日、德、英、奥等国家已用于工业生产。该法苏打用量高，金属回收率较低，国内工业生产中应用较少。

3.6.1　白钨矿碳酸钠分解热力学

3.6.1.1　分解反应

白钨矿在高温高压下与碳酸钠溶液反应生成可溶性的钨酸钠与不溶的碳酸钙。其化学反应式如下：

$$CaWO_{4(s)} + Na_2CO_{3(aq)} = Na_2WO_{4(aq)} + CaCO_{3(s)} \downarrow$$

写成离子反应式即：

$$CaWO_{4(s)} + CO_3^{2-} = WO_4^{2-} + CaCO_{3(s)} \downarrow$$

3.6.1.2　反应热力学

碳酸钠分解白钨矿的浓度平衡常数可用下式表示：

$$K_c = [WO_4^{2-}]/[CO_3^{2-}]$$

原苏联学者测定了碳酸钠用量为理论量、90℃、250℃下，分解的浓度平衡常数 K_c 值：

$$K_c = 0.46(90℃)$$
$$K_c = 1.85(250℃)$$

美国学者测定了碳酸钠理论用量为 1 倍和 2.5 倍、温度 200℃下，分解的浓度平衡常数 K_c 值：

$K_c = 1.45$ （1 倍理论量）

$K_c = 0.67$ （2.5 倍理论量）

赵中伟等人绘制了 25℃下白钨矿在不同总碳浓度下 Na_2CO_3 溶液中 CO_3^{2-} 和 WO_4^{2-} 的 lg$C$ - pH 值图，见图 3 - 21。

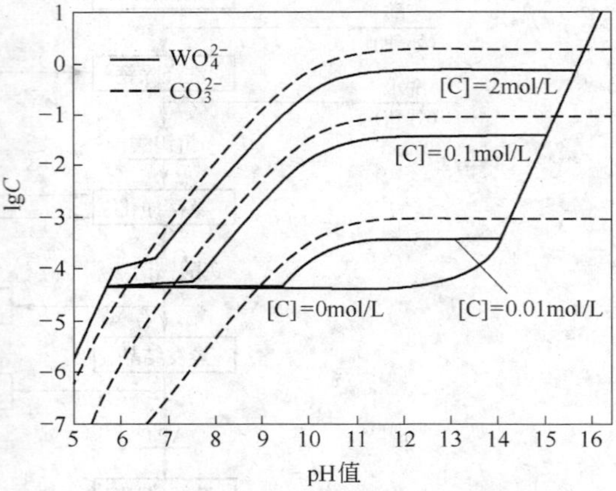

图 3 - 21　不同碳酸钠浓度时 CO_3^{2-} 和 WO_4^{2-} 的 lg$C$ - pH 值

3.6.2　白钨矿碳酸钠分解动力学

3.6.2.1　反应速率

国外学者对苏打压煮法分解白钨矿的研究表明：较低的 Na_2CO_3 浓度下（小于 1.85mol/L），浸出速度随 Na_2CO_3 的浓度增大而加大，碳酸钠浓度、搅拌速度、溶液 pH 值和温度（100 ~ 155℃）对分解速度的影响分别如图 3 - 22 和图 3 - 23 所示。

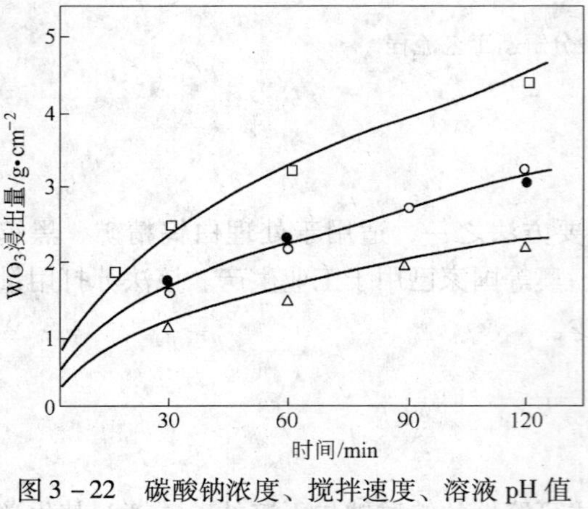

图 3 - 22　碳酸钠浓度、搅拌速度、溶液 pH 值对分解速度的影响

符号	t/℃	CO_3^{2-} /mol · L^{-1}	搅拌速度 /r · min^{-1}	pH 值
□	135	0.94	380	12.0
●	135	0.24	510	12.0
○	135	0.24	380	12.0
△	135	0.24	380	8.3

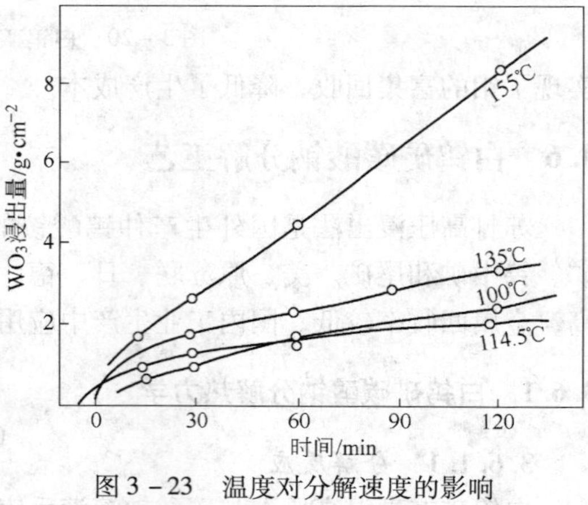

图 3 - 23　温度对分解速度的影响

浓度：0.24mol/L CO_3^{2-}；pH 值：12.0

温度 150 ~ 190℃、碳酸钠浓度 0.1 ~ 0.9mol/L、不同矿粉粒度对分解速度的影响如图 3 - 24 ~ 图 3 - 26 所示。

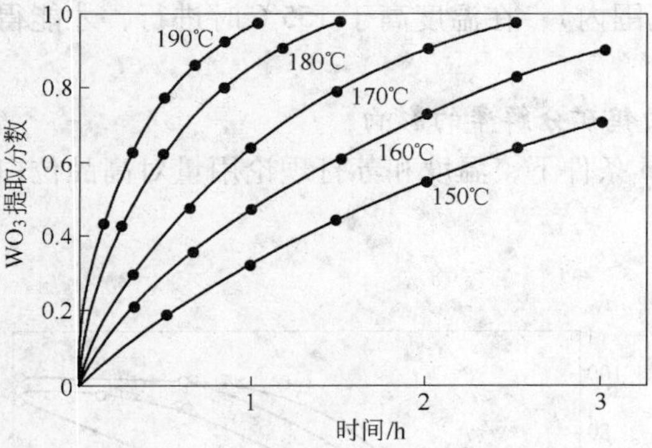

图 3-24 温度对分解速率的影响
(150~200 目 0.25mol/L Na_2CO_3)

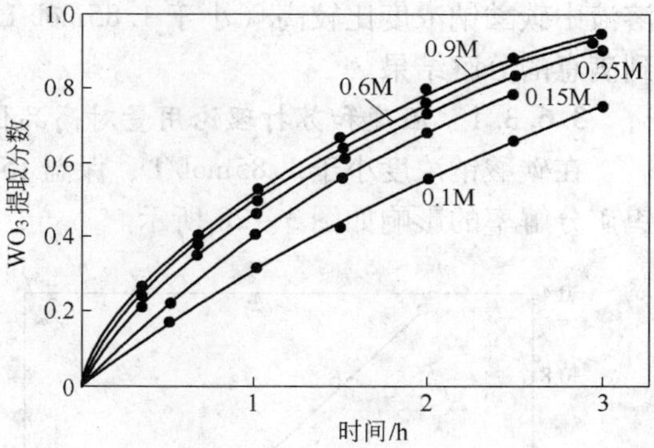

图 3-25 碳酸钠浓度对分解速率的影响
(150~200 目, 180℃)

3.6.2.2 反应的控制性步骤

(1) 碳酸钠浓度大于 1.85mol/L 时，反应受固膜内扩散控制。

当 Na_2CO_3 浓度超过 1.85mol/L 时，分解速度和分解率急剧下降。出现这种现象是由于生成了不溶性化合物 $Na_2CO_3 \cdot CaCO_3$ 和 $Na_2CO_3 \cdot 2CaCO_3$。这种反应消耗了 Na_2CO_3，并以一种不溶层覆盖在白钨矿颗粒上，阻碍了分解反应。

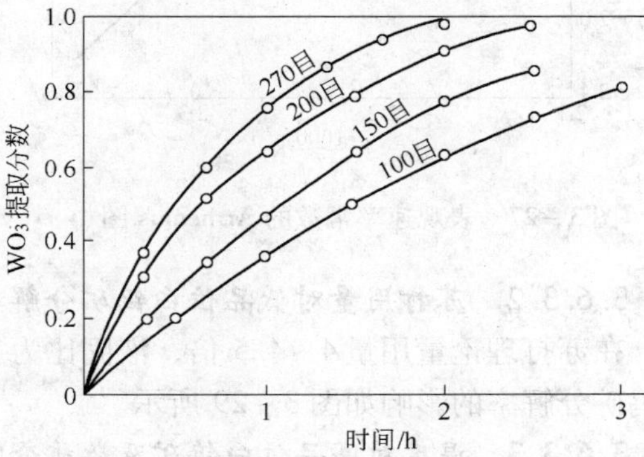

图 3-26 矿粉粒度对分解速率的影响
(0.25mol/L Na_2CO_3, 170℃)

(2) 温度小于 100℃时，反应受表面化学反应控制。

由于反应速度慢，晶体长大速度大于晶核生成速度，生成的碳酸钙晶粒粗、孔隙大，这样在矿粒表面生成了一层不均匀多孔性的碳酸钙固膜。分解速度与分解时间是直线关系，而不服从由固膜扩散控制的抛物线关系。

(3) 温度 100~155℃时，反应受固膜内扩散控制。

在此温度下碳酸钙晶体长大的速度与晶核生成速度基本平衡，矿物表面生成了一层致密的碳酸钙固膜，分解速度与分解时间呈抛物线关系，服从 $\nu^2 = B + B't$ 方程，碳酸钙固膜将影响分解速度。

(4) 温度大于 155℃时，反应受表面化学反应控制。

由于反应速度加快，晶核生成速度大于晶体长大的速度，这样在矿粒的表面生成了数目较多，结构不致密的碳酸钙晶体，导致形成一层附着力非常疏松多孔性的碳酸钙固膜，因此分解速率与分解时间也呈直线关系而不是抛物线关系。

3.6.2.3 表观速率常数与温度的关系

Eung Ha Cho 用表面反应模型测定了碳酸钠分解白钨矿的活化能以及表观速率常数与温度的关系式，如图 3-27 所示。

3.6.3 工艺技术条件和操作过程

反应热力学和动力学研究可以看出：苏打压煮法分解白钨矿需要的苏打用量比较高，

溶液中碳酸钠浓度比较高（小于1.85mol/L范围内），在温度高于155℃时进行，才能得到满意的分解结果。

3.6.3.1　温度和苏打理论用量对高品位白钨矿分解率的影响

在碳酸钠浓度小于1.85mol/L、保温15min条件下，温度和苏打理论用量对高品位白钨矿分解率的影响如图3－28所示。

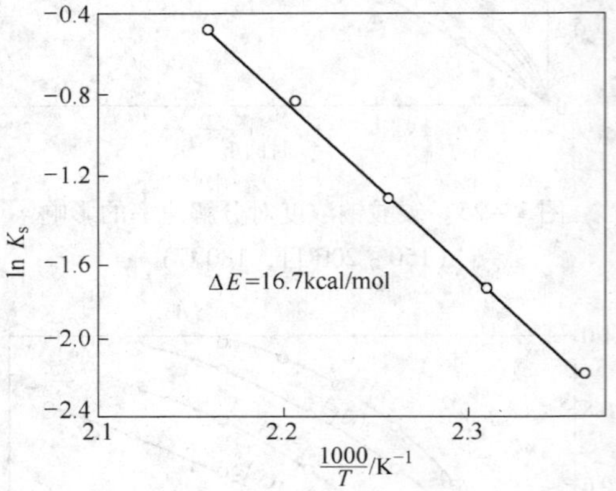

图3－27　表观速率常数的Arrhenius图

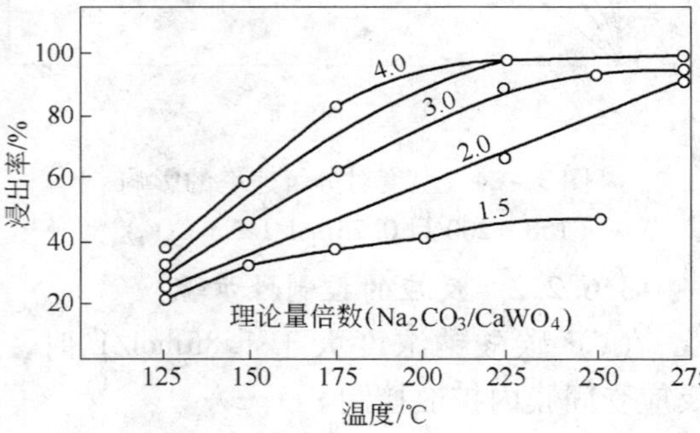

图3－28　温度和苏打用量（理论量倍数）对浸出率的影响

3.6.3.2　苏打用量对低品位白钨矿分解率的影响

在苏打理论量用量4～4.5倍，液固比为1∶1、保温15min条件下，苏打用量对低品位白钨矿分解率的影响如图3－29所示。

3.6.3.3　温度对高品位白钨矿及杂质分解率的影响

在白钨矿含43.5% WO_3，苏打用量为理论量的2倍，液固比为2∶1，保温15min的条件下，白钨矿中的钨及杂质的浸出率如图3－30所示。

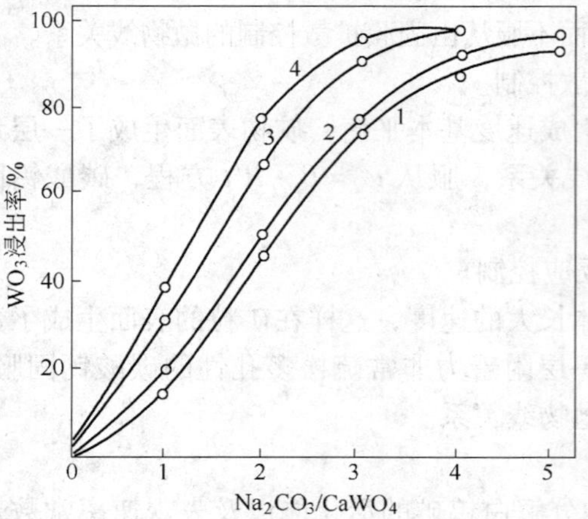

图3－29　白钨矿品位、苏打用量（理论量倍数）对浸出率的影响

白钨矿品位：1—2.8% WO_3；2—5.6% WO_3；3—9.75% WO_3；4—19.85% WO_3

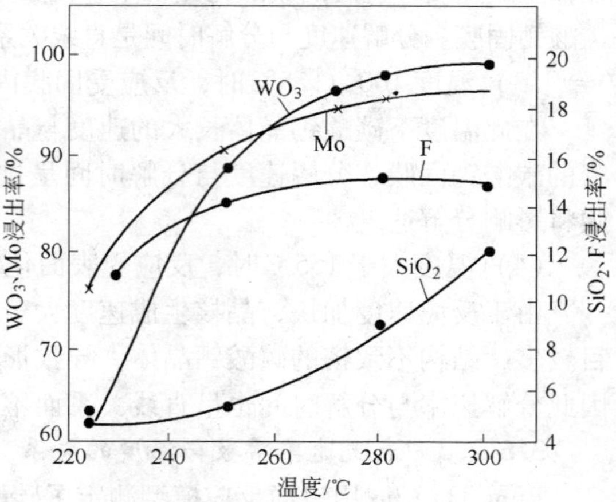

图3－30　压煮白钨矿时温度对浸出率的影响

3.6.3.4　工艺过程

将白钨矿磨至270目，将磨好的矿浆与苏打混合（苏打为理论量的260%左右）泵入矿浆制备槽（见图3－31），放入高压釜，用电或蒸汽加热至200～225℃，分解4h后放入钢制自动蒸发器，由于蒸发器压力低，为（1.5～2）×101kPa，故浆液强烈蒸发并迅速冷却下来，分解料浆通过下底压至料浆槽，并泵入压滤机进行过滤和洗涤，得到含WO_3为55～110g/L、pH值为10.5～11.0的粗钨酸钠溶液，采用萃取或经典工艺进行净化。产生的二次蒸汽经气液分离后，通过连接管进入矿浆制备槽，用来加热矿浆。

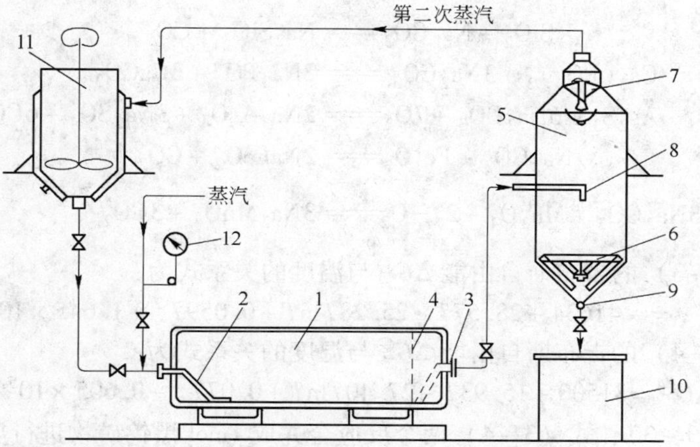

图3－31　回转式加压釜系统

1—高压釜；2—装料管（并作通入蒸汽之用）；3—卸料管；4—孔板（作隔离钢球之用）；5—自动蒸发器；6—钢制挡板；7—液滴分离器；8—浆液入口；9—卸料管；10—料浆槽；11—矿浆制备槽；12—气压表

3.7　苏打烧结－水浸工艺

黑钨矿物［(Fe，Mn)WO_4］在化学组成上可以视为弱酸（钨酸）和弱碱（氢氧化铁、氢氧化锰）的盐，其化学性质显两性，它既可以与碱作用，也可以与酸作用。因此，黑钨精矿处理方法可分为碱法和酸法两种。而白钨精矿的化学性质相对来说更显碱性，因此容易和酸发生作用。

碱法中苏打烧结（或熔合）法是一个比较古老的方法，它适用于处理黑钨精矿，在一定的条件下也可以用来处理白钨精矿，苏打烧结法制取三氧化钨工艺流程见图3－32。酸法处理白钨精矿已经成为一个经典的方法，而酸法处理黑钨精矿也引起了人们的重视。

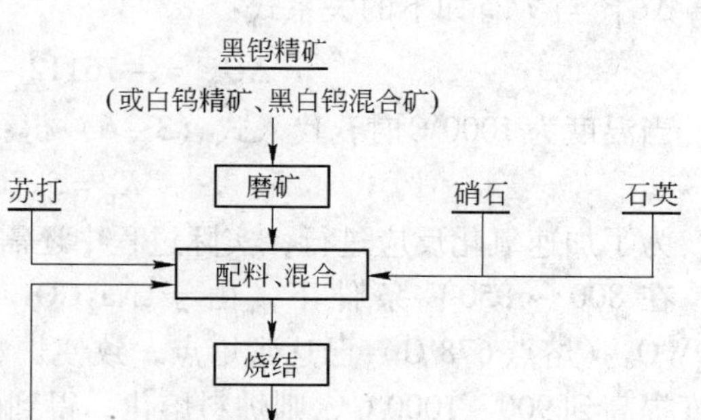

图3－32　苏打烧结处理黑钨精矿、白钨精矿及黑白钨混合矿

3.7.1　苏打烧结反应及其热力学

3.7.1.1　黑钨矿

$$2FeWO_4 + 2Na_2CO_3 + \frac{1}{2}O_2 = 2Na_2WO_4 + Fe_2O_3 + 2CO_2\uparrow \quad (3-3)$$

$$3MnWO_4 + 3Na_2CO_3 + \frac{1}{2}O_2 = 3Na_2WO_4 + Mn_3O_4 + 3CO_2\uparrow \quad (3-4)$$

$$MoS_2 + 3Na_2CO_3 + 4\frac{1}{2}O_2 = Na_2MoO_4 + 2Na_2SO_4 + 3CO_2\uparrow$$

$$SiO_2 + Na_2CO_3 = Na_2SiO_3 + CO_2\uparrow$$

$$Ca_3(PO_4)_2 + 3Na_2CO_3 = 2Na_3PO_4 + 3CaCO_3$$

$$As_2S_3 + 6Na_2CO_3 + 7O_2 = 2Na_3AsO_4 + 3Na_2SO_4 + 6CO_2\uparrow$$

$$Na_2CO_3 + Fe_2O_3 = 2NaFeO_2 + CO_2\uparrow$$

$$3Na_2CO_3 + Mn_3O_4 + 2\frac{1}{2}O_2 = 3Na_2MnO_4 + 3CO_2\uparrow$$

反应式（3-3）的吉布斯自由能 $\Delta G^{\ominus}$ 与温度的关系式为：

$$\Delta G^{\ominus} = -41634 + 28.57T - 25.28T\ln T + 0.059T^2 + 1.645\times10^5/T$$

反应式（3-4）的吉布斯自由能 $\Delta G^{\ominus}$ 与温度的关系式为：

$$\Delta G^{\ominus} = 31500 + 15.93T - 27.40T\ln T + 0.07T^2 - 0.605\times10^5/T$$

如果将式（3-3）、式（3-4）两个反应合并成 1mol 黑钨矿物进行反应，则为：

$$(Fe\cdot Mn)WO_4 + Na_2CO_3 + 0.225O_2 = Na_2WO_4 + 0.35Fe_2O_3 + 0.1Mn_3O_4 + CO_2\uparrow \quad (3-5)$$

$$\Delta G^{\ominus} = -RT\ln K_p = -RT\ln\frac{p_{CO_2}}{p_{O_2}^{0.225}}$$

$\Delta G_T^{\ominus}$ 与 T 有如下的关系式：

$$\Delta G_T^{\ominus} = -76112 - 167.69T\ \text{J/mol} \quad (3-6)$$

当温度为 1000℃ 时，代入式（3-6）得：

$$K_p = 5.76\times10^{12}$$

为了加速氧化反应进行，实际过程中还需添加少量的硝石。

在 800 ~ 850℃ 条件下，由于 Na_2CO_3（熔点 851℃）、$NaNO_3$（熔点 308℃）和 Na_2WO_4（熔点 678℃）已达到熔点，致使炉料软化，经烧结得到疏松状的烧结块。如果温度提高到 900 ~ 1000℃，则炉料熔化，得到的熔合物呈玻璃块状。

黑钨精矿苏打烧结（或熔合）反应生成率可达 98% ~ 99%。

3.7.1.2　白钨矿

$$CaWO_4 + Na_2CO_3 = Na_2WO_4 + CaO + CO_2$$

或

$$CaWO_4 + Na_2CO_3 = Na_2WO_4 + CaCO_3$$

反应式（3-5）的吉布斯自由能 $\Delta G^{\ominus}$ 与温度的关系式为：

$$\Delta G^{\ominus} = 175000 + 21.33T - 31.66T\ln T + 0.072T^2 + 1.19\times10^5/T$$

根据上述关系式，当在 1100K 系统中 CO_2 分压小于 10^{-3}MPa 时，反应式（3-5）的

$\Delta G^{\ominus}$由正转负，则反应将向生成 Na_2WO_4 和 CaO 的方向进行。为避免水浸出过程中 CaO 与 Na_2WO_4 进行二次反应生成 $CaWO_4$ 沉淀，应按 CaO/SiO_2 的摩尔比为 1.5 ~2 加入足量的 SiO_2，随着 SiO_2 量的不同白钨矿苏打烧结可发生下述反应：

$$CaWO_4 + Na_2CO_3 + SiO_2 = Na_2WO_4 + CaO \cdot SiO_2 + CO_2$$
$$3CaWO_4 + 3Na_2CO_3 + 2SiO_2 = 3Na_2WO_4 + 3CaO \cdot 2SiO_2 + 3CO_2$$
$$2CaWO_4 + 2Na_2CO_3 + SiO_2 = 2Na_2WO_4 + 2CaO \cdot SiO_2 + 2CO_2 \quad (3-7)$$

反应式（3-7）的吉布斯自由能 $\Delta G^{\ominus}$与温度的关系式为：

$$\Delta G^{\ominus} = 104200 + 7.13T - 28.42T\ln T + 0.067T^2 + 5.29 \times 10^5/T$$

3.7.1.3 杂质行为

原料中的钼、砷、硅、铝、磷等杂质将发生下列反应，生成相应的钠盐：

$$MoS_2 + 4\frac{1}{2}O_2 + 3Na_2CO_3 = Na_2MoO_4 + 2Na_2SO_4 + 3CO_2$$
$$As_2S_3 + 7O_2 + 6Na_2CO_3 = 2Na_3AsO_4 + 3Na_2SO_4 + 6CO_2$$
$$SiO_2 + Na_2CO_3 = Na_2SiO_3 + CO_2$$
$$Al_2O_3 + Na_2CO_3 = 2NaAlO_2 + CO_2$$
$$Ca_5(PO_4)_3F + 5Na_2CO_3 = 5CaCO_3 + 3Na_3PO_4 + NaF$$

过量的苏打也能与部分 SnO_2、Fe_2O_3 反应生成相应的锡酸盐和铁酸盐。

3.7.2 苏打烧结工艺过程及技术条件

3.7.2.1 钨精矿的粉碎

为了增大反应的接触面，钨精矿需磨细至-120 目≥85%。可采用雷蒙磨连续式磨矿。

3.7.2.2 配料

为使钨精矿与苏打充分反应并防止结瘤，要求炉料成分按比例，并加入一定量的水浸返渣均匀混合。采用反射炉熔合法时，苏打加入量为 WO_3 理论量的 130% ~135%；硝石加入量为精矿量的 3% ~5%；食盐加入量为精矿量的 5% ~6%。

采用回转炉烧结法时，控制炉料 WO_3 含量为 18% ~22%；苏打加入量为 WO_3 理论量的 130% ~150%；硝石为精矿量的 3%。

3.7.2.3 黑钨精矿烧结

生产规模较小时，采用间歇式反射炉烧结。

反射炉的构造如图 3-33 所示。

炉子用耐火砖砌成，炉底面积根据生产规模决定，一般为 3 ~8cm²。炉子可用烟煤、煤气、天然气、重油等加热。

生产规模较大时，采用连续式回转炉烧结。

采用回转炉烧结生产过程的设备系统如图 3-34 所示。

回转炉通常用普通钢板焊接而成，内砌耐火砖，炉身一般与水平线成 2°~3°的倾角以便烧结料向出料端移动。回转炉的直径和长度一般视生产规模而定。

回转炉用重油（或煤气、天然气）加热。正常操作时其烧成带温度控制在 800 ~850℃，燃烧炉气及夹带的粉尘经回收后，由排风机排除。炉内维持微负压，在上述条件下可得到均匀、多孔无生料的烧结块，精矿烧结反应生成率可达 99%。

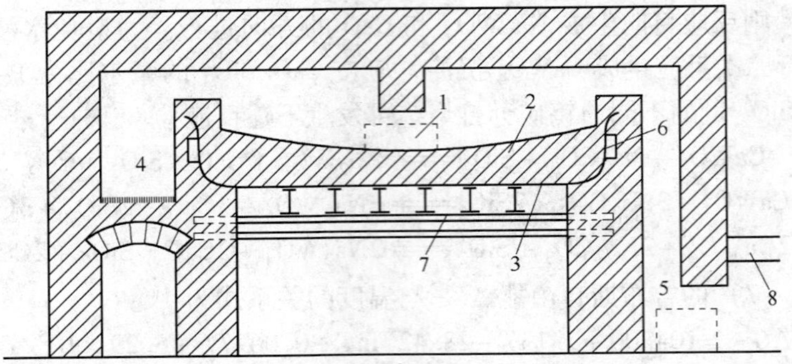

图 3－33　反射炉构造断面图

1—操作门；2—炉床；3—铁槽；4—火室；5—烟道；6—空气冷却装置；7—托梁；8—精矿干燥板

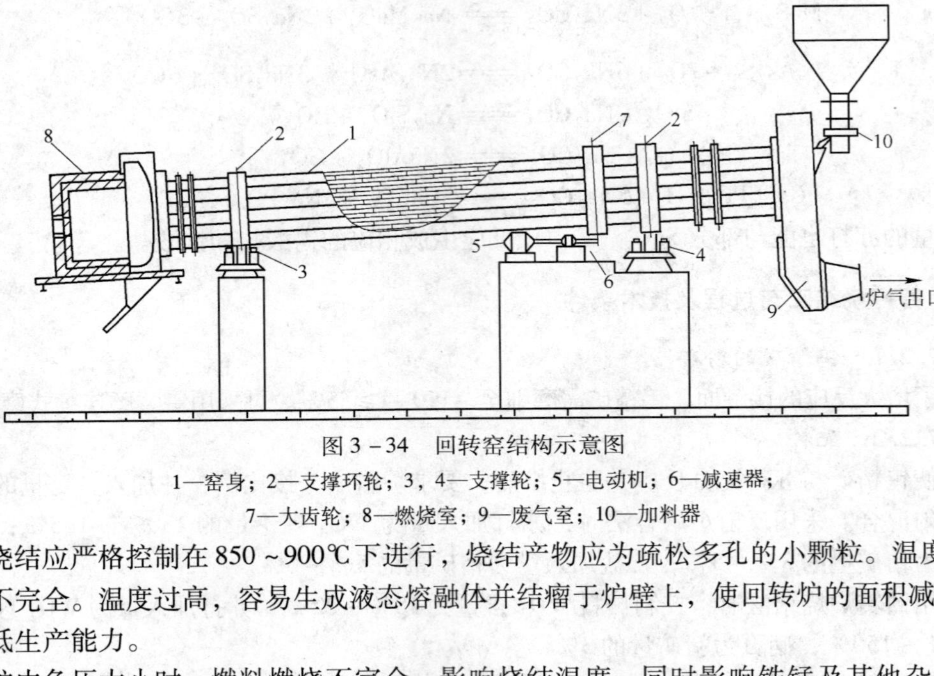

图 3－34　回转窑结构示意图

1—窑身；2—支撑环轮；3，4—支撑轮；5—电动机；6—减速器；7—大齿轮；8—燃烧室；9—废气室；10—加料器

烧结应严格控制在 850～900℃下进行，烧结产物应为疏松多孔的小颗粒。温度过低，反应不完全。温度过高，容易生成液态熔融体并结瘤于炉壁上，使回转炉的面积减小，从而降低生产能力。

炉内负压太小时，燃料燃烧不完全，影响烧结温度，同时影响铁锰及其他杂质的氧化。负压过大，造成燃料燃烧火焰长，高温区不集中，影响炉料间的反应，且风量大易增大炉料及热损失，操作负压要根据回转炉的大小来确定。

3.7.3　烧结块水浸反应及其动力学

3.7.3.1　水浸过程的反应

在烧结块浸出过程中磷、砷、硅、钼的钠盐与钨酸钠一道进入溶液，$NaFeO_2$、Na_2MnO_4 则发生水解：

$$2NaFeO_2 + 2H_2O = Fe_2O_3 \cdot H_2O + 2NaOH$$

$$3Na_2MnO_4 + 3H_2O = Mn_3O_4 + 6NaOH + 2\frac{1}{2}O_2$$

此外，部分 $NaAlO_2$ 也与 Na_2SiO_3 作用生成 $Na_2O \cdot Al_2O_3 \cdot 2SiO_2$ 沉淀：

$$2Na_2SiO_3 + 2NaAlO_2 + 2H_2O \Longrightarrow Na_2O \cdot Al_2O_3 \cdot 2SiO_2 + 4NaOH$$

此反应有利于溶液的脱硅。

氧化铁、氧化锰、二氧化锡及未分解的矿石进入渣相。

3.7.3.2 水浸过程动力学

A 烧结块的浸出动力学

烧结块中钨酸钠在水溶液中浸出浓度的变化情况（如图 3－35 所示）表明：烧结块浸出过程受固体表面液膜扩散控制。

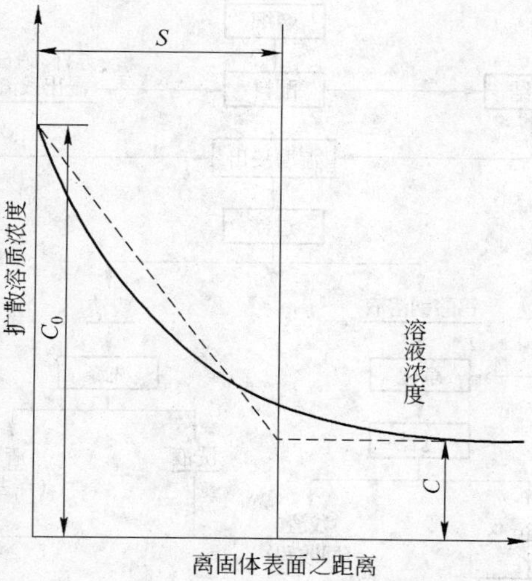

图 3－35 钨酸钠自固体表面向溶液扩散的浓度变化情况

C_0—固体颗粒表面上溶质的浓度；C—溶液中溶质的浓度

其浸出过程的速度可用菲克定律表示：

$$V = \frac{dW}{dt} = \frac{DA}{\delta}(C_0 - C) \tag{3-8}$$

式中 $\frac{dW}{dt}$——单位时间内浸出到溶液中的溶质的数量；

D——扩散系数；

A——被浸出固体物质的表面积；

C_0——固体颗粒表面上溶质的浓度；

C——溶液中溶质的浓度；

δ——扩散层（边界层）厚度。

由式（3－8）可知，浸出速度与扩散系数 D，被浸出物质的表面积 A 以及固－液两相间溶质的浓度差（$C_0 - C$）成正比，而与边界层厚度 δ 成反比。因此，磨细烧结料、提高温度、增大液固比、加大搅拌速度可提高烧结块的浸出速率。

3.7.4 烧结块水浸工艺过程及技术条件

3.7.4.1 工艺过程及技术条件

从回转炉出来的烧结块以固液比为（1.65～1.90）:1，加水在棒磨机中进行浸磨。料浆流入搅拌槽再继续浸出。过滤后钨酸钠溶液的密度一般控制在 1.18～1.20，WO_3 含量为 160～180g/L，碱度为 4～8g/L NaOH。滤渣经软化水洗涤后渣中 $WO_{3总}$ <2.5%，$WO_{3可溶}$ ≤0.5%。洗涤所得稀钨酸钠溶液返回到棒磨机作浸出液用。部分洗渣送回转炉作返渣配烧结料用，其余部分弃去或综合回收钽铌，所得钨酸钠浸出溶液进一步作净化处理。

3.7.4.2　工艺流程

黑钨精矿苏打烧结法制取三氧化钨工艺流程图如图 3－36 所示。

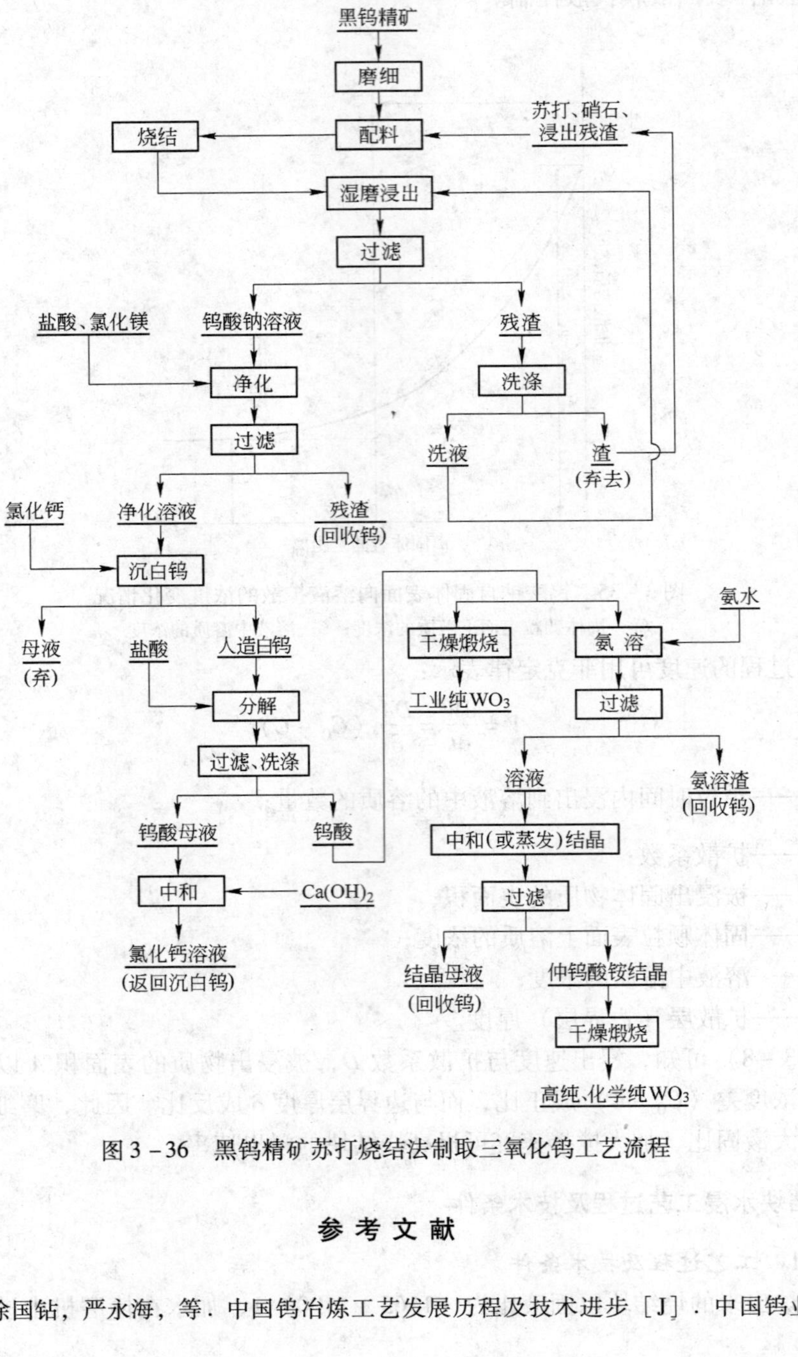

图 3－36　黑钨精矿苏打烧结法制取三氧化钨工艺流程

参 考 文 献

[1] 万林生，徐国钻，严永海，等．中国钨冶炼工艺发展历程及技术进步［J］．中国钨业，2009，24

(5)：63～66.
[2] 彭少方．钨冶金学［M］．北京：冶金工业出版社，1981.
[3] Eung Ha Cho. 碳酸钠分解白钨矿的动力学［J］．中国钨业，1989，1（03）：20～24.
[4] 李洪桂．稀有金属冶金学［M］．北京：冶金工业出版社，1990.
[5] 汪家鼎，陈家镛．溶剂萃取手册［M］．北京：化学工业出版社，2001.
[6] 谷万成．反萃取钨过程中避免产生固相物的研究及工业实践［J］．铀矿冶，2002，21（3）：126～133.
[7] 曾平，王玉鑫，等．伯胺 N1923 萃取钨的机理研究．湘潭大学自然科学学报，1991，13（2），80～84.
[8] 张启修，等．N1923—异辛醇体系萃取钨的研究［J］．稀有金属与硬质合金，1989，(97)：16～21.
[9] 张贵清，等．一种钨湿法冶金清洁生产工艺［J］．稀有金属，2003，27（2），254～257.
[10] 张启修．钨钼冶金［M］．北京：冶金工业出版社，2005，125～131.
[11] 马荣骏．溶剂萃取在湿法冶金中的应用［M］．北京：冶金工业出版社，1979，266～269.
[12] 张子岩．溶剂萃取法在钨湿法冶金中的应用［J］．湿法冶金，2006，25（1）：1～9.

4 离子交换法生产仲钨酸铵

4.1 钨冶金的原料

4.1.1 钨矿物的主要性质

钨冶金原料主要为各种钨的矿产品，但随着钨消费量的提高，钨二次金属回收越来越占有重要的地位。

钨在地壳中的丰度为 $1.1\times10^{-4}\%$，主要矿物为黑钨矿和白钨矿。黑钨矿的化学分子式可用（Fe，Mn）WO_4 表示，即为 $FeWO_4$ 与 $MnWO_4$ 的类质同相体，一般当其中 FeO 含量占（FeO + MnO）总重的 100% ~80%，则称为钨铁矿；FeO 量占 80% ~20%，则称黑钨矿；FeO 量占 20% ~0%，则称钨锰矿。白钨矿的化学分子式为 $CaWO_4$。除黑钨矿和白钨矿外，钨的矿物还有钨华、辉钨矿等，某些钨矿物的主要性质见表 4 - 1。

表 4 - 1　某些钨矿物的性质

矿物名称	分子式	结晶构造	密度/g · cm^{-3}	其他
黑钨矿	（Fe，Mn）WO_4	斜方晶系，晶格常数随 MnO 含量增加而增加 $a=0.4741\sim0.4829$nm $b=0.5700\sim0.5758$nm $c=0.4956\sim0.4991$nm $\beta=90°26'$	6.9 ~ 7.8 随 FeO 含量增加而增大	弱磁性 硬度 5.0 ~ 5.5
白钨矿	$CaWO_4$	四方晶体 $a=0.5250$nm $c=0.1137$nm	5.8 ~ 6.2	性脆，在紫外光线照射下发浅蓝色荧光 硬度 4.5 ~ 5.0
辉钨矿	WS_2	六方晶系	8.1	
钨华	H_2WO_4	斜方晶系	5.25	硬度 4.5 ~ 5.0
水钨华	$H_2WO_4\cdot H_2O$	单斜晶系	4.6	硬度 2
铌黑钨矿		单斜晶系	6.55	

4.1.2 钨精矿行业标准

目前钨精矿的行业标准是 YS/T 231—2007《钨精矿》，该标准是对 YS/T 231—1994《钨精矿技术条件》的修订。YS/T 231—2007 所代替标准的历次版本发布情况为：YB 504—65、GB 2825—1981；YS/T 231—1994。其中钨精矿的化学成分如表 4 - 2 所示。

表 4-2 钨精矿的化学成分质量分数

类型	品种类别	品级	WO_3	杂质含量（不大于）									用途举例
			不小于	S	P	As	Mo	Ca	Mn	Cu	Sn	SiO_2	
黑钨精矿	Ⅰ类	特级	68	0.4	0.03	0.10	—	5.0	—	0.06	0.15	7.0	优质钨铁、直接炼合金钢
		一级	65	0.7	0.05	0.15	—	5.0	—	0.13	0.20	7.0	
		二级	60	0.7	0.05	0.20	—	5.0	—	0.15	0.20	—	钨铁
	Ⅱ类	一级	65	0.7	0.10	0.10	0.05	3.0	—	0.25	0.20	5.0	仲钨酸铵、硬质合金、钨材、钨丝、触媒
		二级	65	0.8	0.10	0.15	0.05	5.0	—	0.25	0.25	7.0	
		三级	60	0.9	0.10	0.15	0.10	5.0	—	0.30	0.30	—	
		四级	55	1.0	0.10	0.15	0.20	5.0	—	0.30	0.35	—	
		五级	50	1.2	0.12	0.15	0.20	6.0	—	0.35	0.40	—	
白钨精矿	Ⅰ类	特级	68	0.4	0.03	0.03	—	—	0.5	0.03	0.03	2.0	直接炼合金钢、优质钨铁
		一级	65	0.7	0.05	0.15	—	—	1.0	0.13	0.20	7.0	
		二级	60	0.7	0.05	0.20	—	—	1.5	0.25	0.20	—	钨铁
	Ⅱ类	一级	65	0.7	0.10	0.10	0.05	—	1.0	0.25	0.20	5.0	仲钨酸铵、硬质合金、钨材、钨丝、触媒
		二级	65	0.8	0.10	0.10	—	—	1.5	0.25	0.20	7.0	
		三级	60	0.9	0.10	0.15	—	—	2.0	0.3	0.20	—	
		四级	55	1.0	0.10	0.15	—	—	2.0	0.3	0.35	—	
		五级	50	1.2	0.12	0.15	—	—	2.0	0.3	0.40	—	
	混合钨精矿		65	0.7	0.10	0.10	—	—	—	0.25	0.20	5.0	仲钨酸铵、硬质合金等
	钨细泥		30	2.0	0.50	0.30	—	—	—	0.5	—	—	

注：1. 表中"—"为杂质含量不限。

2. 精矿中钽铌为有价元素，如有需要，供方应报出分析数据。

3. 混合钨精矿、钨细泥的 Mo、Ca、Mn 虽不限制，但供方应报出分析数据。

4. 供需双方对表中规定的个别杂质含量及其他杂质（如 Fe、Sb、Pb、Bi 等）有特殊要求时，可协商解决。

4.2 黑、白钨矿超细磨矿工艺

4.2.1 磨矿工艺原理及技术条件

黑、白钨矿的粒度对后续碱分解工序分解率有很大的影响。超细磨矿不仅能大幅度增加矿物与 NaOH 溶液的反应表面积，而且能使矿物晶格发生畸变、错位和缺陷，增大矿物内应力，产生机械活化作用，提高分解反应速度和分解过程钨的金属回收率。

4.2.1.1 *矿粉粒度的质量要求*

精矿粒度：-0.043mm（-320 目）不少于 98%

4.2.1.2 *磨矿原理及工艺*

目前我国黑、白钨矿均采用湿式振动磨矿工艺，其磨矿效果影响的因素和原理主要取决于以下几方面：

（1）水和矿的比例。水矿的比例过大将会降低钢球撞击矿物颗粒的几率、减少矿物在球磨机中的停留时间。同时由于固体浓度下降引起矿浆沿着运动方向"跳跃"式前进，部分矿粒出现“短路”，减少了实际被磨时间，而使磨矿粒度达不到技术要求。

水矿的比例过小将会因为矿浆过干而降低流动性，致使矿浆难以排出，严重时将堵塞球磨机，致使磨矿无法进行。生产实践表明，在不影响矿浆流动性的条件下，水矿的比例越小，磨矿的粒度越细、效果越好。相同磨矿设备及进矿速度下，水矿的比例对磨矿质量的影响如表4-3所示。

表4-3　水矿的比例对磨矿质量的影响

水矿比例	1:2	1:3	1:4
-0.043mm	93%~94%	97%~98%	99%~100%

（2）进矿速度。进矿速度越慢矿物颗粒在球磨机中停留的时间越长，磨矿的粒度越细。对原矿粒度小于9mm的黑钨矿，采用ϕ800mm双筒式振动球磨机磨矿，水∶矿=1∶4的条件下，进矿速度对磨矿质量的影响如表4-4所示。

表4-4　进矿速度对磨矿质量的影响

进矿速度/$kg\cdot h^{-1}$	700	600	500
-0.043mm	≥95%~96%	≥97%~98%	≥99%~100%

（3）球磨机的振幅。球磨机的振幅越大，单位时间钢球撞击矿物颗粒的几率越大，磨矿的粒度越细，但受制于球磨机弹簧强度的影响，一般球磨机振幅控制在5~7mm。

（4）钢球的规格及比例。球磨机中钢球的规格越大，撞击矿物颗粒的力度越强，但撞击几率下降；钢球大小比例适当的搭配，有利于提高撞击矿物颗粒的几率。因此，钢球的规格及比例对磨矿的质量有较大的影响。

（5）原矿的粒度和颗粒硬度。黑钨精矿和白钨精矿分别是由重选和浮选方法生产的，原矿粒度有较大的区别：黑钨精矿粒度范围在零点几至9mm之间，白钨精矿粒度范围为-200目。同时由于矿物类型和物相组成不同，其颗粒硬度也有较大差异，因此，应根据具体情况对磨矿的进矿速度进行适当的调整。

4.2.1.3　*磨矿的技术条件*

进矿速度：500kg/h

水∶矿：1∶4（质量比）

振幅：5~7mm

钢球规格及配比：见表4-5。

表4-5　磨矿钢球及配比

钢球规格 ϕ/mm	30~25	25~20	20~15	15~10
占比/%	25	25	25	25

4.2.2　磨矿工序设备选择及工艺配置

4.2.2.1　*磨矿工序设备选择*

钨矿磨矿的主要设备为：球磨机、高位水箱、转子流量计和矿浆槽。

A　球磨机

我国黑白钨矿目前均采用ϕ800mm和ϕ400mm双筒卧式振动球磨机磨矿。老式的三筒振动球磨机由于运动方式的影响，下端两个磨筒出料速度不同，磨出矿粉的粒度有较大的差异，现已被淘汰。ϕ800mm 双筒卧式振动球磨机如图 4－1 所示。

2MZ－800双筒式

图 4－1 ϕ800mm 双筒卧式振动球磨机

a 球磨机大小的选择

ϕ800mm 和 ϕ400mm 双筒卧式振动球磨机的产能分别为 500kg/h 和 300kg/h，可根据生产规模的大小进行选择（见表 4－6）。

表 4－6 双筒卧式振动球磨机规格选择

年产 APT/t	3000	5000	10000
球磨机规格/mm	ϕ400	ϕ800	ϕ800

b 球磨机台数选择

设每天磨矿量为 G kg，双筒振动球磨机产能为 M kg/h，球磨机工作时间为每天 20h，则需磨矿机台数 N 按如下公式计算可得：

$$N = G \div (M \times 20)$$

B 螺旋给料机

钨精矿磨矿用螺旋给料机一般采用 ϕ100mm × 600mm 和 ϕ150mm × 600mm 两种规格，并采用调速装置控制给料量，可根据生产规模的大小进行选择（见表 4－7）。

表 4－7 螺旋给料机规格选择

年产 APT/t	3000	5000	10000
螺旋给料机规格/mm	ϕ100 × 600	ϕ150 × 600	ϕ150 × 600

螺旋给料机台数与球磨机台数相同。

C 转子流量计

钨精矿磨矿给水可采用 LZB 型玻璃转子流量计，其规格可根据球磨机每小时给矿量（G）和磨矿技术参数水：矿的比值（i）进行计算。转子流量计的流量（v）计算式如下：

$$v = G \times i$$

根据目前采用的球磨机产能和水矿比，生产企业一般选择 0～250kg/h 的玻璃转子流量计。

LZB 型玻璃转子流量计台数与球磨机台数相同。

D 高位水箱

为保证转子流量计流量的稳定，磨矿工序应配置设有溢流口的高位水箱，高位水箱可用 A3 钢板焊制，其容积与每批磨矿量所需用水量相同。高位水箱台数可与球磨机台数相同，也可几台球磨机共用一台高位水箱。

E 矿浆搅拌槽

振动球磨机磨出的矿浆应配置矿浆搅拌槽进行收集。矿浆搅拌槽容积的选择应考虑分解反应釜每锅处理钨精矿量和反应液固比等因素，其大小应根据每锅处理的矿浆总容积

(V) 确定，取矿浆槽填充系数为0.5，则矿浆搅拌槽体积 M 通过下式计算可得：

$$M = V \div 0.5$$

矿浆搅拌槽台数与球磨机台数相同。

4.2.2.2　磨矿车间工艺配置

磨矿车间一般分为上、中、下三层配置。上层配置料仓、螺旋给料机、高位水箱；中层（0平面）配置振动球磨机和转子流量计；下层（地槽）配置矿浆搅拌槽和矿浆输送泵。为将钨精矿吊上料仓，车间需配置单轨电动葫芦。

为保证磨矿机进水压力和转子流量计出水量的稳定，高位水箱应设置进水口和溢流口，以保持水箱液面高度恒定。水箱底部与球磨机进水口的高度差应在2m以上；为保证球磨机中矿浆顺利流出，矿浆搅拌槽上端盖的位置应低于振动球磨机矿浆出口。

4.3　黑、白钨矿分解原理及工艺

钨精矿湿法分解的目的，是在磨细的矿浆中加入浸出剂，在高温高压和搅拌条件下浸出剂与钨矿物发生化学反应，使钨进入溶液，其他伴生元素留在分解渣中；或者使其他伴生元素进入溶液，钨以难溶化合物进入固相。通过固液分离提取钨金属并分离部分杂质，并为后续净化工艺创造条件。

1981年后，我国广泛开展了白、黑钨矿分解工艺和原理的研究，创造了许多具有国际领先水平的分解工艺，并成功的应用于工业生产。通过深入的基础理论研究，基本弄清了白、黑钨矿分解的热力学、动力学和分解过程杂质的行为及抑制杂质的工艺措施。目前我国白、黑钨矿分解工艺主要有：白钨矿氢氧化钠分解工艺、白钨矿磷酸盐分解工艺、白钨矿盐酸分解工艺；黑钨矿氢氧化钠分解工艺；黑白钨矿氢氧化钠分解工艺、黑白钨矿磷酸盐固液活化分解工艺、黑白钨矿苏打高压分解工艺、黑白钨矿苏打高温烧结－水浸工艺。

4.3.1　黑钨矿的氢氧化钠分解原理及工艺

我国从上世纪80年代初开始采用氢氧化钠分解黑钨矿。由于基础理论的深入研究和长期生产经验的积累，该工艺已十分成熟。早期采用桶装固碱分解黑钨矿，由于固碱难以溶化制得高浓度液碱，分解过程碱浓度较低，因此黑钨分解率不高。90年代末期我国开始生产片碱，将片碱直接加入钨矿浆可大幅度提高分解液的碱浓度和反应的平衡常数，促进黑钨矿的彻底分解。目前我国处理钙含量小于1%的黑钨精矿，在较好的技术条件下分解率可达99.8%以上。

4.3.1.1　基本原理

A　分解反应式

黑钨矿 [$(Fe、Mn)WO_4$] 与NaOH溶液可进行如下反应：

$$FeWO_4 + 2NaOH_{(aq)} \xlongequal{} Na_2WO_{4(aq)} + Fe(OH)_{2(s)} \quad （低于102℃） \quad (4-1)$$

$$FeWO_4 + 2NaOH_{(aq)} \xlongequal{} Na_2WO_{4(aq)} + FeO_{(s)} + H_2O \quad （高于102℃） \quad (4-2)$$

$$MnWO_4 + 2NaOH_{(aq)} \xlongequal{} Na_2WO_{4(aq)} + Mn(OH)_{2(s)} \quad (4-3)$$

B　反应的热效应

根据相关的热力学计算，黑钨矿与NaOH溶液的反应为吸热反应。当NaOH为1mol/

kg 时，反应（4－1）的热效应为：

$$\Delta H_{298}^{\ominus} = +10.15\text{kJ}$$

$$\Delta H_{373}^{\ominus} = +27.59\text{kJ}$$

反应（4－2）的热效应为：

$$\Delta H_{523}^{\ominus} = +61.7\text{kJ}$$

C 反应热力学

根据热力学计算，$Fe(OH)_2$ 在 120℃左右时标准自由焓变化 $\Delta G^{\ominus}$ 值为零，高于 102℃则为负值，故高于 102℃时，生成物中铁主要以 FeO 形态存在。

根据热力学计算在 25℃时反应（4－1）及反应（4－3）的平衡常数分别为 1.15×10^4 和 1.7×10^5。经前人测定，反应（4－3）在 90℃、120℃和 150℃的浓度平衡常数 $K_c[K_c=[Na_2WO_4]/[NaOH]^2]$ 值分别为 0.686、2.23 和 2.27，因此上述反应很易进行。

D 反应动力学

李洪桂等人测定黑钨矿与氢氧化钠反应的动力学方程符合颗粒收缩模型：

$$1-(1-x)^{\frac{1}{2.2}}=3.41\times10^{-4}\frac{t}{D_p}[NaOH]^2\times\exp\left[-\frac{77370}{R}\left(\frac{1}{T}-\frac{1}{363}\right)\right]$$

黑钨矿与氢氧化钠反应的固相产物非常松散不致密，不可能成为反应的障碍。

4.3.1.2 工艺过程和技术条件

A 工艺过程

在磨细的矿浆槽中加入片碱或为利用碱的溶解热直接将片碱加入碱分解锅中，启动搅拌加热分解，当升高到一定温度时保温一段时间即可放料，在矿浆稀释槽中加水搅洗后泵入压滤机中过滤洗涤。

B 技术条件

作者对氢氧化钠分解黑钨精矿的长期研究和生产实践得出的研究结果表明，碱的浓度、钙含量、碱用量、温度和矿粉粒度是影响分解率的主要因素。

a 碱浓度对分解率的影响

提高碱浓度可以大幅度提高氢氧化钠与黑钨精矿的反应速度和平衡常数，而且随着碱浓度的提高，分解液的沸点升高、蒸汽压降低，可在较低的压力下获得较高的分解温度，有利于黑钨精矿的分解。

在氢氧化钠分解黑钨矿中，碱浓度对分解率的影响最大。对于处理含 $WO_3$65% 左右、钙小于 1% 的黑钨精矿，在碱理论用量 1.8 倍、温度 135℃、保温时间 4h、搅拌速度 90r/min 的条件下，不同碱浓度下的分解结果见表 4－8。

表 4－8 不同碱度下黑钨精矿的分解结果

碱浓度/$g\cdot L^{-1}$	300	350	400	500
WO_3 分解率/%	96.3	97.3	98.8	99.4

b 钙含量对分解率的影响

黑钨精矿中钙的化合物主要为 $CaWO_4$，由于氢氧化钠分解白钨矿的平衡常数较小，含钙高的黑钨精矿在较低的碱浓度下难以分解。对于处理含 $WO_3$65% 左右的黑钨精矿，在碱理论用量 1.8 倍、碱浓度 350g/L、温度 135℃、保温时间 4h、搅拌速度 90r/min 的条件下，不同钙含量下黑钨精矿氢氧化钠的分解结果见表 4－9。

表 4－9　不同钙含量黑钨精矿的分解结果

钙含量/%	4.0	3.0	2.0	1.0
WO_3 分解率/%	61.3	70.2	90.1	97.3

c　碱用量对分解率的影响

液固比一定时碱用量增加，碱的浓度升高，反应的平衡常数增大，钨矿分解得越彻底。对于处理含 $WO_3$65% 左右、钙小于 1% 的黑钨精矿，在温度 135℃、保温时间 4h、液固比 1∶1、搅拌速度 90r/min 的条件下，不同碱用量下黑钨精矿氢氧化钠的分解结果见表 4－10。

表 4－10　不同碱用量下黑钨精矿的分解结果

碱理论量倍数	1.2	1.4	1.6	1.8
WO_3 分解率/%	91.8	93.4	97.5	98.9

d　温度对分解率的影响

氢氧化钠分解黑钨矿为吸热反应，温度升高有利于提高反应速度和反应的平衡常数，促进钨矿的分解。对于处理含 $WO_3$65% 左右、钙小于 1% 的黑钨精矿，在碱理论用量 1.8 倍、碱浓度 400g/L、保温时间 4h、液固比 1∶1、搅拌速度 90r/min 的条件下，不同温度下黑钨精矿氢氧化钠的分解结果见表 4－11。

表 4－11　不同温度下黑钨精矿的分解结果

温度/℃	135	155	165	175
WO_3 分解率/%	98.8	99.0	99.2	99.5

e　矿粉粒度对分解率的影响

矿粉粒度细，钨矿与氢氧化钠反应的表面积大。由于反应速度提高，相同的分解时间下钨精矿与氢氧化钠的反应终点更加接近反应平衡。颗粒粗大的矿粉容易沉积于反应锅的底部，而影响分解效果。对于处理含 $WO_3$65% 左右、钙小于 1% 的黑钨精矿，在碱理论用量 1.8 倍、碱浓度 400g/L、温度 135℃、保温时间 4h、液固比 1∶1、搅拌速度 90r/min 的条件下，不同矿粉粒度黑钨精矿氢氧化钠的分解结果见表 4－12。

表 4－12　不同矿粉粒度黑钨精矿的分解结果

矿粉粒度 －0.043mm（－320 目）/%	≥88	≥92	≥96	≥99
WO_3 分解率/%	90.1	95.5	98.2	98.8

4.3.2　白钨矿的氢氧化钠分解原理及工艺

李洪桂等人详细的研究了白钨矿氢氧化钠分解的热力学、动力学及其工艺条件。

氢氧化钠分解白钨矿主要工艺原理为：在低浓度条件下 NaOH 分解白钨矿的热力学驱

动力及分解反应的平衡常数很小，可利用反应物 NaOH 活度系数随其浓度增加而迅速增大，生成物 Na_2WO_4 的活度系数随其浓度的增加而减小，以及 Na_2WO_4 的溶解度随 NaOH 浓度升高而急剧降低的特性，在高浓度 NaOH、低液固比条件下实现白钨矿的彻底分解。并通过在分解后的矿浆中加入磷酸钠抑制逆反应提高分解的金属回收率。NaOH 溶液的平均活度系数见表 4-13，Na_2WO_4 溶液的平均活度系数见表 4-14，Na_2WO_4 溶解度与 NaOH 浓度的关系见表 4-15。

表 4-13　NaOH 溶液的平均活度系数（70℃）

NaOH 浓度/mol · kg^{-1}	2.0	4.0	6.0	8.0	10.0	12.0
$\gamma_{\pm NaOH}$	0.652	0.8	1.07	1.48	2.03	2.65

表 4-14　Na_2WO_4 溶液的平均活度系数（252℃）

Na_2WO_4 浓度/mol · kg^{-1}	0.373	0.822	1.46	2.77	3.21
$\gamma_{\pm Na_2WO_4}$	0.125	0.085	0.065	0.053	0.053

表 4-15　Na_2WO_4 溶解度与 NaOH 浓度的关系（100℃）

NaOH 浓度/g · L^{-1}	40	480
Na_2WO_4 溶解度/g · L^{-1}	675.5	76.0

4.3.2.1　白钨矿 NaOH 分解热力学

A　分解反应式

白钨和氢氧化钠的反应为：

$$CaWO_{4(s)} + 2NaOH_{(aq)} = Na_2WO_{4(aq)} + Ca(OH)_{2(s)} \tag{4-4}$$

用离子方程式表示为：

$$CaWO_{4(s)} + 2OH^-_{(aq)} = WO^{2-}_{4(aq)} + Ca(OH)_{2(s)}$$

B　反应的热效应

白钨矿与固体 NaOH 反应生成固态 $Ca(OH)_2$ 和 Na_2WO_4 时，是放热反应，按每分解 1mol$CaWO_4$ 计，其在 50℃、100℃、150℃ 时的 $\Delta H^{\ominus}$ 值分别为 -51.9kJ、-52.1kJ、-52.4kJ。与固相反应不同，白钨矿与 NaOH 溶液反应为吸热反应，根据不同温度下的平衡常数以及等压方程式计算，反应的热效应见表 4-16。

表 4-16　白钨矿与 NaOH 溶液反应的热效应

温度/℃	70~90	90~130	130~150
热效应 $\Delta H^{\ominus}$/kJ	30.40	36.56	39.65

分解操作时将固体 NaOH 加入白钨矿浆，初始矿浆温度升高主要是因为：固体 NaOH 溶于水是一个强放热过程，其溶解热效应远大于 Na_2WO_4。1kg 固体 NaOH 溶解成不同浓度的 NaOH 溶液时所放出的热量见表 4-17。

表 4-17　NaOH 溶解成不同浓度的 NaOH 溶液时所放出的热量

溶液中 NaOH 浓度/%	5	10	15	20	30	40
NaOH 溶解时放热/kJ · kg^{-1}	1249	1240	1232	1207	1123	971

C 反应的热力学

a 反应的平衡常数

反应式（4-4）的平衡常数 K_a 很小。70℃、90℃、130℃和150℃其平衡常数分别为 1.00×10^{-3}、1.8×10^{-3}、6.00×10^{-3}、10.5×10^{-3}。

平衡常数仅表征生成物和反应物的活度商，由于高浓度 NaOH 条件下 NaOH 活度增大，Na_2WO_4 的活度和溶解度下降、WO_4^{2-} 浓度降低，用反应平衡后的浓度商 K_c 更能反映反应的平衡情况。

根据反应式（4-4）其平衡浓度商 K_c 按下式计算：

$$K_c = m_{WO_4^{2-}}/m_{OH^-}^2 \tag{4-5}$$

根据电解质溶液理论式（4-5）可表达为：

$$K_c = K_a \times \gamma_{\pm NaOH}^4 / \gamma_{\pm Na_2WO_4}^3$$

式中，$\gamma_{\pm NaOH}$、$\gamma_{\pm Na_2WO_4}$ 分别为溶液中 NaOH 和 Na_2WO_4 的平均活度系数。

采用从正反应和逆反应共同确定平衡时间的方法，以人造白钨为原料（成分见表4-18）在温度90℃、$m_{OH^-}=1.6$mol/kg 下确定的白钨矿与 NaOH 反应的浓度平衡常数 K_c 如图4-2所示。

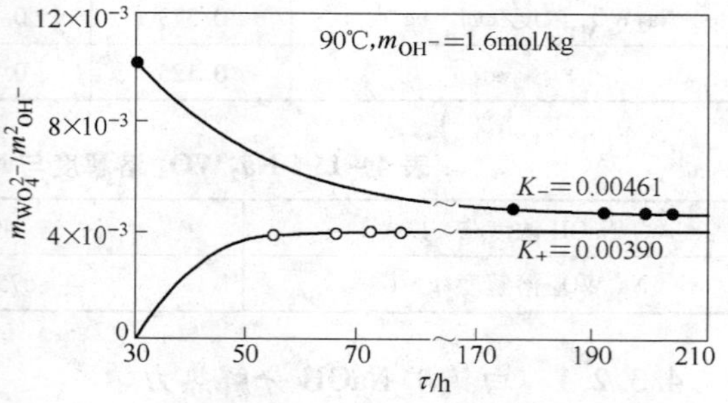

图4-2 正逆反应的平衡浓度商

表4-18 人造白钨的化学成分

成 分	WO_3	CaO	Mn	Sn	Mg	As	Si	Mo	P	S
含量/%	74.85	18.18	0.00x	0.001	0.3~1	0.0x	0.00x	<0.001	0.021	0.027

试验测出不同温度下反应的 K_c 值，反应达到平衡的时间分别为100h（70℃）、85h（90℃）、70h（105℃）、8h（130℃）、4h（150℃）。在一定温度下，K_c 随 m_{OH^-} 的变化如图4-3所示。

b 反应的标准吉布斯自由能变化

用外延法测得反应的平衡常数 K_a，计算出反应的标准自由能变化 $\Delta G^{\ominus}$ 见表4-19。

热力学研究表明，温度及碱浓度对 K_c 的影响较大，氢氧化钠溶液的活度随着温度的升高而迅速增大（见表4-13），因此在高温高碱浓度下，反应式(4-4) 的 K_c 要比其相应温度下的活度平衡常数大几十倍。在适当的高温高碱浓度下，反应是可以进行的。

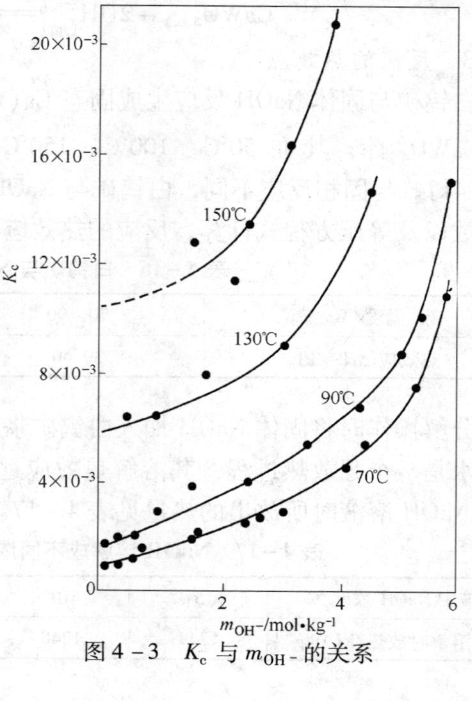

图4-3 K_c 与 m_{OH^-} 的关系

表 4-19 反应的标准自由能变化 $\Delta G^{\ominus}$

温度/℃	70	90	130	150
$\Delta G^{\ominus}$/kJ · mol^{-1}	19.68	19.05	17.12	16.01

4.3.2.2 白钨矿 NaOH 分解反应动力学

A 速率常数及表观活化能

确定对分解无影响的恒定搅拌速度后，在 NaOH 400g/L、精矿用量 10.0g、总水量 500mL、转速 630r/min 条件下，温度 65～110℃、分解时间为 1～4h 范围内，测定的氢氧化钠与白钨精矿反应的分解率与时间的关系如图4-4所示。

根据图 4-4 试验结果求得的不同温度下的综合速率常数表达式为：

$$\ln K = 11.70 - \frac{7076.0}{T}$$

式中，K 为综合速率常数；T 为绝对温度。

利用回归方程的斜率可进一步求得反应的表观活化能为：

$$E_{表} = 7076.0R = 58.83\text{kJ/mol}$$

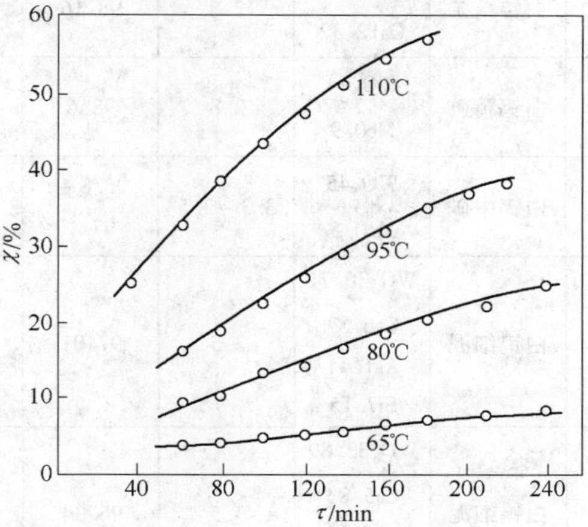

图 4-4 不同温度下浸出率随浸出时间的变化

B 反应的控制性步骤

分解渣电子探针线扫描表明，沿颗粒径向，钨、钙的成分分布基本上是均匀的，且大部分渣粒表面没有固膜层。只有少部分渣粒表面有一层疏松易脱落的固膜，X 射线物相分析证明生成产物为 $Ca(OH)_2$。这也说明固膜扩散不可能成为分解过程的控制步骤。

表观活化能的测定及对分解渣元素成分分布仪器分析的结果证明，在外扩散速度足够快时，分解过程受化学反应控制。

C 表观反应级数

温度 80℃、NaOH 浓度为 200～660g/L 条件下测定的白钨精矿分解率随时间的变化见表 4-20。

表 4-20 80℃下不同碱浓度时白钨精矿分解率随时间的变化

C_0/g · L^{-1}	浸出时间/min								
	60	80	100	120	140	160	180	200	220
200	2.60	3.11	3.66	4.23	4.72	5.22	5.71		
300	3.55	4.29	5.13	6.02	6.74	7.53	8.32	8.94	9.56
400	9.17	11.52	13.31	15.19	17.18	18.73	20.16	32.01	23.43
500	10.16	13.51	16.08	19.14	31.40	34.05	26.35	38.64	30.49
600	13.53	17.45	20.91	24.24	27.22	30.08	32.28	35.57	37.96

根据表 4-20 中的数据，利用微分法求得表观反应级数为：$n = 1.73$。

4.3.2.3　白钨矿 NaOH 分解工艺

采用温度 170～180℃、搅拌转速 90r/min、分解时间 2h、液固比 1∶1 的条件，在高压釜中 NaOH 分解白钨矿的工业生产结果见表 4-21。

表 4-21　白钨矿 NaOH 分解工业生产结果

序号	原料名称	化学成分/%	碱理论量倍数	分解率/%	溶液质量/%		杂质浸出率/%		备注
					As/WO_3	Si/WO_3	As	Si	
1	白钨精矿	$WO_3$65.93 Ca12.37	2.8	98.16					
2	白钨精矿	$WO_3$74 Mo0.9	2.8	98.6					
3	白钨中矿	$WO_3$45 Mo0.5	3.3～3.5	96.8～97.1					
4	白钨细泥	$WO_3$36.71 Ca6.87 As1.41 Si7.15	3.5	97.01	0.140	1.5	4.21	7.53	4 批平均
5	白钨细泥	$WO_3$33.89 Ca5.83 As1.26 Si8.68	3.5	96.34	0.11～0.20		3.0～3.5		10 批平均
6	白钨中矿	$WO_3$51.53 As0.164	3.0～3.1	97.86	0.015		4.50		

4.3.3　白钨矿的磷酸盐分解原理及工艺

磷在溶液中主要以 PO_4^{3-}、HPO_4^{2-}、$H_2PO_4^-$ 的形态存在，不同的 pH 值下磷的存在形态和组成发生变化。PO_4^{3-} 的钙盐非常难溶，例如 $Ca_3(PO_4)_2$、$Ca_{10}(PO_4)_6(OH)_2$ 的溶度积 K_{sp} 分别为 1×10^{-29}、1×10^{-59}。因此，用磷酸盐分解白钨矿（$K_{sp}=1\times10^{-9}$）的热力学驱动力很大，成为分解白钨矿的良好试剂。在较高的碱浓度下分解白钨矿时，生成物正磷酸钙盐的化学组成非常复杂，除了生成 $Ca_3(PO_4)_2$ 外，还可以生成一系列碱式磷酸钙。在中性和弱碱条件下分解白钨矿，钨可以生成正钨酸盐以及仲钨酸盐、偏钨酸盐等复杂络合物。相关资料研究了高碱条件下磷酸盐分解白钨矿时，碱式碳酸钙的生成情况；张子岩、万林生、杨幼明对弱碱和强碱条件下磷酸盐分解白钨矿及其热力学和动力学进行了研究。理论分析和实践表明，弱碱和高碱条件下磷酸盐均能分解白钨矿，但其分解的彻底性有所不同。从钨的分解率、试剂成本以及对后续离子交换工艺的适应性考虑，以生成物为 $Ca_3(PO_4)_2$ 的低碱分解工艺最为适宜。本节主要以此为基础进行阐述。

4.3.3.1　白钨矿磷酸盐分解热力学

A　分解反应

温度 135℃、过剩碱用量 0.6～0.8 倍理论量条件下，对钨精矿分解渣的 X 衍射物相

分析表明磷主要以 $Ca_3(PO_4)_2$ 形态存在。一定的碱浓度范围内磷酸钠溶液与人造白钨发生如下反应：

$$3CaWO_{4(s)} + 2Na_3PO_{4(aq)} \xlongequal{} 3Na_2WO_{4(aq)} + Ca_3(PO_4)_{2(s)} \quad (4-6)$$

写成离子反应式，即

$$3CaWO_{4(s)} + 2PO_4^{3-} \xlongequal{} 3WO_4^{2-} + Ca_3(PO_4)_{2(s)} \quad (4-7)$$

随着碱用量的增大磷酸盐分解白钨矿可生成或同时生成系列碱式磷酸钙。

温度135℃，用 $Na_3PO_4 \cdot 12H_2O$ 分解 WO_3 含量为63.32%的白钨矿，对碱用量、分解液残余 P 和 NaOH 以及钨分解率的分析研究（见表4－22）表明，碱用量较高时，磷酸盐分解白钨矿可能发生下述反应：

$$10CaWO_4 + 6PO_4^{3-} + 2OH^- \xlongequal{} Ca_{10}(PO_4)_6(OH)_2 \downarrow + 10WO_4^{2-}$$

$$10CaWO_4 + 2PO_4^{3-} + 14OH^- \xlongequal{} Ca_{10}(PO_4)_2(OH)_{14} \downarrow + 10WO_4^{2-}$$

表4－22 高碱条件下磷酸盐分解白钨矿碱和磷消耗量及分解率

序号	白钨矿量	试剂量		以生成物计磷酸盐理论量倍数		分解液残余试剂量/%		分解率/%
	质量/g	过剩碱倍数	磷酸钠用量/g	$Ca_3(PO_4)_2$	$Ca_{10}(PO_4)_2(OH)_{14}$	P	NaOH	WO_3
1	500	1.40	159.1	0.46	1.53	0.30	1.03	39.34
2	500	2.11	107.2	0.31	1.03	0.20	0.57	78.73
3	500	2.80	107.2	0.31	1.03	0.45	0.69	96.02
4	500	2.80	159.1	0.46	1.53	1.93	0.64	98.56
5	500	3.50	107.2	0.31	1.03	3.54	0.73	98.69
6	500	3.50	107.2	0.31	1.03	3.72	0.69	99.01
7	500	3.50	81.3	0.24	0.78	4.75	0.77	77.44

B 化学反应热力学

a 反应的平衡常数和吉布斯自由能

由下面两个反应式的溶度积计算出的常温（25℃）下反应的浓度平衡常数（K）和吉布斯自由能（ΔG）。

$$CaWO_{4(s)} \xlongequal{} Ca^{2+} + WO_4^{2-} \qquad K_{sp1} = 8.7 \times 10^{-9}$$

$$Ca_3(PO_4)_{2(s)} \xlongequal{} 3Ca^{2+} + 2PO_4^{3-} \qquad K_{sp2} = 2 \times 10^{-29}$$

$$K = [WO_4^{2-}]^3/[PO_4^{3-}]^2 = (K_{sp1})^3/(K_{sp2})$$

$$\Delta G = -RT\ln K = -RT\ln[WO_4^{2-}]^3/[PO_4^{3-}]^2 = -RT\ln(K_{sp1})^3/(K_{sp2})$$

由反应物和生成物的吉布斯自由能计算出50℃、75℃、100℃、125℃、150℃、175℃、200℃、225℃、250℃时，反应式（4－6）的生成吉布斯自由能及浓度平衡常数见表4－23。

表 4 – 23　不同温度下反应的浓度平衡常数和吉布斯自由能

温度/℃	25	50	75	100	125
ΔG/J · mol^{-1}	–25771. 68	–57458. 87	–58178. 52	–58404. 46	–58153. 42
K	3.29×10^4	1.96×10^9	5.41×10^8	1.51×10^8	4.29×10^7
温度/℃	150	175	200	225	250
ΔG/J · mol^{-1}	–57450. 50	–56287	–54680	–52638. 90	–50170. 34
K	1.24×10^7	3.66×10^6	1.09×10^6	3.32×10^5	1.03×10^5

由表 4 – 23 可以看出，在常温下反应式（4 – 6）的生成吉布斯自由能为负值，即反应在常温下能够向右进行，而且随着温度的升高，在计算的温度范围内（25 ~ 250℃），吉布斯自由能均为负值，反应的平衡常数很大，均在 10^4 数量级以上。

b　反应平衡时离子浓度对数和 pH 值的关系

根据热力学数据计算，pH > 13. 72、[P] = 1×10^{-3} mol/L 时 $CaWO_4$ 在 Na_3PO_4 溶液中的溶解度（25℃）log(C) – pH 值的关系为：

$$\lg[Ca^{2+}] = 22.78 - 2pH \quad (4-8)$$

$$\lg[WO_4^{2-}] = -32.08 + 2pH \quad (4-9)$$

式（4 – 8）和式（4 – 9）表明，溶液 pH 值升高，[Ca^{2+}] 浓度降低、[WO_4^{2-}] 浓度升高，反应趋势增大，磷酸盐分解白钨矿更加彻底。

4. 3. 3. 2　白钨矿磷酸盐分解动力学

A　速率常数及表观活化能

确定对分解无影响的恒定搅拌速度后，取经磨细后的白钨 100g，在磷酸盐用量为理论的 2 倍，液固比 2∶1、pH 值为 10、搅拌速度 450r/min 的条件下，在温度 140 ~ 180℃、分解时间为 30 ~ 150min 范围内，测定的磷酸盐与白钨精矿反应的综合速率常数表达式为：

$$\ln K = 18.244 - \frac{10432.69}{T}$$

式中，K 为综合速率常数；T 为绝对温度。

利用回归方程的斜率可进一步求得反应的表观活化能为：

$$E_{表} = 10432.69R = 86.8\text{kJ/mol}$$

B　反应的控制性步骤

根据活化能计算，反应为液固化学反应控制。另根据表征产物层密度的 Z 值计算式：

$$Z = \frac{cV_{产}}{aV_{反}} = \frac{cM_{产}\,d_{反}}{aM_{反}\,d_{产}} \quad (4-10)$$

式中，$V_{产}$ 和 $V_{反}$ 分别表示产物和固体反应物的摩尔体积；$d_{产}$ 和 $d_{反}$ 分别表示产物层和固体反应物的密度；c/a 表示由一个摩尔的固体反应物所形成的固体产物的摩尔数。

在反应式（4 – 10）中，$c/a = 1/3$，磷酸钙的密度为 3. 14g/cm^3，摩尔质量为 310，钨酸钙密度 6. 5g/cm^3，摩尔质量为 287. 8。代入 Z 值表达式可以计算出 $Z = 0.745$。$Z < 1$，产物层疏松多孔，固相扩散不可能阻碍反应进程，界面化学反应为主要控制性步骤。

4. 3. 3. 3　碱性磷酸钠溶液分解白钨矿工艺及技术条件

A　分解工艺

由于磷酸盐分解白钨矿活化能较高，温度对钨分解率的影响较大，工业生产中，一般采用温度 190 ~ 220℃、压力 1.6MPa 的压力釜分解白钨矿。其工艺流程如图 4-5 所示。

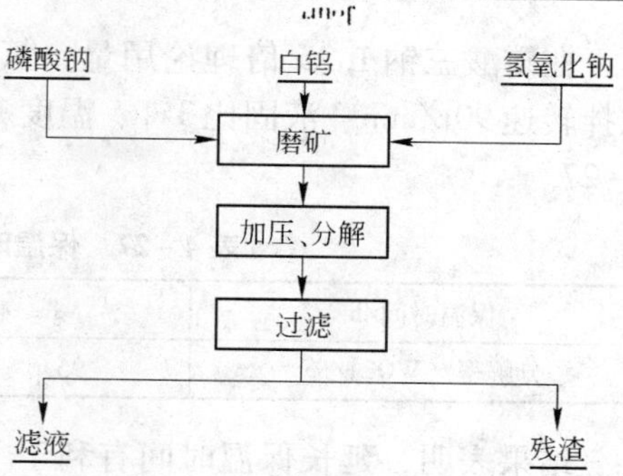

图 4-5 磷酸钠分解白钨矿工艺流程

B 磷酸盐分解白钨矿的影响因素及技术条件

我国某厂采用 3000L 压力釜用磷酸盐分解白钨矿（其化学成分见表 4-24）。

生产过程表明磷酸盐用量、碱用量、分解温度和保温时间对白钨矿的分解率均有一定的影响。

a 磷酸三钠用量对白钨矿分解率的影响

在温度 180 ~ 195℃、保温时间 3h、搅拌转速 90r/min、液固比 3∶1、氢氧化钠 0.8 倍理论量（按 NaOH 与 WO_3 反应计）的条件下，磷酸三钠用量对白钨矿分解率的影响见表 4-25。

表 4-24 原料化学成分 （%）

原 料	WO_3	Sn	Ca	S
白钨矿 A	74.90	<0.20	13.18	0.38
白钨矿 B	54.35	<0.20	18.16	0.29

表 4-25 磷酸三钠用量对白钨矿分解率的影响

磷酸钠理论量倍数	1.0	1.1	1.20	1.25	1.30	1.35
白钨矿 A 分解率/%	97.6	97.9	98.6	99.0	98.96	98.97
白钨矿 B 分解率/%	93.6	94.6	95.1	95.8	96.7	97.5

工业结果表明，相同条件下白钨矿 A 的分解率高于白钨矿 B。这是因为白钨矿 A 中 Ca 基本以 $CaWO_4$ 形态存在，加入的磷酸盐量可使 Ca 完全反应生成溶解度很小的 $Ca_3(PO_4)_2$，由于溶液中 Ca^{2+} 浓度很低，逆反应生成 $CaWO_4$ 趋势很小，分解的渣含钨较低。随着磷酸盐用量的增加，白钨矿 B 分解率一直升高的结果也与此原因有关。

b NaOH 用量对白钨矿分解率的影响

在温度 180 ~ 195℃、保温时间 3h、搅拌转速 90r/min、液固比 3∶1、磷酸三钠 1.25 倍理论用量的条件下，氢氧化钠用量（按 NaOH 与 WO_3 反应计）对白钨矿分解率的影响见表 4-26。

表 4-26 NaOH 用量对白钨矿分解率的影响

NaOH 理论量倍数	0.5	0.8	1.2	1.5
白钨矿 A 分解率/%	98.5	99.0	98.6	98.2
白钨矿 B 分解率/%	95.3	95.8	97.1	98.4

结果表明，NaOH 用量增大到 0.8 倍时白钨矿 A 的钨分解率达到最大值 99.0%，再增加 NaOH 用量，分解率有所降低，这说明在磷酸钠加入量足以与白钨矿中钙反应生成 $Ca_3(PO_4)_2$ 的条件下，增加 NaOH 用量对钨的分解有不利影响；随着碱用量的增大，白钨矿 B 的钨分解率显著升高，这是因为 NaOH 浓度升高抑制了逆反应的进行。

c 反应时间对白钨矿分解率的影响

在磷酸三钠 1.25 倍理论用量、氢氧化钠 0.8 倍理论量（按 NaOH 与 WO_3 反应计）、搅拌转速 90r/min、液固比 3∶1、温度 190℃的条件下，保温时间对白钨矿 A 的分解率见表 4－27。

表 4－27　保温时间对白钨矿 A 的分解率的影响

保温时间/h	1	2	3	4
分解率（WO_3）/%	95.6	98.5	99.0	99.2

结果表明，延长保温时间有利于 WO_3 的分解，保温时间在 1～3h 范围内 WO_3 分解率迅速升高，4h 时白钨矿的分解已接近反应平衡。

d　液固比对白钨矿分解率的影响

在磷酸三钠 1.25 倍理论用量、氢氧化钠 0.8 倍理论量（按 NaOH 与 WO_3 反应计）、搅拌转速 90r/min、温度 190℃、保温时间 2h 的条件下，液固比对白钨矿 A 分解率的影响见表 4－28。

表 4－28　液固比对白钨矿的分解率的影响

液固比	1∶1	3∶1	5∶1	7∶1	9∶1
分解率（WO_3）/%	94.4	99.0	95.2	87.1	80.1

从试验结果看，当液固比从 1∶1 增大到 3∶1 时 WO_3 的分解率显著增加，液固比超过 3∶1时，WO_3 的分解率显著降低。这是由于液固比小时体系黏度大，反应物和生成物的扩散受到影响；而液固比过大时分解剂浓度下降引起反应的热力学驱动力下降，反应速度减慢。

4.3.3.4　弱碱性条件下磷酸三钠分解白钨矿工艺和技术条件

A　工艺原理

磷酸三钠在水溶液中部分发生水解反应，分解产物为磷酸一氢钠和氢氧化钠，溶液呈碱性（1%的磷酸三钠溶液 pH 值为 12.1）。根据磷酸根离子摩尔分数与溶液 pH 值的关系（第 3.3.2.3 节中），溶液中 PO_4^{3-} 和 HPO_4^{2-} 共存，由于 $Ca_3(PO_4)_2$ 的溶解度远小于 $CaWO_4$（$K_{sp}=1\times10^{-9}$）和 $CaHPO_4$（$K_{sp}=10^{-6.58}$），磷酸三钠分解白钨矿生成物应为 $Ca_3(PO_4)_2$，因此不加 NaOH 的弱碱性条件下，加入理论量的磷酸三钠分解白钨矿可以发生下式反应：

$$Na_3PO_4 + H_2O \xlongequal{} Na_2HPO_4 + NaOH \qquad (4-11)$$

$$3CaWO_4 + 2Na_3PO_4 \xlongequal{} 3Na_2WO_4 + Ca_3(PO_4)_2\downarrow \qquad (4-12)$$

随着反应的进行 Na_3PO_4 不断减少，溶液的碱度不断降低，当反应式（4－11）、式（4－12）同时达到平衡时反应式（4－12）将不再进行，白钨矿难以彻底分解。只有加入过量的磷酸三钠增大式（4－11）反应物浓度，才可以保证白钨矿的彻底分解。

B　磷酸三钠用量对白钨矿分解率的影响

采用 FYX 型 0.5L 密闭圆柱形高压反应釜，以成分为（%）：WO_3 78.22、Ca15.99、Mn 0.001、Si 0.03 的人造白钨为原料，在搅拌转速 620r/min、液固比 3∶1、温度 135℃、保温时间 2h 的条件下，磷酸三钠加入量对分解率的影响如图 4－6 所示。

图 4－6 表明，当磷酸三钠达到 1.4 倍以后，随着磷酸盐用量的增加，白钨矿的分解

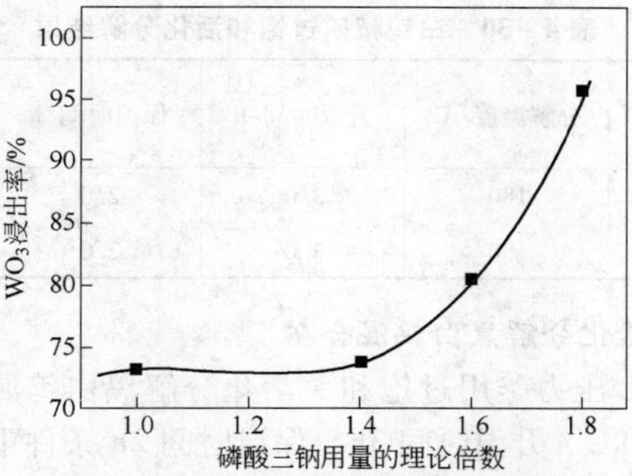

图4－6　磷酸三钠用量对白钨矿分解率的影响

率迅速增大，当磷酸三钠用量为理论量的1.8倍时，白钨矿的分解率仅能达到95.98%。进一步增加磷酸三钠的用量可以提高白钨矿的分解率。磷酸三钠分解白钨矿主要受分解试剂加入量的影响。受分解后钨酸钠溶液净化除磷难度和成本的影响，目前在中性和弱碱条件下磷酸三钠分解白钨工艺难以应用于工业生产。

4.3.4　白（黑）钨矿低碱过饱和－活化分解原理及工艺

4.3.4.1　工艺原理

作者以溶液热力学活度理论、过饱和理论、优势区图理论、反应活化能理论及动力学理论为基础，利用“离子活化”和“晶格活化”手段，在白（黑）钨混合矿NaOH分解中，通过加入新型液体试剂和技术手段增大反应物传质速度和反应物溶解度，提高活度系数；并以“分子结构理论”为基础，在无温度梯度差下造成过饱和，改善反应的动力学条件。

为解决黑钨矿必须在高碱下分解而体系中碱浓度较低的矛盾，通过物理方法活化黑白钨晶格，在高温高压下增大黑钨分解驱动力和反应平衡常数，实现低碱下黑白钨矿在同一体系中的彻底分解。碱理论量用量从现有的1.8倍降至1.26倍。

高压低碱过饱和－活化分解白黑钨混合矿的原理如图4－7所示。

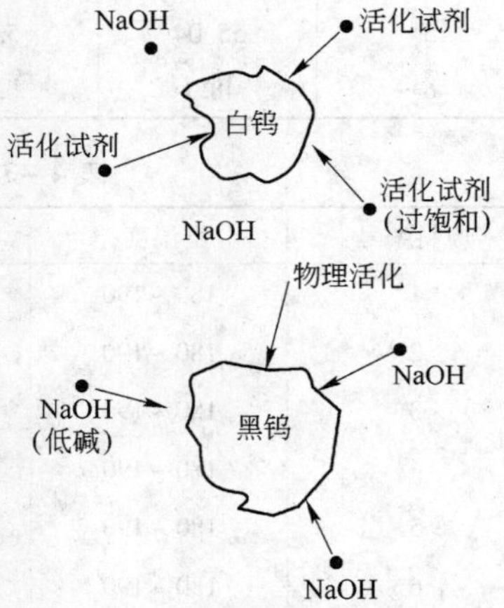

图4－7　白（黑）钨矿过饱和－活化分解原理

4.3.4.2　过饱和－活化分解白钨精矿

作者采用3000L压力釜用过饱和－活化分解白钨精矿（其化学成分见表4－29）。在碱理论量用量1.26倍、温度180℃、升温时间3h、保温时间2h的条件下，全年工业生产分解的平均结果见表4－30。

表4－29　原料化学成分　　（质量分数/%）

原　料	WO_3	Sn	Ca	S
1	74.90	<0.20	13.18	0.38
2	54.35	<0.20	18.16	0.29

表 4-30　白钨精矿过饱和活化分解结果

化学成分/%		碱用量理论量倍数	分解温度/℃	升温时间/h	保温时间/h	渣含 WO_3/%	钨分解率/%
WO_3	Ca						
74.90	13.18	1.45	180	3.0	2.0	1.30	99.4
54.35	18.16	1.45	180	3.0	2.0	1.50	98.68

4.3.4.3　过饱和-活化分解黑白钨混合矿

我国某厂采用10000L压力釜用过饱和-活化分解黑白钨混合矿（其化学成分见表4-31）。在温度180~190℃、升温时间3h、保温时间2h条件下，分解结果见表4-32。分解结果表明，过饱和-活化分解黑白钨混合矿的分解率高于白钨精矿，钙含量对分解结果的影响很小。

表 4-31　黑白钨混合矿化学成分　(%)

编　号	WO_3	Ca	Sn	P	Mo	Sb
1	56.45	2.32	0.43	0.62	0.11	0.01
2	60.84	2.79	0.07	0.11	0.11	0
3	54.13	3.90	0.41	0.26	0.64	0
4	55.57	4.04	0.67	1.00	0.08	0
5	55.04	5.05	0.31	0.16	0.40	0
6	48.1	6.13	0.46	1.38	0.22	0.01

表 4-32　黑白钨混合矿过饱和活化分解结果

原料编号	分解温度/℃	升温时间/h	保温时间/h	渣含 WO_3/%	钨分解率/%
1	180~190	3	2.0	0.72	99.74
2	180~190	3	2.0	0.74	99.71
3	180~190	3	2.0	1.02	99.64
4	180~190	3	2.0	0.70	99.75
5	180~190	3	2.0	1.02	99.64
6	180~190	3	2.0	0.68	99.79

与同类技术指标相比，该技术分解过剩碱用量下降82.7%；分解钨损下降60.8%。分解成本、辅助材料加工成本降低33.37%，总分解成本降低63.59%，适用于处理白钨矿、各种比例的白（黑）钨混合矿，已实现工业化生产。黑白钨矿低碱过饱和-活化分解工艺与国内外同类技术指标比较见表4-33，与国内外同类技术辅料消耗比较见表4-34。

表 4-33　与国内外同类技术指标比较

项目类别	本 项 目	国　内	俄罗斯斯科平厂
技术名称	高压低碱活化分解白(黑)钨矿	白钨矿及白(黑)钨混合矿的 NaOH 分解	苏打压煮法
用碱量（理论倍数）	1.26	2.3~2.5	4.5倍 Na_2CO_3 +1倍 NaOH

续表 4-33

项目类别	本 项 目	国　内	俄罗斯斯科平厂
渣含 WO_3/%	0.98	2.5	3
WO_3分解率/%	99.5	97	96
除磷工艺技术效果/$g \cdot L^{-1}$	<0.05	不除磷	不除磷
排放富余碱/$kg \cdot t(APT)^{-1}$	81.1	445.67	1912
交换后液排放 pH 值	8~9	>14	>14

表 4-34　与国内外同类技术辅料消耗比较

项目类别	本 项 目	国　内	俄罗斯斯科平厂
技术名称	高压低碱活化分解白（黑）钨矿	白钨矿及白（黑）钨混合矿的 NaOH 分解	苏打压煮法
NaOH/kg	448.21	845.61	338.24
Na_2CO_3/kg	不需要	不需要	1936.39
分解试剂/kg	80.64	不需要	不需要
钨损（WO_3）/kg	4.55	28.24	37.65
分解成本/元	2671.94	7336.22	10892.07

注：1. 效益比较以生产每吨 APT 的分解成本计算（钨精矿 WO_3含量为65%、Ca 含量为3%）。
2. 计算单价为：NaOH(96%)：3500 元/t；Na_2CO_3：2000 元/t；磷酸钠：2000 元/t；钨精矿：100000 元/t，折合每吨 $WO_3$15.5 万元。

4.3.5　热碱球磨分解白钨矿和黑白钨混合矿原理和工艺

20 世纪 90 年代初，在深入研究黑白钨矿分解热力学和动力学的基础上，我国成功研制出热碱球磨分解白钨矿和黑白钨混合矿工艺，并成功应用于工业生产。该技术在钨分解率和碱耗方面均有较大的优势，后因设备产能较小以及安全性能的制约，该工艺没有得到进一步推广。

4.3.5.1　工艺原理

热碱球磨分解白钨矿和黑白钨混合矿的主要工艺原理为：将钨矿物磨矿和碱分解过程合并在热碱球磨机中同时进行。由于氢氧化钠溶液可与矿物裸露的新鲜表面发生即时反应，较大幅度提高机械活化的效果。同时分解产物氢氧化钙和氢氧化铁也能很快地从矿物颗粒表面脱落，提高反应速度。更为重要的是：该工艺改变了矿物分解过程的搅拌方式，克服了传统分解反应釜受搅拌装置强度制约而难以降低液固比、增大碱浓度的缺点。该工艺可以在加入碱量较少的条件下，通过降低液固比大幅度提高分解过程的碱浓度，以增大反应的平衡常数，提高黑白钨矿的分解率。李洪桂等人详细的研究了热碱球磨分解白钨矿和黑白钨混合矿原理及工艺。热碱球磨工艺设备流程如图 4-8 所示。

4.3.5.2　热碱球磨氢氧化钠分解白钨精矿工艺

将表 4-35 中的白钨精矿和中矿与一定量的碱液加入热碱球磨反应器内，密封后即启动。加热升温约 40~60min，达到预定温度后保温 70~120min。分解结果见表 4-36 和表 4-37。

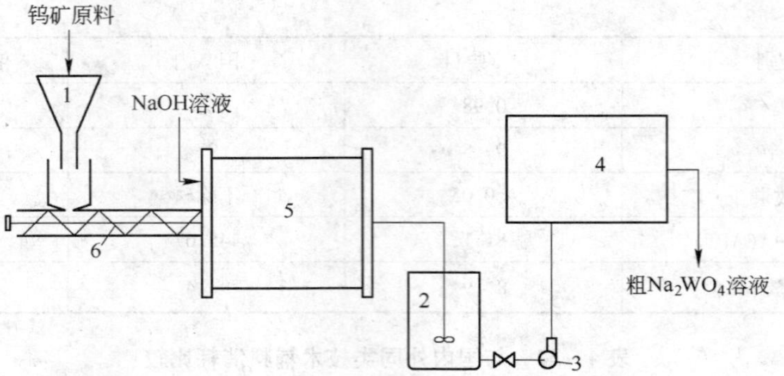

图 4－8　热碱球磨工艺设备流程

1—料斗；2—压滤机；3—砂泵；4—稀释槽；5—热磨活化分解器；6—螺旋加料机

表 4－35　白钨精矿和中矿化学成分　（%）

种　类	编号	WO_3	Ca	Sn	P	As	Si	S
白钨精矿	B－1	72.23	15.84	1.04		0.182	0.19	0.184
白钨精矿	B－2	67.14		0.17		0.24	1.70	0.86
白钨中矿	BM－3	51.53	8.98	7.79	0.0118	0.164	3.60	<0.1
白钨中矿	M－1	46.44	12.85	8.04		0.204		0.398
白钨中矿	M－2	47.79	13.27	7.01		0.321		0.623

表 4－36　白钨精矿热碱球磨分解结果

原　料	序号	处理量 /kg	碱用量（理论量的倍数）	温度/℃	保温时间 /min	渣含 WO_3 /%	分解率/%
B－1	1	593	2.37	160	85	3.21	98.67
	2	600	2.27	167	90	1.87	99.22
	3	600	2.25	170	80	4.01	98.33
	4	600	2.20	154	70	2.33	99.03
	5	600	2.20	155	70	1.48	99.39
	6	600	2.20	156	80	2.76	98.85
	平均	599	2.25		79	2.61	98.92
B－2	1	550	2.48	158	90	2.20	98.60
	2	550	2.54	153	90	2.20	98.69
	3	550	2.50	156	90	2.75	98.36
	平均	550	2.51		90	2.38	98.58

表 4－37　白钨中矿热碱球磨分解结果

原　料	序号	处理量 /kg	碱用量（理论量的倍数）	温度/℃	保温时间 /min	渣含 WO_3 /%	分解率/%
M－1	1	600	2.62	158	90	1.32	98.42
M－2	2	552	2.60	157	90	2.15	97.57
M－3	3	600	2.60	163	120	1.83	98.21

续表 4-37

原 料	序号	处理量 /kg	碱用量（理论量的倍数）	温度/℃	保温时间 /min	渣含 WO_3 /%	分解率/%
M-3	4	611	2.50	166	115	1.83	98.21
M-3	5	548	2.50	160	120	0.45	99.56
	平均	590	2.55		109	1.37	98.56

4.3.5.3 热碱球磨氢氧化钠分解黑白钨混合矿工艺

采用图 4-8 所示的热碱球磨工艺设备流程，在碱用量为理论量的 1.8 倍、温度为 150~168℃、保温时间为 1.5~2h 条件下，分解黑白钨混合矿的结果见表 4-38。

表 4-38 热碱球磨氢氧化钠分解黑白钨混合矿的结果

原料编号	化学成分/%		碱用量 理论量倍数	分解温度 /℃	升温时间 /min	保温时间 /h	渣含 WO_3 /%	钨分解率/%
	WO_3	Ca						
Sc-1	66.67	0.40	1.50	150~160	60	2.0	1.85	99.03
Nc-1	66.80	0.89	1.60	150~168	60	2.0	2.42	98.77
Sc-2	70.07	1.08	1.60	150~160	60	2.0	3.40	98.45
Sc-3	68.13	1.88	1.60	150~162	60	2.0	2.11	98.99
Sc-4	67.34	2.30	1.70	150~163	60	2.0	2.75	98.63
Nc-2	69.09	3.32	1.80	148~168	57	2.0	1.44	99.33
Nc-3	70.51	3.42	1.80	148~164	50~65	2.0	2.20	99.03
钨中矿	50.39	2.49	2.20	150~170	55~65	2.0~2.5	2.37	97.55

4.4 碱分解过程杂质的行为及净化工艺

4.4.1 钨酸钠溶液中杂质的赋存状态及阳离子的极限含量

4.4.1.1 钨酸钠溶液中杂质的赋存状态

氢氧化钠分解所得 Na_2WO_4 溶液属于强碱性 $Na_2WO_4-NaOH-H_2O$ 体系，依工艺的不同溶液的 NaOH 含量一般为 15~100g/L。经过滤稀释后配制的交前液中 NaOH 含量一般为 1.5~10g/L。根据已知的化学规律分析，23 个限量杂质元素在溶液中的赋存状态应为：

第一类：以氢氧化物形态存在：$Al(OH)_3$、$Co(OH)_2$、$Cr(OH)_3$、$Cu(OH)_2$、$Fe(OH)_2$、$Fe(OH)_3$、$Pb(OH)_2$、$Mg(OH)_2$、$Mn(OH)_2$、$Ni(OH)_2$、$Zn(OH)_2$、$Bi(OH)_3$、$Ca(OH)_2$。

第二类：与 NH_3 形成络合物形态存在：$[Co(NH_3)_6]^{2+}$、$[Ni(NH_3)_4]^{2+}$、$[Ni(NH_3)_6]^{2+}$。

第三类：在碱性溶液中钒以同多酸和杂多酸根形态存在：$[VO_3(OH)]^{2-}$、$[V_3O_9]^{3-}$、$[P(V_2O_6)_6]^{7-}$、$[As(V_2O_6)_6]^{2+}$、$[V_2O_6(OH)]^{3-}$、VO_4^{3-}。

第四类：以含氧酸根形态存在：TiO_3^{2-}、TiO_4^{4-}、MoO_4^{2-}、SnO_3^{2-}、SbO_4^{3-}、HPO_4^{2-}、PO_4^{3-}、AsO_4^{3-}、SiO_3^{2-}。

第五类：以硫化物、含硫氧化物、硫代酸根形态存在：S^{2-}、SO_4^{2-}、AsS_4^{3-}、SnS_3^{2-}、SbS_4^{3-}。

第六类：以氯盐形态存在：NaCl、KCl。

4.4.1.2　钨酸钠溶液中金属阳离子的极限含量

钨精矿经过碱分解各种金属阳离子的浓度应当极低。即使按照金属氢氧化物的溶度积计算，钨酸钠料液中（$WO_3$20g/L）除 Ca 外，各金属杂质离子均在 2.7×10^{-7}以下，大部分都极难溶解。表 4－39 为不同 NaOH 含量下钨酸钠溶液中金属阳离子的极限含量及 WO_3/Me 值。

表 4－39　钨酸钠溶液中金属阳离子的极限含量（按溶解度积算）

离　子	杂质在溶液中的含量/$g\cdot L^{-1}$					
	NaOH 1.5g/L	WO_3/Me	NaOH 4g/L	WO_3/Me	NaOH 10g/L	WO_3/Me
Fe^{3+}	3.5×10^{-28}	5.7×10^{28}	2.2×10^{-33}	9.1×10^{33}	1.4×10^{-34}	1.4×10^{35}
Al^{3+}	5.5×10^{-28}	3.6×10^{28}	3.5×10^{-26}	5.7×10^{26}	2.2×10^{-30}	9.1×10^{30}
Cr^{3+}	5.1×10^{-25}	3.9×10^{25}	3.3×10^{-26}	6.1×10^{26}	2.1×10^{-27}	9.5×10^{27}
Bi^{3+}	1.3×10^{-24}	1.5×10^{25}	8.4×10^{-26}	2.4×10^{26}	5.4×10^{-27}	3.7×10^{27}
Cu^{2+}	8.8×10^{-16}	2.3×10^{16}	1.4×10^{-16}	1.4×10^{17}	2.3×10^{-17}	8.7×10^{17}
Pb^{2+}	1.8×10^{-15}	1.1×10^{16}	2.9×10^{-16}	6.9×10^{16}	4.7×10^{-17}	4.3×10^{17}
Zn^{2+}	4.9×10^{-13}	4.1×10^{13}	7.8×10^{-14}	2.6×10^{14}	1.2×10^{-14}	1.7×10^{15}
Fe^{2+}	2.8×10^{-11}	7.1×10^{11}	4.5×10^{-12}	4.4×10^{12}	7.2×10^{-13}	2.8×10^{13}
Co^{2+}	5.9×10^{-11}	3.4×10^{11}	9.4×10^{-12}	2.1×10^{12}	1.5×10^{-12}	1.3×10^{13}
Ni^{2+}	7.4×10^{-11}	2.7×10^{11}	1.2×10^{-11}	1.7×10^{12}	1.9×10^{-12}	1.1×10^{13}
Mn^{2+}	6.5×10^{-9}	3.1×10^{9}	1.0×10^{-9}	2.0×10^{10}	1.7×10^{-10}	1.2×10^{11}
Mg^{2+}	2.7×10^{-7}	7.4×10^{7}	4.3×10^{-8}	4.7×10^{8}	6.9×10^{-9}	2.9×10^{9}
Ca^{2+}	1.4×10^{-1}	1.4×10^{2}	2.2×10^{-2}	9.1×10^{2}	3.5×10^{-3}	5.7×10^{3}

4.4.2　碱分解过程杂质的行为

4.4.2.1　黑钨矿氢氧化钠分解过程杂质的行为

黑钨矿碱分解过程钼、硅、磷、砷、铝、锑、锡等杂质将部分发生下列反应，生成相应的钠盐：

$$MoS_2+4\frac{1}{2}O_2+6NaOH=\!=\!=Na_2MoO_4+2Na_2SO_4+3H_2O$$

$$CaMoO_4+2NaOH=\!=\!=Ca(OH)_2+Na_2MoO_4$$

$$SiO_2+2NaOH=\!=\!=Na_2SiO_3+H_2O$$

$$K(AlSi_3O_8)+5NaOH=\!=\!=KOH+Na(AlSiO_4)\downarrow+2Na_2SiO_3+2H_2O$$

$$Ca_5(PO_4)_3F+7NaOH+3H_2O=\!=\!=5Ca(OH)_2+3Na_2HPO_4+NaF$$

$$As_2S_3+8\frac{1}{2}O_2+6NaOH=\!=\!=2Na_3AsO_4+3Na_2SO_4+3H_2O$$

$$FeAsS+4NaOH+3.5H_2O=\!=\!=Na_2HAsO_4+Na_2SO_4+Fe(OH)_3$$

$$Al_2O_3 + 2NaOH \xlongequal{} 2NaAlO_2 + H_2O$$

$$Sb_2S_3 + 4OH^- \xlongequal{} SbO_2^- + SbS_3^{3-} + 2H_2O$$

精矿中 SnO_2 在高碱条件下分解率较低，但 SnS_2 和 Cu_2FeSnS_4 容易分解。SnS_2 的分解反应如下（Cu_2FeSnS_4 也发生类似反应）：

$$3SnS_2 + 6OH^- \xlongequal{} SnO_3^{2-} + 2SnS_3^{2-} + 3H_2O$$

部分 $NaAlO_2$ 可与 Na_2SiO_3 发生下述反应：

$$2Na_2SiO_3 + 2NaAlO_2 + 2H_2O \xlongequal{} Na_2O \cdot Al_2O_3 \cdot 2SiO_2 + 4NaOH$$

生产实践表明，在碱用量为理论量的 1.8 倍、温度 160℃、保温时间 3h 的条件下，黑钨精矿碱分解过程钼、硅、磷、砷、锡、锑、铝等杂质的分解率在 11% ~90% 之间。由于硅、磷、砷可生成难溶的钙盐，其分解率与黑钨矿中的钙含量有关，钙含量高的黑钨矿，硅、磷、砷的分解率低。各杂质的分解率见表 4-40。

表 4-40 黑钨精矿氢氧化钠分解过程杂质的分解率

杂 质	Mo	Si	P	As	Sn（硫化物）	Sb	Al
分解率/%	90	11	15	33	45	40	40

上述反应产物中 SnS_3^{2-}、SbS_3^{3-}、S^{2-} 在后续离子交换过程中容易被树脂吸附，不但影响最终产品仲钨酸铵的化学质量，而且容易使树脂中毒，影响钨的吸附，降低树脂的工作交换容量。

4.4.2.2 白钨矿氢氧化钠分解过程杂质的行为

氢氧化钠分解白钨矿过程生成物为 $Ca(OH)_2$，硅、磷、砷等杂质可与 $Ca(OH)_2$ 反应生成难溶的钙盐沉淀而进入渣相。其主要反应为：

$$Na_2SiO_3 + Ca(OH)_2 \xlongequal{} CaSiO_3\downarrow + 2NaOH$$

$$2Na_3PO_4 + 3Ca(OH)_2 \xlongequal{} Ca_3(PO_4)_2\downarrow + 6NaOH$$

$$2Na_3AsO_4 + 3Ca(OH)_2 \xlongequal{} Ca_3(AsO_4)_2\downarrow + 6NaOH$$

与黑钨精矿氢氧化钠分解过程相比磷、砷、硅等杂质的分解率较低，碱用量为理论量的 2.5 倍、温度 160℃、保温时间 3h 的条件下，白钨精矿氢氧化钠分解过程硅、磷、砷的分解率见表 4-41。

表 4-41 白钨精矿氢氧化钠分解过程杂质的分解率

杂 质	Si	P	As
分解率/%	4	15	12

4.4.2.3 钨酸钠溶液中的有害杂质

黑白钨矿碱解所得钨酸钠溶液中微量金属阳离子，以及易溶的杂质磷、砷、硅、锡、锑、硫含氧酸根阴离子（HPO_4^{2-}、PO_4^{3-}、AsO_4^{3-}、SiO_3^{2-}、SnO_3^{2-}、SbO_2^-、SO_4^{2-}）可在后续的阴离子交换工艺中进一步净化除去。但锡、锑、硫的硫代酸根（SnS_3^{2-}、SbS_3^{3-}、S^{2-}）与树脂的亲和力较大，吸附能力强，难以在离子交换过程中除去，因此需在离子交换工序前采用某些净化工艺部分除去。

4.4.3 锡净化工艺和原理

在钨的离子交换工艺中，锡是众多杂质中极为有害且较难除去的一种。钨合金和钨材中微量锡的存在，将会对其力学性能和物理性能产生一定的影响。根据 GB/T 10114—2007APT（仲钨酸铵）0 级品标准，杂质锡含量要求小于 2×10^{-6}，一级品杂质锡含量要求小于 3×10^{-6}。用高锡矿尤其是以黝锡矿赋存的钨精矿生产仲钨酸铵，即使离子交换和除钼过程能除去很大一部分锡，产品中锡超标的现象也经常出现。选择性沉淀法可以在除钼的同时除去锡，但在低钼钨精矿生产 APT 中，往往采用结晶母液除钼工艺，如果钨酸钠溶液中锡含量较高，也将会影响产品质量。因而，有必要采用深度净化工艺在离子交换前除去钨酸钠溶液中杂质锡。

4.4.3.1　锡的性质及在碱分解过程中的行为

A　锡的一般性质

锡是一种两性化合物，它在强酸性溶液中呈 Sn^{2+} 与 Sn^{4+} 阳离子形式存在，而在强碱性溶液中又以 SnO_3^{2-} 与 SnO_4^{4-} 阴离子存在，在用水稀释或中和至弱碱性时，能水解析出 $Sn(OH)_4$、H_2SnO_3（α-锡酸凝胶）和 $Sn(OH)_2$ 沉淀。SnS_2 在强碱性溶液中，部分溶解生成锡酸盐 SnO_3^{2-} 和硫代锡酸盐 SnS_3^{2-}。

B　钨精矿氢氧化钠分解过程锡的行为

钨精矿的锡主要以 SnO_2、SnO（少量）以及 SnS_2、Cu_2FeSnS_4（黝锡矿）形态存在，氢氧化钠分解过程会发生下述反应：

$$3SnS_2 + 6NaOH = 2Na_2SnS_3 + Na_2Sn(OH)_6$$

$$2SnS_2 + 2NaOH = 2NaSn(OH)S_2$$

$$SnO_2 + 2NaOH = Na_2SnO_3 + H_2O$$

$$SnO + 2NaOH = Na_2SnO_2 + H_2O$$

碱性条件下 SnO_2 反应平衡常数很小，锡石的分解率很低。

浓钨酸钠料液中锡以上述 4 价和 2 价可溶性钠盐存在，在钨酸钠溶液稀释过程中随着 pH 的变化将发生水解反应。

当 pH 值降至 13～9 时，4 价锡的可溶性钠盐主要以不溶性的 $Sn(OH)_4$ 沉淀存在。其反应式为：

$$SnO_3^{2-} + 3H_2O \longrightarrow Sn(OH)_4\downarrow + 2OH^-$$

当 pH 值降至 10～9 时，2 价锡的可溶性钠盐主要以不溶性的 $Sn(OH)_2$ 沉淀存在。其反应式为：

$$SnO_2^{2-} + 2H_2O \longrightarrow Sn(OH)_2\downarrow + 2OH^-$$

浓钨酸钠料液中锡含量较低时，$Sn(OH)_4$ 和 $Sn(OH)_2$ 往往以极难过滤的胶体状态存在。

在更低的 pH 值条件下，$Sn(OH)_4$ 和 $Sn(OH)_2$ 会发生溶解，以 4 价和 2 价可溶性盐存在于钨酸钠溶液中，正钨酸盐也将转变为仲钨酸盐和偏钨酸盐。

锡在水溶液中的存在状态与 pH 值的关系可用图 4-9 表示。

C　分解过程技术条件对锡石（SnO_2）分解率的影响

a　锡石的基本性质及其碱溶特性

锡石微溶于无机酸、碱，性质极为稳定。在碱溶液中，锡石发生如下反应：

$$SnO_2 + 2OH^- = SnO_3^{2-} + H_2O$$

根据相关热力学数据，可以求出该反应的标准吉布斯自由能 $\Delta G^{\ominus}$ 为 23431.75J/mol，

$\Delta G^{\ominus}$的数值表明其性质非常稳定。

有关研究表明在苛性钠用量为理论量的250% ~300%、碱浓度450 ~500g/L、温度250 ~275℃、保温2 ~4h的条件下，经细磨的SnO_2可以分解生成Na_2SnO_3，其中温度对锡石分解率的影响最为显著。

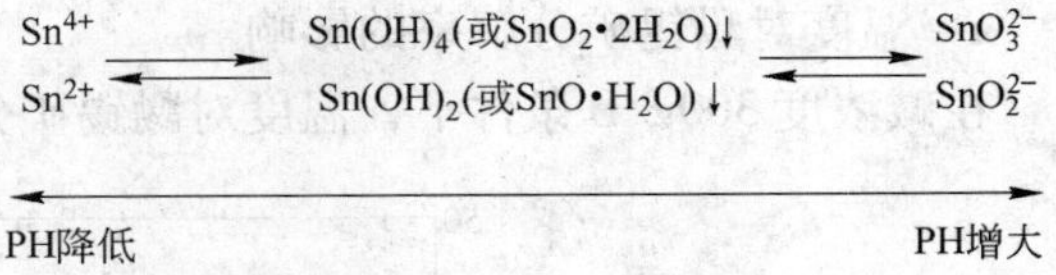

图4-9 水溶液中锡的转变示意图

b 工艺技术条件对氢氧化钠分解锡石的影响

作者为考察黑钨精矿碱分解技术条件下SnO_2的溶出情况，采用广西珊瑚锡矿所产锡石为实验原料（含Sn 63.01%，S 0.62%）在温度120 ~200℃、碱浓度100 ~500g/L、保温时间3h、固液比6:1条件下，于高压釜中对磨至 -0.043mm(-320目）的锡石进行了实验，研究了温度和碱浓度对锡石分解率的影响。

（1）温度对锡分解率的影响。在NaOH浓度400g/L条件下，温度对SnO_2分解率的影响如表4-42所示。

表4-42 温度对锡石分解率的影响

实验号	1	2	3	4	5	6
温度/℃	120	140	160	170	180	200
Sn浸出率/%	2.88	3.14	3.46	4.03	4.12	5.68

由表4-42可知，随着温度的升高，锡石的分解率略有上升，但在实验温度范围内，温度的影响不大，且SnO_2的分解率很低。这与有关文献报道的结果是一致的。

（2）碱浓度对锡分解率的影响。在温度170℃条件下，碱浓度对锡石分解率的影响如图4-10所示。

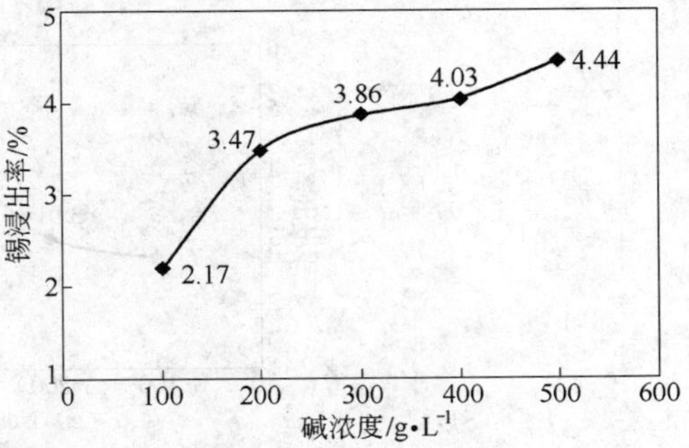

图4-10 碱浓度对锡浸出率影响

由图4-10可见，锡石的分解率随碱浓度的增大而增大。在实验范围内，锡的分解率随碱浓度变化很小。

实验表明在钨精矿工业分解条件下，锡石的分解率很低，只有在更高的温度和碱浓度条件下锡石才有可能大量分解。

D 分解过程技术条件对黝锡矿分解率的影响

黝锡矿分子式为Cu_2FeSnS_4，如果实际参与反应的是SnS_2，则反应按下式进行：

$$3SnS_2 + 6OH^- = SnO_3^{2-} + 2SnS_3^{2-} + 3H_2O$$

由于缺乏有关的热力学数据，目前还无法计算上述反应的吉布斯自由能$\Delta G^{\ominus}$，因而无法从理论上来判断此反应进行的可能性及程度问题。但相关实验研究表明，黝锡矿与NaOH可发生一定程度的反应，其分解率比锡石要大得多。

作者以某矿所产黝锡矿（含Sn 17.69%、S 27.01%）为原料，在温度80 ~160℃、碱浓度100 ~500g/L、保温时间2h、固液比6:1条件下，于高压釜中对磨细至 -320目矿粉进行了实验研究，得出了温度和碱浓度对黝锡矿分解率的影响。

a　温度对黝锡矿分解率的影响

在碱浓度300g/L条件下，温度对黝锡矿分解率的影响如图4－11所示。

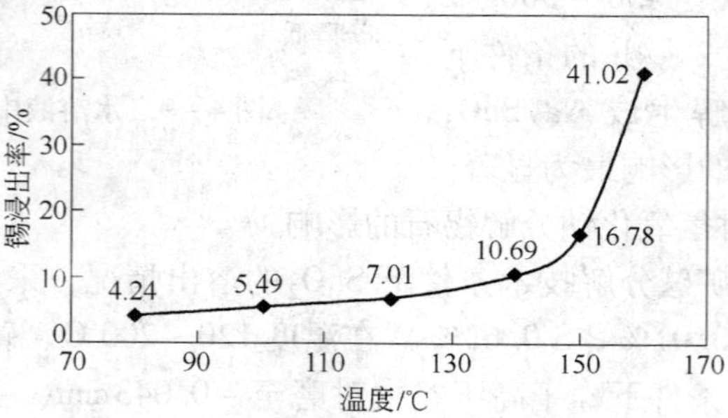

图4－11　温度对黝锡矿浸出率的影响

图4－11的结果表明，与锡石相比，黝锡矿的碱分解率要高得多。反应温度越高黝锡矿的分解率越大，当温度高于140℃时，这种变化尤其显著。在实验条件下，温度达到160℃时，黝锡矿的分解率可达40%以上。就黝锡矿而言，降低分解温度有利于抑制黝锡矿的溶出。

b　碱浓度对黝锡矿分解率的影响

在温度80℃条件下，碱浓度对锡石分解率的影响如图4－12所示。

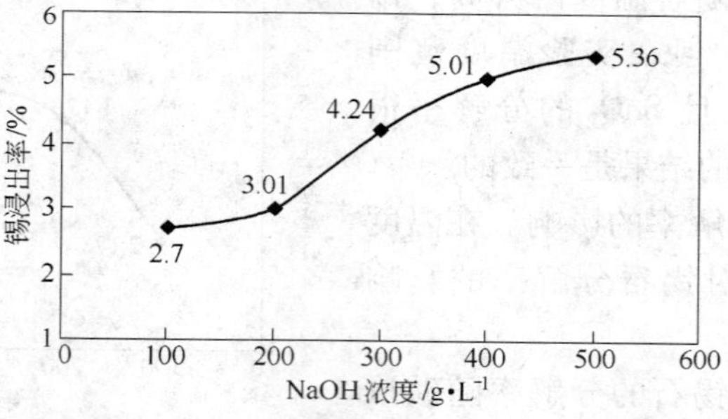

图4－12　碱浓度对黝锡矿浸出率的影响

由图4－12结果表明，在较低的实验温度下，碱浓度增大，黝锡矿的分解率增大，碱浓度从100g/L增大到500g/L时，黝锡矿的分解率从2.70%上升至5.36%。与温度相比，碱浓度对黝锡矿的分解率的影响较小。

E　锡在仲钨酸铵生产过程中的赋存状态和走向

钨精矿中锡主要以锡石和黝锡矿形态赋存。在碱分解中，锡石的分解率很低，而黝锡矿的分解率较高。粗钨酸钠溶液中的可溶性杂质锡主要是黝锡矿的分解产物。

钨矿碱分解过程锡以可溶性钠盐进入分解所得浓钨酸钠料液中，在稀释和配制交前液时，由于pH值降低，锡以$Sn(OH)_4$和$Sn(OH)_2$沉淀形态析出。二次过滤后穿透过滤介质存留于交前液中的微细及胶体$Sn(OH)_4$和$Sn(OH)_2$颗粒，在离子交换吸附过程中被树脂吸附并逐渐下移，解吸过程中进入钨酸铵溶液。在钨酸铵溶液除钼过程中氢氧化锡微细颗粒和胶体部分被钼渣吸附，发生共沉淀而除去。经钼渣过滤依然残余的氢氧化锡微细颗粒和胶体进入除钼后液，在蒸发结晶中进入仲钨酸铵产品。

作者对仲钨酸铵生产过程的长期研究表明，钨精矿中黝锡矿含量较高时，仲钨酸铵产品中锡含量容易超标。即使停止使用该类矿物，改用低含量以锡石为赋存状态的钨精矿为原料，仲钨酸铵产品锡含量超标的现象依然要持续半个月之久。这表明吸附于树脂上的氢氧化锡微细颗粒和胶体持续下移的速度缓慢，难以在短时间内排净。这种现象证明，仲钨酸铵中锡超标的主要原因是，锡钠盐水解生成的氢氧化锡微细颗粒和胶体进入了除钼后液，并在结晶时析出。

4.4.3.2 锡的净化原理及工艺

A 钨精矿预焙烧分离钨锡工艺

该工艺主要是基于硫化锡在高温下会氧化生成难以被氢氧化钠分解的氧化锡。因此，硫化锡转化为氧化锡的程度是降低锡分解率的关键。

以黝锡矿为赋存状态的黑钨精矿为原料（化学组成见表4－43）预焙烧的研究结果表明，焙烧温度和时间对锡分解率有较大的影响。

表4－43 钨精矿的化学组成

组 分	WO_3	Sn	Ca	As	Mo
质量分数/%	74.69	0.11	0.20	0.012	0.002

a 焙烧温度对锡浸出率的影响

将钨精矿磨至－0.043mm(－320目)，在不同温度下焙烧2h后，用500g/L的NaOH溶液在温度135℃下保温分解3h。焙烧温度对锡分解率的影响见表4－44。

表4－44 焙烧温度对锡分解率的影响

焙烧温度/℃	不焙烧	200	400	600	700	800
分解液中锡含量/$mg \cdot L^{-1}$	1.78	1.77	1.70	1.04	0.33	0.31
锡分解率/%	5.96	5.92	5.70	3.46	1.09	1.04

表4－44的结果看出，随着焙烧温度的升高，钨精矿中锡的分解率总体呈下降的趋势。在温度小于600℃时，锡的分解率没有多大变化。温度达到600℃后，锡的分解率急剧下降，结果证明黝锡矿的氧化脱硫反应需在600℃以上才能进行，温度超过700℃时，锡的分解率变化不大。这表明，黝锡矿的分解反应已经较为彻底。

b 焙烧时间对锡浸出率的影响

在温度750℃条件下，分别对磨细的钨矿粉进行不同时间的焙烧，焙烧矿锡的分解率如图4－13所示。

图4－13结果表明，随着焙烧时间的延长，钨精矿中锡的浸出率总体呈下降的趋势。在时间小于1h内，锡的分解率降低得最为显著。在焙烧时间超过1h后，锡的分解率的下降就变得极为缓慢。这说明在750℃温度下黝锡矿氧化成SnO_2的速度很快，焙烧时间1h，氧化脱硫反应基本完成。

B 交前液中除锡原理和工艺

a 交前液除锡原理

（1）交前液中锡的存在形态。交前液中，锡的存在状态有SnO_3^{2-}和SnS_3^{2-}两种，其中

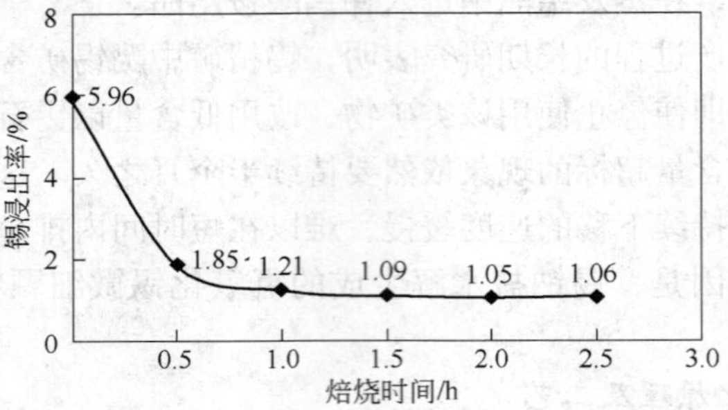

图 4-13　焙烧时间对锡浸出率的影响

SnS_3^{2-}危害较大。由于SnO_3^{2-}与树脂的亲和力比WO_4^{2-}小，在后续离子交换吸附过程可除去90%，淋洗过程可除去80%~90%，离子交换工序总除锡率在98%~99%以上。少量的SnO_3^{2-}存在对产品质量影响不大。而SnS_3^{2-}与树脂的亲和力比WO_4^{2-}大，在离子交换中是很难除去，是产品APT锡超标的主要原因。

（2）SnO_3^{2-}和SnS_3^{2-}之间的相互转化。一定条件下SnO_3^{2-}和SnS_3^{2-}两种离子在溶液中可以相互转化：

$$SnO_3^{2-}+3S^{2-}+3H_2O \xlongequal{} SnS_3^{2-}+6OH^-$$

上述反应的平衡常数可用下式表示：

$$K=[SnS_3^{2-}]\times[OH^-]^6/[S^{2-}]^3\times[SnO_3^{2-}]$$

溶液中SnO_3^{2-}和SnS_3^{2-}的比例关系可用下式表示：

$$\lambda=[SnO_3^{2-}]/[SnS_3^{2-}] \xlongequal{} [OH^-]^6/[S^{2-}]^3\times K \qquad (4-13)$$

由式（4-13）可以看出，提高OH^-离子浓度、降低S^{2-}浓度均能使溶液中SnO_3^{2-}浓度增大、SnS_3^{2-}浓度降低。由于［OH^-］是六次方，而［S^{2-}］是三次方，在溶液稀释［OH^-］和［S^{2-}］同倍数降低的情况下，$[SnO_3^{2-}]/[SnS_3^{2-}]$比值降低。

（3）不同pH值下$[SnO_3^{2-}]/[SnS_3^{2-}]$比值的变化。将表4-43中钨精矿磨细至-0.043mm（-320目）。在碱理论用量1.6倍、NaOH浓度500g/L、温度140℃条件下分解3h。分解矿浆过滤洗涤后的钨酸钠加水稀释至不同pH值，采用阴离子树脂静态吸附法来分析交前液中SnS_3^{2-}的存在比例。

将一定体积的少量交前液放入装有大量阴离子交换树脂（已被WO_4^{2-}饱和）的烧杯中，在室温下进行搅拌。交换达到平衡时，SnS_3^{2-}基本被树脂吸附，而SnO_3^{2-}留在溶液中，分析溶液中的Sn含量。则$[SnO_3^{2-}]/[SnS_3^{2-}]$比值可用下式表示：

$$[SnO_3^{2-}]/[SnS_3^{2-}] \xlongequal{} G_{Sn(溶液)}/G_{Sn(树脂)}$$

采用上述方法测定,不同pH值下交前液中硫代锡酸根的比例如图4-14所示。

从图4-14看出,随着钨酸钠溶液的稀释、pH值的降低,溶液中$[SnO_3^{2-}]/[SnS_3^{2-}]$比值上升，部分$SnS_3^{2-}$离子转变为$SnO_3^{2-}$离子。这与前述的分析一致。生产上交前液的pH值一般为12~13左右，过度稀释的交前液其SnS_3^{2-}离子占比较大。

b　交前液中化学沉淀法除锡工艺

作者采用经典化学沉淀法，通过添加试剂A，探讨了交前液中除去SnS_3^{2-}根的可能

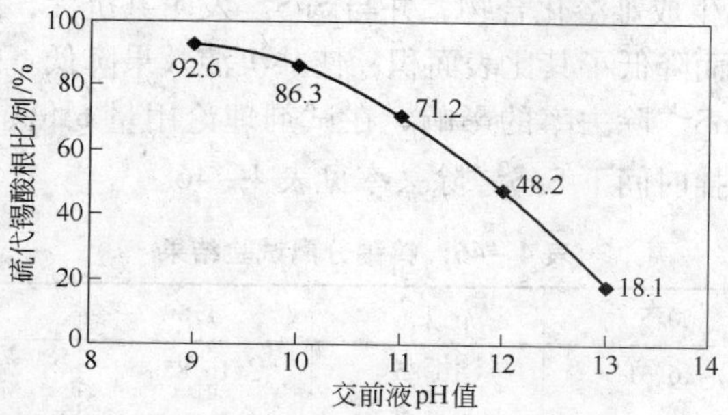

图4－14 不同pH值下交前液中硫代锡酸根的比例

性。研究了试剂A的用量、反应温度和反应时间对SnS_3^{2-}除去效果的影响。

（1）试剂用量对SnS_3^{2-}除去率的影响。在室温下在交前液中加入试剂A，充分搅拌1h的试验结果见表4－45。

表4－45 钨锡分离试验结果

理论倍数	1	2	3	4	5	6	7
原液中锡含量/$mg \cdot L^{-1}$	1.78	1.78	1.78	1.78	1.78	1.78	1.78
净液中锡含量/$mg \cdot L^{-1}$	1.67	1.57	1.52	1.50	1.49	1.48	1.48
除SnS_3^{2-}率/%	34.1	65.2	80.7	86.9	90.0	93.1	93.1
总除锡率/%	6.18	11.80	14.61	15.73	16.29	16.85	16.85

表4－45的结果说明，随着试剂加入量增大，除锡率上升。当加入理论量的5～6倍时，硫代锡酸根的除去率可达90%以上。试剂的理论加入量较大与试剂A与溶液中某些组分生成难溶化合物，降低了试剂利用率有关。同时溶液中锡的含量低也是造成试剂加入量较大的原因。

（2）反应温度对SnS_3^{2-}除去率的影响。在试剂理论用量6倍、不同温度下将试剂A与交前液充分搅拌1h。试验结果如图4－15所示。

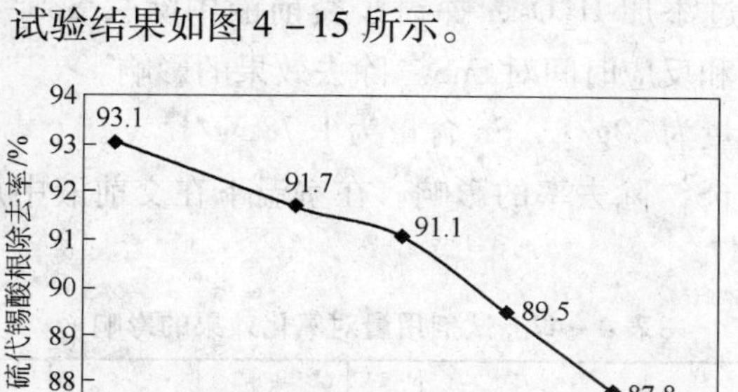

图4－15 反应温度对除锡效果的影响

图4－15的结果表明，随着反应温度的升高，SnS_3^{2-}的除去率降低。在室温下可以取得较好的效果。

温度高SnS_3^{2-}除去率低的原因可能是，沉淀剂A与SnS_3^{2-}的反应为放热反应，温度高对反应不利；沉淀剂 A 生成难溶化合物，并与 SnS_3^{2-} 发生共沉淀，温度高导致所生成的难溶化合物颗粒较大，从而降低了其比表面积，使共沉淀效果降低。

（3）反应时间对 SnS_3^{2-} 除去率的影响。在试剂理论用量 6 倍、室温下将试剂 A 与交前液充分搅拌。不同搅拌时间下 SnS_3^{2-} 除去率见表 4-46。

表 4-46　钨锡分离试验结果

反应时间/h	0.5	1	1.5	2	2.5
总除锡率/%	16.31	16.85	16.85	16.87	16.85
除 SnS_3^{2-} 率/%	90.1	93.1	93.1	93.2	93.1

表 4-46 的结果表明，反应时间 1h，SnS_3^{2-} 除去率可达 93.1%，试剂 A 与 SnS_3^{2-} 反应的速度较快。

c　交前液中化学转移法除锡工艺

作者采用化学转移法对 SnS_3^{2-} 进行无害化处理，研究了双氧水将钨酸钠溶液中的 SnS_3^{2-} 氧化成 SnO_3^{2-} 的可能性及其最佳工艺条件。

（1）交前液氧化除锡原理。“化学转移法”技术原理是依据水溶液中不同形态的锡离子对树脂亲和力的差异，将 SnS_3^{2-} 转化成对 201×7 型强碱性阴离子交换树脂无影响的 SnO_3^{2-} 形态，以达到“去锡害化”的目的。

工艺依据“优势图”原理，考虑到次氯酸钠（NaClO）做氧化剂会引入 Cl^-，影响离子交换过程钨的吸附，遴选双氧水作为 SnS_3^{2-} 的氧化剂。溶液中存在的氧化还原反应可表示为：

$$12H_2O_2 + SnS_3^{2-} + 6OH^- = SnO_3^{2-} + 3SO_4^{2-} + 15H_2O \tag{4-14}$$

由式（4-14）反应可见，H_2O_2 能将溶液中的 SnS_3^{2-} 氧化生成 SnO_3^{2-} 和 SO_4^{2-}，达到将 SnS_3^{2-} 转化为 SnO_3^{2-} 的目的。

（2）交前液氧化除锡工艺。作者采用表 4-43 中的钨精矿为原料以及前述 SnS_3^{2-} 和 SnO_3^{2-} 的测定方法，通过添加 H_2O_2，探讨了交前液中除去 SnS_3^{2-} 根的可能性。研究了 H_2O_2 的用量、反应温度和反应时间对 SnS_3^{2-} 除去效果的影响。

试验交前液 WO_3 含量为 20g/L，Sn 含量为 1.78mg/L。

1）双氧水用量对 SnS_3^{2-} 除去率的影响。在室温下在交前液中加入双氧水，充分搅拌 1h 的试验结果见表 4-47。

表 4-47　试剂用量对氧化效果的影响

理论倍数	1	3	5	7	9	11	13
交前液 SnS_3^{2-} 占总 Sn 比/%	18.1	18.1	18.1	18.1	18.1	18.1	18.1
除锡液 SnS_3^{2-} 占总 Sn 比/%	18.1	18.1	15.5	6.6	2.1	约 0	约 0
SnS_3^{2-} 氧化率/%	约 0	约 0	14.36	63.54	88.40	约 100	约 100

表 4-47 结果表明，氧化剂用量的增大，硫代锡酸根的转化率上升。H_2O_2 用量小于 5 倍时，氧化率很低，这可能与溶液中存在其他低价离子并优先氧化有关，同时溶液中锡含量低也是造成氧化剂需要量大的原因。H_2O_2 用量达 13 倍时才能使 SnS_3^{2-} 完全氧化。

2）反应温度对 SnS_3^{2-} 除去率的影响。在双氧水理论用量13倍、不同温度下将 H_2O_2 与交前液充分搅拌1h。试验结果如图4－16所示。

图4－16的结果表明，随着反应温度的升高，SnS_3^{2-} 的氧化率降低。室温下即可取得较好的氧化效果。温度高 SnS_3^{2-} 氧化率低的原因是：温度高 H_2O_2 容易发生分解反应，降低氧化效率。

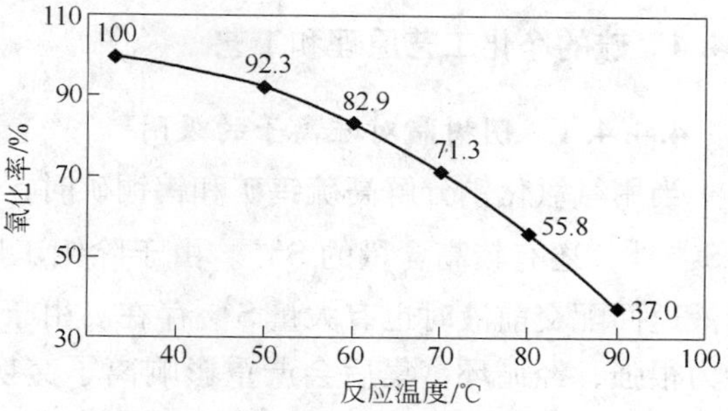

图4－16　反应温度对氧化效果的影响

3）反应时间对 SnS_3^{2-} 除去率的影响。在双氧水理论用量13倍，室温下将 H_2O_2 与交前液充分搅拌。不同搅拌时间下 SnS_3^{2-} 氧化率见表4－48。

表4－48　反应时间对氧化效果的影响

反应时间/h	0.25	0.5	0.75	1
SnS_3^{2-} 的含量/%	1.8	约0	约0	约0
氧化率/%	90.1	约100	约100	约100

表4－48的结果表明，反应时间0.5h，SnS_3^{2-} 氧化率即可达100%，H_2O_2 与 SnS_3^{2-} 反应的速度较快。

4）交前液氧化除锡工艺效果。为验证 SnS_3^{2-} 氧化后对最终仲钨酸铵产品质量的影响，以上述经无害化处理的交前液为原料，在 $\phi 3cm \times 32cm$ 离子交换柱中模拟工业条件进行离子交换试验，所得钨酸铵溶液进行蒸发结晶。考虑到本试验钨精矿中锡含量较低，SnS_3^{2-} 在树脂上吸附到一定量后才开始解吸下来，经多次离子交换循环后产品质量的变化情况才能逐渐显现。表4－49为离子交换循环次数与产品仲钨酸铵中锡含量的变化情况。

表4－49　产品APT锡含量　　（g/g）

离子交换循环次数	10	15	20	25	30	35
未氧化交前液试验	$<1\times10^{-6}$	$<1\times10^{-6}$	1.4×10^{-6}	1.6×10^{-6}	4.7×10^{-6}	12.8×10^{-6}
已氧化交前液试验	$<1\times10^{-6}$	$<1\times10^{-6}$	$<1\times10^{-6}$	$<1\times10^{-6}$	$<1\times10^{-6}$	$<1\times10^{-6}$

由表4－49可见，未经过氧化处理的交前液，在循环15次后，树脂上解吸下来的 SnS_3^{2-} 已经导致钨酸铵溶液结晶产品锡含量超过GB/T 11016—2007中的0级标准。而经氧化处理的交前液，交换循环次数达35次时，仲钨酸铵产品仍然符合国家0级品标准。

（3）交前液中双氧水的浓度。采用 SnS_3^{2-} 氧化除锡工艺应控制交前液中 H_2O_2 浓度低于1%。过高的 H_2O_2 浓度将会使强碱性阴离子树脂氧化，严重时会使树脂破碎，降低树脂的使用寿命。H_2O_2 对强碱性阴离子交换树脂的氧化作用主要表现在其功能团的氧化降解。强碱性阴离子交换树脂氧化后变成弱碱性树脂，而弱碱性树脂对钨的交换容量低，抗氧化性更差。功能团胺基的氧化过程为：

4.4.4　硫的净化工艺原理和工艺

4.4.4.1　阴树脂对硫离子的吸附

当用氢氧化钠分解高硫钨矿和钨铜矿时，碱解钨酸钠溶液中除了存有 SnS_3^{2-}、SbS_3^{3-}、AsS_3^{3-}外，还有较高含量的 S^{2-}。由于除钼工序使用了大量的 $(NH_4)_2S$ 作硫化剂，结晶母液返回配交前液时也有大量 S^{2-}存在。由于 S^{2-}在 201 ×7 强碱性阴离子树脂上的吸附能力很强，经循环富集后会严重影响离子交换工序的工作交换容量，严重时会使树脂中毒，并使 APT 中 S 超标。硫中毒的树脂常常用 H_2O_2再生，但经多次再生后的树脂不但交换容量下降，而且使用寿命大大缩短，因此必须通过净化工艺除去。

作者通过静态离子交换实验考查了 201 ×7 强碱性阴离子树脂对 S^{2-}的吸附情况。

量取 125mL 的树脂于烧杯中，加入 80mL 不同 S^{2-}浓度（用 $(NH_4)_2S$ 配制）的溶液进行浸泡吸附实验。每隔 15min 测量一次溶液中的硫含量，直至两次测量的硫离子浓度基本不变，达到吸附平衡为止。分别测定树脂相和溶液相的 S^{2-}含量。不同 S^{2-}浓度下树脂相的 S^{2-}含量如图 4 – 17 所示。

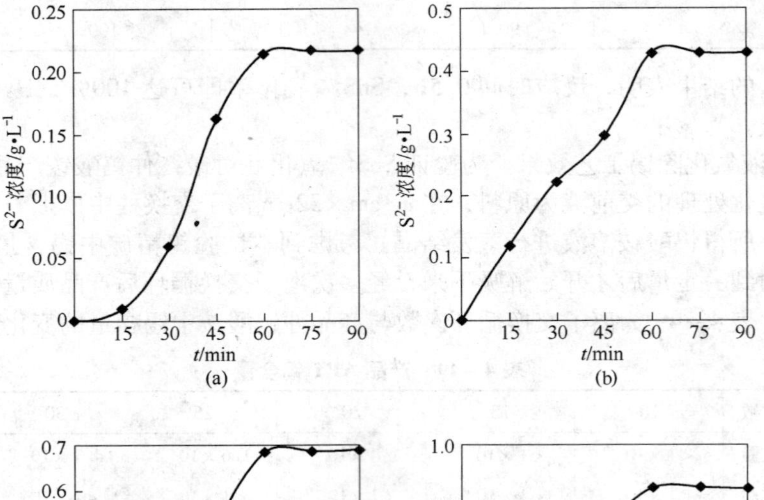

图 4 – 17　不同 S^{2-}浓度下树脂相硫含量

（a）$[S^{2-}]$ = 0.5g/L 时树脂相浓度；（b）$[S^{2-}]$ = 1.0g/L 时树脂相浓度；

（c）$[S^{2-}]$ = 1.5g/L 时树脂相浓度；（d）$[S^{2-}]$ = 2.0g/L 时树脂相浓度

根据图4－17中的数据计算出的树脂相和液相S^{2-}的分配比见表4－50。

表4－50 不同浓度下S^{2-}在树脂相和液相之间的分配比

S^{2-}浓度/g·L^{-1}	0.5	1.0	1.5	2.0
树脂相/g·L^{-1}	0.216	0.429	0.644	0.864
液相/g·L^{-1}	0.164	0.330	0.493	0.650
分配比	1.317∶1	1.300∶1	1.306∶1	1.329∶1

实验表明，采用静态吸附法，浸泡60min后，树脂对S^{2-}的吸附即可达到吸附平衡。不同S^{2-}浓度下，硫离子在树脂相和液相的分配比平均为1.313∶1。

4.4.4.2 阴树脂对钨吸附过程的影响

A 静态吸附

量取125mL的树脂于烧杯中，加入80mL WO_3浓度为20g/L、不同S^{2-}浓度、pH值为11的溶液进行浸泡吸附实验。每隔15min测量一次溶液中的硫含量，直至两次测量的硫离子浓度基本不变，达到吸附平衡为止。分别测定树脂相和溶液相的S^{2-}含量。不同S^{2-}浓度下树脂相的S^{2-}含量如图4－18所示。

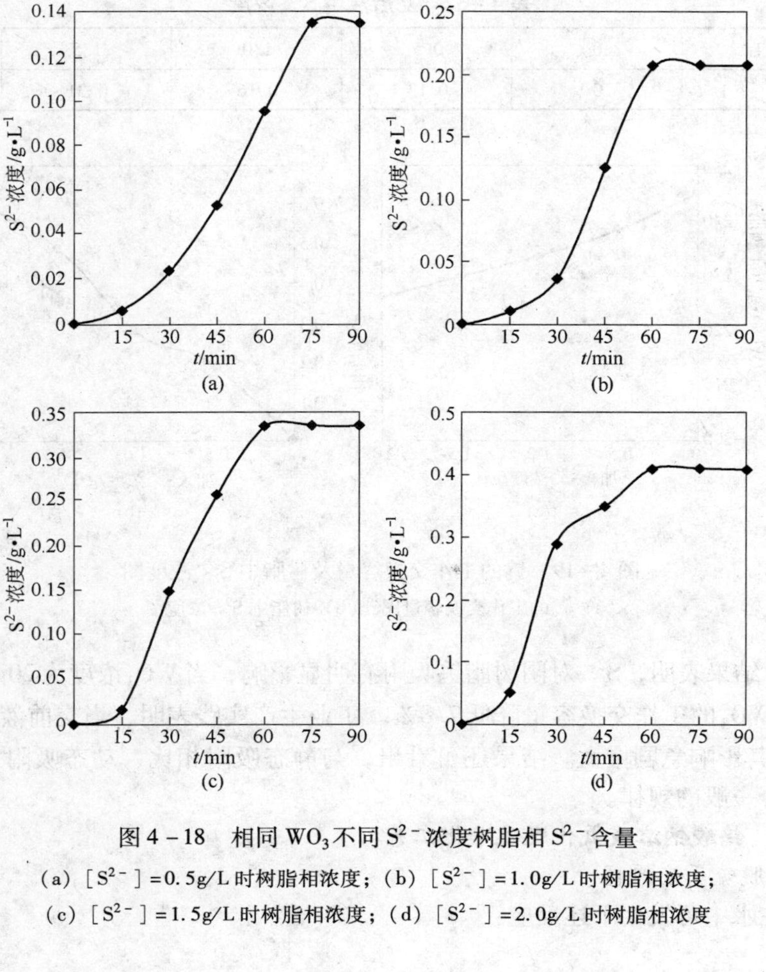

图4－18 相同WO_3不同S^{2-}浓度树脂相S^{2-}含量

(a) $[S^{2-}]$=0.5g/L时树脂相浓度；(b) $[S^{2-}]$=1.0g/L时树脂相浓度；
(c) $[S^{2-}]$=1.5g/L时树脂相浓度；(d) $[S^{2-}]$=2.0g/L时树脂相浓度

根据图 4－18 中的数据计算出的树脂相和液相 S^{2-} 的分配比见表 4－51。

表 4－51　含 WO_4^{2-} 溶液树脂相和液相的分配比

S^{2-} 浓度/g · L^{-1}	0.5	1.0	1.5	2.0
树脂相/g · L^{-1}	0.135	0.208	0.337	0.412
液相/g · L^{-1}	0.288	0.675	0.974	1.357
分配比	0.469:1	0.308:1	0.346:1	0.303:1

由表 4－51 可知，在含 WO_4^{2-} 溶液中，树脂对 S^{2-} 的吸附比在单一硫离子中明显降低，这符合离子交换平衡原理。随着 S^{2-} 浓度增大，S^{2-} 在树脂相和液相的分配比降低的反常现象可以解释为：溶液中 WO_4^{2-} 与 S^{2-} 发生硫化反应生成 WS_4^{2-} 使 S^{2-} 浓度降低，导致树脂相 S^{2-} 的吸附量降低。

B　动态吸附

在 $\phi4\times50$cm 交换柱中加入 125mL 的树脂，配制 WO_3 浓度 20g/L、不同 S^{2-} 浓度的交前液，按工业技术条件进行离子交换→淋洗→解吸→洗氯工艺操作。交后液中 S^{2-} 浓度见表 4－52。硫离子对阴树脂钨吸附的影响如图 4－19 所示。

表 4－52　交后液中 S^{2-} 浓度

S^{2-} 浓度/g · L^{-1}	0	0.5	1.0	1.5	2.0
交后液 S^{2-} 浓度/g · L^{-1}	0	0.13	0.16	0.31	0.39

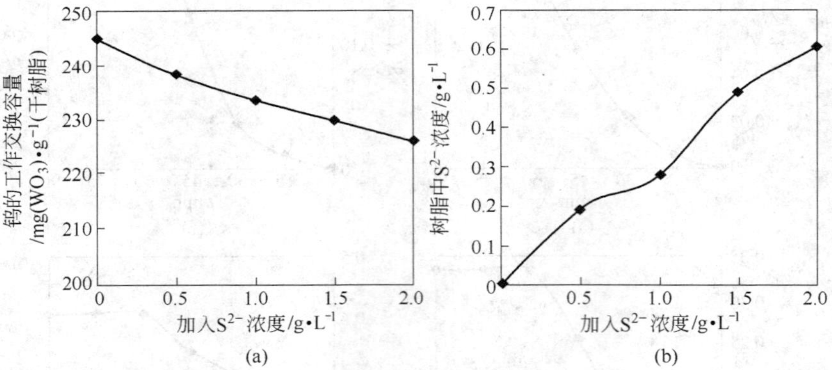

图 4－19　钨的工作交换容量及树脂中 S^{2-} 浓度图

（a）钨的工作交换容量图；（b）树脂中 S^{2-} 浓度图

图 4－19 结果表明，S^{2-} 对阴树脂钨吸附有明显影响，当 WO_3 浓度为 20g/L，S^{2-} 浓度为 2g/L 时，WO_3 的工作交换容量降低 7.8%。工业生产实践表明，当交前液中 S^{2-} 浓度超过 2g/L 时，其影响急剧增大。结果还可看出，与静态吸附相比，动态吸附 S^{2-} 的吸附率较低，这符合一般的规律。

4.4.4.3　钨酸钠溶液氧化脱硫净化工艺

A　氧化脱硫反应原理

双氧水在水中可发生下述反应：

$$2H_2O_2 = 2H_2O + O_2$$

H_2O_2足够时，双氧水与S^{2-}发生反应生成SO_2，其反应式为：

$$2S^{2-} + 3O_2 = 2O^{2-} + 2SO_2$$

SO_2在水中的溶解度曲线如图4－20所示。

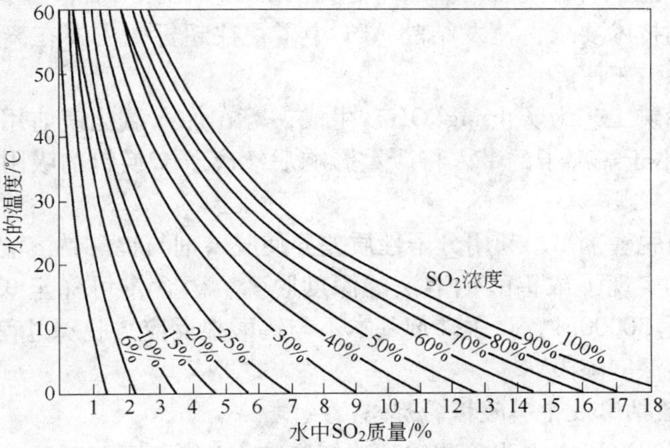

图4－20 气态二氧化硫在水中的溶解度曲线

由图4－20可以看出，在高温并不断排走溶液表面SO_2气体的条件下，采用挥发法可以使溶液中SO_2含量降得很低。

H_2O_2不足时，双氧水与H_2S发生反应生成S，其反应式为：

$$H_2S + H_2O_2 = 2H_2O + S$$

H_2O_2充足时，溶液中也可能存在下述反应：

$$SO_2 + H_2O_2 = SO_3 + H_2O$$

溶液中同时存在下述反应：

$$SO_2 + H_2O \rightleftharpoons H_2SO_3 \rightleftharpoons H^+ + HSO_3^- \rightleftharpoons 2H^+ + SO_3^{2-}$$

$$H_2SO_3 + 2H_2S = 3S + 3H_2O$$

故H_2O_2用量充足时，硫可以固体S和H_2SO_3的形态存留于溶液中。固体S可以吸附于钨渣除去；HSO_3^-为一价负离子，阴树脂对其的吸附能力远小于S^{2-}，在离子交换钨吸附过程中，随交后液排出而净化除去。

B 钨酸钠溶液氧化脱硫试验效果

作者在含S^{2-}浓度7g/L的浓钨酸钠矿浆中，加入矿浆体积1%的双氧水，不同温度下的脱硫效果见表4－53。

表4－53 不同温度下H_2O_2的脱硫效果

温度/℃	90	60	30
脱硫后S^{2-}浓度/$g \cdot L^{-1}$	2.0	1.2	0.7

表4－53的结果表明，低温下H_2O_2的脱硫效果较好。这与低温下H_2O_2的挥发较低、利用率较高有关。

4.4.5 磷的净化原理和工艺

白钨矿磷酸盐分解工艺中需加入过量的磷酸盐（1.25 倍理论量），白钨矿和黑白钨混合矿氢氧化钠分解后，为了抑制逆反应也需在钨酸钠矿浆稀释槽中加入一定量的磷酸盐，因此所得钨酸钠溶液中磷含量较高。经离子交换工序净化除磷后，解吸所得钨酸铵溶液中磷含量也难以达到技术要求，蒸发结晶 APT 中磷往往超标，需要在离子交换前增加粗钨酸钠溶液的深度除磷工序。

经典的镁盐除磷工艺为防止 $Mg(OH)_2$ 生成，需在加入氯化镁前用盐酸将钨酸钠溶液中和至 $pH<12$。由于氯离子的带入将严重影响后续离子交换钨的吸附，此法难以适应工艺要求。

作者采用新型脱磷剂 B，利用分子性质差异使脱磷剂与钨酸钠溶液中的磷生成某种化合物而得以分离，实现了浓钨酸钠溶液的深度脱磷。磷含量可降至 0.001 ~ 0.005g/L 以下，WO_3/P 比可达 30000∶1，且脱磷剂基本不与钨酸根反应，脱磷过程钨损很小，实现了高碱体系下选择性深度除磷。

4.4.5.1 钨酸钠溶液中磷酸根的形态

对磷酸盐的溶解度研究表明，磷酸盐溶解度随 pH 值不同而不同。这是由于磷酸属三元酸，在水溶液中将发生如下电离反应（对 H_3PO_4 而言）：

$$H_3PO_4 = H^+ + H_2PO_4^-$$

其电离常数

$$K_1 = [H^+][H_2PO_4^-]/[H_3PO_4] = 7.51\times10^{-3}$$

$$H_2PO_4^- = H^+ + HPO_4^{2-}$$

其电离常数

$$K_2 = [H^+][HPO_4^{2-}]/[H_2PO_4^-] = 6.23\times10^{-8}$$

$$HPO_4^{2-} = H^+ + PO_4^{3-}$$

其电离常数

$$K_3 = [H^+][PO_4^{3-}]/[HPO_4^{2-}] = 2.2\times10^{-13}$$

因此在 Na_2WO_4 溶液中杂质磷是以 H_3PO_4、$H_2PO_4^-$、HPO_4^{2-}、PO_4^{3-} 四种形态存在，溶液中磷的总量为四者之和，即

$$P_T = P_{PO_4^{3-}} + P_{HPO_4^{2-}} + P_{H_2PO_4^-} + P_{H_3PO_4}$$

式中，P_T 为溶液中磷的总量。

根据上述电离反应的电离常数可进一步推出：

$$P_T = P_{PO_4^{3-}}(1 + 4.5\times10^{12}[H^+] + 7.24\times10^{19}[H^+]^2 + 9.65\times10^{21}[H^+]^3)$$

从上述平衡关系知，四种形态的相对比例与溶液的 pH 有关。

4.4.5.2 脱磷剂 B 的除磷效果和技术条件

在一定的实验条件下，在 150mL 含 WO_3 150g/L、P 1g/L 的钨酸钠溶液中，加入一定量的脱磷剂 B 反应一定时间后，将溶液进行过滤，滤液采用分光光度法测定其中的磷浓度，滤渣分析 WO_3。

A　脱磷剂 B 用量对除磷效果的影响

在反应温度 65℃，反应时间 90min，溶液的 OH^- 浓度为 1.57mol/L 的条件下，脱磷

剂 B 的理论用量对除磷效果的影响见表 4－54。

表 4－54 脱磷剂 B 用量对除磷效果的影响

脱磷剂理论量倍数	1.0	1.5	2	2.5	3
剩余磷浓度/$g \cdot L^{-1}$	0.052	0.036	0.006	0.005	0.005
除磷率/%	92.41	95.75	99.26	99.37	99.40

由实验结果表明，随着脱磷剂 B 理论倍数的增加，溶液中磷浓度下降，在脱磷剂 B 用量为理论量的 2.5 倍时，溶液中的磷浓度从原来的 1g/L 降至 0.005g/L，除磷率达到 99.37%。

B 温度对除磷效果的影响

在脱磷剂 B 理论用量 2.5 倍、反应时间 90min、溶液 OH^- 浓度 1.57mol/L 的条件下，不同温度下的除磷效果见表 4－55。

表 4－55 温度对除磷效果的影响

温度/℃	30	50	65	80
剩余磷浓度/$g \cdot L^{-1}$	0.038	0.015	0.006	0.005
除磷率/%	95.57	98.13	99.26	99.38
钨损 WO_3/%	0.028	0.035	0.264	0.431

由实验结果可知，温度越高则脱磷剂 B 的除磷效果越好，但钨损上升较快。当温度在 50℃时，溶液中的磷浓度可降为 0.015g/L，已符合工业生产要求。因此，选择脱磷温度 50℃为宜。

C 反应时间对除磷效果的影响

在脱磷剂 B 理论用量 2.5 倍、反应温度为 50℃，溶液的 OH^- 浓度为 1.57mol/L 的条件下，不同反应时间下的除磷效果见表 4－56。

表 4－56 时间对除磷效果的影响

时间/min	60	90	120	150
剩余磷浓度/$g \cdot L^{-1}$	0.045	0.015	0.011	0.010
除磷率/%	94.33	98.13	98.67	98.81

由实验结果可知，延长反应时间有利于磷的脱除，当反应时间为 90min 时，溶液中的磷浓度为 0.015g/L，已经符合工业生产的要求。

D 不同初始磷浓度对除磷效果的影响

在脱磷剂 B 理论用量 2.5 倍、反应温度为 50℃、溶液的 OH^- 浓度为 1.57mol/L、反应时间为 90min 的条件下，不同初始磷浓度对除磷效果的影响见表 4－57。

表 4－57 初始磷浓度对除磷效果的影响

溶液中磷浓度/$g \cdot L^{-1}$	0.5	1.0	1.5	2.0
剩余磷浓度/$g \cdot L^{-1}$	0.008	0.015	0.022	0.025
除磷率/%	98.03	98.13	98.24	98.46
钨损 WO_3/%	0.031	0.035	0.036	0.042
起始 WO_3/P	500	250	167	125
最终 WO_3/P	3.13×10^4	1.67×10^4	1.14×10^4	1.00×10^4

由实验结果可知，初始磷浓度对脱磷剂 B 的除磷效果有一定影响，初始磷浓度越高，除磷后溶液中的剩余磷浓度也越高。因此应尽量降低钨酸钠溶液中磷的含量。初始磷浓度对钨损的影响不明显。

E　不同初始 WO_3 浓度对除磷效果的影响

在脱磷剂 B 理论用量 2.5 倍、反应温度为 50℃、溶液的 OH^- 浓度为 1.57mol/L、反应时间为 90min 的条件下，不同初始 WO_3 浓度对除磷效果的影响见表 4－58。

表 4－58　溶液不同 WO_3 浓度对除磷的影响

溶液中 WO_3 浓度/$g \cdot L^{-1}$	150	200	250	300
剩余磷浓度/$g \cdot L^{-1}$	0.015	0.016	0.014	0.017
除磷率/%	98.13	98.08	98.27	97.96
钨损 WO_3/%	0.031	0.034	0.035	0.038
初始 WO_3/P	150	200	250	300
最终 WO_3/P	1.00×10^4	1.25×10^4	1.79×10^4	1.76×10^4

由实验结果可知，WO_3 浓度的增大，溶液中的剩余磷浓度和除磷率变化很小，但 WO_3/P 有所提高。初始 WO_3 浓度对钨损的影响不明显。

4.5　碱分解工序主要设备选择及工艺配置

4.5.1　碱分解工序主要设备

黑白钨矿碱分解工序的主要设备为：碱分解反应釜、矿浆稀释搅拌槽、分解矿浆用板框压滤机、浓钨酸钠溶液贮槽和稀钨酸钠溶液贮槽。

4.5.1.1　碱分解反应釜

黑白钨精矿碱分解反应釜的合理选型，必须考虑满足分解技术条件、能耗低、操作方便以及安全性高的要求。国内钨精矿碱分解反应釜分为低压和中压型，中压反应釜具有分解率高、碱耗量低的优点。加热方式可分为蒸汽加热、油加热、中频感应加热和远红外加热。碱分解为间隙作业，远红外加热具有加热速度快、残余热能损耗小、能耗低（可节能 30%～50%）的优点。目前，我国钨冶炼厂一般采用工作压力为 15～16kg/cm^2、温度为 200℃、远红外加热的碱解反应釜。为防止高压反应釜放料时矿浆和蒸汽的逸出影响生产环境，需同时配制汽液分离器。图 4－21 为江苏扬中市神洲电力设备有限公司生产的黑白钨矿远红外加热碱分解反应釜。

4.5.1.2　板框压滤机

分解矿浆过滤板框压滤机须满足滤渣过滤洗涤效果好、滤布和滤渣装拆操作方便等要求。其型号可分为明流和暗流、板式和箱式、手动拉板和自动拉板。材质分为铸铁和聚丙烯两种。聚丙烯具有密封性能好、耐腐蚀、重量轻的优点。碱分解后钨酸钠料液温度低于 100℃、碱浓度在聚丙烯耐受范围内，考虑到碱解反应釜容量较大、矿渣较多以及滤液质量容易监测等因素，国内冶炼厂一般选用大面积、自动拉板、明流式聚丙烯板框压滤机。

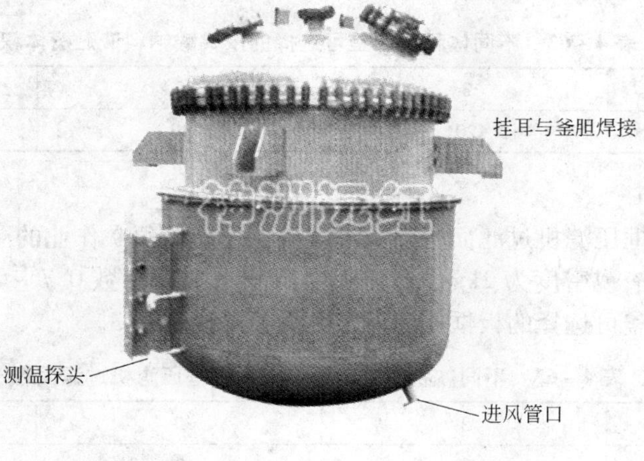

图 4-21 黑白钨矿远红外加热碱分解反应釜

4.5.2 碱分解工序主要设备选择和工艺配置

4.5.2.1 碱分解主要设备选择

A 碱分解反应釜

碱分解反应釜应根据年生产仲钨酸铵规模的大小不同进行选择，考虑到节省操作人数及维修方便，反应釜的台数应控制在 6 台左右。不同生产规模可选择的反应釜大小见表 4-59。

表 4-59 不同生产规模可选择的反应釜体积

年产 APT/t	2000	5000	10000
反应釜体积/m^3	3	5	10

碱分解反应釜可根据每天处理精矿量计算，反应釜台数的选择参数为：反应釜每工作日作业 2 次，容积利用系数取 0.5，不同体积的反应釜每次可处理的钨精矿量见表 4-60。

表 4-60 不同体积的反应釜每次可处理的钨精矿量

反应釜体积/m^3	3	5	10
处理精矿量/t	1.5	2.5	5

B 稀释搅拌槽

碱分解矿浆稀释槽可根据矿浆的体积选择，其体积一般为矿浆体积的 2~3 倍。不同体积反应釜可选择的矿浆稀释槽体积见表 4-61。每台反应釜配置稀释槽 1 台。

表 4-61 不同体积反应釜可选择的矿浆稀释槽体积

反应釜体积/m^3	3	5	10
稀释槽体积/m^3	10	15	20

C 浓钨酸钠料液贮槽

浓钨酸钠料液贮槽一般以贮半天的料液计算，其选择参数：料液 WO_3 浓度 180kg/m^3，填充系数取0.9。不同体积反应釜可选择的浓钨酸钠料液贮槽体积见表4－62。

表4－62　不同体积反应釜可选择的浓钨酸钠料液贮槽体积

反应釜体积/m^3	3	5	10
钨酸钠料液贮槽/m^3	20	30	40

D　板框压滤机

分解矿浆用板框压滤机过滤面积的大小应根据反应釜每次作业的湿渣量体积计算，其选择参数为：湿钨渣视密度为2kg/dm^3，板框压滤机填充系数0.7～0.8。对于处理钨精矿，不同体积反应釜可选择的板框压滤机过滤面积见表4－63。

表4－63　不同体积反应釜可选择的板框压滤机过滤面积

反应釜体积/m^3	3	5	10
过滤机面积/m^2	70	120	180

E　稀液槽

稀钨酸钠料液贮槽体积可与浓钨酸钠料液贮槽相同，但其台数应为浓钨酸钠料液贮槽的2倍。

4.5.2.2　碱分解车间工艺配置

碱分解车间一般可分为上下两层平面配置：上层配置碱分解压力釜、汽液分离器、电动葫芦、板框压滤机和操作室；下层配置矿浆稀释槽、浓钨酸钠料液贮槽、稀钨酸钠料液贮槽以及板框压滤机卸渣料斗。根据反应釜的大小不同，上下两层高度可在5～6m之间。

4.6　离子交换基础知识

离子交换树脂在1935年首先由英国人Adams和Holmas合成，是以酚醛树脂为骨架的树脂，随后于1945年开始出现交联聚苯乙烯型的交换剂。这些离子交换树脂具有稳定性好和高交换容量的特点，因而得到更广泛的应用。这类产品的品种繁多，性能也更加齐全。

目前，离子交换已成为化工过程中的一个单元操作，作为分离的手段，其重要性完全与过滤、蒸馏、萃取、吸附等相并列。无论从废水中回收金属，或者稀土元素的分离；从有机反应的催化作用到核反应堆冷却水的去污染；从实验室的分析和制备到研究工作上的各种应用等，离子交换都具有特殊意义。但是，离子交换最广泛的应用还是作为水的处理。

4.6.1　离子交换的基本原理

离子交换剂是一种带有可交换离子（阳离子或阴离子）的不溶性固体物。带有阳离子的交换剂称为阳离子交换剂；带有阴离子的交换剂称为阴离子交换剂。

典型的阳离子交换反应是：

$$Ca^{2+}(\text{水溶液}) + 2\,\overline{RNa} \rightleftharpoons \overline{R_2Ca} + 2\,Na^{+}(\text{水溶液})$$

典型的阴离子交换反应是：

$$SO_4^{2-}(\text{水溶液}) + 2\,\overline{RCl} \rightleftharpoons \overline{R_2SO_4} + 2Cl^{-}(\text{水溶液})$$

上两式中的 R 代表离子交换剂的骨架，分子式上面线条表示为固相。离子交换反应是可逆的，这种逆反应称为再生，因此离子交换剂经再生后可反复使用。

离子交换的机理与吸附有相似之处，离子交换剂与吸附剂同样能从溶液中吸取其溶质；但又有不同之处，离子交换是一个化学计量的过程，离子交换剂能从溶液中与等当量的符号相同的反离子进行交换，并取代出原来存在于离子交换剂的等当量的反离子。

离子交换剂的模型可以看做具有多孔性海绵状结构，它带有电荷，并与反离子相吸引。离子交换的反离子与溶液中符号相同的反离子在两相之间进行再分配，这就是离子交换动力学的一种扩散过程。但是，离子交换剂又是有选择性的，它对某种或某些离子具有更高的亲和性，所以，离子交换过程又与一般的扩散过程有不同之处。

4.6.2 离子交换树脂的结构特征

离子交换树脂是一种高聚物电介质。它的骨架是由一个不规则的大分子（具有三维空间网状结构的碳氢链）所组成，在这骨架结构中还带有离子团，在阳离子交换树脂中有：

$$—SO_3^-，—COO^-，—PO_3^{2-}，—AsO_3^{2-}$$

在阴离子交换树脂中有：

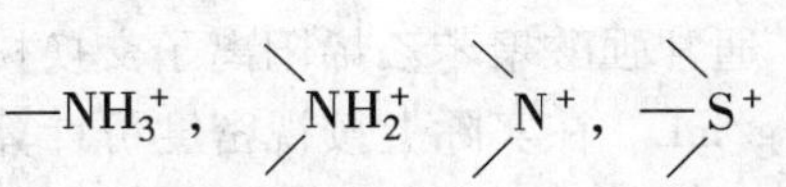

按上述的基本结构来分析，它应具有下列的特点和要求：

（1）具有亲水性和弹韧性。在结构中引入离子团，例如$—SO_3H$ 等就会使它具有亲水性，这是作为离子交换剂的基本要求。

（2）具有适当的交联度。带有离子团的直链碳氢大分子是溶解于水的，为了使之不溶于水，必须用交联剂使之交联，例如在制备聚苯乙烯树脂时，以二乙烯苯为交联剂。树脂的网状结构由苯乙烯与二乙烯苯的比例来决定，交联剂的用量愈高，则所得的树脂结构愈紧密，在水中的溶胀度也愈小。交联度又决定了网状结构网孔的宽度。适当的交联度是有利的；但交联度过高，结构过分紧密，高分子量的离子难于渗透进去，同时渗透的速率也比较小，这是不利的。

（3）具有一定稳定性。离子交换树脂对化学、热和机械的稳定性也与结构有关。通常，紧密的结构有利于抵抗机械磨损。虽然离子交换树脂能在大多数溶剂中保持稳定，但在某些氧化剂和还原剂存在下会发生降解或使官能基损失。离子交换树脂的热稳定性总是有限制的，通常阳离子交换剂的使用温度不宜超过 100℃，而强阴离子交换树脂的使用最高温度不应超过 60℃。

（4）具有较高的交换容量。交换容量主要取决于官能基的数量，如果按单位体积来计算交换容量，则与结构紧密程度有关。

4.6.3 离子交换树脂的基本性能

4.6.3.1 含水量和密度

商品交换树脂因具有亲水性，所以常含有一定的结合水分。结合水的含量与其官能基的性质及交联度有关，并随着空气湿度变化而改变。（参见图 4－22 及图 4－23）。

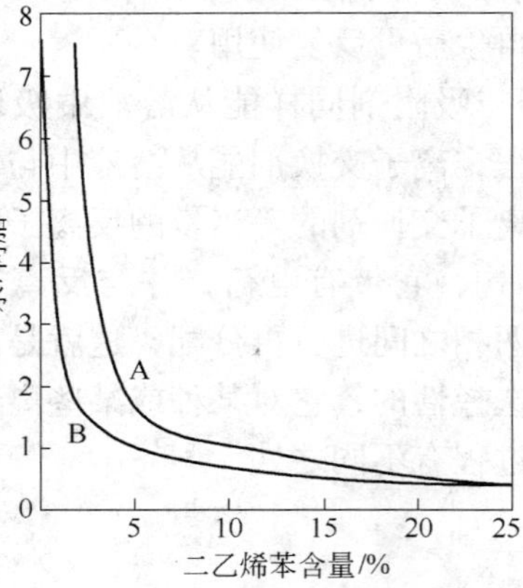

图4－22　树脂交联度与含水量的关系

A—强磺酸型交换树脂；B—弱酸羧酸型交换树脂

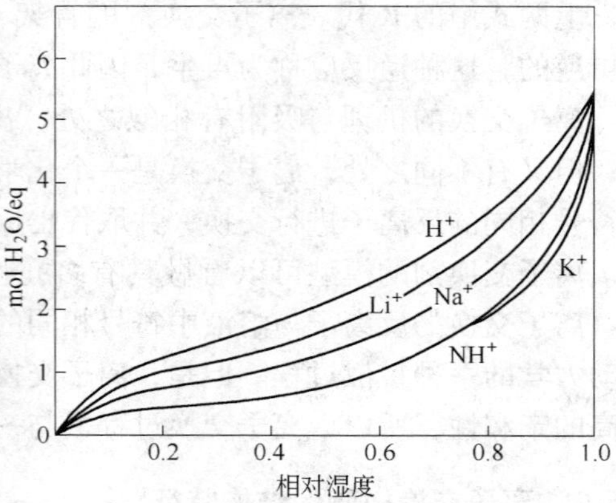

图4－23　强酸型阳离子交换树脂的含水量与相对湿度和离子型式的关系

测定树脂含水分的方法可用烘干法，也可以用Karl Fisher试剂滴定法。

不含水分的阴离子交换树脂的真密度为1.2g/mL，而阳离子交换树脂则为1.4g/mL。树脂密度随水分含量而改变，通常强酸聚苯乙烯阳离子交换树脂的密度为1.3g/mL，而强碱性阴离子交换树脂则为1.1g/mL。在实际上按视密度可计算树脂床的空隙率ε，ε=(真密度－视密度)/真密度。

4.6.3.2　粒度

在通常树脂床使用的树脂，其粒度半径约为0.3～1.2mm。特殊用途的细磨树脂，其半径可小至0.04mm。

表示粒度的方法有两种：一种是以颗粒半径表示，另一种是以筛子（目数）表示。标准筛又有两种，即美国筛和英国标准（BSS），它们的换算关系参见表4－64。

表4－64　美国筛和英国标准（BSS）的换算关系

美国筛目数	半径/mm	BSS筛目数	半径/mm	美国筛目数	半径/mm	BSS筛目数	半径/mm
8	2.38	10	1.500	70	0.21	90	0.155
12	1.68	20	0.735	80	0.177	100	0.136
16	1.19	30	0.485	100	0.149	120	0.125
20	0.84	40	0.360	200	0.074	140	0.093
30	0.59	50	0.286	325	0.044	160	0.079
40	0.42	60	0.235			180	0.059
50	0.297	70	0.200			200	0.061
60	0.25	80	0.173				

为了掌握树脂粒度特性，应进行筛分析以确定粒子大小的分布情况。

4.6.3.3　交联度

离子交换树脂的交联度与其许多性质（溶解度、交换容量、含水量、膨胀性、选择性、稳定性等）都有关系。

树脂的交联度是按合成时所用单体含有交联剂的百分重量来表示的。例如聚苯乙烯树脂的交联度为8% DVB，它的意义是这种树脂合成时单体中苯乙烯占92%，二乙烯苯占8%。

通常商品离子交换树脂的交联度是商品规格之一。如果缺乏这个规格数字，也可以在实验室从测定树脂的溶胀体积来计算其交联度。

4.6.3.4 溶胀变化

离子交换树脂的溶胀取决于下面几个因素：（1）所接触的介质（空气、水、溶剂）；（2）树脂本身的结构特征；（3）电荷密度（离子团的性质和浓度）；（4）反离子的种类。

溶胀变化通常按干树脂所吸取的水的百分率来表示。

从离子交换柱的设计上来说，要掌握再生前后树脂的体积差，这个溶胀变化也可以在实验室进行测定。

4.6.3.5 交换容量

交换容量是离子交换树脂一个最重要的性能，是设计离子交换过程和装置时所必须的数据。它说明树脂的交换能力，通常按每克干树脂所能交换的离子的毫克当量数来表示。在工业上，常按单位体积树脂所能交换的当量数表示。在水处理的计算中交换容量是以 $CaCO_3$ 或 CaO 来表示。测定阳离子交换树脂交换容量的方法——取 5g 阳离子交换树脂置于图 4－24 所示的漏斗中，以约 1L 1mol/L HNO_3 处理转变为 H^+ 型，用蒸馏水充分洗净，抽气过滤除水后置于空气中使之风干。称取风干试样 1.000 ± 0.005g 置于 250mL 锥瓶中，加入 0.1mol/L NaOH200mL（其中加有 5% NaCl），放置隔夜。同时称取 1g 同样试样测定其水分含量（烘干温度为 110℃，时间最少 4h，甚至要隔夜）。从上述处理的溶液表层，吸取 50mL 反应后的溶液，用 0.2mol/L H_2SO_4 进行反滴定余量的 NaOH，按下式计算交换剂的交换容量：

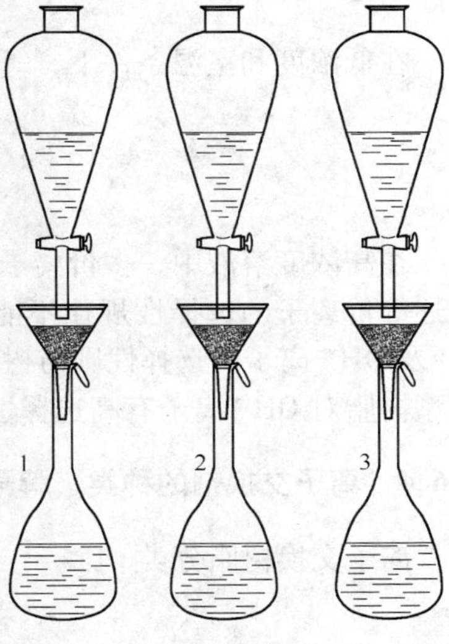

图 4－24 交换容量的测定装置

$$\text{交换容量}(m_{eq}/g)=\frac{(200\times V_{NaOH})-(4M_{H_2SO_4}\times V_{H_2SO_4})}{\text{试样质量}\times\dfrac{100-\%\text{水分}}{100}}$$

阴离子交换剂交换容量的测定方法——取 10g 树脂，以 1mL 1mol/L HCl 处理使转为 Cl^- 型，充分洗净，风干，称取 5.000 ±0.005g 试样，置于上述装置的漏斗上，以 1000mL 4% Na_2SO_4，用一容量瓶收集其洗出液，取其中 100mL，用 0.1mol/L $AgNO_3$ 标准液滴定其中 Cl^- 离子，以 K_2CrO_4 为指示剂，同时测定试样的水分含量，按下式计算阴离子交换树脂的交换容量：

$$\text{交换容量}(m_{eq}/g)=\frac{V_{AgNO_3}\times M_{AgNO_3}\times 10}{\text{试样质量}\times\dfrac{100-\%\text{水分}}{100}}$$

“理论交换容量”是指以树脂官能基含量按理论计算的交换容量。上述测定的交换容量不能与理论交换容量绝对符合，这是因为合成时有副反应产生以及交换的完成程度都不能达到 100%。

工作交换容量是指在实际操作条件下的交换容量。这与操作条件有关，特别是弱酸和弱碱型的交换树脂的交换容量依赖于溶液的 pH 值。为了反映这个关系，可以测定 pH 值滴定曲线。工作交换容量一般小于总交换容量。

穿透交换容量是指离子交换树脂在交换柱内实际使用中，当流出液中漏出待交换离子时，交换柱即不能继续使用，在此时计算的交换容量即穿漏交换容量。由于此时树脂的功能基尚未完全利用，交换并未达到平衡，所以，这种交换容量总是小于总交换容量。显然，穿漏交换容量与实际采用的操作条件（如溶液浓度、温度、流速等）关系甚大。

4.6.3.6　选择性

选择性是指交换剂对不同离子的亲和力。在低浓度的水溶液中和室温条件下，多价离子比单价离子优先交换，选择顺序是：

$$Na^+ < Ca^{2+} < La^{3+} < Th^{4+}$$

在低浓度和室温条件下，等价离子的选择性随着原子序数的增加而增加：

$$Li < Na < K < Rb < Cs$$

$$Mg < Ca < Sr < Ba$$

$$F < Cl < Br < I$$

在高浓度溶液中，多价离子的选择性随着浓度的提高而减小。在高温或非水介质中，上述等价离子的选择性规律不能完全符合。树脂的交联度愈高，一般其选择性愈高。对 H^+ 及 OH^- 离子的选择性则与树脂官能基的酸碱性强弱有关，弱酸型树脂对 H^+ 离子和弱碱型树脂对 OH^- 离子有高选择性。

4.6.4　离子交换剂的种类、牌号和特性

离子交换树脂分类

按性能分为
- 阳树脂
  - 强酸性
  - 弱酸性
- 阴树脂
  - 强碱性
  - 弱碱性

（Ⅰ型和Ⅱ型）

按孔隙分为
- 微孔型（即凝胶型）
- 大孔型

各国生产的离子交换树脂品种花式繁多，其性能差异也大，根据需要和使用条件选择适当的树脂。

国内生产的离子交换树脂的商品牌号和特性见表 4－65。

4.6.5　离子交换平衡

当离子交换剂与电解质溶液相接触时，则离子交换剂及溶液中的两种不同反离子便进行交换反应，设溶液中的反离子为 A 而离子交换剂中原来的反离子为 B，交换反应为：

$$A + \overline{B} \rightleftharpoons B + \overline{A}$$

4.6.5.1　选择性系数

离子交换剂的选择性是离子交换剂的一个重要特性，这反映出它对某些离子的亲和力，为了定量描述离子交换选择性常采用选择性系数这个术语，它的定义式是：

$$K_B^A = \frac{y_A/y_B}{x_A/x_B} = \frac{y_A/x_B}{y_B/x_A} = \frac{y_A(1-x_A)}{x_A(1-y_A)}$$

表 4-65 我国通用离子交换树脂的种类、牌号和特性

离子交换树脂种类和牌号	树脂名称	树脂形态	交换容量 $/mg\cdot g^{-1}$	体积全交换容量 $/mmol\cdot mL^{-1}$	粒度/mm（≥95%）	磨后圆球率/%	湿真密度 $/g\cdot mL^{-1}$	湿视密度 $/g\cdot mL^{-1}$	水分/%	最高操作温度/℃	pH 范围	可交换离子
弱碱 331（即 330）	环氧型弱碱性阴离子交换树脂	珠状	≥9		0.315～1.25		1.03～1.12	0.65～0.80	60～70		0～9	OH^-
弱碱 311	苯乙烯型弱碱性阴离子交换树脂	珠状	≥4		0.315～1.25	≥90	1.04～1.10	0.66～0.74	45～55			Cl^-
强碱 201×4	苯乙烯型强碱性阴离子交换树脂	珠状	≥3.7	≥1.10	0.315～1.25	≥90	1.06～1.10	0.66～0.71	50～60	80	1～14	Cl^-
强碱 201×7	苯乙烯型强碱性阴离子交换树脂	珠状	≥3.5	≥1.35	0.315～1.25	≥90	1.07～1.10	0.67～0.73	42～48	60（OH）	1～14	Cl^-
弱酸 116	丙烯酸系阳离子交换树脂	珠状	≥11.0	≥4.0	0.315～1.25	≥90	1.14～1.18	0.68～0.78	45～55	120	1～14	H^+
强酸 001×7	苯乙烯型强酸性阳离子交换树脂	珠状	≥4.5	≥1.90	0.315～1.25	≥90	1.25～1.29	0.77～0.87	45～50	120	1～14	Na^+
D001 大孔强酸	苯乙烯系阳离子交换树脂	珠状	≥4.35	≥1.80	0.315～1.25	≥90	1.25～1.28	0.77～0.85	45～55	120	1～14	Na^+
D113 大孔弱酸	丙烯酸系阳离子交换树脂	珠状	≥10.8	≥4.40	0.315～1.25	≥95	1.14～1.20	0.72～0.80	45～52	100	4～14	H^+
D201 大孔强碱	苯乙烯系阴离子交换树脂	珠状	≥3.7	≥1.20	0.315～1.25	≥90	1.06～1.10	0.65～0.73	50～60	80	1～14	H^+

选择性系数 K 可以看作两种反离子 A 和 B 对离子交换剂亲和性的相对关系。如果 $K>1$例如铊离子，即说明 Tl^+离子比 H^+离子对离子交换剂有更强的亲和性。

对于两价离子置换离子交换剂中的单价离子的交换反应：

$$D + 2\overline{B} \rightleftharpoons 2B + \overline{D}$$

按等当量交换的原理并与溶液总浓度 C_0及树脂总浓度 Q_0相联系，选择性系数的表示如下式：

$$K_{B}^{D} = \frac{y_D(1-x_D)^2 C_0}{x_D(1-y_D)^2 Q_0}$$

表 4－66 表明 Dowex50 离子交换树脂对各种金属离子的选择性系数 K_{nH}^{M}。它是代表以氢型离子交换树脂与价数为 n 的阳离子进行交换反应时的选择性系数。

表 4－66　阳离子的选择性系数

离　子	4% DVB	8% DVB	16% DVB	离　子	4% DVB	8% DVB	16% DVB
单价离子				二价离子			
Li	0.76	0.79	0.68	Co	1.08	1.31	1.19
H	1.00	1.00	1.00	Cu	1.10	1.35	1.40
Na	1.20	1.56	1.61	Cd	1.13	1.36	1.55
NH_4	1.44	2.01	2.27	Ni	1.16	1.37	1.27
K	1.72	2.28	3.06	Be	1.15	1.39	1.95
Rb	1.86	2.49	3.14	Mn	1.15	1.43	1.54
Cs	2.02	2.56	3.17	Ca	1.39	1.80	2.28
Ag	3.58	6.70	15.6	Sr	1.57	2.27	3.16
Ti	2.08	9.76	19.4	Pb	2.20	3.46	5.65
二价离子				Ba	2.50	4.02	6.52
UO_2	0.79	0.85	1.05	三价离子			
Mg	0.99	1.15	1.10	Cr	2.5	2.0	2.5
Zn	1.05	1.21	1.18	Ce	1.9	2.8	4.1
				La	1.9	2.8	4.1

当树脂不是 H^+型时，可以从表 4－66 的常数加以适当的换算求得。

阴离子的选择性系数参见表 4－67，表中 K_{Cl}^{A}，是指 Cl^-型阴离子交换树脂的交换常数。

表 4－67　阴离子的选择性参数

阴离子 A	Dowex 1	Dowex 2
	K_{Cl}^{A}	K_{Cl}^{A}
Cl^-	1.00	1.00
F^-	0.09	0.13
OH^-	0.09	0.65
NH_2COO^-	0.10	0.10
CH_3COO^-	0.17	0.18
$HCOO^-$	0.22	0.22

续表 4-67

阴离子 A	Dowex 1	Dowex 2
	K_{Cl}^{A}	K_{Cl}^{A}
$H_2PO_4^-$	0.25	0.34
HCO_3^-	0.32	0.53
IO_3^-		0.21
CH_2ClCOO^-		0.69
NO_2^-	1.2	1.3
HSO_3^-	1.3	1.3
CN^-	1.6	1.3
Br^-	2.8	2.3
NO_3^-	3.8	3.3
HSO_4^-	4.1	6.1
I^-	8.7	7.3
SCN^-		18.5
ClO_4^-		32
SO_4^{2-}		2.55
Glutaminate		1.3

利用选择性参数的数据对离子交换过程的界限可进行估算。

4.6.5.2 影响选择性的因素

离子交换的选择性与许多因素有关，首先是离子交换剂本身的特性（交联度等）；其次是被交换的反离子特性（价态、溶剂化作用）以及交换反应条件和各种副反应的影响。

A 反离子价态的影响（电选择性）

高价态的反离子在离子交换过程中具有较高的选择性。

高价离子的交换随着溶液浓度的降低而提高其选择性（参见图 4-25）。

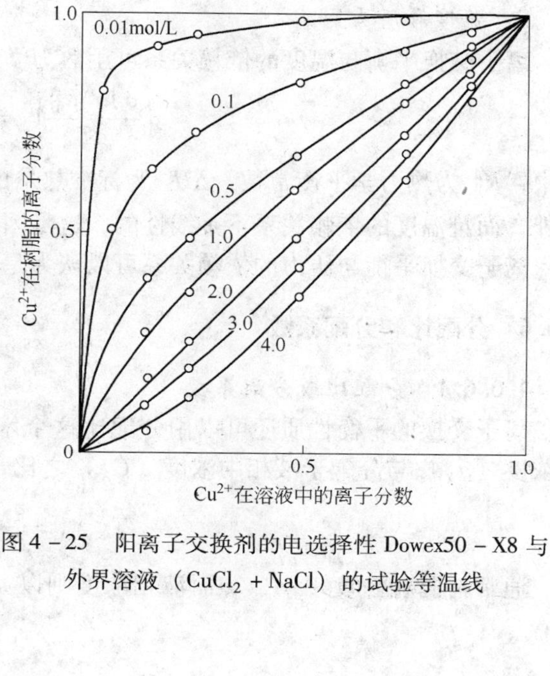

图 4-25 阳离子交换剂的电选择性 Dowex50-X8 与外界溶液（$CuCl_2$ + NaCl）的试验等温线

B 离子溶剂化及溶胀压力的影响

Gregor 把离子交换剂看作一个弹性体骨架模型，离子交换发生体积的变化，所以离子交换对较小溶剂化当量体积的反离子有较高的选择性。通常，降低溶液浓度，降低离子的当量体积和提高树脂交联度的结果使溶胀压力增加，因而提高了选择性。根据 Clueekauf E. 的推导对于一价离子交换的选择性系数与活度即溶胀压力及偏克分子容积的关系式如下：

$$\ln K_{AB} = \ln \frac{\overline{\gamma_A}}{\overline{\gamma_B}} + \ln \frac{\gamma_B}{\gamma_A} + \frac{\Pi}{RT}(\overline{V_A} - \overline{V_B}) \tag{4-15}$$

式中，$\overline{\gamma_A}$，$\overline{\gamma_B}$和 γ_A，γ_B 分别代表固相和液相中 A，B 离子的活度；Π 为溶胀压力；$\overline{V_A}$，$\overline{V_B}$为 A，B 离子的偏克分子体积。

从公式（4－15）可知 $\lg K_{AB}$ 与 A，B 离子克分子体积之差有线性关系，这个结论由 Gregor 的数据得到证实。

C　在离子交换剂内的特殊交换作用

首先，当反离子能与交换剂中的固定离子团形成较强的离子对或形成键合作用时，这些反离子就具有较强的选择性。例如，树脂结构中含有类似络合剂或沉淀剂的固定离子团能与反离子反应，这样的交换剂自然对这类的反离子有较强的选择性。弱酸性阳离子交换剂对 H^+ 离子有强的选择性，而弱碱性离子交换剂则对 OH^- 离子具有特别强的亲和力，这都是缔合作用。在 Cu^{2+} 型的阳离子交换树脂上很容易吸附 NH_3，这是因为生成氨的络合物。

D　在溶液中的缔合作用和络合反应

按平衡移动的原理，当被交换的反离子与溶液的共离子发生缔合作用和络合反应时，离子交换的选择性将会降低，例如在含有弱酸根离子的溶液中，强酸型树脂对两价金属离子的选择性会超过 H^+ 离子，如果溶液中含有 Cl^- 离子，阳离子交换剂优先交换其他阳离子而对 Hg^{2+} 的选择性很低，这是因为形成分子化合物 $HgCl_2$。

在离子交换分离中结合络合反应会获得很多的分离方法。络合反应不仅改变离子的浓度而且可能改变离子的电荷。离子交换的选择性与被交换离子所形成络合物的配位数有关，阴离子交换剂对络阴离子的选择性取决于阴离子的平均配位数。

在配合剂存在下的离子交换平衡，Fridrich Helfferrich 在其著作 Ion Exchange,（McGraw－Hill Book Co.）中有详细讨论，在分析化学中金属离子的分离 K. A. Kraus 做了大量工作，对稀土金属的分离也是使用络合物的形成与离子交换相结合获得成功。

E　温度和压力影响

离子交换平衡与温度的依赖关系可用热力学公式表示如下：

$$\left(\frac{\mathrm{d}\ln {}^{N}K_B^A}{\mathrm{d}T}\right)_T = \frac{\Delta H^{\ominus}}{RT^2}$$

式中，${}^{N}K_B^A$ 为热力学平衡常数；$\Delta H^{\ominus}$为标准热焓的变化。通常提高温度选择性变小但也有例外，而且温度的依赖关系不是线性的，这是因为 $\Delta H^{\ominus}$不是常数。

离子交换平衡与压力的依赖关系可以认为是极小的，因为在交换过程中总体积不变。

4.6.6　分配比和分配系数

4.6.6.1　分配比或分配系数

离子交换的平衡性质还可以用分配比这个术语来表达，它是某离子 A 分配于树脂相中浓度（q_A）与分配于液相中浓度（C_A）之比，设以 λ_A 代表离子 A 的分配比，则：

$$\lambda_A = \frac{q_A}{C_A}$$

通常树脂相浓度以 m_{eq}/g 而液相浓度则以 m_{eq}/mL 来表示，但分配比却是无因次的。

如果树脂相浓度按相对于参比浓度 Q_0 和液相浓度按相对于总浓度 C_0 表示，同时依据有关公式，则：

$$\lambda_A = \frac{y_A Q_0}{x_A C_0} = K_B^A \frac{y_B}{x_B} \cdot \frac{Q_0}{C_0} \tag{4-16}$$

对于一定型号的树脂和特定的交换关系，由于 Q_0 和 C_0 为一特定值，故 λ_A 为常数。如果被交换的离子 A 在溶液中是痕量的，则 B 在树脂相的浓度 y_B 可以作为一恒定值，从公式（4-16）可以观察出 λ_A 与 B 在溶液中的浓度成反比：

$$\lambda_A \approx 常数/x_B$$

在许多著作中常采用分配系数（Distribution Ratio）这个术语，以 K_d 代表，用下式计算（按摩尔浓度）：

$$K_d = \frac{\overline{[A]}}{[A]} = \frac{\overline{C_A}}{C_A}$$

在实际应用中，要求确定被交换的离子分配在交换柱的两相中的重量比，这个情况的分配系数用 λ'_A 表示：

$$\lambda'_A = \frac{\rho\beta q_A}{\varepsilon C_A} = \frac{\rho\beta Q_0 y_A}{\varepsilon C_0 x_A}$$

式中，ρ 为树脂真密度；β 为填充系数；ε 为树脂柱的孔隙率。

4.6.6.2 分离因数

分离因数的含义与蒸馏中的相对挥发度有类似之处，用符号 r_{AB} 表示，它的定义式是：

$$r_{AB} = \frac{x_A y_B}{x_B y_A} = \frac{x_A(1-y_A)}{y_A(1-x_A)}$$

当两种反离子 A 与 B 的价数相等时，则 $r_{AB} = 1/K_B^A$ 如果离子 A 对离子交换剂的亲和力高于离子 B（例如图 4-26 中的 Tl^+ 离子），等温线为优惠型，则分离因数小于 1；反之，Na^+ 离子却属于非优惠型的等温线，故其分离因数大于 1。分离因数是无因次的，不受浓度单位的选择而改变。

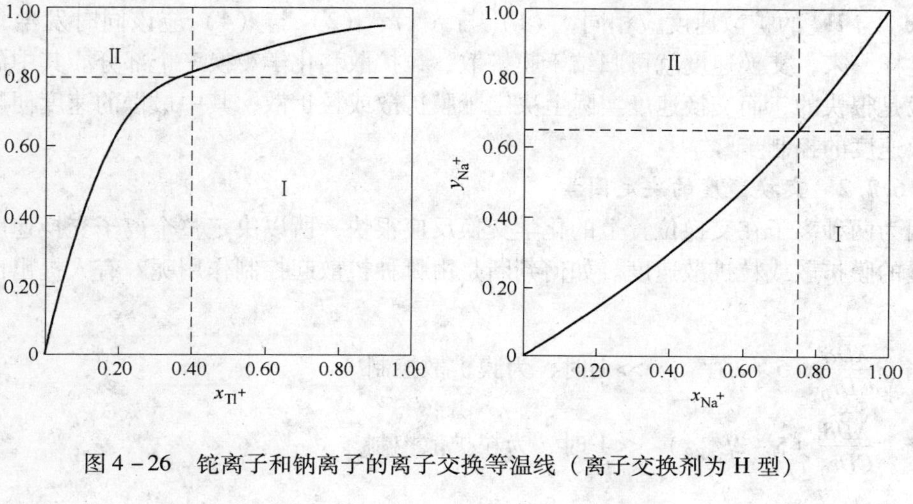

图 4-26 铊离子和钠离子的离子交换等温线（离子交换剂为 H 型）

分离因数的数值在实际上可用以计算离子交换柱的性能。分离因数的另一重要意义是用以判断两种离子在溶液中同时存在时，利用离子交换使之分离的可能性。例如性质相近的两种离子，如果它们相对于同一参比离子的分配系数为 λ_1 和 λ_2，则两种离子之间的分离因数为其分配系数之比：

$$r=\frac{\lambda_1}{\lambda_2}$$

4.6.7　离子交换动力学

离子交换平衡只能决定离子交换反应进行的可能性，而离子交换速度才能确定交换所需的时间，直接影响生产周期。所以讨论离子交换的动力学有着重要的实践意义。

离子交换树脂与电解质溶液接触时，树脂的整个颗粒内部和表面上的功能基都要发生交换反应，需要一定的时间才能达到平衡状态。达到平衡所需时间的长短就是交换速度。各种树脂的交换速度相差甚大，交联度低或大孔型树脂的交换速度很快；阳离子树脂的交换速度一般比阴离子树脂的速度要快。影响交换速度的因素很多，下面就分别予以讨论。

4.6.7.1　离子交换过程的步骤

离子交换属多相反应。设有如下的离子交换反应：

$$\overline{R—H}+Na^{+}=\!=\!=\overline{R—Na}+H^{+}$$

Na^+ 离子与 H^+ 离子的交换反应需如下五步才能完成：

（1）Na^+ 由溶液扩散到树脂表面附近后，必须靠扩散通过树脂外围存在着的厚度为 $10^{-3}\sim10^{-4}$cm 的液膜，到达树脂表面。不管怎么加速搅拌，这层膜（Nernst）总是存在的；

（2）Na^+ 由树脂表面沿树脂内部微孔扩散到功能基所带的可交换离子 H^+ 附近；

（3）在功能基的交换位置上，Na^+ 与 H^+ 发生化学交换；

（4）被交换下来的 H^+ 通过树脂内部微孔向树脂外表面扩散；

（5）H^+ 由树脂表面，通过树脂外围的 Nernst 液膜扩散到溶液中。

在离子交换的整个体系中，始终维持电荷的中性平衡，所以对外界显示电中性。显然欲维持这种电中性平衡，那么 Na^+ 与 H^+ 通过液膜的速度必须相同，也就是说，在颗粒内部，Na^+ 与 H^+ 的扩散速度应相同，（1）与（5）、（2）与（4）应该同时发生，等速完成。这样一来，交换速度就可归结于膜扩散、粒扩散和化学交换三个部分。其中的化学交换一般是很快的，而交换速度实际上决定于膜扩散或粒扩散，其中最慢的速度便是决定整个交换速度的控制步骤。

4.6.7.2　交换速度的决定因素

因为两种离子在交换位置上的化学交换反应很快，所以决定整个离子交换速度的因素是较慢的膜扩散或粒扩散速度。如何判断是由哪种扩散起控制作用呢？有人提出由公式判断。

当 $\frac{X\overline{D}\delta}{CDr_0}(5+2\beta_{A/B})\gg1$ 时，为膜扩散控制

当 $\frac{X\overline{D}\delta}{CDr_0}(5+2\beta_{A/B})\ll1$ 时，为粒扩散控制

而 $\frac{\overline{XD}\delta}{CDr_0}(5+2\beta_{A/B})\approx 1$ 时，为膜扩散和粒扩散共同控制

式中 X——固定离子基团在树脂中的浓度；

$\overline{D}$——树脂颗粒内的相互扩散系数；

δ——液膜厚度；

D——液膜内的相互扩散系数；

r_0——树脂的颗粒半径；

$\beta_{A/B}$——分离系数；

C——溶液中离子浓度。

在一般情况下，当溶液浓度较稀（如小于0.03mol/L）时，多为膜扩散控制；而当溶液浓度较高（如大于0.1mol/L）时，多为粒扩散控制；若树脂粒度较大，交联度高，则容易出现粒扩散控制。

A 粒度扩散控制

(1) 影响粒扩散的因素有树脂颗粒直径、树脂的性质（交联度、孔径，功能基性质)、温度和待交换离子的性质等。

(2) 对凝胶型树脂而言，粒度大，则粒扩散路程长，离子在交联度很低的树脂颗粒内的扩散系数可与在溶液中的扩散接近，但在一般交联度范围内，则只为溶液中的1/5～1/10，有人测得交联度为5%的树脂，其交换速度为交联度17%时的6倍；树脂粒度减小，可以减小粒扩散距离，从而减少离子扩散所需的时间，增大交换速度。

(3) 树脂功能基的性质对交换速度影响较大，强酸、强碱树脂比弱酸、弱碱树脂的交换速度快得多（表4-68)。

表4-68 离子交换树脂的交换速度

树 脂	平衡反应	达到90%平衡所需时间
弱 碱	RNH_2+HCl $RNH_3Cl+NaOH$ $RNH_3Cl+Na_2SO_4$	5～10d 1～3min 2～3min
强 碱	$ROH+HCl$ $RCl+NaOH$ $RCl+Na_2SO_4$	1～2min 2～3min 2～3min
弱 酸	$RCOOH+KOH$ $RCOOH+CaCl_2$	7d 2min
强 酸	RSO_3H+KOH $RSO_3Na+CaCl_2$	2min 2min

(4) 温度升高，对加速粒扩散有利，从表4-69可以看出、在交联度为6%的Dowex50树脂内，WO_4^{2-}在25℃时的扩散系数为0.3℃时的3倍；表中每一种离子的粒扩散系数都随温度的升高而增大。

表 4 – 69　**Dowex50 树脂内的扩散系数**（cm^2/s）

离子	交联度/%	扩散系数 0.3℃	扩散系数 25℃	离子	交联度/%	扩散系数 0.3℃	扩散系数 25℃
Br^-	1	4.35×10^{-7}	9.12×10^{-7}	BrO_3^-	6	1.76×10^{-7}	4.55×10^{-7}
	2	2.98×10^{-7}	6.40×10^{-7}	Cr^-		1.25×10^{-7}	3.44×10^{-7}
	3	2.03×10^{-7}	4.52×10^{-7}	WO_4^{2-}		0.60×10^{-7}	1.80×10^{-7}
	6	1.5×10^{-7}	3.87×10^{-7}	I^-		0.35×10^{-7}	1.33×10^{-7}
	8	0.63×10^{-7}	2.04×10^{-7}	PO_4^{2-}		0.16×10^{-7}	0.75×10^{-7}
	16	0.06×10^{-7}	0.26×10^{-7}				

（5）待交换离子的价态和离子半径对粒扩散有着明显的影响。离子价态增高，则交换速度下降。如25℃时交联度10%的磺化聚苯乙烯阳离子树脂中不同阳离子的粒扩散系数如图 4 – 27 所示。

随着电荷的增加扩散系数下降，每增加一个电荷值，扩散系数几乎下降一个数量级。图 4 – 27 中进一步反映了这种关系。从图还可以看出交联度（%DVB）、温度、电荷对扩散系数的综合影响规律。

离子半径（或水合离子半径）也影响粒扩散系数，水合离子半径越大，粒扩散系数越小，交换速度越慢。

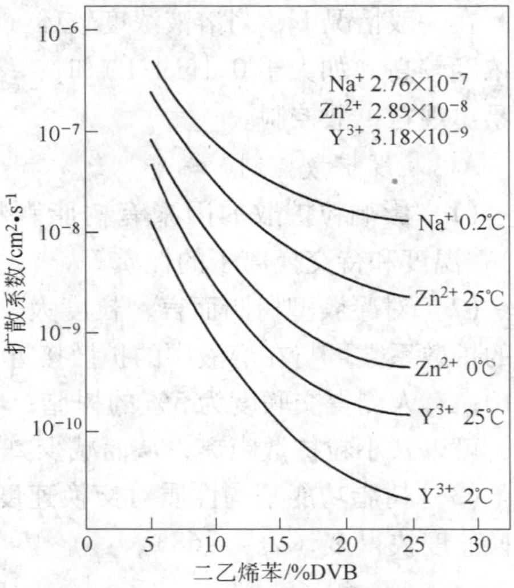

图 4 – 27　磺酸树脂交联度，温度离子电荷与粒扩散系数关系

B　膜扩散控制

当膜扩散为控制性步骤时，交换速度的影响因素与一般多相反应时，颗粒缩小模型的外扩散控制过程类似。除受温度、溶液浓度、搅拌速度的影响外，还受树脂颗粒大小的影响。

（1）温度升高，溶液黏度降低，离子扩散速度加大，有资料表明，温度升高 1℃，膜扩散系数增大 3% ~5% 。

（2）当水溶液中离子浓度较低，而树脂的交换容量又大时，由于同电荷相互排斥的作用较大，溶液中的离子不容易进入树脂颗粒内部，扩散阻力较大，交换过程的速度较小。此时膜扩散速度与溶液中的离子浓度成正比。因此，在很低浓度的水溶液中，膜扩散速度往往决定了整个交换过程的速度。溶液中离子浓度较高时，膜扩散速度加快；但过高时，往往造成树脂的收缩现象，影响溶液中离子进入网孔内部，反而降低交换速度，对离子交换用的溶液，浓度一般以 0.001 ~0.1mol/L 为宜。

（3）适当加快溶液的搅拌速度或加大交换柱中溶液的流速，可以减小液膜厚度，加速离子扩散，从而加大扩散速度。但流速的确定必须考虑到溶液与树脂接触的总时间（或交换柱的高度）。

减小树脂的颗粒度，可使单位容积树脂的总表面积增大，从而改善了溶液中离子与树脂的接触条件，促使交换速度增大。膜扩散速度与树脂粒径大小成反比。值得一提的是，树脂颗粒尺寸减小，对粒扩散也是有利的。因此，在不至于使树脂层阻力过大的情况下，使用小颗粒树脂对加速交换反应是有利的。

在生产实践中，为了获得高的设备利用率，缩短生产周期是十分重要的。为此，必须要保证高的交换速度。故而要在设计时，就注意好树脂的种类和型号，确定好交换柱的结构与尺寸，在工艺上要确定好合适的料液浓度，料液流速或搅拌速度，尽可能地保持料液的温度，特别注意冬天气温较低时的车间保温工作。

4.7 钨酸钠溶液离子交换净化原理及工艺

20 世纪 70 年代末，我国开始采用离子交换工艺净化除去钨酸钠溶液中硅、磷、砷等杂质。其工艺实质是：由于 WO_4^{2-} 与 201 ×7 型强碱性阴离子交换树脂的亲和力大于 SiO_3^{2-}、PO_4^{3-}(HPO_4^{2-})、AsO_4^{3-} 等阴离子，当 Na_2WO_4 溶液流过强碱性阴离子交换树脂层时，WO_4^{2-} 将吸附到树脂上，而 Cl^- 将被置换下来，微量金属阳离子和硅、磷、砷杂质随交后液排出，而实现了钨与杂质的分离。再用 $NH_4Cl + NH_4OH$ 溶液作解吸剂，将树脂上吸附的 WO_4^{2-} 重新解吸下来，获得高浓度的纯净 $(NH_4)_2WO_4$ 溶液。工艺实现了净化除杂、钨钠盐向铵盐的转型和钨富集三大目标。该工艺替代了经典工艺中净化除磷、砷、硅、沉淀白钨、酸分解和氨溶四道工序，具有工艺流程短、金属收率高、辅助材料消耗少、工艺稳定易操作、操作环境好等优点。

4.7.1 钨吸附过程离子交换平衡

4.7.1.1 钨吸附过程反应式

用钨酸钠溶液稀释配制 WO_3 浓度 20g/L 左右的交前液，当交前液流经装有强碱性阴离子交换树脂的交换柱中时，溶液中的各种阴离子都会吸附到树脂上，其反应式如下：

$$2\,\overline{R_4NCl} + WO_4^{2-} \longrightarrow \overline{(R_4N)_2WO_4} + 2Cl^-$$
$$2\,\overline{R_4NCl} + MoO_4^{2-} \longrightarrow \overline{(R_4N)_2MoO_4} + 2Cl^-$$
$$2\,\overline{R_4NCl} + HAsO_4^{2-} \longrightarrow \overline{(R_4N)_2HAsO_4} + 2Cl^-$$
$$3\,\overline{R_4NCl} + PO_4^{3-} \longrightarrow \overline{(R_4N)_3PO_4} + 3Cl^-$$
$$2\,\overline{R_4NCl} + HPO_4^{2-} \longrightarrow \overline{(R_4N)_2HPO_4} + 2Cl^-$$
$$2\,\overline{R_4NCl} + SiO_3^{2-} \longrightarrow \overline{(R_4N)_2SiO_3} + 2Cl^-$$
$$2\,\overline{R_4NCl} + SnO_3^{2-} \longrightarrow \overline{(R_4N)_2SnO_3} + 2Cl^-$$

在碱性介质中，离子相对亲和力的规律是：(1) 按照离子价的高低，二价比单价大，也就是说离子的电荷越多，亲和力越强。(2) 价数相同的离子亲和力与水合离子半径成反比。在给定的功能团里随着原子量的增加，水合离子半径越小，因此，亲和力逐渐增加。这一规律在稀溶液中适用，在浓溶液中则不合此规律，有时相反。所以在稀溶液中各种阴离子对交换树脂的阳离子基团亲和力是不同的，WO_4^{2-}、MoO_4^{2-}、$HAsO_4^{2-}$、HPO_4^{2-}、SiO_3^{2-}、SO_4^{2-}、Cl^-、F^- 的原子量分别为：248、160、140、96、76、96、36、19。在离子价相等的情况下，根据上述功能团的原子量大小，其离子相对亲和力的大小次序大致是：$WO_4^{2-} > MoO_4^{2-} > HAsO_4^{2-} > HPO_4^{2-} > SiO_3^{2-} > SO_4^{2-} > Cl^- > F^-$。

实际上树脂床通过的溶液，开始时都被吸附，随着 WO_4^{2-} 的增加，其他阴离子被置换下来，而流出去，其反应式可以为：

$$\overline{(R_4N)_2\ HAsO_4} + WO_4^{2-} \longrightarrow \overline{(R_4N)_2\ WO_4} + HAsO_4^{2-}$$

$$\overline{(R_4N)_2\ HPO_4} + WO_4^{2-} \longrightarrow \overline{(R_4N)_2\ WO_4} + HPO_4^{2-}$$

$$\overline{(R_4N)_2\ SiO_3} + WO_4^{2-} \longrightarrow \overline{(R_4N)_2\ WO_4} + SiO_3^{2-}$$

$$\overline{(R_4N)_2\ SnO_3} + WO_4^{2-} \longrightarrow \overline{(R_4N)_2\ WO_4} + SnO_3^{2-}$$

因为钼和钨的性质极为相似，亲和力接近，故除钼的效果不大。吸附过程除了使钨吸附外，可以除去大部分的阴离子杂质和所有阳离子杂质，钨的吸附容量越高，杂质除去的效果越好。

4.7.1.2　动态吸附

A　钨吸附过程钨、钼、砷阴离子的柱分布

作者用分部位解吸的方法研究了钨吸附过程终了 WO_4^{2-}、MoO_4^{2-} 及砷阴离子在变换柱上的分布规律，同时考察了操作交换容量、717 树脂粒度和交换柱高度对阴离子吸附率的影响。

取钨细泥碱解后的结晶溶解液为料液：成分（g/L）为：WO_3 20.0、As 0.103、Mo 0.017、NaOH 4.0。交换柱尺寸 ϕ40mm × 760mm（树脂高度）。室温下按现行工业条件进行钨吸附操作，WO_4^{2-} 吸附穿漏后用去离子水洗涤。为保持树脂床层不变动，小心地自上而下按部位接近等量地取出树脂，分别置于相同直径的交换柱中。为保证解吸完全，按各部位 WO_4^{2-} 吸附量不同，使用常规用量 2 倍以上的 5mol/L NH_4Cl + 2mol/L NH_4OH 作解吸剂。线速度 2cm/min 下的解吸结果见图 4－28、图 4－29，各部位树脂 WO_3 浓度见表 4－70。

表 4－70　交换柱各部位树脂相中的 WO_3 浓度

树脂部位（自下而上）	1	2	3	4	5
C/mg · g^{-1}（干树脂）	86.8	190.2	233.6	335.4	350.0

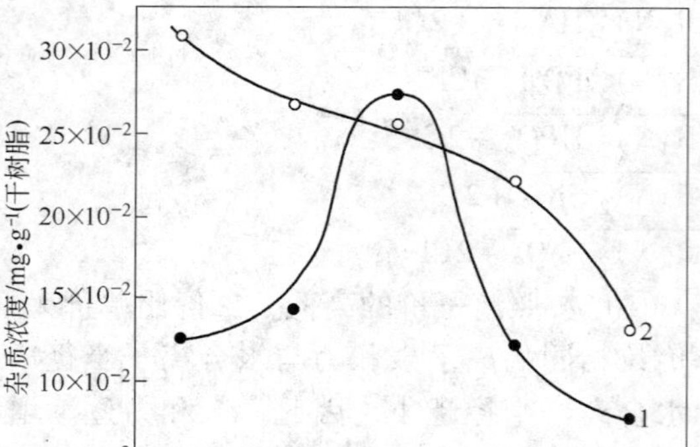

图 4－28　树脂柱中杂质浓度与交换柱部位的关系

1—钼；2—砷

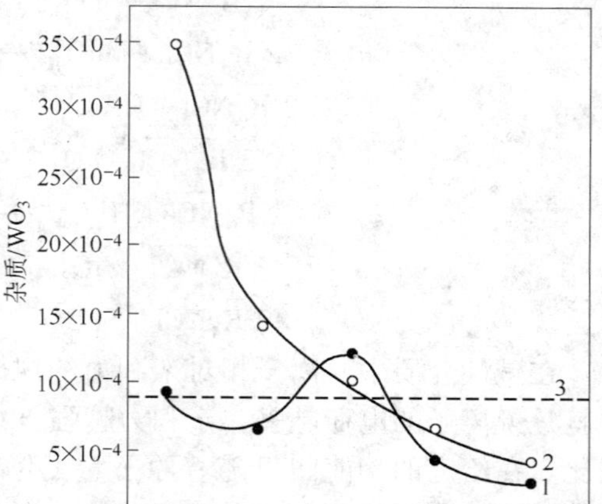

图 4－29　树脂相中杂质/WO_3 值与交换柱部位的关系

（料液中 As/WO_3 = 5.2 × 10^{-3}）

1—钼；2—砷；3—料液中 Mo/WO_3

可以看出，交换柱树脂中砷阴离子浓度自上而下升高，中下部升高较慢。MoO_4^{2-}浓度上部低于中部，在 WO_4^{2-} 未饱和的中部较高，由中部至下部则迅速降低。树脂相的 As/WO_3值远低于原始料液中的值，而 Mo/WO_3的对应值却较为接近，上部 WO_4^{2-} 饱和区 Mo/WO_3值低于料液值，这符合 717 树脂吸附选择性的研究结果。计算吸附率砷为 19.5%，钼为 92.9%。

由分析结果知，交换柱下端的树脂中杂质含量高，仅就杂质/WO_3值而言是正确的。中下部砷阴离子浓度分布较均匀，表明下部树脂已处于给定条件下的砷阴离子饱和层。相关文献对吸附过程中的钨、磷、砷、硅在流出液中的分布研究也证明，WO_4^{2-} 穿漏时砷阴离子的 C/C_0值早已接近 1。中下部 MoO_4^{2-}浓度几乎与 WO_4^{2-}浓度等比例迅速降低，说明下部树脂处于 $MoO_4{}^{2-}$的交换层。

上部树脂处于给定条件下的各阴离子饱和态且交换接近平衡，流动液体阴离子浓度应接近原始料液浓度。根据已有的树脂相在该部位的阴离子浓度，粗略算出试验条件下的分配比 $D_{WO_4^{2-}}=16.1$、$D_{AsO_4^{3-}}=2.67$、$D_{MoO_4^{2-}}=8.55$。由此算出相互间的分离因数 $\beta_{WO_4^{2-}/(AsO_4^{3-})}=6.03$、$\beta_{WO_4^{2-}/MoO_4^{2-}}=1.88$。

B 柱吸附过程钨、钼、砷吸附率的影响因素

a 操作交换容量的影响

以前述钨细泥碱解后的结晶溶解液为料液，不同操作交换容量下解吸的 $(NH_4)_2WO_4$ 溶液中杂质/WO_3值和 APT 质量（结晶率 90%）见表 4－71。

表 4－71 操作交换容量对杂质离子吸附的影响

交换容量 /mg(WO_3)·g^{-1}(干树脂)	高峰 $(NH_4)_2WO_4$溶液成分					APT 杂质含量/%		
	WO_3/g·L^{-1}	Mo/g·L^{-1}	As/g·L^{-1}	Mo/WO_3/%	As/WO_3/%	Mo	As	Si
325	305	0.15	0.075	0.049	0.023	25×10^{-4}	14×10^{-4}	7×10^{-4}
254	271	0.15	0.081	0.055	0.0299	30×10^{-4}	18×10^{-4}	8×10^{-4}
203	185	0.12	0.068	0.065	0.0368	45×10^{-4}	28×10^{-4}	9×10^{-4}

结果表明，提高 WO_3的操作交换容量能整体降低吸附终了时交换柱各部位的 As/WO_3值，这与相关文献的研究结果一致。其原因是树脂相中 WO_4^{2-} 浓度增加有利于置换早期吸附的砷阴离子，同时 WO_4^{2-} 饱和层的拉长将使下部富含杂质的区域相对变窄。试验还表明，提高 WO_3操作交换容量的除钼效果比砷差，这与中、下部树脂相的 MoO_4^{2-}浓度迅速降低及 MoO_4^{3-}/WO_3值变化不大有关。

b 树脂粒度的影响

以钨精矿（含 0.02% Mo、0.05% As）碱解后的 Na_2WO_4溶液作料液，在相同条件下使用平均粒度 0.177mm(80 目) 和 0.42mm(40 目) 的 717 树脂所得 APT 质量列于表 4－72。

表 4－72 树脂粒度与 APT 杂质含量的关系

树脂平均粒度/mm（目）	APT 杂质含量/%			
	Mo	As	P	Si
0.177(80)	0.0005	0.0005	0.0001	0.0008
0.42(40)	0.0008	0.0007	0.0002	0.0010

结果表明，细粒度树脂各部位中杂质/WO_3值整体较低，这可能是因为料液中 [WO_4^{2-}] >0.065mol/L、[$HAsO_4^{2-}$(AsO_4^{3-})] <0.0013mol/L、[MoO_4^{2-}] <0.0002mol/L 所致。一般认为溶液中 [MO_4^{2-}] >0.05mol/L(M 代表钨、钼、砷) 交换速度由颗粒扩散控制，低于0.015mol/L 为膜扩散控制。颗粒细，树脂表面至中心的距离缩短，WO_4^{2-} 颗粒扩散速度加快。离子交换动力学研究也表明，颗粒大小对扩散的影响较大。颗粒细时 WO_4^{2-} 的扩散速度及吸附率增加量大于杂质阴离子。

c　交换柱高度的影响

两种不同高度的交换柱在相同条件下所得 $(NH_4)_2WO_4$溶液的杂质/WO_3值和 APT 质量（结晶率90%）见表4－73。根据 Nernst－Planck 方程，时间是 WO_4^{2-} 转型率的重要参数。交换柱高度增加，吸附时间拉长，有利于 WO_4^{2-} 置换早期吸附的砷阴离子。

表4－73　交换柱高度对阴离子吸附的影响

交换柱规格/mm×mm	高峰 $(NH_4)_2WO_4$溶液成分					APT 杂质含量（质量分数）/%		
	WO_3/g·L^{-1}	Mo/g·L^{-1}	As/g·L^{-1}	Mo/WO_3/%	As/WO_3/%	Mo	As	Si
ϕ40×760	198	0.12	0.058	0.061	0.029	50×10^{-4}	21×10^{-4}	8×10^{-4}
ϕ1200×5800	280	0.15	0.075	0.054	0.027	40×10^{-4}	16×10^{-4}	8×10^{-4}

C　钨吸附过程阴离子在流出液中的分布

a　钨、硅、磷、砷阴离子在流出液中的分布

陈洲溪报道了采用 ϕ27mm×700mm 交换柱，在交前液成分为（g/L）：$WO_3$15.0、Mo 0.068、As 0.172、P 0.0081、$SiO_2$0.039、Cl^-3.39、NaOH4.0 的条件下，钨吸附过程 SiO_2、P、As 在流出液中的分布如图4－30所示。结果表明吸附率 Si > P > As。

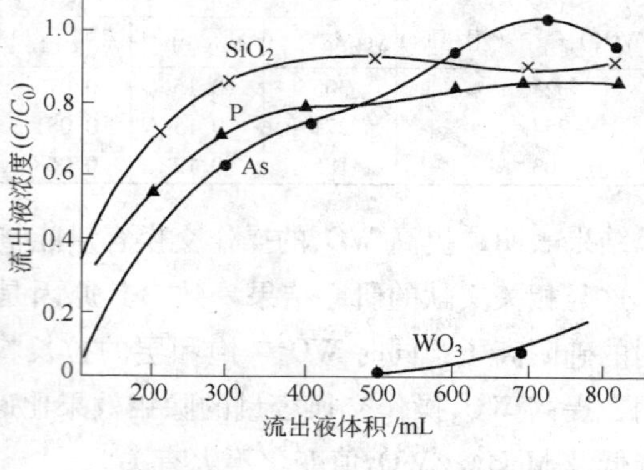

图4－30　钨、硅、磷、砷在交换过程流出液中的分布

b　锡阴离子在流出液中的分布

尹树普等人报道了采用 ϕ1.2m×6.5m 交换柱，在交前液成分为（g/L）：$WO_3$17、Sn0.0014，交换流量 5m^3/h 的条件下，钨吸附过程 Sn 在流出液中的分布如图4－31所示。

D　钨吸附过程阴离子的吸附率及分配比

a　阴离子的吸附率

钨吸附过程阴离子的吸附率与它们的价态、溶剂化作用以及交换反应条件和各种副反应相关，综合相关实验和生产中的数据，在交前液 WO_3浓度 16～20g/L、NaOH 浓度 2～6g/L、以及通常的杂质离子浓度条件下，钨穿漏吸附过程阴离子的吸附率见表4－74。

表4－74　钨穿漏吸附过程阴离子的吸附率

阴离子	WO_4^{2-}	MoO_4^{2-}	SnO_3^{2-}	$HAsO_4^{2-}$	PO_4^{3-} (HPO_4^{2-})	SiO_3^{2-}
吸附率/%	99.0～99.5	90～92	30～31	8～10	6～8	4～6

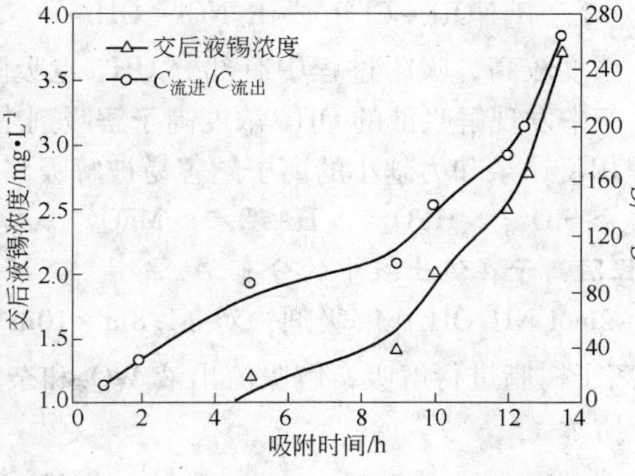

图 4-31 钨吸附过程 Sn 在流出液中的分布

b 分配比和分离系数

如果用各阴离子在树脂相和溶液相的质量比来表征钨穿漏吸附过程的分配比及其与钨的分离系数，则可根据上述数据计算出 WO_4^{2-} 及杂质的分配比和分离系数，结果见表 4-75。

表 4-75 钨和杂质的分配比和分离系数

阴离子	WO_3	Mo	Sn	As	P	SiO_2
$\overline{A}_i/A_i$	132.3	10.1	0.44	0.099	0.075	0.053
$(\overline{A}_{WO_3}\cdot A_i)/(A_{WO_3}\cdot\overline{A}_i)$		13.01	300.7	1336	1764	2496

4.7.1.3 静态吸附

采用 pH 值 8.85 的钨酸钠溶液，无限浴条件下浸泡 24h，交换达平衡时树脂相 WO_3 浓度－液相 WO_3 浓度的平衡曲线如图 4-32 所示。

结果表明静态无限浴条件下，钨的吸附容量低于动态吸附。这可能是因为静态吸附过程正反离子的扩散速度较慢。

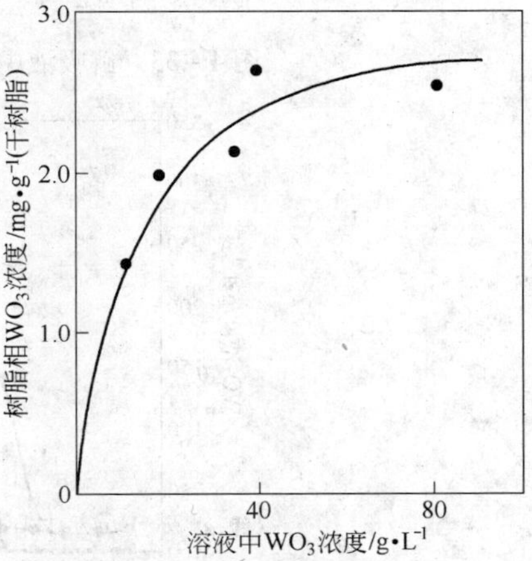

图 4-32 树脂相 WO_3 浓度－液相 WO_3 浓度平衡曲线

4.7.2 钨解吸过程离子交换平衡

4.7.2.1 钨解吸过程反应式

当用 $NH_4Cl + NH_4OH$ 溶液作为解吸剂对负载 WO_4^{2-} 阴离子交换树脂解吸时，树脂上将发生下述反应：

$$\overline{(R_4N)_2WO_4} + 2Cl^- \longrightarrow 2\,\overline{R_4NCl} + WO_4^{2-}$$

$$\overline{(R_4N)_2MoO_4} + 2Cl^- \longrightarrow 2\,\overline{R_4NCl} + MoO_4^{2-}$$

$$\overline{(R_4N)_2HAsO_4} + 2Cl^- \longrightarrow 2\,\overline{R_4NCl} + HAsO_4^{2-}$$

$$\overline{(R_4N)_3PO_4} + 3Cl^- \longrightarrow 3\,\overline{R_4NCl} + PO_4^{3-}$$

$$\overline{(R_4N)_2HPO_4} + 2Cl^- \longrightarrow 2\,\overline{R_4NCl} + HPO_4^{2-}$$

$$\overline{(R_4N)_2SiO_3} + 2Cl^- \longrightarrow 2\,\overline{R_4NCl} + SiO_3^{2-}$$

$$\overline{(R_4N)_2SnO_3} + 2Cl^- \longrightarrow 2\,\overline{R_4NCl} + SnO_3^{2-}$$

$$\overline{R_4NOH} + Cl^- \longrightarrow \overline{R_4NCl} + OH^-$$

由于交前液中 NaOH 浓度较高，吸附过程中有部分 OH^- 也吸附在树脂上，解吸过程中会被 Cl^- 解吸下来，生产中发现解吸液的 OH^- 浓度高于解吸剂中的 OH^- 浓度。

解吸过程与吸附过程相反，亲和力越小的离子越容易被解吸，因此阴离子解吸的先后顺序为：$F^- > Cl^- > SO_4^{2-} > SiO_3^{2-} > HPO_4^{2-} > HAsO_4^{2-} > MoO_4^{2-} > WO_4^{2-}$。

4.7.2.2　钨解吸过程阴离子在流出液中的分布

采用 5mol/L NH_4Cl + 2mol NH_4OH 作解吸剂，对 ϕ1.8m × 10m 交换柱中钨穿漏吸附饱和的 201 × 7 型强碱性阴离子树脂进行解吸，解吸流出液 WO_3 和杂质浓度与体积的变化情况如图 4 – 33 和图 4 – 34 所示。

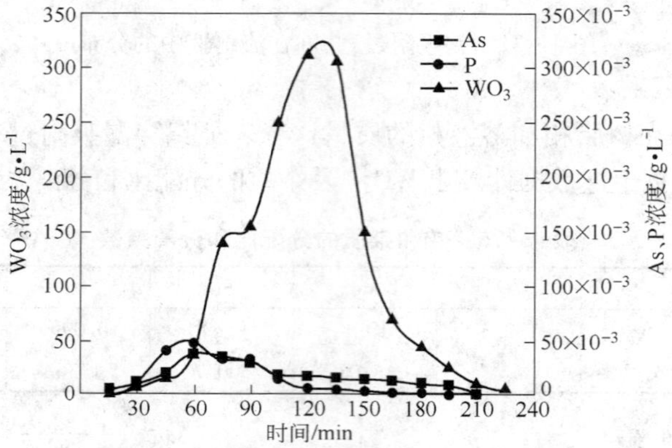

图 4 – 33　解吸液中 As、P、WO_3 浓度随时间的变化关系图

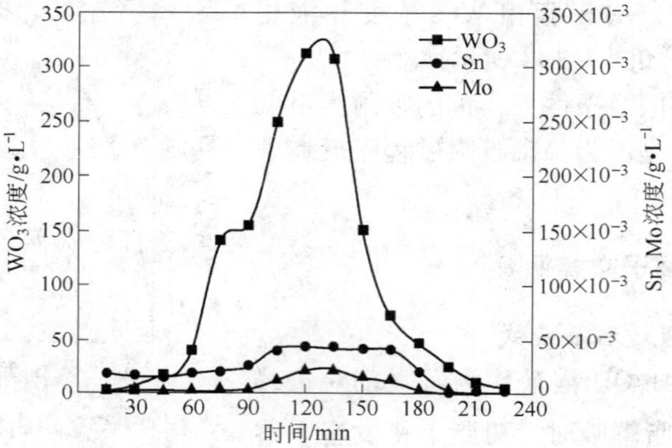

图 4 – 34　解吸液中 Sn、Mo、WO_3 浓度随时间的变化关系图

结果表明，流出液中 P、As 呈现前高后低，而 WO_3、Sn、Mo 呈现前低后高的规律，这符合其相应的阴离子与树脂亲和力的大小关系，同时也与它们吸附过程结束后在交换柱不同高度树脂层的分布有关。

4.7.2.3　不同解吸剂解吸钨的流出液分布

作者研究了在 201 × 7 型强碱性阴离子交换树脂上用 NaOH、$NaNO_3$、NaCl 和 NH_4Cl 解吸 WO_4^{2-}，得出了解吸曲线和工作交换容量。

在 25℃ 和 40mL/min 的恒定流速下，分别用 800mL（相当于 1 倍装柱树脂体积）浓度为2.5mol/dm^3、pH≥13的各种解吸剂对WO_4^{2-}完全饱和的树脂床柱解吸。图4-35和表4-76的结果表明：与稀溶液中的选择性相反，高浓度$NaNO_3$对WO_4^{2-}的解吸作用低于NaCl。这不仅因为试验浓度下其活度系数较低（$NaNO_3$为0.458、NaCl为0.691）而且与NO_3^-的水合离子半径较大，在树脂中的扩散较慢有关。NaOH难以洗脱WO_4^{2-}与其选择性很小相符。用NH_4Cl溶液洗提时，柱内树脂体积的收缩程度比NaCl溶液小1倍左右。图4-36由脱水法测定的Cl型树脂在两种溶液中比重的差别也说明：扩散通道减小引起的交换速率下降是NaCl溶液解吸效果低于NH_4Cl的重要原因。与NH_4Cl相比，NaCl解吸钨拟采用较慢的流速。

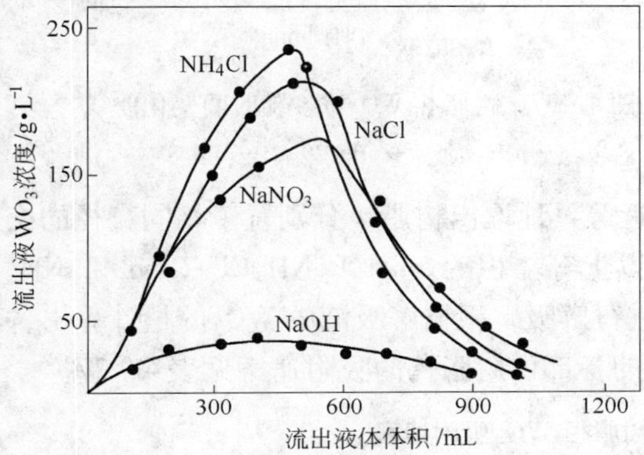

图4-35 不同解吸剂解吸WO_4^{2-}的流出液曲线

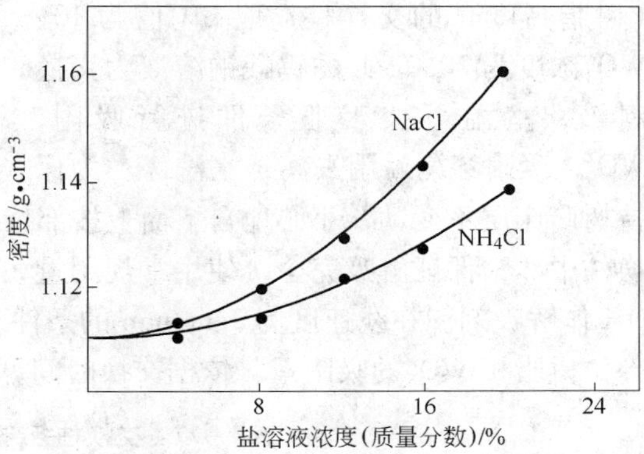

图4-36 Cl型强碱性阴离子交换树脂的密度与NaCl和NH_4Cl浓度的关系

表4-76 单一化合物对WO_4^{2-}的洗提率及洗出液成分

解吸剂	NaOH	$NaNO_3$	NaCl	NH_4Cl
解吸率/%	26.4	80.3	91.5	94.5
WO_4^{2-}浓度/mol·dm^{-3}	0.12	0.37	0.42	0.43
过剩解吸剂浓度/mol·dm^{-3}	1.75	1.27	1.16	1.15
WO_4^{2-}/过剩解吸剂/mol·mol^{-1}	0.07	0.29	0.36	0.37

4.7.3 钨离子交换动力学

4.7.3.1 钨吸附过程的交换速率

强碱性阴离子交换树脂吸附钨的过程一般为液膜扩散或颗粒扩散控制，在搅拌或液体流动较好的条件下，可以是颗粒扩散控制。某些情况下，交换速度也可能受两个步骤同时控制。

A 静态交换速率

周贤爵采用静态无限浴浸泡试验测定了WO_3 10g/L的钨酸钠溶液中不同pH下，201×7型强碱性阴离子交换树脂吸附钨的速率，如图4-37所示。

由图4-37可知，pH为8.85的溶液（钨以WO_4^{2-}存在），树脂不仅交换容量大，而且吸附速度快。在开始吸附时，ψ偏钨酸根离子吸附速度最快。这是因为刚开始交换时外传质速度和树脂表面吸附速度起决定作用，此阶段吸附速度取决于被吸附离子的带电量，而后阶段则是内传质速度起决定作用，717树脂为凝胶型树脂，交换离子的通道为交联的大分子链间间隙（凝胶孔），交换离子半径愈大扩散阻力愈大，$r_{W_{12}O_{39}^{6-}} > r_{HW_6O_{21}^{5-}} > r_{WO_4^{2-}}$。

B　动态交换速率

一定温度下，一定 WO_3 浓度的钨酸钠溶液自上而下流经强碱性阴离子交换树脂时，交换液的 WO_4^{2-} 浓度逐渐降低，而 Cl^- 浓度逐渐升高。因此交换柱各层树脂吸附钨的速率有较大的不同，与下层树脂相比，上层树脂吸附钨的速率较大。

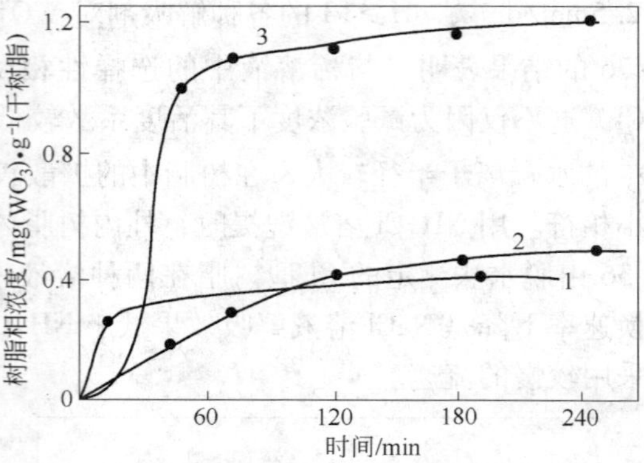

图 4－37　树脂相 WO_3 浓度随时间变化曲线

1—pH3.25；2—pH5.20；3—pH8.85

作者采用尺寸为 ϕ40mm × 760mm（树脂高度）的交换柱，取 pH 值为 13、WO_3 浓度为 20.0g/L 的钨酸钠溶液为交换料液，室温下按工业条件进行吸附，WO_4^{2-} 吸附穿漏后用去离子水洗涤。为保持树脂床层不变动，小心地自下而上按部位接近等量地取出树脂，分别置于相同直径的交换柱中。为保证解吸完全，使用常规用量 2 倍以上等体积的 5mol/L NH_4Cl + 2mol/L NH_4OH 作解吸剂。在线速度为 2cm/min 的条件下进行解吸，根据解吸液中 WO_3 的量计算出各部位树脂相 WO_3 的吸附量。依据交换时间算出的各部位树脂钨的吸附速率见表 4－77。

表 4－77　交换柱各部位树脂相 WO_3 吸附速率

树脂部位/层（自下而上）	1	2	3	4	5
吸附量/mg·g^{-1}（干树脂）	86.8	190.2	233.6	335.4	350.0
吸附速率/mg·(min·g)$^{-1}$（干树脂）	4.57	10.01	12.29	17.65	18.42

C　交换层高度

交换层高度是衡量交换条件正确与否的一个重要指标。计算公式如下：

$$h_z = h_T \frac{V_z}{V_r - (1-F)V_z}$$

$$h_z^L = h_T \frac{(1-Q_E/Q_r)}{F}$$

式中　h_T——树脂装柱高度，cm；

h_z——由速度计算交换层高度，cm；

h_z^L——由交换容量计算交换区高度，cm；

Q_r——树脂达到饱和时交换的毫克当量数，$M_{eq}(WO_3)$；

V_z——穿漏至饱和点收集的流出液体积，mL；

Q_E——树脂达到穿漏点时交换的毫克当量数，$M_{eq}(WO_3)$；

F——交换区剩余交换容量分数；

V_r——到饱和点收集的流出液体积，mL。

a　氯型树脂吸附钨的交换层高度

采用平均粒度为 d = 0.5mm 201×7 型强碱性阴离子树脂，在截面积为 1.76cm^2，树脂装柱高度为 42.5cm 的交换柱中，温度 25℃、交换液 pH 为 9 的条件下，不同 WO_3 浓度、交换流速下钨柱吸附交换层高度见表 4－78。

表 4－78 不同 WO_3 浓度、交换流速下钨柱吸附交换层高度（cm）

流速/mL·$(cm^2 \cdot min)^{-1}$	交前液 WO_3 浓度/g·L^{-1}		
	20.25	40.98	56.5
0.5	15.2	39.4	72.8
1.0	23.1	49.0	75.0
2.0	35.5	66.2	85.3

结果表明，流速越快、交前液 WO_3 浓度越高，钨吸附柱交换层高度越高。采用较低的流速和 WO_3 浓度，可以降低钨吸附穿漏时未饱和层的高度，提高钨吸附过程的穿漏吸附容量。

b 不同型树脂吸附钨的交换层高度

在 25℃和 80mL/min 的恒定流速下，用第 4.7.2.3 节（不同解吸剂解吸钨的流出液分布）中配制好的钨酸钠溶液，分别流经 NO_3^-、OH^-、Cl^- 型的强碱性阴离子树脂，相同条件下的流出液曲线如图 4－38 和图 4－39 所示。以流出液［WO_3］＜0.1g/L 为吸附穿漏点，WO_4^{2-} 吸附的工作交换容量分别为 33、133、202mg(WO_3)/g(干树脂)。由速度和交换容量计算交换区高度的公式。计算出的交换层高度见表 4－79。

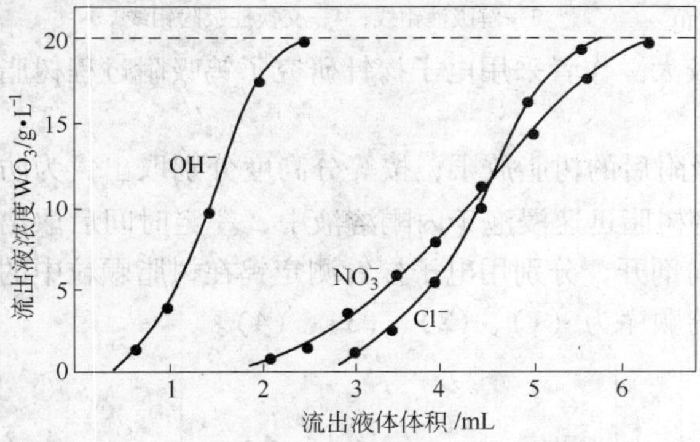

图 4－38 单一化合物洗提后吸附 WO_4^{2-} 的穿透曲线

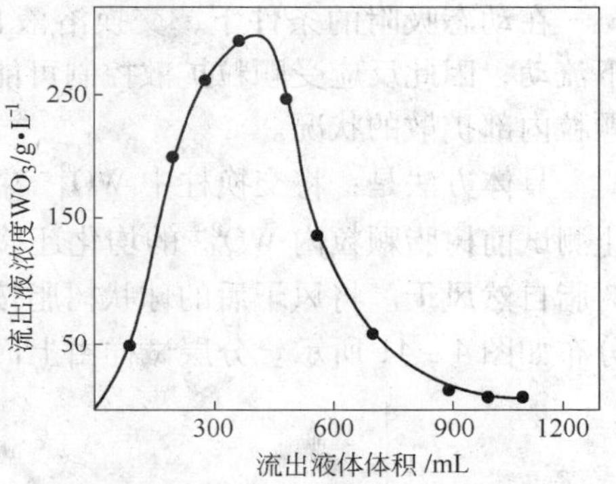

图 4－39 2.5mol/dm^3 NaCl＋2.5mol/dm^3 NaOH 溶液洗提 WO_4^{2-} 的曲线

表 4－79 不同型树脂吸附钨的交换层高度

树脂型	NO_3^- 型	OH^- 型	Cl^- 型
交换层高度/cm	62	44	28

结果显示：与 Cl^- 型相比，NO_3^- 型凝胶树脂对 WO_4^{2-} 的吸附率低且吸附速度缓慢。这不仅因为 NO_3^- 在树脂中的扩散较慢，而且与其对树脂的选择性系数远大于 Cl^- 有关。因此依靠降低吸附流速提高吸附率也是有限的。OH^- 型树脂过早穿透的异常结果证实，试验浓度下，1 倍树脂体积的 NaOH 溶液远未使树脂彻底再生。考虑到树脂的化学承受力也不宜再提高 NaOH 的洗提浓度。由于工作交换容量以及洗出液中 WO_4^{2-}/NaOH 比值均很小，故用 NaOH 作洗提剂无实用工艺价值。

4.7.3.2 钨解吸过程的交换速率

作者用分部位解吸的方法研究了钨吸附过程终了 WO_4^{2-}、MoO_4^{2-} 及砷阴离子在变换柱上的分布规律，通过解吸曲线和交换柱分布曲线叠合比较，定性地确定了解吸反应速度 $u_{WO_4^{2-}} < u_{MoO_4^{2-}} \ll u_{HAsO_4^{2-}(AsO_4^{3-})}$。

采用与第4.7.3.1节B标题（动态交换速率）中相同的方法和条件，得出解吸曲线（用测点以前的流出液累计体积分数为横坐标），将图4－29中交换柱各部位高度换算成测点以下累计体积百分数绘出分布曲线，两曲线叠合见图4－40。解吸曲线与交换柱分布曲线的差异表明，解吸过程中阴离子自上而下的相对推移速度 $v_{HAsO_4^{2-}(AsO_4^{3-})} >> v_{MoO_4^{2-}} > v_{WO_4^{2-}}$。比较曲线的斜率后可知，解吸过程与吸附过程相反，阴离子交换层高度依次为 $h_{WO_4^{2-}} > h_{MoO_4^{2-}} >> h_{HAsO_4^{2-}(AsO_4^{3-})}$。因此解吸反应速度为 $u_{WO_4^{2-}} < u_{MoO_4^{2-}} << u_{HAsO_4^{2-}(AsO_4^{3-})}$。

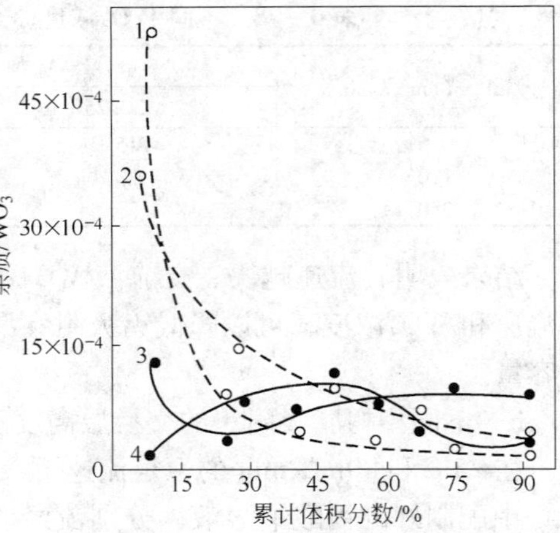

图4－40　解吸流出液与交换柱各部位的杂质/WO_3值

1—解吸液砷线；2—交换柱吸附砷线；3—解吸液钼线；4—交换柱吸附钼线

4.7.3.3　钨吸附过程反应的控制性步骤

在动态吸附的条件下，交换溶液自上而下流动，因此反应受颗粒扩散控制可能性较大。作者采用电子探针研究了钨吸附过程树脂颗粒内部扩散的状况。

具体方法是：将交换柱中 WO_4^{2-} 穿漏吸附后的树脂放干，按等分高度分别取出，为防止测试前树脂颗粒内 WO_4^{2-} 的均化迁移，将树脂迅速浸泡于丙酮溶液中，一定时间后取出树脂自然风干。将风干后的球状树脂按径向剖开，分别用电子探针测定钨在树脂颗粒中的分布如图4－41所示。分层试样由上而下的顺序为（1）、（2）、（3）、（4）。

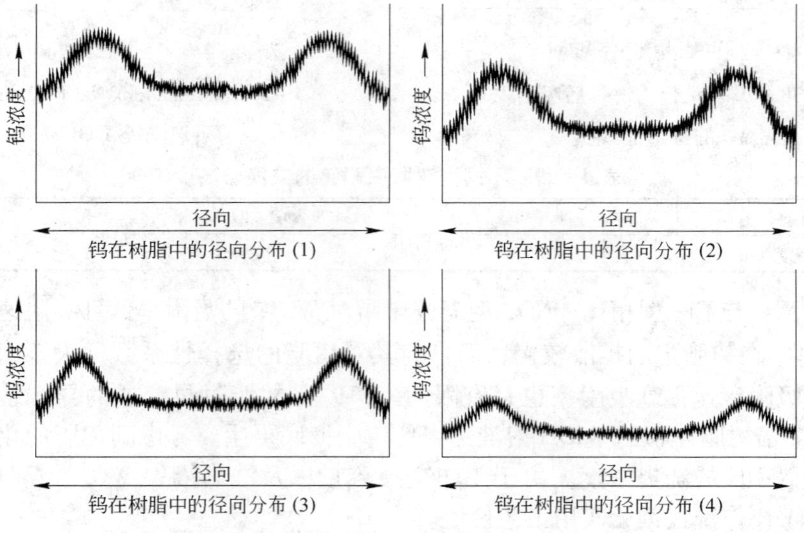

图4－41　钨在树脂颗粒中的径向分布

由图4－41可看出，钨在树脂上呈有规律的不均匀分布状态，靠近颗粒的边缘部分钨的浓度较高，而颗粒中心钨的浓度较低。随着钨吸附量的提高，两侧凸峰的高度和宽度加大，这表明随着钨浓度的升高，颗粒扩散的阻力增加。结果表明，钨动态吸附过程反应受颗粒扩散控制。

4.7.3.4 吸附反应的动力学方程和活化能

A 吸附反应的动力学方程

在树脂粒径为0.7±0.1mm，pH值为8.5，交前液含 WO_3 浓度为10、15、20g/L，温度为35℃条件下，通过无限浴静态浸泡得出树脂相 WO_3 浓度随时间变化关系。通过数据拟合得出的钨吸附动力学方程为：

液相 WO_3 浓度为10g/L时：

$$1-3(1-F)^{\frac{2}{3}}+2(1-F)=-0.05567+0.0055t \quad (相关系数为0.99799)$$

液相 WO_3 浓度为15g/L时：

$$1-3(1-F)^{\frac{2}{3}}+2(1-F)=-0.056+0.00683t \quad (相关系数为0.98969)$$

液相 WO_3 浓度为20g/L时：

$$1-3(1-F)^{\frac{2}{3}}+2(1-F)=-0.061+0.00769t \quad (相关系数为0.98799)$$

通过实验结果作图求得钨吸附过程的反应级数 n 为0.485。

B 吸附反应平衡常数与温度的关系式和活化能

在树脂粒径为0.7±0.1mm，pH值为8.5，交前液含 WO_3 浓度为10g/L，通过无限浴静态浸泡得出树脂相 WO_3 浓度随温度的变化关系，通过数据拟合得出的钨吸附动力学方程为：

温度为25℃时：

$$1-3(1-F)^{\frac{2}{3}}+2(1-F)=-0.04187+0.00398t \quad (相关系数为0.99858)$$

温度为35℃时：

$$1-3(1-F)^{\frac{2}{3}}+2(1-F)=-0.05387+0.00548t \quad (相关系数为0.99558)$$

温度为45℃时：

$$1-3(1-F)^{\frac{2}{3}}+2(1-F)=-0.05647+0.00778t \quad (相关系数为0.99799)$$

通过实验数据得出相同浓度和不同温度时离子交换过程的反应速率常数 k。以 $\ln k$ 对 $1/T$ 作图。得出温度与反应速率常数的关系式为：

$$\ln k=5.166-3.19\times10^3\times\frac{1}{T} \quad (相关系数为0.99756)$$

根据阿累尼乌斯方程：

$$\ln k=-\frac{E_a}{RT}+A$$

求得钨吸附过程的表观活化能 $E_a=26.5\text{kJ/mol}$。其值小于判定颗粒扩散控制的表观活化能值29.288kJ/mol，即反应为颗粒扩散控制。

4.7.4 钨吸附过程原理及工艺

强碱性阴离子交换吸附钨过程的目的是：使 WO_4^{2-} 尽可能多的吸附于树脂上，而杂质阴离子能随交后液排出而得到净化，因此如何提高钨的操作交换容量是实现上述目的的关键。提高钨的操作交换容量有以下几点好处：

（1）可以提高交换树脂利用率和设备产能；

（2）可以降低树脂上杂质的吸附率；

（3）可以节约后续解吸过程解吸剂用量、减少 NH_4Cl 和 NH_4OH 的消耗；

（4）可以获得钨浓度较高的钨酸铵溶液，降低后续蒸发结晶蒸汽消耗；

（5）由于后续洗钨过程去离子水的用量仅与树脂的体积有关，因此操作交换容量提高可以降低单位产品 APT 纯水的用量。

优化工艺技术条件，降低交后液中 WO_3 的含量、提高吸附过程钨的金属回收率，也是钨吸附过程的重要技术经济指标。

4.7.4.1　影响钨吸附过程操作交换容量的因素

A　交前液中 WO_3 的浓度

交前液中 WO_3 的浓度是影响操作交换容量最主要的因素。交前液 WO_3 浓度的确定受阴离子树脂吸附钨的速率的限制。在相同的流速下，过高的交前液 WO_3 浓度，导致在单位横截面积上所通过的 WO_4^{2-} 数量大于该横截面上的树脂交换能力，而使 WO_4^{2-} 透过这一层截面向下移动。同时上一截面积与 WO_4^{2-} 交换下来的 Cl^- 大量存在，使流经树脂的溶液中 Cl^- 浓度较高，进一步降低了钨的吸附速度和吸附率。WO_4^{2-} 的下移使交换区拉长，交换层高度增大，降低钨的吸附容量。

工业实践表明强碱性阴离子吸附过程交前液的 WO_3 浓度控制在 16～22g/L 时，具有较高的操作交换容量。作者采用创新的吸附和解吸工艺，使钨穿漏吸附操作交换容量与全交换容量的比值达到 84%。一般条件下，交前液中 WO_3 浓度与操作交换容量的关系见表 4－80。

表 4－80　交前液中 WO_3 浓度与操作交换容量的关系

WO_3/g · L^{-1}	5.40	10.08	16.20	21.60	27.00	32.40
mg(WO_3)/g(干树脂)	294.3	270.9	251.7	211.5	183.1	155.0
操交/全交/%	81.77	75.23	69.95	58.80	50.88	43.07

B　交前液中 Cl^- 浓度

交前液中 Cl^- 浓度对强碱性阴离子吸附钨有很大的影响。钨在树脂上吸附是 WO_4^{2-} 从树脂上置换出 Cl^- 的过程，当交前液流经树脂层时，随着钨的吸附反应溶液中的 Cl^- 浓度逐渐增大，一定程度上会影响 WO_4^{2-} 的吸附。如果起始交前液中 Cl^- 过高，两者叠加的效应将会使钨的吸附更加困难。因此交前液中 WO_3 浓度越高的溶液其 Cl^- 含量要求越低。Cl^- 浓度越高，交换区高度越大，吸附过程越容易提前穿漏，从而降低树脂的操作交换容量。生产实践表明，交前液中的 Cl^- 浓度应控制在 0.8g/L 以下。以无 Cl^- 吸附时的操作交换容量为 100，交前液中 Cl^- 浓度对钨操作交换容量的影响如图 4－42 所示。不同 WO_3 浓度的交前液中 Cl^- 含量的要求见表 4－81。

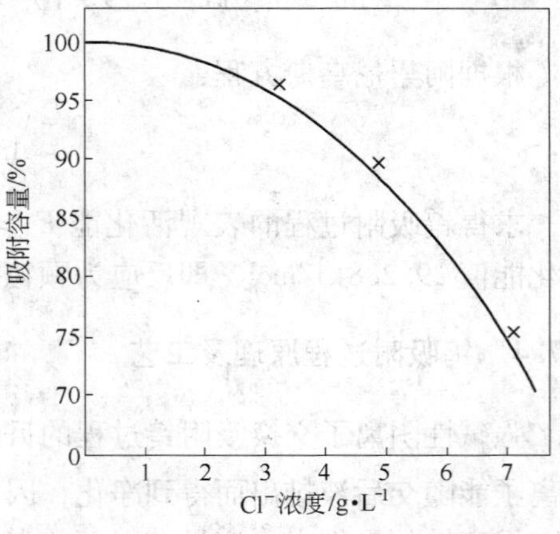

图 4－42　Cl^- 浓度对吸附容量的关系

表 4-81 交前液中 WO_3 与 Cl^- 对应含量

WO_3/g·L^{-1}	26	21	16
Cl^-/g·L^{-1}	0.2	0.5	0.8

C 交前液中 NaOH 浓度

由于 OH^- 与树脂的亲和力远小于 Cl^-，交前液中 NaOH 的浓度对钨吸附过程操作容量的影响较小。但 NaOH 浓度超过一定量时也将对钨的吸附产生不利影响，NaOH 浓度对钨吸附过程操作交换容量的影响见表 4-82。

表 4-82 NaOH 浓度对钨吸附过程操作交换容量的影响

NaOH/g·L^{-1}	1	5	10	15	20	25	30.0	35.0	40.0
mg（WO_3）/g（干树脂）	286.1	258.6	247.2	217.0	199.3	180.7	170.8	159.5	144.2
操交/全交/%	79.49	71.86	68.69	60.30	55.38	50.21	47.46	44.32	40.07

D 交换柱的高度

钨的操作交换容量与交换柱的高径比没有固定的关系。高径比小而绝对高度大的交换柱照样有较高的操作交换容量。树脂的装柱高度才对钨吸附过程操作交换容量有较大的影响。随着柱高的降低，这种影响更加显著。在一定的交前液 WO_3 浓度和流速下，交换柱中交换区的高度相同。树脂装柱高度越高，钨吸附过程饱和区与交换区的比值越大，钨吸附饱和的树脂占比越多，操作交换容量越大，反之亦然。当交换柱的直径相同时，高径比才对钨的操作交换容量有影响。直径相同时高径比对钨吸附的操作交换容量的影响见表 4-83。

表 4-83 柱高对钨吸附的操作交换容量的影响

高径比	5.6/1	8.4/1	11.2/1	16.8/1	22.4/1
mg(WO_3)/g(干树脂)	152.9	184.0	229.0	241.7	163.9
操交/全交/%	42.48	51.12	63.90	67.20	73.35

E 吸附流速

溶液的流速一般用线速度来表示，即 m/min，或 cm/min。可由下列公式求得：

$$\text{线速度}(m/min) = \text{流量}(m^3/min) \div \text{交换柱截面积}(m^2)$$

$$\text{线速度}(cm/min) = \text{流量}(cm^3/min) \div \text{交换柱截面积}(cm^2)$$

一定范围内，钨吸附过程溶液的流速对钨的操作交换容量有较大的影响。线速度过大以致溶液中 WO_4^{2-} 的向下移动速度大于离子粒扩散速率时，将造成交换区拉长、交换层高度增大。使吸附过程过早穿漏、钨操作交换容量下降。当线速度较小、WO_4^{2-} 的向下移动速度小于离子粒扩散速率时，这种影响不明显。吸附过程流速对钨操作交换容量的影响见表 4-84。

表 4-84 吸附过程流速对钨操作交换容量的影响

线速度/cm·min^{-1}	2.5	5.0	7.5	10.0	12.5
mg(WO_3)/g(树脂)	290.6	241.7	238.8	220.3	204.3
操交/全交/%	80.76	67.70	66.36	66.20	58.07

4.7.4.2　钨吸附工艺过程及技术条件

A　交前液的质量要求

交前液的化学成分和物理质量对钨吸附过程操作交换容量的提高极为重要。其中化学成分（除S元素外）只影响单个循环过程，而物理质量不好的交前液将严重污染树脂，使树脂的交换活性下降，如不再生清洗将对后续吸附循环过程一直产生影响。交前液的质量要求为：

（1）交前液必须清澈透明，无固体和液体胶状悬浮物，不含油类等有机化合物；

（2）WO_3浓度根据树脂的使用年限可控制在22～16g/L；

（3）Cl^-浓度低，其最高值不应超过0.8g/L；

（4）OH^-浓度应控制在小于10g/L的范围内；

（5）S^{2-}浓度控制在不超过2g/L。

B　浓钨酸钠溶液的稀释和过滤

a　稀释

由于Cl^-浓度对钨吸附操作交换容量影响很大，故浓钨酸钠溶液的稀释用水应严格控制Cl^-含量。另外，Ca^{2+}含量高的水对工艺也有一定的危害。

粗钨酸钠溶液一般采用自来水进行稀释，但要求水中Cl^-浓度小于0.1g/L，Ca^{2+}含量较高时稀释过程容易产生无定形$CaWO_4$沉淀，这不但造成二次滤渣含钨量增大，而且由于过滤中容易穿透滤布，吸附时进入交换柱中长期影响钨的吸附，因此钙和氯含量高的自来水在稀释前应采用电渗析和离子交换等方法进行软化和纯化处理。我国各地自来水的硬度（Ca^{2+}、Mg^{2+}含量）不同，Ca^{2+}是有害的，而Mg^{2+}在稀释过程中对钨无害，对除去磷、砷、硅等杂质还有一定效果，所以对自来水硬度要求应小于8（德国度），全国部分地区自来水硬度列于表4－85。

表4－85　全国部分地区自来水硬度（德国度）

城　市	北京	南京	西安	合肥	上海	旅大	鞍山
水硬度	10.3	3.6	7.56	3.2	9.9	4.62	16.4
城　市	武汉	广州	福州	天津	重庆	镇江	吉林
水硬度	5.44	1.6	1.1	11.0	4.3	4.09	5.7
城　市	成都	长沙	郑州	西宁	乌鲁木齐	无锡	包头
水硬度	9.04	3.4	12.9	17.2	13	7.16	11.7

注：1毫克当量＝2.8德国度。

为了节约用水，可以用本工艺回收的洗涤水、反洗水和冷却水等稀释钨酸钠溶液。由于碱解使用的苛性碱中一般含有较高量的NaCl，故采用回收废水稀释钨酸钠溶液时，应控制最终配制的交前液中Cl^-含量小于0.8g/L，当钨酸钠溶液中磷、砷、硅等杂质较高时，可在稀释过程中加入一定量的镁盐，使上述杂质生成难溶的镁盐而除去。

b　过滤

为保证配好的交前液化学成分的均匀性，浓钨酸钠溶液的稀释一般在带有空气搅拌或机械搅拌的交前液配制槽中进行。为了彻底的除去交前液中的悬浮颗粒，稀释配制的交前液应进行两次过滤。工业生产中可采用一次板框过滤加二次精密过滤器过滤，或采用两次板框过滤，均能达到过滤要求。

C 单柱吸附工艺及技术条件

a 技术条件

优化的工艺和技术条件，可使钨吸附过程获得较高的操作交换容量。目前我国工业生产中采用的技术条件为：

交前液 WO_3浓度：16 ~ 22g/L

吸附线速度：6 ~ 8cm/min

交前液的 WO_3浓度和吸附线速度的确定，与树脂使用的年限、树脂污染的程度、交前液中 Cl^-含量和交换柱的高度有关，应根据具体情况进行适当的调整。

b 工艺过程

将配制好的交前液泵入高位槽或直接泵入交换柱，通过交换柱下的转子流量计控制流速进行吸附。吸附过程接近穿漏前，通过盐酸 + 锌粒（或 $TiCl_3$、$SnCl_2$等）定性方法不断检测流出的交后液。当测试样出现蓝色时，则判定为钨穿漏，停止吸附。一般吸附终点交后液 WO_3浓度控制在 0.1 ~ 0.2g/L。

D 串柱吸附工艺

串柱吸附工艺是把多根交换柱前后串联的吸附方法，该法在较大程度上增加了柱子的高度，但解吸过程分为单柱解吸。串柱吸附工艺的优点是：

（1）可以采用 WO_3浓度较高的交前液吸附；

（2）第一根吸附柱可以获得较高的操作交换容量；

（3）交后液中 WO_3浓度较低，吸附过程金属收率有一定程度提高；

（4）可在一定范围内提高磷、硅、砷等杂质阴离子的除去率；

（5）解吸出的钨酸铵溶液浓度较高，解吸剂用量相对减少。

但串柱吸附工艺的上述优势相对较小，同时还存在着下述缺点：

（1）作业时间较长，单位时间树脂的利用率较低；

（2）设备投资相对较大，设备利用率较低；

（3）动力消耗增加；

（4）操作较为复杂。

目前我国生产企业大多采用单柱吸附工艺，仅有少数厂家采用串柱吸附工艺生产。

E 吸附后洗柱

钨吸附穿漏后，交换柱树脂表面和间隙中存有大量的钨酸钠溶液，如果直接进行解吸，则大量的 Na^+将存在于钨酸铵溶液中，蒸发结晶后的 APT 产品钠含量将严重超标。因此，解吸前必须增加洗柱操作，生产中将这种操作习惯称为“洗钨”。洗钨操作一般采用去离子水作为洗涤剂。因此，去离子水的用量和纯度将决定洗涤效果的好坏，也是保证 APT 中钠含量达标的关键。一般采用电阻率为（2 ~ 4）$\times 10^4\Omega \cdot m$ 的纯水，当解吸剂 NH_4Cl 中钠含量小于 30×10^{-4}% 时，用电阻率为 $2 \times 10^4\Omega \cdot m$ 纯水洗钨，洗水用量与 APT 中钠含量的关系见表 4 - 86。

表 4 - 86 洗水用量与 APT 中钠含量的关系

用量（树脂体积的倍数）	0	0.5	1.0	1.5	2.0
APT 中钠含量/%	350×10^{-4}	55×10^{-4}	23×10^{-4}	8×10^{-4}	5×10^{-4}

4.7.5　钨解吸过程原理及工艺

解吸是吸附的逆过程。对穿漏吸附后钨饱和的树脂进行解吸的过程，可以同时实现钨酸钠盐向钨酸铵盐转型、钨浓缩和树脂再生的目标。优化工艺条件能够得到过剩解吸剂和杂质含量低、WO_3浓度高的钨酸铵溶液，同时树脂解吸得越彻底，再生效果越好，这对于维持下个循环较高的钨操作交换容量极为关键。

4.7.5.1　解吸前的淋洗工艺

高杂质钨矿碱分解所得钨酸钠溶液中磷、硅、砷、锡等杂质含量较高，配制交前液经钨吸附过程净化后，树脂上杂质的吸附率较高。直接使用5mol/LNH_4Cl和2mol/LNH_4OH解吸所得钨酸铵溶液蒸发结晶，产品APT中杂质含量往往超标。因此，根据WO_4^{2-}和杂质阴离子亲和力大小的差异，在钨解吸前使用较低浓度的解吸剂对树脂进行淋洗，以达到进一步净化除杂的目的。淋洗作业实际上是对树脂上杂质阴离子进行预先解吸。

淋洗的要求是要使钨尽可能不被解吸而杂质尽可能多的解吸下来，但淋洗作业不可避免的会带来钨损。因此，需要选择适当的淋洗剂组成和浓度。淋洗剂的pH值一般应大于9，目前常用的淋洗剂有NaOH、NaOH + NaCl、NaOH + NH_4Cl。

A　动态淋洗

a　淋洗技术条件

淋洗剂浓度：一般为5～10g/L为宜；

淋洗剂用量：根据树脂上杂质含量的高低确定；

淋洗线速度：2～4cm/min。

b　工艺过程

动态淋洗是将配置好的一定体积的淋洗剂，控制一定流速放入钨吸附饱和的交换柱，含有大量杂质的淋洗后液由交换柱底部排出。淋洗剂放完后用去离子水对树脂进行洗涤，其工艺条件与吸附过程结束后的洗涤相同。

B　静态局部淋洗

作者在探明钨吸附饱和后阴离子在交换柱上的分布规律的基础上，研究了局部淋洗的工艺方法。

其主要实质是，吸附终了时上部树脂相各种阴离子已达原始料液浓度下的饱和状态，杂质/WO_3值很低，已达净化要求，而下部树脂WO_4^{2-}未饱和，砷、磷、硅阴离子均接近饱和，其杂质/WO_3值比上部高一个数量级。使用相同的淋洗剂和淋洗速度进行动态淋洗，将会相对增加淋洗WO_3损失，降低除杂效率。而采用局部分层的静态浸泡淋洗工艺可克服以上缺点。

试验取钨细泥碱解后的结晶溶解液为交前液，其成分（g/L）为：WO_3 20.0、As 0.103、Mo 0.017、NaOH 4.0。吸附饱和后在ϕ40mm×760mm（树脂高度）交换柱中进行了常规动态淋洗和静态局部淋洗的对比试验。常规淋洗条件是淋洗线速度4cm/min，先用400mL 10g/LNaOH溶液淋洗，后用400mL 5g/LNH_4Cl溶液（pH = 9）淋洗，局部淋洗条件是先用400mL 10g/LNaOH溶液，后用400mL 5g/LNH_4Cl溶液（pH = 9）局部浸泡下部树脂层（约占树脂总体积的3/5）各0.5h。数次试验的平均结果见表4－87。

表 4-87 局部淋洗与常规淋洗比较

项目	高峰 $(NH_4)_2WO_4$ 溶液 WO_3 和杂质总量					全过程除杂率		NaOH 淋后液		NH_4Cl 淋后液		淋洗
	WO_3 /g	As /mg	Mo /mg	As/WO_3 /%	Mo/WO_3 /%	As /%	Mo /%	体积 /mL	WO_3 /$g \cdot L^{-1}$	体积 /mL	WO_3 /$g \cdot L^{-1}$	WO_3 损失/%
常规淋洗	96.70	19.76	57.20	0.020	0.059	95.4	19.0	500	3.8	500	1.4	2.70
局部淋洗	97.86	10.93	52.25	0.011	0.053	97.4	26.8	400	0.71	700	0.46	0.62

从结果看出，使用相同浓度和用量的淋洗剂，局部淋洗所得高峰 $(NH_4)_2WO_4$ 溶液和 APT 中杂质含量明显降低，淋洗 WO_3 损失仅为常规的 1/4。

4.7.5.2 解吸过程技术条件

A 不同解吸剂解吸钨的效果

选用适当的解吸剂可将饱和的钨从树脂上解吸下来，得到纯净的钨酸铵溶液。为防止 APT 在树脂上析出，必须加入 NH_4OH 维持解吸剂 pH≥9，可供选择的解吸剂有：

(1) $NH_4Cl + NH_4OH$；

(2) $NH_4NO_3 + NH_4OH$；

(3) $(NH_4)_2CO_3 + NH_4OH$；

(4) $(NH_4)_2SO_4 + NH_4OH$。

强碱性阴离子亲和力的大小顺序为：$SO_4^{2-} > CO_3^{2-} > Cl^- > NO_3^-$，但相关文献的研究表明，钨解吸过程解吸效果的顺序为 $Cl^- > NO_3^- > SO_4^{2-} > CO_3^{2-}$，从引入杂质和解吸再生后钨吸附操作容量综合因素考虑，工业生产中一般采用 $NH_4Cl + NH_4OH$ 作解吸剂，不同解吸剂的解吸效果如图 4-43 所示。

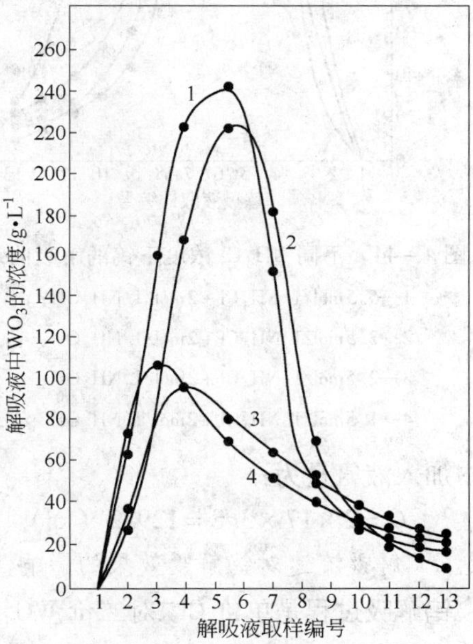

图 4-43 不同解吸剂的解吸曲线

1—3.5mol/L NH_4Cl + 2mol/L NH_4OH；

2—3.5mol/L NH_4NO_3 + 2mol/L NH_4OH；

3—3.5mol/L $(NH_4)_2CO_3$ + 2mol/L NH_4OH；

4—3.5mol/L $(NH_4)_2SO_4$ + 2mol/L NH_4OH

B 解吸剂的质量要求

APT 中的 Na^+、K^+ 主要来源于作为解吸剂的 NH_4Cl 以及钨吸附后的洗涤水，因此 NH_4Cl 中的钠、钾含量应严格控制。工业生产一般采用精制 NH_4Cl 作为解吸剂，其钠、钾含量要求为：$Na^+ \leqslant 30 \times 10^{-4}\%$、$K^+ \leqslant 10 \times 10^{-4}\%$。

C 解吸剂浓度对钨解吸效果的影响

选定 $NH_4Cl + NH_4OH$ 做解吸剂，Cl^- 是一价，WO_4^{2-} 是两价，与树脂的亲和力 Cl^- 远小于 WO_4^{2-}，反应不太容易进行，必须提高解吸剂中 Cl^- 的浓度，才有利于 WO_4^{2-} 的解吸。也就是说，一定范围内 Cl^- 浓度越高越好。解吸剂浓度越高解吸所得的钨酸铵溶液浓度越高、解吸液中 Cl^-/WO_4^{2-} 比值越低、解吸时间越短、钨解吸得越彻底。解吸剂浓度低，不但解吸剂消耗增大，而且解吸液钨酸铵溶液浓度上升和下降都较缓慢，有时还会出现解吸不完全，导致下一次吸附作业过早穿漏，使钨吸附过程无法正常进行。但解吸剂浓

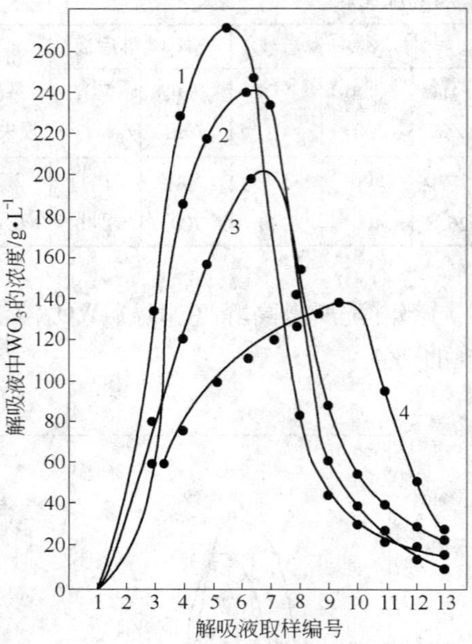

图 4 – 44　不同 NH_4Cl 浓度下钨的解吸曲线

1—5.5mol/L NH_4Cl + 2mol/L NH_4OH；

2—3.5mol/L NH_4Cl + 2mol/L NH_4OH；

3—2.5mol/L NH_4Cl + 2mol/L NH_4OH；

4—1.5mol/L NH_4Cl + 2mol/L NH_4OH

度过高也会不必要地增加解吸剂消耗。生产实践表明，解吸剂 NH_4Cl 以 4.5 ~ 5mol/L 为宜，由于 NH_4Cl 水溶液显微酸性，解吸剂中 NH_4OH 浓度必须保持在 1.5 ~ 2mol/L 之间，以维持 pH≥9。游离氨不足将造成 APT 结晶析出，严重时会使树脂中毒甚至堵塞，使下一循环吸附作业无法进行。不同 NH_4Cl 浓度下钨的解吸效果如图4 – 44 所示。

D　解吸剂的用量及配制方法

为保证钨解吸彻底，必须使用超过化学反应当量的解吸剂用量。解吸剂的用量与吸附的饱和程度和解吸过程的操作工艺有关。生产实践表明，解吸剂用量在理论用量的 2.2 倍左右，才能保证钨解吸完全。由此可算出树脂上每吸附 1000kgWO_3，所需要的 5mol/L 解吸剂体积为：

$$V = \frac{1000 \times 53.5 \times 2 \times 2.2}{232 \times 5 \times 53.5} = 3.8\ (m^3)$$

配制方法为：先将一定量 NH_4Cl 加入溶液中，再通入液氨。如果以 2mol/LNH_4OH 浓度计算，则树脂上每吸附 1000kgWO_3 须在溶液中加入液氨量为：

$$Q = 2 \times 17 \times 3.8 = 129.2\ (kg)$$

E　解吸流速对钨解吸效果的影响

钨解吸过程是单价 Cl^- 对二价 WO_4^{2-} 的交换反应，因此解吸流速应小于吸附流速。流速过快，会导致解吸出的钨酸铵溶液钨浓度降低，增大解吸剂消耗量，使钨的解吸不能彻底。速度过慢，会使作业时间延长、生产率下降。工业生产上一般控制解吸流速为 2 ~ 4cm/min。一般条件下，不同解吸流速下流出液钨浓度变化如图 4 – 45 所示。

F　解吸流出液的分割

解吸流出液 WO_3 浓度具有接近正态分布的特点，WO_3 浓度由低到高，再由高到低，相对而言由低到高上升较慢，而由高到低下降较快。生产上根据解吸流出液的先后顺序，将解吸流出液称为“一段液”、“二段液”、“三段液”。它们的化学成分特

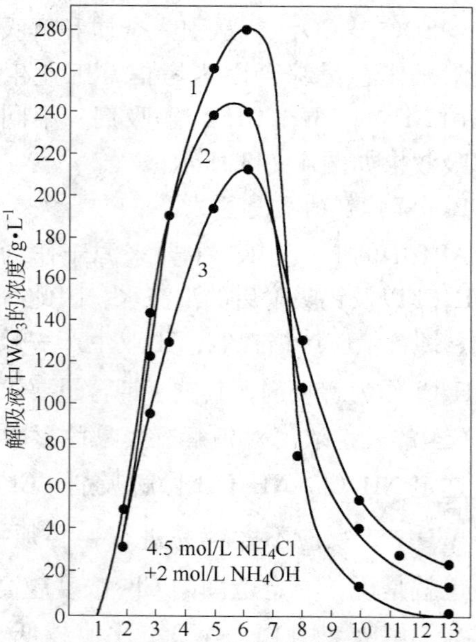

图 4 – 45　线速度对解吸效果的影响

1—2cm/min；2—4cm/min；3—6cm/min

点各是：

（1）一段液：磷、砷、硅杂质含量高、WO_3浓度低（20～40g/L）、Cl^-含量高（10g/L左右）；

（2）二段液：磷、砷、硅杂质含量低、WO_3浓度高（250g/L左右）、Cl^-含量高（20～30g/L）；

（3）三段液：磷、砷、硅杂质含量最低、WO_3浓度低（20～40g/L）、Cl^-含量高（100g/L左右）。

为操作方便，生产上一般按流出液的先后顺序，根据密度的变化进行切割：解吸开始，密度1.01～1.08的流出液取为一段液，溶液密度由1.08上升后经过高峰值下降为1.08的流出液取为二段液，由密度1.08下降为1.00的流出液取为三段液。

解吸流出液中的一段液可返回配交前液，也可以在下一阶段吸附及洗涤完成后解吸前放入交换柱；二段液直接送蒸发结晶工序结晶APT；三段液返回解吸剂配制槽补加NH_4Cl和液氨后作解吸剂备用。

操作上可把三段液前部分（约占体积的80%）和后部分（约占体积的20%）分开，分别补加NH_4Cl和液氨配制解吸剂。解吸时按前后顺序分别放入交换柱中进行解吸，以保证解吸完全，同时对提高钨酸铵溶液的浓度也有一定作用。

4.7.5.3 解吸工艺操作过程

（1）配制解吸剂，在装有三段液的配制槽中，补加一定量的NH_4Cl并启动搅拌使其溶解，然后补加一定量的液氨。检测化验达到解吸剂的成分要求后，再泵入板框压滤机或精密过滤器进行过滤。将过滤好的解吸剂泵入高位槽。

（2）将树脂上水面降低到比树脂面高出1～2cm。

（3）将高位槽中的解吸剂放入交换柱，调整流速为2～4cm/min进行解吸。

（4）加入解吸剂后，在流出口不断检测，没有钨的流出液弃去或作稀释用水，出现钨时流出液放入一段液储槽，当密度达到1.08时流出液放入二段液储槽，流出液密度继续上升然后下降，待密度降为1.08时，取完二段液开始取三段液，当溶液中检测不出钨时取完三段液。三段液放入三段液储槽。

4.7.5.4 干式解吸工艺

作者在钨冶炼离子交换工艺中，用干式解吸法改革了传统的解吸工艺，提高了离子交换前工作交换容量，降低了解吸剂单耗，提高了产品质量和产量。

目前固定床离子交换解吸操作方法是：解吸剂放入前，须将交换柱内液面降低，但应保留高出树脂层10～20cm的水垫层。一般认为液面降至树脂层以下，解吸过程中大量气泡将滞留在树脂间隙，妨碍解吸剂和树脂之间的离子交换反应，降低整体反应表面面积，影响解吸效果。

传统解吸工艺的缺点是：由于解吸剂在流动方向上与柱内残留洗水发生混合与扩散，使原始解吸剂浓度因稀释而降低，从而难于达到原始解吸剂浓度条件下的解吸效果，降低了工作交换容量，增加了解吸剂消耗，同时拉长了解吸过程，增大了解吸液的体积。这种混合与扩散的程度影响因素很复杂。根据菲克第一定律和Wilke等人提出的液体扩散系数计算式，解吸剂在交换柱内自上而下扩散的绝对速度主要与解吸剂的浓度梯度、重度、黏度、温度、流动状态以及树脂的物理规格和交换柱直径等有关。

在钨冶炼离子交换工艺中，由于解吸剂（5mol/L NH_4Cl + 2mol/LNH_4OH）黏度小，特别是随着解吸反应的进行，解吸液的 WO_4^{2-} 浓度逐渐增大。解吸剂和解吸出的 $(NH_4)_2WO_4$ 的混合溶液与洗水的重度差越来越大，自上而下的混合扩散程度相当严重。解吸效果受到很大影响。

干式解吸工艺对传统的解吸方法进行了革新。通过降低解吸剂与前后洗水的稀释程度而提高了解吸过程解吸剂的实际浓度，较大幅度提高了再生程度。

试验中还发现：对于解吸反应中有放热现象的解吸过程，干式解吸法能够提高解吸液温度。这对于增大离子交换粒扩散和膜扩散速度，以至在相同解吸剂浓度条件下提高再生程度，达到热力学平衡非常有利。解吸液温度升高，可认为是由于解吸剂实际浓度提高及解吸液体积缩小使放热效应加剧和集中所致。

A　操作方法

交换穿漏后用无离子水洗涤交换柱至 pH 值达到中性。解吸剂放入前，打开交换柱上封头放气阀，将交换柱内液面降至树脂层下一定位置。此时上部的大部分树脂层水已放干。然后放入解吸剂（先放入上次解吸出的前稀液，后放入解吸剂，解吸剂由上次解吸出的后稀液添加 NH_4Cl 和液氨配制而成），解吸剂用完后，待液面降至树脂层以下一定位置，树脂层上部树脂再次放干后，再放无离子水洗 Cl^-。

采用上述干式操作后带入柱内的气泡由下而上与解吸剂反向运动。在运动过程中气泡由小变大。大量气泡能够在解吸开始后半小时内，通过交换柱上封头→解吸剂放入管→解吸剂高位槽迅速排去。交换柱液面将上升至树脂层以上。

由于解吸剂与解吸出的含 WO_4^{2-} 的混合溶液重度较大，且随着解吸过程自上而下的进行，柱内溶液重度与气泡重度的差越来越大，致使气泡的浮力 > 气泡的重力 + 气泡通过固定球状树脂的阻力 + 气泡通过缓慢向下运动的解吸剂的阻力。

解吸的完全性和解吸所得 $(NH_4)_2WO_4$ 溶液浓度提高表明，干式解吸法不但不影响解吸剂与树脂的扩散动力学条件，相反由于解吸液和气泡的反向运动，树脂呈现轻微的相对运动，近似地起着搅拌的作用，对解吸过程十分有利。

B　工业试验结果

采用 ϕ1.04m × 6m 交换柱，201 × 7 型树脂填充高度 5.2m，湿树脂填充量 3.09t，折合干树脂 1.70t。在料液浓度 18 ~ 20g/L、交换线速度 5 ~ 6cm/min、解吸剂组成 5mol/L NH_4Cl + 2mol/LNH_4OH、解吸线速度 2cm/min 条件下进行了工业试验。

a　解吸前液面高度对解吸液 $(NH_4)_2WO_4$ 浓度的影响

试验表明，解吸前液面降得越低，即交换柱内残留洗水越少，解吸剂原始浓度在解吸过程中稀释程度越低，解吸出的 $(NH_4)_2WO_4$ 浓度越高。解吸前液面高度对解吸液 $(NH_4)_2WO_4$ 浓度的影响如图 4 – 46 所示。

b　$(NH_4)_2WO_4$ 溶液浓度与温度的关系

试验表明，解吸过程中解吸出的 $(NH_4)_2WO_4$ 溶液出现高峰值后，溶液温度将升高，且升高的程度与高峰值 $(NH_4)_2WO_4$ 溶液的浓度成正比。干式解吸法 $(NH_4)_2WO_4$ 浓度峰值由原来的 290g/L 提高到 470g/L，温度相应由 35℃ 提高到 55℃。有人测定了 WO_4^{2-} 在 25℃时的扩散系数为 0.3℃时的 3 倍，根据温度每提高 1℃，颗粒扩散速度加快 4% ~ 8% 推算，钨冶炼干式解吸法可使粒扩散速度加快 2 ~ 4 倍。结果如图 4 – 47 所示。

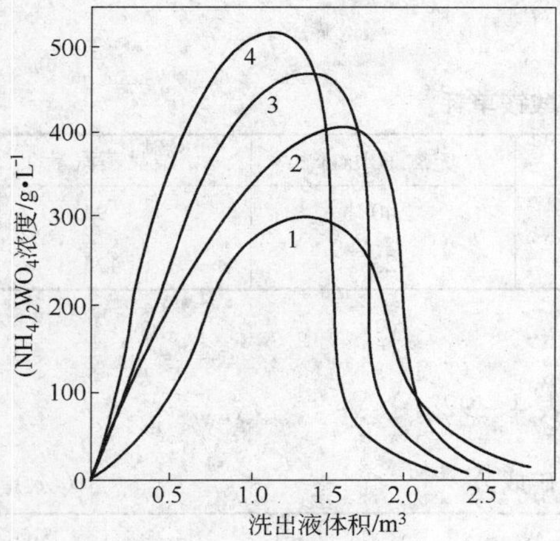

图 4-46 解吸前液面高度对 $(NH_4)_2WO_4$ 浓度的影响

1—降至树脂层上 10cm；2—降至树脂层下 1m；3—降至树脂层下 2m；4—降至树脂层下 3m

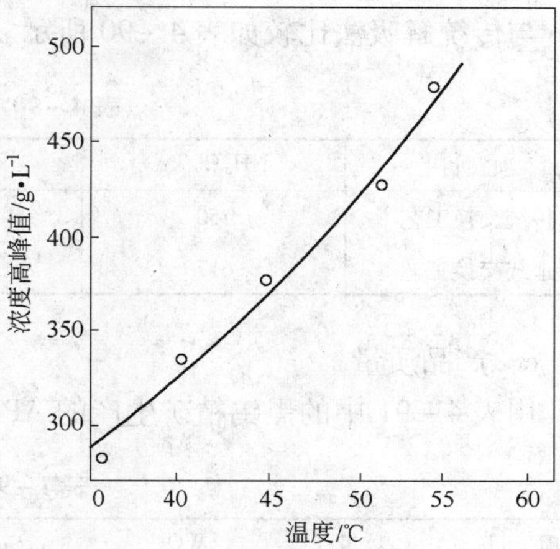

图 4-47 $(NH_4)_2WO_4$ 溶液浓度与温度的关系

C 工艺效果

a 对解吸液 WO_3 浓度和工作交换容量的影响

通过处理 30t 黑钨精矿（折合标准钨精矿 32.027t），35 次交换作业获得 21.0063t 高纯 APT 的工业化试验，其结果与传统解吸法对照见表 4-88 和表 4-89（传统解吸法结果依工作交换量推算）。

表 4-88 工作交换容量比较（35 次交换）

项 目	料液含 WO_3/g·L^{-1}	总交换量		平均交换量		工作交换容量 /mg(WO_3)·g^{-1}(干树脂)	工作交换容量占总交换容量/%
		体积 /m^3	WO_3 /kg	体积 /m^3	WO_3 /kg		
传统交换工艺	18.82			22.58	425	250	61.6
干式交换工艺	18.82	1084	20401	30.97	583	343	84.5

表 4-89 $(NH_4)_2WO_4$ 浓度比较（35 次吸附平均数）

项 目	前稀液		高峰液				后稀液	
	密度 /t·m^{-3}	体积 /m^3	密度 /t·m^{-3}	平均密度 /t·m^{-3}	体积 /m^3	含 WO_3 /g·L^{-1}	密度 /t·m^{-3}	体积 /m^3
传统交换工艺	（出现 WO_3）1.1	1.5	1.1~1.1	1.20	2.13	200	1.1~1.0	2.5
干式交换工艺	（出现 WO_3）1.1	0.8	1.1~1.1	1.26	1.66	351	1.1~1.0	1.4

b　原辅材料消耗

与传统解吸法比较如表 4－90 所示。

表 4－90　每吨仲钨酸铵单耗

项　目	NH_4Cl/kg	液氨/kg	无离子水/m^3	结晶蒸汽量/t
传统交换工艺	750	120	40	9
干式交换工艺	617	111	23	4.5

c　产品质量

用表 4－91 中的黑钨精矿生产的 APT 质量见表 4－92。

表 4－91　黑钨精矿成分　　（%）

项　目	数量/t	WO_3	Sn	As	Ca	Mo	SiO_2
第一批	10	69.62	0.094	0.054	0.471	0.018	
第二批	10	69.30	0.056	0.036		0.018	1.20
第三批	10	69.26				0.023	

表 4－92　仲钨酸铵产品质量对比

杂质元素	Sn	S	Cu	Mo	Bi	As	P	Si	Ca	Mn	Pb	Fe
本试验结果	0.8	3	1	5	0.5	5	1	8	6	1	0.6	6
中国某厂标准	1	7	5	30	1	10	7	10	20	7	1	10
美国某公司标准	10	—	2	10	<1	21	10	30	20	10	10	10
杂质元素	Ti	Sb	Mg	Na	K	Cr	V	Co	Ni	Al	Cd	
本试验结果	3	1	4	1	3	1	3	3	1	3	0.5	
中国某厂标准	10	5	7	10	10	10	10	—	7	10	1	
美国某公司标准	10	<1	50	10	10	10	—	10	10	5	—	

注：本表中杂质元素的含量单位为 10^{-6}。

干式解吸工艺的综合工艺效果为：

（1）干式解吸法只需改变解吸工艺，不需变动生产设备和增加投资，且操作简单易行。

（2）工作交换容量提高 40%，达 340～350mgWO_3/g 干树脂，提高了树脂利用率。

（3）原辅材料单耗降低。解吸剂 NH_4Cl 用量比传统解吸法降低 25%，可达 600kg/t（APT）。液氨用量降低 20% 左右，可达 100kg/t（APT）。同时后稀溶液体积缩小，也使解吸剂回收率提高。由于每次交换的 WO_3 量增加和解吸剂回收率提高，使作为洗水的无离子水用量节约 40%，达到 23m^3/t（APT）。同时高峰液浓度由含 WO_3 200g/L 提高到 280g/L，使蒸发结晶消耗的蒸气量降到原来的一半。

（4）根据生产实践，交换—解吸全过程时间缩短，可使单柱产量提高 40%～50%。

（5）产品质量提高。由于工作交换容量的提高，WO_4^{2-} 的吸附率增加，使相同钨精矿生产的仲钨酸铵含钼量降低。NH_4Cl 用量由理论量的 1.84 倍降为 1.50 倍，送去结晶的高

峰液中 NH_4Cl/WO_3 重量比降低，故 NH_4Cl 带入的杂质 Na 和 K 相对减少，使质量相同的 NH_4Cl 作解吸剂所得仲钨酸铵含 Na、K 降低。

（6）综合经济效益。NH_4Cl、液氨、无离子水、电和蒸汽的节省，可降低每吨 APT 原辅材料成本。由于日产量提高 40%～50%，每吨 APT 工资成本、管理费用、折旧费和维修费约降低 30% 左右。

4.7.5.5　解吸后洗柱

钨解吸操作完成后，交换柱树脂表面和间隙中存有大量的 Cl^-，如果直接进行下一循环的吸附，则 Cl^- 的存在将会影响钨的吸附，使吸附过程发生早穿漏现象。因此，吸附前必须增加洗柱操作，生产中将这种操作习惯称为“洗氯”。洗氯操作一般采用纯净的自来水作为洗涤剂。因此，洗水的用量将决定洗涤效果的好坏，也是保证下一循环吸附正常的关键。生产实践证明，当洗水用量为树脂体积的 1.5～2 倍时，能够满足工艺的要求。为节约用水，洗氯液可部分用于配制交前液。

4.8　离子交换工序主要设备选择及工艺配置

离子交换工序的主要设备为：离子交换柱、交前液过滤用板框压滤和精密过滤器、纯水制备装置。

4.8.1　离子交换工序设备选择

4.8.1.1　离子交换柱

我国目前钨工业生产中使用的离子交换柱有 ϕ1.5m×9.0m、ϕ1.8m×10.0m、ϕ2.0m×10.0m 等几种规格，可根据生产规模选用不同规格的交换柱。交换柱高度受树脂破碎和阻力增加的限制，一般树脂装柱高度不超过 9m。

A　交换柱尺寸大小的选择

根据生产规模推荐使用的交换柱尺寸见表 4-93。

表 4-93　不同生产规模的交换柱尺寸

年产 APT/t	3000	5000	10000
交换柱规格/m	ϕ1.5×9.0	ϕ1.8×10.0	ϕ2.0×10.0

B　交换柱台数的选择

a　单柱 WO_3 吸附量计算

取 201×7 型树脂操作交换容量为 140kgWO_3/t（湿树脂），装柱树脂体积为 Vm^3，则单柱周期 WO_3 吸附量 =140×V（kg）。

b　单柱循环所需时间计算

设吸附、洗钨、解吸、洗氯操作时间分别为：A、B、C、D 则全过程所需总时间为 t：

$$t=A+B+C+D$$

c　每年单柱吸附循环次数

设每年交换柱工作日为 330d，则年单柱循环次数 n 可通过下式计算

$$n=24\times330/t\ （次）$$

d　单柱年产量计算

设离子交换至 APT 结晶工序金属直收率为 95%，APT WO_3 含量 88.5%，则单柱年产 APT 量：

$$Q = \frac{140 \times V \times n}{0.95 \times 0.885} \times 10^{-3} \text{ (t)}$$

e　交换柱台数计算

设生产规模为年产 APT 为 Mt，则所需交换柱台数：

$$N = M/Q \text{ (台)}$$

C　交换柱的结构和材质

工业生产中交换柱一般采用 A3 钢板焊制，内喷涂 5mm 聚丙烯塑料制作。交换柱由上、下封头，窥视孔，上、下水帽板，上下柱身和交换柱基座组成。其结构如图 4－48 所示。

(1) 上、下封头：为安装水帽的方便，一般高度为 500～600mm；

(2) 水帽分布板：水帽直径为 20mm 左右，为保证流量达到要求，水帽总面积应占水帽分布板面积的 15%～17%。

(3) 上、下柱身：为方便交换柱的吊装，柱身应根据楼层的高度分为上下两节。

(4) 窥视孔：窥视孔应配置在操作人员容易观察到的部位。

(5) 短接管口：为方便树脂放出，下柱身靠近水帽板处可设置短接管口。

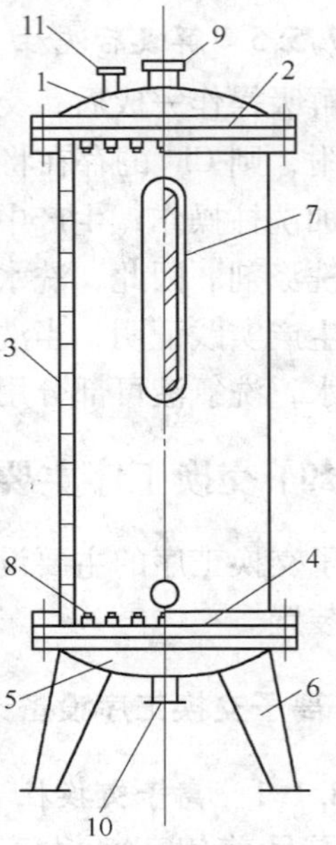

图 4－48　交换柱结构

1—端盖；2—上分布板；3—柱体；4—下分布板；5—底盖；6—支撑脚；7—窥视孔；8—水帽；9—进液口；10—出液口；11—排气口

4.8.1.2　板框压滤机（交前液过滤用）

配制好的交前液中尚残留少量碱解渣，一般采用明流式板框压滤机进行初滤。考虑到拆洗板框压滤机时维持正常生产，交前液过滤一般需选用两台板框压滤机。板框压滤机的大小选择见表 4－94。

表 4－94　交前液过滤板框压滤机大小选择

年产 APT/t	3000	5000	10000
压滤机面积/m^2	100	150	200

4.8.1.3　精细过滤器

交前液一次过滤后，滤液中残留少量悬浮微粒。为过滤彻底，在一次过滤后需进行二次过滤，二次过滤可采用板框压滤机或精密过滤器过滤。

据生产实践数据，精细过滤器过滤速度为：0.3～0.5$m^3/(m^2 \cdot h)$，考虑到精密过滤器反吹渣和再生的需要，一般应选用两台以上。其单台过滤面积和台数可根据每天需过滤的交前液体积和精密过滤器的过滤速度计算。

4.8.2 离子交换车间工艺配置

离子交换车间一般可分为三层平面配置：上层配置交前液高位槽、解吸剂高位槽和纯水高位槽，中层配置板框压滤机，下层配置交前液配制槽、板框压滤机滤液集液槽、精密过滤器、一段液贮槽、二段液贮槽、三段液贮槽、洗钨液贮槽以及解吸剂贮槽。交换柱配置于中下两层之间，并穿过中层楼面1m左右为宜。

4.9 纯水制备工艺

纯水又称为无离子水。天然水的成分很复杂，除含有各种悬浮物质和胶体物质等不可溶的杂质外，还含有各种可溶解的盐类，如氯化物、硫酸盐、碳酸盐、硝酸盐等。这些可溶盐类在水中以阳离子和阴离子形态存在。阳离子一般是指水中的金属离子，如：Na^+、K^+、Ca^{2+}、Al^{3+}、Fe^{3+}、Fe^{2+}、Mg^{2+}等；阴离子一般为：SO_4^{2-}、Cl^-、HCO_3^-、NO_3^-、$HSiO_3^-$等等。因此，纯水的制取主要是从已经去除悬浮物质及胶体物质的水中进一步去除溶解的盐类，使水中的含盐量（即水中的能导电的阳离子和阴离子）降低或几乎全部去除。

纯水的纯度一般用电阻率（单位为：欧姆·厘米）或电导率（单位为：1/欧姆·厘米、电导率=1/电阻率）表示，因为电阻率的大小正好与溶液中的离子的多少有关，故纯水的电阻率越大（即电导率越小）表示其纯度越高。25℃时，纯水的电阻率一般为$1.0 \sim 10 \times 10^6 \Omega \cdot cm$。制取纯水的方法，目前使用最广泛的是离子交换法。

4.9.1 离子交换法制备纯水

4.9.1.1 基本原理

当水通过阳离子交换树脂时，水中的阳离子（Na^+、K^+、Ca^{2+}等）就和树脂上的H^+起交换反应，结果使水中的金属阳离子吸附到树脂上，树脂上的H^+交换到溶液里：

$$\overline{R—SO_3H} + Na^+ \rightleftharpoons \overline{R—SO_3Na} + H^+$$

$$\overline{R—SO_3H} + K^+ \rightleftharpoons \overline{R—SO_3K} + H^+$$

$$2\,\overline{R—SO_3H} + Mg^{2+} \rightleftharpoons \overline{(R—SO_3)_2Mg} + 2H^+$$

$$2\,\overline{R—SO_3H} + Fe^{2+} \rightleftharpoons \overline{(R—SO_3)_2Fe} + 2H^+$$

当水通过阴离子交换树脂时，水中的阴离子（如SO_4^{2-}、Cl^-、HCO_3^-等）和树脂上的OH^-反应，使水中的阴离子吸附到树脂上，树脂上的OH^-交换到溶液中：

$$\overline{R{\equiv}NOH} + Cl^- \rightleftharpoons \overline{R{\equiv}NCl} + OH^-$$

$$2\overline{R{\equiv}NOH} + SO_4^{2-} \rightleftharpoons \overline{(R{\equiv}N)_2SO_4} + 2OH^-$$

$$\overline{R{\equiv}NOH} + HCO_3^- \rightleftharpoons \overline{R{\equiv}NHCO_3} + OH^-$$

当水首先通过阳离子交换树脂，接着再通过阴离子交换树脂时，水中的阳离子和阴离子便可吸附到树脂上去，树脂上的H^+和OH^-便被置换到溶液中，结合成水分子，$H^+ + OH^- = H_2O$ 这就是离子交换法制取纯水的原理。

4.9.1.2 离子交换法制备纯水的装置

离子交换法制备纯水是在离子交换柱内进行，在交换柱内树脂处于静止状态，水不断地经树脂中流出，一般用于纯水制备的装置是先让自来水通过阳离子交换柱，接着再通过阴离子交换柱。制备纯水所使用的交换树脂为：001 ×7(732 号）强酸性阳离子交换树脂和 201 ×7(717 号）强碱性阴离子交换树脂。或一套阳、阴离子柱串联起来出水或几个串联，或几组并联均可。

当自来水经过一个阳离子柱和一个阴离子柱后，其纯水的电阻率大约为 $5\times10^5\Omega\cdot cm$（$0.5\times10^6\Omega\cdot cm$）。这种水供给锅炉已足够。

生产 APT 用纯水若难以满足要求，可让一次交换出来的纯水再经过一个阳离子交换柱和一个阴离子交换柱，使水中残留的阳离子和阴离子得到进一步的去除。经过两级阳、阴离子交换柱所制备的纯水电阻率为 $(1\sim3)\times10^6\Omega\cdot cm$。

4.9.1.3　制水过程注意事项

(1) 操作时，先打开自来水进水阀门（注意：打开交换柱上端出气阀门排除空气）然后再调节出水速度，使其出水水质符合要求。

(2) 制水过程中经常注意交换柱水面，使其高出树脂一定高度，绝对不能使交换树脂露出水面（即干柱），否则，补水时树脂中会出现气泡，影响交换过程的进行。

(3) 制水过程控制一定的出水速度，并经常用电导仪测定水的电阻率，如出水不合乎要求时，可将出水流速降低。

(4) 如果出水水质电阻率低于 $50\sim100k\Omega\cdot cm$ 时，说明树脂已经失效，立即停止使用，进行再生处理。

4.9.2　树脂的再生

在制取纯水的交换过程中，水中阳、阴离子分别与阳、阴离子交换树脂上的 H^+ 或 OH^- 交换。当树脂上的 H^+ 或 OH^- 被交换完了以后，树脂便失去继续交换的能力，具体表现在流出的水的电阻率值降低，也即树脂上已达到了饱和状态，此时，树脂已经失效。交换树脂需要进行处理，使其再生。再生交换树脂一般使用一定浓度的酸溶液和碱溶液：再生阳离子交换树脂使用 5% ~10% 盐酸，再生阴离子交换树脂使用 4% ~6% 的氢氧化钠。当用盐酸使阳离子交换树脂再生时，盐酸溶液中的 H^+ 可将阳离子树脂上所吸附的阳离子交换到溶液中，盐酸溶液中的 H^+ 便又被吸附到树脂上：

$$\overline{R—SO_3Na} + H^+ \rightleftharpoons \overline{R—SO_3H} + Na^+$$

$$\overline{R—SO_3K} + H^+ \rightleftharpoons \overline{R—SO_3H} + K^+$$

$$\overline{(R—SO_3)_2Ca} + 2H^+ \rightleftharpoons 2\overline{R—SO_3H} + Ca^{2+}$$

$$\overline{(R—SO_3)_2Mg} + 2H^+ \rightleftharpoons 2\overline{R—SO_3H} + Mg^{2+}$$

当用氢氧化钠溶液再生阴离子交换树脂时，溶液中的 OH^- 可将阴离子树脂上所吸附的阴离子交换到溶液中，而 OH^- 便又被吸附到树脂上：

$$\overline{R\equiv NCl} + OH^- \rightleftharpoons \overline{R\equiv NOH} + Cl^-$$

$$\overline{(R\equiv N)_2SO_4} + 2OH^- \rightleftharpoons 2\overline{R\equiv NOH} + SO_4^{2-}$$

$$\overline{R\equiv NHCO_3} + OH^- \rightleftharpoons \overline{R\equiv NOH} + HCO_3^-$$

$$\overline{R\equiv NHSiO_3} + OH^- \rightleftharpoons \overline{R\equiv NOH} + HSiO_3^-$$

树脂再生一般在交换柱中进行，再生溶液不断进入柱中，并不断排出。再生剂体积一般为柱内树脂体积的两倍。

001 ×7（732 *）阳离子交换树脂用6%的化学纯HCl再生，201 ×7（717 *）阴离子交换树脂用5%的NaOH溶液再生。如果交换柱 ϕ400mm ×2000mm，体积为0.25m^3，装树脂体积为交换柱体积的80%，则树脂体积为0.25 ×80% =0.2（m^3），柱子再生需用盐酸溶液0.2 ×2 =0.4（m^3）；同样，阴离子交换柱需5% NaOH溶液亦为0.4m^3。

再生操作包括反洗、再生、正洗、制水四个过程。

（1）反洗。反洗的目的是冲走树脂中的气泡和悬浮杂质，并使树脂松动，以提高再生效果。反冲用自来水，反冲时间以冲散松树脂为宜。

（2）再生。使高位槽里的6% HCl溶液以5cm/min的速度流入阳离子柱，并从下面放水，当放水体积为柱中树脂体积时，停止进酸，让其浸泡2h，然后再流入剩余的再生剂。使碱液流入阴离子交换柱，操作同前。

（3）正洗。正洗的目的主要是洗净树脂层中残余的再生剂及再生产物。正洗用纯水。为了提高正洗效果，减少正洗水用量，正洗的速度可大一些，约为10cm/min。正洗十分钟后又反洗3min左右，再正洗，直到阳离子树脂的pH值为5 ~6，阴离子树脂的pH值为7 ~8即可。

（4）出纯水。当阳离子柱和阴离子柱再生好后，即可连通出水，当检查其出水电阻率符合要求时则将出水放入纯水池。

4.9.3 新树脂装柱前的预处理

4.9.3.1 溶胀

市售树脂在装柱前必须先用水浸泡12h，使树脂充分溶胀，并漂去其中的夹杂物。

4.9.3.2 转型

市售001 ×7（732 *）强酸性阳离子交换树脂通常为钠型（$\overline{R—SO_3Na}$），而制取纯水用的阳离子交换树脂需为氢型（$\overline{R—SO_3H}$），市售201 ×7（717 *）强碱性阴离子交换树脂通常为氯型（$\overline{R\equiv NCl}$），而制取纯水用的阴离子交换树脂需为OH^-型（$\overline{R\equiv NOH}$）。因此，在装柱前必须使它们转型：

$$\overline{R—SO_3Na} + HCl \rightleftharpoons \overline{R—SO_3H} + NaCl$$

$$\overline{R\equiv NCl} + NaOH \rightleftharpoons \overline{R\equiv NOH} + NaCl$$

用6%的盐酸溶液浸泡阳离子交换树脂，用5% NaOH溶液浸泡阴离子交换树脂，时间约为12h，并经常搅动。然后，用纯水将阳离子交换树脂洗至pH =5 ~6，将阴离子交换树脂洗至pH =7 ~8，即可装柱。

交换树脂的转型也可在交换柱内进行，其方法和树脂的再生相同，即将树脂在水中浸泡溶胀后，将树脂装入交换柱中，然后再用5% ~10%的盐酸（对阳离子树脂）和4% ~6% NaOH（对阴离子树脂）进行转型。

其他操作与生产上的大交换柱相同。

4.10 钨酸铵溶液除钼原理及工艺

由于镧系收缩效应的影响，使得钨、钼的原子半径、化学价态、在水溶液中化学性质都极其相近。在钨精矿碱解→离子交换净化工艺中钼的除去率仅有10%～15%，离子交换解吸所得钨酸铵溶液在结晶前必须净化分离钨钼。近年来我国学者围绕钨钼分离进行了大量研究，许多新技术、新工艺已成功的应用于生产，其中选择性沉淀法除钼工艺应用面已占钨冶炼企业的90%以上。

钨酸铵溶液除钼工艺应根据溶液中钼含量范围、净化程度、钨损、试剂成本以及环境和操作条件等进行选择。同时还必须考虑除钼试剂引入的杂质对APT质量，以及结晶母液返回对离子交换吸附钨的影响。

本节重点介绍钨酸铵溶液体系选择性沉淀法、离子交换法、密实移动床—流化床离子交换法、树脂吸附沉淀法除钼工艺。

4.10.1　钼的硫化原理及工艺

选择性沉淀法、离子交换法、密实移动床—流化床离子交换法、树脂吸附沉淀法除钼工艺，先是基于钨、钼对硫的亲和力差异的原理，将钨酸铵溶液中的钼进行硫化；后再根据 MoS_4^{2-} 和 WO_4^{2-} 性质的差异进行钨钼分离。

4.10.1.1　钼的硫化机理

钼对硫的亲和力远远大于钨。在弱碱性介质中，在含钼的钨酸盐溶液中加入一定量的 S^{2-} 或 HS^-，则 MoO_4^{2-} 将优先被硫化为硫代钼酸根离子，而 WO_4^{2-} 则基本不被硫化。具体反应如下：

$$MoO_4^{2-} + S^{2-} + H^+ = MoO_3S^{2-} + OH^- \tag{4-17}$$

$$MoO_3S^{2-} + S^{2-} + H^+ = MoO_2S_2^{2-} + OH^- \tag{4-18}$$

$$MoO_2S_2^{2-} + S^{2-} + H^+ = MoOS_3^{2-} + OH^- \tag{4-19}$$

$$MoOS_3^{2-} + S^{2-} + H^+ = MoS_4^{2-} + OH^- \tag{4-20}$$

上述反应看出，Mo的硫化反应是一个pH值升高的过程，溶液的pH值对Mo的硫化效果有很大影响。各级硫化反应的平衡常数见表4－95。

表4－95　各级硫化反应的平衡常数（25℃）

反 应 式	Erickson 测定的平衡常数	Brule 测定的平衡常数
（4－17）	$10^{5.19}$	$10^{4.76}$
（4－18）	$10^{4.80}$	$10^{4.77}$
（4－19）	$10^{5.00}$	$10^{4.78}$
（4－20）	$10^{4.88}$	$10^{4.91}$

霍广生等研究了钨酸盐溶液钼硫化机理和工艺，并根据热力学计算（以浓度代替活度）和试验得出以下结果：

（1）控制一定的条件，将 MoO_4^{2-} 较彻底的硫化为 MoS_4^{2-} 在热力学上是完全可能的。

（2）溶液的pH值是影响硫化效果的关键因素，钼的硫化程度随pH值的增大而减小。

（3）钼的硫化程度随硫用量的增加而增大，但当增加到一定程度后，进一步增加硫用量对硫化的促进作用并不显著。在溶液pH值较高时，为了取得较好的硫化效果需相应地增加硫化剂的用量。

（4）在 pH = 7.5，且硫化后溶液中游离 2.0g/L 硫的条件下，无论 Mo 浓度在 1.0 ~ 4.0g/L 之间如何变化，其硫化率均在 99.9% 以上。

（5）在 pH = 7.5 ~ 9.5 范围内，在硫用量摩尔比[S]/[Mo] = 8 ~ 20 时可使 95% 以上的 Mo 硫化为 MoS_4^{2-}。

4.10.1.2 钨酸盐溶液中钼的硫化工艺

A 钨酸盐溶液钼硫化的影响因素

由于难以直接测定硫化后溶液中的 MoS_4^{2-} 和 MoO_4^{2-} 含量，试验均采用钨酸盐溶液硫化完毕后，用强碱性阴离子交换树脂静态吸附法检测硫化效果。具体操作如下：

依据强碱性阴离子交换树脂的交换顺序：$MoS_4^{2-} > MoOS_3^{2-} > MoO_2S_2^{2-} > MoO_3S^{2-} > WO_4^{2-} \approx MoO_4^{2-}$。将硫化好的含钼钨酸盐料液与强碱性阴离子交换树脂充分接触后，硫代钼酸根尤其是 MoS_4^{2-} 将优先吸附于树脂上。为了尽量减少 MoO_4^{2-} 的吸附，需将树脂预先用 WO_4^{2-} 饱和，同时树脂的用量亦不能过量太多。

具体方法是：量取一定体积的硫化后的料液于装有定量阴离子交换树脂（已被 WO_4^{2-} 饱和）的烧杯中，同时在室温下进行搅拌。待交换达到平衡后，分析交后液中的 Mo 含量。以 C_{Mo}^0 和 C_{Mo} 分别表示交前液和交后液中的 Mo 的摩尔浓度，则：

$$\text{Mo 的吸附率} = (1 - C_{Mo}/C_{Mo}^0) \times 100\%$$

a 预调 pH 值对硫化效果的影响

采用 Mo 浓度为 0.35g/L，WO_3 浓度分别为 50g/L、95g/L、160g/L 钨酸盐溶液为料液，在硫化剂 4 倍理论量（即 $C_{(S)}/C_{(Mo)} = 16$）、硫化温度为 72℃、保温时间为 2h 的条件下，不同预调 pH 值的试验结果如图 4－49 所示。

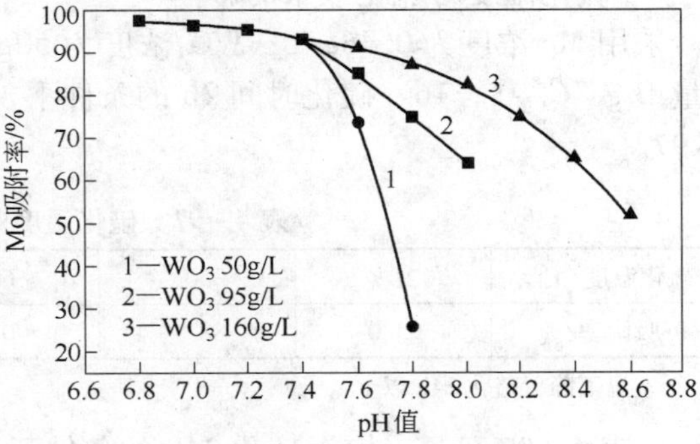

图 4－49 预调 pH 值对硫化效果的影响

由试验结果可见，溶液的 pH 值对硫化效果影响显著，随着溶液 pH 值的升高硫化效果呈下降趋势；WO_3 浓度高的料液硫化效果更好。研究者通过实验证明其原因是：由于预调 pH 值过程溶液中发生反应：$7H^+ + 6WO_4^{2-} = HW_6O_{21}^{5-} + 3H_2O$，$WO_3$ 浓度越高反应消耗的 H^+ 越多，同时生成的 $HW_6O_{21}^{5-}$ 也越多。当 Mo 被硫化、pH 值逐渐升高（即 OH^- 增加）时，上述反应可逆向进行，并释放出 H^+。显然，在预调 pH 值相同的条件下，WO_3 浓度高（缓冲能力强）的料液硫化后的 pH 值较低，其硫化效果更好。

为了获得较好的硫化效果（Mo 吸附率大于 80%），对于含 WO_3 浓度分别为 50g/L、95g/L、160g/L 的钨酸盐溶液，其预调 pH 值应分别小于 7.4、7.6、7.8。

b 硫化剂用量对硫化效果的影响

采用 Mo 浓度为 0.375g/L，WO_3 浓度为 120g/L 的钨酸盐溶液为料液，在 pH = 6.8 ~ 8.5、硫化温度为 72℃、保温时间为 2h 的条件下，不同硫化剂用量对硫化效果的试验结果如图 4－50 所示。

由试验结果可见，在相同 pH 值条件下钼的硫化率随硫用量的增加而提高。预调 pH 值越低硫化剂用量越少，硫化效果越好。一般情况下当溶液中游离 2.0g/L 左右的 S^{2-} 时即可取得较好的硫化效果。

c　硫化时间对硫化效果的影响

采用 Mo 浓度为 0.45g/L，WO_3 浓度为 160g/L 的钨酸盐溶液为料液，在 pH = 8.0、硫化温度为 72℃、硫用量 $C_{(S)}/C_{(Mo)}=16$ 的条件下，不同硫化时间对硫化效果的试验结果见表 4－96。

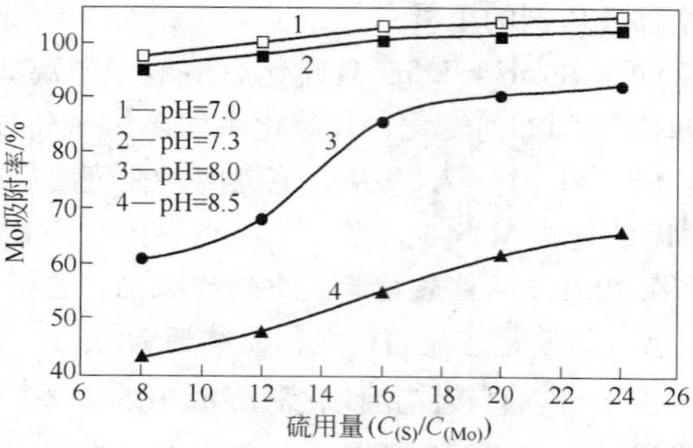

图 4－50　硫化剂用量对硫化效果的影响

表 4－96　硫化时间对硫化效果的影响

硫化时间/min	30	60	90	120	150	180
Mo 吸附率/%	75.3	78.1	80.5	81.6	81.8	81.9

由表 4－96 可见，钼的硫化效果随硫化时间的延长而提高，但是保温 2h 后再延长反应时间硫化效果的增加并不明显。因此一般情况下保温 2h 即可。

d　硫化温度对硫化效果的影响

采用 Mo 浓度为 0.46g/L，WO_3浓度为 50g/L 的钨酸盐溶液为料液，在 pH = 7.2、硫用量 $C_{(S)}/C_{(Mo)}=16$、硫化时间 2h 的条件下，不同硫化温度对硫化效果的试验结果见表 4－97。

表 4－97　硫化温度对硫化效果的影响

硫化温度/℃	21①	50	60	70	80	90
Mo 吸附率/%	95.0	88.1	90.3	94.8	94.6	91.6

①室温下静置硫化 24h 以上。

由表 4－97 可见，室温硫化 24h 的条件下，取得了较好的硫化效果。在 Mo 硫化时间 2h 条件下，随着反应温度的升高 Mo 的硫化效果呈上升趋势，但当反应温度高于 80℃时 Mo 的吸附率反而会有所下降。对于钨酸铵溶液体系采用 $(NH_4)_2S$ 为硫化剂的情况下，考虑到高温下 $(NH_4)_2S$ 和 NH_4OH 的挥发容易导致硫化效果降低和 APT 结晶产生，宜采用常温延长硫化时间的方法提高 Mo 的硫化率。

B　钨酸铵溶液钼硫化的技术条件

离子交换工序解吸所得钨酸铵溶液 pH 值在 9 左右，预调 pH 值将可能使 APT 结晶析出，增加除钼工序的钨损，同时使用调酸剂引入的 Cl^-、SO_4^{2-} 或 NO_3^- 将使结晶母液返回配制交前液后钨的吸附容量下降、APT 中上述离子含量增加。因此，目前工业生产中均不调 pH 值，直接加入硫化剂硫化。其工艺条件为：常温下加入硫化剂，保持 S^{2-} 游离浓度 2.0g/L 左右，硫化时间 8～12h。

4.10.2　选择性沉淀法除钼

中南大学霍广生等根据钨钼化合物的结构与性质上的差异，设计并合成一种高效除钼剂，使之与钨酸盐溶液中的钼等杂质形成溶解度极小的化合物沉淀下来，钨仍留在溶液中，从而实现钨与钼的高效分离。该工艺具有流程短、工艺简单、除杂效率高、钨损少等特点，在工业试验中取得了良好的效果。对含 Mo 0.56 ~ 1.75g/L 的工业 $(NH_4)_2WO_4$ 解吸高峰液，除钼率可达97% ~99%，同时可除去 As、Sn 等杂质，产品 APT 中 Mo 与 WO_3 的质量比为0.006% ~0.015%，达到 GB/T 10116—2007APT－0 级标准。试验结果表明，在以 CuS 作为除钼试剂时，除钼率随 CuS 用量的增加而增大，随反应温度及溶液 pH 值的升高而降低。一般情况下，对于硫化较为充分的含钼钨酸盐溶液，在 CuS 用量的理论倍数$n=3\sim4$ 的条件下，在室温下搅拌 1h 即可使除钼率达到98%以上，而钨损则在 0.25kg (WO_3)/kg(Mo) 以下。

4.10.2.1 选择性沉淀法除钼的影响因素

实验原料 $(NH_4)_2WO_4$ 溶液（含 WO_3 200g/L，Mo 0.77g/L）为某工厂离子交换高峰液。以 $(NH_4)_2S$ 为硫化剂按一定条件将钨酸铵溶液硫化，然后加入除钼试剂 CuS 进行除钼。试验在恒温水浴装置中进行。

A CuS 用量对除钼效果的影响

在室温、搅拌 1h 的条件下，不同 CuS 用量的除钼效果见表 4－98。

表 4－98 CuS 用量对除钼效果的影响

CuS 用量/倍	$\rho(Mo)/g \cdot L^{-1}$	$\rho(Mo)/\rho(WO_3)$	除钼率/%
1	0.161	1.2×10^{-3}	70.5
2	0.032	2.3×10^{-4}	94.1
3	0.008	5.9×10^{-5}	98.5
4	0.007	5.1×10^{-5}	98.7
5	0.005	3.7×10^{-5}	99.1
6	0.005	3.7×10^{-5}	99.1

从表 4－98 可见，当 CuS 用量为理论量的 3 ~4 倍时，可将溶液中的 Mo 降至 0.010g/L 以下，除钼率达98%以上，其除钼深度完全能够满足生产需要。

B 溶液 pH 值对除钼效果的影响

在室温、搅拌 1h、CuS 用量 3 倍理论量的条件下，对于硫化后 pH = 8.0 左右的钨酸铵溶液，调整不同 pH 值后的除钼效果见表 4－99。

表 4－99 溶液 pH 值对除钼效果的影响

pH 值	$\rho(Mo)/g \cdot L^{-1}$	$\rho(Mo)/\rho(WO_3)$	除钼率/%
8.0	0.008	5.9×10^{-5}	98.5
8.5	0.019	1.4×10^{-4}	96.5
9.0	0.034	2.5×10^{-4}	93.6
9.5	0.057	4.2×10^{-4}	89.6
10.0	0.081	5.9×10^{-4}	85.3

由表 4－99 可见，随着溶液 pH 值的提高，除钼率呈下降趋势。但为了防止除钼过程 APT 结晶析出，降低钼渣中钨的含量，应使溶液保持适当低的 pH 值。

C　反应温度对除钼效果的影响

在搅拌 1h、CuS 用量 3 倍理论量的条件下，不同温度的除钼效果见表 4－100。

表 4－100　反应温度对除钼效果的影响

温度/℃	$\rho(Mo)/g \cdot L^{-1}$	$\rho(Mo)/\rho(WO_3)$	除钼率/%
15	0.008	5.9×10^{-5}	98.5
30	0.011	8.1×10^{-5}	97.9
40	0.024	1.8×10^{-4}	95.6
50	0.042	3.1×10^{-4}	92.3
60	0.051	3.7×10^{-4}	90.7
70	0.063	4.6×10^{-4}	88.5

由表 4－100 可见，提高反应温度对除钼不利，一般在室温下即可获得很好的除钼效果。造成这一现象的原因可能是：温度升高不但使 $(NH_4)_2S$ 挥发增大，S^{2-} 的减少将导致溶液中 MoS_4^{2-} 浓度降低而 MoO_4^{2-} 浓度增加，同时高温有利于 CuS 颗粒的团聚长大，从而降低了其比表面积和反应活性，最终导致除钼效果的降低。

4.10.2.2　钼渣过滤性能改善的措施

室温下除钼虽然效果好，但使钼渣颗粒变细，过滤和洗涤困难，大部分母液需经过 2 次过滤后才能达到除钼要求。而且滤渣中含 WO_3 量（主要为可溶 WO_3），难以降到 5% 以下。

将搅拌速度由 80r/min 降为 45r/min，适当降低沉淀剂的浓度和控制加料速度可使钼渣颗粒增大，过滤性能明显改善，钼渣过滤一次渣中 WO_3 的含量即可降为 3% 左右。

4.10.2.3　降低沉淀剂用量的措施

采用改性的沉淀剂、调整加料制度，可减少沉淀剂的化学钝化作用，提高沉淀剂的除钼活性，可使沉淀剂的利用率提高 25%～30%，并使渣量降低 25% 左右，渣中钼含量由 14%～16% 上升到 18%～20%。

4.10.2.4　除钼过程的钨损

对除钼渣的化学成分进行分析的结果表明，一般情况下除钼渣中含 Mo 为 15%～22%，而 WO_3 的含量一般在 0.2%～5.0%。这相当于每除去 1kg Mo 仅损失 0.01～0.25kgWO_3。也就是说，对于 $\rho(Mo)/\rho(WO_3)=1\%$ 的钨酸盐料液，整个除钼过程钨的回收率为 99.99%～99.75%，这一结果优于目前的所有除钼工艺。

4.10.2.5　除钼过程同时除砷锡锑等杂质

为考察除钼过程砷、锡、锑的除去情况，在 $(NH_4)_2WO_4$ 溶液中加入砷、锡、锑等杂质，在试验温度为 50℃，保温时间 1.0h，沉淀剂用量为理论量的 4 倍的条件下进行除杂后，蒸发至结晶率为 90% 左右，APT 中的杂质含量见表 4－101。

表 4－101　除钼砷锡锑等杂质的综合实验结果

序号	除杂前杂质含量/$g \cdot L^{-1}$					APT 中杂质含量/%				
	Mo	As	Sn	Si	Sb	Mo	As	Sn	Si	Sb
1	0.6	0.15	0.15	0.15	0.15	8×10^{-4}	$<1\times10^{-4}$	0.9×10^{-4}	$<1\times10^{-4}$	$<1\times10^{-4}$
2	0.6	0.05	0.05	0.05	0.05	6×10^{-4}	$<1\times10^{-4}$	1.0×10^{-4}	4.6×10^{-4}	$<1\times10^{-4}$

从表4－101可知，产品中上述杂质含量均低于GB/T 10116—2007APT－0级标准。

4.10.3 离子交换法除钼

陈洲溪等研究了离子交换法除钼工艺，其实质是，将离子交换工序解吸所得钨酸铵溶液进行硫化处理，使其中的 MoO_4^{2-} 转化为 MoS_4^{2-}，然后使其流过装有强碱性阴离子交换树脂的离子交换柱。由于树脂的功能团（季铵基）对 MoS_4^{2-} 的亲和力远大于 WO_4^{2-}，因此钼优先吸附在树脂上，而钨则留在交后液中，从而实现钨钼分离。

4.10.3.1 离子交换法除钼原理及工艺

A 钼吸附反应式

$$\overline{R_2WO_4} + MoS_4^{2-} = \overline{R_2MoS_4} + WO_4^{2-}$$

B 解吸反应式

负载 MoS_4^{2-} 的树脂解吸的机理是，NaClO扩散到树脂颗粒内将交换基团 MoS_4^{2-} 氧化成亲和力小、容易被 Cl^- 解吸的 MoO_4^{2-}，从而降低了解吸所需的热力学驱动力，使钼的解吸变得较为容易。其反应式为：

$$\overline{R_2MoS_4} + 16NaClO + 8NaOH = 2\overline{RCl} + Na_2MoO_4 + 4Na_2SO_4 + 14NaCl + 4H_2O$$

4.10.3.2 离子交换法除钼工艺技术条件

料液制备：将含 WO_3 200～280g/L，pH＝9.0的钨酸铵溶液，在常温、按 S^{2-} 理论量过量2.0g/L的条件下硫化8～12h。

吸附：流速2～8cm/min，至钼穿透（含钼0.04g/L）为止。

淋洗钨：淋洗剂组成：NH_4Cl 1～3mol/L＋NH_4OH 1.5mol/L，流速2～8cm/min。

解吸钼：解吸剂组成：0.5～3.5mol/L NaCl＋有效氯1～15g/L的NaClO溶液（pH＝11～14）、流速2～3cm/min。

4.10.3.3 离子交换法除钼的原则流程

离子交换法除钼的原则流程如图4－51所示。将硫化后的钨酸铵溶液以一定流速流过离子交换树脂柱，MoS_4^{2-} 吸附穿漏时停止进料，以淋洗剂淋洗出残留在离子交换柱中的少量钨后，解吸树脂上的钼并使离子交换树脂再生。交后液和淋洗液即为除钼后的钨酸铵溶

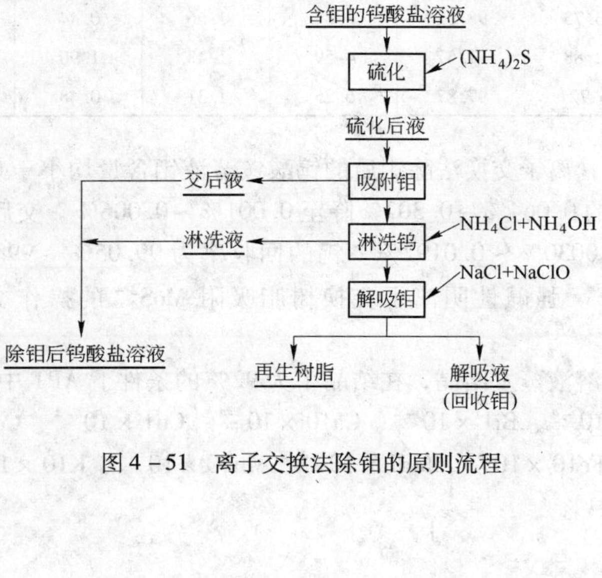

图4－51 离子交换法除钼的原则流程

液。钼的解吸液送去回收钨和钼。

4.10.3.4　离子交换法除钼技术经济指标

采用 ϕ700mm×3000mm 的离子交换柱（装离子交换树脂 650kg）进行工业化除钼试验，其结果如表 4－102～表 4－104 所示。

表 4－102　离子交换法的除钼效果

编号	钨酸铵料液			交换后液		
	$WO_3/g\cdot L^{-1}$	$Mo/g\cdot L^{-1}$	$Mo/WO_3/\%$	$WO_3/g\cdot L^{-1}$	$Mo/g\cdot L^{-1}$	$Mo/WO_3/\%$
1	208.5	0.59	0.284	195.3	0.0078	0.004
2	155.2	0.35	0.225	146.0	0.0015	0.001
3	205.1	0.39	0.190	196.0	0.0098	0.005
4	194.8	0.41	0.210	185.7	0.0111	0.006
5	215.5	0.65	0.302	204.1	0.0286	0.014
6	220.1	0.14	0.064	211.1	0.0084	0.004

表 4－103　强碱性阴离子交换树脂吸附 MoS_4^{2-} 的操作交换容量

钨酸铵料液				交后液				树脂吸附	操作容量
体积/m^3	WO_3/kg	Mo/kg	$Mo/g\cdot L^{-1}$	体积/m^3	WO_3/kg	Mo/kg	$Mo/g\cdot L^{-1}$	Mo/kg	/mg(Mo)·g^{-1}(湿树脂)
35.2	7585.6	22.88	0.65	36.7	7490.5	1.05	0.0286	21.83	33.6

表 4－104　离子交换法除钼过程钨钼金属平衡

编号	钨酸铵料液		交后液		淋洗液		钼解吸液	
	WO_3/kg	Mo/kg	钨占有率/%	钼占有率/%	钨占有率/%	钼占有率/%	钨占有率/%	钼占有率/%
1	6588.6	18.70	97.67	1.39	1.65	0.72	0.3	97.11
2	5261.2	11.86	96.83	0.42	1.93	0.76	0.96	96.66
3	7875.8	14.97	98.35	2.61	1.44	0.92	0.44	95.6
4	6525.8	13.73	98.33	2.84	1.66	0.44	0.63	95.5
5	7585.6	22.88	97.57	4.59	1.48	1.90	0.86	91.29
6	10564.8	6.72	97.87	6.25	1.31	0.48	0.10	95.4

从以上结果可见，离子交换法除钼后的钨酸铵溶液钼含量均小于 0.04g/L，交后液的 Mo/WO_3 比由进料液的 0.064%～0.302% 降至 0.001%～0.006%。交后液与淋洗液混合后的 Mo/WO_3 比降为 0.0030%～0.0192%。钨的回收率为 99.05%～99.79%，钼的除去率为 91.29%～97.11%。强碱性阴离子交换树脂吸附 MoS_4^{2-} 的操作交换容量为 33.6mg(Mo)/g(湿树脂)。

除钼后的钨酸铵溶液蒸发结晶，在结晶率为 92% 的条件下 APT 中杂质含量为（%）：Mo20×10^{-4}、Al5×10^{-4}、Bi1×10^{-4}、Ca10×10^{-4}、Cd1×10^{-4}、Co10×10^{-4}、Cr10×10^{-4}、Cu3×10^{-4}、Fe10×10^{-4}、Mg7×10^{-4}、Mn10×10^{-4}、K10×10^{-4}、Na10×10^{-4}、

$Ni7\times10^{-4}$、$S7\times10^{-4}$、$Si10\times10^{-4}$、$Sb8\times10^{-4}$、$Sn1\times10^{-4}$、$Ti10\times10^{-4}$、$V10\times10^{-4}$、$As10\times10^{-4}$、$Pb1\times10^{-4}$、$P7\times10^{-4}$。

4.10.3.5 离子交换法除钼的优缺点

离子交换法除钼具有除钼效率高、钨损小、操作简便的特点。但存在着以下缺点：

（1）钼的吸附操作交换容量低、树脂再生频繁。

（2）使用强氧化剂再生树脂，导致树脂的使用寿命低，一般 4 ~ 10 个月就要更换新树脂，大大增加了除钼的成本。

（3）解吸后液还需增加专门的工序回收钼和钨。

离子交换法除钼曾经应用于工业生产，由于上述缺点，2005 年以后逐步被选择性沉淀法所取代。

4.10.4 密实移动床－流化床离子交换除钼工艺

肖连生等研究了密实移动床－流化床离子交换法除钼工艺。该工艺是在设备和操作工艺方面对离子交换除钼工艺的改进。

固定床离子交换除钼技术是将吸附和解析再生过程放在同一交换柱内进行的。当吸附流出液中钼漏穿时，柱内仅有上层少量树脂被 MoS_4^{2-} 饱和，而中下部树脂吸附饱和了大量的钨酸根，此时必须对树脂进行解析再生。因此树脂既不能得以充分利用，又造成钨损加大，而且由于解吸过程放热难以及时被导至柱外，引起树脂层温度升高，易造成树脂的破坏，解吸过程产生的多硫化物会使树脂出现硫中毒，交换吸附性能将下降。

4.10.4.1 除钼装置及操作

除钼装置如图 4－52 所示，密实移动床尺寸为 ϕ47mm × 4200mm，流化床尺寸为 ϕ47mm × 1000mm，均为有机玻璃柱。

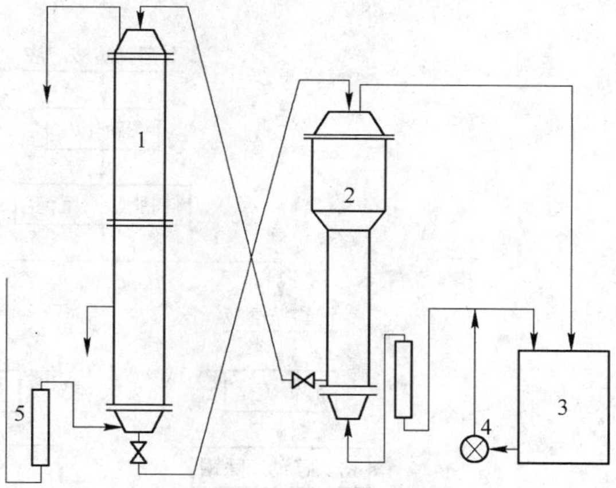

图 4－52 密实移动床－流化床除钼试验装置

1—密实移动床；2—流化床；3—解吸剂循环槽；4—泵；5—流量计

该工艺的吸附操作过程是，硫化后的钨酸铵溶液由密实移动床底部进，从床顶部流出。吸附钼后的树脂为红色，吸附钼越多颜色越深，在保证交换色层不乱的前提下，将颜色深的负钼饱和树脂定期定量从床底部排出，同时将再生好的树脂从床顶部加入。

工艺的解吸操作过程是，负钼饱和树脂加进流化床中进行洗涤和解吸再生。解吸剂借助泵从柱底注入，由柱顶流出进入循环槽进行循环解吸，并控制流量以维持柱内树脂呈流态化。当解吸剂中的 ClO^- 基本耗尽后排出柱外。换新配制的解吸剂继续解吸。当树脂恢复原色，解吸剂中的钼浓度不再变化时则停止解析。树脂经自来水流态化洗至中性，再以纯水淋洗 15min，排入密实床中重复使用。在解吸时，解吸剂循环使用有利于节省试剂，降低生产用水。

4.10.4.2 除钼工艺效果

采用 D290 大孔强碱树脂对含钼钨酸铵溶液进行工业化的实验结果表明：

（1）利用密实移动床离子交换法除钼，料液中钼含量为0.5～1.85g/L、吸附接触时间100min，流出液中钼含量均可控制在0.005g/L以下，除钼率稳定在99%以上。

（2）使用流化床解吸负钼树脂，解吸再生全过程可在6～7h内完成，树脂层温度不超过50℃；树脂再生彻底、回用性能好；解吸剂利用率可达99%以上。

（3）采用D290树脂对钼的吸附容量可达到76.3mg/mL，除钼过程中的钨损失为0.65%。

（4）与离子交换法除钼相比，该工艺钼的吸附容量有较大幅度的提高，树脂再生次数相对减少，树脂使用寿命有所提高。

4.10.5　树脂搅拌吸附－密实移动床交换二段除钼工艺

对于含钼量大于2g/L、Mo/WO_3比较大的钨酸铵溶液，采用液相沉淀法除钼存在着试剂用量大、钼渣含钨量增高的问题。肖连生等人研究了树脂吸附沉淀法处理高钼钨酸铵溶液的工艺。其工艺实质是，硫化后的钨酸铵溶液用密度较大、吸附能力强的特种树脂，首先吸附沉淀除去80%的钼，然后再经密实移动床离子交换深度除钼工艺实现钨钼的分离。

4.10.5.1　二段除钼工艺流程和操作过程

用理论量1.1倍的硫化剂将钨酸铵溶液硫化，硫化后的溶液与特种树脂混合30～60min，压滤后的负钼树脂在同一搅拌反应器中进行解吸再生和洗涤。初步除钼的滤后液进行密实移动床离子交换深度除钼，产出合格的钼酸铵溶液送结晶。工艺过程如图4－53所示。

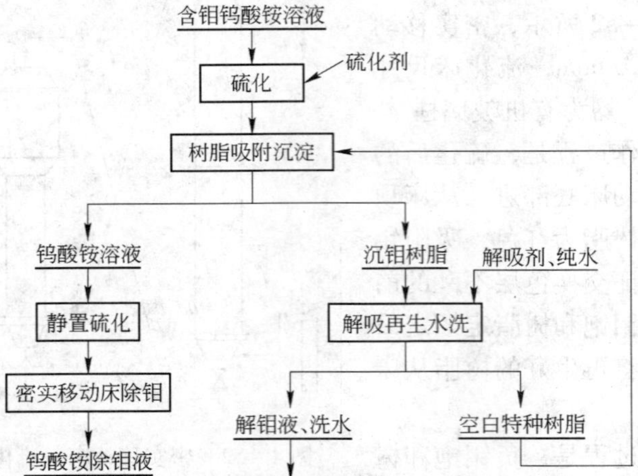

图4－53　树脂吸附沉淀法与密实移动床离子交换法除钼工艺流程

4.10.5.2　二段除钼工艺效果

A　树脂吸附除钼

采用WO_3为180～220g/L，含Mo为10～15g/L的钨酸铵溶液为料液，硫化处理后，按溶液∶树脂＝10∶1的量加入反应器，在常温常压下搅拌45～60min，澄清压滤。除钼后液含钼量为 1.2 ~2.3g/L，树脂工作容量为 65 ~81kg/t（湿树脂），吸附除钼率为 73% ~85%。

B 负钼树脂的解吸再生

吸附压滤后留在反应器内负钼树脂，采用 0.5mol/L NaClO +0.25mol/L NaOH 进行搅拌解吸再生。解吸进行三次，每次搅拌 10 ~20min。控制解吸过程温度在 60℃以下，每次解吸完成后滤干树脂。解吸全过程作业时间 10 ~14h，钼解吸率为 82% ~97%，吸附除钼工序 WO_3 直收率为 94% ~97%。

C 密实移动床深度除钼

经树脂吸附除钼后的钨酸铵溶液需静置一段时间让其硫化，再进入密实移动床进行离子交换除钼。控制溶液与树脂的接触时间为 90min 条件下，流出液 Mo/WO_3 比为（0.32 ~1.17）$\times 10^{-4}$，除钼率为 99.8% 左右。

D 结晶产品化学成分分析

经密实移动床离子交换除钼后的钨酸铵溶液结晶 APT，结晶率 90% 以上的条件下，产品 APT 中钼含量为（5 ~16）$\times 10^{-6}$。

4.11 仲钨酸铵结晶热力学

离子交换工序制取的纯净钨酸铵溶液，可以通过蒸发结晶、中和结晶和冷冻结晶制取高纯 APT。目前我国企业大多采用蒸发结晶制取仲钨酸铵。

4.11.1 仲钨酸铵结晶机理

钨酸铵溶液蒸发结晶 APT 过程的主要反应为：

$$12(NH_4)_2WO_4 = 5(NH_4)_2O \cdot 12WO_3 \cdot nH_2O\downarrow + 14NH_3 + (7-n)H_2O$$

中和结晶 APT 的主要反应为：

$$12(NH_4)_2WO_4 + 14HCl = 5(NH_4)_2O \cdot 12WO_3 \cdot nH_2O\downarrow + 14NH_4Cl + (7-n)H_2O$$

APT 结晶加热脱氨过程相当于溶液的酸化。按照酸碱质子理论，能够释放出 H^+ 的 NH_4^+ 是酸，其裸露的氢核与氧结合，可削弱 WO_4^{2-} 的中心离子 W^{6+} 与氧的成键作用，导致 W^{6+} 周围电子密度降低，给亲核试剂创造了亲核环境，有利于氧桥键的形成。即 NH_4^+ 的存在有利于 W ═ O 键转变成 W—O—W 或 W—OH—W 键。生成物 NH_3 受热气化逸出体系，使溶液中钨酸根在不加入无机酸的情况下得以不断聚合成仲钨酸根。

APT 结晶可分为酸碱反应和相变两个过程。仲钨酸根 B（$H_2W_{12}O_{42}^{10-}$）可看作两对共轭酸碱质子转移反应后，在溶剂 H_2O 等的氢键作用下，缩去 6 个水分子而成：

$$\underset{\substack{\text{酸 (1)}\\\text{(强)}}}{14NH_4^+} + \underset{\substack{\text{碱 (2)}\\\text{(强)}}}{12WO_4^{2-}} \longrightarrow \underset{\substack{\text{酸 (2)}\\\text{(弱)}}}{H_{14}W_{12}O_{48}^{10-}} + \underset{\substack{\text{碱 (1)}\\\text{(弱)}}}{14NH_3}$$

$$\longrightarrow H_2W_{12}O_{42}^{10-} + 14NH_3 + 6H_2O \tag{4-21}$$

NH_3 的逸出使式（4 -21）反应不断向右进行，当仲钨酸根 B 的浓度超过自发成核的极限浓度后，发生相变：

$$10NH_4^+ + H_2W_{12}O_{42}^{10-} + 4H_2O = (NH_4)_{10}[H_2W_{12}O_{42}] \cdot 4H_2O \tag{4-22}$$

APT 结晶过饱和形成的快慢取决于式（4 -21）聚合反应速度；过饱和消失的快慢则

由式（4－22）晶核形成及晶体长大的相变速度决定。

虽然吸附容量和解吸效果存在差别，但由于解吸剂组成一定，离子交换制取的钨酸铵溶液的 WO_3 和 NH_4Cl 含量可在一定范围波动，总 NH_4^+ 浓度维持不变。溶液主要成分见表4－105。

表 4－105　离子交换制取的钨酸铵溶液组成

溶　液	$(NH_4)_2WO_4$	NH_4Cl	$NH_3 \cdot H_2O$	总 NH_4^+
组成/mol · L^{-1}	0.8～1.5	1.5～3.4	2～3	7～7.5

作为可溶性杂质，NH_4Cl 的掺入使溶液中 NH_4^+ 浓度增加，至少导致下述结果：式（4－21）WO_4^{2-} 的聚合反应和式（4－22）多相离子平衡向右移动；同多阴离子的组成、价态和摩尔分数发生变化；仲钨酸铵的溶解度降低。质量作用也使钨酸根转变成仲钨酸根 B 及相变反应速度加快。此外，溶液中存在着的下述平衡关系：

$$NH_3 + H_2O \rightleftharpoons NH_3 \cdot H_2O \rightleftharpoons NH_4^+ + OH^-$$

也因同离子效应而向生成 $NH_3 \cdot H_2O$ 的方向移动；$NH_3 \cdot H_2O$ 电离度降低使得溶液 pH 值下降。

因此离子交换工艺制取的 APT 往往平均粒径偏小、粒度分布较宽、颗粒易碎。

4.11.2　$NH_3 \cdot H_2O - H_2O$ 系仲钨酸铵溶解度

$NH_3 \cdot H_2O - H_2O$ 系仲钨酸铵的溶解度，不仅是研究仲钨酸铵成核速率和晶体生长速率的动力学参数，而且是确定经典工艺钨酸氨溶解条件以及萃取工艺反萃剂组成的重要依据。

国外学者曾经对仲钨酸铵的溶解度做过某些研究，并得出了下述结果：

（1）仲钨酸铵在氨水中的溶解速率非常缓慢。Dawihl 在 20℃ 对 $5(NH_4)_2O \cdot 12WO_3 \cdot 11H_2O$ 溶解研究表明，溶解时间长达 14 个月，也尚未达到溶解平衡。Van Put 在 93℃对 $5(NH_4)_2O \cdot 12WO_3 \cdot 5H_2O$ 的溶解研究也证实，虽然高温下溶解速度加快，但经过 167h 的溶解反应，溶液中的 WO_3 浓度依然在增加。

（2）由于仲钨酸铵结晶水含量的不同，其在氨水中的溶解度表现出极大的差异 $5(NH_4)_2O \cdot 12WO_3 \cdot 11H_2O$ 和 $5(NH_4)_2O \cdot 12WO_3 \cdot 5H_2O$ 的溶解速度均随起始［NH_3］浓度的增大而加快，而 Luze 对 $5(NH_4)_2O \cdot 12WO_3 \cdot 7H_2O$ 的溶解研究却发现：WO_3 溶解量和溶解速度随起始［NH_3］浓度的升高而下降。

（3）除起始溶液中氨含量（即 pH 值）和高温对 $5(NH_4)_2O \cdot 12WO_3 \cdot 5H_2O$ 的溶解有促进作用外，Si 含量的升高，也使钨的溶解显著增大。在不锈钢容器和玻璃烧杯中，仲钨酸铵的溶解性能有很大不同。

（4）APT 的溶解速率与其粒径大小无关，由此推断溶解速率的控制性步骤不在固液界面上，而是在溶液中。根据 Si 含量对 APT 溶解性的影响判断，$H_2W_{12}O_{42}^{10-} \rightarrow 2HW_6O_{21}^{5-}$ 的转化可能是溶解速率的控制性步骤。

（5）高温下煅烧过的 APT 其溶解性能不同。随着煅烧温度的升高，其溶解性增大。

(6) Van Put 对仲钨酸铵结晶产物的研究表明，在 90 ~ 96℃高温下，溶液起始 WO_3浓度较高时，$5(NH_4)_2O \cdot 12WO_3 \cdot 7H_2O$ 作为亚稳相出现，增加溶液中水的活度，$5(NH_4)_2O \cdot 12WO_3 \cdot 7H_2O$ 迅速转变为 $5(NH_4)_2O \cdot 12WO_3 \cdot 5H_2O$，加入 $5(NH_4)_2O \cdot 12WO_3 \cdot 5H_2O$ 晶种，$5(NH_4)_2O \cdot 12WO_3 \cdot 7H_2O$ 未出现。

现有的仲钨酸铵溶解研究存在着下述问题：

(1) 尚未提出得到平衡溶解度的方法。

(2) 在研究温度对溶解度的影响时，采用了不同的起始 NH_3浓度，以致得出了溶解时间多于 100h 后，65℃下（起始 $NH_3$90g/kg 溶液）$5(NH_4)_2O \cdot 12WO_3 \cdot 5H_2O$ 的溶解量大于 93℃（起始 $NH_3$25g/kg 溶液）时的结果。

(3) 不同温度，不同溶解时间下 APT 的溶解量（非平衡结果）均是在一定的起始 pH 值下得出的结果。虽然 APT 的溶解并不消耗 NH_3，但由于试验中进入容器上部气相的 NH_3量随着温度和 APT 溶解量不同而变化，溶解终点溶液中的 pH 值是不同的。而测出一定温度，一定终点 pH 值（溶解达平衡时）下仲钨酸铵的溶解度对仲钨酸铵结晶动力学相关参数的研究以及结晶过程的控制更具实质性意义。

(4) 高温下仅研究了 93℃时 APT 的溶解情况，而仲钨酸铵蒸发结晶是在较宽的温度范围内进行的，从晶核形成到结晶结束温度波动在 87 ~ 99℃之间，测定该温度区间 APT 的溶解度才能满足结晶动力学研究的需要。

我国离子交换法生产的 APT 是 $NH_4Cl - NH_3 \cdot H_2O - H_2O$ 系的间隙结晶产物，在杂质含量和结晶溶液的组成及结晶条件方面均与国外经典工艺和萃取工艺的连续结晶产物存在差异，其溶解性能也应有所不同。

作者采用测定和回归方程求极限的方法研究了温度 87 ~ 95℃，终点 $NH_3 \cdot H_2O$ 浓度 2mol/L 条件下，$NH_3 \cdot H_2O - H_2O$ 系中离子交换法所产 APT 的溶解度。

4.11.2.1 溶解机理

$5(NH_4)_2O \cdot 12WO_3 \cdot 5H_2O$ 在纯水中的溶解度较小，溶解液显微酸性，其反应如下：

$$5(NH_4)_2O \cdot 12WO_3 \cdot 5H_2O \longrightarrow 10NH_4^+ + H_2W_{12}O_{42}^{10-} + 4H_2O \tag{4-23}$$

$$H_2W_{12}O_{42}^{10-} \longrightarrow 2HW_6O_{21}^{5-} \tag{4-24}$$

$$2HW_6O_{21}^{5-} + 3H_2O \longrightarrow 6WO_4^{2-} + 4H^+ \tag{4-25}$$

而其在 $NH_3 \cdot H_2O - H_2O$ 系中的溶解反应，第一步和第二步与式（4 - 23）、式（4 - 24）相同，第三步反应可写为：

$$2HW_6O_{21}^{5-} + 7NH_3 + 3H_2O \longrightarrow 6WO_4^{2-} + 7H^+ \tag{4-26}$$

同时溶液中还存在着氨水的平衡反应：

$$NH_3 + H_2O \rightleftharpoons NH_3 \cdot H_2O \rightleftharpoons NH_4^+ + OH^-$$

氨的加入将促进 APT 的溶解，使溶解平衡和溶解速度发生改变。由式（4 - 25）和式（4 - 26）看出，氨水中的游离 OH^-可中和 H^+反应，使式（4 - 25）平衡向右移动，而且氨水中 NH_3的孤对电子可吸引 $2HW_6O_{21}^{5-}$ 中的 H^+形成配位键而加速 $2HW_6O_{21}^{5-}$ 的去质子进程。

升高温度有利于 APT 固相的溶解，尤其对于仲钨酸根 B→仲钨酸根 A 的转变起着较大的加速作用，但只有在容器密封且溶液充满的前提下才能保证 NH_3保存于溶液中，而不至于挥发逸出。否则会得到相反的结果。

4.11.2.2　APT 溶解度测试方法

A　试验试剂

(1) $5(NH_4)_2O \cdot 12WO_3 \cdot 5H_2O$：为防止烘干过程 APT 结晶水的部分脱除，采用某公司离子交换法生产、蒸汽烘干的 0 级 APT 作试剂，其 WO_3 含量为 88.61%，Si 含量为 $5 \times 10^{-4}\%$。

(2) 氨水：化学纯，浓度 25% ~28%。

(3) 去离子水。

B　实验装置

本实验采用的试验装置如图 4－54 所示。

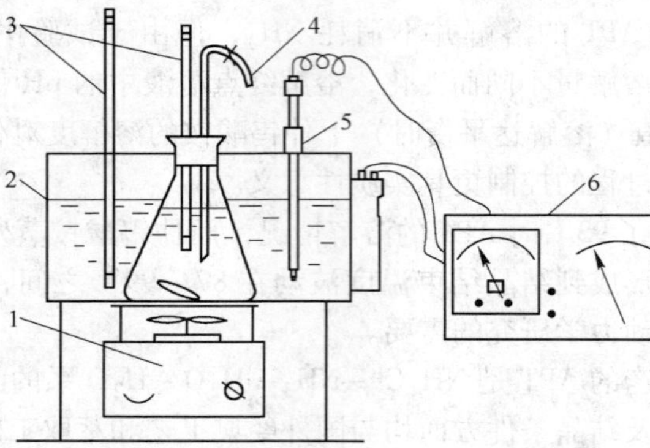

图 4－54　溶解度测定装置

1—DF－1 集热式磁力搅拌器；2—DL－501 型超级恒温器；3—水银温度计；4—取样管；5—温控探头；6—WMZK－01 温度指示仪

C　试验操作

将 80g $5(NH_4)_2O \cdot 12WO_3 \cdot 5H_2O$ 和一定浓度的氨水溶液，加入容积为 300mL 的玻璃烧瓶中，加橡皮塞密封后溶解。

为保证终点溶液中氨浓度为试验条件值，根据不同温度，不同原始氨浓度下（溶解 10h 后）溶液中 NH_3 挥发进入烧瓶上部气相中的量不同（由取样测定溶液中 NH_3 含量确定）而重新调整氨的加入量（增加挥发进入气相的量），再做溶解试验。

4.11.2.3　APT 溶解平衡

温度 87℃，终点氨浓度 2mol/L 的条件下，溶解时间对 $5(NH_4)_2O \cdot 12WO_3 \cdot 5H_2O$ 溶解量的影响如图 4－55 所示。

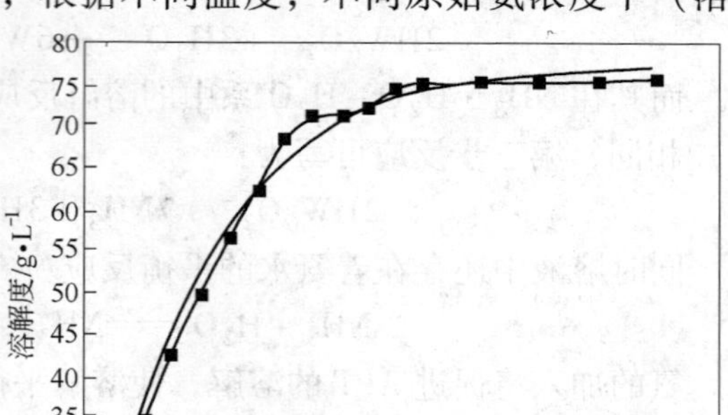

图 4－55　$5(NH_4)_2O \cdot 12WO_3 \cdot 5H_2O$ 溶解度与时间的关系

对实验曲线进行非线性回归，得到的回归方程为：

$$y = 77.64 - 55.57 \times e^{\frac{-(x-1)}{3.94}}$$

式中，y 为 APT 溶解量，$g(WO_3)/L$；x

为时间，h。对方程 $x\to\infty$ 求极限。此极限值 $y=77.64$g(WO_3)/L。

通过 Visual Basic 计算机程序，作出的回归方程曲线与实验曲线拟合较好。

由图4－56看出，87℃，终点 NH_3 2mol/L（pH＞9）条件下，溶解时间大于10h后，曲线上升趋缓，$5(NH_4)_2O\cdot12WO_3\cdot5H_2O$ 的溶解接近平衡。这与 Van Put 在93℃，pH＜7.7条件下，溶解167h仍未达平衡的结果不同。这说明，高温同时高pH值下，APT的溶解速度有大幅度提高，在较短的时间内可得到APT的平衡溶解度。

4.11.2.4 不同温度下 APT 的溶解度

采用与第4.11.2.2节中相同的试验及数据处理方法，得出终点 NH_3 2mol/L条件下，温度87℃、89℃、91℃、93℃、95℃时，$5(NH_4)_2O\cdot12WO_3\cdot5H_2O$ 的平衡溶解度（WO_3）分别为：77.64g/L、86.79g/L、103.97g/L、122.19g/L、132.77g/L 其相应的非线性回归方程为：

$$y_{87℃}=77.64-54.57e^{\frac{-(x-1)}{3.94}}$$

$$y_{89℃}=86.79-72.24e^{\frac{x}{4.84}}$$

$$y_{91℃}=103.97-60.85e^{\frac{x-2}{4.67}}$$

$$y_{93℃}=122.19-57.76e^{\frac{x-2}{8.81}}$$

$$y_{95℃}=132.77-57.68e^{\frac{x-2}{6.64}}$$

将平衡溶解度绘于图4－56，并对试验数据进行线性回归。得到APT与温度（t）线性关系的回归方程为：

$$y=-558.08+7.28t$$

结果表明 $5(NH_4)_2O\cdot12WO_3\cdot5H_2O$ 的溶解度随温度的升高而增大。

4.11.2.5 不同终点氨浓度下 APT 的溶解度

采用与第4.11.2.2节中相同的试验及数据处理方法测定的87℃，不同终点氨浓度 $5(NH_4)_2O\cdot12WO_3\cdot5H_2O$ 的溶解度如图4－57所示。对数据进行线性回归，得到APT与终点氨浓度（NH_3）线性关系的回归方程为：

$$y=36.76+18.86x\ (x\text{ 为终点 }NH_3\text{浓度})$$

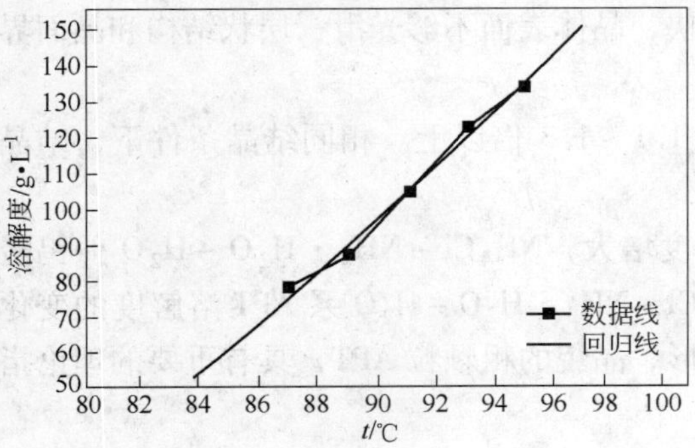

图4－56 $5(NH_4)_2O\cdot12WO_3\cdot5H_2O$ 溶解度与温度的关系

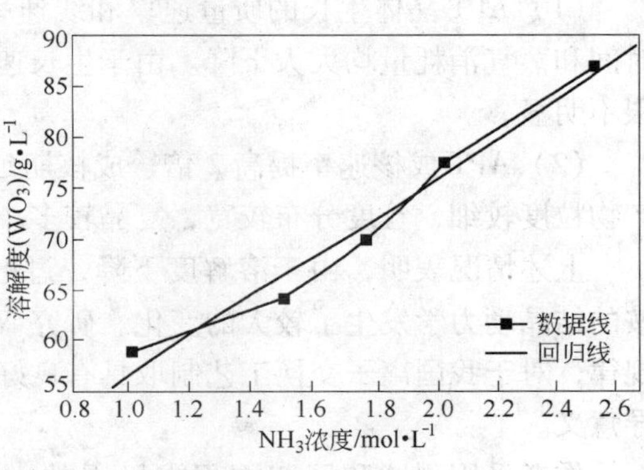

图4－57 87℃下 $5(NH_4)_2O\cdot12WO_3\cdot5H_2O$ 溶解度与 NH_3 浓度的关系

结果表明 $5(NH_4)_2O \cdot 12WO_3 \cdot 5H_2O$ 的溶解度随溶液终点 NH_3 浓度的升高而增大。

采用上述研究方法得出的中国离子交换法所产 $5(NH_4)_2O \cdot 12WO_3 \cdot 5H_2O$（蒸汽烘干）的溶解度低于 Van Put 的测定值。甚至低于其在不锈钢容器中测定的结果：93℃，25g（NH_3）/kg 溶液，溶解 20h $5(NH_4)_2O \cdot 12WO_3 \cdot 5H_2O$ 的溶解量为 143g（WO_3）/kg 溶液。

分析主要有下述两方面的原因：

（1）离子交换法所产 APT 由于 Si 含量普遍低于国外经典工艺试验产品，其溶解性能下降。

（2）离子交换法所产 APT，是 $NH_4Cl-NH_3 \cdot H_2O-H_2O$ 系结晶产物，结晶溶液中除氨水外还含有大量的 NH_4Cl（高达 1.5～3.4mol/L），由于水的活度较低，加上该体系具有结晶速度快的特点，产品中不排除存在少量的 $5(NH_4)_2O \cdot 12WO_3 \cdot 7H_2O$ 亚稳相晶体。同时产品中含有 30×10^{-6} 左右的 NH_4Cl，溶解后由于共同离子效应，也使 APT 的溶解度降低。国外学者采用的试料，经高温烘干，由于局部过热煅烧，少量 APT 可能部分脱去结晶水，本文蒸汽烘干的试料（夹套蒸汽温度低于 105℃），APT 脱去结晶水的可能性很小。煅烧过的 APT，其溶解度较大。

4.11.3　$NH_4Cl-NH_3 \cdot H_2O-H_2O$ 系仲钨酸铵溶解度

国外学者曾经对 $NH_3 \cdot H_2O-H_2O$ 系仲钨酸铵（APT）的溶解度做过某些研究，但均未得出平衡溶解度的准确数值。一定温度、一定终点 pH 值（溶解达平衡时）下 APT 溶解度的变化规律尚缺乏研究。至于 $NH_4Cl-NH_3 \cdot H_2O-H_2O$ 系 APT 溶解度的研究还未见报道。

我国 APT 生产 90% 以上采用离子交换工艺。由于采用 NH_4Cl+NH_4OH 的混合溶液作解吸剂，该工艺制备的（NH_4）$_2WO_4$ 溶液中除含有 1.5～2mol/L 的 NH_3 外，还掺有 0.5～1.5mol/L 的 NH_4Cl。作者的研究及生产实践证实，与 $NH_3 \cdot H_2O-H_2O$ 系相比，$NH_4Cl-NH_3 \cdot H_2O-H_2O$ 系仲钨酸铵蒸发结晶具有以下特点：

（1）APT 晶体生长的质量速率和线速率提高 1 倍以上。相同的结晶率条件下，结晶时间和蒸气消耗量均大大下降。由于生长速度快，晶体表面不够光滑，层状结构和晶面界限不明显。

（2）APT 成核速率提高 2 倍、成核期延长 1.1～1.3 倍以上。相同结晶条件下，结晶产物粒度较细，粒度分布较宽，复晶较多。

上述情况表明，由于溶解度下降，过饱和度增大，$NH_4Cl-NH_3 \cdot H_2O-H_2O$ 仲钨酸铵的结晶动力学发生了较大的变化。研究 $NH_4Cl-NH_3 \cdot H_2O-H_2O$ 系 APT 溶解度的变化规律，对于我国离子交换工艺制取具有良好晶形、晶貌的粗颗粒 APT，具有重要的理论指导意义。

作者采用测试和回归方程求极限的方法研究了温度 86～94.5℃，NH_4Cl 浓度 1～3.2mol/L，$NH_3 \cdot H_2O$ 浓度 2mol/L 的条件下，$NH_4Cl-NH_3 \cdot H_2O-H_2O$ 系中离子交换法所产 APT 的溶解度。

4.11.3.1 APT 的溶解－结晶平衡

（1）NH_4Cl 掺入对 APT 溶解度的影响机理。$NH_3 \cdot H_2O - H_2O$ 系（$(NH_4)_2WO_4$）溶液中同时存在着两种平衡反应。

APT 的溶解－结晶平衡反应为：

$$5(NH_4)_2O \cdot 12WO_3 \cdot 5H_2O \rightleftharpoons 10NH_4^+ + H_2W_{12}O_{42}^{10-} + 4H_2O \quad (4-27)$$

$$H_2W_{12}O_{42}^{10-} \rightleftharpoons 2HW_6O_{21}^{5-} \quad (4-28)$$

$$HW_6O_{21}^{5-} \cdot 7NH_3 + 3H_2O \rightleftharpoons 6WO_4^{2-} + 7NH_4^+ \quad (4-29)$$

溶液中同时存在着氨水的反应平衡

$$NH_3 + H_2O \rightleftharpoons NH_3 \cdot H_2O \rightleftharpoons NH_4^+ + OH^- \quad (4-30)$$

NH_4Cl 掺入，溶液中 NH_3 增加，由于同离子效应，可从下述两方面促使 APT 的溶解度下降。

（2）反应式（4－27）APT 的相变平衡和反应式（4－29）仲钨酸根 A－正钨酸根的转变平衡向左移动。

（3）反应式（4－30）氨水的离解平衡向左移动。溶液中［OH^-］浓度降低，即 pH 下降将促进反应式（4－29）$WO_4^{2-} \xrightarrow{+H^+} HW_6O_{21}^{5-}$ 的加合质子反应和式（4－28）$2HW_6O_{21}^{5-} \longrightarrow H_2W_{12}O_{42}^{10-}$ 的转变反应。

4.11.3.2 APT 溶解度测试方法

与 $NH_3 \cdot H_2O - H_2O$ 系 APT 溶解度测试方法相同。

4.11.3.3 APT 溶解平衡

温度 88℃，NH_4Cl 2mol/L，终点氨浓度 2mol/L 条件下，溶解时间对 $5(NH_4)_2O \cdot 12WO_3 \cdot 5H_2O$ 溶解度的影响如图 4－58 所示。

对实验曲线进行非线性回归，得到的回归方程为：

$$y = 34.27 - 17.22 \times e^{\frac{-(x-2)}{6.09}}$$

式中，y 为 Al 溶解量 $g(WO_3)/L$；x 为时间，h。对方程 $x \to \infty$ 求极限。此极限值 $y = 34.27g(WO_3)/L$，即为该温度下的平衡溶解度。

通过 VisualBasic 计算机程序，作出的回归方程曲线与实验曲线拟合较好。

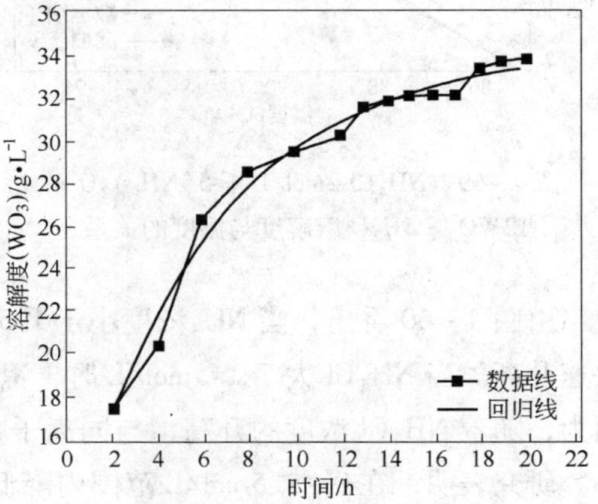

图 4－58　88℃、NH_4OH 2mol/L 下 $5(NH_4)_2O \cdot 12WO_3 \cdot 5H_2O$ 溶解度与时间的关系

结果表明，与 $NH_3 \cdot H_2O - H_2O$ 系 APT 溶解 10h 已接近平衡相比，由图 4－58 $NH_4Cl - NH_3 \cdot H_2O - H_2O$ 系 APT 溶解度与时间的关系曲线看出：在 NH_4Cl 掺入下，APT 的溶解速度变慢，溶解达平衡所需的时间更长。这主要是由于溶解度下降，致使溶解的热力学驱动力降低所致。

4.11.3.4　不同温度下 APT 的溶解度

采用与 $NH_3 \cdot H_2O-H_2O$ 系 APT 溶解度相同的测试方法，得出 NH_4Cl 2mol/L、终点 NH_3 2mol/L 条件下，温度 86℃、88℃、90℃、92℃、94℃时，$5(NH_4)_2O \cdot 12WO_3 \cdot 5H_2O$ 的平衡溶解度（WO_3）分别为：24.38g/L、34.27g/L、42.36g/L、50.95g/L、63.96g/L。

将平衡溶解度绘于图 4－59，并对试验数据进行线性回归，得线性方程为：

$$y = -388.10 + 4.792t$$

式中，y 为平衡溶解度；t 为温度。

与 $NH_3 \cdot H_2O-H_2O$ 系 APT 溶解度的温度系数为 7.28 相比，图 4－59 曲线的斜率仅为 4.792。结果表明，NH_4Cl 掺入下 APT 溶解度受温度的影响变小。显然共同离子 NH_4^+ 的增加，使温度对 $5(NH_4)_2O \cdot 12WO_3 \cdot 5H_2O$ 固相溶解和 $NH_3 \cdot H_2O \rightarrow NH_4^+ + OH^-$ 离解的促进作用受到抑制。

4.11.3.5　不同 NH_4Cl 浓度下的 APT 溶解度

采用与 $NH_3 \cdot H_2O-H_2O$ 系 APT 溶解度相同的测试方法，测定的 86℃、终点 NH_3 2mol/L 的条件下，不同 NH_4Cl 浓度下 APT 的溶解度，结果见图 4－60。

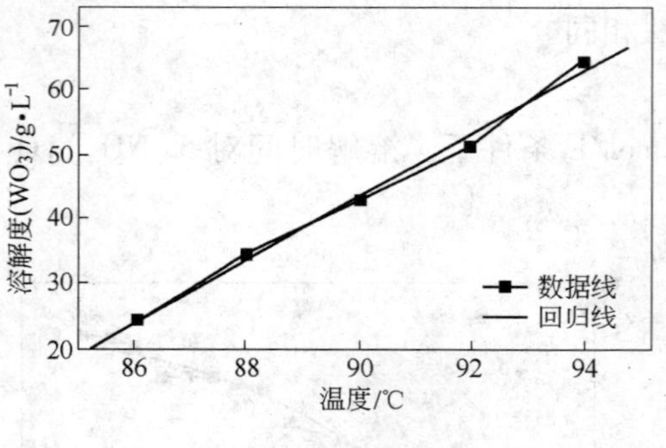

图 4－59　NH_4Cl 2mol/L 下 $5(NH_4)_2O \cdot 12WO_3 \cdot 5H_2O$ 溶解度与温度的关系

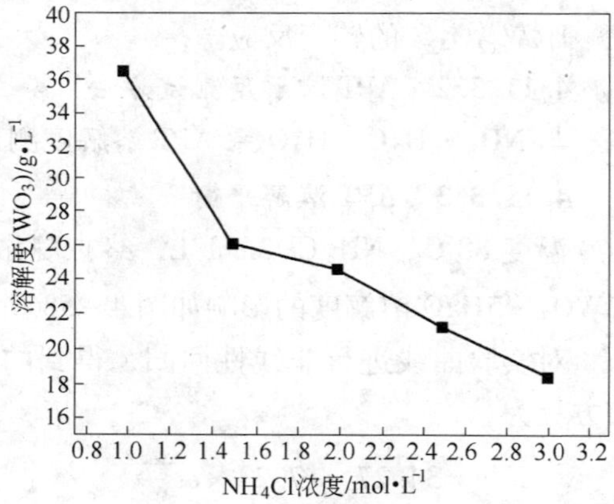

图 4－60　86℃下 $5(NH_4)_2O \cdot 12WO_3 \cdot 5H_2O$ 溶解度与 NH_4Cl 浓度的关系

由图 4－60 看出，当 NH_3 浓度小于 1.5mol/L 时，APT 溶解度随 NH_4Cl 浓度的降低而快速升高。当 NH_4Cl 大于 1.5mol/L 时，NH_4Cl 浓度对 APT 溶解度的影响逐渐趋弱。这是因为，随着 NH_4Cl 浓度的升高，与同离子效应相反的盐效应在增大，NH_4Cl 的活度在减小。研究表明，在 0～1.5mol/L 范围内降低 NH_4Cl 含量对于提高 APT 溶解度，降低溶液过饱和度，制取粗颗粒 APT 非常有利。

结果表明，NH_4Cl 掺入下 APT 的溶解度急剧下降。当 NH_4Cl 浓度为 1mol/L、2mol/L、3mol/L 时 APT 溶解度分别为 $NH_3 \cdot H_2O-H_2O$ 系的 1/2、1/3、1/4。NH_4Cl 浓度小于 1.5mol/L 范围内，其对 APT 的溶解度的影响较为明显，NH_4Cl 浓度大于 1.5mol/L 后影响减弱。

4.12 仲钨酸铵结晶动力学

4.12.1 仲钨酸铵结晶诱导期

我国在仲钨酸铵（$(NH_4)_{10}[H_2W_{12}O_{42}]\cdot 5H_2O$，简称 APT）结晶过程除去钼、钠、钾、硅、磷、砷的研究上取得进展，已能有效地控制 APT 的化学质量。但是在$NH_4Cl-NH_3\cdot H_2O-H_2O$ 系蒸发结晶中稳定地制取预定产品粒度、粒度分布和理想晶形的 APT 产品还十分困难。除间隙结晶本身的特点外，目前对包括结晶机理在内的 APT 结晶全过程的诱导期、晶核形成和晶体生长的晶析动力学，及其在复杂的流体动力学条件下的变化缺乏定量的系统研究。运用诸如起始钨浓度、温度、搅拌、补加料液和添加晶种等工艺条件时，难以把握程度和时机；对各种因素的相互影响也尚不清楚，往往得出不稳定或完全不同的结果。

APT 的晶体特性很大程度上取决于相变发生时的初始过饱和度。已经建立的定量关系表明：作为相变过程的潜伏转变期，诱导期延续时间（t_{ind}）直接反映了相变前的成核趋势—初始过饱和度的大小。此外，一定条件下延续时间的改变也能定量反映多组分系统杂质改变物质溶解度的程度。

作者研究了一定组分浓度、温度和搅拌条件下，APT 结晶诱导期变化的规律；探讨了由诱导期过饱和形成速度，控制晶核形成时过饱和度大小的途径。

4.12.1.1 实验方法

选取由经典工艺和离子交换工艺所产相同体积的钨酸铵溶液为试验料液，部分溶液由氨水稀释配制，$NH_3\cdot H_2O$ 含量均为 2～2.2mol/L。采用装有锚式搅拌器、排风装置和水银温度计（精度 ±0.03℃）、容积为1500L 和2000L 的敞开式搪瓷反应锅。

用纯水清洗反应器后放入定量溶液，调节蒸汽阀门维持夹套蒸汽压力为一定值（控制精度为 $\pm 0.5\times 10^4$ Pa）。记录一定时间水银温度计的读数值，并迅速取样测定溶液比重特别是记录沸点和晶核形成点温度。

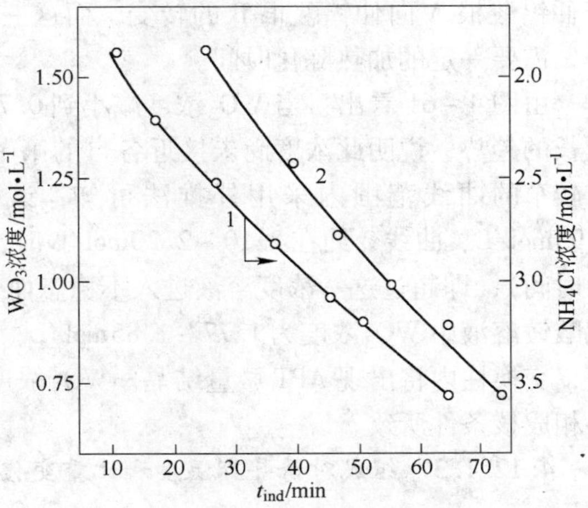

图 4－61 组成对诱导期的影响

（转速 2π r/s；蒸汽压力 1.5×10^5 Pa）

1—离子交换工艺制取，总 NH_4^+ 7mol/L；

2—经典工艺制取，NH_4Cl 微量

4.12.1.2 溶液组成对诱导期延续时间的影响

相同夹套蒸汽压力和搅拌转速下，两种工艺所产的钨酸铵溶液结晶诱导期随起始 WO_3 浓度的变化如图 4－61 所示。

不同 NH_4Cl 和 WO_3 浓度下 APT 结晶的诱导期见表 4－106 和表 4－107。由 Хамскций 给出的相对过饱和度（$\delta=\Delta C/C_{aq}$）和诱导期的关系式，可推导出：

$$\delta_1/\delta_2 = t_{ind2}/t_{ind1}$$

依上式计算出的相对过饱和度比值（δ/δ_0）见表 4－106 和表 4－107。图

4－61中曲线1随着起始 WO_3 浓度的下降 NH_4Cl 浓度的升高，向曲线2靠拢，诱导期时间差缩小，曲线2与曲线1诱导期的比值（t_{ind2}/t_{ind1}）减小。表4－106和表4－107中 δ/δ_0 值的变化说明：与起始钨浓度升高相比，由于 NH_4Cl 掺入、聚合速度加快以及APT溶解度下降，引起介稳区宽度扩大带来的初始过饱和度增大相对较小。表4－106中钨浓度不变的条件下，随 NH_4Cl 浓度升高诱导期缩短逐渐趋缓的结果表明：初始过饱和度不随 NH_4Cl 摩尔数增加而成比例增大。除了 WO_3 浓度本身的限制之外，溶解度下降引起的第二极限浓度（进入不稳态的界限）降低，以及反作用的盐效应增大也是重要原因。所以，在较低的起始钨浓度下降低溶液 NH_4Cl/WO_3 值，才能有效地控制初始过饱和度不致太大。

表4－106　不同 NH_4Cl 浓度下的诱导期变化

NH_4Cl 浓度/mol · L^{-1}	0	1.6	2.5	3.2
t_{ind}/min	65	55	48	45
δ/δ_0	1	1.14	1.35	1.44

注：WO_3 0.91mol/L，转速2π r/s，蒸汽压力 1.5×10^5Pa，起始温度29℃，溶液体积1250L。

表4－107　不同 WO_3 浓度下的诱导期变化

WO_3 浓度/mol · L^{-1}	0.71	0.91	2.5
t_{ind}/min	65	48	25
δ/δ_0	1	1.35	2.6

注：NH_4Cl 2.5mol/L，转速2π r/s，蒸汽压力 1.5×10^5Pa，起始温度29℃，溶液体积1250L。

随着起始钨浓度的升高，两体系溶液的诱导期均平稳缩短表明：APT蒸发结晶的介稳区宽度较大。这是因为分子质量大、组成复杂、溶解度较低的物质趋向于生成稳定的过饱和溶液。此外，APT过饱和不能瞬时产生，其生成速度不但依赖于 NH_3 的逸出而且还取决于仲钨酸根A向仲钨酸根B的转变，而这一过程在较高的pH值和较低的温度下极其缓慢，需要一定的加热陈化时间。

由图4－61看出：当 WO_3 浓度减小到0.7mol/L时，两种溶液的诱导期均未出现大大延长的趋势，说明此浓度尚未接近各自的第一介稳界限（不可能发生均相成核的浓度）。在较窄的曲线范围内采用外推法可知：试验条件下，曲线1约在 WO_3 浓度1.85～1.95mol/L、曲线2约在2.10～2.20mol/L时，诱导期趋近于零（扣除晶核形成的最低极限时间），即超过这一浓度溶液进入不稳态而很快结晶。工业生产中也发现，当解吸出的钨酸铵溶液中 WO_3 浓度为1.77～1.85mol/L、液温为50℃时，若不增加解吸剂中 NH_3 的浓度，交换柱内将出现APT微量结晶。WO_3 浓度低于上述数值是由于交换柱内固体微粒的多相成核条件所致。

4.12.1.3　组成对诱导期温度和比重变化的影响

APT的结晶诱导期经历了起始点（T_0）⟶沸点（T_b）$\xrightarrow{\text{沸腾}}$晶核生成点（T_{ind}）的温度变化过程。与本章第4.12.1.2节中相同的条件下，不同 WO_3、NH_4Cl 浓度下诱导期温度和密度的变化历程如图4－62和图4－63所示，其 T_0、T_b、T_{ind} 及各点间停留时间的对比数值见表4－108和表4－109。

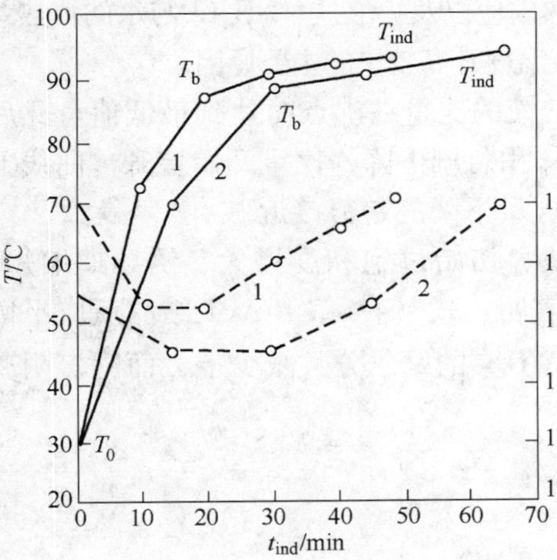

图 4-62 起始钨浓度对诱导期温度 T 和密度 d 的影响

（转速 2π r/s；蒸汽压力 1.5×10^5Pa；NH_4Cl 浓度 2.5mol/L）

1—WO_3 0.91mol/L；2—WO_3 0.71mol/L

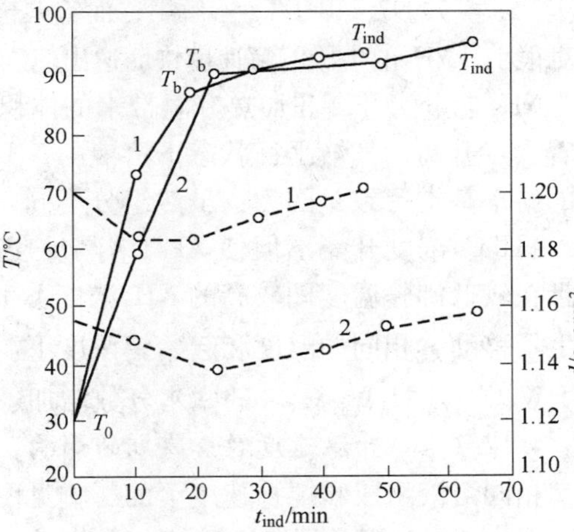

图 4-63 氯化铵浓度对诱导期温度 T 和密度 d 的影响

（转速 2π r/s；蒸汽压力 1.5×10^5Pa；WO_3 浓度 0.91mol/L）

1—NH_4Cl 2.5mol/L；2—NH_4Cl 0mol/L

表 4-108 不同 WO_3 浓度下诱导期温度变化特征

WO_3浓度/mol · L^{-1}	温度/℃		停留时间/min	
	T_b	T_{ind}	$T_0\to T_b$	$T_b\to T_{ind}$
0.71	89.5	95.5	25	40
0.91	87.5	94	19	29
1.23	85	93	12	13

注：NH_4Cl 2.5mol/L，转速 2π r/s，蒸汽压力 1.5×10^5Pa，$T_0$29℃，溶液体积 1500L。

表 4-109 不同 NH_4Cl 浓度下诱导期温度变化特征

NH_4Cl 浓度/mol · L^{-1}	温度/℃		停留时间/min	
	T_b	T_{ind}	$T_0\to T_b$	$T_b\to T_{ind}$
0	89	95	30	35
1.6	88	94	25	31
2.5	87.5	94	19	29
3.2	85.5	93	17	28

注：WO_3 0.91mol/L，转速 2π r/s，蒸汽压力 1.5×10^5Pa，$T_0$29℃，溶液体积 1500L。

结果表明，一定组分和外界压力下钨酸铵溶液的沸点和比重随 NH_3 含量的增加而降低。由于沸点前 NH_3 未饱和，溶液 NH_3 含量的变化特征直接与 NH_3 的生成溶解和逸出速度有关。难以挥发的钨酸盐和 NH_4Cl 浓度的升高不仅使 APT 结晶生成 NH_3 的速度加快，而且导致 NH_3 的逸出速度下降。加之诱导期缩短，NH_3 的挥发率低，相同时间和温度下溶液的 NH_3 含量较高。

氨的积分溶解热很大，当 NH_3 浓度为 0 和 10（wt.%）时，其值（ΔH）分别为 $-8.328\times$

10^5 J/kg、-7.997×10^5 J/kg 溶解氨，而钨聚合反应的热效应以及钨酸盐、NH_4Cl 与水的比热差相对很小。NH_3的生成溶解速度快而逸出速度慢是溶液温度升高较快的主要原因。

NH_3含量的升高和加热升温带来的体积膨胀使溶液的比重在沸点时达到最低值。此后随着沸点升高，气液平衡状态下溶液的NH_3含量和体积急剧下降，比重开始上升。曲线上升的斜率基本一致是因为：虽然组分不同，但NH_3含量下降的趋势接近。

NH_4Cl浓度升高不但使APT结晶反应速度加快、初始过饱和度增大、诱导期缩短，而且在较低沸腾温度即较高的NH_3浓度下生成晶核表明：式（4-21）APT结晶反应平衡发生了移动，相同的温度和起始钨浓度下。反应物WO_4^{2-}的摩尔分数减少了，而同多阴离子$HW_6O_{21}^{5-}$、$H_2W_{12}O_{42}^{10-}$的摩尔分数增加了。

4.12.1.4　升温速度对诱导期的影响

相同溶液组成和搅拌速度下的影响见图4-64。

图中1、2、3线的T_b和T_{ind}分别为89℃、88℃、87.5℃和91℃、93℃、94℃。$T_0\rightarrow T_b\rightarrow T_{ind}$的停留时间分别为70min、51min、19min和20min、24min、29min。结果表明：升温速度加快，诱导期缩短，T_b下降，T_{ind}上升，$T_0\rightarrow T_b$时间缩短，但$T_b\rightarrow T_{ind}$时间延长。

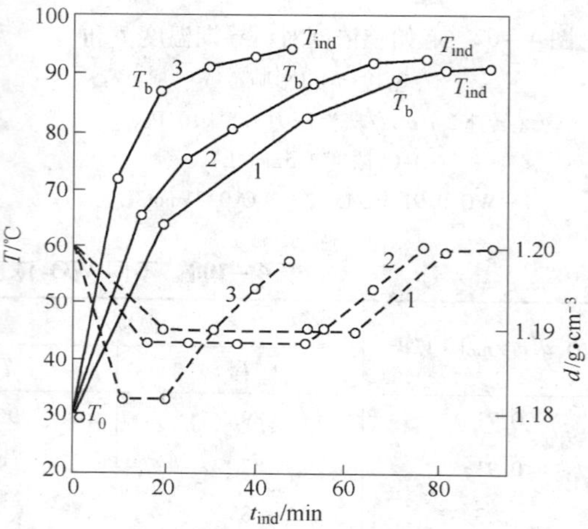

图4-64　升温速度对诱导期的影响

WO_3 0.91mol/L，NH_4Cl 2.5mol/L，转速2π r/s

升温速度快，溶液在沸点前加热陈化时间短，不但NH_3的挥发率低、T_b下降，而且仲钨酸根A向仲钨酸根B的转化率低。由于距能自发成核的过饱和度相差较远，导致$T_b\rightarrow T_{ind}$时间延长及T_{ind}升高。

依相关文献提出的成核速率关系式：

$$\dot{N}=K_N\exp\left[-\frac{kQ^3V^2}{(kT)^3\ (\ln S)^2}\right]$$

升温速度快不但引起初始过饱和度（S）增大（诱导期缩短），而且在较高的温度（T）下形成晶核也使成核过程阶数（K_N）增大。诱导期结束后成核速率加快将使较高的初始过饱和度迅速消失。对快速升温下结晶产品的分析证实：APT粒度较细。不同升温速度下溶液的比重变化同样表明了NH_3含量和过饱和度变化的规律。

4.12.1.5　搅拌速度对诱导期的影响

相同组成和夹套蒸汽压力下的影响见表4-110。

表4-110　搅拌速度对诱导期的影响

蒸汽压力/kPa	转速/r·s^{-1}	温度/℃		停留时间/min	
		T_b	T_{ind}	$T_0\rightarrow T_b$	$T_b\rightarrow T_{ind}$
1.5	2π	89	91	65	20
	3π	90	91	43	15
3.0	2π	87.5	94	33	25
	3π	89	94.5	25	23

结果表明：搅拌使诱导期缩短，T_b上升但T_{ind}变化较小，较高压力下搅拌的影响明显减弱；搅拌转速快，形成的旋涡直径大、高度深、流速快，溶液与锅壁的接触面积增加，热交换快。NH_3的逸出加剧导致过饱和生成速度快，过饱和度增大。另一方面，搅拌也使扩散速度加快，溶液的介稳区宽度缩小，ΔC 变小使诱导期常数 K 下降。虽然上述两点均使溶液的稳定性降低、诱导期缩短，它们对晶核形成时过饱和度大小的影响却是相反的。

4.12.2 仲钨酸铵蒸发结晶成核速率

作者用最终产品粒度组成与晶体生长速率结合的方法研究了仲钨酸铵（APT）成核速率。通过图解法和计算，得出了不同溶液组成、加热强度和搅拌转速下 APT 结晶成核期、最大成核速率出现时间、成核速率最大值、生成晶核总数、最大可能粒径、成核期结束时的固相析出率等特征参数，并探讨了各种条件的影响机理。

$NH_4Cl-NH_3\cdot H_2O-H_2O$ 系 APT 结晶过饱和的产生同时兼有溶剂脱除、盐析和化学相互作用方法的特征。起始溶液组成一定时，每一时刻 APT 的成核速率不仅与核前缔合物的粒度分布即诱导期结束时的初始过饱和度有关，而且取决于成核期氨的挥发速度及 WO_4^{2-} 聚合和仲钨酸根 A→B 的转变程度。由于两者均需一定的加热和陈化时间，APT 过饱和不能瞬间获得。成核期过饱和生成和消失同时并存的特点适合制取粗颗粒的晶体；较长的成核时间也为争取工艺条件获得较大范围不同晶体特性的 APT 提供了可能。由于成核速率加快，NH_4Cl 掺入下结晶所得 APT 往往较细，平均粒度、粒度分布的选择难度更大。其成核特征的研究显得尤为重要。

温度和搅拌与 APT 成核速率的关系比已有的方程式要复杂得多。温度不但影响与成核有关的动力学因子，而且直接与溶液氨浓度以及 APT 的溶解度和过饱和度有关。作者对 APT 晶体生长形态的电镜研究表明：除了容易形成连生体之外（±5%），以小粒子集聚方式生成的疏松多孔的粗糙表面及按有核机理生长出的层状阶梯式结构，极易在液流冲刷下产生微晶脱落而造成二次成核。两者都与搅拌密切相关，是 APT 成核速率研究中值得重视的问题。

4.12.2.1 试验方法

设计专门的计数装置、使用电子显微镜或沿用 Velazguez 统计乳浊液中结晶出来的溶液滴数的方法，都难以准确测定 APT 成核期一定时刻单位体积内的新相粒子数。由于不能避免取样计数过程氨的挥发以及 WO_4^{2-} 和同多钨酸根离子的组成、价态和摩尔分数随陈化时间的变化，APT 粒子及其粒度的改变将使结果出现较大的偏差。

同时，APT 成核期内晶核形成和已有晶粒长大同时进行。现有测定成核速率的统计结果都是在没有晶种存在的条件下得出的，不能反映 APT 均相成核主流下多相成核的事实。而且，长大中的核前缔合物和生长中的晶体之间在获得生长基元方面处于一种相互竞争的状态。由于溶液内部浓差极化程度的差别，相同过饱和度下得出的结果也有所不同。

晶体的粒度分布反映了相生成的特性。在新的晶粒形成和已有晶粒相继长大的整个结晶期内，当生长线速度与粒度无关、不发生聚结和破碎时，每一时刻生成的粒子数不因长大而改变。某一时刻其尺寸的大小只取决于生成的早晚，即粒度分布特性并不随时间而变化，粒度大的依然较大。因此结晶产品中大小晶体粒径之差值，即为小晶体成核时（指转变为固相的那一刻)，较早成核的生长中未定形大晶体的瞬时尺寸。

试验根据产品的粒度分布，计算出每一粒径晶体成核时，已有的未定形晶体的颗粒总数及总质量，即一定时刻的固相析出率。在晶体析出率与时间关系的实际测试结果中找出对应的时间点，并根据各时间增量内单位体积溶液晶体颗粒总数的增量，得到了一定间隔时间内 APT 结晶的平均成核速率。

试验溶液、设备及晶核出现前的操作方法同 4.12.1 节，溶液体积 1250 ~ 1500L。晶核出现（T_0）后尽可能短地记录一定时间间隔内水银温度计的读数，并迅速取样过滤分析滤液 WO_3的浓度，同时测定溶液的体积和比重，最终放料母液比重为 4.7 ~ 4.8 波美度。WO_3的测定采用辛可宁重量法。为减小产品 APT 测试筛分过程强烈振动引起的晶体破碎给研究结果带来的偏差，以及受标准筛规格的限制，大于 45μm 的晶体用标准筛手工筛分，小于 45μm 的由 SKC－2000 光沉降粒度测定仪测出。在保证计算精度的前提下选择适当的粒度区间，以减少筛分次数。

4.12.2.2　试验步骤

（1）根据 APT 产品粒度分布测试结果作出分布积分函数 $W(L)$ 图。

（2）根据溶液 WO_3浓度和体积随时间的变化，计算出晶核出现后一定时刻未定形固相 APT 的析出率（η，占最终产品 APT 的质量百分数），作出 $\eta(t)$ 和 $\nu(t)$ 图。

（3）按从小到大的顺序将粒度分布的积分曲线分为范围尽可能小的若干（i）个粒度区间。由每一区间的质量百分数增量并通过下式计算出 100g 产品中各粒度区间晶体的颗粒数。

$$N_i = \frac{m_i}{\overline{L_i}^3 \cdot \rho} \times 10^8 \tag{4-31}$$

式中　$\overline{L_i}$——i 区间的平均粒径，μm；

N_i——i 区间晶粒的数量，粒；

m_i——i 区间晶粒的质量，g；

ρ——晶粒的密度，取 4.56g/cm³。

（4）根据各粒度区间的平均粒径$\overline{L_i}$和颗粒数 N_i，算出 100g 产品中各平均粒径 APT 成核时，较早生成、已有未定形晶体的颗粒总数（$\sum N_i$）和总质量（$\sum m_i$）：

$$\sum m_i = (\overline{L}_{i+1} - \overline{L}_i)^3 N_{i+1} \cdot \rho + (\overline{L}_{i+2} - \overline{L}_i)^3 N_{i+2} \cdot \rho + \cdots + (\overline{L}_{k-1} - \overline{L}_i)^3 N_{k-1} \cdot \rho + (\overline{L}_k - \overline{L}_1)^3 N_k \cdot \rho \tag{4-32}$$

式中　$\overline{L} < \overline{L}_{i+1} < \cdots < \overline{L}_{k-1} < \overline{L}_k \quad (i = 1, 2, 3, \cdots, k; k = 30)$

$$\sum N_k = N_{i+1} + N_{i+2} + \cdots + N_{k-1} + N_k \tag{4-33}$$

（5）$\sum m_i\%$ 为成核过程某一定时刻 APT 固相析出率的计算值。在代表固相析出率测试值的 $\eta(t)$ 曲线上找出其对应的时间点，并在 $\nu(t)$ 曲线上找出各时间点对应的体积。根据各时间增量晶体颗粒数增量（ΔN_i）、平均体积以及单位体积起始溶液结晶所得最终产品的质量计算，即可得出 APT 结晶各时间点的成核速率。

4.12.2.3　不同组成钨酸铵溶液结晶的成核速率

不同起始 NH_4Cl 和 WO_3浓度下结晶 APT 粒度分布的积分曲线分别见图 4－65 和图 4－66。成核速率与时间的函数关系如图 4－67 和图 4－68 所示。通过图解法和试验数据

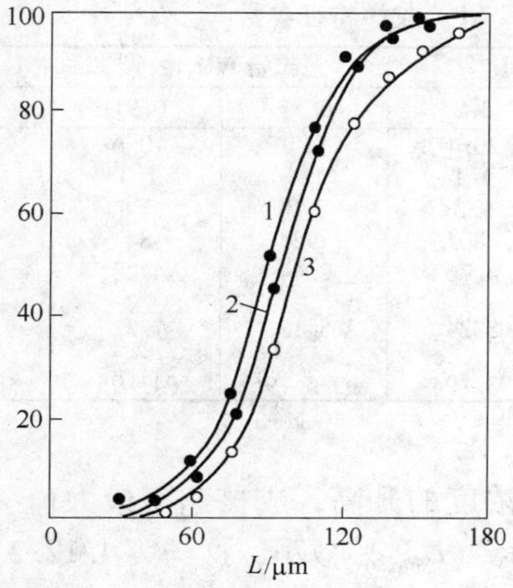

图 4-65 不同 NH_4Cl 浓度 APT 粒度分布积分曲线
（WO_3 0.91mol/L，NH_4OH 2mol/L，
$p=1.5\times10^5$Pa，$\omega=2\pi$ r/s）
1—NH_4Cl 3.2mol/L；2—NH_4Cl 2.5mol/L；
3—NH_4Cl 0mol/L

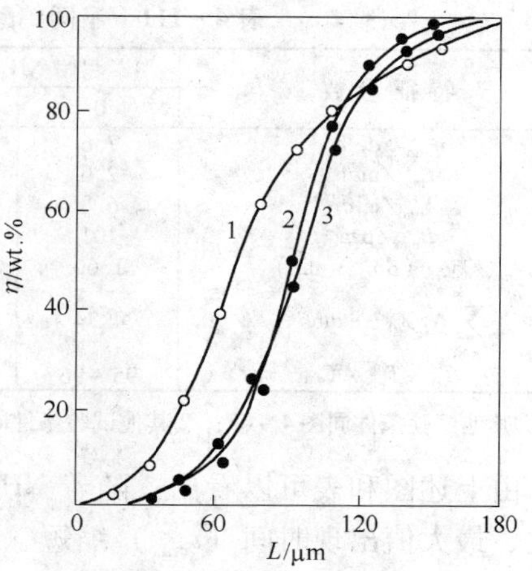

图 4-66 不同 WO_3 浓度 APT 粒度分布积分曲线
（NH_4Cl 0.91mol/L，NH_4OH 2mol/L，
$p=1.5\times10^5$Pa，$\omega=2\pi$ r/s）
1—WO_3 1.23mol/L；2—WO_3 0.91mol/L；
3—WO_3 0.71mol/L

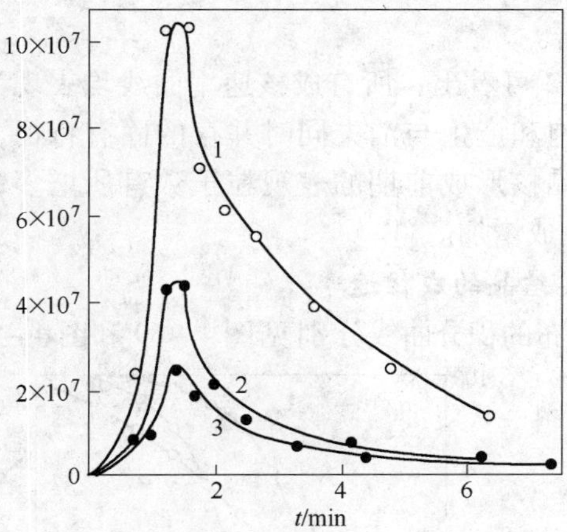

图 4-67 不同 NH_4Cl 浓度 APT 成核速率与时间的关系
（试验条件同图 4-65）
1—NH_4Cl 3.2mol/L；2—NH_4Cl 2.5mol/L；
3—NH_4Cl 0mol/L

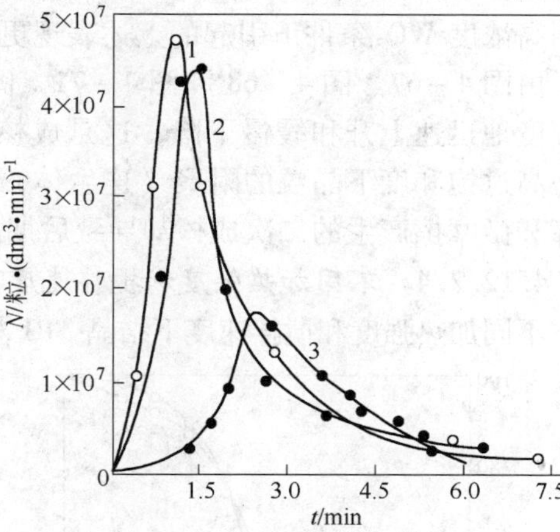

图 4-68 不同 WO_3 浓度 APT 成核速率与时间的关系
（试验条件同图 4-66）
1—WO_3 1.23mol/L；2—WO_3 0.91mol/L；
3—WO_3 0.71mol/L

计算得出的成核特征参数见表 4-111。其中成核期 t_{end} 是用晶核出现（t_0）至成核速率降至 0.05×10^7 粒/（dm^3 · min）的间隔时间来确定的（晶核生成率已大于 99%）。

由图看出，WO_3 浓度相同时，NH_4Cl 浓度升高使成核期大为延长，成核期结束时固相析出率大幅度增加也表明：由于 NH_4Cl 掺入引起的 APT 溶解度下降导致了介稳区扩大。由于单纯升高 WO_3 浓度并不改变 APT 的溶解度。与 NH_4Cl 升高相比，晶核总数增加较大，但成核期时间和固相析出率反而增加较少。

表 4-111　不同钨酸铵溶液组成下 APT 成核特征参数

特征参数	起始 NH_4Cl 浓度①/mol · L^{-1}			起始 WO_3 浓度②/mol · L^{-1}		
	0	2.5	3.2	0.71	0.91	1.23
η_{end}/wt.%	7.6	10.6	20.4	9.1	10.6	16.6
t_{max}/min	2.6	1.3	1.1	1.4	1.3	1.2
t_{end}/min	6.8	7.8	9.3	7.3	7.8	8.2
L_{max}/μm	101	84	80	92	84	63
N_{max}/粒 · (dm^3 · min)$^{-1}$	1.66	4.38	4.76	2.44	4.28	10.37
$\sum_{L_{end}}^{L=\infty} N_L$/粒 · dm^{-3}	4.74	7.32	8.24	5.13	7.32	36.2
$T_0 \sim T_{end}$/℃	95~96	94~95	93~94	95.5~96	94~95	93~94

①其他试验条件同图 4-65；②其他试验条件同图 4-66。

由上述图和表可以看出：随着 NH_4Cl 和 WO_3 浓度的升高，成核速率最大值（N_{max}）增大、最大值出现时间（t_{max}）缩短、最大可能粒径（L_{max}）减小，这与第 4.12.2.2 节同一试验中诱导期缩短即成核前初始过饱和度增大的研究结果一致。

在较低的起始温度（$T_0 = T_{ind}$ 诱导期结束时的温度）即较高的 NH_3 浓度和 pH 值下，单位体积起始溶液生成晶核总数（$\sum_{L_{end}}^{L=\infty} N_L$）和成核期结束时的固相析出率 η_{end} 增多、成核期延长表明：与过饱和消失速度加快相比，NH_4Cl 和 WO_3 浓度升高带来的过饱和生成速度增加量较大。图 4-68 曲线 1 在成核速率高峰值较大的情况下，其下降却较为平缓，也说明高浓度 WO_3 条件下引起的上述表现更为显著。

由图 4-67、图 4-68 和图 4-71、图 4-72 可看出：所有成核速率曲线均表现为不同程度地迅速上升和缓慢下降，这是成核期过饱和产生与消失同时并存的固有特征。此外，高过饱和度下晶粒的附聚（连生体）也使晶核形成前期的表观粒子数有所增多；而碰撞和微摩擦产生的二次成核却导致后期晶核生成增加。

4.12.2.4　不同加热强度和搅拌速度下 APT 结晶的成核速率

不同加热强度和搅拌速度下结晶 APT 粒度分布的积分曲线分别见图 4-69 和图 4-70；

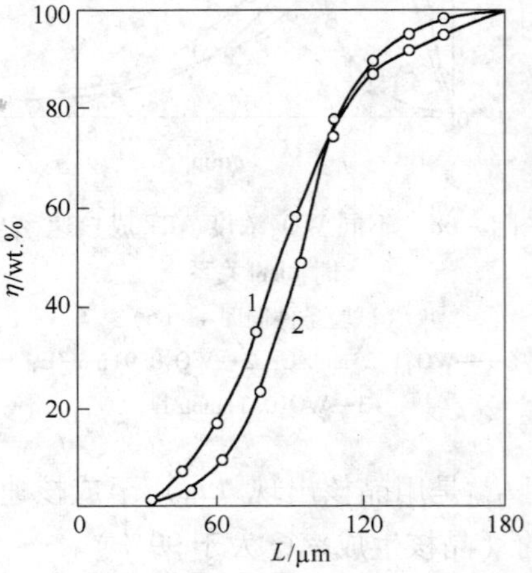

图 4-69　不同加热温度下 APT 粒度分布积分曲线
（WO_3 0.91mol/L，NH_4Cl 2.5mol/L，NH_4OH 2mol/L，$\omega = 2\pi$ r/s）
1—3.5×10^{5}Pa；2—1.5×10^{5}Pa

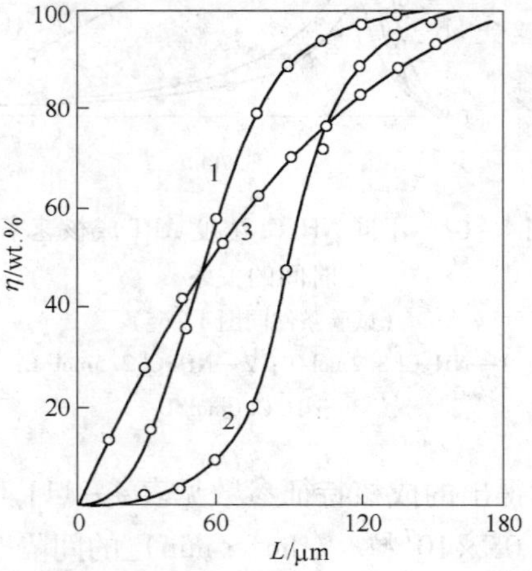

图 4-70　不同搅拌转速下 APT 粒度分布积分曲线
（$p = 1.5\times10^5$Pa，其余条件同图 4-69）
1—3π r/s；2—2π r/s；3—0π r/s

其成核速率与时间的函数关系见图 4－71 和图 4－72，得出的特征参数见表 4－112、表 4－113。不搅拌条件下 APT 的部分成核速率数据列于表 4－114。

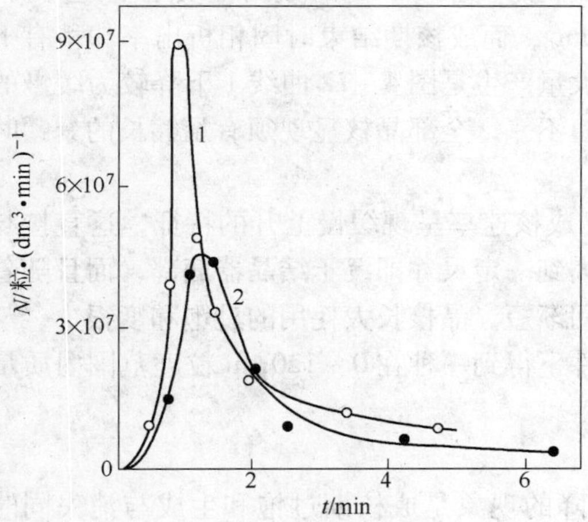

图 4－71　不同加热强度下 APT 成核速率与时间的关系

（试验条件同图 4－69）

1—3.5×10^5 Pa；2—1.5×10^5 Pa

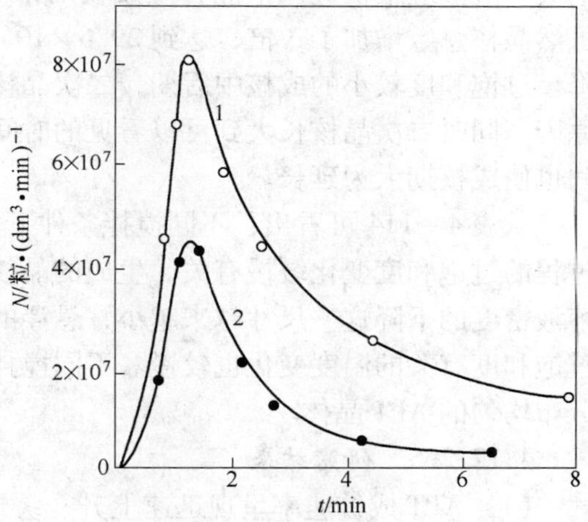

图 4－72　不同搅拌转速下 APT 成核速率与时间的关系

（试验条件同图 4－70）

1—3π r/s；2—2π r/s

表 4－112　不同加热强度（夹套蒸汽压）下 APT 的成核特征参数

夹套蒸汽压 /Pa	η_{end} /wt. %	t_{max} /min	t_{end} /min	L_{max} /μm	N_{max} /粒·(dm³·min)$^{-1}$	$\sum_{L_{end}}^{L=\infty} N_L$ /粒·dm^{-3}	$T_0 \sim T_{end}$ /℃
1.5×10^5	10.6	1.3	7.8	84	4.38×10^7	7.32×10^7	91～92
3.0×10^5	16.3	1.1	9.7	77.5	8.92×10^7	12.22×10^7	94～95

表 4－113　不同搅拌转速下 APT 的成核特征参数

搅拌速度 /r·s^{-1}	η_{end} /wt. %	t_{max} /min	t_{end} /min	L_{max} /μm	N_{max} /粒·(dm³·min)$^{-1}$	$\sum_{L_{end}}^{L=\infty} N_L$ /粒·dm^{-3}	$T_0 \sim T_{end}$ /℃
2π	10.6	1.3	7.8	84	4.38×10^7	7.32×10^7	91～92
3π	10.2	1.2	12.3	57.5	8.0×10^7	29.6×10^7	91～92

注：其他试验条件同图 4－70。

表 4－114　不同搅拌条件下 APT 的成核速率

t/min	8.1	56.9	101.2	167
N/粒·(dm³·min)$^{-1}$	0.24	1.56	4.54	7.42

注：其他试验条件同图 4－70。

结果表明：提高加热强度和搅拌转速对成核期的影响与升高 NH_4Cl 和 WO_3 浓度的结果相似，但搅拌的影响较大。

强烈搅拌下溶液温度上升快，NH_3的逸出加剧，过饱和生成速度快导致初期成核速率高。然而搅拌也使扩散速度加快，介稳区宽度缩小。随着大量已有晶核长大，过饱和迅速消失，溶液应很快进入不能自发成核的第一介稳态。表4－112的数据证实了上述分析：虽然晶核总数增加了3倍，达到29.6×10^7粒/dm^3，而成核期结束时固相析出率却稍有下降。过饱和度较小的成核中后期，二次晶核的大量产生是图4－72曲线1下降较为缓慢的原因。同时二次晶核长大到可以看见的时间长短不一，全部晶核显现须有足够长的暴露时间也使成核期大为延长。

从表4－114可看出：不同搅拌条件下APT成核速率呈现缓慢上升的特征，这直接与过程的过饱和度变化缓慢有关。生成的晶核长大到一定尺寸即沉于结晶器底部，而且随着溶液密度的下降这一尺寸越来越小，悬浮的时间渐短。晶核长大耗用的过饱和度很少，与过饱和度有关的温度变化也较慢。不同搅拌条件下得到一种在0～120μm粒度范围内质量分布均匀的APT晶体。

4.12.2.5　研究结果

（1）APT成核速率呈现迅速上升、缓慢下降的现象是成核期过饱和生成与消失同时并存的固有特征，也与连生体形成和二次成核有关。

（2）试验条件范围内，APT蒸发结晶成核期为6.8～12.3min，成核速率最大值出现时间为1.1～2.6min，最大成核速率为$1.66\sim10.37\times10^7$粒/（$dm^3\cdot min$），生成晶核的总数在$4.74\sim36.02\times10^7$粒/dm^3，成核期结束时的固相析出率在7.6～20.4wt.%左右。

（3）升高NH_4Cl和WO_3浓度，提高升温和搅拌速度，使成核期延长、成核速率最大值出现时间缩短，最大可能粒径减小，最大成核速率和成核总数增加。除强烈搅拌下稍有下降外，成核期结束时的固相析出率均增大。其中NH_4Cl浓度对成核期和成核期结束时的固相析出率影响较明显。而搅拌和WO_3浓度对成核总数和最大可能粒径的影响更显著。

（4）NH_4Cl掺入不仅导致多相平衡移动、APT溶解度下降，也使成核期过饱和生成和消失速度加快。快速搅拌引起APT成核中后期二次晶核大量产生。

4.12.3　仲钨酸铵结晶成核级数

作者在不同初始浓度下，采用“最大成核速率法”和“成核期积分平均速率法”研究了仲钨酸铵（APT）结晶的成核级数。测出的APT结晶成核级数分别为1.88和2.15。

结晶成核级数及晶体生长级数的研究是微细晶体大量结晶过程控制产品粒度的动力学基础。

仲钨酸铵结晶成核期内晶粒形成和已有晶粒长大同时进行，两者在获得生长基元方面处于一种相互竞争的状态。初始钨酸铵溶液的浓度对结晶产品APT平均粒度的影响取决于成核级数（n_N）和晶体生长级数（n_n）的大小差异。若$n_N>n_n$，则初始钨浓度愈高。结晶APT粒度愈细；若$n_N<n_n$，则情况相反。

作者采用“最大成核速率法”和“成核期积分平均速率法”研究了仲钨酸铵结晶的表观成核级数。从结晶动力学角度阐明初始浓度对结晶APT产品粒度的影响规律。

4.12.3.1　研究方法

结晶成核速率（$\dot{N}$）可用成核速率常数（k_N）和绝对过饱和度（ΔC）的关系式表达：

$$\dot{N}=k_N\Delta C^{n_N}$$

故有
$$\lg\dot{N} = \lg k_N + n_N \lg\Delta C$$
式中，n_N为晶体的成核级数。

微分法研究反应级数可分为“初始速率法”和“串联速率法”。应用经典的“初始速率法”研究结晶过程成核级数时，存在下述困难：

（1）结晶成核过程普遍存在着诱导期，由于成核前缔合物的出现在数量上有一个从零开始，由小迅速变大再由大变小的过程。结晶初始（$t \to 0$）的成核速率趋于零而不是最大值，由于起始 $\dot{N}$ 数值小，变化幅度大。取样时间的微小误差都将带来很大的偏差。而且由于起始浓度不同，成核速率由上升到下降的分布形态和时间宽度均不相同。晶核出现后的同一时刻测定的不同初始浓度溶液的成核速率，其数值大小难以表征与初始浓度的紧密相关关系，即不能本质上反映初始过饱和度对成核快慢的影响规律。

（2）对于仲钨酸铵这类依靠化学反应产生过饱和且化学反应存在着较慢中间步骤的蒸发结晶过程，其最大过饱和度（ΔC）出现的时刻一般晚于晶核形成的初始时刻，其滞后时间因初始浓度而异。因此，随初始浓度不同，成核速率的分布曲线在时间宽度和形态上的变化幅度较大。显然初始成核速率$\dot{N}_0$ 或晶核出现后同一时刻的成核速率更加难以反映初始浓度对结晶过程成核快慢的影响规律。

综上所述，经典的“初始速率法”难以适应结晶过程成核反应级数的研究。结晶成核期最大成核速率和积分平均成核速率与初始浓度有紧密的正相关关系。为拓展微分法的应用范围，本节采用“最大成核速率法”，并提出“积分平均成核速率法”研究仲钨酸铵的表观成核级数。

4.12.3.2 仲钨酸铵成核速率的测定方法和数据处理

取离子交换法所产钨酸铵溶液为试验溶液，试验装置为1500L 搪玻璃结晶锅。晶核出现（t_0）后，连续测定溶液的钨浓度、母液体积和溶液的 pH 值。结晶结束后测定 APT 的粒度分布。操作方法同第4.12.2 节。按第4.12.2 节相同的方法可得出 APT 结晶各时间点的成核速率。

APT 溶解度的测定见第4.11.3 节。

4.12.3.3 试验方法和步骤

（1）测定并绘制不同初始钨浓度（以 WO_3 计）下，APT 的成核速率（$\dot{N}$）与时间（t）的关系图，确定最大成核速率。并用 Microcal Origin 软件包算出成核期的积分平均成核速率。在确定均相成核期积分的时间范围时，为避免成核后期多相成核以及晶体破碎给结果带来的偏差，以均相成核达到95% 作为积分的时间区域。

（2）测定同一温度下 APT 溶解度，计算出各初始钨浓度下溶液的过饱和度 ΔC。

（3）以 $\lg\dot{N}$ 对 $\lg(\Delta C)$ 作图应为一直线，直线的斜率即为 APT 的成核级数。

4.12.3.4 APT 结晶成核级数

不同初始钨浓度下 APT 成核级数的测定结果：采用上述试验方法，在温度 94.5℃、钨酸铵溶液（NH_4Cl 2.5mol/L，NH_4OH 2mol/L）初始钨浓度分别为 1.23mol/L，0.91mol/L，0.71mol/L 的条件下，测出成核速率与时间的关系图（见图 4－73）。

各初始钨浓度下溶液的过饱和度 ΔC、最大成核速率 $\dot{N}_{max}$ 积分平均成核速率、最大成核速率出现时间（以晶粒开始出现为 $t=0$ 计）t_{max} 以及成核期积分的时间区域 Δt（见表4－115）。

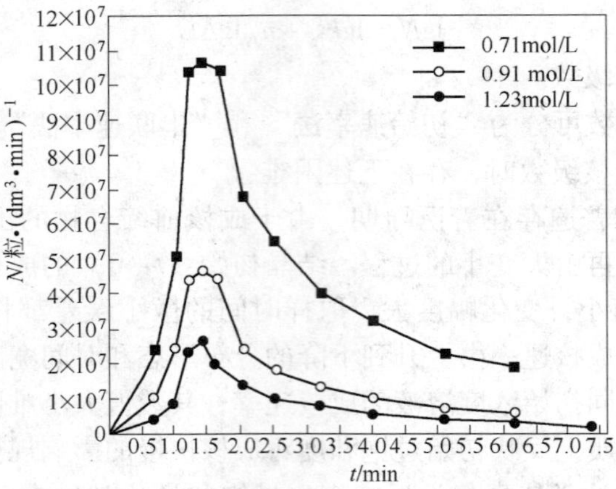

图 4 – 73　不同 WO_3 浓度成核速率与时间关系

表 4 – 115　不同初始钨浓度下 APT 成核过程的相关参数

初始浓度 /mol · L^{-1}	ΔC /mol · L^{-1}	$\dot{N}_{max}$ /粒 · (dm^3 · min)$^{-1}$	$\bar{\dot{N}}$ /粒 · (dm^3 · min)$^{-1}$	t_{max} /min	Δt /min
1. 23	0. 97	10. 37 × 10^7	3. 81 × 10^7	1. 2	6. 25
0. 91	0. 65	4. 38 × 10^7	1. 40 × 10^7	1. 3	6. 25
0. 71	0. 45	2. 44 × 10^7	0. 73 × 10^7	1. 4	6. 25

按照公式 $\lg\dot{N} = \lg k_N + n_N \lg(\Delta C)$ 并用表 4 – 115 中的数据，以 $\lg\dot{N}$ 分别对 $\lg(\Delta C)$ 作图。采用最大成核速率法得出的 APT 成核级数为 1. 88，采用积分平均成核速率法得出的 APT 成核级数为 2. 15，结果见图 4 – 74。

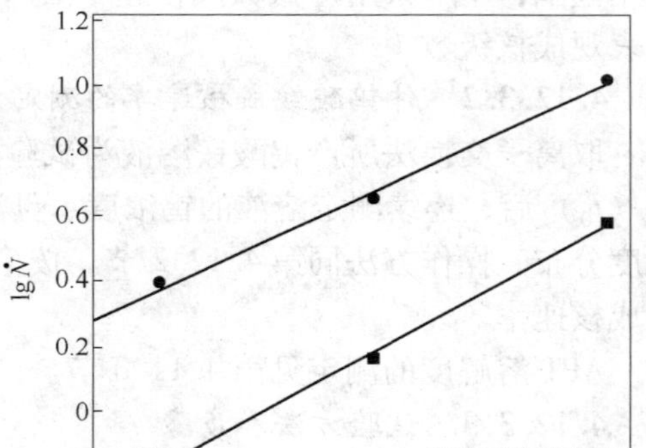

图 4 – 74　不同初始钨浓度下的 $\lg\dot{N} - \lg(\Delta C)$ 图

由试验结果看出，无论是采用“最大成核速率法”或“成核期积分平均速率法”。测定的 APT 结晶成核级数都不是一个整数，原因不在于 APT 结晶存在着中间化学反应过程(是非基元反应)。相关文选也指出：结晶过程不能归结为普通的化学反应，大多数情况下，n_N值在 1 ~ 8 之间，而且大于 2，并且不是一整数。

不同初始钨浓度和 NH_4Cl 浓度下，采用最大成核速率法测得的 APT 成核级数均低于成核期积分平均速率法测得的结果，分析原因是：初始钨浓度和 NH_4Cl 浓度较高的试验，其早期晶粒碰撞形成的团聚体比较多，致使其计算出的成核速率 $\dot{N}_{max}$ 比浓度低的负偏差要大，导致表观反应级数变小。

4. 12. 3. 5　研究结果

（1）结晶过程最大成核速率和成核期积分平均成核速率与初始浓度溶液的过饱和度有较为紧密的正相关关系，可应用于结晶过程表观成核级数的研究，与前者相比，后者得出的成核级数的负偏差较小。

（2）不同初始钨浓度下，采用“最大成核速率法”和“成核期积分平均速率法”测出的 APT 结晶表观成核级数分别为 1.88 和 2.15。

（3）本节 APT 结晶成核级数以及第 4.12.7 节 APT 晶体线生长级数的研究结果表明：APT 结晶过程成核级数大于晶体线生长级数，起始溶液钨浓度升高，将使结晶 APT 产品粒度变细。

4.12.4 仲钨酸铵成核速率常数和活化能

作者采用“成核期积分平均速率法”，运用阿累尼乌斯实验定律，求出仲钨酸铵结晶成核的表观活化能 $E=181.400\text{kJ/mol}$，得出仲钨酸铵结晶成核速率常数与温度的关系式为 $k_N=2.16\times10^{26}\exp(-181400/RT)$。

有关结晶温度对仲钨酸铵晶粒大小的影响，许多学者做过很多研究。在室温以上，随着温度的升高仲钨酸铵结晶产品的晶形经历了针状→细条形→片状→长方体→立方体的变化。其结晶水合物也经历了 $5(NH_4)O\cdot12WO_3\cdot11H_2O\rightarrow5(NH_4)O\cdot12WO_3\cdot5H_2O$ 的结构变化。相应地仲钨酸铵晶粒的大小也由几个微米逐步变粗到 40～60μm。由于温度升高，晶形和晶体结构变化导致 APT 结晶产品变粗的现象已被许多实验所证实，学术界已基本认同。但在晶形和晶体结构不发生变化的温度区间，尤其是在长方体和立方体晶形生成的温度范围（88～96℃），有关温度对 APT 产品粒度的影响，目前尚存在较大的争论，不少文献认为：温度升高有利于粗晶的生成。

结晶温度对仲钨酸铵晶粒大小的影响主要存在于 APT 的成核期。APT 成核期内，温度升高，若成核速率常数的增长幅度大于晶体生长速率常数的增长幅度，则结晶产品粒度愈细，反之则相反。

仲钨酸铵结晶成核期成核速率常数 K_N 以及晶体生长速率常数 K_n 与温度 T 的关系式测定，是研究温度对 APT 产品粒度影响的动力学基础，目前尚未见报道。

由于第 4.12.3 节中阐明的原因，经典的微分法难以测定仲钨酸铵结晶成核级数，同样也难以得出一定温度下的成核速率常数。本节采用“成核期积分平均速率法”通过两个不同温度下实验得出的两个速率常数，运用阿累尼乌斯（Arrhenius）实验定律，得出了仲钨酸铵结晶成核速率常数与温度的关系式，并求出了 APT 成核的活化能。

4.12.4.1 仲钨酸铵结晶成核活化能的求出

取结晶温度 T_1（91.5℃）和 T_2（94.5℃），采用第 4.12.3 节“成核期积分平均速率法”及其测出的仲钨酸铵结晶成核级数（$n=2.15$），利用结晶成核速率（N）与成核速率常数（K_N）和绝对过饱和度（ΔC）的关系式：

$$N=K_N\Delta C^n \tag{4-34}$$

分别从实验求出两不同温度下 APT 结晶成核速率常数 K_{N1} 及 K_{N2}，通过阿累尼乌斯公式的积分形式得到的求活化能 E 的公式：

$$\ln\frac{k_{N1}}{k_{N2}}=\frac{E}{R}\left[\frac{1}{T_2}-\frac{1}{T_1}\right] \tag{4-35}$$

可得出 APT 结晶成核的活化能。

4.12.4.2 仲钨酸铵结晶成核速率常数与温度关系式

将求出的 APT 结晶成核活化能代入阿累尼乌斯公式的指数形式：

$$k_N = Z_A \exp\ (-E/RT) \qquad (4-36)$$

可求出指数前因子 Z，并得出仲钨酸铵成核速率常数与温度的关系式。

4.12.4.3　仲钨酸铵成核速率的测定方法和数据处理

见4.12.3.2节。

APT溶解度的测定见第4.11.3节。

4.12.4.4　试验方法和步骤

（1）测定不同温度（T_1和T_2），相同初始钨浓度（以WO_3计）下，APT结晶产品的粒度分布图，APT的成核速率与时间（t）的关系图。用Microcal Origin软件包算出成核期的积分平均成核速率。在确定均相成核期积分的时间范围时，为避免成核后期多相成核以及晶体破碎给结果带来的偏差，以均相成核达到95%作为积分的时间区域。

（2）测定T_1和T_2温度下APT溶解度，计算出初始钨浓度下溶液的过饱和度ΔC。

4.12.4.5　APT成核速率常数与温度的关系及活化能

采用上述试验方法，在温度91.5℃和94.5℃，相同起始钨酸铵溶液成分：WO_3 0.91mol/L、NH_4Cl 2.5mol/L、NH_4OH 2mol/L的条件下，测出的结晶产品APT的粒度分布图以及成核速率与时间的关系图，分别见图4-75和图4-76。

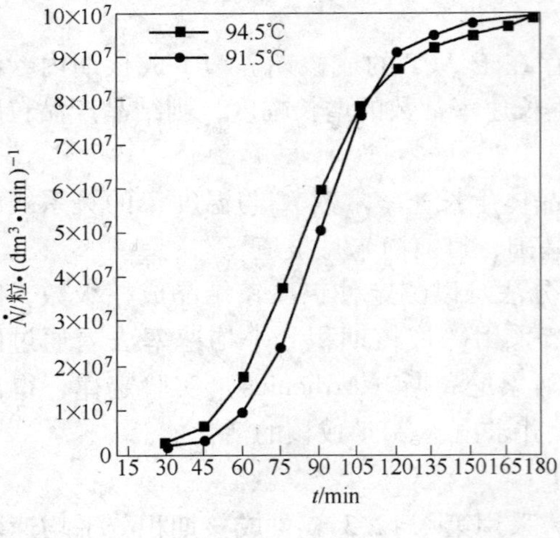

图4-75　不同温度粒度分布积分曲线

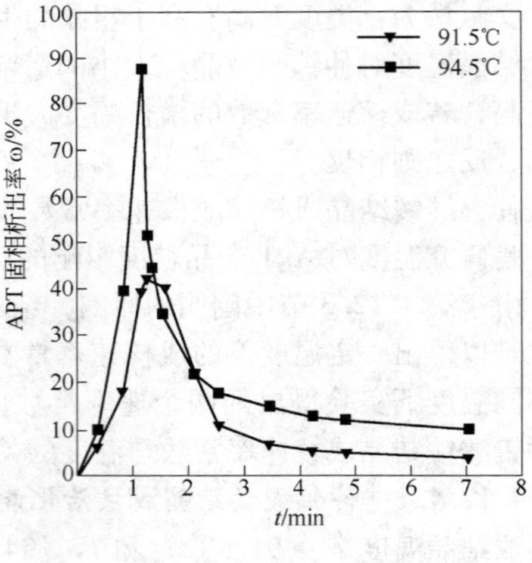

图4-76　不同温度成核速率与时间关系图

温度91.5℃和94.5℃下，试验得出的溶液过饱和度ΔC，成核期积分平均成核速率N，成核期积分的时间区域Δt，以及按照式（4-34）计算出的两温度下APT的成核速率常数（参见表4-116）。

由温度91.5℃和94.5℃下试验得出的APT成核速率常数（k_N）为2.19和3.54，按照式（4-35）求得APT结晶成核表观活化能为：

$$E_{表} = 1508159.6R = 181.400\ (\text{kJ/mol})$$

将求出的APT结晶成核表观活化能$E_{表}$，以及两试验温度中任意一绝对温度值（T = 364.5或367.5）及其对应的k_N值（k_N = 2.19或3.54）代入式（4-36），求得指数前因

表 4－116 不同温度下 APT 成核过程的相关参数

温度/℃	ΔC/mol · L^{-1}	$\bar{N}$/粒 · (dm^3 · min)$^{-1}$	Δt/min	k_N
91.5	0.71	1.05×10^7	6.25	2.19
94.5	0.65	1.40×10^7	6.25	3.54

子 $Z_A=2.16\times10^{26}$后，可得出仲钨酸铵温度的关系式为：

$$k_N=2.16\times10^{26}\exp(-181400/RT)$$

表 4－116 中的结果表明，温度由 91.5℃升高到 94.5℃，APT 过饱和度由 0.71mol/L 降低到 0.65mol/L，但成核速率常数 k_N 却由 2.19 升高到 3.54。从式（4－34）成核速率的表达式看出，温度升高，一方面使速率常数 k_N 增大，成核速率加快，另一方面，却使 APT 溶解度上升和过饱和度 ΔC 降低导致成核速率下降。与 91.5℃相比，94.5℃下 APT 成核速率加快的试验结果说明：温度升高对 k_N 上升的影响较大。而对溶解度下降的影响较小。

APT 成核活化能数值较大说明成核过程受温度的影响很大。

4.12.4.6 研究结果

（1）采用“成核期积分平均速率法”，运用阿累尼乌斯实验定律，求出 APT 成核的表观活化能 $E_{表}=181.400$kJ/mol，得出仲钨酸铵结晶成核速率常数与温度的关系式为：

$$k_N=2.16\times10^{26}\exp(-181400/RT)$$

（2）温度升高，APT 成核速率增大，速率常数 k_N 上升的幅度大于过饱和度 ΔC 下降的幅度。

4.12.5 仲钨酸铵成核期晶体生长速率

仲钨酸铵晶体生长机理及形态研究表明，NH_4Cl 掺入下 APT 晶粒生长速率加快。较早成核、快速生长的 APT，晶粒不但表面粗糙多孔、晶面界限不明，呈现生长丘形态，而且极易在均相成核期内生成由大小不一的孪晶构成的连生体。对结晶产物所作的 XRD 和 XPS 表面成分测定证实：这种变化不存在固相状态改变的原因。APT 的生长机制主要取决于晶核形成时的初始生长速率：$\bar{\dot{L}}_N$ 值小于 15μm/min 时的为二维成核机理，大于此值后转变为按法向生长的小粒子集聚形式。

因此控制 APT 成核期晶体的初始生长速率对于减少二次成核和晶体聚结，以及结晶和产品筛分过程晶体的破碎，制取理想晶形和良好流动性的 APT 关系极大。

作者采用将最终产品粒度组成与生长质量速率的测试结果结合的方法研究了仲钨酸铵成核期晶体的线生长速率（$\bar{\dot{L}}$）和结晶速率$\bar{\dot{m}}$。

4.12.5.1 试验及试验数据处理

试验溶液、设备及操作方法同第 4.12.2 节。

试验数据处理：根据第 4.12.2 节作出的产品粒度分布积分函数 $W(L)$ 图以及 $\eta(t)$

和 $V(t)$ 关系图，成核期某一时刻的平均线生长速率 $\overline{\dot{L}}$（晶体粒径的加大），单位溶液体积的结晶速率 $\overline{\dot{m}}$（质量的增加）以及已有固相的表面积 A 由下述方法算出：

（1）按第4.12.2节中式（4－31）、式（4－32）、式（4－33）算出相邻的 L_i 和 L_{i+1}（$L_i < L_{i+1}$）晶体成核时已有晶粒的质量百分数 $\sum m_i\%$ 和 $\sum m_{i+1}\%$，在代表固相析出率实际测试结果的 $\eta(t)$ 曲线上找出对应的时间增量 Δt，并在 $V(t)$ 曲线上找到对应的体积 V_t，可得某一时刻 $t[t=(t_i - t_{i+1})/2]$ 的 $\overline{\dot{L}}_i$ 和 $\overline{\dot{m}}_i$ 值：

$$\overline{\dot{L}}_i = (L_{i+1} - L_i)/(t_i - t_{i+1}) = \Delta L/\Delta t$$

$$\overline{\dot{m}}_i = (\Sigma m_i - \Sigma m_{i+1})/(t_i - t_{i+1}) \cdot V_t = \Delta m/\Delta t \cdot V_t$$

（2）依上述公式算出粒径 L_N 晶体成核时已有晶体的质量百分数 $\sum m_N\%$，并通过 $\eta(t)$ 和 $V(t)$ 曲线的对应时间点确定对应的体积；根据100g产品中各粒度区间的颗粒数和单位体积起始溶液（dm^3）结晶所得产品的质量（g），可算出某一时刻 t_N 的 A_t：

$$A_t = \sum_{i=N}^{k} 6(\overline{\dot{L}}_i - L_N)^2 N_i / V_N$$

式中，$\overline{\dot{L}}_i > L_N$。

4.12.5.2　APT晶体生长速率研究方法

与晶体的线生长速率不同，APT的结晶速率既是过饱和度的函数，又与已有晶粒的表面积相关，相互的关系如式（4－37）、式（4－38）：

$$\overline{\dot{L}} = k_n \Delta C^n \qquad (4-37)$$

$$\overline{\dot{m}} = k_m \Delta C^n \qquad (4-38)$$

APT结晶过程过饱和生成与消失同时并存，其生成速度取决于 WO_4^{2-} 的聚合和仲钨酸根A→B转变的化学反应速度，消失的快慢则由晶核形成和长大的相变速度决定。溶液总钨浓度的改变不能反映过饱和度变化的大小。然而过程 $\overline{\dot{L}}$ 和 $\overline{\dot{m}}$ 值的变化却可分别作为溶液过饱和度和过饱和消失速度的量度。

下述研究表明，随着 NH_3 的逸出，溶液pH值不断下降，APT过饱和生成和消失速度的变化经历下述三个阶段：第一阶段，诱导期，$\overline{\dot{m}}=0$，过饱和生成速度增大，ΔC 不断升高；第二阶段，出现晶核，$\overline{\dot{m}}>0$，晶核大量产生，晶粒总表面积 A 迅速增加。此阶段过饱和生成速度大于消除速度，相变反应为结晶过程的限制性环节。随着 A 的增大，ΔC 和 $\dot{L}$ 均经历了由上升到下降的变化。第三阶段，$\overline{\dot{m}}$ 出现最大值，过饱和消失速度与生成速度相等。此后 $\overline{\dot{m}}$ 值随过饱和生成速度等量下降。结晶速度由化学反应速率控制。显然此阶段的 $\overline{\dot{m}}$ 值同时可作为过饱和生成速度的量度。

最终结晶产品中大颗粒晶体大多是由大小不一的孪晶构成的连生体，这导致初始 $\overline{\dot{m}}$ 的计算值大于实际值，以致在 $\overline{\dot{m}}(t)$ 图上起始阶段 $\overline{\dot{m}}$ 出现峰值。由于连生体生成区域较宽，

$\bar{\dot{m}}_{max}$以后的$\bar{\dot{m}}$计算值仅整体略微降低，并不影响我们对 APT 生长速率的研究。

4.12.5.3 溶液组成对 APT 成核晶体生长速率的影响

起始 NH_4Cl 和 WO_3浓度的影响分别见图 4－77 和图 4－78。比较图中各曲线的$\bar{\dot{m}}_A$－$\bar{\dot{m}}_B$ 值及（t_A-t_B）值可看出，随着 NH_4Cl 和 WO_3浓度升高，连生体生成的数量增多、时间区域加宽。这与最大成核速率出现时的$\dot{L}$和 A 值，以及已有固相浓度（N/V）密切相关。有关数据见表 4－117。

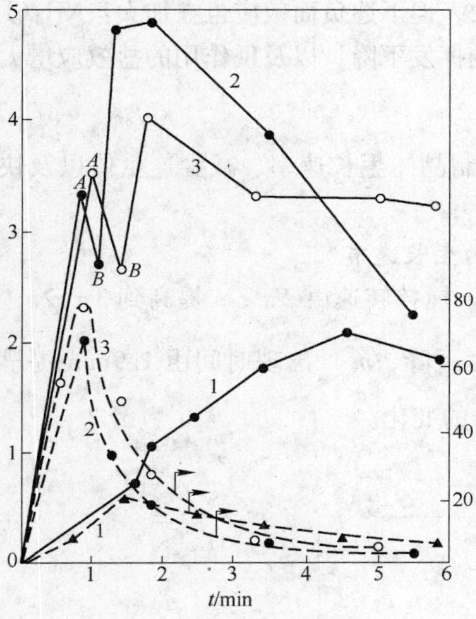

图 4－77 不同 NH_4Cl 浓度 APT 成核期的$\dot{L}$和$\dot{m}$值
（$WO_3$0.91mol/L，NH_4Cl 2mol/L，
p1.5×10^5Pa，$\omega=2\pi$ r/s）
1—NH_4Cl 0mol/L；2—NH_4Cl 2.5mol/L；
3—NH_4Cl 3.2mol/L

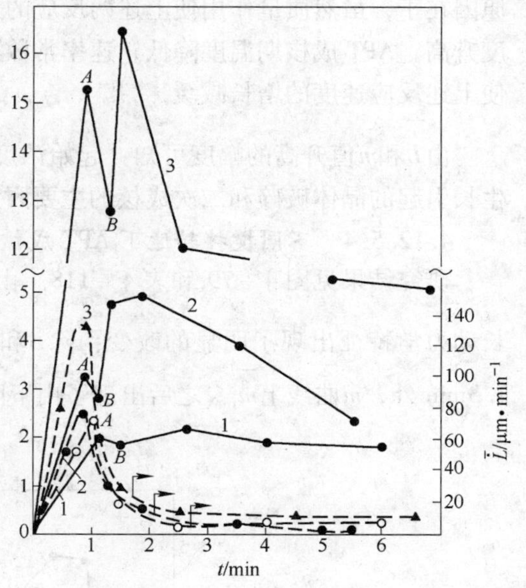

图 4－78 不同 WO_3浓度 APT 成核期的$\dot{L}$和$\dot{m}$值
（NH_4Cl 2.5mol/L，NH_4Cl 2mol/L，
p1.5×10^5Pa，$\omega=2\pi$ r/s）
1—$WO_3$0.71mol/L；2—$WO_3$0.91mol/L；
3—$WO_3$1.23mol/L

表 4－117 连生体的生成量（G）及与生成有关的特征参数

特征参数	NH_4Cl 浓度①/mol·L⁻¹			WO_3浓度②/mol·L⁻¹		
	0	2.5	3.2	0.71	0.91	1.23
$\dot{N}_{max}$/粒·（dm³·min）⁻¹	1.66×10⁷	4.38×10⁷	4.76×10⁷	2.44×10⁷	4.38×10⁷	10.37×10⁷
$\dot{L}_{N\,max}$/dm·min⁻¹	16.7	31.3	50	44.8	31.3	30.8
N_{max}/dm²·dm⁻³	3.0	6.67	5.7	1.98	6.67	23.9
$N_{\dot{N}_{max}}$/粒·dm⁻³	0.54×10⁷	1.10×10⁷	1.22×10⁷	0.85×10⁷	1.10×10⁷	1.91×10⁷
G/wt.%	3.1	8.1	8.6	6.4	8.1	10.1

①其他试验条件同图 4－77；②其他试验条件同图 4－78。

图 4－77 和图 4－78 中曲线 1，2，3 的 $\overline{\dot{m}}_{max}$ 出现时间分别为 4.6、1.9、1.4 和 6.0、1.9、1.5min。结果表明 NH_4Cl 和 WO_3 浓度升高，不但引起 APT 结晶过饱和生成和消失速度不同程度加快（$\overline{\dot{L}}$ 和 $\overline{\dot{m}}$ 值增大），$\overline{\dot{m}}_{max}$ 出现时间缩短也说明：与聚合化学反应相比，相变反应速度增长更快。显然，两反应的速率常数 k 和反应级数 n 是不同的。

由图 4－77 看出，NH_4Cl 浓度由 2.5mol/L 提高到 3.2mol/L，其 $\overline{\dot{L}}$ 和 $\overline{\dot{m}}$ 曲线较为接近（即使考虑到由于连生体生成较多，曲线 3 的起始 $\overline{\dot{m}}$ 和 $\overline{\dot{m}}_{max}$ 以后的值分别比实际值有所增大和减小的情况）。NH_4Cl 升高到一定程度，其对化学反应和相变反应的影响逐渐趋缓的原因在于，虽然质量作用使上述两反应的速度加快，但下述负面效应也在加大：NH_4Cl 浓度升高，APT 成核期温度降低，速率常数及 NH_3 的挥发下降，以及反作用的盐效应增大均使上述反应速度的增长减缓。

由 $\overline{\dot{L}}$ 和 $\overline{\dot{m}}$ 值升高的幅度可知：起始浓度仍是控制晶体生长速率、减少连生体以及快速生长引起的晶体破碎和二次成核的主要因素。

4.12.5.4　不同搅拌转速下 APT 成核期晶体的生长速率

研究结果见图 4－79 和表 4－118。由图看出，搅拌转速由 2π r/s 提高到 3π r/s，生长动力学特征出现了明显的改变：除 $\overline{\dot{L}}$ 和 $\overline{\dot{m}}$ 大幅度下降，$\overline{\dot{m}}_{max}$ 出现时间由 1.9min 提早到 1.3min 外，$\overline{\dot{m}}$ 曲线上 $\overline{\dot{m}}_{max}$ 之后出现了由下降到上升的变化。

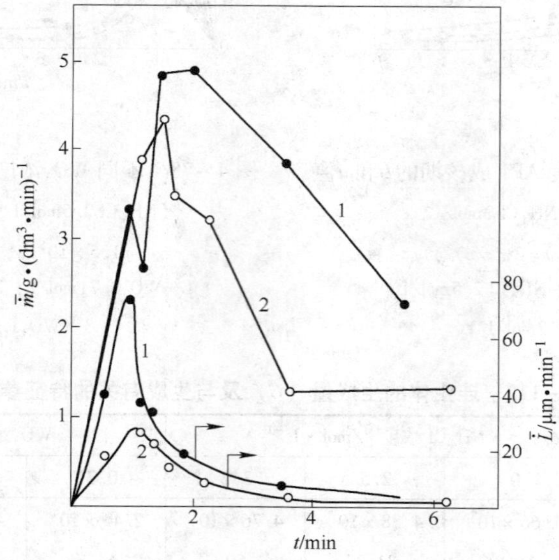

图 4－79　不同搅拌速度 APT 成核期的 $\overline{\dot{L}}$ 和 $\overline{\dot{m}}$ 值

（WO_3 0.91mol/L，NH_4Cl 2.5mol/L，p 1.5×10^5Pa）

1—2π r/s；2—3π r/s

表 4-118 不同搅拌条件下 APT 的$\overline{\dot{L}}$和$\overline{\dot{m}}$值

t_0-t/min	4	10.7	17.2	32.1	55.1
$\overline{\dot{L}}$/μm · min^{-1}	5.81	2.56	2.5	0.72	0.26
$\overline{\dot{m}}$/μg · (dm^3 · min)$^{-1}$	0.54	0.82	1.60	1.22	0.78

搅拌促使溶液的不稳定性增加，介稳区宽度变窄引起的 ΔC 变小是导致同为过饱和度函数的$\overline{\dot{L}}$和$\overline{\dot{m}}$降低的主要原因。

表 4-119 的数据也表明，除 ΔC 减小的原因外，成核速率 $\dot{N}$ 和晶粒表面积 A 迅速增大，也使$\overline{\dot{L}}$减小、$\overline{\dot{m}}_{max}$出现时间提早。

表 4-119 不同搅拌转速下 APT 成核期的 $\dot{N}$、A 和$\overline{\dot{L}}$的变化

t_0-t/min	转速 /r · s^{-1}	1.1	1.3	1.6	2.2	3.5	6.3
$\dot{N}$/粒 · (dm^3 · min)$^{-1}$	2π	4.2×10^7	4.36×10^7	2.0×10^7	1.3×10^7	0.72×10^7	0.33×10^7
	3π	6.7×10^7	8×10^7	5.9×10^7	4.4×10^7	2.6×10^7	1.5×10^7
$\overline{\dot{L}}$/μm · min^{-1}	2π	33.3	31.3	15.2	10.5	5.9	2.1
	3π	25	20	11.1	7.1	2.6	1.4
A/dm^2 · dm^{-3}	2π	3.56	6.76	9.7	16.5	28.8	49.4
	3π	6.8	9.6	13.7	19.8	21.3	41.4

注：其他试验条件同图 4-79。

快速搅拌能在一定程度上阻止晶体聚结、减少 APT 连生体的生成，但强烈搅拌下晶体破碎加剧。对结晶产物的电镜观察显示，粒径小于 45μm 的小颗粒 APT 中，有许多是形状不规则的破碎晶体。表 4-120 中小粒径晶体的粒度密度陡然上升的现象表明 APT 生长存在着散布现象，成核期破碎的晶体有的根本不生长或以不可测量的低速度生长，这不仅导致成核前、后期的 $\dot{m}$ 值分别降低和升高，同时也使整个成核期的 $\dot{L}$ 和 $\dot{m}$ 值略为下降。

表 4-120 不同搅拌转速下小粒径晶体的粒度密度（ln$N$/粒 · μm · dm^{-3}）

L/μm	47.5	37.5	27.5	17.5	7.5
2π r/s	14.26	13.64	14.56	16.10	17.14
3π r/s	15.64	16.16	17.06	17.63	20.22

不搅拌条件下，晶粒长大到不大的尺寸即沉于结晶器底部，由于扩散系数变小，扩散层厚度变大，晶体层溶液的主体浓度也远低于上部溶液层。这必定导致 $\dot{L}$ 和 $\dot{m}$ 大幅度减小。相变速度增长缓慢致使$\overline{\dot{m}}_{max}$出现时间大为延长。

4.12.5.5 不同加热强度下 APT 成核期晶体生长速率

研究结果见图 4-80。提高夹套蒸汽压力，对 APT 生长动力学的影响及原因与 WO_3

升高的情况相近。结果表明，NH_3的挥发速度密切相关的热量供应强度也是控制APT生长速率的重要因素。

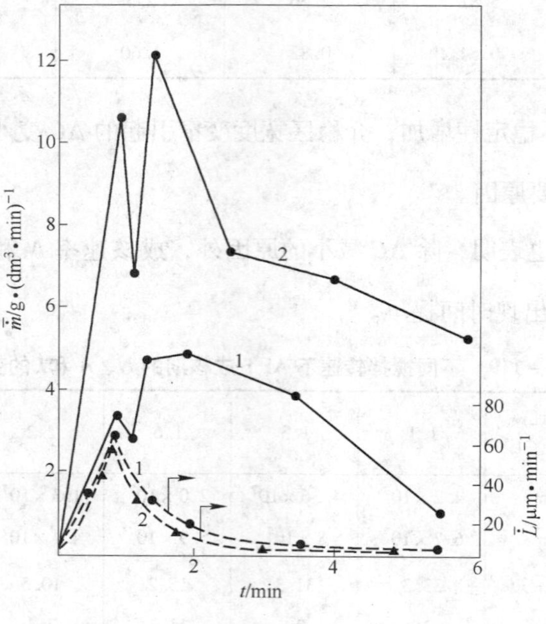

图4－80　不同加热强度APT成核期的$\bar{\dot{L}}$和$\bar{\dot{m}}$值

（WO_3 0.91mol/L，NH_4Cl 2.5mol/L，$\omega = 2\pi$ r/s）

1—1.5×10^5Pa；2—3×10^5Pa

4.12.5.6　研究结果

（1）试验条件下，APT成核期晶体线生长速率为1.0～137μm/min，结晶速率为1.8～16.5g/(dm^3·min)。

（2）APT成核期生成的大小不一孪晶构成的连生体，可引起成核前、后期的$\dot{m}$值分别升高和降低。

（3）提高起始WO_3和NH_4Cl浓度，增大加热强度，可使APT晶体线生长速率和结晶速率较大幅度升高，$\bar{\dot{m}}_{max}$出现时间提早，连生体增多。由于反应速率常数k和反应级数n的不同，上述因素对相变的影响较WO_4^{2-}的聚合反应大。

（4）过大的搅拌转速虽然能减少连生体的生成，但由于成核速率$\dot{N}$和晶粒表面积增大，以及介稳区宽度变窄、ΔC变小，将使$\bar{\dot{L}}$和$\bar{\dot{m}}$下降、$\bar{\dot{m}}_{max}$出现时间提早。同时晶体破碎加剧及破碎晶体的生长散布现象也导致成核后期$\bar{\dot{m}}$值升高，成核期$\bar{\dot{L}}$和$\bar{\dot{m}}$平均值有所降低。

4.12.6　仲钨酸铵晶体生长机理及形态

至今国内外学者一直把注意力集中在工艺条件与仲钨酸铵的平均粒度、粒度分布、松装比重和流动性等晶体特性的关系上，而忽视了对 APT 结晶过程本身的研究，包括晶体生长机理在内的 $NH_4Cl-NH_3 \cdot H_2O-H_2O$ 系 APT 生长界面动力学的研究也未引起学术界重视。

NH_4Cl 的掺入使 APT 蒸发结晶诱导期和成核速率发生了明显变化，同样由于溶解度下降、过饱和度增大，晶体生长速率以至生长机理和形态也将发生某些变化。研究 APT 多温结晶过程中各种溶液成分、加热强度和搅拌条件下晶体生长机理和形态的变化规律，对于减少二次成核和晶体聚结以及结晶和产品筛分过程晶体的破碎、制取理想平均粒度、粒度分布和良好晶形的产品具有重要的意义。

作者研究了掺入 NH_4Cl 下仲钨酸铵（APT）的晶形变化，探讨了生长机理与晶体生长速率（$\overline{\dot{L}}_N$）的关系。在计算$\overline{\dot{L}}_N$值时采用了将最终产品粒度组成与生长质量速率结合的方法。

4.12.6.1 实验及实验数据处理

试验溶液、试验设备及结晶操作过程同第 4.12.2 节。

产品 APT 经远红外 100℃恒温干燥后，用日产 X-650 扫描电子显微分析仪对未经筛分的 APT 表面形貌进行观察。对掺入和不掺入 NH_4Cl 的结晶产物分别作 XRD 分析，并对前者进行 XPS 表面成分测定。

实验数据处理：按第 4.12.5 节中的方法可分别得出产品中某粒径晶体成核时晶粒的平均线生长速率$\overline{\dot{L}}_N$，及单位溶液体积内已有固相的表面积 S_N/V：

$$\overline{\dot{L}}_N = \Delta L/\Delta t$$

$$S_N/V = \sum_{i=N}^{k} 6\,(\overline{L}_i - L_N)^2 N_i/V$$

式中，$\overline{L}_i > L_N$。

4.12.6.2 $NH_3 \cdot H_2O-H_2O$ 系 APT 晶体生长特征

对通常工艺条件下经典工艺所产结晶 APT 的扫描电镜观察（图 4-81 和图 4-82）显示：同一试验中产出的 APT，不论粒度大小晶体表面都光滑平整、棱角分明，其层状结构明显（图 4-81）。单层覆盖的台阶生长特征表明：$NH_3 \cdot H_2O-H_2O$ 系 APT 晶体生长为 W. Kossel 模型，即主要为通过形成二维晶核的单核或多核机理。

少数粒径较小（<30μm）的晶体表面出现螺旋卷线状结构（图 4-82）表明：较低过饱和度下成核的部分晶粒已按 Frank 模型即依靠晶体缺陷的位错机理生长。根据第 4.12.2 节的方法推算，这一尺寸晶体系均相成核期之后，由微摩擦或液流冲刷产生的二次晶核长大而成。其成核时的 WO_3浓度低于 0.58mol/L，按照相关文献的观点，此时 APT 的相对过饱和度应在百分之几的范围内。

4.12.6.3 $NH_4Cl-NH_3 \cdot H_2O-H_2O$ 系 APT 晶体生长特征

对离子交换工艺所产结晶 APT 的电镜观察（图 4-83 和图 4-84）表明：同一试验中产出的粒径较大的晶体表面粗糙多孔、晶面界限不明，从晶体表面出现的生长丘形状特征可以判断，较早成核的大颗粒晶体存在按法向呈连续生长的机制。这种以最微小粒子结合成特殊集聚体的晶体生长机理，也在其它难溶盐类晶体结构的实验中发现。

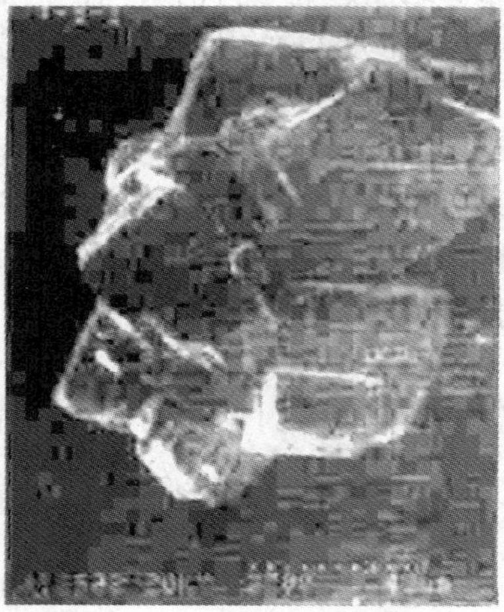

图 4－81　具有光滑表面和层状结构的连生体
（$NH_3 \cdot H_2O - H_2O$ 系结晶）
（试验条件同表 4－122，B）

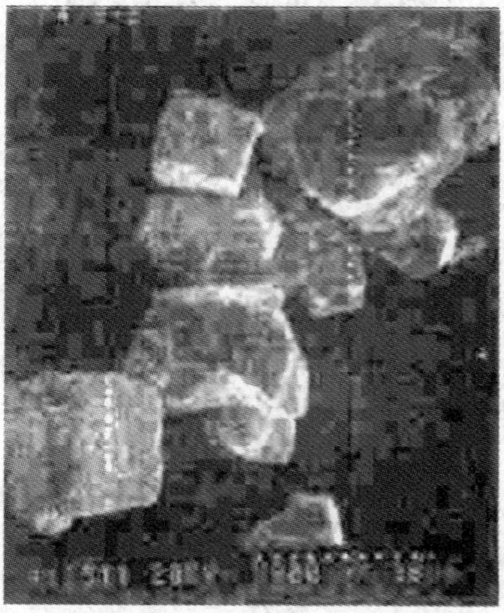

图 4－82　具有螺卷状结构的小晶体
（$NH_3 \cdot H_2O - H_2O$ 系结晶）
（试验条件同表 4－122，B）

图 4－83　具有粗糙表面和生长丘的大晶体
（$NH_4Cl - NH_3 \cdot H_2O - H_2O$ 系结晶）
（试验条件同表 4－122，A－3）

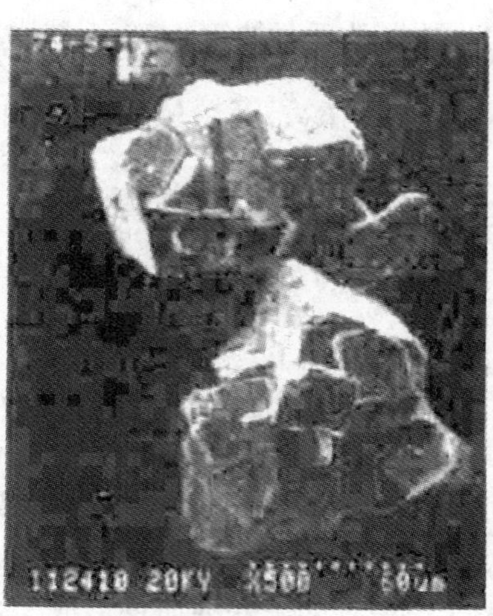

图 4－84　具有光滑表面和层状结构的连生体
（$NH_4Cl - NH_3 \cdot H_2O - H_2O$ 系结晶）
（试验条件同表 4－122，A－2）

较小的晶体表面光滑，从其显现的层状结构（图 4－84 和图 4－86）看出，较低过饱和度下较晚成核的晶粒主要表现为二维成核的生长机理。

4.12.6.4　NH_4Cl 掺入下 APT 晶形变化的机理

掺入和不掺入 NH_4Cl 结晶 APT 的 XRD 图谱大体一样，说明其晶体结构相同。结晶产物清洗前和经 Ar^+ 清洗后 Ar^+ 靶流 20μA，轰击时间 2min 的 XPS 谱上均未发现 Cl^- 的聚集，这表明作为杂质 NH_4Cl 并未吸附于 APT 表面或进入表层晶格。表 4－121 中经数次纯

水洗涤后两种产品 Cl^- 含量相差不大的分析结果证实：NH_4Cl 潜藏在 APT 晶格内部的量并未增加。复合贯穿和复合接触孪晶构成的连生体见图 4－85，具有光滑表面和层状结构的小晶体见图 4－86。

图 4－85　复合贯穿和复合接触孪晶构成的连生体
（$NH_4Cl-NH_3\cdot H_2O-H_2O$ 系结晶）
（试验条件同表 4－122，A－3）

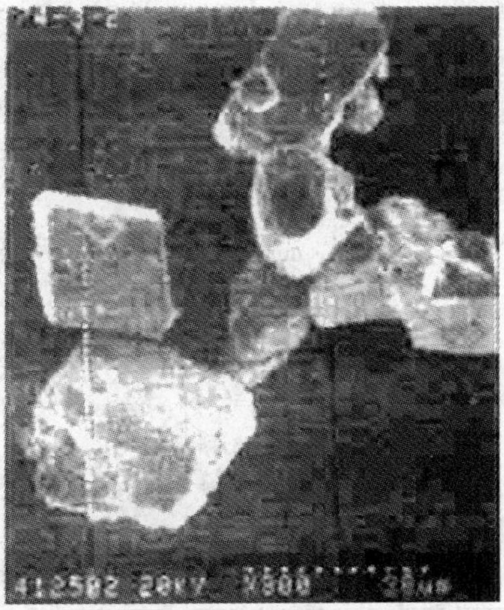

图 4－86　具有光滑表面和层状结构的小晶体
（$NH_4Cl-NH_3\cdot H_2O-H_2O$ 系结晶）
（试验条件同表 4－122，A－3）

表 4－121　纯水洗涤后 APT 的氯离子含量

结晶体系	$NH_3\cdot H_2O-H_2O$ 体系		$NH_4Cl-NH_3\cdot H_2O-H_2O$ 体系		
洗涤时间/min	1	2	1	2	3
APT 中 Cl^- 含量/wt. %	0.0015	0.0008	0.0042	0.0024	0.0010

注：实验条件与表 4－122 中 A－2 和 B 相同。

上述结果表明，NH_4Cl 掺入下 APT 晶体形态的变化不存在固相状态发生改变的原因。作为具有共同离子的杂质 NH_4Cl，主要通过改变溶液的状态即由于溶解度下降、结晶速度加快导致晶形的变化。同一试验中较低过饱和度下较晚成核并长成的较小粒径晶体同样具有光滑表面的层状结构也证明这一点。

表 4－122　APT 生长形态与溶液成分和线生长速率的关系①

溶液成分	粒径区间/μm	L_{100}	L_{95}	L_{90}	L_{85}	L_{80}	L_{75}	L_{60}	L_{45}	L_{30}
A－1②	$S_N/V/dm^2\cdot dm^{-3}$	4.3	5.4	6.9	8.8	11.1	14.2	31.2	48.9	156.6
	$\bar{L}_N/\mu m\cdot min^{-1}$	158.5	120.0	86.0	70.5	57.5	43.4	17.2	5.2	1.3
	生长机制	[微小粒子集聚生长] · [二维成核生长]								

续表 4 - 122

溶液成分	粒径区间/μm	L_{100}	L_{95}	L_{90}	L_{85}	L_{80}	L_{75}	L_{60}	L_{45}	L_{30}
A - 2③	S_N/V/dm²·dm⁻³	2.1	3.1	4.6	6.8	9.7	12.9	34.1	71.9	132.6
	$\bar{\dot{L}}_N$/μm·min⁻¹	69.4	45.3	35.4	31.3	22.4	16.7	3.9	2.0	0.78
	生长机制	[微	小	粒	子	集	聚	生	长]·	[二维成核生长]
A - 3④	S_N/V/dm²·dm⁻³	1.3	2.4	3.7	5.4	6.7	10.6	26.4	61.2	98.9
	$\bar{\dot{L}}_N$/μm·min⁻¹	50.5	22.4	20.0	18.1	15.8	8.8	3.8	1.3	0.7
	生长机制	[微	小	粒	子	集	聚	生	长]·	[二维成核生长]
B⑤	S_N/V/dm²·dm⁻³	4.0	5.5	7.6	10.4	14.1	18.9	41.2	77.4	132.2
	$\bar{\dot{L}}_N$/μm·min⁻¹	14.3	12.5	10.0	7.7	6.4	4.4	2.2	0.9	0.5
	生长机制	[二	维	成	核	生	长]		·[螺卷生长]	

①夹套蒸汽压力：1.5×10^5Pa，转速：2π r/s，NH_4OH：2mol/L。

②A - 1：NH_4Cl 2.5mol/L，WO_3 1.23mol/L。

③A - 2：NH_4Cl 2.5mol/L，WO_3 0.91mol/L。

④A - 3：NH_4Cl 2.5mol/L，WO_3 0.71mol/L。

⑤B：NH_4Cl 0，WO_3 0.91mol/L。

4.12.6.5　生长形态与溶液成分及线生长速率的关系

杂质对晶体生长机理的影响目前仍缺少统一的理论，但不管影响机理如何，晶体因杂质而变形均与晶面的生长速度变化有关，精确划分晶体生长形态与线生长速率的界限难以符合客观事实。因为在生长形态的转换阶段，即使同一晶面上也同时存在着两种生长机制的交错。表 4 - 122 是在对数百粒产品 APT 电镜观察的基础上，根据所发现的具有明显层状和螺卷状结构的最大粒径晶体成核时的生长速率，对这种界限范围的大致判断。

结果表明：NH_4Cl 掺入及 WO_3 浓度升高均使 APT 线生长速率加快。由生长形态发生转换时的 $\bar{\dot{L}}_N$ 值可看出下述规律：$\bar{\dot{L}}_N$ 值小于 15 ± μm/min 时按层状覆盖生长，大于此值后将转变为小粒子集聚的连续生长形式。当 $\bar{\dot{L}}_N<0.5$ ± μm/min 时开始出现螺卷形台阶生长方式。NH_4Cl 掺入下大颗粒晶体生长虽经历低过饱和度的结晶后期，但其表面并未出现层状结构的转化是由于晶体的生长速率不但取决于溶液的过饱和度，而且取决于自身表面的状态。这说明，APT 的生长机制主要取决于晶核形成后的初始生长速率。要使 APT 生长粒子在有缺陷的不完善表面上重新分布，即发生结构式重结晶不具备条件。表 4 - 122 还说明，除起始 NH_4Cl 和 WO_3 浓度外，某粒径晶体成核时的 $\bar{\dot{L}}_N$ 值也与已有固相的比表面积 S_N/V 值有关。

4.12.6.6　连生体的生成特征

扫描电镜下可以观察到 APT 极易形成由数个至十数个孪晶组成的连生体，其类型大多为复合贯穿孪晶，接合面互相平行的复合接触孪晶较少（图4－82，图4－84～图4－86）。由较大的孪晶推算，大多在均相成核期结束前后即已生成。从孪晶的尺寸大小不难看出，连生体由单个晶核长大到一定大小后聚结而成，生成的时间区域很宽。

根据统计和计算，不同条件下连生体的生成情况见表4－123，按平均的孪晶粒径$\bar{\dot{L}}_N$计算，其成核时C_{WO_3}、$\bar{\dot{L}}_N$、S_N/V值、已有固相粒子数N和成核期持续时间（t）列于表4－124。

表4－123 不同溶液成分和搅拌条件下连生体生成情况

试验条件	溶液成分①			转速/r·s⁻¹②		
	A－2	A－3	B	0π	2π	3π
粒径区间/μm	90～250	125～250	140～250	85～160	90～250	100～180
平均粒径/μm	105	133	153	125	105	115
孪晶数	19	15	12	19	19	14
质量百分数/wt.%	8.1	6.4	3.1	22.3	8.1	4.0

①A－2、A－3、B：条件同表4－122。

②夹套蒸汽压力：1.5×10^5Pa，WO_3 0.91mol/L，NH_4Cl 2.5mol/L，NH_4OH 2mol/L。

表4－124 连生体生成的有关影响因素

溶液成分	$\bar{\dot{L}}_N$/μm	C_{WO_3} /mol·dm⁻³	$\bar{\dot{L}}_{100}\sim\bar{\dot{L}}_N$ /μm·min⁻¹	N/粒·(dm³·min)⁻¹	S_N/V /dm²·dm⁻³	t/min
A－2	37	0.77	69.4～1.2	9.47×10^7	87.3	12.6
A－3	54	0.66	50.5～2.5	5.15×10^7	36.1	6.3
B	67	0.87	14.3～3.0	4.39×10^7	29.2	6.7

注：A－2、A－3、B：条件同表4－122。

表4－123和表4－124的数据说明，NH_4Cl掺入和起始钨浓度升高使连生体平均粒径减小，孪晶个数增多，质量百分数增大。其主要原因是：快速生长的粗糙表面、固相粒子浓度增大以及成核期延长使产生孪晶的几率加大，快速搅拌在一定程度上可阻止晶体聚结，不搅拌条件下晶粒长大到不大的尺寸即沉于结晶器底部，固相接触面积和时间增加导致了连生体增多。

4.12.6.7 不同粒径和晶体形貌APT的有效密度、松装比重及流动性

对A－3试验产品筛分出的3个粒径范围晶体进行测试，所得结果如表4－125所示。

表4－125 不同粒径和晶体形貌APT的某些物理特性

粒度区间/μm	ρ/g·cm⁻³	松装密度/g·cm⁻³	50g的流动性/s
125～180	4.63	1.93	41.66
80～125	4.64	1.93	38.40
<45	4.67	1.81	无流动性

APT晶体的松装密度应随粒径的增大而上升。但结果中125～180μm粒径的松装密度

仅和 80 ~ 125μm 的相同，这与前者大多为连生体，且孪晶的平均粒径（54μm）较小有关。与同等粒径的单晶体相比，连生体自然堆积时的孔隙度更大。由于其实际的比表面积已超过 80 ~ 125μm 粒径的 APT，加之表面更为粗糙，摩擦阻力增大导致其流动性也较差，粒径小于 45μm 的晶体松装密度小、结晶过程破碎的不规则晶体也多在这一粒级范围。其不具有流动性是因为比表面积和晶体不均匀性大大增加所致。

4.12.6.8　研究结果

（1）通常工艺条件下，$NH_3 \cdot H_2O - H_2O$ 系结晶 APT 表面光滑、层状结构明显，部分小晶体出现螺旋卷线状结构。$NH_4Cl - NH_3 \cdot H_2O - H_2O$ 系结晶制取的大颗粒晶体表面粗糙多孔，晶面界限不明，呈现生长丘形态特征，但较晚成核的小晶体仍为具有光滑表面的层状结构。

（2）NH_4Cl 掺入引起的 APT 晶形变化不存在固相状态改变的原因。主要是共同离子效应引起溶解度下降、晶面生长速度加快所致。APT 生长机理取决于晶核形成时的初始生长速率，试验范围内两者的对应关系为：$\bar{\dot{L}}_N$ 值小于 15 ± μm/min 时为二维成核机理，即 W. Kossel 模型，大于此值后逐渐转变为按法向生长的小粒子集聚形式。$\bar{\dot{L}}_N$ 值小于 0.5 ± μm/min 时为 Frank 模型，即位错机理。

（3）APT 结晶极易形成由数个至十数个孪晶组成的连生体，其类型为复合贯穿和复合接触孪晶。较大的孪晶在均相成核期内当晶核长大到一定尺寸时即已形成，NH_4Cl 掺入和起始钨浓度升高使连生体增多，搅拌可阻止其生成。

（4）表面粗糙及连生体多的 APT 松装比重下降，流动性变差。

4.12.7　初始速率法研究仲钨酸铵晶体线生长级数

粒径较大的单个晶体线生长级数的研究较为常见。由于研究方法上存在着某些困难，微细晶体大量结晶过程线生长级数的研究报道很少。

从溶液中析出晶体属于相变反应，晶体的线生长速率（$\bar{\dot{L}}$）常用生长速率常数（k_n）和绝对过饱和度（ΔC）的关系式来表达：

$$\bar{\dot{L}} = k_n \Delta C^n \tag{4-37}$$

故有

$$\lg \dot{L} = \lg k_n + n \lg \Delta C$$

式中，n 为晶体的线生长级数。采用“初始速率法”测定级数 n 时，可以在同一温度下测出不同初始过饱和度的对应初始生长速率，以 $\lg \dot{L}$ 对 $\lg \Delta C$ 作图得到直线的斜率即为晶体的线生长级数 n。

与通常的化学反应不同，在应用“初始速率法”研究从溶液中析出晶体的相变反应线生长级数时，应根据其特点采用相应的研究方法。

（1）“初始速率”的界定。通常的化学反应只需测定 $t \to 0$ 时（即反应开始时）的速率。而从溶液中析出晶体的相变反应大多存在着诱导期，对于单纯依靠溶剂蒸发实现浓缩结晶的反应，可采用晶核刚刚形成后 $t \to 0$ 时的初始生长速率；而依靠化学反应产生过饱和的蒸发结晶过程，如果化学反应存在着较慢的中间步骤，其最大过饱和度（ΔC），也即晶体线生长速率最大值 $\dot{L}_{max}$ 出现的时间滞后于晶核形成的初始时刻，出现在结晶成核期内。只有最大过饱和度出现时刻或时间区域的线生长速率，才能本质上反映初始浓度对晶体生长快慢的影响规律。因此，“初始速率”应该采用晶体线生长速率最大值 $\dot{L}_{max}$ 或成核期的平均线生长速率 $\bar{\dot{L}}$。

（2）晶体生长速率的研究方法。对于长成粒径较大的晶体，已有的方法是：将单个晶体用细丝悬吊于不同浓度的过饱和溶液中，通过电镜观察测定其生长速率。对于像 APT（粒径 30 ~ 50μm）这样的长成粒径很小的晶体（数微米至数百微米）难以用细丝扎紧晶体，操作上存在着困难。微细晶体大量结晶过程线生长速度的研究需采用第 4.12.5 节提出的将最终产品粒度组成与生长质量速率测试结果相结合的研究新方法。

APT 结晶产品粒径很小，平均粒径在 20 ~ 50μm 之间。其过饱和结晶过程同时兼有溶剂 NH_3 脱除和化学相互作用方法的特征。APT 结晶过程须经历 $WO_4^{2-} \rightarrow HW_6O_{21}^{5-}$（仲钨酸 A）$\rightarrow H_2W_{12}O_{42}^{10-}$（仲钨酸 B）一系列中间同多酸的聚合反应过程，最后由仲钨酸 B 作为生长基元在 APT 固相析出。上述反应中，仲钨酸 A→仲钨酸 B 的转变反应很慢。仲钨酸 B 的生成率取决于溶液的总钨浓度、pH 值、温度和陈化时间。由于初始钨浓度不同以及诱导期长短带来的陈化时间不同，临界晶核出现的瞬时仲钨酸 B 的生成率也不相同，而且晶核出现时的线生长速率远小于稍后出现的晶体线生长速率最大值，不能真实反映初始浓度对线生长速率的影响关系。因此应用“初始速率法”研究 APT 晶体线生长级数时宜采用上面提出的研究方法。

作者采用晶体线生长速率最大值和成核期的平均线生长速率，作为初始速率研究了 APT 晶体线生长级数。

4.12.7.1 测定方法和数据处理

试验溶液、设备及操作分析方法同第 4.12.2 节。

试验数据处理：按照第 4.12.5 节的方法得出成核期某一时刻的平均线生长速率 $\dot{L}$：

$$\dot{L}_i = (L_{i+1} - L_i)/(t_i - t_{i+1}) = \Delta L/\Delta t$$

APT 溶解度的测定见第 4.11.3 节。

4.12.7.2 不同初始钨浓度 APT 成核期晶体线生长速率

采用本节所述的测定方法，经数据处理得出同一温度（94.5℃）下，初始钨浓度（以 WO_3 计）：1.23mol/L、0.91mol/L、0.71mol/L 时，APT 晶体线生长速率与时间的关系如图 4－87 所示。并将晶体线生长速率最大值 $\dot{L}_{max}$，晶体线生长速率最大值出现时间 $t_{i\max}$，成核期晶体线生长速率积分平均值 $\bar{\dot{L}}$ 等数值列于表 4－126。

4.12.7.3 APT 溶解度的测试结果

采用第 4.12.3 节所述测试和回归方程求极限的方法，测出温度 94.5℃，终点 pH＝8（APT 晶核形成时的 pH 值）时，APT 的平衡溶解度为 0.2618mol/L。

4.12.7.4 APT 晶体线生长级数测试结果

根据公式 $\Delta C = C_0 - C_s$（式中，C_0 为初始钨浓度；C_s 为溶解度）计算出 94.5℃，钨浓度（以 WO_3 计）1.23mol/L、0.91mol/L、0.71mol/L 时，APT 晶核形成时溶液的过饱和度

ΔC 分别为 0.9682mol/L、0.6482mol/L、0.4482mol/L（列于表 4－126 中）。

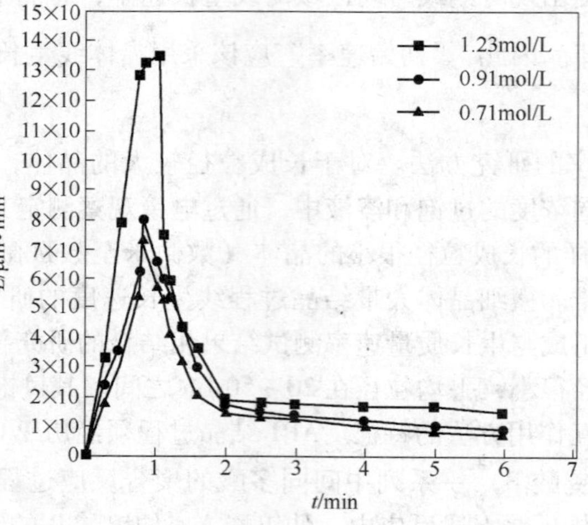

图 4－87　不同初始钨浓度 APT 线生长速率与时间关系

表 4－126　94.5℃不同初始钨浓度 APT 生长线速率的相关参数

WO_3浓度/mol·L^{-1}	$\dot{L}_{max}$	$t_{\dot{L}_{max}}$	$\bar{\dot{L}}$	ΔC
1.23	137	0.89	31.8	0.9682
0.91	69.4	0.90	21.2	0.6482
0.71	67.6	0.96	17.4	0.4482

按照公式 $\lg\dot{L} = \lg k_n + n\lg\Delta C$，用表 4－126 中的数据，以 $\lg\dot{L}_{max}$ 和 $\lg\bar{\dot{L}}$ 分别对 $\lg\Delta C$ 作图，得出两条直线，直线的斜率即为晶体的线生长级数（见图 4－88）。

结果表明，采用晶体最大线生长速率作为初始速率测出 APT 晶体线生长级数为 0.93，成核期线生长积分平均速率作为初始速率，测出 APT 晶体线生长级数为 0.79。

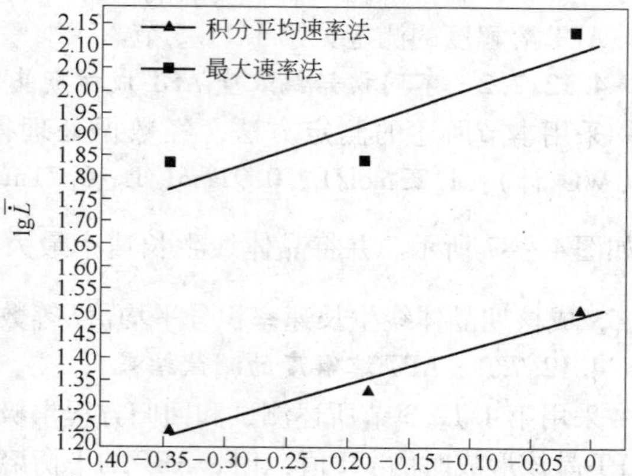

图 4－88　斜率法求生长级数 $\lg\bar{\dot{L}} - \lg(\Delta C)$ 图

4.12.7.5　结果讨论

（1）由图 4－87 和表 4－126 的结果看出，APT 成核期晶体线生长速率经历了由上升到下降的大小变化，各初始浓度下，其线生长速率最大值 $\dot{L}_{max}$ 以及成核期晶体线生长速率的积分平均值 $\bar{\dot{L}}$ 与 ΔC 的大小基本成正比例关系，结果表明，$\dot{L}_{max}$ 和 $\bar{\dot{L}}$ 能够反映初始钨浓度对晶体线生长速率的影响关系。而晶核形成瞬间（$t \to 0$）的线生长速率难以表达这种关系。

（2）采用晶体最大线生长速率作为初始速率测出APT晶体线生长级数为0.93，而采用成核期晶体生长积分平均速率作为初始速率测出的级数为0.79，两者出现差异的原因在于：线生长速率最大值出现的时间较短（小于1min），而成核期的时间较长（6min），虽然成核期溶液的浓度下降较慢（晶体少、固相表面积较小），但与初始浓度相比，后者浓度的负偏差较大。表4－126中所列由初始浓度计算出的过饱和度ΔC大于溶液中的实际过饱和度。ΔC的正偏差愈大，平衡方程（4－37）中的n将变得愈小。

（3）APT晶体线生长级数不是整数，这是因为其相变反应经历了许多中间反应过程，属于非基元反应。

4.12.7.6　研究结果

（1）晶体的最大线生长速率以及成核期晶体生长的积分平均速率与初始浓度溶液的过饱和度有较为紧密的正相关关系，可作为初始生长速率应用于伴有化学反应的微细晶体大量结晶过程线生长级数的研究。与后者相比，前者得出的线生长级数负偏差较小。

（2）成核期以及晶体的最大线生长速率出现时间越短，采用上述方法得出的晶体线生长级数越准确。

（3）采用不同初始钨浓度下，APT成核期晶体线生长速率最大值（$\dot{L}_{max}$）和平均线生长速率（$\bar{\dot{L}}$）作为“初始速率”测出的APT晶体线生长级数分别为0.93和0.79。

4.12.8　串联速率法研究仲钨酸铵晶体线生长级数

晶体的最大线生长速率以及成核期晶体生长的积分平均速率与初始浓度溶液的过饱和度有较为紧密的正相关关系，可作为“初始生长速率”应用于伴有化学反应的微细晶体大量结晶过程线生长级数的研究。第4.12.7节应用上述方法研究仲钨酸铵（APT）晶体的线生长级数的结果。测出的APT晶体线生长级数分别为0.93和0.79。

初始速率法的优点在于：初始浓度在结晶前是已知的，不必在反应进行时测定，同时初始浓度为结晶溶液最大浓度，线生长速率$\dot{L}$值也是最大值，与串联速率法相比，测定带来的相对误差会较小。与通常的化学反应不同，对于微细晶体大量结晶过程的相变反应来说，初始速率法也存在着下述缺点：

（1）发生在成核期内晶粒的团聚会使线生成速率$\dot{L}$值增大，而且团聚体的多少与初始浓度大小有关，初始浓度大，团聚体增多。显然这将给所测定的晶体线生长级数n带来正偏差。

（2）当采用成核期晶体生长积分平均速率作为初始速率测定晶体线生长级数时，由于成核期时间相对较长，虽然成核期溶液浓度下降较慢（晶体少，固相表面积较小），但与初始浓度相比，成核期溶液的实际平均浓度略低，由初始浓度计算出的过饱和度ΔC大于成核期溶液中实际的平均过饱和度，而且由于成核期长短与初始浓度有关，不同初始浓度下过饱和度ΔC的计算误差水平不同，也难免给结果带来偏差。

为验证“初始速率法”研究仲钨酸铵晶体线生长级数的结果，作者采用“串联速率法”研究了仲钨酸铵晶体的线生长级数。研究中，根据APT的结晶特点采用了下述相应的研究方法。

（1）晶体线生长速率 $\dot{L}$ 的时间设定点。为克服发生在结晶成核期内晶粒的团聚使 $\dot{L}$ 值增大带来的偏差，晶体线生长速率 $\dot{L}$ 对应的时间设定点全部取在成核期结束后的晶体生长阶段。

（2）APT 的溶解度与温度和溶液中的 pH 值有关。APT 结晶过程溶液中 pH 值不断下降，确定同一温度同一结晶过程不同时间点的 APT 过饱和度时，需检测该时间点溶液的 pH 值，并测定同一温度和 pH 下 APT 的溶解度。

4.12.8.1　测定方法和数据处理

试验溶液、试验设备及结晶操作过程同第 4.12.2 节。

实验数据处理：按第 4.12.5 节中的方法可得出产品中某粒径晶体成核时晶粒的平均线生长速率 $\overline{\dot{L}}_N$：

$$\overline{\dot{L}}_N = \Delta L/\Delta t$$

APT 溶解度的测定见第 4.11.3 节。

4.12.8.2　试验步骤和方法

（1）根据第 4.12.2 节对仲钨酸铵结晶成核期的研究结果，选取 APT 晶体生长阶段不同结晶时间点（晶核形成时 $t=0$），t_1，t_2，t_3，…测定恒温条件下，一连串对应点溶液中钨浓度和 pH 值以及 APT 晶体线生长速率 $\dot{L}_1$，$\dot{L}_2$，$\dot{L}_3$，…。

（2）在恒温水浴中，测定同一温度不同 pH 值条件下，APT 的溶解度，并根据公式 $\Delta C_i = C_i - C_{ni}$（式中 C_i 为 t_1、t_2、t_3，…对应点溶液中的钨浓度；C_{ni} 为 t_1，t_2，t_3，…对应点同一 pH 值下 APT 的溶解度）计算出 APT 晶体生长阶段不同结晶时间点溶液的过饱和度 ΔC_1、ΔC_2、ΔC_3，…。

（3）以 $\lg\dot{L}$ 对 $\lg(\Delta C)$ 作图应为一直线，直线的斜率即为 APT 晶体线生长级数 n。

4.12.8.3　$NH_4Cl-NH_3\cdot H_2O-H_2O$ 系 APT 晶体线生长级数测定结果

以初始钨浓度 WO_3 0.91mol/L，NH_4Cl 2.5mol/L，NH_4OH 2mol/L 的钨酸铵溶液为结晶料液，得出恒温 97℃条件下，同一结晶过程，不同时间点溶液钨浓度 C、pH 值、晶体线生长速率 $\dot{L}$ 及过饱和度 ΔC（见表 4-127）。

表 4-127　$NH_4Cl-NH_3\cdot H_2O-H_2O$ 系 APT 结晶过程的相关系数

编　号	$0-t$/min	$C(WO_3)$ /mol · L^{-1}	pH 值	$\dot{L}$/μm · min^{-1}	ΔC/mol · L^{-1}
t_1	19.6	0.83	7.9	0.75	0.52
t_2	35.4	0.73	7.8	0.60	0.399
t_3	51.7	0.63	7.7	0.52	0.278
t_4	61.6	0.57	7.6	0.41	0.218

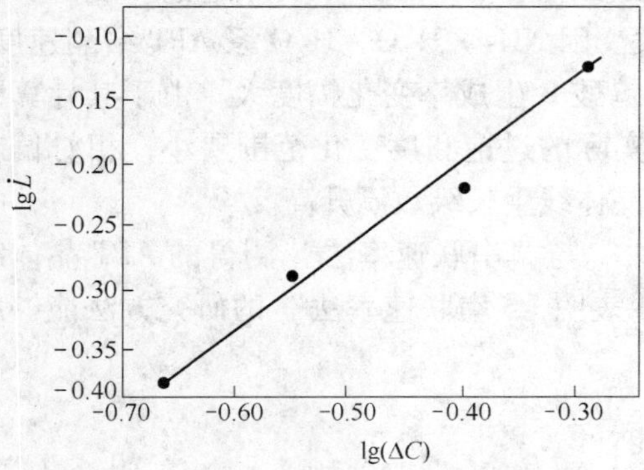

图 4-89 $NH_4Cl-NH_3\cdot H_2O-H_2O$ 系 APT 结晶的 $\lg\dot{L}-\lg(\Delta C)$ 图

按照公式 $\lg\dot{L}=\lg k_n+n\lg(\Delta C)$，用表 4-127 中的数据，以 $\lg\dot{L}$ 分别对 $\lg(\Delta C)$作图，得出 $NH_4Cl-NH_3\cdot H_2O-H_2O$ 系测定的 APT 晶体线生长级数为 0.69（见图 4-89）。

4.12.8.4 $NH_3\cdot H_2O-H_2O$ 系 APT 晶体线生长级数测试结果

以初始浓度 WO_3 0.91mol/L、NH_4OH 2mol/L 的钨酸铵溶液为结晶料液，得出恒温 97℃条件下，同一结晶过程，不同时间点溶液钨浓度 C、pH 值、晶体线生长速率 $\dot{L}$ 及过饱和度 ΔC（见表 4-128）。

表 4-128 $NH_3\cdot H_2O-H_2O$ 系 APT 结晶过程的相关系数

编　号	$0-t$/min	$C(WO_3)$ /mol·L^{-1}	pH 值	$\dot{L}$/μm·min^{-1}	ΔC/mol·L^{-1}
t_1	21.90	0.69	7.8	0.93	0.221
t_2	68.50	0.71	7.5	0.19	0.04
t_3	100.3	0.69	7.4	0.13	0.02

按照公式 $\lg\dot{L}=\lg k_n+n\lg(\Delta C)$，用表 4-128 中的数据，以 $\lg\dot{L}$ 分别对 $\lg(\Delta C)$作图，得出 $NH_3\cdot H_2O-H_2O$ 系测定的 APT 晶体线生长级数为 0.82（见图 4-90）。

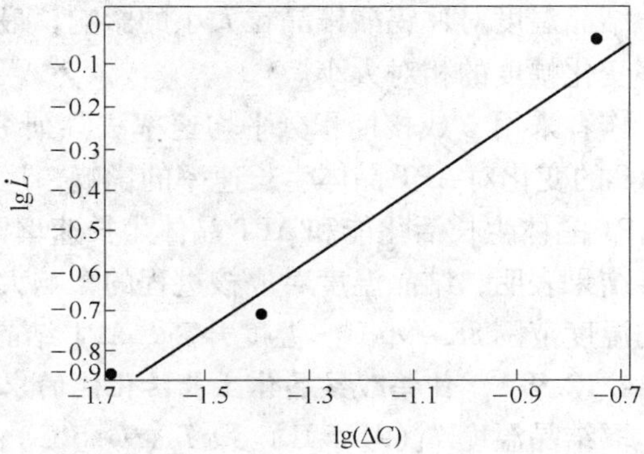

图 4-90 $NH_3\cdot H_2O-H_2O$ 系 APT 结晶的 $\lg\dot{L}-\lg(\Delta C)$ 图

4.12.8.5 研究结果

（1）与"初始速率法"测定的 $NH_4Cl-NH_3\cdot H_2O-H_2O$ 系仲钨酸铵晶体线生长级数相比（测出的 APT 晶体线生长级数分别为 0.93 和 0.79）。采用上述"串联速率法"测定的 APT 晶体线生长级数较低（$n=0.69$），两者出现差异的原因在于："初始速率法"是在成核期内测定的结果，发生在成核期内晶粒的团聚会使晶体线生长速率 $\dot{L}$ 值虚增，致使晶体线生长级数增大。

（2）与 $NH_4Cl-NH_3\cdot H_2O-H_2O$ 系相比（$n=0.69$），$NH_3\cdot H_2O-H_2O$ 系测定的 APT 晶体线生长级数较高（$n=0.82$），分析原因是：APT 结晶过程须经历 $WO_4^{2-}\rightarrow HW_6O_{21}$（仲钨酸 A）$\rightarrow H_2W_{12}O_{42}^{10-}$（仲钨酸 B）$\rightarrow 5(NH_4)_2O\cdot 12WO_3\cdot 5H_2O$ 的聚合反应

和相变过程，其中仲钨酸 A→仲钨酸 B 的转变反应很慢，与 APT 实际过饱和度密切相关的仲钨酸 B 的生成率与 pH 值和陈化时间有关。因 $NH_3 \cdot H_2O - H_2O$ 系 APT 结晶速度慢，其前后取样的时间范围长，pH 值下降以及仲钨酸 B 生成率变化幅度大。由于其计算的前后取样点 ΔC 的变化范围（$\Delta C_{t3} \sim \Delta C_{t1}$）比实际的过饱和度变化范围要小，相对偏差较 $NH_4Cl - NH_3 \cdot H_2O - H_2O$ 系大，导致测定的晶体线生长级数 n 升高。

（3）对于动力学研究来说，“初始速率法”与“串联速率法”测得的 APT 晶体线生长级数 n 值已经相当一致。研究的吻合性结果表明，“串联速率法”的研究方法能够应用于微细晶体大量结晶过程线生长级数的研究。

4.12.9　仲钨酸铵晶体生长速率常数和活化能

仲钨酸铵成核速率常数和成核活化能以及晶体生长速率常数和晶体生长活化能的研究是阐明温度对 APT 产品粒度影响的动力学基础。第 4.12.4 节采用“成核期积分平均速率法”，运用阿累尼乌斯实验定律，求出了 APT 成核的表观活化能，并得出了仲钨酸铵结晶成核速率常数与温度的关系式。研究结果表明，温度升高，APT 成核速率增大，速率常数 K_N 上升的幅度大于过饱和度 ΔC 下降的幅度。

虽然 APT 晶体生长为放热反应过程，但升高温度同样使晶体生长速率加快。

由于仲钨酸铵结晶是依靠化学反应产生过饱和的蒸发结晶过程，且化学反应存在着仲钨酸 A→仲钨酸 B 的缓慢中间步骤，因此其成核期内，新的晶核生成和已有晶粒的生长同时发生。而成核和晶体生长是两个互为消长的过程，温度升高，成核速率增大，新的晶粒大量增加。由于固相总表面积和晶体生长速率迅速增大，过饱和度 ΔC 迅速降低，反过来又抑制了成核速率和晶体生长速率的加快。

结晶温度对仲钨酸铵晶粒大小的影响，最终取决于温度改变时，成核速率和晶体生长速率变化幅度的相对大小。

作者采用“成核期积分平均速率法”研究了不同温度下晶体生长速率常数和过饱和度 ΔC 的变化对 APT 晶体生长速率的影响，运用阿累尼乌斯（Arrhenius）实验定律，求出了 APT 晶体生长活化能和 APT 晶体生长速率常数与温度的关系式。

结果表明，结晶温度对成核过程的影响大于晶体生长过程。在长方体和立方体晶形生成的温度范围 88 ~ 96℃。温度升高，APT 结晶产品粒度变细。

4.12.9.1　仲钨酸铵晶体生长活化能的求出

取结晶温度 T_1（91.5℃）和 T_2（94.5℃），采用第 4.12.7 节“成核期积分平均速率法”及其测出的仲钨酸铵晶体生长级数（$n = 0.79$），利用晶体线生长速率 $\overline{\dot{L}}$ 与生长速率常数和绝对过饱和度（ΔC）的关系式：

$$\overline{\dot{L}} = k_n \Delta C^n \tag{4-38}$$

分别从实验求出两不同温度下 APT 晶体生长速率常数 k_{n1} 及 k_{n2}，通过阿累尼乌斯公式的积分形式得到的求活化能 E 的公式：

$$\ln \frac{k_{n1}}{k_{n2}} = \frac{E}{R}\left[\frac{1}{T_2} - \frac{1}{T_1}\right] \tag{4-39}$$

可得出 APT 晶体生长的活化能。

4.12.9.2　仲钨酸铵晶体生长速率常数与温度关系式的求出

将求出的 APT 晶体生长活化能代入阿累尼乌斯公式的指数形式：

$$k_n = Z_A \exp(-E/RT) \tag{4-40}$$

可求出指前因子，并得出仲钨酸铵晶体生长速率常数与温度的关系式。

4.12.9.3　APT 晶体线生长速率的测定方法和数据处理

试验溶液、设备及操作分析方法同第 4.12.2 节。试验数据处理按照第 4.12.7 节可得某一时刻的平均线生长速率$\dot{\bar{L}}$：

$$\dot{\bar{L}}_i = (L_{i+1} - L_i)/(t_i - t_{i+1}) = \Delta L/\Delta t$$

APT 溶解度的测定见第 4.11.3 节。

4.12.9.4　试验方法和步骤

（1）成核期的积分平均线生长速率的试验方法和步骤同第 4.12.7 节。

（2）测定 T_1 和 T_2 温度下 APT 溶解度，计算出初始钨浓度下溶液的过饱和度 ΔC。

4.12.9.5　试验结果与讨论

在温度为 91.5℃ 和 94.5℃，相同起始钨酸铵溶液成分（WO_3 0.91mol/L、NH_4Cl 2.5mol/L、NH_4OH 2mol/L）的条件下，测出的结晶产品 APT 的粒度分布图以及晶体生长速率与时间的关系图，分别见图 4-91 和图 4-92。

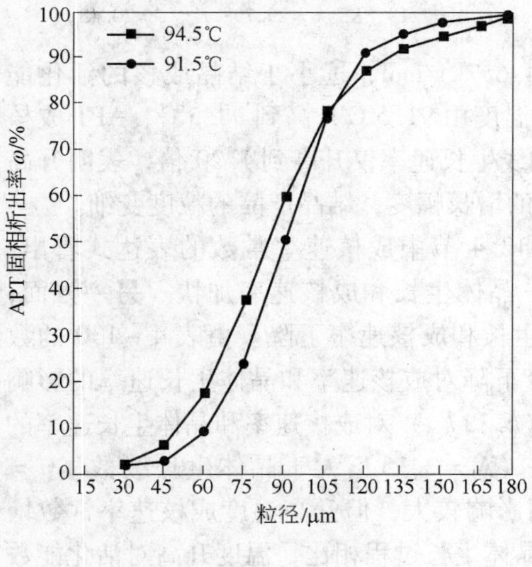

图 4-91　不同温度粒度分布积分曲线

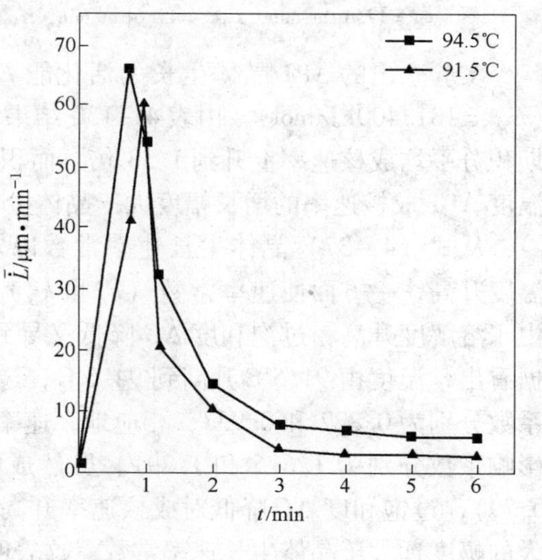

图 4-92　不同温度 APT 线生长速率与时间的关系

温度 91.5℃ 和 94.5℃ 下，试验得出的溶液过饱和度 ΔC，成核期晶体积分平均生长速率$\dot{\bar{L}}$，成核期积分的时间区域 Δt，以及按照式（4-38）计算出的两温度下 APT 的晶体生长速率常数 k_n，见表 4-129。

由温度 91.5℃ 和 94.5℃ 下试验得出的 APT 晶体生长速率常数（k_n）为 23.07 和 29.79，按照式（4-39）求得 APT 晶体生长表观活化能为：

表 4 - 129　不同温度下 APT 成核过程的相关参数

温度/℃	ΔC/mol · L^{-1}	$\dot{L}$/μm · min^{-1}	Δt/min	k_n
91.5	0.71	17.6	6.25	23.08
94.5	0.65	21.2	6.25	29.79

$$E_{表} = 11384R = 94.657(\text{kJ/mol})$$

将求出的 APT 晶体生长表观活化能 $E_{表}$，以及两试验温度中任意绝对温度值（T = 364.5K 或 367.5K）及其对应的 k_n 值（k_n = 23.07 或 29.79）代入式（4 - 40），求得指前因子 $Z_A = 8.46 \times 10^{14}$ 后，可得出仲钨酸铵晶体生长速率常数与温度的关系式为：

$$k_N = 8.46 \times 10^{14} \exp(-94657/RT)$$

为比较温度升高对 APT 成核速率和线生长速率的影响，将第 4.12.4 节和本节得出的有关数据列于表 4 - 130。

表 4 - 130　温度对 APT 成核和晶体生长过程的影响比较

成核过程			晶体生长过程		
$\bar{\dot{N}}_{94.5}/\bar{\dot{N}}_{91.5}$	$\Delta C^N_{94.5}/\Delta C^N_{91.5}$	$K_{N94.5}/K_{N91.5}$	$\bar{\dot{L}}_{94.5}/\bar{\dot{L}}_{91.5}$	$\Delta C^n_{94.5}/\Delta C^n_{91.5}$	$K_{n94.5}/K_{n91.5}$
1.33	0.827	1.616	1.20	0.933	1.291

注：$\bar{\dot{N}}_{94.5} = 1.40 \times 10^7$ 粒/（L · min），$\bar{\dot{N}}_{91.5} = 1.05 \times 10^7$ 粒/（L · min），$\Delta C_{91.5} = 0.71$mol/L，$N = 2.15$，$n = 0.79$。
$\bar{\dot{L}}_{94.5} = 17.6$μm/min，$\bar{\dot{L}}_{91.5} = 17.6$μm/min，$K_{N94.5} = 3.54$，$K_{N91.5} = 2.19$，$K_{n94.5} = 29.79$，$K_{n91.5} = 20.45$。

实验求出的 APT 晶体生长的活化能 $E_{表}$ 为 94.657kJ/mol，远小于结晶成核的活化能（$E_{表}$ = 181.400kJ/mol）。由表 4 - 130 结果看出，温度由 91.5℃升高到 94.5℃，APT 成核期积分平均成核速率上升到 1.33 倍，而积分平均线生长速率仅升高到 1.20 倍，表明升高温度 APT 成核速率的增长幅度大于晶体生长速率的增长幅度，结晶产品的粒度变细。

从式（4 - 37）晶体生长速率常数以及第 4.12.4 节中成核速率常数的表达式看出，温度升高，一方面使速率常数（k_n 和 k_N）增大，晶体生长和成核速率加快。另一方面，由于溶解度升高，过饱和度 ΔC 降低又导致晶体生长和成核速率下降。由表 4 - 130 的数据看出，温度由 91.5℃升高到 94.5℃，过饱和度下降对成核速率和晶体生长速率的影响系数分别为 0.827 和 0.933，相应地，速率常数（k_n 和 k_N）对成核速率和晶体生长速率的影响系数分别为 1.616 和 1.291。虽然成核级数（N = 2.15）大于晶体生长级数（n = 0.79），过饱和度 ΔC 降低对成核速率升高的负面影响较大，但升高温度成核速率常数增大的幅度远大于晶体生长速率常数。这表明，与晶体生长过程相比，温度升高对活化能数值较大的成核过程更为有利。

仲钨酸铵晶体生长活化能数值较大（大于 15 ~ 20kJ/mol）表明，APT 晶体生长过程与成核过程相同，晶体生长速率由化学反应步骤控制。

4.12.9.6　研究结果

（1）采用“成核期积分平均速率法”，运用阿累尼乌斯实验定律，求出 APT 晶体生长表观活化能 $E_{表}$ = 94.657kJ/mol，得出仲钨酸铵晶体生长速率常数与温度的关系式为：

$$k_n = 8.46 \times 10^{14} \exp(-94657/RT)$$

（2）仲钨酸铵晶体生长的活化能（$E_{表} = 94.657\text{kJ/mol}$）小于成核活化能（$E_{表} = 181.400\text{kJ/mol}$）。升高温度，APT 成核速率的增长幅度大于晶体生长速率的增长幅度，结晶产品粒度变细。

（3）APT 晶体生长过程由化学反应步骤控制。

4.12.10 仲钨酸铵晶体生长反应历程及限制性环节

晶体生长的反应历程及控制性环节是仲钨酸铵结晶动力学尚未解决的复杂课题。

由正钨酸盐聚合成仲钨酸根 B（$H_2W_{12}O_{42}^{10-}$）须经历一系列中间同多钨酸根的复杂变化。有些同多钨酸根存在的 pH 值范围很窄，有些形成极为缓慢，并与加热和陈化时间有关。

APT 结晶是 WO_4^{2-} 聚合以及仲钨酸根 B 相变的反应过程。全过程动力学因子温度和 pH 值都在不断地上升和下降。测定某一时间溶液的成分也非常困难：取样时难以避免氨的挥发，以及 WO_4^{2-} 和各种同多钨酸根离子的组成、价态和摩尔分数随陈化时间变化，难以通过反应物的浓度变化来掌握其动力学特征。

作者探讨了仲钨酸铵晶体生长步骤。通过研究过程晶体生长的线速率（$\dot{L}$）和质量速率（$\dot{m}$）的最大值，以及晶粒总表面积 A 与限制性环节改变的内在关系，阐明了过程的限制性环节和控制步骤的变化规律。

4.12.10.1 反应历程及限制性环节变化规律讨论

$(NH_4)_2WO_4$溶液中 APT 的生长速率取决于 $WO_4^{2-} \rightarrow H_2W_{12}O_{42}^{10-} \rightarrow$相变及其中间反应的快慢。由于技术上的困难，许多同多钨酸根及其加合质子或水合的中间产物难以用试验确定，有人提出酸化正钨酸根的反应历程为：

$$WO_4^{2-} \xrightleftharpoons{\sim 10^{-8}\text{s}} \begin{matrix} HWO_4^- \\ H_2WO_4 \end{matrix} \xrightleftharpoons{<10^{-3}\text{s}} [W_2O_7(OH)]^{3-} = \begin{matrix} [W_4O_{12}(OH)_4]^{4-} \\ [HW_4O_{12}(OH)_4]^{3-} \end{matrix} =$$

$$[W_6O_{20}(OH)_2]^{6-} \xrightleftharpoons{\text{数小时}, c>5\times10^{-5}\text{mol/L}} [HW_6O_{20}(OH)_2]^{5-} \xrightleftharpoons{\text{数天}} [H_2W_{12}O_{42}]^{10-}$$

其中，仲钨酸根 A（$HW_6O_{21}^{5-}$）和仲钨酸根 B 的存在已被证实，某些中间产物瞬间产生和消失。APT 晶体生长历程可由下述非基元反应和相变反应步骤组成：

非基元反应：

（1）$7NH_4^+ + 6WO_4^{2-} = [HW_6O_{21}]^{5-} + 7NH_3 + 3H_2O$ （4-41）

（2）$2[HW_6O_{21}]^{5-} \xrightleftharpoons{\text{加热陈化}} [H_2W_{12}O_{42}]^{10-}$ （4-42）

相变反应：

（3）结晶介质以 $(NH_4)_{10}[H_2W_{12}O_{42}] \cdot 4H_2O$ 或 NH_4^+、$[H_2W_{12}O_{42}]^{10-}$ 和 H_2O 等分子或离子形式向生长界面扩散。

（4）聚结在生长界面的结晶介质进入晶格座位发生表面反应。

（5）放出结晶热并向外输送。

与仲钨酸根 B 相比，形成仲钨酸根 A 是一快速过程，但式（4-41）始终受氨挥发速度的制约。而 $[HW_6O_{21}]^{5-} \rightarrow [H_2W_{12}O_{42}]^{10-}$ 即使在较高温度下长时间陈化也不能完全转变。上述两非基元反应都可能成为聚合反应的限制性环节。

APT 晶体的粒度很小，产品平均粒径仅 25 ~ 40μm，其晶液的黏度也很小，扩散对相变反应的影响是有限的。当达到某一较小的极限搅拌转速时，晶体生长速率不再与转速有关。由于扩散速率很高，结晶过程可转由表面反应控制。结晶热一般较小，对过程的影响可忽略不计。

APT 结晶过程过饱和生成（聚合反应）和消除（相变反应）同时并存。某一时刻的瞬间过饱和度 ΔC 由两者的差值决定。与 ΔC 相关的 $\dot{L}$ 和 $\dot{m}$ 值可定量反映它们的变化。相互的函数关系可表达为：

$$\dot{L} = k_L \Delta C^L \tag{4-43}$$

$$\dot{m} = k_m A \Delta C^m \tag{4-44}$$

式中，k_L为线速率常数；k_m为质量速率常数；A 为已有晶粒总表面积。

由式（4 - 43）、式（4 - 44）等量变换可得：

$$\dot{m} = k_m A \left(\sqrt{\frac{\dot{L}}{k_L}} \right)^m$$

结晶全过程，APT 过饱和生成和消除速度的变化应经历下述三个阶段（如图 4 - 93所示）：第一阶段（Ⅰ）：诱导期，$\dot{m}=0$，过饱和生成速度增大，ΔC 不断升高。第二阶段（Ⅱ）：出现晶核，$\dot{m}>0$，过饱和生成速度始终大于消除速度。相变反应为结晶过程的限制性环节。但前期由于 A 较小，ΔC 依然上升，相变反应由 A 控制。随着 A 增大，由 $\dot{L}$ 表征的 ΔC 达到最大值后开始下降，相变反应由 ΔC 控制。第三阶段（Ⅲ）：由于 A 的增大，过饱和消除速度与生成速度相等。$\dot{m}$ 出现最大值。此后，$\dot{m}$ 值随过饱和生成速度等量下降，聚合反应为结晶过程的限制性环节。显然，此阶段的 $\dot{m}$ 值同时可作为过饱和生成速度的量度。

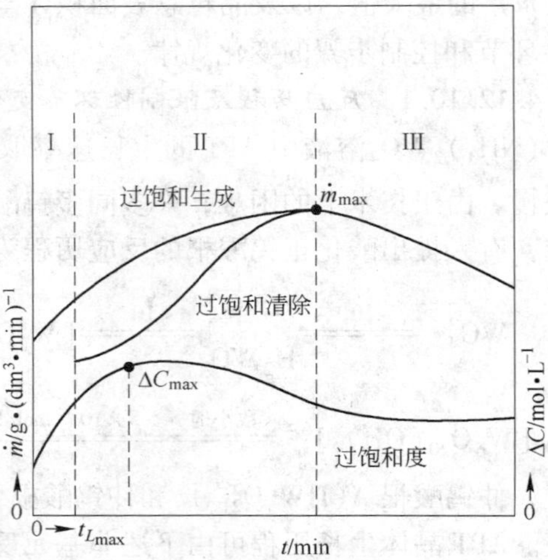

图 4 - 93　APT 结晶过程过饱和生成和消除速度的变化

4.12.10.2　试验数据处理

试验溶液、设备及操作方法同第 4.12.2 节。

试验数据处理：

（1）按照第 4.12.5 节的方法得出结晶期某一时刻的平均线生长速率$\dot{L}_t$、单位溶液体积的结晶速率$\dot{m}_t$：

$$\dot{L}_t = (L_{i+1} - L_i)/(t_i - t_{i+1}) = \Delta L/\Delta t$$

$$\dot{m}_t = (\Sigma m_i - \Sigma m_{i+1})/(t_i - t_{i+1}) \cdot V_t = \Delta m/\Delta t \cdot V_t$$

（2）按照第4.12.6节的方法可算出某一时刻单位溶液体积内已有固相的表面积的 A_t：

$$A_t = \sum_{i=N}^{k} 6\,(\bar{L}_i - L_N)^2 N_i / V_N \qquad (\bar{L}_i > L_N)$$

4.12.10.3 相变反应区域的变化规律

A 起始 WO_3 浓度的影响

结果见表4－131。$\dot{m}_{max}$ 和 $\dot{L}_{max}$ 增大以及 $t_{\dot{m}_{max}}$ 和 $t_{\dot{L}_{max}}$ （从诱导期结束、晶核开始生成算起）缩短表明：起始 WO_3 浓度升高使相变反应速度加快，相变反应区域及该区域内由 A 控制的时间范围变窄。比较 $T_{\dot{L}_{max}}$ 和 $T_{\dot{m}_{max}}$ 两组数据也可看出，上述范围内温度与相变反应速度无关，显然与 A 和 ΔC 相比，与 T 有关的 k_L 和 K_m 值的变化和影响均很小。

表4－131 起始钨浓度对相变反应区域的影响

WO_3 浓度 /mol·L^{-1}	$\dot{L}_{max}$ /μm·min^{-1}	$A_{\dot{L}max}$ /dm^2·dm^{-3}	$t_{\dot{L}max}$ /min	$T_{\dot{L}max}$ /℃	$\dot{m}_{max}$ /g·(dm^3·min)$^{-1}$	$A_{\dot{m}max}$ /dm^2·dm^{-3}	$t_{\dot{m}max}$ /min	$T_{\dot{m}max}$ /℃
0.71	67.6	1.13	0.96	95.5	2.13	10.6	2.6	95.5
0.91	69.4	2.1	0.90	94	4.91	12.9	1.9	94
1.23	137	4.9	0.89	93	16.78	23.9	1.5	93

注：NH_4Cl 2.5mol/L，NH_4OH 2mol/L，p 1.5×10^{5}Pa，$\omega = 2\pi$ r/s。

B 起始 NH_4Cl 浓度的影响

结果见表4－132。比较表中数据可看出，不掺入 NH_4Cl 时 APT 晶体生长的相变反应速度低、区域宽，ΔC 升高慢，受 A 控制的时间也延长。NH_4Cl 浓度由 2.5mol/L 提高到 3.2mol/L，表中数据较为接近，其中 $\dot{m}_{max}$ 在 $A_{\dot{m}max}$ 较小的情况下还略有降低。这说明，随着 NH_4^+ 的增多共同离子效应加大的同时，其反作用的盐效应增大得更快。

表4－132 起始 NH_4Cl 浓度对相变反应区域的影响

NH_4Cl 浓度 /mol·dm^{-3}	$\dot{L}_{max}$ /μm·min^{-1}	$A_{\dot{L}max}$ /dm^2·dm^{-3}	$t_{\dot{L}max}$ /min	$T_{\dot{L}max}$ /℃	$\dot{m}_{max}$ /g·(dm^3·min)$^{-1}$	$A_{\dot{m}max}$ /dm^2·dm^{-3}	$t_{\dot{m}max}$ /min	$T_{\dot{m}max}$ /℃
0	19.7	1.55	1.7	95	2.06	14.1	4.6	95.5
2.5	69.4	2.1	0.9	94	4.91	12.9	1.9	94
3.2	78.1	2.0	0.98	93	4.02	6.7	1.8	93

注：WO_3 0.91mol/L，NH_4OH 2mol/L，p 1.5×10^{5}Pa，$\omega = 2\pi$ r/s。

C 热量输送强度对相变反应区域的影响

结果见表4－133。夹套蒸汽压力由 1.5×10^{5}Pa 提高到 3×10^{5}Pa，相变反应速度大幅度升高，相变反应控制的区域缩小。但其间 $\dot{L}_{max}$ 和 $t_{\dot{L}_{max}}$ 值却较为接近，这与 3×10^{5}Pa 下结晶初期成核速率快、A 迅速增大、过饱和度降低有关。

表 4－133　热量输送强度对相变反应区域的影响

p /Pa	$\dot{L}_{max}$ /μm · min^{-1}	$A_{\dot{L}max}$ /dm^2 · dm^{-3}	$t_{\dot{L}max}$ /min	$T_{\dot{L}max}$ /℃	$\dot{m}_{max}$ /g · (dm^3 · min)$^{-1}$	$A_{\dot{m}max}$ /dm^2 · dm^{-3}	$t_{\dot{m}max}$ /min	$T_{\dot{m}max}$ /℃
1.5×10^5	69.4	2.1	0.90	94	4.91	12.9	1.9	94
3×10^5	67.3	7.0	0.94	94	12.18	15.7	1.3	94

注：WO_3 0.91mol/L，NH_4OH 2.5mol/L，NH_4OH 2mol/L，$\omega=2\pi$ r/s。

D　搅拌强度对相变反应区域的影响

结果见表 4－134。由表中数据可知，搅拌转速由 0→2π r/s→3π r/s，相变反应速度由大幅度升高变得很接近，$\omega>2\pi$ r/s 后相变反应已由扩散控制转为表面反应控制。由 2π→3π r/s，其 $\dot{L}_{max}$ 变得较小是搅拌使晶体破碎加剧、A 增大所致。溶液稳定性降低、介稳区宽度缩小也使其 $\dot{m}_{max}$ 和 $t_{\dot{m}_{max}}$ 值下降。

表 4－134　搅拌速度对相变反应区域的影响

ω /r · s^{-1}	$\dot{L}_{max}$ /μm · min^{-1}	$A_{\dot{L}max}$ /dm^2 · dm^{-3}	$t_{\dot{L}max}$ /min	$T_{\dot{L}max}$ /℃	$\dot{m}_{max}$ /g · (dm^3 · min)$^{-1}$	$A_{\dot{m}max}$ /dm^2 · dm^{-3}	$t_{\dot{m}max}$ /min	$T_{\dot{m}max}$ /℃
0π	5.81	4.1	4	94	0.71	28.2	17.1	95
2π	69.4	2.1	0.90	94	4.91	12.9	1.9	94
3π	25.0	6.8	10.05	91	4.38	9.6	1.3	91

注：WO_3 0.91mol/L，NH_4OH 2.5mol/L，NH_4OH 2mol/L，p1.5×10^{5}Pa。

4.12.10.4　聚合反应区域的控制步骤

$\dot{m}_{max}$ 出现后，APT 结晶过程由相变反应转变为聚合反应的第一步（式(4－41)）或第二步（式(4－42)）控制。两步骤的反应速率分别由氨的挥发速度和加热陈化时间决定。由 NH_4Cl 掺入引起的 NH_4^+ 共同离子效应也仅作用于式（4－41）。

表 4－135、表 4－136 列出了上述因素影响下 $\dot{m}$ 和 T 随时间变化的数据。由表看出，升高总 NH_4^+ 浓度以及通过加大热量输送强度提高氨的逸出速度，在温度降低（或相近）和陈化时间（诱导期 $t_{ind}+t$）大幅度缩短的情况下，两者的过饱和生成速度（由 $\dot{m}$ 值表征）均显著加快。表明在此试验条件下，$\dot{m}_{max}$ 出现后 APT 晶体生长速率由 $WO_4^{2-}\rightarrow HW_6O_{21}^{5-}$ 非基元反应控制。随着结晶时间的推移，$\dot{m}$ 的差值逐渐缩小，这是因为前期 $\dot{m}$ 较大者，其溶液中的总钨浓度较低。同时，后期氨挥发殆尽，过饱和生成更多地依赖于溶剂水的蒸发。

表 4－135　不同热量输送强度下聚合反应区域 $\dot{m}$ 和 T 的变化

p/Pa	t_0-t_{ind} /min	$T_0\sim T_{ind}$ /℃	$t_{ind}-t$/min: 5.5		35.4		68.5		200	
			$\dot{m}$ /g · (dm^3 · min)$^{-1}$	T /℃	$\dot{m}$ /g · (dm^3 · min)$^{-1}$	T /℃	$\dot{m}$ /g · (dm^3 · min)$^{-1}$	T /℃	$\dot{m}$ /g · (dm^3 · min)$^{-1}$	T /℃
1.5×10^5	90	29～94	2.0	95	1.8	95.5	1.1	97	0.9	98
3×10^5	48	29～94	4.1	95	2.0	95.5	1.2	97	1.0	98

注：$WO_3$0.91mol/L，NH_4OH 2.5mol/L，NH_4OH 2mol/L，$\omega=2\pi$ r/s。

表 4－136 不同 NH_4^+ 浓度下聚合反应区域 $\dot{m}$ 和 T 的变化

NH_4^+ 浓度 /mol·L^{-1}	$t_0 - t_{ind}$ /min	$T_0 \sim T_{ind}$ /℃	$t_{ind} - t$/min							
			10.1		35.4		95.6		123.2	
			$\dot{m}$ /g·$(dm^3 \cdot min)^{-1}$	T /℃	$\dot{m}$ /g·$(dm^3 \cdot min)^{-1}$	T /℃	$\dot{m}$ /g·$(dm^3 \cdot min)^{-1}$	T /℃	$\dot{m}$ /g·$(dm^3 \cdot min)^{-1}$	T /℃
3.82	65	29～95	2.0	95.3	1.4	98	0.9	98.5	0.4	99.5
4.32	48	29～94	2.3	94.5	1.8	95.5	1.3	97	0.6	99
5.02	45	29～93	3.0	93.5	1.5	94.5	1.2	96	0.6	98

注：WO_3 0.91mol/L，NH_4OH 2mol/L，$p1.5 \times 10^5$Pa，$\omega = 2\pi$ r/s。

4.12.10.5 研究结果

（1）APT 晶体生长过程由非基元反应 $WO_4^{2-} \rightarrow HW_6O_{21}^{5-}$ 和 $[HW_6O_{21}]^{5-} \rightarrow [H_2W_{12}O_{42}]^{10-}$ 以及结晶介质向界面扩散、界面反应等三个步骤组成。

（2）$\dot{m}_{max}$ 出现后，晶体生长的限制环节由相变反应转变为聚合反应。在相变反应区域内，$\dot{L}_{max}$ 出现后，过程由 A 转变为 ΔC 控制。

（3）起始 WO_3 和 NH_4Cl 浓度升高，热量输送强度加大，均使相变反应速度加快、相变反应区域变窄，除热量输送强度外，其间由 A 控制的时间缩短，试验条件下相变反应区域在 1.5～4.6min，由 A 控制的时间为 0.89～1.7min。搅拌转速由 0π r/s 提高到 2π r/s，相变反应已由扩散控制转为表面反应控制。

（4）在通常工业结晶工艺条件下，聚合反应区域主要以 $WO_4^{2-} \rightarrow [HW_6O_{21}]^{5-}$ 反应为控制步骤。

4.13 仲钨酸铵结晶化学质量控制

4.13.1 仲钨酸铵质量标准

仲钨酸铵的国家标准及其级别要求分别见表 4－137 和表 4－138。

表 4－137 仲钨酸铵国家标准（GB/T 10016—2007）

牌号		APT－0	APT－1
WO_3 质量分数/%		88.5	88.5
杂质含量/%（以 WO_3 为标准）（不大于）	Al	0.005	0.0010
	As	0.0010	0.0010
	Bi	0.0001	0.0001
	Ca	0.0010	0.0010
	Cd	0.0010	0.0010
	Co	0.0010	0.0010
	Cr	0.0010	0.0010
	Cu	0.0003	0.0005
	Fe	0.0010	0.0010

续表 4－137

牌号		APT－0	APT－1
WO_3质量分数/%		88.5	88.5
杂质含量/%（以 WO_3 为标准）（不大于）	K	0.0010	0.0015
	Mg	0.0005	0.0007
	Mn	0.0005	0.0010
	Mo	0.0020	0.0030
	Na	0.0010	0.0015
	Ni	0.0005	0.0005
	P	0.0007	0.0010
	Pb	0.0001	0.0001
	S	0.0008	0.0010
	Sb	0.0005	0.0010
	Si	0.0010	0.0010
	Sn	0.0002	0.0003
	Ti	0.0010	0.0010
	V	0.0010	0.0010

表 4－138　仲钨酸铵级别要求（GB/T 10016—2007）

级别	初级	中级	细级	超细级
费氏平均粒度/μm	>35	>20～35	10～20	<10

其他方面的规定和要求请参考 GB/T 10016—2007 中相关规定。

4.13.2　仲钨酸铵结晶钠、钾析出条件及机理

仲钨酸铵（APT）中的钠、钾含量一直是人们普遍关注的问题。一些厂家不时出现产品仲钨酸铵中钠、钾含量超标而使产品等级下降。

APT 中的杂质钠、钾可来自生产用水。但实践表明，采用单级复床净化水工艺、控制纯水平均电阻率 $8\times10^4\Omega\cdot cm$，则纯水中钠、钾总量一般可低于 $(4\sim5)\times10^{-4}\%$，将不成为影响产品质量的因素。离子交换法所产 APT 中钠、钾主要来源于作为解吸剂的氯化铵。我国工业氯化铵中钠、钾含量随各厂生产工艺和产品批次的不同波动较大，一般含 Na$(3\sim7)\times10^{-2}\%$、K$(5\sim40)\times10^{-3}\%$。精制氯化铵中钠可小于 $30\times10^{-4}\%$、钾可小于 $10\times10^{-4}\%$。

利用 APT 蒸发结晶除去大部分钼，国内外已在生产中普遍采用，而对于同一过程中钠、钾析出情况的研究尚未见报道。著者以现代化学结晶的理论为依据，通过工业试验的大量统计数据和小型试验结果，着重研究了钨酸铵溶液的起始 WO_3 浓度，Na^+、K^+ 浓度和钨结晶率对 APT 中钠、钾含量的影响，定量地给出了一定条件下钠、钾在固、液相中的有效分配比。同时，还考察了结晶温度、时间、结晶器比面积 S/V 以及搅拌速度和洗涤条件与 APT 中钠、钾含量的关系，并探讨了上述因素的影响机理。

研究表明，提高钨酸铵溶液的 WO_3 浓度是降低 APT 中钠、钾含量的重要措施。固定床离子交换干式解吸法的研究成功，使解吸的钨酸铵溶液中的 WO_3 浓度由通常的 200g/L 提高到 260g/L 以上，为降低 APT 中钠、钾含量提供了有利条件。

4.13.2.1 钨酸铵溶液起始 WO_3 和 Na^+、K^+ 浓度对 APT 中钠、钾含量的影响

从钨酸铵溶液的组成和结晶过程的 pH 值来看，钠、钾过饱和析出的最可能化合物是仲钨酸盐。由于溶液中 Na^+、K^+ 浓度很低，极细的晶粒不可能长大，只可能以包裹物在 APT 中析出或以物理方式吸附于 APT 表面。虽然有结晶温度、搅拌、晶种、杂质和各种场等复杂因素的影响，但组成仲钨酸盐的 Na^+、K^+ 和 WO_3 浓度终究是溶液达到过饱和的关键。

钠、钾也可能以替代或间隙杂质离子形式或表面化学吸附方式进入 APT 晶格。由于仲钨酸钠、钾与仲钨酸铵在组成和结构上的相似性，这种可能性较大。在此种情况下钠、钾含量除与本身浓度关系较大外，还与 APT 的过饱和度，成核速度，晶体长大速度，已有晶体的粒度、形态和表面积以及溶液黏度等有关，而 WO_3 浓度对上述因素有很大影响。

在真空蒸发温度 95℃、搅拌速度 60r/min、结晶率 94% 左右于 1500L 搪瓷反应锅进行工业试验：

（1）起始 WO_3 浓度的影响，不同 WO_3 浓度的钨酸铵溶液蒸发结晶的大量统计数据的平均结果如表 4－139 所示。

表 4－139　WO_3 浓度对 APT 中钠、钾含量的影响

编号	$(NH_4)_2WO_4$ 溶液浓度/g·L⁻¹			1m³ 溶液结晶 APT				1m³ 溶液得到母液		
	WO_3	Na^+	K^+	质量/g	结晶率/%	Na^+/%	K^+/%	体积/m³	Na^+/g·L⁻¹	K^+/g·L⁻¹
A－1	200.4	0.088	0.0128	213.3	94.2	8×10^{-4}	6×10^{-4}	0.387	0.223	0.0292
A－2	224.7	0.089	0.0130	239.4	94.3	7×10^{-4}	5×10^{-4}	0.427	0.204	0.0265
A－3	267.1	0.092	0.0131	273.4	94.1	6×10^{-4}	4×10^{-4}	0.506	0.178	0.0223
A－4	299.0	0.089	0.0128	318.3	94.2	4×10^{-4}	3×10^{-4}	0.678	0.165	0.0205
A－5	350.8	0.088	0.0125	377	94.2	2×10^{-4}	3×10^{-4}	0.678	0.128	0.0168
B－1	203.0	0.108	0.0301	216.1	94.2	20×10^{-4}	17×10^{-4}	0.392	0.341	0.0674
B－2	220.1	0.142	0.0311	234.0	94.1	16×10^{-4}	15×10^{-4}	0.433	0.319	0.0637
B－3	256.3	0.142	0.0311	272.6	94.1	11×10^{-4}	13×10^{-4}	0.504	0.276	0.0547
B－4	298.1	0.141	0.0308	317.6	94.3	8×10^{-4}	10×10^{-4}	0.566	0.243	0.0488
B－5	348.1	0.138	0.0301	370.5	94.2	5×10^{-4}	8×10^{-4}	0.673	0.202	0.0403

注：A—用一厂氯化铵作解吸剂，NH_4Cl 含 $Na\leqslant25\times10^{-3}\%$，$K\leqslant5\times10^{-3}\%$；B—用二厂氯化铵作解吸剂，$NH_4Cl$ 含 $Na\leqslant55\times10^{-3}\%$，$K\leqslant12\times10^{-3}\%$，解吸剂组成：5mol/L NH_4Cl + 2mol/L NH_4OH。

结果表明，Na^+、K^+ 起始浓度相同时钨酸铵溶液中 WO_3 浓度愈高，APT 中钠、钾含量愈低。这主要是因为蒸发结晶过程中随着 APT 过饱和度的迅速消失，结晶后期 APT 的析出完全依赖于溶剂水的蒸发，不论结晶程度如何，一定温度下结晶母液的 WO_3 浓度始终维持在 30g/L 左右。虽然 Na^+、K^+ 起始浓度相同，但 WO_3 浓度高的溶液在相同的结晶

率下具有较大的结晶母液体积，因此整个结晶过程始终在较低的 Na^+、K^+ 浓度下进行。同时因蒸发量小，时间缩短也使 APT 晶体与 Na^+、K^+ 接触时间减少。

（2）起始 WO_3 和 Na^+、K^+ 浓度对钠、钾在固相和液相分配比的影响。为了表征钠、钾在 APT 固相和液相间的分配规律，考虑到钠、钾进入 APT 晶体方式的多样性，以及结晶后期 APT 晶体生长较慢以至于接近平衡状态，同时钠、钾在固、液相的浓度很小等原因，本研究引入有效分配比这一概念，以有别于通常的有效分配系数概念。有效分配比的计算式为：

$$D_{eff} = C_S / C_L$$

式中，D_{eff} 为有效分配比；C_S 是钠、钾在 APT 固相中的含量，%；C_L 为钠、钾在结晶母液中的含量，%。

相同 Na^+、K^+ 浓度下不同 WO_3 浓度的有效分配比示如图4－94所示。相同 WO_3 浓度下不同 Na^+、K^+ 浓度的有效分配比如图 4－95、图 4－96 所示。

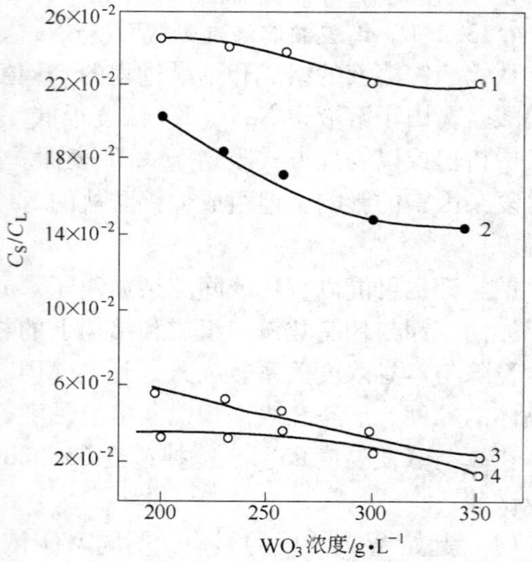

图 4－94　起始 WO_3 浓度对钠、钾有效分配比的影响
1—起始 K0.030g/L；2—起始 K0.013g/L；
3—起始 Na0.141g/L；4—起始 Na0.080g/L

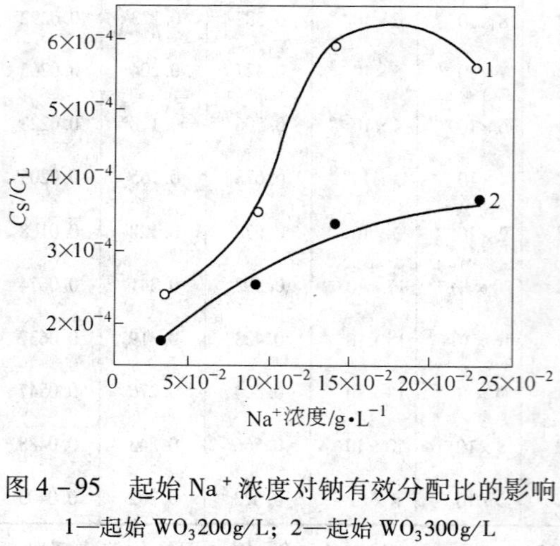

图 4－95　起始 Na^+ 浓度对钠有效分配比的影响
1—起始 $WO_3$200g/L；2—起始 $WO_3$300g/L

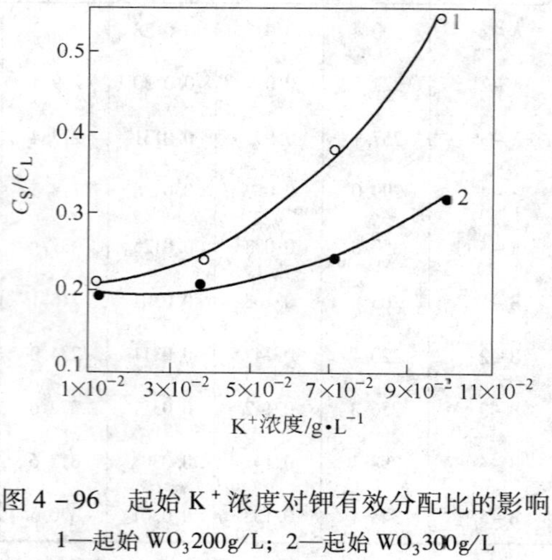

图 4－96　起始 K^+ 浓度对钾有效分配比的影响
1—起始 $WO_3$200g/L；2—起始 $WO_3$300g/L

由图看出，各种条件下钾的 C_S/C_L 均是钠的 4～10 倍。钾的有效分配比高于钠的原因可能与两者在 APT 晶体中析出的方式和机理不尽相同有关。仲钨酸铵的溶解度比仲钨酸钠低得多。1931 年 Vallance 测定仲钨酸钾在 20℃时难溶于水，而仲钨酸钠能部分地溶于水。因此在结晶初期随着 NH_3 的剧烈蒸发，APT 过饱和度较大，因仲钨酸根浓度较高，钾不仅与钠一样以杂质离子或表面吸附方式进入 APT 晶体内，而且以过饱和析出的可能性

比钠大得多。由于同样的原因，表4-139中随着WO_3浓度的提高，APT晶体中钾的含量比钠下降得慢，这是因为对于过饱和析出来说，WO_3浓度的提高将部分抵消K^+浓度下降的作用。此种解释在图中得到证明，图4-94中随着WO_3浓度提高曲线1、2下降逐渐趋于平缓，而图4-96中由于WO_3浓度一定，随着K^+浓度的提高曲线1、2都几乎直线上升。另一个重要的原因是根据费尔斯曼提出的数据，K^+、NH_4^+、Na^+半径分别为0.133nm、0.143nm、0.098nm，K^+与NH_4^+的半径较为接近，较易替代NH_4^+而进入仲钨酸铵［$5(NH_4)_2O \cdot 12WO_3 \cdot nH_2O$］晶体内。

随着Na^+浓度提高，图4-95中曲线1由上升转为下降，可能是因为选择性吸附普遍具有饱和性。APT中钠超过一定浓度后将不随溶液Na^+浓度提高而相对增加。

4.13.2.2 APT结晶率对钠、钾含量的影响

取相同的钨酸铵溶液（WO_3 298.1g/L、K^+ 0.0305g/L、Na^+ 0.141g/L）250mL共四份，置于1L玻璃烧杯中，在搅拌速度60r/min、温度95℃下控制不同的结晶率所得APT中钠，钾含量见表4-140。

表4-140 APT结晶率与钠、钾含量的关系

结晶 APT/g	结晶率/%	Na/%	K/%
19	25.5	10×10^{-4}	14×10^{-4}
40	53.7	8×10^{-4}	11×10^{-4}
51	68.4	11×10^{-4}	16×10^{-4}
70	93.9	12×10^{-4}	22×10^{-4}

从表4-140看出，结晶初期除钾、钠过饱和析出的可能性较大外，由于APT的过饱和度大，晶核生成和晶体长大速度快，晶粒小，此时作为杂质的钠、钾容易进入晶体。但是随着过饱和度的迅速降低，比表面积很大而含钠、钾较高的小晶体由于溶解度较小而易溶解，大晶体易长大，使APT中的钠、钾呈总体下降趋势。此后随着母液的浓缩，Na^+、K^+浓度不断提高，APT与Na^+、K^+接触时间增加，APT中钠、钾又逐渐上升。

4.13.2.3 结晶温度和时间对APT中钠、钾含量的影响

在结晶率相同的情况下，蒸发结晶温度高则所需时间短，反之则长。因此把温度和时间作为相关因素考虑才具有实际意义。

结晶率85%、搅拌速度60r/min下，在容积2000L的搪瓷蒸发锅中进行的大批量生产试验得出的统计数据平均结果见表4-141。

表4-141 结晶温度和时间对APT中钠、钾含量的影响

t/℃	t/h	Na/%	K/%	松装密度/$g \cdot cm^{-3}$
沸腾	4~5	17×10^{-4}	19×10^{-4}	>2
<85	20	18×10^{-4}	21×10^{-4}	0.8~2
<60	40	33×10^{-4}	22×10^{-4}	<0.8

注：钨酸铵溶液WO_3 180g/L，Na^+ 0.145g/L，K^+ 0.032g/L。

试验数据表明，随着结晶温度的降低和时间的增长 APT 中钠、钾含量略有升高。可以解释的原因是温度升高，仲钨酸钠、钾的溶解度增加，同时高温得到均匀的粗晶，低温得到不均匀的细晶。APT 细晶具有不同的晶形、较大的表面积和较多的晶体缺陷（如多孔、裂缝），这将加速钠、钾多相成核的速率，同时使钠、钾进入 APT 晶格的机会增加。科学和生产实践都表明，完整的块状晶体和均匀的粗晶一般夹带的杂质少。

1965 年 Хамский 发现杂质可以在结晶过程中进入晶格，也可以在晶体与母液长时间接触中转入其中，时间增长也会促使 APT 晶体中钠、钾含量增加。

虽然高温使溶液的黏度减小和 Na^+、K^+ 扩散速度加快，有利其进入晶体，但由于 Na^+、K^+ 浓度低，溶液黏度小，其作用是次要的。

4.13.2.4　结晶器比面积 *S/V* 的影响

使用相同的钨酸铵溶液，在同 4.13.2.1 的条件下于不同比面积（m^2/m^3）的结晶器中进行了试验，平均结果见图 4－97。

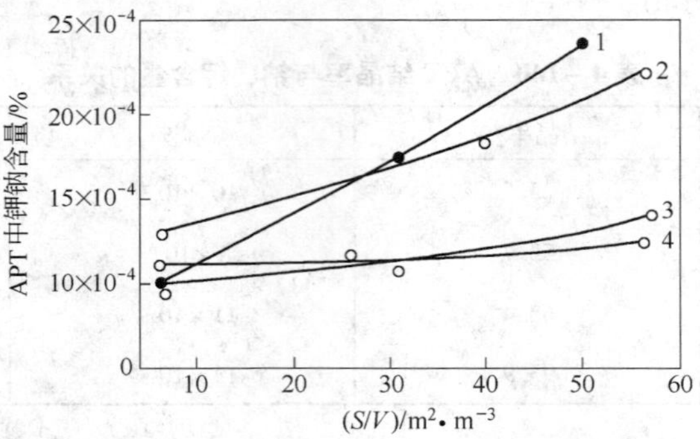

图 4－97　结晶器比面积对 APT 中钠、钾含量的影响

1—起始 $WO_3$180g/L、K^+0.031g/L；2—起始 $WO_3$280g/L、K^+0.013g/L；

3—起始 $WO_3$180g/L、Na^+0.089g/L；4—起始 $WO_3$180g/L、Na^+0.141g/L

试验表明，*S/V* 增大 APT 中钠、钾含量均增加。这主要是因为结晶器表面的结垢使 APT 固相表面积加大，碰撞次数增加，加速了 Na^+、K^+ 进入 APT 晶格的速率。钾含量增加较大则符合多相物系中相变的特性。对难溶化合物结晶特征的研究表明，在过饱和度不大的情况下（可从有效分配比看出）已有固相表面积对难溶化合物结晶速度的影响特别重要。而只有当沉淀在溶液的介稳区开始时多相成核才名符其实地出现。虽然极限过饱和度的影响因素很复杂，但仲钨酸钾进入介稳区的可能性比钠大。结晶器表面缺陷能有效地降低钾成核时的表面能位垒，其对成核速率的影响可能是在表面吸附层中生成钾的新相晶核，也可能是表面活性中心生成晶核所需的过饱和度低于溶液本体而加速钾的析出。同时结晶器表面的结垢晶体也是成为结晶中心和产生二维晶核的基础。

4.13.2.5　搅拌的影响

采用生产中的钨酸铵溶液（$WO_3$180g/L、Na^+0.145g/L、K^+0.0314g/L）、蒸发结晶温度 95℃、结晶率 95% 的条件下，在 2L 玻璃烧杯中进行小型试验的平均结果列于表 4－142。试验表明，随着搅拌速度的增加 APT 中钠、钾含量略有上升，但影响不大。

表 4-142 搅拌对 APT 中钠、钾含量的影响

搅拌速度/$r \cdot min^{-1}$	0	60	120
Na/%	8×10^{-3}	9×10^{-3}	10×10^{-3}
K/%	17×10^{-3}	18×10^{-3}	18×10^{-3}

搅拌对二次成核和扩散的影响都随温度的升高和溶液过饱和度的降低而减弱。搅拌对钠、钾析出影响不大的原因可能是蒸发结晶在较高温度下进行，而且对钠、钾结晶物来说，前者根本未达饱和，后者的过饱和度不大。

4.13.2.6 洗涤的影响

洗涤的效果与洗涤水的纯度、温度和数量，洗涤次数以及真空过滤程度有关。洗涤液组成为纯水（电阻率 $8 \times 10^4 \Omega \cdot cm$）+ NH_4NO_3（0.5%，化学纯）水温 20℃，洗涤水量为 APT 重量的 100%，分三次洗涤，过滤真空度 $6.67 \times 10^2 Pa$ 下，对两种质量的 APT 进行了洗涤试验，结果见表 4-143。

表 4-143 洗涤对 APT 中钠、钾含量的影响

洗涤情况	未洗涤		洗 涤		干燥后再洗涤	
	A	B	A	B	A	B
Na/%	49×10^{-4}	78×10^{-4}	8×10^{-4}	22×10^{-4}	8×10^{-4}	20×10^{-4}
K/%	15×10^{-4}	92×10^{-4}	10×10^{-4}	71×10^{-4}	10×10^{-4}	70×10^{-4}

结果表明，洗涤能较大程度地降低钠含量，洗涤对钾含量的影响不明显。这主要是因为洗涤能除去留在晶体间隙的残余母液及吸附在一定晶面上的 Na^+、K^+，同时不同的晶粒大小溶解度也不同，钠、钾含较高的细晶粒易溶解。K^+ 洗涤效果较差的原因可能是仲钨酸钾溶解度很小、进入 APT 晶格的量较多。

4.13.2.7 研究结果

（1）在可能达到的 WO_3 浓度范围内，采用国产工业氯化铵作为离子交换解吸剂和现行蒸发结晶的条件下，钠的有效分配比为 0.016～0.059，钾为 0.18～0.55。

（2）提高钨酸铵溶液的 WO_3 浓度可同时降低氯化铵用量和结晶母液中 Na^+、K^+ 浓度，是降低 APT 中钠、钾的有利条件。根据生产经验，为保证获得钠、钾含量均小于 1×10^{-3}% 的 APT，当钨酸铵溶液中含 WO_3 180～220g/L 时，则应控制氯化铵中 Na < 5×10^{-3}%、K < 1×10^{-3}%；当钨酸铵溶液含 WO_3 300～350g/L 时应控制氯化铵中 Na < 8×10^{-3}%、K < 1.5×10^{-3}%。

（3）在一定范围内降低 APT 结晶率、提高结晶温度和缩短时间、降低搅拌强度均能不同程度地降低钠、钾含量。降低结晶器比面积能较大程度地降低 APT 中钾含量，洗涤则对减少钠含量较有效。

4.13.3 仲钨酸铵结晶磷硅砷析出条件及机理

硅、磷、砷是钨冶炼过程难以彻底除去的杂质。仲钨酸铵结晶过程中它们作为中心原子与钨形成溶解度很大的杂多酸。ЕВСТИГНееВ 1979 年的研究表明：随着 Si、P、As 含

量的增加，APT 的实收率急剧下降，当溶液中（Si + P + As）/W 原子比大于 1/12 时，APT 不结晶析出。此后，Coddard 的研究也证实了上述结果。

以往的研究仅限于定量地描述钨酸铵（AT）溶液中杂质 Si、P、As 与 APT 实收率的关系。与其相反，如何控制结晶条件，有效地利用这种净化作用，以降低 APT 中 Si、P、As 杂质的含量却探讨不够，对于 Si、P、As 在 APT 结晶酸化过程中的析出形式、趋势和条件更需深入研究。

著者根据 APT 结晶过程溶液酸化的进程，以现代结晶化学和杂多酸化学的研究成果为依据，着重研究了 AT 溶液的起始 Si、P、As 浓度、WO_3 浓度、钨结晶率和 pH 值对 APT 中 Si、P、As 析出率的影响。定量地给出了相应条件下它们在固相和液相分配比 C_S/C_L（C_S 为 Si、P、As 在 APT 中的含量（wt. %）；C_L 为 Si、P、As 在结晶母液中的含量，wt. %）。同时还考察了结晶器比面积、结晶温度和时间与 APT 中 Si、P、As 含量的关系，并探讨了上述杂质以不同方式和形态析出的机理。

4.13.3.1　析出机理讨论

（1）高价 Si、P、As 在溶液中一般以含氧酸根存在。由于体积较大，以间隙杂质的形式进入 APT 的可能性较小。SiO_4^{4-}、PO_4^{3-}、AsO_4^{3-} 与 WO_4^{2-} 在溶液中均为四面体，其中 PO_4^{3-}、AsO_4^{3-} 与 WO_4^{2-} 的电价差不超过一价。它们的半径也较为接近，分别为：0.290nm、0.300nm、0.295nm 和 0.352nm 与 WO_4^{2-} 的半径对比 $|\gamma WO_4^{2-} - \gamma MO_4^{n-}/\gamma WO_4^{2-}|$ 分别为：17.7%、14.8%、16.2%。

一般认为若 r_1 和 r_2 分别为替代和去替代的离子半径，当 $|(r_1 - r_2)/r_1|$ 小于 15% 时易于形成类质同象替代，当此值在 15% ~30% 时只能有限地替代。在异价的类质同象中，电价平衡的因素起着主导作用。此时替代离子间的半径差允许有所扩大，但电价的差一般不应超过一价。上述讨论表明：以替代杂质进入 APT 的可能性或程度 Si < P ≈ As。此分析在下述实验中得到证实：未进入杂多酸稳定 pH 值区域的结晶前期，钨结晶率 25.5% 时，测得 Si、P、As 的分配比分别为：0.053、0.10、0.11。

（2）APT 加热脱氨过程相当于溶液的酸化。随着 pH 值降低，SiO_4^{4-}、PO_4^{3-} 和 AsO_4^{3-} 能和多个八面体单元 WO_6 配位形成钨的杂多酸或其铵盐。

SiO_4^{4-}、PO_4^{3-}、AsO_4^{3-} 同为含氧酸根。其中 Si 离子的形式电荷为 4，而 P 和 As 离子的形式电荷均为 5。根据相关文献提出的衡量水溶液中金属离子与氧之间作用能大小的 $\sqrt{Z/R}$ 值（R 为金属离子半径与氧的共价单键半径之和），与 PO_4^{3-}、AsO_4^{3-} 相比 SiO_4^{4-} 较易在 H 的作用下由 M ═ O 键变成较稳定的氧桥键：M—O—M 或 $\mathrm{M{-}\overset{H}{O}{-}M}$ 键，也即酸化过程中 SiO_4^{4-} 作为由杂原子组成的四面体形成杂多酸（盐）的 pH 值较 PO_4^{3-} 和 AsO_4^{3-} 高。此外杂多酸的稳定性也随中心原子半径的增加而降低，稳定性 P > As。J. C. Bailar 的研究表明：P 形成杂多酸的 pH 值高于 As。G. A. Tsigdinos 1978 年对一些多阴离子稳定存在的 pH 值范围的研究也证实：$[SiW_{11}O_{39}]^{8-}$、$[SiW_{12}O_{40}]^{4-}$ 生成率 20% ~80% 时的对应 pH 值分别为 8.7 ~8.1，5 ~4.7 而 $[PW_{11}O_{39}]^{7-}$、$[PW_{12}O_{40}]^{4-}$ 较低，分别为 7.7 ~7.2，2.3 ~1.9。

APT 结晶酸化过程硅、磷、砷形成杂多钨酸的先后为：Si→P→As。由于以杂多钨酸络合的净化时间长短不同，故在 APT 中析出的趋势应为：As > P > Si。

(3) 与杂多钨酸相反，硅、磷、砷的杂多钨酸铵盐难溶于水。其中杂原子与钨原子之比为 1∶11 的杂多酸铵盐非常难溶。它们的溶解度目前还没有准确测定的数值，$[SiW_{11}O_{39}]^{8-}$、$[P_2W_{17}O_{59}]^{4-}$、$[PW_{11}O_{39}]^{7-}$、$[As_2W_{17}O_{59}]^{4-}$杂多酸根形成的临界 pH 值分别为：8.7，7.9，7.7，6.8。而 1∶12 类型的硅、磷、砷杂多钨酸根一般均在 pH < 5 时生成，低于 APT 结晶溶液酸化的通常范围：pH 值由 9 降为 7 ~ 5.5。因此未进入杂多钨酸稳定 pH 值区域的结晶中期，硅、磷、砷以 1∶11 和 2∶17 类型的杂多酸铵盐析出的可能性较大。

本研究结果表明：APT 结晶过程硅、磷、砷进入其杂多钨酸根稳定的 pH 值范围后，其析出趋势虽上升但仍较小，可认为：试验条件下 Si、P、As 浓度仅略高于其杂多钨酸铵盐的溶解度，即使中后期母液浓缩后也难达到极限过饱和度，或过饱和度很小，不能自发结晶，只有在多相成核的有利条件下析出。

结晶后期硅、磷、砷在 APT 固相析出的趋势由上升转为下降主要是因为：杂多酸（盐）的形成及配聚程度对 pH 值十分敏感。酸度直接影响 AT 溶液中杂多阴离子的组成、价态及其摩尔分数。随着结晶过程 pH 值的下降，溶液中的质子化趋势越来越大，以 $PW_{11}O_{39}^{7-}$ 为例：

$$PW_{11}O_{39}^{7-} \xrightarrow{+H^+} HPW_{11}O_{39}^{6-} \cdots \xrightarrow{+H^+} H_6PW_{11}O_{39}^{-} \xrightarrow{+H^+} H_7PW_{11}O_{39}$$

与一般无机酸相类似。在结晶后期特定的 pH 条件下：溶液中杂多酸分子（如 $H_7PW_{11}O_{39}$）的摩尔分数远大于杂多酸根（如 $PW_{11}O_{39}^{7-}$）。相关文献所给出的酸化钼酸盐的反应平衡常数 K 值近似地表明了此种趋势的程度。

除以替代杂质和难溶的杂多酸铵盐形式过饱和析出外，严格说来硅、磷、砷以间隙杂质、化学或物理吸附方式进入 APT 也不可避免，其可能性和程度都与结晶技术条件有关。

4.13.3.2 试验溶液成分

选用实际工业过程产出的钨酸铵溶液为试验溶液，其总成分（g/L）：WO_3 180 ~ 300；Si 0.023 ~ 0.094；P 0.01 ~ 0.032；As 0.01 ~ 0.075；Mo 0.05 ~ 0.06；Fe 0.003 ~ 0.005；Sn 0.004；游离 NH_3 25 ~ 30；NH_4Cl 40 ~ 60。

4.13.3.3 钨结晶率及溶液 pH 值的影响

将成分为：WO_3 280g/L、Si 0.094g/L、P 0.020g/L、As 0.047g/L 的 AT 溶液分为 4 份，每份 500mL 置于 2L 烧杯中。在蒸发温度 95℃、搅拌速度 2πr/s 条件下控制不同的钨结晶率。将所得 APT 干燥称重，分别测定 APT 及母液中 Si、P、As 百分含量，并检测溶液的 pH 值，结果如图 4 – 98、图 4 – 99 所示。

由图可知，随着钨结晶率增加和溶液 pH 值的下降，Si、P、As 的分配比由上升转为下降，下降的相对幅度 Si > P > As。结晶过程各阶段硅的分配比和析出率均小于磷和砷。结晶前中期磷、砷的析出趋势接近，pH < 7.2 后砷的析出率和分配比明显大于磷。由图 4 – 99看出：硅、磷、砷分配比下降的起点 pH 值分别为 7.6、7.2、6.6，略低于 4.13.3.1 节中（2）和（3）中所述其杂多钨酸根稳定存在的 pH 值范围。杂多酸是杂多酸根酸化的产物，实验结果表明：酸度的变化是引起硅、磷、砷析出趋势下降的主要原因。

4.13.3.4 起始 Si、P、As 浓度的影响

在使用 WO_3浓度 300 ~ 320g/L 的 AT 溶液和 1.5m^3的搪瓷反应锅。蒸发温度 95℃，搅

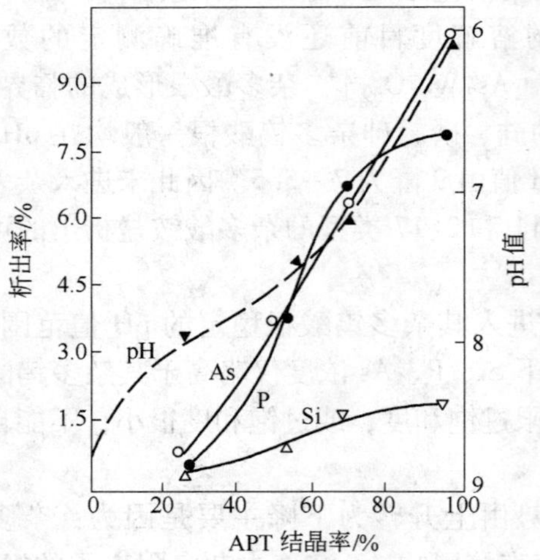

图 4－98　钨结晶率与硅、磷、砷析出率和溶液 pH 值的关系

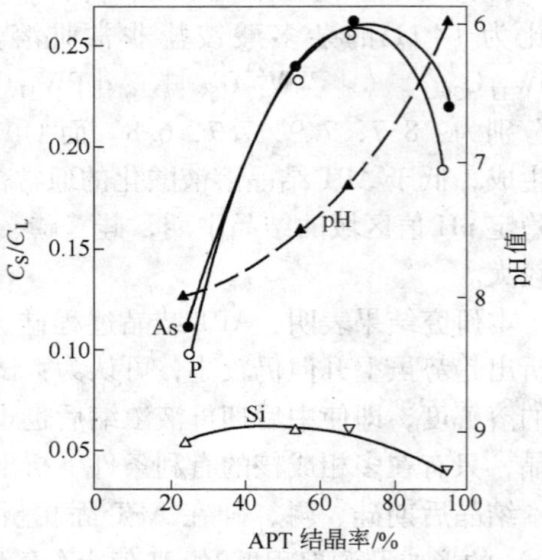

图 4－99　钨结晶率与硅、磷、砷有效分配比和溶液 pH 值的关系

拌速度 2πr/s，结晶率 85% 的条件下，不同起始 Si、P、As 浓度的 AT 溶液结晶的平均结果如图 4－100、图 4－101 所示。

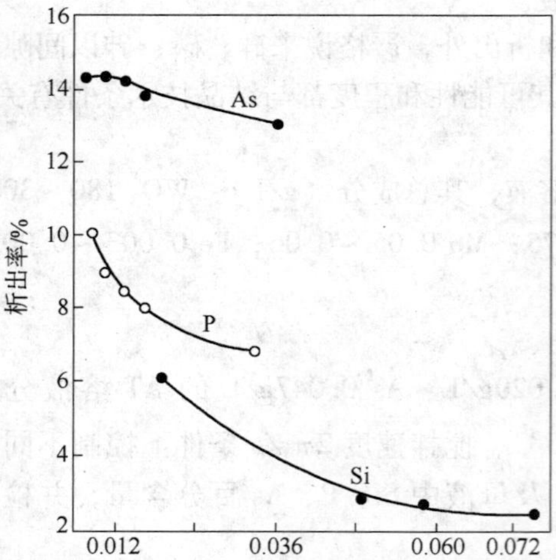

图 4－100　硅、磷、砷起始浓度与析出率的关系

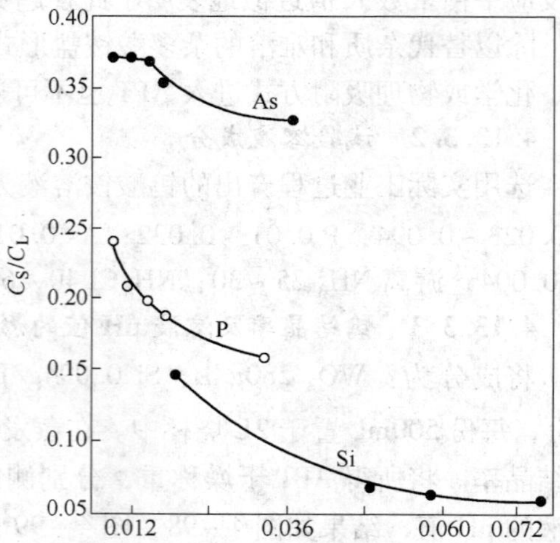

图 4－101　硅、磷、砷起始浓度与固液相分配比的关系

结果表明：随着起始浓度的升高，Si、P、As 析出率和分配比都降低，降低的相对幅度 Si > P > As。

两种起始 Si、P、As 浓度不同的 AT 溶液，不同结晶率时，APT 固液相中硅、磷、砷含量变化情况见表 4－144。

表 4-144 APT 固液相的硅、磷、砷含量变化

起始浓度成分	钨结晶率	25%			95%		
		Si	P	As	Si	P	As
A	APT 中杂质含量/wt. %	0.0005	0.0002	0.0005	0.0007	0.0006	0.0018
	溶液中杂质含量/wt. %	0.00095	0.0021	0.0048	0.018	0.0036	0.0083
B	APT 中杂质含量/wt. %	0.0003	0.0001	0.0002	0.0005	0.00035	0.0005
	溶液中杂质含量/wt. %	0.0021	0.00098	0.00095	0.0034	0.0014	0.00135

注：A：起始溶液成分（g/L）：WO_3 300，Si 0.094，P 0.020，As 0.047。

B：起始溶液成分（g/L）：WO_3 300，Si 0.023，P 0.01，As 0.0。

结晶前、后期固液相含量变化的对比结果表明：随着起始浓度升高，结晶过程液相中 Si、P、As 浓度增大的倍数远高于 APT 固相。这说明了图 4-100、图 4-101 中析出率和分配比下降的原因，前期结晶 APT 的硅、磷、砷含量并不随起始浓度提高而成比例增长，符合替代杂质和选择性吸附所具有的饱和性特征。此外，试验条件下结晶中期形成的杂多钨酸铵盐未达其极限过饱和度，也是后期结晶 APT 中 Si、P、As 含量增加较小的可能因素。

4.13.3.5 起始 WO_3 浓度的影响

在蒸发温度 95℃、搅拌速度 27πr/s、钨结晶率 95% 的条件下，两种不同起始 WO_3 浓度、Si、P、As 浓度相近的溶液，在 2L 烧杯中结晶的平均结果见表 4-145。

表 4-145 起始 WO_3 浓度的影响

起始料液/g·L^{-1}				终点	Si/wt. %			P/wt. %			As/wt. %		
WO_3	Si	P	As	pH	APT	结晶母液	C_S/C_L	APT	结晶母液	C_S/C_L	APT	结晶母液	C_S/C_L
180	0.094	0.02	0.048	5.7	0.0006	0.0487	0.012	0.0007	0.0061	0.11	0.0021	0.0144	0.15
300	0.094	0.021	0.046	6.0	0.0007	0.0180	0.039	0.0006	0.0036	0.19	0.0018	0.0083	0.22

结果表明：其他条件一定，WO_3 浓度低的溶液结晶所得 APT 的 Si、P、As 含量变化较小。但其 C_S/C_L 下降，下降幅度 Si > P > As。分析原因是：虽然 WO_3 浓度低的溶液起始 (Si、P、As)/W 比值高，且相同的结晶率下终点母液体积小，黏度大，杂质浓度高，对硅、磷、砷以替代和吸附方式析出有利。但由于母液的浓缩度大，也使 NH_4Cl 浓度升高。NH_4Cl 系强酸弱碱盐，其水溶液呈酸性，且酸度随 NH_4Cl 浓度升高而上升，同时蒸发量大，结晶时间延长，NH_3 的挥发较完全，使结晶全过程在较低的 pH 值下进行。表 4-145 的数据表明：其终点 pH 值较低，对杂多酸的形成有利。上述因素互相抵消的结果使 APT 中 Si、P、As 含量变化不大。C_S/C_L 降低仅因其母液杂质浓度高，C_L 增大所致。下降幅度 Si > P > As 的原因与前述相同。析出率下降是因为 WO_3 浓度低的溶液在相同的结晶率下 APT 析出数量少。

4.13.3.6 结晶器比面积的影响

在蒸发温度 95℃、搅拌速度 2πr/s、钨结晶率 90% 的条件下，两种溶液在不同的容器中结晶的平均结果见表 4-146。

表 4－146　结晶器比面积的影响

起始料液/g·L^{-1}				结晶器体积/m^3	比表面积/$m^2 \cdot m^{-3}$	APT 杂质含量/wt. %		
WO_3	Si	P	As			Si	P	As
300	0.094	0.02	0.075	0.002	5.1×10^{-1}	0.0008	0.0006	0.0018
300	0.094	0.02	0.075	2	3.5×10^{-2}	0.0007	0.0006	0.0013
180	0.081	0.013	0.015	0.005	3.1×10^{-1}	0.0008	0.0005	0.0010
180	0.081	0.013	0.015	1.5	4.2×10^{-2}	0.0008	0.0004	0.0007

结果表明：结晶器比面积升高，APT 中 As 含量增加，P 和 Si 含量变化较小。结晶器表面的缺陷能有效地降低晶体成核时的表面能位垒。在结晶器表面以结垢形式存在的 APT 晶体也是现成的结晶中心和产生二维晶核的基础。同时容器小，APT 固相粒子运动至器壁的距离短、阻力损失小、碰撞强度大。比面积大，碰撞次数相对增加，晶粒易破碎，使已析出的 APT 比表面积增大，也促进杂质在 APT 中析出。APT 结晶过程中砷钨酸形成的临界 pH 值比硅、磷杂多钨酸分别低 1.4 和 0.6，已接近 APT 结晶的终点，因络合净化作用时间短、多相成核条件对其析出影响较大。

已有固相表面积对 As 析出的影响如此显著，这符合过饱和度不大的情况下，多相物系中难溶化合物结晶的特征。

4.13.3.7　结晶温度和时间的影响

在结晶率为 85%，搅拌速度为 2πr/s 时，取相同的溶液（WO_3 200g/L、Si 0.098g/L、P 0.025g/L、As 0.03g/L），在容积为 2m^3 蒸发锅中进行的大批量生产实验得出的平均结果见表 4－147。

表 4－147　结晶温度和时间的影响

温度/℃	时间/h	终点 pH	APT 杂质含量/wt. %			ρ_S/g·cm^{-3}
			Si	P	As	
95	4~5	6.0	0.0008	0.0006	0.0011	>2
<85	20	6.3	0.0012	0.0009	0.0012	0.8~2
<60	40	7.0	0.0018	0.0010	0.0014	<0.8

结果表明：结晶温度降低、时间延长，APT 中硅、磷、砷含量升高。高温促进硅、磷、砷杂多酸的形成，并使杂多酸铵盐溶解度增大。低温下晶体生长速度慢、晶体与母液接触时间延长，使 Si、P、As 在固液相的分配比更加接近体系平衡时的数值，有利其析出。同时 APT 结晶反应为加热脱氨过程，氨在水中的溶解度随温度的降低而增加，由表 4－147数据可知：低温下溶液的终点 pH 值相对提高，使 Si、P、As 杂多酸的形成推迟，生成率相对降低，这也是 APT 中 Si、P、As 含量升高的原因。

4.13.3.8　研究结果

（1）现行 APT 蒸发结晶过程，杂质的析出趋势 As > P > Si。各种试验条件下测得固液相分配比为：Si 0.012 ~0.15，P 0.10 ~0.26，As 0.11 ~0.37。

（2）硅、磷、砷在 APT 固液相的分配比和析出率随起始 Si、P、As 浓度升高和 WO_3 浓度降低而下降，其下降幅度 Si > P > As。钨结晶率增加，前、中期硅、磷、砷固液相分配比增大，后期的下降幅度 Si > P > As。

(3) 降低结晶器比面积，能降低 APT 砷含量，提高温度和缩短时间则对减少硅、磷、砷含量均有效。

(4) 理论分析和实验结果均表明：以替代杂质进入 APT 的趋势 Si < P ≈ As，结晶中期以杂多钨酸铵盐在 APT 中析出的可能程度 Si < P < As。

4.13.4 仲钨酸铵结晶钨钼分离条件及机理

仲钨酸铵结晶过程能有效地分离钨钼已早为人知。Smithells 首次提出了 Mo 和 W 的结晶率随蒸发度变化的关系。Stephen 等人在 1979 年给出了确定条件下（WO_3 250 ~ 260g/L，Mo/W 0.14%）钨钼结晶率（%）与蒸发量（%）的曲线关系图。我国钨冶炼的实践也表明，一定范围内控制钨的结晶率能分离 85% ~ 90% 的钼。

上述研究还较为粗略。结晶全过程溶液 pH 值下降的特征，并由此产生的钼同多、杂多酸阴离子组成和数量变化对钼析出的影响，不同起始 Mo、WO_3 和 NH_4Cl 浓度及其他有关结晶条件下钼的析出规律均需深入研究。对全过程钼的析出机理更有待于探讨。

根据 APT 结晶过程溶液的酸化进程，从现代结晶化学和多酸化学的角度，本节着重研究了钨酸铵（AT）溶液的起始 Mo、WO_3 浓度，钨结晶率和 pH 值对 APT 中钼析出率的影响，定量地给出了相应条件下钼在固相和液相的有效分配比 C_S/C_L（C_S 为钼在 APT 固相中的含量（%）；C_L 是钼在结晶母液中的含量（%））。同时还考察了起始 NH_4Cl 浓度、结晶器比面积、结晶温度和时间与 APT 中钼含量的关系，并探讨了以不同方式和形态析出钼的机理。

4.13.4.1 析出机理探讨

第 4.13.3 节对 APT 中钠钾析出条件及机理进行了研究。与 Na、K 不同，当溶液 pH > 8 时钼全部以 MoO_4^{2-} 形式存在。在起始 pH > 9 的 AT 溶液中以四配位的正四面体存在的 MoO_4^{2-} 体积较大，由于空间因素，以间隙杂质进入 APT 的可能性很小。但 MoO_4^{2-} 与 WO_4^{2-} 同为二价酸根，半径极为接近，分别为 0.345nm 和 0.352nm。在溶液中均以配位数为 4 的四面体存在，形成同多酸根（仲钨酸根、仲钼酸根）后均为六配位的八面体，结晶前后的化学组成、结构类型相似，以置换杂质的方式进入 APT 的可能性较大。

APT 结晶加热脱氨过程相当于溶液的酸化。许多杂多钼酸根离子存在于近中性溶液中，有些存在于中性甚至弱碱性溶液中，离子交换工艺制得的 AT 溶液结晶后期可达 pH = 6 左右，未达到杂多钼酸生成的酸度条件，但已进入某些杂多钼酸根稳定存在的 pH 值范围。例如，$P_2Mo_5O_{23}^{6-}$ 生成率 20% ~ 80% 的对应 pH 值为 6.2 ~ 6.7。杂多钼酸是杂多钼酸根离子加合质子的产物（即酸化），杂多钼酸易溶于水，然而杂多钼酸铵却往往难溶于水，APT 结晶后期，钼以杂多钼酸铵过饱和析出也不可避免。同时钼还可以化学或物理吸附方式进入 APT。

无论钼以上述何种方式进入 APT 晶体，都与 AT 溶液的起始钼浓度和 APT 的过饱和度（即 WO_3 浓度）有关。同时结晶过程的 pH 值及与 pH 值相关的 NH_4Cl 浓度、温度和时间，结晶器比面积，搅拌强度等也有重要影响。

4.13.4.2 起始钼浓度对 C_S/C_L 及析出率的影响

使用成分为（g/L）：WO_3 300 ~ 320、NH_4Cl 54、NH_4OH 70 的 AT 溶液和 1500L 搪瓷

反应锅，在真空蒸发温度95℃、搅拌速度60r/min、钨结晶率85%的条件下，用不同起始钼浓度的溶液蒸发结晶的平均结果如图4－102和图4－103所示。

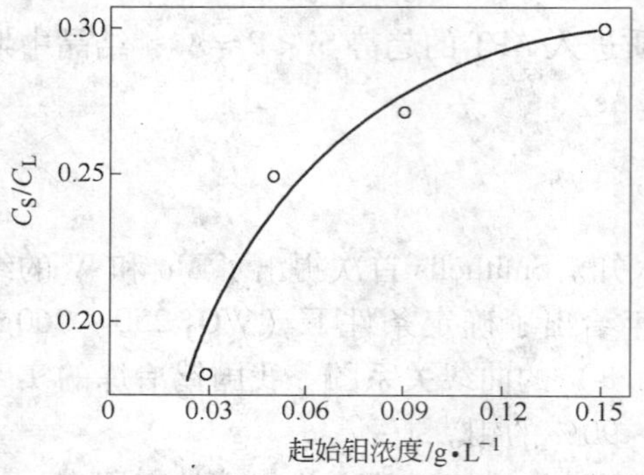

图4－102　起始钼浓度对C_S/C_L的影响

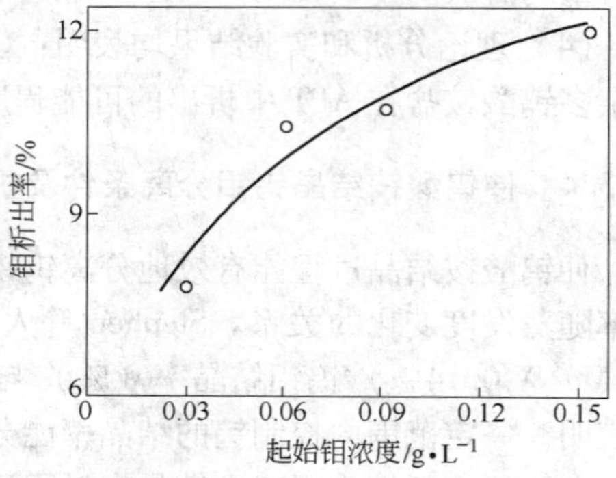

图4－103　起始钼浓度与钼析出率的关系

结果表明，起始WO_3浓度等条件相同时，随着起始钼浓度升高钼的C_S/C_L和析出率都增大。其原因是：结晶初期由于溶液pH>8，以MoO_4^{2-}形式存在的钼主要以置换杂质的方式进入APT。由于氨和水剧烈蒸发，溶液不断酸化。结晶后期除上述方式外，在多相成核的有利条件（固体粒子增多）下，杂多钼酸铵过饱和析出的可能性逐渐增大。而起始钼浓度的升高都将加剧钼以上述两种方式析出的趋势。

4.13.4.3　钨结晶率及溶液pH值的影响

取离子交换工艺所产相同的AT溶液（Mo 0.15g/L、WO_3 280g/L、NH_4Cl 50g/L、NH_4OH 70g/L）备四份，每份500mL置于2L烧杯中。控制不同的结晶率结晶。将结晶APT干燥称重，测定各自APT及母液中钼的百分含量，并检测母液的终点pH值。所得结果见图4－104和图4－105。

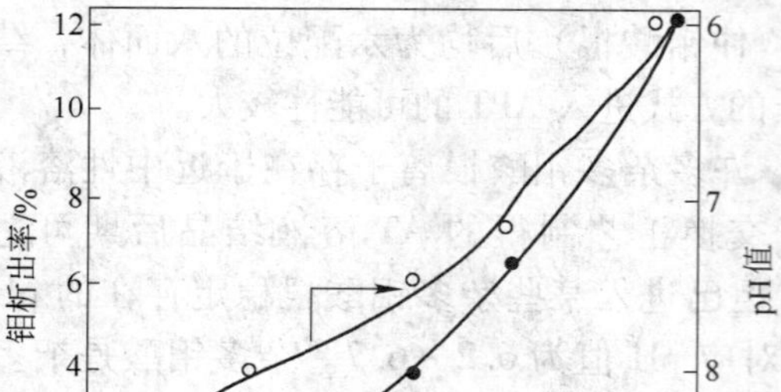

图4－104　钼析出率与钨结晶率和溶液pH值的关系

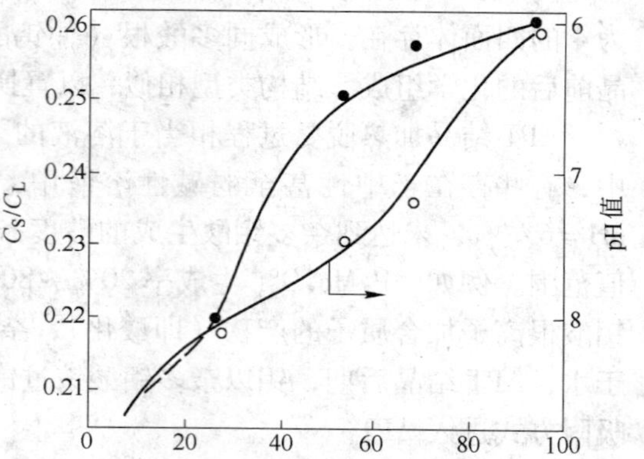

图4－105　钼的C_S/C_L与钨结晶率和溶液pH值的关系

由图看出，随着APT结晶率的增加、溶液pH值下降，钼的C_S/C_L和析出率增大，后期钼的析出率上升很快。主要原因是：多酸化合物的形成及配聚程度对 pH 值十分敏感，酸度直接影响 AT 溶液中钼同多、杂多酸阴离子的组成及其摩尔分数。一定范围内，随着 pH 值下降，同多、杂多钼酸根离子数量显著增加。另外，结晶率增大、母液体积减少导致钼浓度总体升高，平衡的移动使 $Mo_7O_{24}^{6-}$ 增多，同时 APT 固相粒子浓度增加，使多相成核速率加快也是后期钼析出率上升很快的原因。

4.13.4.4 起始 WO_3 浓度对 C_S/C_L 的影响

在真空蒸发温度 95℃、搅拌速度 60r/min、钨结晶率 95% 的条件下，钼浓度相近而起始 WO_3 浓度不同的 A、B 两种溶液蒸发结晶的平均结果如表 4－148 所示。

表 4－148 起始 WO_3 浓度对钼析出的影响

溶液种类	起始溶液浓度/g·L^{-1}		钼含量/%		C_S/C_L
	WO_3	Mo	APT	母液	
A	180	0.11	0.0084	0.031	0.27
B	280	0.15	0.0068	0.0259	0.26

结果表明，杂质浓度一定、WO_3 浓度低的 AT 溶液结晶所得 APT 中钼含量较高。可以解释的原因是：在钨结晶率相同的条件下，WO_3 浓度低的溶液具有终点母液体积小、杂质浓度高的特点。由于蒸发量大、结晶时间长，氨的挥发较完全，其全过程在相对较高的酸度和钼浓度条件下结晶，有利于钼在 APT 中析出。其 C_S/C_L 略微上升可能是因为：由于 WO_3 浓度低、结晶时间长，晶体生长速度较慢，使钼在固相和液相中的分配比更加接近体系平衡时的数值。

4.13.4.5 NH_4Cl 浓度的影响

真空蒸发温度 95℃、搅拌速度 60r/min、钨结晶率 90% 的条件下，WO_3 浓度（200g/L）相同而 NH_4Cl 浓度不同的 AT 溶液结晶所得结果如表 4－149 所示。

表 4－149 NH_4Cl 浓度对 APT 中钼含量的影响

起始溶液浓度/g·L^{-1}		终点 pH 值	APT 中钼含量/%
NH_4Cl	Mo		
38	0.04	6.5	0.0012
91	0.04	6.0	0.0017

结果表明，NH_4Cl 浓度高的 AT 溶液所得 APT 含钼量较高。其原因是：除了 NH_4^+ 浓度升高产生的共同离子效应有利于杂多钼酸铵析出之外，更为主要的是 NH_4Cl 为弱碱强酸盐，其浓度越高水溶液的酸性越强。0.01mol/L NH_4Cl 溶液的 pH 值为 5.63。虽然 APT 加热脱氨生成的游离氨滞留在溶液中，使母液的 pH 值比单纯水溶液高，但在起始 WO_3 浓度和结晶率相同的条件下，NH_4Cl 浓度高的 AT 溶液始终在较低 pH 值下结晶，较早形成同多、杂多钼酸盐，析出趋势增大。相关文献也指出，采取不断补加 AT 溶液（相当于提高溶液游离氨浓度）的结晶方法，所得 APT 中钼含量较低。

4.13.4.6 结晶器比面积的影响

真空蒸发温度 95℃、搅拌速度 60r/min、钨结晶率 90% 的条件下，不同钼浓度的两种溶液在不同比面积容器中结晶的结果如表4－150所示。

表4－150　结晶器比面积对APT中钼含量的影响

起始钼浓度/$g \cdot L^{-1}$	结晶器	结晶器比面积/$m^2 \cdot m^{-3}$	APT中钼含量/%
0.15	2L烧杯	0.51	0.0055
0.15	$2m^3$搪瓷锅	0.035	0.0045
0.03	5L烧杯	0.31	0.0012
0.03	$1.5m^3$搪瓷锅	0.042	0.0008

由表看出，容器体积越大，则比面积越小，结晶所得APT中钼含量越低。多相成核条件对钼的析出影响显著表明，溶液中钼的起始浓度虽不高，但溶液中共同离子NH_4^+的浓度很高，随着溶液的酸化和母液的浓缩，杂多钼酸铵已超过特定条件下的溶解度而进入溶液的介稳区，但因过饱和度很小，不能自发结晶。结晶器表面的缺陷及其结垢的APT晶体能有效地降低杂多钼酸铵成核时的表面能位垒，造成二次成核而加速其在APT中析出。某厂的长期生产实践也表明，使用大容积的搪瓷反应锅结晶，所得APT中钼含量较低。

4.13.4.7　结晶温度和时间的影响

在结晶率85%、搅拌速度60r/min条件下，取相同的AT溶液，在容积2000L的搪瓷反应锅中进行的大批量试验得出的平均结果见表4－151。

表4－151　结晶温度和时间对APT中钼含量的影响

t/℃	t/h	钼含量/%
沸腾	4~5	0.003
<85	20	0.004
<60	40	0.0045

注：起始AT溶液钼浓度0.08g/L。

表中数据说明，结晶温度降低、时间延长，则APT中钼含量升高。高温使杂多钼酸铵溶解度增大，这对降低过饱和度很小的杂多钼酸铵结晶析出显得特别重要。另外，低温下晶体与母液的接触时间延长，也有利于钼进入APT晶体。

4.13.4.8　研究结果

（1）各种试验条件下测得APT结晶过程中钼在固相和液相的有效分配比C_S/C_L = 0.18~0.37。

（2）随着起始钼浓度的升高和钨结晶率增加，钼的C_S/C_L和析出率均增大。钨的结晶率达65%~70%后钼的析出率上升很快。

（3）提高AT溶液的起始WO_3浓度、降低起始NH_4Cl浓度和结晶器比面积、升高结晶温度和缩短时间，均能不同程度地降低APT中钼含量。

（4）理论分析和试验结果表明，APT结晶过程的前期钼主要以置换杂质方式进入APT，后期则以杂多钼酸铵过饱和析出为主。

4.14 仲钨酸铵结晶物理性能控制

4.14.1 变温结晶工艺制取粗颗粒仲钨酸铵

粗颗粒仲钨酸铵松装密度大，流动性好。随着后续产品性能和质量要求不断提高，国内外需求量逐年增多。以分批结晶方式稳定地制取具有一定粒度分布的粗颗粒 APT 较为困难。国内外科学工作者自 20 世纪 80 年代以来进行了广泛的研究，取得了一定的进展。但所得结果不仅在数值上存在着较大的差异，在诸如起始钨浓度和添加晶种的影响等方面甚至出现了完全不同的结论。

粗颗粒 APT 生成条件的研究，由于缺乏结晶动力学结果的指导，在试验条件的确定上存在着某些盲目性，具体有以下几方面的问题可探讨：

（1）高搅拌转速下进行温度和起始钨浓度的影响因素试验，由于液流冲刷和颗粒碰撞造成二次成核已成为成核速率急剧升高的主要矛盾，此时温度和起始钨浓度对结晶产物 APT 的粒度影响已不太明显，所得结果不具代表性。

（2）在相同结晶时间的条件下进行温度、起始钨浓度和搅拌的单因素试验。由于试验结束时的结晶率不相同，研究结果存在一定程度的不可比性。

（3）对添加晶种的时机缺乏研究。添加晶种的最佳时间应在第一介稳区浓度（不发生自发成核）范围内选择。在稳定区（未饱和区）加入，将因 APT 晶种溶解引起始钨浓度升高。在不稳定区或第二介稳区（能自发成核，但需一定时间）加入，则不能避免溶液内均相成核的发生。除前者增大晶种加入量外，两者都不能获得最佳效果。若加入时间偏离甚远，结晶产物甚至会出现比不加晶种还要细的结果。

（4）大多数研究都是在烧杯中进行的。结晶器及搅拌锚的形状、大小，加热载体及其温度，单位溶液体积的加热表面积等都与生产中的结晶釜有很大不同。由于流体动力学和反应动力学上的差异，使试验结果的适用性受到较大的影响。

作者结合仲钨酸铵结晶动力学研究的结果，探讨了粗颗粒 APT 的生成条件。

4.14.1.1 试验条件

A 试验溶液和设备

选取由经典工艺和离子交换工艺所产的 $(NH_4)_2WO_4$ 溶液为试验料液，部分溶液由氨水稀释配制，采用装有锚式搅拌器、排风装置和水银温度计（精度 ±0.03℃）、容积为 1500L 的敞开式搪瓷反应釜为结晶器。

B 试验操作和测试分析方法

用纯水清洗反应器后按规定计量注入试验溶液。通过调节反应釜夹套蒸汽压力（控制精度为 $\pm0.5\times10^4$Pa）来改变结晶过程的温度。记录一定时间水银温度计的读数值，并迅速取样测定溶液的密度，特别记录沸点和晶核形成点的温度。结晶终点放料母液密度为 4.7±0.1 波美度。结晶 APT 经过滤洗涤后于 100℃下远红外干燥。

结晶过程溶液的 WO_3 浓度用辛可宁重量法测定。用 WLP－20Z 型费氏平均粒径测量仪测量 APT 产品的平均粒度，测量范围在 0.2～0.5μm 之间，仪器精度 0.1μm，大于 45μm 的晶体用标准筛手工筛分，小于 45μm 的由 SKC－2000 光沉降粒度测定仪分别测出产品的粒度分布。用扫描电子显微镜观察 APT 的晶体形貌。

4.14.1.2　试验数据处理

采用第4.12.2节最终产品粒度组成与晶体生长的质量速率相结合的研究方法，分别得出成核期时间和成核数量，以及成核期结束时初晶的平均粒径和固相析出率。成核期结束时溶液中每粒初晶平均分摊的剩余生长基元（以 WO_3 计）$M_{剩余}$ 和预期长大的平均粒径 $L_{预期}$，分别由溶液的 WO_3 浓度、成核数量和初晶的平均粒径算出。

4.14.1.3　快速升温，降低沸点前的过饱和度

APT成核前，钨酸铵溶液的温度历经初始点（t_0）→沸点（t_b）→晶核开始形成点（t_{ind}）的变化过程，其数值变化取决于加热强度（夹套蒸汽压力）。

APT结晶过程溶液中的 WO_4^{2-} 历经下述变化：

$$7NH_4^+ + 6WO_4^{2-} = HW_6O_{21}^{5-} + 7NH_3\uparrow + 3H_2O \qquad (反应快)$$

$$2HW_6O_{21}^{5-} \xrightarrow{加热陈化} H_2W_{12}O_{42}^{10-} \qquad (反应慢)$$

APT过饱和不能瞬时产生，其生成速度不但依赖于 NH_3 的逸出，而且还取决于仲钨酸根A（$HW_6O_{21}^{5-}$）向仲钨酸根B（$H_2W_{12}O_{42}^{10-}$）的转变快慢。转化程度取决于pH值、温度和陈化时间。国内学者在温度（80.0 ±0.3）℃，pH = 8.0，WO_3 浓度0.4948mol/L下，测得仲钨酸根A的生成率为74.4%，本试验 WO_3 浓度和温度都较高，其仲钨酸根A的生成率理应更高，显然以仲钨酸根A的浓度衡量，APT早已过饱和进入不稳区。溶液之所以未发生结晶是由于仲钨酸根A向仲钨酸根B的转化率还很低。

研究结果表明，APT蒸发结晶过程，适当提高达到沸点的升温速度，不仅可提高设备产能，而且由于达到沸点的加热陈化时间短，沸点温度低、pH值大，可减少仲钨酸根A的生成率和仲钨酸根A向仲钨酸根B的转化率，为降低晶核生成时的初始过饱和度，制取粗颗粒APT创造了条件，见表4－152。

表4－152　不同升温速度下AT溶液的沸点、密度、pH值和游离 NH_3 含量的变化

升温速度 /℃·min^{-1}	t_0/℃	t_b/℃	$t_{t0}-t_b$/min	$d_{t0}-d_{tb}$ /g·dm^{-3}	pH值$_{tb}$	NH_3/g·dm^{-3}
0.86	29	89	70	1.2～1.19	8.0	2.90
1.16	29	88	51	1.2～1.188	8.03	3.13
3.08	29	87.5	19	1.2～1.182	8.1	3.75

注：WO_3 0.91mol/L，NH_4Cl 2.5mol/L，NH_4OH 2mol/L，$\omega = 2\pi r/s$。

沸点低的溶液其密度（d）略低是因为其 NH_3 含量较高。

4.14.1.4　中温成核，减少晶核形成

$(NH_4)_2WO_4$ 溶液的沸点（t_b）→晶核开始生成点（t_{ind}）→成核期结束点（t_{end}）的时间区域范围一般为：$t_b - t_{ind}$，13～40min；$t_{ind} - t_{end}$，6.8～12.3min。在仲钨酸根A生成率理应达到80%～85%的时间区域，随着温度升高和pH值的下降，将发生仲钨酸根A向仲钨酸根B的转化以及仲钨酸铵核前缔合物的形成和长大，是控制APT成核速率的关键阶段。在避免针状和片状晶体生成的前提下，适当降低这一阶段的温度（降低加热强度）不仅可降低溶液内部的成核数量。而且可以防止晶核在成核期高过饱和度下，过快生长成表面粗糙的晶体，减少均相成核后由微摩擦和液流冲刷带来的二次成核。

不同加热强度下，成核期的温度变化、成核数量（N_{end}）、初晶的平均粒径（$\overline{L}_{end}$）、固相析出率（η_{end}）、成核期结束时溶液中每粒初晶平均分摊的剩余生长基元（以 WO_3 计）$\overline{M}_{剩余}$ 和预期长大的平均粒径（$\overline{L}_{预期}$）如表 4-153 所示。

表 4-153　不同温度下成核期成核数量、未定形晶体 $\overline{L}_{end}$ 和 $\overline{L}_{预期}$

$t_b-t_{ind}-t_{end}$/℃	$t_b-t_{ind}-t_{end}$/min	N_{end}/粒·dm^{-3}	η_{end}/wt.%	$\overline{M}_{剩余}$/粒	$\overline{L}_{end}$/μm	$\overline{L}_{预期}$/μm
81-91-92	20　7.8	7.32×10^7	10.6	2.62×10^6	48	84
87.5-94-95	25　9.7	12.22×10^7	10.3	1.51×10^6	30	57.5

结果看出，APT 成核期内，一定温度范围内升高温度将使结晶产物粒度变细。温度对成核速率的影响较晶体生长要大，两者的温度阶数不同。必须指出的是，较高温度下的试验是在沸点温度较低、pH 值较高的有利条件下进行的。这说明沸点至成核期结束阶段，适当地降低温度对于制取粗颗粒 APT 尤为重要。

4.14.1.5　高温长大，减少二次成核

一次成核期结束后，最终 APT 产品的平均粒度及粒度分布主要取决于晶体长大过程二次成核和晶体破碎的程度。

对小于 30μm APT 产品晶体的电镜观察发现，这一部分小晶体主要由两部分构成，一是较低过饱和度下形成的螺旋卷线状晶体，二是形状不规则的破碎晶体。据推算，两者都是在一次成核期后由碰撞或液流冲刷产生的二次晶核和碎粒长大而成。

一次成核期结束后，立即升高温度（加大夹套蒸汽压力）在搅拌转速不变的情况下，能够缩短搅拌时间，降低二次成核和晶体破碎的程度。同时升高温度，增大 APT 的溶解度，对于小晶体的重新溶解也是十分有利的。

成核期结束前的温度制度和其他所有条件均一致的情况下，成核期结束后晶体长大阶段温度（$t_{z0}-t_{zend}$）的影响结果如表 4-154 所示。

表 4-154　成核期后温度强度对 APT 晶体特性的影响　　(wt./%)

试验号	$t_{Z0}-t_{Zend}$/℃	结晶时间/h	Fsss 粒度/μm	松装密度/g·cm^{-3}	粒度分布/μm					
					<45	45~80	80~98	98~125	125~180	>180
A	94~98	5.6	38.3	1.92	15.2	29.0	31.7	18.4	5.4	0.07
B	94~99	4.8	40.2	1.94	12.2	37.1	31.6	15.0	3.5	0.2

注：WO_3 0.70mol/L，NH_4Cl 2.5mol/L，NH_4OH 2mol/L，$\omega=2\pi r/s$。

由产品的粒度分布看出，成核期后，较高温度和较短时间下结晶的产品中小颗粒（小于 45μm）晶体已明显减少。显然在更高的搅拌转速下这种变化将更为显著。同时由于生长时间较短，大颗粒晶体也有所减少。

4.14.1.6　工艺结果

适当的工艺条件下，采用变温制度（改变夹套蒸汽压力 P）的蒸发结晶方法，可在 1.5~5m^3 搪瓷反应釜中制取 40~45μm 的粗颗粒 APT。其余固定温度制度（夹套蒸汽压力不变）的对比试验结果如表 4-155 和表 4-156 所示。

表 4－155　不同温度制度下 APT 产品的 Fsss 粒度、松装密度和流动性

试验号	P_0-P_b /Pa	P_b-P_{end} /Pa	$P_{t0}-P_{tend}$ /Pa	Fsss 粒度 /μm	松装密度 /g · cm^{-3}	50g 的流动性 /s
A1	3×10^5	$(1\sim1.5)\times10^5$	3×10^5	42	2. 20	36. 3
A2	3×10^5	3×10^5	3×10^5	33	1. 83	45. 2
B1	3×10^5	$(1\sim1.5)\times10^5$	3×10^5	44	2. 30	35. 0
B2	3×10^5	3×10^5	3×10^5	38	1. 97	38. 9

注：A1、A2 离子交换工艺料液：$WO_3$0. 91mol/L，NH_4Cl 2. 5mol/L，NH_4OH 2mol/L，$\omega=2\pi r/s$。

B1、B2 经典工艺料液：$WO_3$0. 86mol/L，NH_4OH 2mol/L，$\omega=2\pi r/s$。

表 4－156　不同温度制度下 APT 产品的粒度分布　（wt. %）

试验号	粒度/μm					
	<45	45～80	80～98	98～125	125～180	>180
A1	12. 93	32. 63	32. 15	18. 13	3. 97	0. 20
A2	24. 4	52. 0	8. 1	8. 5	7	0
B1	12. 0	24. 59	30. 26	23. 35	8. 89	0. 22
B2	19. 1	35. 6	18. 3	16. 1	3. 1	6. 8

注：试验条件同表 4－155。

由结果看出，采用变温制度制取的 APT 产品，由于成核数量少、成核期短，晶体破碎、二次成核和晶粒的附聚减少，其粒度分布的主要特征是：小颗粒晶体（小于 80μm）和大颗粒晶体（大于 125μm）均减少，而中间颗粒（80～125μm）区间的晶体增多。

4. 14. 2　添加晶种和补加料液对仲钨酸铵粒度的影响

在仲钨酸铵分批式蒸发结晶中，添加晶种和补加 $(NH_4)_2WO_4$溶液，对于获得重现性好、有一定粒度分布要求的粗颗粒产品十分有效，具有其他工艺条件所不能替代的作用。

国内外科技工作者在晶种和 $(NH_4)_2WO_4$ 溶液的加入量方面进行了许多纯工艺性研究。其中，相关文献在添加晶种的作用上还得出了完全相反的结果。

以往的研究忽略了一个重要的方面：晶种和 $(NH_4)_2WO_4$溶液加入的最佳时机，而添加时间的确定，依赖于对结晶过程溶液性质和动力学参数变化规律的深入了解。作者结合 APT 结晶动力学的研究结果，探讨了添加晶种和补加 $(NH_4)_2WO_4$溶液对产品 APT 晶体特性的影响及其机理。

试验溶液、设备、操作和测试分析方法同第 4. 14. 1 节。

4. 14. 2. 1　添加晶种的作用

APT 蒸发结晶具有成核期较长、晶粒生长速度快的特点。根据第 4. 12. 2 节的方法推算，在成核期的数分钟内，大小晶体的粒径已相差 30～65μm，加上成核期后二次成核和破碎晶粒生成期长、生长较为缓慢，因此 APT 结晶产品的粒度一般在 0～180μm 范围内分布。单纯靠调整温度、浓度和搅拌等工艺条件制取粒径大、分布窄的 APT 是十分困难的。

只有在 APT 结晶过程中添加晶种并满足不再有均相成核的条件下，才能获取预定产

品粒度和粒度分布的粗颗粒 APT。技术的关键在于添加晶种的时间和添加量。

根据起始 $(NH_4)_2WO_4$溶液的浓度、晶种和所需产品的平均粒径，可确定晶种的加入量，相关文献已作了详尽叙述。APT 加热脱氨的结晶过程，随着 $WO_4^{2-} \rightarrow HW_6O_{21}^{5-} \rightarrow H_2W_{12}O_{42}^{10-}$的不断生成和转化。溶液发生从未饱和→饱和→第一介稳区→晶核开始形成的变化。添加晶种的最佳时间应在饱和→第一介稳区内选择。通常工艺条件下，溶液沸点至晶核开始形成点的时间为 13 ~ 40min 之间，一次成核期为 6.8 ~ 12.3min。成核期的时间长短反映了核前缔合物生成的时间区域，据此推算，在核前缔合物长大速度基本一致的前提下，最早成核的核前缔合物形成的时间应在沸点之后 6 ~ 28min 范围之内（随工艺条件而变化）。添加晶种的最佳时间应在这一时间区域内选择。对添加晶种时间的考察结果如表 4 – 157 所示。

表 4 – 157 晶种添加时间对 APT Fsss 粒度、松装密度和流动性的影响

添加晶种及时间	Fsss 粒度 /μm	松装密度 /g · cm^{-3}	50g 流动性 /s
蒸发开始后 5min 加晶种	30	1.78	差
溶液沸腾时加晶种	40	2.01	36.1
按推算的最早核前缔合物形成时加晶种	45	2.28	34.2
晶核开始形成时加晶种	26	1.51	差
不加晶种	32	1.79	44.1

注：WO_3 0.88mol/L，NH_4Cl 2.5mol/L，NH_4OH 2mol/L，$\omega = 3\pi r/s$，夹套蒸汽压力 3×10^5 Pa，晶种：未经筛分的 APT 产品，加入量：溶液钨含量的 5%。

由表 4 – 157 的结果看出，蒸发结晶开始后即加入晶种，因晶种溶解（溶液氨含量高）引起初始钨浓度升高，产品 APT 粒度变细；沸点加晶种，可制得较粗颗粒的产品，但由于尚有部分晶种溶解，晶种的不足以致仍有少量均相成核发生；在最早核前缔合物形成时加晶种，效果最佳，所得产品 Fsss 粒度和松装密度均最大；晶核形成点加晶种，APT 产品粒度最细，显然加入的晶种非但没有阻止大量均相成核的发生，而且共同争夺生长基元，使两者都长不大。

加入晶种的物理化学性质对 APT 结晶产品的粒度也有很大的影响，其结果如表 4 – 158 和表 4 – 159 所示。

表 4 – 158 晶种的物化性质对产品 APT Fsss 粒度、松装密度等的影响

晶种物化性质	Fsss 粒度 /μm	松装密度 /g · cm^{-3}	50g 流动性 /s
烘干完整的晶体①	50	2.41	32
烘干过筛细碎的晶体②	42	2.03	38
不加晶种	29	1.71	差

注：WO_3 0.88mol/L，NH_4Cl 2.5mol/L，NH_4OH 2mol/L，$\omega = 3\pi r/s$，夹套蒸汽压力：3×10^5 Pa。

①$L = (50 \pm 5)$ μm。加入量：溶液钨含量的 11%；

②$L < 45$μm，加入量：溶液钨含量的 5%。

表 4－159　晶种及其物化性质对产品 APT 粒度分布的影响　(wt. %)

晶种及物化性质	粒度/μm					
	<45	45~80	80~98	98~125	125~180	>180
完整晶体	7.0	20.1	27.9	42.0	2.0	0.8
细碎晶体	18.1	19.0	24.0	36.9	1.1	0.9
不加晶种	33.0	47.0	9.9	6.0	2.8	1.3

由表 4－159 APT 产品的粒度分布看出，与不加晶种的相比，加晶种的 APT 产品其主要部分已分布在 80~125μm 的范围内，其粒度分布的区域显著变窄；加入细碎晶体虽然可减少晶种加入量，但小于 45μm 部分的晶体较多。分析原因有两方面：加入的细碎晶体中存在着某些“惰性晶粒”，它们在结晶过程中根本不生长或以不可测量的低速生长；另一方面，许多细碎晶种本身存在裂隙和容易脱落的细小微粒，在碰撞和液流冲刷下形成新的结晶中心，长大成这一粒径范围的产品晶体。

4.14.2.2　补加 $(NH_4)_2WO_4$ 溶液的作用

在成核期结束之后补加 $(NH_4)_2WO_4$ 溶液，可在不改变粒度分布特性的条件下，提高结晶 APT 的 Fsss 粒度和松装密度。同时也可克服起始钨浓度高、产品粒度较细的缺陷，在较高的设备产能下，制取流动性好的粗颗粒 APT。需要研究的是，补加 $(NH_4)_2WO_4$ 溶液的流速和开始补加的时间对结晶产品的影响，试验结果如表 4－160 和表 4－161 所示。

表 4－160　补加 $(NH_4)_2WO_4$ 溶液的时间和流速对 APT 产品晶体特性的影响

试验号	补加量 /dm^3	补加时间（成核期后）/min	补加时溶液密度 /$g \cdot cm^{-3}$	补加速度 /$dm^3 \cdot min^{-1}$	Fsss 粒度 /μm	松装密度 /$g \cdot cm^{-3}$
A	200	73	1.14	1.54	41	2.02
B	200	102	1.13	2.50	40	1.96
C	200	102	1.13	1.54	44	2.20

表 4－161　补加 $(NH_4)_2WO_4$ 溶液的时间和流速对产品 APT 粒度分布的影响　(wt. %)

试验号	粒度/μm					
	<45	45~80	80~98	98~125	125~180	>180
A	0.91	15.82	36.21	21.76	24.62	0.21
B	2.93	17.61	26.74	31.38	20.43	0.19
C	0.87	15.80	29.85	30.58	22.2	0.25

由表 4－161 的结果可看出，提高补加 $(NH_4)_2WO_4$ 溶液速度，结晶产品中细颗粒 APT 略有上升，但影响不明显。流速快时，由于加入的 $(NH_4)_2WO_4$ 溶液扩散慢、溶液内部浓度差扩大，部分高浓度区域的晶粒快速生长，由于表面粗糙易造成微晶脱落而形成二次晶核，同时也不能排除局部均相成核的可能。

由 A、C 试验产品的粒度分布曲线可看出，较晚加入 $(NH_4)_2WO_4$ 溶液，产品粒度分布变窄，80~98μm 的颗粒减少，而 98~125μm 粒径的产品增多。粒径大于 125μm 的颗粒略有降低。晶体生长期内有两类晶体生长较为缓慢，一是低过饱和度下较晚成核的小颗粒 APT。电镜观察显示，它们表面光滑平整，晶格错位和缺陷较少；二是大颗粒晶体，它们多为连生体，由于对称性差，旋转速度慢旋转面少，部分生长面生长缓慢。$(NH_4)_2WO_4$溶液越晚加入，这种生长速度的差异越大，上述粒度的变化就越明显。

4.14.2.3 研究结果

（1）最早成核的核前缔合物形成时（按成核期推算出）加入晶种，能够获得 Fsss 粒度和松装密度最大的 APT 产品。

（2）加入完整的晶种能够获得理想的均匀 APT 产品，加入细碎晶体，虽然能够减少晶种的加入量，由于部分“惰性晶粒”不生长或以不可测量的低速度生长，加上二次成核加剧，所得 APT 结晶产品中小于 45μm 的晶体较多。

（3）APT 成核期结束后补加（$(NH_4)_2WO_4$）溶液，可在不改变粒度分布特性的条件下，增大产品的 Fsss 粒度和松装密度。

（4）补加（$(NH_4)_2WO_4$）溶液速度快，产品中细颗粒 APT 略有增加。较晚加入溶液，产品较为均匀，但不明显。其中 80～98μm 的颗粒减少，而 98～125μm 的颗粒增多。

4.14.3 溶液组成及搅拌对仲钨酸铵粒度的影响

仲钨酸铵（APT）是由（$(NH_4)_2WO_4$）溶液加热脱氨生成仲钨酸 A 并转变为仲钨酸 B，而后由后者成核长大而成。相关文献研究了一定条件下仲钨酸 A 的生成率和仲钨酸 B 的转化率与起始钨浓度的定量关系。溶液的起始 WO_4^{2-} 浓度很大程度上决定了结晶产物的晶体特性。

与其他难溶物质的结晶不同，搅拌不但影响溶液的稳定性、二次成核和晶体附聚，而且加速氨的挥发，其对结晶产品的影响也应足够重视。

作者依据仲钨酸铵结晶动力学的定量研究结果，探讨了起始 WO_3、NH_4Cl 浓度和搅拌转速对 APT 产品的 Fsss 粒度、粒度分布及均一性的影响。通过分析搪瓷反应釜和烧杯中结晶过程的流体动力学和热力学上的差异，阐明了两者结晶动力学特征和产品粒度特性变化的内在原因。

试验溶液、设备、操作和测试分析方法同第 4.14.1 节。

4.14.3.1 起始钨浓度的影响

起始钨浓度（以 WO_3 计）对 APT 粒度特性的影响取决于成核期晶体生长速率（$\dot{m}$）和成核速率（$\dot{N}$）的变化大小。$\dot{m}$ 和 $\dot{N}$ 与溶液中仲钨酸 B 过饱和度（ΔC）的关系可分别用以下两式表示。

$$\dot{N} = K_N \Delta C^{n_N}$$

$$\dot{m} = KA\Delta C^{n}$$

式中，A 为已有固相表面积。过饱和度 ΔC 降低，可使 $\dot{m}$ 和 $\dot{N}$ 都下降。但由于过程阶数 n 和 n_N 数值不同，两者减慢的程度不同。若 $\dot{N}$ 减慢的程度大于 $\dot{m}$，即晶核生成相对较少，而生长基元消耗相对较多，则有利于制取粗颗粒 APT。这种程度的变化趋势可用均相成核期结束时的钨结晶率（η_{end}）、成核总数 ΣN 以及晶体生长速率和成核速率的最大值 $\dot{m}_{max}$ 和 $\dot{N}_{max}$ 来衡量。

溶液组成对结晶产品粒度分布的影响，可用 APT 产品的均一系数，即偏差系数 C. V 来表征：

$$C.V = \frac{100(L_{84\%} - L_{16\%})}{2L_{50\%}}$$

式中，$L_{m\%}$ 表示筛下累积质量百分数为 $m\%$ 的筛孔尺寸。起始钨浓度对 APT 结晶产品 Fsss 粒度和松装密度（ρ）等晶体特性的影响及动力学参数的变化如表 4 – 162 和表4 – 163所示。

表 4 – 162　不同钨浓度下 APT 产品粒度特性及动力学参数的变化

WO_3 /mol · L^{-1}	Fsss 粒度 /μm	C. V	松装密度 /g · cm^{-3}	50g 流动性 /s	$\dot{m}_{max}$ /g ·（dm^3 · min）$^{-1}$	$\dot{N}_{max}$/N ·（dm^3 · min）$^{-1}$	η_{end}/wt. %	ΣN /N · dm^{-3}
0. 71	44	40. 0	2. 30	33. 4	2. 13	2. 44	9. 1	5. 13
0. 91	42	35. 9	2. 20	36. 3	4. 91	4. 368	10. 6	7. 32
1. 23	32	69. 9	1. 80	44. 1	16. 78	10. 37	16. 6	36. 02

注：NH_4Cl 2. 5mol/L，NH_4OH 2mol/L，$t = 95$℃，$\omega = 2\pi$ r/s。

由表 4 – 162 看出，随着起始钨浓度降低，成核总数 ΣN 较结晶率 η_{end} 下降快，这表明，与晶体生长速率相比，成核过程级效较大（$n_N > n$）。当起始钨浓度由 0. 91 降低到 0. 71mol/L 时，两者下降的程度趋近。显然晶体生长受 ΔC 和 A 的双重影响，当 ΣN 大幅度降低时，由于已有固相表面积的锐减；$\dot{m}$ 的下降速度相对加快。继续降低起始钨浓度对增大 APT 粒度已无作用。相反由于生长基元的总量减少，会使 APT 的粒度变细。

表 4 – 163　不同钨浓度下 APT 产品的粒度分布　（wt. %）

WO_3/mol · L^{-1}	粒度/μm					
	<45	45 ~ 80	80 ~ 98	98 ~ 125	125 ~ 180	>180
0. 17	12. 9	25. 0	28. 0	25. 0	8. 5	0. 6
0. 91	14. 5	32. 8	32. 5	18. 0	4. 0	1. 8
1. 23	24. 0	48. 0	12. 3	8. 7	7. 0	0

由表 4 – 162 中的 C . V 值及表 4 – 163 的粒度分布看出，起始钨浓度为 0. 91mol/L 的结晶产品的均一性最好。过高浓度下，晶体生长速率快，连生体和二次成核数量多，大颗粒和小颗粒晶体百分数增加，造成产品偏差系数增大。起始钨浓度过低，晶体生长慢，生长基元消耗少，使大量成核的主成核期较长，也使产品的均一性下降。

4. 14. 3. 2　起始 NH_4Cl 浓度的影响

NH_4Cl 掺入，溶液中 NH_4^+ 浓度增大，可使 $WO_4^{2-} \rightarrow HW_6O_{21}^{5-} \rightarrow H_2W_{12}O_{42}^{10-}$ 聚合反应以及 $NH_4^+ + H_2W_{12}O_{42}^{10-} \rightarrow 5(NH_4)_2O \cdot 12WO_3 \cdot 5H_2O$ 的多相反应平衡移动，导致 APT 溶解度下降，ΔC 升高。

由于 APT 过饱和度升高对 APT 成核速率的影响大于晶体生长速率。因此 NH_4Cl 的掺入往往使结晶 APT 粒度变细。溶液起始 NH_4Cl 浓度对晶体特性的影响见表 4－164 和表 4－165。

表 4－164　不同 NH_4Cl 浓度下 APT 产品粒度特性及动力学参数变化

NH_4Cl 浓度 /$mol\cdot L^{-1}$	Fsss 粒度 /μm	C. V	松装密度 /$g\cdot cm^{-3}$	50g 流动性 /s	$\dot{m}_{max}$ /$g\cdot(dm^3\cdot min)^{-1}$	$\dot{N}_{max}$ /$N\cdot(dm^3\cdot min)^{-1}$	η_{end}/wt. %	ΣN /$N\cdot dm^{-3}$
0	44	35.4	2.30	35.1	2.06	1.66	7.6	4.74
2.5	42	35.9	2.20	36.3	4.91	4.38	10.6	7.32
3.23	41	37.0	2.03	38.5	4.02	4.76	20.4	8.24

注：WO_3 0.91mol/L，NH_4OH 2mol/L，$t=95℃$，$\omega=2\pi r/s$。

表 4－165　不同 NH_4Cl 浓度下 APT 产品的粒度分布　　（wt. %）

NH_4Cl 浓度 /$mol\cdot L^{-1}$	粒度/μm					
	<45	45～80	80～98	98～125	125～180	>180
0	12.1	24.0	30.2	23.3	8.6	1.8
2.5	14.5	28.8	31.3	20.1	5.3	0
3.23	13.2	33.0	32.5	17.3	4.0	0

表 4－164 的结果看出，NH_4Cl 浓度升高到 3.23mol/L 后，其影响逐渐减弱，其中 $\dot{m}_{max}$ 还有所下降。这说明，随着 NH_4Cl 浓度升高，反作用的盐效应在不断增大。

由表 4－165 和表 4－164 中 C. V 值可看出，与起始钨浓度相比，NH_4Cl 浓度对产品均一性的影响要小得多。

4.14.3.3　搅拌的影响

第 4.12.9 节的研究表明，搅拌转速 $\omega>2\pi r/s$ 后，晶体生长速率已由扩散控制转为表面反应控制。与其相反，搅拌对 APT 均相成核和二次成核的影响却一直在增大。其中，对二次成核的影响尤为显著。搅拌对 APT 粒度特性的影响如表 4－166 和表 4－167 所示。

表 4－166　不同搅拌转速下 APT 产品粒度特性及动力学参数的变化

ω /$r\cdot s^{-1}$	Fsss 粒度 /μm	C. V	松装密度 /$g\cdot cm^{-3}$	50g 流动性 /s	$\dot{m}_{max}$ /$g\cdot(dm^3\cdot min)^{-1}$	$\dot{N}_{max}$/$N\cdot(dm^3\cdot min)^{-1}$	η_{end}/wt. %	ΣN/ $N\cdot dm^{-3}$
0π	20	104	1.34	很差	0.70	78.8	83.1	4210
2π	42	61	2.20	36.3	4.91	4.38	10.6	7.33
3π	28	52	1.60	差	4.38	8.0	10.2	29.6

注：WO_3 0.91mol/L，NH_4Cl 2.5mol/L，NH_4OH 2mol/L，$t=95℃$。

表 4－167　不同搅拌转速下 APT 产品的粒度分布　　（wt. %）

ω /$r\cdot s^{-1}$	粒度/μm					
	<45	45～80	80～98	98～125	125～180	>180
0π	53.5	21.0	9.0	8.8	7.5	0.2
2π	12.4	33.1	32.2	18.3	4.0	0
3π	36.8	50.5	7.3	4.4	1.0	0

由表 4－166 和表 4－167 的结果看出，搅拌转速由 0πr/s 提高 2πr/s，其中 $\dot{m}_{max}$ 和 N_{max} 分别大幅度上升和下降。扩散加快促使生长速率加剧、生长基元快速消失、ΔC 迅速下降，抑制了晶核的生成，有利于制取粒度粗、松装密度高，流动性好的产品。

搅拌转速由 2πr/s 提高到 3πr/s，$\dot{m}_{max}$ 不再升高说明速率常数 K_L 已无多大变化，晶体生长不再受扩散的影响。$\dot{m}_{max}$ 略有降低，是由于 ω 提高会使介稳区宽度缩小，ΔC 稍有下降所致。APT 成核速率的变化则相反，强烈搅拌使溶液的不稳定性增大，晶体的碰撞和液流的冲刷增强。成核速率常数 K_N 值大幅上升，使 $\dot{N}_{max}$ 和 ΣN 升高。同时也导致已有固相表面积增加，晶体生长线速率（L）下降。由表 4－166 和表 4－167 的 C. V 值看出。与 2πr/s 相比，3πr/s 转速下，产品的粒度较细，但分布稍窄。显然，搅拌既可阻止聚集体的生成，又可使晶体破碎和二次成核加剧。从相反的方面影响 APT 的均一性。

4.14.3.4　不同结晶器中搅拌的影响

由于流体动力学和热动力学上的差别，结晶器的特征参数对 APT 产品晶体特性有着很大的影响，其试验结果见表 4－168 和表 4－169。

表 4－168　不同结晶器中搅拌对 APT 产品粒度特性影响

试验号	结晶器	搅拌器直径/cm	容积/dm^3	ω/$r \cdot s^{-1}$	Fsss 粒度/μm	松装密度/$g \cdot cm^{-3}$	C. V
A1	搪瓷反应釜	1200	1500	2π	42	2.20	61
A2	搪瓷反应釜	1200	1500	3π	28	1.60	52
B1	烧　杯	5	5	2π	37	1.86	42
B2	烧　杯	5	5	5π	40	2.24	36
B3	烧　杯	5	5	7π	24	1.5	49

注：WO_3 0.91mol/L，NH_4Cl 2.5mol/L，NH_4OH 2mol/L，t＝95℃。

表 4－169　不同结晶器和搅拌下的 APT 产品粒度分布　（wt. %）

试验号	粒度/μm					
	<45	45～80	80～98	98～125	125～180	>180
A1	13.0	33.0	32.2	18.0	3.8	0
A2	35.5	49.5	11.5	2.5	0.5	0
B1	19.0	51.8	18.0	9.0	2.2	0
B2	12.0	39.5	30.5	15.2	2.8	0
B3	30.0	52.8	15.0	2.2	0	0

试验结果可看出两种趋势：一是结晶器不同，由扩散控制转为相变反应控制的极限转速不同。1500dm^3 的搪瓷反应釜，转速大于 2πr/s 后结晶 APT 的 Fsss 粒度由上升转为下降。而 5dm^3 烧杯中 APT 产品的上述转变是在 ω > 5πr/s 后才出现的。这说明，在相同的

搅拌转速下，大小结晶器的搅拌强度存在较大的差异。搪瓷反应釜的搅拌锚直径大，旋转中其叶端的线速度要大得多。同时其加热载体为夹套内的高温蒸汽，而烧杯为水浴加热，前者加热器壁附近与中心溶液的温差大，热流动强度也大。

第二种趋势是，在相同的搅拌转速下，两种结晶器中所得产品的 Fsss 粒度和粒度分布特征有一定的差异。除上述搅拌强度的大小不同外，高温蒸汽加热的搪瓷反应釜，靠近夹套的溶液层内温度高，氨的挥发剧烈，过饱和生成速度快，较早局部成核的可能性很大。周边形成的晶核扩散到中心部位迅速生长，降低中心区域溶液的过饱和度，消耗大量的生长基元。这种“周边制种”的现象减少了新的晶核生成，因此所得 APT 粒度较粗，粒度分布较宽。而用水浴加热的烧杯直径小，加热载体与溶液的温差不大，溶液内部温度均匀，成核过饱和度大，时间集中、速度快。所得 APT 产品粒度较细，分布较窄，均一性稍好。

4.14.4　微米级细颗粒仲钨酸铵的制备及其工艺

20 世纪 90 年代后超细钨粉一直受到世界各国的普遍关注。超细钨粉与常规粒度的钨粉相比，烧结温度可大大降低，如果粒度分布很窄，烧结后的材料组织结构仍会保持纳米大小的晶粒度。

国内外对超细钨粉的制备做过很多研究，如有物理方法的气体蒸发法，高能球磨法等；有控制氢气流量、露点、温度，或改变通氢方式，添加掺杂剂的优化传统工序法，这种方法简便易行、稳定可靠、质量好、成本低；有改变黄钨，以卤化钨、蓝钨、紫钨等为原料生产超细钨粉，目前哪一种原料最适合生产超细钨粉还不清楚；还有用熔盐电解氧化钨的电解法，该法技术条件要求高、生产率低。

由于仲钨酸铵氢还原制得的金属钨粉的粒度大小在选定的工艺条件下对原始的仲钨酸铵粒度和晶体形貌有依附的“遗传关系”。因此由细颗粒仲钨酸铵通过优化的传统工艺生产超细钨粉是可行的，目前的仲钨酸铵粒度在 25 ~ 60μm，难以满足生产超细钨粉的要求。制备微米级细颗粒仲钨酸铵是生产超细钨粉要解决的关键问题。

作者在探明温度、溶液浓度，搅拌强度对 APT 粒度影响的基础上，研究了表面活性剂制备微米级 APT 的工艺。

4.14.4.1　实验原料

$(NH_4)_2WO_4$溶液：为黑钨精矿经碱溶、离子交换除杂净化转型后所得，其组成为：WO_3 272g/L，pH = 9.79，Cl^- 2.5mol/L。Mo、Si、P、As 杂质微量。

采用 DF - 1 集热式恒温磁力搅拌器为实验仪器

4.14.4.2　低温结晶条件下仲钨酸铵的粒度变化

A　结晶温度对仲钨酸铵粒度和形貌的影响

以初始浓度为 WO_3 272g/L 钨酸铵溶液，在搅拌 200r/min 下，结晶温度分别为 70℃、60℃、50℃、45℃、30℃作温度影响实验。结果如图 4 - 106 所示。

由图 4 - 106 可知：随着温度的升高，晶体粒径逐渐增大。在温度低于 50℃下结晶，得到细小针状仲钨酸铵结晶；在温度高于 50℃下结晶，得到大颗粒片状仲钨酸铵结晶。在 50℃和 45℃结晶时的晶粒度相差不大，因为 50℃时的晶形有两种：片状和针状（见图 4 - 107），片状少量。

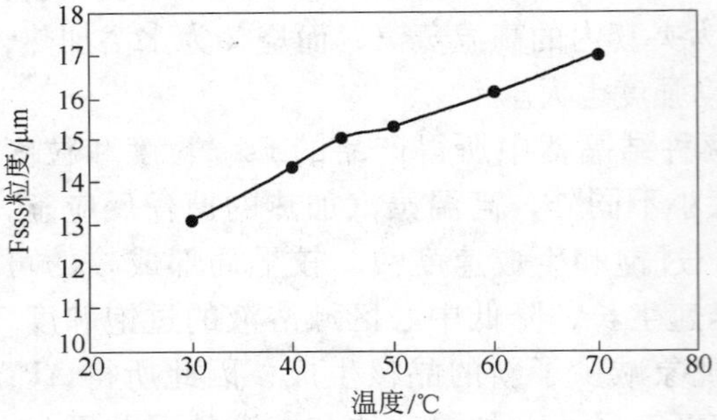

图 4 – 106　结晶温度对 APT 粒度的影响

图 4 – 107　结晶温度 50℃、搅拌 200r/min 时的仲钨酸铵形貌

B　钨酸铵溶液浓度对仲钨酸铵粒度的影响

选择钨酸铵浓度为 WO_3 272 ~ 160g/L。结晶温度为 45℃，搅拌为 200r/min 进行浓度实验。结果如图 4 – 108 所示。

APT 的粒度随溶液中 WO_3浓度的升高而减小。这主要是因为溶液中 WO_3浓度较高时，过饱和度大，晶核形成速度快，由于晶粒数量多，单粒晶体长大速度相对较慢，结晶颗粒不易长大，得到的晶体较细。

C　搅拌强度对仲钨酸铵粒度的影响

选择钨酸铵浓度 272g（WO_3）/L，结晶温度为 45℃，搅拌速度为 400、300、200、100、50、0r/min 进行实验。结果见图 4 – 109。

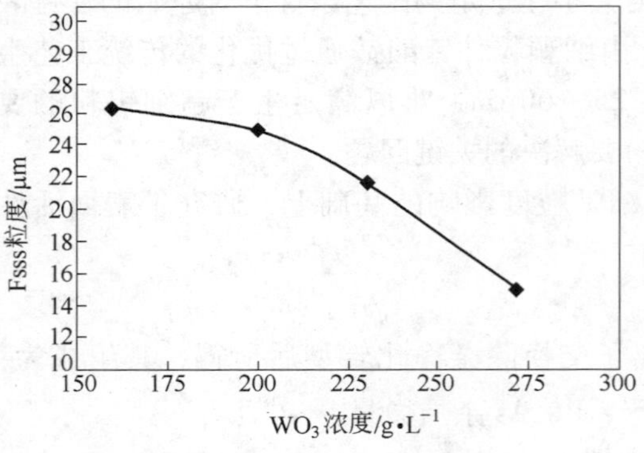

图 4 – 108　WO_3浓度对 APT 粒度的影响

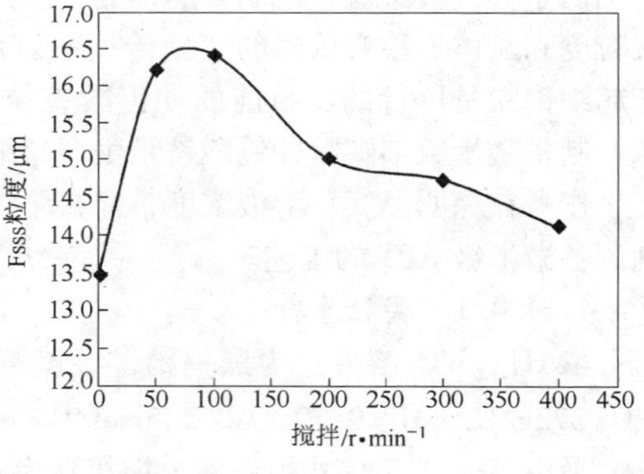

图 4 – 109　搅拌转数对 APT 粒度的影响

试验表明在 0 到大约 70r/min 范围内，粒度随搅拌的加强而增加，当为 50r/min 时仍有轻微的团聚。搅拌能增加固体与液体间的相对运动速率，从而加快晶粒的长大速率，晶体粒度增大。当搅拌转速增加到一定程度后（大于 70r/min），晶体粒度开始变细。这是因为转速增加，晶体生产速率由扩散控制转为表面反应控制，液流冲刷和颗粒碰撞造成二次成核增多，成核速率升高，晶体粒度变细。所以搅拌既可阻止聚集体的生成，又可使晶体破碎和二次成核加剧，影响仲钨酸铵的均一性。200r/min 后曲线趋于平缓，粒度变化

不大，但在400r/min时，粒度明显下降，晶体破碎现象严重（见图4－110）。

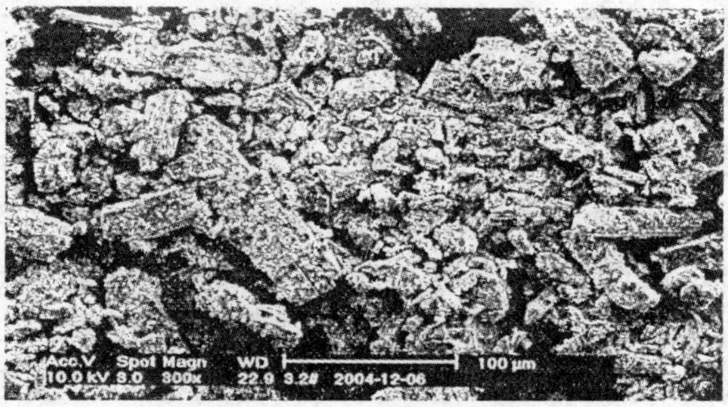

图4－110 搅拌400r/min时的仲钨酸铵形貌

4.14.4.3 表面活性剂对仲钨酸铵粒度的影响

A 表面活性剂种类对仲钨酸铵粒度的影响

本实验选用三种不同类型的添加剂分别加以实验：阴离子表面活性剂A、阳离子表面活性剂B和非表面活性剂C，添加量均为$100\times10^{-4}\%$。结晶温度45℃，搅拌200r/min，钨酸铵溶液浓度为WO_3 272g/L，将添加剂加入钨酸铵溶液经充分搅拌均匀后再进行蒸发。结果见表4－170。

表4－170 表面活性剂类型对仲钨酸铵粒度的影响

添加剂	诱导期/min	Fsss粒度/μm	晶形
无	41	15.0	长方体
阴离子表面活性剂A	49	13.2	立方体
阳离子表面活性剂B	46	13.7	立方体
非表面活性剂C	41	15.1	长方体

图4－111 添加100×10^{-6}A后的仲钨酸铵晶体形貌

由表4－170可以看出，阴离子表面活性剂A和阳离子表面活性剂B都能使成核诱导期明显增加并抑制晶体的生长（结晶诱导期：溶液pH＝8→晶核出现的时间），使APT粒度变细。但A对降低仲钨酸铵粒度的效果更明显。添加A后仲钨酸铵晶体形貌较好，粒度比较均匀（如图4－111所示）。

比较图4－107和图4－111中仲钨酸铵的晶体形貌可知：不加添加剂结晶的APT为针状条形，添加A后结晶的APT主要为立方体形。这是因为，早期生成的APT晶粒为针状条形，其两端由于生长较快而表面粗糙（由图4－111电镜照片可看出），特别容易吸附A，因此使两端的生长受到较大的抑制。随着结晶过程的进行，APT晶粒逐渐由初期的针状条形转变为立方体形，从而导致晶体的形貌发生改变。

B 表面活性剂A加入时间对仲钨酸铵粒度的影响

考察加入时间对粒度的影响，可以对比了解表面活性剂A对APT生长期抑制作用的效果。结果如表4－171所示。

表 4 – 171　表面活性剂 A 的加入时间对仲钨酸铵粒度的影响

A 加入时间	蒸发结晶前	升温结束时	晶核出现时
Fsss 粒度/μm	13.2	14.8	11.1

由表 4 – 171 知，升温结束时加入对粒度降低不明显，因为高温时 A 可能会有一定程度的挥发，使作用降低，而晶核出现时加入虽然温度也较高，但此刻由于溶液中已有晶核产生，晶核会对其产生较强的吸附力而挥发较少。晶核出现时刻加入 A 对减小晶体生长速率，抑制晶体生长，降低 APT 粒度的效果比蒸发结晶前加入明显，但因活性剂扩散需一定时间会导致晶体形貌不一致，粒度极不均匀；所以选择在蒸发结晶前加入 A 为宜。

C　表面活性剂用量对仲钨酸铵的影响

由前述实验结果可知，当 A 用量为 $100\times10^{-4}\%$ 时，晶体粒度为 13.2μm，晶粒度还不够细，需继续增加 A 的用量，选择用量为 $200\times10^{-4}\%$、$400\times10^{-4}\%$、$700\times10^{-4}\%$、$1000\times10^{-4}\%$ 进行实验，结果如图 4 – 112 所示。

随 A 用量的增加，晶体的生长速率减慢，APT 粒度有较大幅度降低，但增加到约 $700\times10^{-4}\%$ 后其粒度变化很小。试验结果表明，A 用量在（700 ~ 1000）× $10^{-4}\%$ 范围内 APT 粒度可达 5μm。

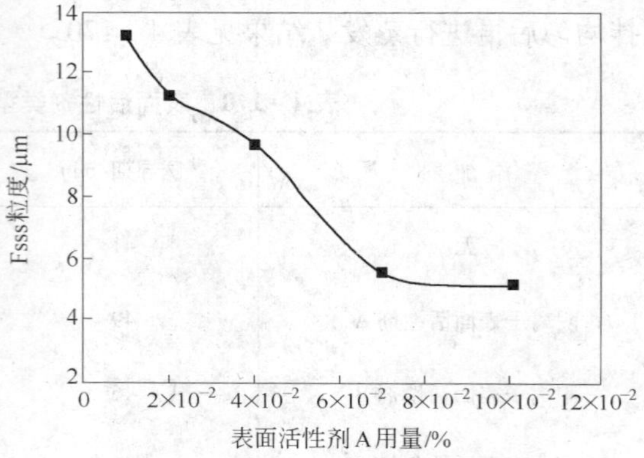

图 4 – 112　添加剂用量对仲钨酸铵粒度的影响

4.14.4.4　表面活性剂对仲钨酸铵结晶抑制机理的分析

将添加阴离子表面活性剂 A 制得的仲钨酸铵样品 KBr 压片，在红外光谱仪测试其红外吸收，分辨率 4cm^{-1}，扫描次数 8 次。季胺盐在红外区无特征谱带。

由图 4 – 113 可见：$C=C$ 和 $C=0$ 的吸收谱带重叠在 1682.47cm^{-1} 处，3156.45cm^{-1} 和 1407.80cm^{-1} 处是 $N-H$ 伸缩振动和变形振动的吸收峰，3029.79cm^{-1} 是 $C-C$ 的吸收

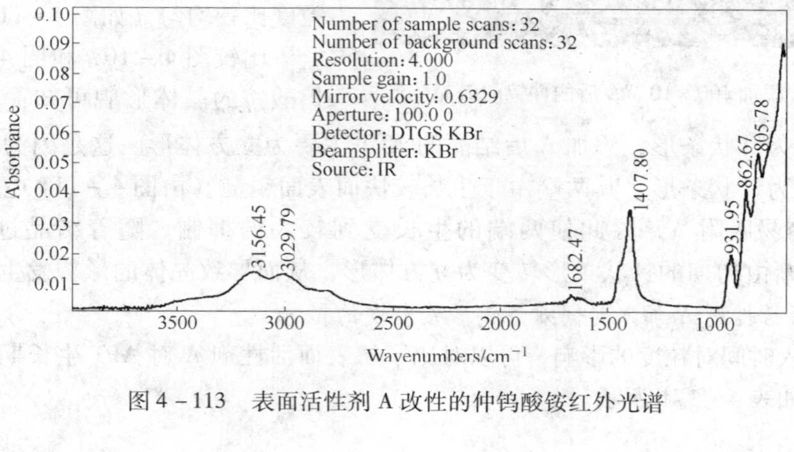

图 4 – 113　表面活性剂 A 改性的仲钨酸铵红外光谱

峰，1000cm^{-1}以下是$C-H$的吸收峰。由此可以证明：具有羰基的不饱和烯烃的表面活性剂A已被吸附到仲钨酸铵的表面。

由上述试验结果看出，作为离子型的表面活性剂A(阴)和B(阳)对仲钨酸铵的成核和晶体生长均有明显的抑制作用，这表明，A和B抑制仲钨酸铵结晶主要是通过离子交换吸附作用。分析其机理是：APT结晶介质以NH_4^+和$[H_2W_{12}O_{42}]^{10-}$子形态向生长界面和节点扩散，在进入晶格位置前，NH_4^+能够吸附阴离子表面活性剂A，而$[H_2W_{12}O_{42}]^{10-}$能吸附阳离子表面活性剂B，即APT晶核表面的离子被同电性的表面活性剂离子所取代，离子表面活性剂离解后带有电荷，容易被吸引到晶核粒子的表面上，亲水基朝向晶体内，疏水基朝向溶液中，形成一层致密的保护膜。新生成的APT晶核粒子在溶液中由于其保护膜的排斥而不易长大。

4.14.4.5 研究结果

(1) 不加添加剂的条件下制备超细颗粒仲钨酸铵的最佳条件：蒸发结晶温度45℃，钨酸铵浓度WO_3 272g/L，搅拌强度200r/min。

(2) 阴离子表面活性剂A和阳离子表面活性剂B都能使APT晶粒细化，但A对晶体细化效果最好。

(3) 表面活性剂A加入时间和加入量对APT粒度的影响很大。晶核出现后添加，粒径降低最明显，$1000\times10^{-4}\%$用量的表面活性剂A可使APT粒度降低2.1μm，抑制晶体生长效果显著，但粒度不均匀。随A用量增加，APT粒径逐渐降低，增至$700\times10^{-4}\%$时则粒度不再下降。在蒸发结晶开始时加入$(700\sim1000)\times10^{-4}\%$表面活性剂A可使APT粒径降低至5μm。

(4) 红外光谱分析表明，APT晶体表面有表面活性剂A。作为离子型的表面活性剂A(阴) 和B(阳) 对仲钨酸铵的成核和晶体生长有明显的抑制作用，而非离子型的表面活性剂却毫无抑制作用，这表明，表面活性剂A和B抑制仲钨酸铵结晶主要是通过离子交换吸附作用，抑制晶体生长。

4.14.5 仲钨酸铵晶体形貌控制

APT是生产硬质合金和钨材的前驱粉体，由于化学和遗传特性，APT纯度、形貌、粒度及分布对硬质合金和钨材性能影响很大。如果无法对APT物化性能实现可控，不能生产不同物性APT粉体，就难以研究前驱体APT物化性能与硬质合金和钨材性能的关系，难以满足高端硬质合金和钨材的差异化要求。开发不同晶体形貌的APT粉体是研制高端硬质合金和钨材的重要组成部分。

作者综合运用物理化学、表面化学、材料化学冶金、传输原理与控制等学科的理论以及技术手段，研究各种因素对晶体的形貌、粒度、泊松比和流动性的影响规律，避免了APT粉体制取过程的团聚，制备出单晶和球形APT粉体。

4.14.5.1 单晶APT制取工艺

A 技术原理和制取装置

a 流体悬浮-层流控制技术

为使溶液中晶粒处于既不沉积、尽可能不碰撞的悬浮状态，通过研究探索出：结晶过程不同时期维持层流和阻止晶粒沉降的技术条件；加热强度相同和不同时，不同时间阶段维持层流和阻止晶粒沉降的技术条件。APT 结晶过程溶液处于层流状态。克服了晶体的团聚，制取了单晶 APT。

b　流体层流装置设计

根据流体力学原理，设计横截面为圆形的结晶器，使流体围绕搅拌轴作圆周运动，减少晶粒间的碰撞和堆积接触。研制的结晶器与普通结晶器流体流动状态显著不同，示意如图4－114所示。

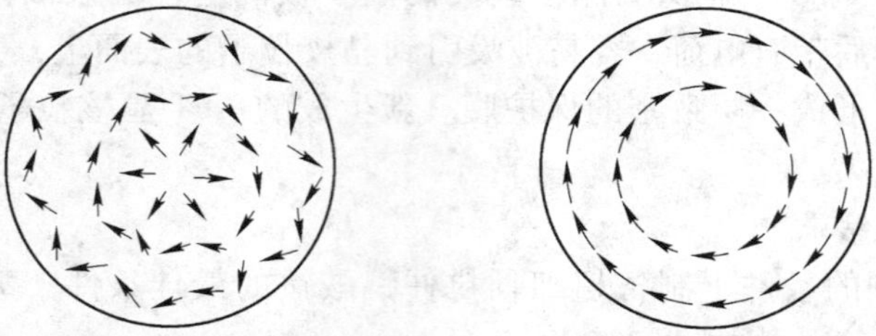

普通结晶器流体的返混状态　　单晶结晶器流体的层流状态

图 4－114　普通返混结晶器与层流结晶器的比较

B　单晶 APT 电镜照片和性能指标

a　电镜照片

电镜照片如图 4－115 所示。

图 4－115　单晶 APT 电镜照片

b　性能指标

松装密度：1.5～3.0g/cm^3；

费氏粒度：30～60μm；

粒度分布：－0.074～－0.149mm（－200～－100 目）：≥40%；－0.149～－0.044mm（－100～－325 目）：≥40%；－0.044mm（－325 目）：<3%～5%；

霍尔流动性（s/50g）：30～50；

单晶率：≥95%。

4.14.5.2　球形 APT 制取工艺

A　制取原理

a　水溶液结晶过程固体球化技术

依靠水溶液中结晶过程 APT 互相摩擦而球化成形。创造工艺条件维持溶液中固相颗粒浓度，增强滚动接触和摩擦，制取出球形 APT。

b　残碎晶粒返溶控制技术

APT 颗粒滚动摩擦产生大量削落的残碎 APT 晶粒。细小 APT 晶体易溶于含氨料液，创造工艺条件促进残碎晶粒返溶，制取出粒度均匀的球形 APT。

B　球形 APT 电镜照片和性能指标

a　电镜照片

电镜照片如图 4－116 所示。

b　性能指标

松装密度：1.5～3.0g/cm^3；

费氏粒度：30～50μm；

霍尔流动性（s/50g）：30～40；

球化率：≥98%

图 4－116　球形 APT 电镜照片

4.15　结晶、烘干工艺及其主要设备选择和车间工艺配置

4.15.1　仲钨酸铵结晶工艺

4.15.1.1　钨酸铵溶液质量要求

为制取符合 GB/T 10114—2007 中零级品标准的 APT，经离子交换净化转型和除钼后，APT 结晶前的钨酸铵溶液杂质含量应控制在一定范围内，具体要求见表 4－172。

表 4－172　结晶钨酸铵溶液杂质含量要求

杂　质	WO_3	NH_3	P	As	Si	Mo	K	Na	S	Sn	Fe	Ca	Mg
含量（小于）/g·L^{-1}	>220	28	0.01	0.01	0.01	0.04	0.01	0.01	2.0	0.0005	0.002	0.01	0.03

4.15.1.2　结晶工艺

A　蒸发法

a　间隙蒸发法

与中和法相比，蒸发法不需加入试剂、无杂质引入，有利保证产品质量。间隙蒸发法具有操作简单、产品化学质量和物理性能容易控制的优点。目前我国大多数 APT 生产企业均采用间隙蒸发法生成 APT。

APT 间隙蒸发结晶在带蒸汽夹套的搪瓷或衬钛钢制结晶锅中进行。其操作过程为：将相当于结晶锅体积 80% 的钨酸铵溶液泵入锅中后，启动真空排风机和搅拌装置，并通入蒸汽进行蒸发结晶。溶液沸腾后，关小蒸汽阀门以防冒锅。当蒸发程度达到 70% 左右时，检测结晶母液 WO_3 浓度至 20～25g/L 即可放料，并在吸滤器中进行真空抽滤。抽干后，用相当于 APT 质量 20%～30% 的纯水分两次进行洗涤并抽干，所得湿 APT 送去烘干。

b　连续蒸发法

连续蒸发法在连续结晶器中进行，该法不断向结晶器中泵入钨酸铵溶液，通过连续加热蒸发和排出结晶尾气析出 APT。细粒晶体在结晶器内上下循环流动并逐渐长大，粗颗粒晶体（产品 APT）由下部排出，结晶母液部分返回结晶，部分泵入间隙结晶器结晶实现杂质开路。连续结晶法适合于大规模生产，但 APT 产品多为团聚体，其化学质量和物理性能较难控制。

B　中和法

在钨酸铵溶液中加入盐酸进行中和，由于 pH 值迅速下降而使钨酸铵较快地转变成仲钨酸铵，因过程过饱和度较大，该法生产的 APT 粒度较细。细晶生成后控制结晶温度及时间，可在一定范围内控制晶体的粒度。

中和结晶作业是在带夹套的搪瓷或者衬钛的反应器中进行，其操作过程为：将反应器中的仲钨酸铵溶液升温至所要求的温度（一般情况下，中颗粒在 70～75℃，粗颗粒在 90℃以上，细颗粒在 50℃以下），在不断搅拌中，缓慢注入盐酸至 pH＝7.0～7.5，过程温度可通过在夹套中通入蒸汽或冷却水调节。加酸结束后，保温搅拌 30min，使仲钨酸铵结晶充分析出，然后放料、过滤。中和法结晶速度快，生产周期短，设备生产能力大。但是，中和法对盐酸纯度要求较高，盐酸需预先用离子交换净化除铁。该法仲钨酸铵结晶母液体积较大、金属直收率低。

4.15.1.3　间隙结晶主要设备选择

结晶工序的主要设备有：结晶锅、真空吸滤器和扬液器。

A　结晶锅

a　材质选择

目前 APT 蒸发结晶设备主要采用带蒸汽夹套和搅拌装置的钢制结晶锅。其内衬材质分为搪瓷和钛板两种。内衬钛板具有耐磨、导热性好、使用寿命长的特点（搪瓷锅使用寿命仅为 1.5～2 年，钛锅使用寿命高达 20 年以上）。我国钨冶炼企业大多选用内衬钛板结晶锅。

b　大小选择

结晶锅大小可根据生产规模选择。根据 APT 年产量推荐选择的结晶锅大小见表 4－173。

表 4－173　不同 APT 年产量推荐选择的结晶锅大小

APT 年产量/t	3000	5000	10000
结晶锅容积/m^3	5	10	10

c　台数选择

APT 结晶锅台数应根据每天需蒸发结晶的钨酸铵溶液体积（V）及结晶锅容积（m）进行计算。计算参数为：结晶时间 8h、时间利用系数 0.7、填充系数 0.8。结晶锅台数（N）的计算公式为：

$$N = V/[(24 \times 0.7 \div 8) \times m \times 0.8]$$

B　真空吸滤器

APT 结晶抽滤用真空吸滤器一般采用增强聚乙烯塑料板制作。

真空吸滤器一般为长方形箱体，为方便人工出料，其宽度不超过 1200mm，高度一般不超过 850mm，其中滤上层 $H = 0.45$m，滤下层 $H = 0.4$m。真空吸滤器的体积可按结晶锅容积的1/2计算。

真空吸滤器台数按反应锅台数选择，每台结晶锅配用1台。

C 扬液器

扬液器用于APT晶体的真空吸滤，同时也是结晶母液的进出输送装置，它通过聚丙烯管路与真空喷射泵和空压机连接。

APT结晶用扬液器一般为内衬聚丙烯的钢制容器。一般设计为带有上下封头的立式罐体。

扬液器的尺寸应根据结晶锅的大小选择，其容积可按结晶锅容积的30%确定。

扬液器的台数应按真空吸滤器台数选择，每台真空吸滤器配用1台。

4.15.1.4 结晶工序车间工艺配置

结晶工序一般按上下两层进行工艺配置，上层配置结晶锅，下层配置真空吸滤器和扬液器。为防止APT晶体堵塞，应保证一定的结晶锅放料管坡度。因此，在留有出料操作位置的前提下，真空吸滤器应尽量靠近结晶锅配置。为减少管道长度和方便操作，扬液器也应配置在真空吸滤器附近。为方便开启结晶锅放料阀，应在结晶锅下设置人工操作平台。

4.15.2 APT干燥工艺

4.15.2.1 干燥工艺

A 间隙干燥工艺

与连续干燥工艺相比，间隙干燥工艺具有能耗低、粉尘小、干燥程度易控制的优点，但人工劳动强度较大。我国大多数钨冶炼企业采用间隙干燥工艺。

APT间隙干燥在圆锥旋转式真空烘干机中进行。其操作过程为：将一定量的湿APT放入烘干机中，关紧进料旋盖后通入蒸汽，并控制蒸汽压力为0.09MPa，同时启动烘干机旋转装置和真空泵排气，控制旋转速度为4r/min直至APT烘干为止，烘干程度可通过烘干时间进行控制。

B 连续干燥工艺

连续干燥工艺适合于生产规模较大的企业，其人工劳动强度小，但能耗和粉尘较大。

APT连续干燥在远红外干燥机中进行。其操作过程为：通过螺旋给料机不断的将湿APT输送至干燥器的不锈钢带上，湿APT被不锈钢带下的远红外加热装置干燥。APT干燥程度可通过钢带的平移速度进行控制。

4.15.2.2 间隙干燥主要设备选择

APT间隙干燥主要设备为圆锥旋转式真空烘干机。

圆锥旋转式真空烘干机有不锈钢、衬搪瓷和衬钛三种材质可供选择。从使用寿命和节能考虑，选用不锈钢和衬钛烘干机为宜。

圆锥真空烘干机的大小可根据生产规模进行选择，按APT年产量推荐使用烘干机的大小见表4-174。

表4-174 按APT年产量推荐使用烘干机的大小

APT年产量/t	3000	5000	10000
圆锥烘干机/m^3	1.5	3	3

APT 烘干机台数应根据每天需烘干的 APT 重量（G）和密度（2.0kg/dm^3）及烘干机容积（V）进行计算。计算参数为：烘干时间 4h、时间利用系数 0.7、填充系数 0.2。烘干机台数（N）的计算公式为：

$$N = G/(V \times 2.0 \times 0.2 \times 24 \times 0.7 \div 4)$$

4.15.3　烘干工序车间工艺配置

烘干工序一般按上中下三层进行工艺配置，上层配置湿 APT 装料口，中层配置圆锥烘干机，下层配置干 APT 料仓、螺旋给料机、振动筛。中层的配置高度应根据圆锥烘干机的高度确定；下层的配置高度应满足料仓、螺旋给料机和振动筛的安装要求。

4.16　结晶母液处理工艺

$(NH_4)_2WO_4$溶液经蒸发结晶制取仲钨酸铵后，结晶母液中尚存有 5% ~10% WO_3有待回收。目前回收 APT 结晶母液有以下三种工艺：

（1）碱回调 - 人造白钨沉淀法。母液中的钨以 $CaWO_4$（人造白钨）的形式沉淀出来，沉淀得到的人造白钨经过滤分离后返回钨矿分解工序或作为副产品回收。该方法的缺点是得到的产品为人造白钨，又返回重新耗用 NaOH 和其他试剂分解，工艺上不经济。而且此法由于难以回收以 P、As、Si 杂多酸形态存在的钨，金属回收率仅为60% ~70%。此外人造白钨废水含有大量的 NH_4Cl 因无法处理而造成环境污染。

（2）离子交换法。用酸调整 APT 结晶母液的 pH 值至 2 ~4，使溶液中钨以偏钨酸根离子或 P、As、Si 等杂多酸根形式存在，然后让此溶液通过弱碱性大孔阴离子交换树脂床。弱碱性阴离子交换树脂优先吸附钨，负钨树脂用 NaOH 溶液解吸得到碱性钨酸钠溶液。该溶液经适当净化处理后返回离子交换工序配交前液。该法存在酸、碱消耗量较大、工艺较长以及产生大量废水的缺点。同时 P、As、Si 的杂多酸转化不彻底，返回离子交换影响钨的交换容量和金属回收率。

（3）配制解吸剂和交前液法。该技术根据母液中氯离子的含量，将仲钨酸铵结晶母液的 0 ~95% 返回配制解吸剂，其他返回配制交前液。虽然该技术流程短，工艺过程简单，母液中的 NH_4Cl 能返回利用，但也存在以下几个缺点：一是钨与 P、As、Si 等结合形成的杂多酸根在工艺中并没有破坏。根据试验研究，P、Si、As 杂多酸属大分子基团，在进行柱交换时由于堵塞了树脂的孔径而使树脂的交换容量大大降低。此外，P、Si、As 杂多酸对 201 ×7 型树脂的亲和力大于 WO_4^{2-}，造成 P、Si、As、Na、K 的循环富集使 APT 产品不合格。二是大量的母液返回配解吸剂，加上现有工艺三段液的返回，使得解吸剂中含有大量的 WO_3，这对于钨的解吸极为不利，可能会导致比较严重的解吸拖尾现象或者解吸不彻底。

由此可见，我国现行母液处理工艺，一般存在以下一些缺点：

（1）P、As、Si 等结合形成的杂多酸根在工艺中并没有破坏；

（2）钨回收率低；

（3）工艺复杂；

（4）废水排放量大，环境污染严重。

4.16.1 结晶母液降氯－去硫害化－碱转化回收工艺

结晶母液返回离子交换工序配制交前液必须解决下述三个技术问题：

（1）结晶母液中 Cl^- 一般为 40～50g/L，直接返回配制交前液将由于 Cl^- 浓度过高而影响钨的吸附，造成钨操作交换容量下降，以及吸附过程钨过早穿漏而使操作无法进行。

（2）结晶母液中 S^{2-} 含量较高，直接返回配制交前液将由于 S^{2-} 在树脂上的积累而影响钨的操作交换容量，严重时使树脂中毒。

（3）结晶母液中 P、Si、As 等主要以杂多段酸根形态存在，由于阴离子团体积大、难以被树脂吸附，而影响钨吸附过程金属回收率。

作者以基本溶液离子平衡理论为基础，利用"去硫害化"、"杂多酸转化"以及"氨氮相转移"手段，采用"深度脱氨"技术，解决如何消除母液体系中复杂杂质成分对离子交换的不利影响等技术难题，获得脱硫、脱氨、除 P、Si、As 等技术效果，并且通过系统工艺的改进，使母液中氯离子的含量降至 15～20g/L，为实现母液处理后返回配交前液提供了工艺方案。

4.16.1.1 工艺流程和技术方案

"APT 结晶母液降氯－去硫害化－碱转化回收工艺"过程如图 4－117 所示。

A 系统工艺法降低结晶母液 Cl^- 含量

采用系统工艺法使二段液中 Cl^- 降至 5～10g/L，APT 结晶后母液中 Cl^- 降至 15～20g/L，使结晶母液返回离子交换工序后不影响钨的吸附。

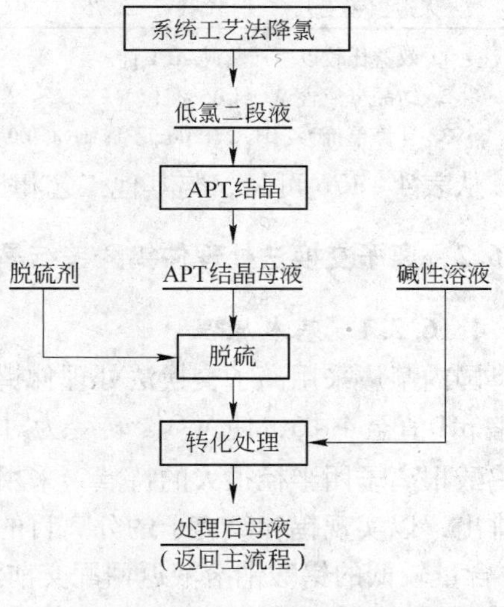

图 4－117 APT 结晶母液回收处理工艺流程

B "化学转移法"去硫害化

结晶母液中含有少量硫离子。母液直接返回使用将造成树脂的工作交换容量严重降低和 APT 产品硫元素超标。依据水溶液中不同形态硫离子对树脂亲和力的差异，采用"化学转移法"将母液中的 S^{2-} 转化成为对树脂无害的离子形态，实现深度"去硫害化"。依据"优势图"原理，遴选了有效的脱硫剂，脱 S^{2-} 率可达到 99% 以上。

C 母液碱转化

结晶母液中 $[P_2W_{17}O_{59}]^{4-}$、$[PW_{11}O_{39}]^{7-}$、$[SiW_{11}O_{39}]^{8-}$、$[As_2W_{17}O_{59}]^{4-}$ 等杂多酸根对 201×7 型树脂的亲和力大于 WO_4^{2-}，造成 P、Si、As 的循环富集。以碱性溶液为转型剂，使母液中以 NH_4Cl 形态存在的氨和碱反应转化为氨水受热挥发，达到初步脱氨的目的。

4.16.1.2 应用效果

实现了母液的零排放和钨冶炼离子交换交后液直接达标排放，经济效益和环境效益明显。工艺同时适用于含氨水溶液的净化处理。

（1）主要技术参数比较，如表 4－175 所示。

表 4-175　结晶母液处理工艺技术指标比较

项目名称	本工艺	离子交换法	配制解吸剂和交前液法	人造白钨工艺
WO_3回收率/%	100	80	70	50
氨回收率/%	80	0	45	0

从表4-175可见，本工艺技术指标优于其他工艺。母液回收工序钨回收率达到了100%，提高了25%，氨回收率提高77.8%。

（2）效益比较如表4-176所示。

表 4-176　结晶母液处理工艺经济指标比较

项 目 名 称	回收 WO_3		试剂成本/元			经济效益/元
	kg	金额/元				
本工艺	45.5	7050	脱硫剂	-60	-68	6982
			脱氨剂	-8		
离子交换法	36.4	5640	50kg H_2O_2	-60	-275	5365
			0.11t HCl	-77		
			0.046t NaOH	-138		
配制解吸剂和交前液法	27.31	4230	脱硫剂	-60		4170
人造白钨工艺	22.75	3525	110kg $CaCl_2$	-220		3305

注：1. 效益比较以生产每吨APT计。
2. 结晶母液含 WO_3 以5%计。
3. 计算单价为：H_2O_2 1200元/t；HCl 700元/t；NaOH 3500元/t；$CaCl_2$ 2000元/t。

从表4-176可见，与其他工艺相比，母液回收产生的经济效益增加30.14%。

4.16.2　离子交换法处理仲钨酸铵结晶母液

4.16.2.1　基本原理

国内某厂采用离子交换法处理仲钨酸铵结晶母液，其实质是：在结晶母液中加入HCl调整pH值至4~6，使 WO_4^{2-} 转变为对树脂亲和力很大、易溶的高价偏钨酸根，同时根据偏钨酸根离子团半径很大的特点，采用弱碱性大孔树脂吸附偏钨酸根，大部分 Cl^- 随交后液排出，以实现钨和氯离子的分离目的。再用NaOH对负载钨的树脂进行解吸，解吸所得 Cl^- 含量较低的钨酸钠溶液返回配交前液。

吸附反应式为：

$$6\,\overline{R{\equiv}NCl} + H_2W_{12}O_{40}^{6-} = \overline{(R{\equiv}N)_6H_2W_{12}O_{40}} + 6Cl^-$$

解吸反应式为：

$$\overline{(R{\equiv}N)_6H_2W_{12}O_{40}} + 6NaOH = Na_6H_2W_{12}O_{40} + 6\,\overline{R{\equiv}NOH}$$

$$Na_6H_2W_{12}O_{40} + 18NaOH = 12Na_2WO_4 + 10H_2O$$

4.16.2.2　工艺流程

工艺流程如图4-118所示。

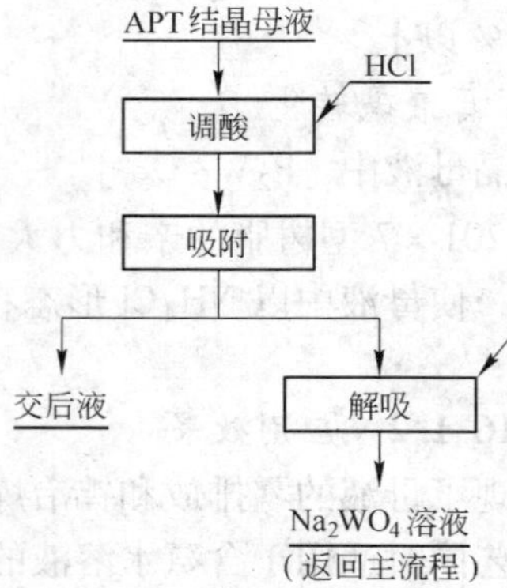

图4-118　工艺流程

4.16.2.3　工艺结果

采用 ϕ65mm×1000mm 的交换柱，以 WO_3 20~30g/L、Cl^- 20~40g/L、Mo 0.057g/L、As 0.03g/L、P

0.016g/L、Si 0.13 g/L、pH 6～7 的 APT 结晶母液为料液，将母液酸调至 pH<5，在吸附线速度 2～3cm/min、解吸剂浓度 2.5mol/L NaOH 的条件下，吸附及解吸的结果见表 4－177、表 4－178 和图 4－119。

表 4－177　吸附及解吸情况

编　号	料液浓度		体积/mL	吸附 WO_3 /g	解吸 WO_3 /g	损失 WO_3 /g	回收率/%
	WO_3/g · L^{-1}	Cl^-/g · L^{-1}					
1	24.78	44.21	3000	74.340	70.776	3.564	95.2
2	25.14	18.42	3000	75.420	75.302	0.118	99.84
3	12.21	40.79	5330	65.079	64.624	0.455	99.3
4	23.46	40.53	3000	70.38	70.239	0.141	99.8

表 4－178　杂质元素含量情况　　(g/L)

项　目	WO_3	杂质含量					
		Mo	As	P	Si	Cl^-	OH^-
APT 母液	21.15	0.057	0.030	0.016	0.13	31.05	—
解吸液	63.26	0.058	0.0085	0.002	0.08	17.89	12.63

从表 4－178 可知，解吸所得 Na_2WO_4 溶液，杂质未见有明显富集现象。从图 4－119 可看出，Cl^- 浓度的高峰值先于钨出现，解吸流出液中 WO_3/Cl 比值明显增大。后段流出液 WO_3/Cl 比较小、NaOH 浓度较高。可进行分段切取以进一步提高回收钨酸钠溶液中的 WO_3/Cl 比，同时降低 NaOH 用量并返回配制交前液。

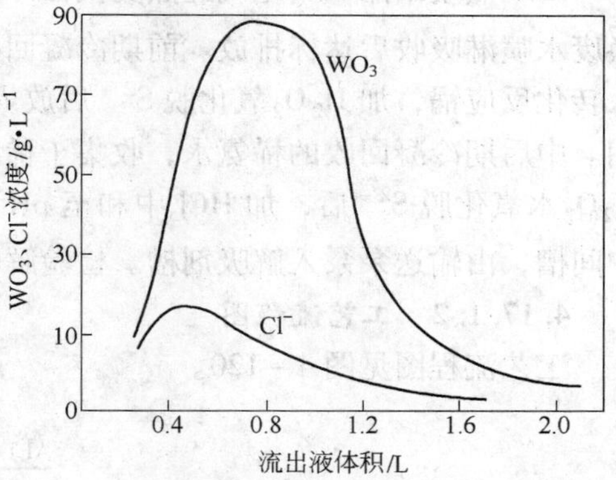

图 4－119　解吸液 WO_3、Cl^- 含量变化

工艺结果表明：母液中的 Cl^- 除去率可达 70%～90%，对其他杂质（As、P、Si）也有一定的除去作用。

4.17　APT 结晶氨尾气回收工艺

APT 蒸发结晶过程是 NH_3 的挥发脱除过程，按照工艺计算，年产 10000t APT 每年排放的 NH_3 量高达 2000t，按每吨液氨 3000 元计算，排放价值为 600 万元。

NH_3 是国家工业废气和废水中控制排放的项目，按照《恶臭污染物排放标准》（GB 14554—93），废水排放浓度应小于 15mg/L。无论是以 NH_3 气排放，还是以 NH_3 气喷淋吸收后的 NH_4OH 水形式排放，NH_3 都将对人体和自然生态环境造成严重破坏。

NH_3 气会引起人的呼吸道感染，高浓度的 NH_3 气可使人窒息而死。NH_4OH 水的危害在于两方面：（1）植物营养物质污染：含有大量氨氮的废水进入湖泊、水库、内海等流动缓慢的水体后，能促使藻类急速繁殖，造成水体的“富营养化”，严重时可导致水体的死亡。（2）耗氧物质污染：NH_3 被氧化分解时（氧化生成 NO_2 + H_2O）要消耗水中的溶解氧，其消耗量有时很大，严重时会使水体变黑发臭、水生生物死亡，甚至使水生生物绝迹。

4.17.1　冷凝－脱硫－中和回收工艺

APT生产过程离子交换工序解吸出的$(NH_4)_2WO_4$溶液，其游离NH_3含量为34g/L，WO_3含量为250g/L左右。$(NH_4)_2WO_4$溶液的蒸发结晶过程是NH_3的挥发脱除过程，按每生产1t APT计算，NH_3的总挥发量为203kg，其中游离NH_3的挥发量为127kg，结晶反应释放出的NH_3量为76kg。

要实现APT结晶氨尾气最大限度的回收利用，必须解决三大技术问题：

（1）NH_3的冷凝方式和冷凝装置的选择。

（2）冷凝回收氨水的净化脱S^{2-}工艺。

（3）稀氨水的回收工艺。

作者采用冷凝回收－转化法脱S－HCl合成－NH_4Cl浓缩工艺，NH_3以NH_4OH水和NH_4Cl的形式返回工艺流程回收利用。工艺不但可实现APT洁净生产、结晶氨尾气达标排放，而且可大幅度降低APT生产辅助材料液氨和NH_4Cl消耗。

4.17.1.1　工艺流程概述

APT蒸发结晶NH_3尾气经热交换器冷凝回收氨水后，由抽风机送入喷淋塔，用离子交换废水喷淋吸收后达标排放。前期冷凝回收的浓氨水，收集于浓氨水贮槽，并用输送泵泵入转化反应锅，加H_2O_2氧化脱S^{2-}后放入浓氨水中间槽，由输送泵泵入新解吸剂配槽备用。中后期冷凝回收的稀氨水，收集于稀氨水贮槽，并用输送泵泵入中和浓缩反应锅，用H_2O_2水氧化脱S^{2-}后，加HCl中和至pH＝7，再加热浓缩至一定体积后，放入NH_4Cl液中间槽，由输送泵泵入解吸剂槽。检验解吸剂Cl^-和OH^-合格后即可使用。

4.17.1.2　工艺流程图

工艺流程图见图4－120。

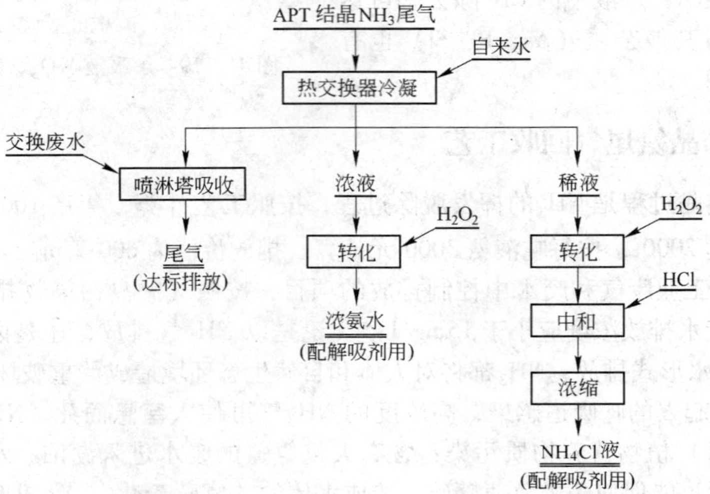

图4－120　APT结晶氨尾气回收工艺流程

4.17.2 APT 结晶氨尾气的冷凝回收

APT 蒸发结晶实质是溶液脱氨酸化、钨酸盐聚合的过程。结晶氨尾气中大量的氨需要回收利用。氨在水中的溶解度受温度的影响非常显著，根据此特点工业含 NH_3废气可采用冷凝或吸收的方式回收。冷凝方式主要有两种，冷冻空气冷凝和水冷凝。所有物质中水的比热最大，冷冻空气冷凝工艺耗电量大，成本高。根据 APT 生产需大量自来水（常温）配制交前液，先作冷凝介质再配交前液不需增加水用量的特点，选择热交换器间接水冷凝，冷凝尾气再经交换废水喷淋吸收的工艺是最为经济有效的技术方案。

采用间接冷凝吸收的方式，可以有效的从 APT 结晶氨尾气中回收氨。APT 结晶氨尾气冷凝氨水可以直接或转化成 NH_4Cl 后返回离子交换工序配制解吸剂，但以氨水形式返回使用更具经济价值。

作者研究了冷凝和蒸发面积比值、结晶温度及搅拌速度，对仲钨酸铵结晶氨尾气冷凝氨水浓度的影响。结果表明：降低结晶温度及增加搅拌速度，均能够不同程度的提高结晶氨尾气回收液中氨的浓度；冷凝和蒸发面积比为 3.9、结晶温度 110℃时回收的氨水总浓度为 9.9mol/L。

APT 蒸发结晶氨尾气冷凝效果与结晶温度、搅拌速度、蒸发器液面表面积、冷凝强度（冷凝器面积和冷凝介质温度）有关。本节以气$\rightleftharpoons$液相变理论及相变动力学为基础，研究了冷凝和蒸发面积比值、结晶温度及搅拌速度，对结晶氨尾气冷凝氨水浓度的影响，得出了 APT 结晶回收氨水的最佳工艺参数。

4.17.2.1 基本原理

APT 蒸发结晶氨尾气冷凝存在两个平衡过程：一是挥发出的 H_2O 分子气$\rightleftharpoons$液相凝聚平衡，二是 NH_3分子在已凝聚的水相中气$\rightleftharpoons$液相溶解平衡。NH_3冷凝效率取决于以上两个过程的热力学和动力学条件，要提高回收氨水的浓度就需在保证 NH_3最大限度进入水相的前提下抑制第一个过程 H_2O 的冷凝量。最理想的冷凝效果是：冷凝氨水的浓度接近该温度下氨在水中的溶解度。

由于氨气和水均为极性分子，所以氨溶于水时，氨分子与水分子结合形成氢键，发生显著的水合作用，大部分氨与水结合生成 $NH_3 \cdot H_2O$，$NH_3 \cdot H_2O$ 小部分电离成 NH_4^+ 和 OH^-，$NH_3 \cdot H_2O$ 很不稳定，受热易分解成氨和水：

$$NH_3 + H_2O \rightleftharpoons NH_3 \cdot H_2O \rightleftharpoons NH_4^+ + OH^-$$

利用此特点，并根据不同温度下氨在水中的溶解度规律，采用适当的工艺和设备可以对 APT 结晶氨尾气进行有效的回收利用。在标准大气压下不同温度时氨在水中的溶解度见表 4－179。

表 4－179 在标准大气压下不同温度时氨在水中的溶解度

t/℃	1g 水中溶解氨的量/g	t/℃	1g 水中溶解氨的量/g	t/℃	1g 水中溶解氨的量/g
0	0.875	4	0.792	8	0.713
2	0.833	6	0.751	10	0.679

续表 4－179

t/℃	1g水中溶解氨的量/g	t/℃	1g水中溶解氨的量/g	t/℃	1g水中溶解氨的量/g
12	0.645	28	0.426	44	0.275
14	0.612	30	0.403	46	0.259
16	0.582	32	0.382	48	0.224
18	0.544	34	0.362	50	0.229
20	0.526	36	0.343	56	0.186
22	0.499	38	0.324	60	
24	0.474	40	0.307	90	0.000
26	0.449	42	0.290		

4.17.2.2 APT结晶氨尾气冷凝氨水浓度的影响因素

以某公司提供 $(NH_4)_2WO_4$ 溶液为原料，其成分为：WO_3 265g/L、NH_4OH 70g/L、NH_4Cl 8.1g/L。

采用下述装置（如图4－121所示）进行实验，得出了相关因素对冷凝氨水浓度影响的结果。

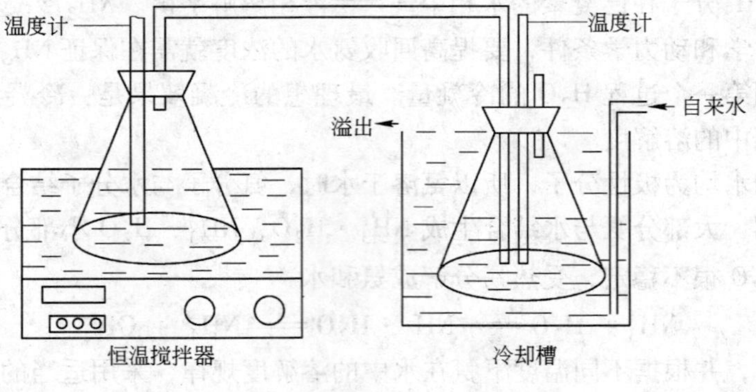

图4－121 氨尾气回收实验装置

A 冷凝与蒸发面积比值对回收氨水浓度的影响

选用大小不同的锥形瓶作为蒸发和冷凝器进行实验，蒸发面积为锥形瓶中起始液面面积与蒸发结束时液面面积的算术平均值，冷凝面积为锥形瓶的全表面积（底面积＋侧面积）。

以前述 $(NH_4)_2WO_4$ 溶液为结晶料液，在120℃的油浴中蒸发结晶，并通过自来水循环冷凝装置收集氨水，在搅拌器中档转速下，加热蒸发3h，每隔半小时取样测其浓度并记录冷凝器中氨水的体积。不同冷凝和蒸发面积比值的实验结果见表4－180。

表 4－180 $S_{冷}/S_{蒸}$对冷凝氨水浓度的影响

$S_{冷}/S_{蒸}$	随着时间变化回收氨水的浓度/mol·L^{-1}					
	0.5h	1.0h	1.5h	2.0h	2.5h	3.0h
3.4	6.60	5.80	4.20	3.52	3.06	2.14
3.6	7.0	5.6	3.6	2.7	1.8	1.2
3.9	6.2	4.0	4.7	3.5	3.0	2.0
4.2	7.0	5.4	4.9	2.4	1.8	1.1
5.8	4.9	3.8	2.7	1.9	1.4	1.1

表4－180结果表明，结晶氨尾气冷凝氨水的浓度均呈现由高到低的变化，在蒸发前期，由于温度低、料液中氨浓度高、氨逸出多、水蒸发量小，冷凝氨水浓度较高；蒸发后期，随着温度升高、料液中氨浓度降低、氨气逸出少，水蒸发量大，冷凝氨水浓度逐渐下降。实验中还发现，结晶开始料液温度小于80℃之前，冷凝器中基本无氨水出现，由于逸出气体中水蒸气量很小，氨以干气体逸出。

结晶前1.5h，冷凝与蒸发面积比值4.2时，冷凝氨水的浓度比3.4～3.9和5.5时高，这说明：为提高结晶前期冷凝氨水浓度，冷凝与蒸发面积比值有一最佳值，比值过大，将由于水凝聚量增大而降低氨水浓度；比值过小，则由于水凝聚量降低致使氨无法完全被水吸收。

在不同的冷凝与蒸发面积比值的条件下，所得回收氨水最终氨浓度见图4－122。

从图4－122中可以看出，随着冷凝和蒸发面积比值的增大，回收氨水的总浓度呈现由低到高再逐渐降低的规律，在$S_{冷}/S_{蒸}$等于3.9时，回收氨水的浓度达到最大值为3.94mol/L，而当$S_{冷}/S_{蒸}$大于3.9后氨水的浓度逐渐降低。这说明，当冷凝强度适中时能够最大限度（即接近一定温度下氨气在水中的溶解度值）地将氨气冷凝吸收于水中。$S_{冷}/S_{蒸}$过小则不能将氨气充分吸收，$S_{冷}/S_{蒸}$过大将会增大冷凝水量，致使氨水浓度降低。

B 蒸发温度对回收氨水浓度的影响

采用400mL$(NH_4)_2WO_4$溶液为原料，用300mL锥形瓶作冷凝容器（$S_{冷}/S_{蒸}=3.9$），在恒温搅拌器转速调至中档、蒸发结晶3h的条件下，控制不同的油浴温度进行结晶实验，每隔半小时对冷凝氨水取样测其浓度，实验结果如图4－123及表4－181所示。

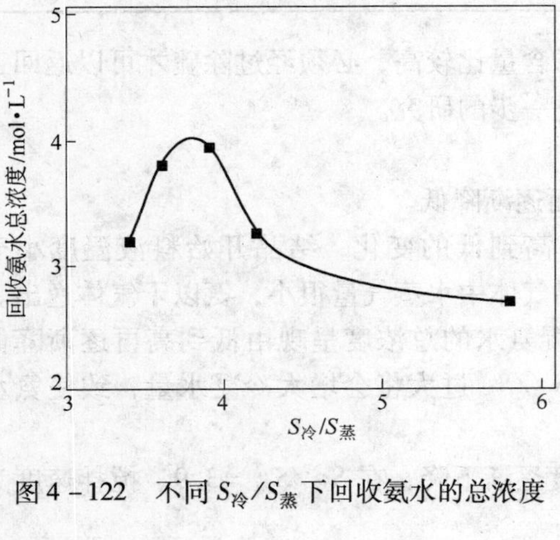

图4－122 不同$S_{冷}/S_{蒸}$下回收氨水的总浓度

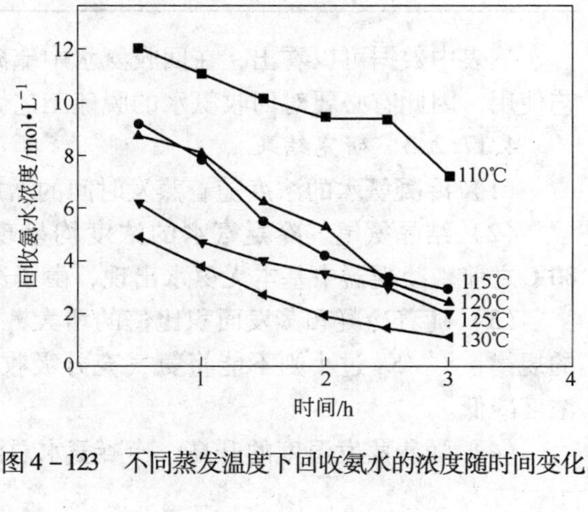

图4－123 不同蒸发温度下回收氨水的浓度随时间变化

表 4 – 181　不同蒸发温度下回收氨水的总浓度

温度/℃	110	115	120	125	130
回收氨水总浓度/mol · L^{-1}	9.9	4.9	4.3	3.94	2.7

结果表明，随着蒸发温度的升高，回收氨水的总体浓度水平逐渐下降，因为温度越高，饱和水蒸气含水量越多，在挥发 NH_3 量一定的条件下，大量的水冷凝导致回收氨水的浓度降低，因此，低温蒸发有利于冷凝氨水浓度的提高。

C　搅拌速度对回收氨水浓度的影响

取 300mL $(NH_4)_2WO_4$ 溶液为原料，采用 300mL 锥形瓶作冷凝容器（$S_{冷}/S_{蒸}=3.4$），在 120℃ 油浴温度下蒸发结晶，恒温搅拌器的转速分别调至 0 档、1 档、2 档、3 档、4 档（将调速器平均分为四等份，每一等份处为一档），结晶 3h。每隔半小时对冷凝氨水取样测其浓度，实验结果如图 4 – 124 所示。

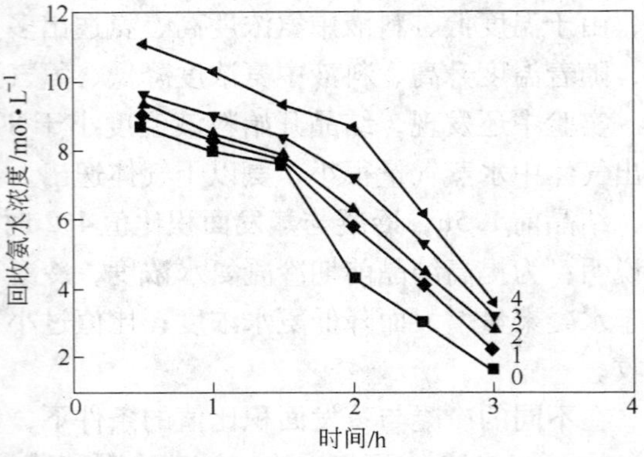

图 4 – 124　搅拌速度与回收氨水浓度的关系

图 4 – 124 表明，随着搅拌速度的加快，冷凝氨水的浓度越高。APT 结晶过程 H_2O 的蒸发仅是一个液→气相物理变化过程，而 NH_3 的挥发要经历钨酸根聚合 – 结晶化学反应和液→气相物理变化两个过程，搅拌对上述两个过程均有促进作用，但其对 NH_3 逸出的影响远大于水。

D　回收氨水的质量

对上面各实验条件下蒸发 3h 所得的氨水进行混合，并进行质量分析，回收氨水的质量如表 4 – 182 所示。

表 4 – 182　上述实验回收氨水的总质量分析结果

项　目	WO_3	P	Fe	Cl^-	S^{2-}
浓度/g · L^{-1}	0.035	0.0006	0.0005	0.98	2.269

从表中数据可以看出，在回收氨水中硫离子含量比较高，必须经过除硫才可以返回工艺使用，因此有必要对回收氨水的脱硫工艺做进一步的研究。

4.17.2.3　研究结果

（1）冷凝氨水的浓度随着蒸发时间的增加而逐渐降低。

（2）结晶氨尾气冷凝氨水的浓度均呈现由高到低的变化，结晶开始料液温度小于 80℃ 之前，冷凝器中基本无氨水出现，由于逸出气体中水蒸气量很小，氨以干气体逸出。

（3）随着冷凝和蒸发面积比值的增大，冷凝氨水的总浓度呈现由低到高再逐渐降低的规律，$S_{冷}/S_{蒸}$ 过小则不能将氨气充分吸收，$S_{冷}/S_{蒸}$ 过大将会增大冷凝水量，致使氨水浓度降低。

（4）随着蒸发温度的升高，冷凝氨水总浓度逐渐下降，在 $S_{冷}/S_{蒸}=3.9$、搅拌速度为中档、蒸发温度为 110℃时，冷凝氨水的总浓度为 9.9mol/L。

（5）冷凝氨水的浓度随着搅拌速度的增大而逐渐增大。

4.17.3　APT 结晶氨尾气的冷冻回收

何长仪等人采用冷凝－冷冻工艺对萃取法制备的钨酸铵溶液结晶尾气进行了有效的回收。该工艺氨的回收率较高，但冷冻电耗也较大。

4.17.3.1　工艺原理

根据 APT 蒸发结晶氨尾气温度较高，一段冷凝过程水蒸气基本冷凝为水而氨气只有少量冷凝的特点，对冷凝稀氨水进行再次加热挥发。挥发母液用于反萃后的有机相洗涤，洗水作为吸收剂，对冷凝逸出氨气和稀氨水加热挥发氨气进行冷冻吸收，提高了氨水的回收率和浓度。

4.17.3.2　工艺过程

APT 蒸发结晶过程采用微负压（1490 ~ 1960Pa）操作，沸腾温度 90℃下结晶氨尾气水蒸气占 95%，氨气占 4.6%。

采用 20 ~ 35℃的冷却水将 APT 结晶氨尾气（ > 96℃）冷凝到 50 ~ 60℃左右，氨尾气中 99.5% 以上的水、20% 的氨被冷凝，得到 2 ~ 3mol/L 的稀氨水。80% 的氨依然以气态逸出被分离出来。将稀氨水在加热器中加热到 85 ~ 90℃，使 95% 以上的氨挥发逸出。挥发母液用于反萃后有机相的洗涤，洗水作为吸收剂在喷射泵中，对冷凝逸出氨气和稀氨水加热挥发氨气进行吸收，并用 15℃的冷冻水对吸收液进行冷凝，得到 12mol/L 以上的氨水。其工艺如图 4－125 所示。

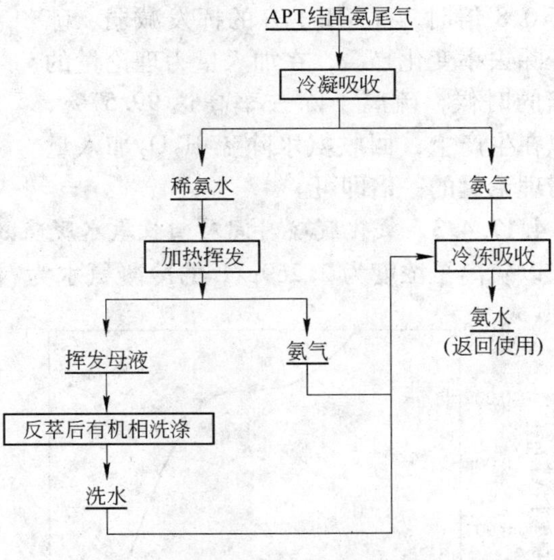

图 4－125　APT 结晶氨尾气冷冻回收工艺流程

4.17.3.3　氨的回收效果

工艺氨的总回收率可达 94% ~ 95%，回收氨水的浓度为 12mol/L 以上。

4.17.4　冷凝氨水净化脱硫

$(NH_4)_2WO_4$溶液在蒸发结晶前经过了除钼净化过程，溶液中残留了易挥发的过剩$(NH_4)_2S$，因此冷凝回收的氨水中 S^{2-} 含量往往高达 2.5 ~ 5.5g/L，由于 S^{2-} 在 201 ×7 强碱性阴离子树脂上的吸附能力很强，经循环富集后会严重影响离子交换工序的工作交换容量，并使 APT 中 S 超标，因此必须通过净化工序除去 S^{2-}。

4.17.4.1　脱硫基本原理

净化除 S^{2-} 工艺可采用氧化转化法和活性炭吸附法，其中氧化转化法工艺操作简单，成本低，不用增加投资，同时 S^{2-} 氧化后转化成亲和力较小的 SO_4^{2-}，能够在离子交换工序中除去，不会造成富集。本节采用H_2O_2氧化除S^{2-}的净化工艺，研究H_2O_2用量以及氧化时间对回收氨水中的S^{2-}除去率的影响。其氧化反应式为：

$$4H_2O_2 + S^{2-} = SO_4^{2-} + 4H_2O$$

$$3H_2O_2 + S^{2-} = SO_2 + 2OH^- + 2H_2O$$

4.17.4.2 H_2O_2用量对回收氨水脱硫效果影响试验

以硫离子浓度为2.269g/L的冷凝氨水为料液，在常温、搅拌30min的条件下，不同H_2O_2（含量30%）理论用量倍数的实验结果如图4－126所示。

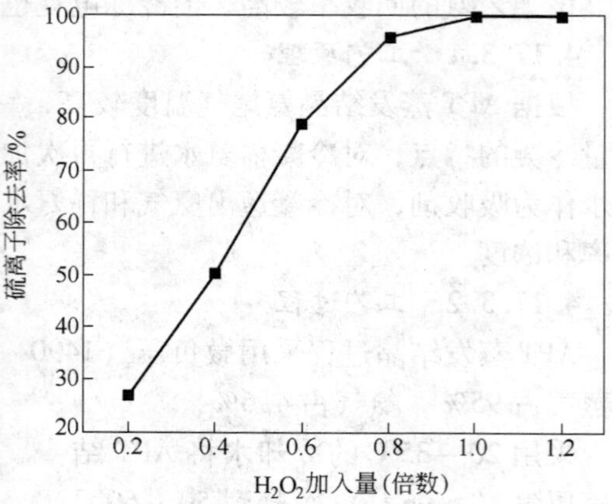

图4－126 H_2O_2加入量与冷凝氨水中硫离子除去率的关系

从图4－126可以看出，在H_2O_2理论加入量为0.2～0.8倍时，硫离子的除去率与H_2O_2加入量基本呈直线关系。此阶段S^{2-}除去率大于所加H_2O_2的理论量倍数，是因为部分$(NH_4)_2S$挥发所致。在H_2O_2加入量大于0.8倍时，$(NH_4)_2S$的挥发减弱、硫离子除去率变化趋缓，在加入量为理论量的一倍的时候，硫离子除去率高达99.57%，所以在生产上，回收氨水除硫H_2O_2加入量只需理论量的一倍即可。

4.17.4.3 氧化脱硫时间对回收氨水脱硫效果影响试验

以硫离子浓度为2.269g/L的冷凝氨水为料液，在常温、H_2O_2（含量30%）为理论用量1倍条件下，不同搅拌时间的实验结果如图4－127所示。

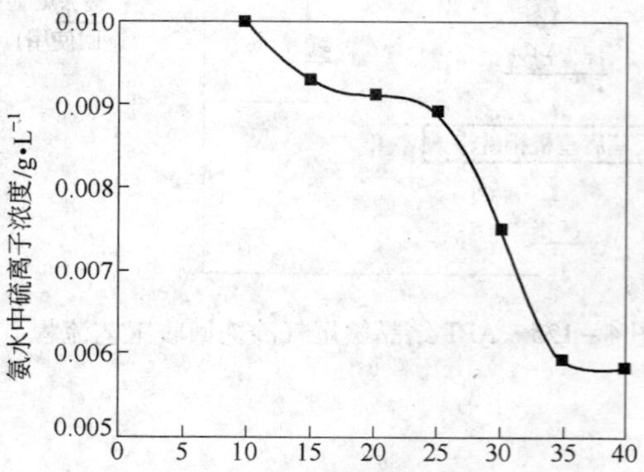

图4－127 氧化反应时间对氨水脱硫的影响

从图4－127可以看出，随着反应时间的增加，回收氨水中硫离子的浓度逐渐降低，反应时间为10min时，S^{2-}的浓度即降为0.01g/L，S^{2-}的除去率高达99.54%，已完全能满足技术要求。

4.17.4.4 研究结果

常温下加入1倍理论量H_2O_2搅拌10min，可以彻底脱去APT结晶冷凝氨水中的S^{2-}。

4.18 仲钨酸铵冶炼废水处理工艺

仲钨酸铵冶炼废水主要有离子交换后液、洗氯液以及结晶母液回收钨后的废液。目前我国钨冶炼企业每吨APT的废水排放量约为120～160t。废水中主要超标的元素是：As、氨氮、COD和pH值。表4－183是某厂钨冶炼废水的有害元素指标与国家排放标准的对比情况。钨冶炼废水排放前必须进行集中处理。

表 4-183 废水处理前各项指标检测结果及与相关标准的对比（mg/L）

检测项	检测结果	排放标准①
pH 值	12.78	6~9
COD	236	150
氨氮	362	25
Cu	0.4	1.0
Zn	1.75	5.0
Pb	0.23	1.0
Cd	0.04	0.1
As	4.4	0.5
Cr^{6+}	0.01	0.5

①GB 8978—1996《污水综合排放标准》二级标准。

4.18.1 钨冶炼废水脱砷

钨冶炼废水中砷是第一类污染物。元素砷（As）是无毒的，但是砷化合物（如三价砷化物、五价砷化物、砷化氢等）却毒性很大，它们能与人体细胞酶系统中的巯基(SH—)结合，形成稳定的环状络合物，使含巯基的酶丧失活性，致使酶功能发生障碍，影响细胞的正常代谢，引起神经系统、毛细血管和其他系统的功能性和器质性病变；此外，砷可在人体内积蓄，并与体内的蛋白质和氨基酸结合，形成巯基化合物，使机体的代谢功能发生紊乱，从而出现一系列的神经、心血管、肝、肾等方面的疾病。砷是废水中第一类有害物质之一。

4.18.1.1 脱砷工艺

目前国内外含砷废水的处理方法，主要有中和沉淀法、絮凝沉淀法、铁氧体法、硫化物沉淀法以及微生物法等。根据钨冶炼废水的特点，我国钨冶炼企业大多采用石灰-亚铁盐工艺除砷。

A 中和沉淀法

钨冶炼废水中，砷是以砷酸根（AsO_4^{3-}）或亚砷酸根（AsO_3^{3-}）的状态存在。用浓度为10%左右的硫酸或盐酸（或车间的酸性废液），将废水在搅拌槽内中和到 pH 值达 6~7，而后加入一定量的石灰乳（或干石灰粉）生成难溶于水的钙盐沉淀。其反应如下：

$$3Ca^{2+} + 2AsO_3^{3-} \longrightarrow Ca_3(AsO_3)_2 \downarrow$$

$$3Ca^{2+} + 2AsO_4^{3-} \longrightarrow Ca_3(AsO_4)_2 \downarrow$$

B 石灰-亚铁盐工艺除砷

为了使砷的除去率达到最佳，先将 As^{3+} 氧化成 As^{5+} 后加入石灰，生成难溶的 $Ca_3(AsO_3)_2$ 和 $Ca_3(AsO_4)_2$。

然后，再加入铁盐（如硫酸亚铁、氯化铁等）水解生成氢氧化铁，并与 AsO_4^{3-} 或 AsO_3^{3-} 作用，生成难溶的砷酸铁或亚砷酸铁沉淀，主要反应如下：

$$Fe^{2+} + 2OH^- \Longrightarrow Fe(OH)_2$$

$$4Fe(OH)_2 + O_2 + 2H_2O \Longrightarrow 4Fe(OH)_3$$

$$Fe(OH)_3 + AsO_3^{3-} \longrightarrow FeAsO_3 \downarrow + 3OH^-$$

$$Fe(OH)_3 + AsO_4^{3-} \longrightarrow FeAsO_4 \downarrow + 3OH^-$$

由于铁的氢氧化物对污染物的吸附、卷带、网捕以及共沉淀等作用，可以达到深度除砷以及除其他污染物的目的。

我国某厂采用石灰－亚铁盐法除砷的工艺效果见表4－184。

表4－184　废水处理前后主要指标检测结果及与相关标准的对比

检测项	处理前 /mol · L⁻¹	处理后 /mol · L⁻¹	去除率 /%	排放标准① /mg · L⁻¹
As	4.70	0.23	99.5	0.5

①GB 8978—1996《污水综合排放标准》二级标准。

4.18.1.2　除砷工艺操作

中和与沉淀作业可以在有防腐内衬的钢壳搅拌槽内进行。充分搅拌一定时间后，溶液与沉淀一起排入水泥澄清池，让其自然沉降。清液自溢出口排出，一年清理一次池底的沉淀即可。生产规模较大的企业可以采用板框压滤机和精密过滤器对池底沉淀污泥进行定期过滤处理。

4.18.1.3　COD脱除和pH值调整

加入石灰后，溶液pH值有所上升，需再加入少量酸以保证排放液的pH≤9.0。为了使溶液中耗氧量COD符合要求，以空气搅拌，或在机械搅拌的同时通入少量的空气，或使用装有空气带入装置的机械搅拌桨，均可以使耗氧量达到排放标准。

4.18.2　钨冶炼废水脱氨氮

氨氮（NH_3-N）是植物和微生物的主要营养物质，水体中氨氮含量的增加会造成水体的富营养化，使水体发黑变臭引起水质的恶化，如“赤潮”的罪魁祸首就是氨氮。而水体一旦富营养化后没有几十年是很难恢复的，有的甚至无法恢复。因此水体中氨氮的浓度是评价水体污染程度的一个重要指标。目前在我国的水域污染中，氨氮已成为仅次于高锰酸盐的第二项主要污染物。

离子交换法生产APT过程冶炼废水中的氨氮，主要来源有：APT结晶母液、离子交换工序三段液取完后的流出液、洗氯液以及结晶氨尾气冷凝回收氨后的废气喷淋产生的废水。

对氨氮废水的脱氮处理方法有磷酸铵镁盐法、碱转化法、吹脱法、离子交换法、生化法、化学氧化法等。根据钨冶炼废水氨氮含量高（500～1500mg/L）和废水量大的特点，我国钨冶炼企业大多采用磷酸铵镁盐法、碱转化法、吹脱法工艺。

4.18.2.1　磷酸铵镁盐法脱氨氮

结晶母液经碱性溶液转化后，一般存有400～500g/L的氨氮，直接返回主流程配制交前液后，这部分氨氮最终进入交后液，将造成交后液氨氮排放的超标。

作者采用磷酸铵镁盐法研究了深度脱氨的工艺和技术条件。研究表明：在添加剂加入量为理论量的1.2倍、搅拌30～60min、温度加热至微沸状态时，可以取得较为理想的氨氮脱除效果。母液中氨氮含量可降至80mg/L以下。母液深度脱氨返回主流程配制交前液后，交后液氨氮含量在 8mg/L 以下。

4.18.2.2 碱转化－加热挥发法脱氨氮

A 基本原理

APT 结晶母液及其他离子交换工序含氨氮的废水，可以采用碱转化－加热挥发法脱氨氮。其基本反应式为：

$$NaOH + NH_4Cl \xlongequal{} NaCl + H_2O + NH_3 \uparrow$$

$$NH_4OH \xlongequal{\Delta} H_2O + NH_3 \uparrow$$

加入 NaOH 可以使废水中的 NH_4Cl 转化为易挥发的 NH_3，同时由于溶液中 OH^- 浓度升高，共同离子效应作用使氨在水中的溶解度降低，在高温下促进氨的挥发脱除。

B 操作过程

将 APT 结晶母液及其他离子交换工序含氨氮的废水，放入反应釜中，同时加入片碱，进行加热搅拌脱氨，保持溶液处于微沸状态，维持终点 pH 值等于 9 左右，直至检测溶液中氨氮含量小于 $10 \times 10^{-4}\%$ 时结束操作。

4.18.2.3 吹脱法脱氨氮

废水中的氨氮存在着下述平衡关系：

$$NH_4^+ + OH^- \xlongequal{} NH_3 \cdot H_2O \xlongequal{} NH_3 + H_2O$$

当 pH 值升高时，平衡向右移动，废水中游离氨的比率增大。

氨氮吹脱法的原理是，利用废水中所含氨氮等挥发性物质的实际浓度与平衡浓度之间（见表 4－185）存在的差异，在碱性条件下用空气吹脱，使废水中的氨氮等挥发性物质不断由液相转移到气相中，从而达到从废水中去除氨氮的目的。

影响氨氮吹脱的因素有 pH 值、温度、水力负荷和气液比等。

表 4－185 不同压力、温度下氨在水中的溶解度

压力/kPa	溶解度/kg · kg^{-1}			
	0℃	20℃	30℃	50℃
10.13	0.22	0.085	0.043	—
50.66	0.57	0.337	0.247	0.146
101.33	0.88	0.515	0.400	0.244

我国某厂在加入催化剂，控制 pH 值为 11，水力负荷 3～4$m^3/(m^2 \cdot h)$，气液比 4000～4500m^3/m^3 的条件下，对钨冶炼废水进行脱氨氮，脱除效果见表 4－186。

表 4－186 废水处理前后主要指标检测结果及与相关标准的对比

检测项	处理前/mg · L^{-1}	处理后/mg · L^{-1}	去除率/%	排放标准①/mg · L^{-1}
NH_3－N	342.0	23.4	93.2	25

①GB 8978—1996《污水综合排放标准》二级标准。

参考文献

[1] 赵中伟，曹才放，李洪桂．碳酸钠分解白钨矿的热力学分析［J］．中国有色金属学报，2008，18

(2)：356～360.

[2] 李洪桂，等．钨矿物原料碱分解的基础理论及新工艺［M］．长沙：中南工业大学出版社，1997.

[3] 杨幼明，万林生，张子岩．碱性条件下磷酸盐分解白钨试验研究［J］．中国钨业，2006，21（5）：32～36.

[4] 赵立夫，肖学有，万林生，等．二次离子交换饱和吸附法制取超高纯仲钨酸铵工艺优化［J］．中国钨业，2009，24（4）：32～35.

[5] 聂华平，万林生，王秀红．钨离子交换工艺中钨锡分离新工艺（Ⅰ）交前液中钨锡分离研究［J］．中国钨业，2008，23（4）：35～37.

[6] 聂华平，万林生，王秀红．钨离子交换工艺中钨锡分离新工艺（Ⅱ）化学转移法无害化处理交前液工艺研究［J］．中国钨业，2009，24（6）：28～31.

[7] 聂华平，万林生，王秀红．钨离子交换工艺中钨锡分离新工艺（Ⅲ）钨精矿的焙烧预处理研究［J］．中国钨业，2010，25（1）：41～44.

[8] 尹树普，李志国，贺志强．湿法离子交换法生产仲钨酸铵工艺中杂质锡的行为［J］．中国钨业，2002，17（2）：27～29.

[9] 周贤爵，周大利，何良惠，等．离子交换法从钨锡中矿提取钨［J］．有色金属：冶炼部分，1990，04：24～28.

[10] 万林生．固定床离子交换干式解吸法的研究［J］．有色金属，1990，No.6：12～14.

[11] 万林生，等．钨吸附过程阴离子分布规律及局部淋洗研究［J］．稀有金属，1992，16（6）：401～404.

[12] 万林生，等．钠化合物洗提钨及混合洗提中共存反离子的加速效应［J］．离子交换与吸附，1996，12（3）：259～263.

[13] 万林生，等．我国钨冶炼离子交换工艺的技术发展与工艺评价［J］．中国钨业，2003，18（6）：31～33.

[14] Wan Linsheng, Investigation on Anion Distribution Law in Tungsten Adsorption and Partial Elution［C］. Proceedings of the second Internation Conference on Hydrometallurgy, Changsha, China, 1992, Volume2：875～880.

[15] 万林生，等．离子交换法制取精制钨酸钠工艺研究［J］．中国钨业，2001，16（1）：31～34.

[16] Wan Linsheng. Solubility of ammonium paratungstate in the system $NH_3 \cdot H_2O - H_2O$［J］. Rare Metals, Volume 22, Number 1, March 2003, 10～13.

[17] 霍广生．钨冶炼过程中钨钼分离新工艺及其理论研究［D］．长沙：中南大学，2001.

[18] 霍广生，赵中伟，李洪桂，等．不同金属硫化物从钨酸盐溶液中除钼的效果［J］．中国有色金属学报，2004，14（2）：302～305.

[19] 陈洲溪，陈树翘．用离子交换法分离钨酸盐溶液中的钼［J］．中国钨业，1996，01（08）：9～14.

[20] 肖连生，曹佐英，张贵清，等．树脂吸附沉淀法除钼的工业实践［J］．中国钨业，2009，24（5）：53～55.

[21] 肖连生，张启修，龚柏藩，等．密实移动床——流化床离子交换除钼技术在工业上的应用［J］．中国钨业，2001，16（2）：26～29.

[22] 万林生，等．$NH_3 \cdot H_2O$—H_2O系仲钨酸铵溶解度研究［J］．中国钨业，2001，16（3）：18～21.

[23] Wan Linsheng. Study on the Reacton Mechanism and Limiting Step of Crystal Growth Ammonium Paratungstate［C］. Proceedings of the Third Internation Conference on Hydrometallurgy, Kunming, China, 1998, 110～114.

[24] Wan Linsheng. Elution of Tungsten by Sodium Compounds and Acceleration Effects by Coexistence［C］. Proceedings of the Third Internation Conference on Hydrometallurgy, Kunming, China, 1998, 115～119.

[25] 万林生，等. $NH_4Cl-NH_3 \cdot H_2O-H_2O$ 系仲钨酸铵结晶动力学研究（Ⅰ）仲钨酸铵蒸发结晶机理及诱导期变化规律［J］. 中国有色金属学报，1994，4（4）：41~45.
[26] 万林生. $NH_4Cl-NH_3 \cdot H_2O-H_2O$ 系仲钨酸铵结晶动力学研究（Ⅱ）仲钨酸铵成核速率探讨[J]. 中国有色金属学报，1995，5（1）：34~37.
[27] 万林生. 仲钨酸铵结晶成核速率研究［J］. 化工冶金，1994，15（4）：322~329.
[28] 万林生，等. 初始速率法研究仲钨酸铵晶体线生长级数［J］. 中国钨业，2004，19（2）：34~36.
[29] 万林生，等. 串联速率法研究仲钨酸铵晶体线生长速率［J］. 中国钨业，2004，19（3）：31~33.
[30] 万林生，等. $NH_4Cl-NH_3 \cdot H_2O-H_2O$ 系仲钨酸铵结晶成核级数研究［J］. 中国钨业，2004，19（4）：26~28.
[31] 万林生，等. 仲钨酸铵成核速率常数和活化能研究［J］. 中国钨业，2004，19（5）：81~83.
[32] 万林生，等. 仲钨酸铵晶体生长速率常数和活化能研究［J］. 中国钨业，2004，19（6）38~41.
[33] 万林生. 仲钨酸铵晶体生长机理及形态研究［J］. 化工冶金，1995，16（1）：24~31.
[34] 万林生. 仲钨酸铵晶体生长反应历程及限制性环节研究［J］. 稀有金属，1997，21（6）：419~423.
[35] 万林生，等. 仲钨酸铵成核期晶体生长速率研究［J］. 中国钨业，1997，12（6）：8~12.
[36] 万林生. 仲钨酸铵中钠、钾析出条件及机理研究［J］. 稀有金属，1991，16（4）：250~255.
[37] 万林生. 仲钨酸铵中硅、磷、砷析出条件及机理的研究［J］. 化工冶金，1993，14（2）：143~149.
[38] 万林生. 仲钨酸铵结晶过程钨钼分离条件及其机理研究［J］. 稀有金属，1993，17（4）：245~249.
[39] 万林生. 粗颗粒仲钨酸铵生成条件及其动力学基础研究（Ⅰ）温度制度的影响［J］. 中国钨业，1998，No. 5：43~46.
[40] 万林生. 粗颗粒仲钨酸铵生成条件及其动力学基础研究（Ⅱ）添加晶种和补加料液的作用[J]. 中国钨业，1998，No. 6：39~41.
[41] 万林生，等. 粗颗粒仲钨酸铵生成条件及其动力学基础研究（Ⅲ）溶液组成及搅拌的影响［J］，中国钨业，1999，14（2）：24~27.
[42] 万林生，等. 微米级细颗粒仲钨酸铵的制备及其工艺研究［J］. 中国钨业，2007，22（6）：23~26.
[43] 陈树茂，郭永忠. 离子交换法处理仲钨酸铵结晶母液实验与实践［J］. 中国钨业，2001，16（3）：22~24.
[44] 何长仪，刘志明，张浩军. 钨湿法冶炼氨的回用［J］. 湖南有色金属，1999，15（5）：21~22.

5 高纯 APT 制取工艺

杂质元素含量对钨材及钨合金性能的影响规律逐渐被人们所认识。高纯钨或超高纯钨（99.999%或99.9999%）具有对电子迁移的高电导、高温稳定性以及能形成稳定的硅化物的特点，在电子工业中以薄膜形式用作栅极、连接和障碍金属，也用作半导体的配线用材。某些杂质元素对特定的钨材料的性能也显示出重要的影响，例如，磷元素在（1×10^{-7}）~（1×10^{-6}）范围内的变化都将使某些钨材和合金性能产生显著的改变。

随着高性能钨材料的开发和广泛应用，各工业领域对仲钨酸铵的纯度或某些杂质含量的要求将会越来越高。我国 APT 目前按照国标 0 级品生产，即使按标准所含 23 个杂质元素上限计算，其纯度仅在99.9%左右，部分企业产品可达99.99%的纯度。

国内外对超高纯 APT 的制备工艺进行了某些研究，部分工艺已用于生产。主要工艺方法为：

（1）将99.9%的钨粉酸分解，通过离子交换净化精制，得到99.999%的 APT。

（2）将偏钨酸铵溶于水，用含五价磷酸根或氨基螯合树脂进行交换，蒸发析出杂质含量在（1×10^{-11}）~（3×10^{-7}）的超高纯 APT。

（3）直接从碳化钨制取钨酸铵溶液，通过电解法生产高纯 APT。

（4）采用 APT 氨溶－重结晶工艺，经多次重复操作，提高 APT 的纯度。

上述工艺途径均以 APT 及其后续粉末产品为原料制取超高纯 APT，工艺不尽合理，成本较高。同时 APT 重结晶工艺也存在 APT 在氨水中的溶解度较低的问题。

5.1 高纯 APT 制取原理

5.1.1 离子交换饱和吸附和淋洗除杂原理

离子交换平衡原理和工业实践证实，饱和吸附能够降低 APT 杂质含量，但相关的定量研究尚不多见。作者通过一次离子交换饱和吸附→淋洗、解吸→钨酸钠结晶→二次离子交换饱和吸附→淋洗、解吸→活性炭深度除钼、硫→APT 结晶方法，探索了降低 APT 中某些杂质含量，制取高纯 APT 的工艺途径。

5.1.1.1 固定床离子交换饱和吸附除杂机理

由于固定床离子交换的特点，当采用穿透交换时，MoO_4^{2-}、WO_4^{2-}和其他杂质阴离子仅在上部树脂上达到一定料液下的离子交换平衡。上部树脂上的 MoO_4^{2-} 和 WO_4^{2-} 达到饱和，而中下部树脂并未达饱和。其他杂质阴离子在上部吸附较少，而在中下部吸附较多。若采用饱和吸附法，则上、中、下部所有树脂均可达到离子交换平衡，树脂上整体吸附的杂质含量降低。饱和吸附后获得的钨酸铵溶液杂质含量低，溶液纯净得多。饱和吸附是制取高纯 APT 的途径之一。

5.1.1.2 淋洗除杂机理

淋洗是利用浓度较低的 NH_4Cl 和氨水的混合液或 NaOH 溶液做淋洗剂，让其流过树脂层，其中的 Cl^- 和 OH^- 离子可将已吸附在树脂上的杂质离子置换下来，但淋洗剂浓度不宜过高，否则 WO_4^{2-} 也会被置换下来，造成钨的损失。合理的淋洗作业可以除去树脂上残留的大部分 P、As、Si 等杂质，从而使得整个过程的除杂率得以提高。

5.1.2 钨酸钠和钨酸铵结晶过程除杂机理

5.1.2.1 钨酸钠溶液和钨酸铵溶液中杂质的赋存状态

经过离子交换和解吸过程制取的纯净钨酸钠和钨酸铵溶液均属于 pH > 9 的碱性溶液。根据化学分析，微量杂质的赋存状态应为：Bi、Ca、Mg、Cr、Pb、Fe 等金属杂质以氢氧化物形态存在；V 与 OH^- 形成络合物$[VO_3(OH)]^{2-}$、$[V_2O_6(OH)]^{3-}$、$[V_3O_9]^{3-}$；Ti、W、Mo、Sn、Sb、P、As、Si、S 等杂质离子分别以含氧酸根 TiO_3^{2-}、WO_4^{2-}、MoO_4^{2-}、SnO_3^{2-}、SbO_3^{2-}、HPO_4^{2-}、PO_4^{3-}、AsO_3^{3-}、SiO_3^{2-}以及硫氧化物和硫代酸根 S^{2-}、SO_4^{2-}、AsS_3^{2-}、SnS_3^{2-}、SbS_3^{2-}形态存在。由于碱度和体系的不同，Cu、Zn、V、Na、K 在钨酸钠溶液中应分别以$[Cu(OH)_4]^{2-}$、$[Zn(OH)_4]^{2-}$、VO_4^{3-}、NaOH、KOH 形态存在，而在钨酸铵溶液中应分别以 $Cu(OH)_2$、$Zn(OH)_2$、$[VO_3(OH)]^{2-}$、$[V_2O_6(OH)]^{3-}$、$[V_3O_9]^{3-}$、NaCl、KCl 形态存在。

5.1.2.2 钨酸钠结晶过程杂质析出机理分析

钨精矿经过碱分解各种金属阳离子的浓度应当极低。金属氢氧化物除 Ca 外，大部分都极难溶解，在钨酸钠料液中各金属杂质离子均在 10^{-8}mol/L 以下，后经阴离子交换树脂吸附（阳离子不吸附），解吸所得精制钨酸钠溶液中的金属阳离子几乎为零，他们的微量存在应该与机械夹杂及配解吸剂的去离子水纯度有关。

Ti、Sn、Sb、P、As、Si、S 的含氧酸根虽然在钨精矿碱分解时它们的原生化合物分解率在 40% ~90% 之间，由于其对 201 ×7 型强碱性阴离子交换树脂的亲和力远小于 WO_4^{2-}，采用过饱和吸附和淋洗工艺后，他们在解吸出来的钨酸钠溶液中浓度也应很低，精制钨酸钠结晶过程过饱和析出的可能性不大，应以间隙杂质、物理和化学吸附的方式在钨酸钠晶体中析出。

AsS_3^{2-}、SnS_3^{2-}、SbS_3^{2-}的硫代酸盐以及 S^{2-}和它们的含氧酸根一样，是钨精矿中相应的硫化物在高碱下分解的产物。它们十分容易在树脂上吸附。因此解吸出的精制钨酸钠溶液中此类杂质含量较高，以过饱和析出以及间隙杂质，物理和化学吸附方式在钨酸钠晶体析出的可能性均存在。MoO_4^{2-}的析出情况与 As、Sn、Sb、S 的情况相似。

5.1.2.3 钨酸铵结晶过程杂质析出机理

A 磷的析出机理

本书 4.13 节对磷的析出机理进行了详细的研究。

以含氧酸根存在的高价 P 以间隙杂质的形式进入 APT 的可能性较小。

未进入杂多酸稳定 pH 值区域的结晶前期，PO_4^{3-}可以替代杂质进入 APT。实验证实：钨结晶率 25.5% 时，10% 的 P 已进入 APT 晶体。

未进入杂多钨酸稳定 pH 值区域的结晶中期，磷以 1:11 和 2:17 类型的杂多酸铵盐析出的可能性较大。

结晶后期随着 pH 值的下降，溶液中的质子化趋势越来越大：$PW_{11}O_{39}^{7-} \xrightarrow{+H^+} HPW_{11}O_{39}^{6-} \cdots \xrightarrow{+H^+} H_6PW_{11}O_{39}^{-} \xrightarrow{+H^+} H_7PW_{11}O_{39}$。溶液中杂多酸分子（如 $H_7PW_{11}O_{39}$）的摩尔分数远大于杂多酸根（如 $PW_{11}O_{39}^{7-}$）。因此结晶后期由于 P 形成溶解度很大的杂多酸，磷在 APT 固相析出的趋势由上升转为下降。

B　钼的析出机理

本书 4.13 节对钼的析出机理进行了详细的研究。

当溶液 pH > 8 时，钼全部以 MoO_4^{2-} 形式存在。由于空间因素，以间隙杂质进入 APT 的可能性很小。但 MoO_4^{2-} 与 WO_4^{2-} 同为二价酸根，半径极为接近，分别为 0.345nm 和 0.352nm。结晶前后的化学组成、结构类型相似，以置换杂质的方式进入 APT 的可能性较大。

离子交换工艺制得的 AT 溶液结晶后期 pH 值为 6 左右，未达到杂多钼酸生成的酸度条件，但已进入某些杂多钼酸根稳定存在的 pH 值范围。例如，$P_2Mo_5O_{23}^{6-}$ 生成率 20% ~ 80% 的对应 pH 值为 6.2 ~ 6.7。杂多钼酸易溶于水，然而杂多钼酸铵却往往难溶于水，APT 结晶后期，钼以杂多钼酸铵过饱和析出也不可避免。同时钼还可以化学或物理吸附方式进入 APT。

无论钼以上述何种方式进入 APT 晶体，都与 AT 溶液的起始钼浓度和 APT 的过饱和度（即 WO_3浓度）有关。同时结晶过程的 pH 值及与 pH 值相关的 NH_4Cl 浓度、温度和时间、结晶器比面积、搅拌强度等也有重要影响。

C　硫的析出机理

硫在 AT 溶液中主要以微量 AsS_3^{3-}、SnS_3^{2-}、SbS_3^{2-}、S^{2-}、SO_4^{2-} 形态存在，在 APT 结晶中它们可以间隙杂质和物理吸附方式进入 APT。随着 APT 结晶过程 pH 值下降，AsS_3^{3-}、SnS_3^{2-}、SbS_3^{2-}、S^{2-} 可能以难溶的硫化物和单质 S 的方式在 APT 结晶中析出。

D　铁的析出机理

经阴离子交换净化工序，铁在 AT 溶液中主要以痕量 Fe^{2+} 形态存在。根据 $Fe(OH)_2$ 的溶度积计算，当 pH 值在 9、8、7 时，溶液中 Fe^{2+} 浓度分别达到 0.45mg/L、44.8mg/L、4480mg/L 才能以 $Fe(OH)_2$ 析出，在 APT 结晶过程 pH 值由 9 下降为 7 的情况下，铁很难以氢氧化物沉淀形态存在，可能以间隙杂质和物理吸附方式进入 APT，也可能与 AsS_3^{3-}、SnS_3^{2-}、SbS_3^{2-}、S^{2-} 结合生成更难溶的金属硫化物在 APT 中析出。

5.1.3　活性炭吸附深度除钼、硫机理

吸附是一相中的物质或溶解在其中的溶质向另外一相转移或积聚，使两相中物质浓度发生变化。活性炭能有效去除污水中的异臭，1930 年第一个用粒状活性炭滤池除臭除味的水厂建于美国贝城，而后 20 世纪 60 年代粒状活性炭净化水装置陆续在欧美日本等国家及地区建成。活性炭还可以对某些重金属有较强的吸附作用，如铅、镍、锌、钴等。

根据活性炭的亲硫作用，当溶液与活性炭充分接触时，硫、硫代钼酸盐和其他金属硫代酸盐被吸附，也可实现部分钨与钼及其他杂质分离。有关文献对钨酸盐溶液活性炭吸附

除硫进行了研究，结果表明除硫率为87.46%，并且经研究发现，活性炭吸附量最大的是S^{2-}，其次是SO_3^{2-}，对$S_2O_3^{2-}$形态的硫吸附量很小。因此，可以认为活性炭主要吸附的是S^{2-}和SO_3^{2-}。

活性炭吸附固体微粒钙的化合物以后，可以吸附PO_4^{3-}并生成$Ca_3(PO_4)_2$。活性炭对Fe^{3+}离子有很好的吸附作用，由于活性炭中吸附有氧，能够将Fe^{2+}离子氧化，因此也能较好的吸附Fe^{2+}离子。目前活性炭吸附溶液中物质的机理研究仅停留在理论分析和推测的基础上，而且各种观点分歧很大，微观实验求证的结果很少。

5.2 二次离子交换饱和吸附、淋洗工艺

5.2.1 二次离子交换饱和吸附、淋洗工艺流程

作者采用二次离子交换饱和吸附、淋洗工艺（如图5－1所示），选择P、Mo、Fe三种具有代表性的杂质元素为研究对象，探索了饱和吸附的除杂效果，制备了杂质含量小于30×10^{-6}的超高纯APT。

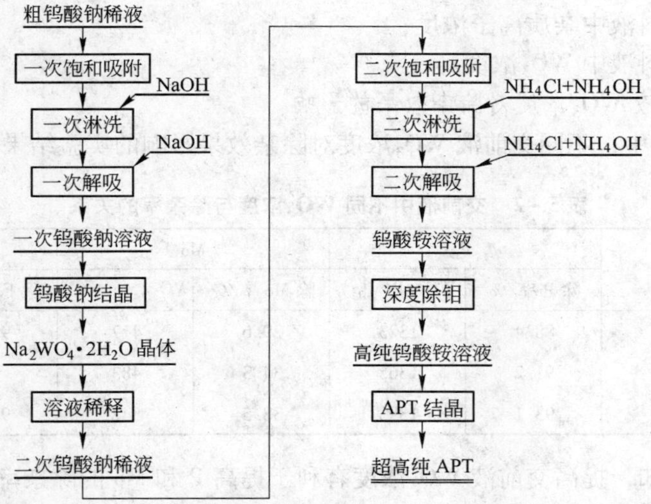

图5－1 二次离子交换饱和吸附制备超高纯APT工艺流程

5.2.2 一次饱和吸附、淋洗和钨酸钠结晶除杂

5.2.2.1 实验树脂、试剂、料液和实验装置

（1）实验所用201×7（Cl^-型）树脂性能如表5－1所示。

表5－1 实验所用树脂性能

型号	出厂形式	功能基团	粒度/mm 粒度范围≥95%，	均一系数	含水量/%	全交换容量	湿视密度/g·mL^{-1}	磨后圆球率/%	湿真相对密度/g·mL^{-1}	国外参考产品
201×7	Cl^-型	—$N^+(CH_3)_3$	0.30～1.20	1.6	40～50	3.0	0.65～0.75	≥95	1.06～1.11	Amberlite IRA－400

注：全交换容量为毫摩尔/克（干）。

（2）试剂：NaOH（分析纯），蒸馏水（自制）。

（3）Na_2WO_4料液：采用某公司提供的浓钨酸钠溶液为实验原料，其成分为（g/L）：WO_3 120、P 0.782、Cl 0.829、Mo 0.409、Fe 0.282。

（4）动态法离子交换实验装置，离子交换柱规格为 ϕ1.8cm × 50cm。

5.2.2.2　一次饱和吸附、淋洗技术条件和工艺效果

采用 APT 生产中碱分解所得粗钨酸钠浓液，添加部分 P 元素后配置成交前液，其成分为（g/L）：WO_3 20、P 0.1303、Cl 0.138 2、Mo 0.068、Fe 0.047，进行离子交换直到穿漏，然后继续交换，考察穿透后继续交换流出液体积的多少（即饱和吸附程度）对除杂效果的影响。技术条件：树脂层高度为 30cm，交换速度为 4cm/min，交换温度为 30℃。交换过程结束之后，用 300mL 10～30g/L 的 NaOH 溶液进行淋洗，再用 4mol/L 的 NaOH 溶液解吸。过程的除杂率表征如下：

$$除杂率 = (1 - \frac{C_{m1}/C_{01}}{C_m/C_0}) \times 100\%$$

式中　C_{m1}——解吸液中杂质离子的浓度；

C_{01}——解吸液中 WO_3浓度；

C_m——进料液中杂质离子浓度；

C_0——进料液中 WO_3浓度。

A　一次交前液 WO_3浓度对除杂效果的影响

一次离子交换中，不同交前液 WO_3浓度对除杂效果影响的实验结果见表 5－2。

表 5－2　交前液中不同 WO_3浓度与除杂率的关系

WO_3浓度/g · L^{-1}	P		Mo		Fe	
	除 P 率/%	WO_3/P(wt.)	除 Mo 率/%	WO_3/Mo(wt.)	除 Fe 率/%	WO_3/Fe(wt.)
10	88.4	1323	29.6	417	97.5	17021
20	91.2	1365	34.3	483	98	17109
30	93.1	1393	38.5	542	98.2	17143

由表 5－2 可知，提高交前液 WO_3浓度有利于提高 P 和 Mo 的除杂率。这主要是因为：离子吸附上树脂的能力不仅与它们对树脂亲和力有关，而且与料液中各离子浓度大小相关。当交前液中 WO_3增高时，虽然其他杂质离子浓度也相应增大，但由于树脂对 WO_4^{2-}的亲和力大于 HPO_4^{2-}（PO_4^{3-}），WO_4^{2-} 的吸附量增加的幅度大于 P、As、Si 等一类阴离子杂质。

MoO_4^{2-}与 WO_4^{2-}吸附能力相近，加之料液中有部分钼是以硫代钼酸根形式存在于溶液中，硫代钼酸根对树脂的亲和力远远大于 WO_4^{2-}，一旦吸附上树脂之后便很难被 WO_4^{2-}置换下来，故除钼率很低。

Fe 的除去率略有提高，是因为 WO_3浓度高的溶液其 OH^-浓度也高，较高的 pH 值下由于共同离子效应，溶液中 Fe^{2+}浓度较低，相同洗涤条件下，树脂机械夹杂和物理吸附的 Fe 较少。

B　一次饱和吸附程度对除杂效果的影响

一次饱和吸附程度对除杂效果的影响见表 5－3 和图 5－2。

表 5-3 一次离子交换饱和吸附的净化效果

穿透后流出液体积/mL	P		Mo		Fe	
	除 P 率/%	WO_3/P(wt.)	除 Mo 率/%	WO_3/Mo(wt.)	除 Fe 率/%	WO_3/Fe(wt.)
0	84	959	23.5	384	96.2	11198
100	85.5	1059	25.7	396	97	14184
200	86.4	1129	29.3	416	96.7	12875
300	88.3	1312	32.1	433	97.2	15198
400	90.1	1550	33.2	440	97	14184
500	90.7	1650	33.7	444	97.5	17021
600	91	1705	34	446	97.5	17021
700	91.2	1744	34.3	448	98	21277

由表 5-3 及图 5-2 可以看出，随着穿漏后流出液体积的增加，杂质的除去率逐渐提高。当穿漏后流出液体积达 700mL 时，P 的除去率达到了 91.2%，由于料液中 P 含量很高，P 的除去率稍低于相关文献报道，解吸 WO_3/P 的比值也偏低。由于 WO_4^{2-} 和 MoO_4^{2-} 对树脂的亲和力大小相近，从而 Mo 的除去率并不高，即使树脂完全达到饱和时，Mo 的除去率也只有 34.3 %。随着饱和吸附程度的增加，Fe 的除去率虽略有增加，但其 WO_3/Fe 提高近 1 倍。Fe 的除去率增加主要是 WO_3 吸附量增大，Fe 相对含量下降所致。理论上由于 Fe 不形成络合阴离子，应可彻底除去。微量 Fe 的存在主要是固体微粒夹杂及物理吸附所致，这仅与解吸前洗涤的洁净度和洗涤水的纯度有关。

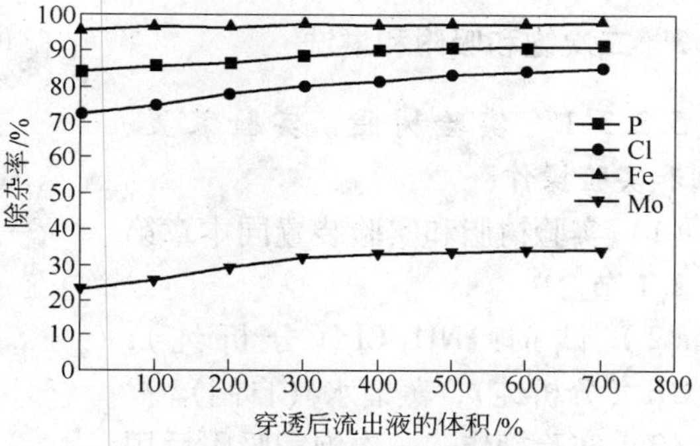

图 5-2 饱和吸附程度对一次离子交换除杂率的影响

C 一次离子交换淋洗剂浓度对除杂效果的影响

一次离子交换中，不同浓度淋洗剂淋洗后，再经 4mol/L NaOH 溶液解吸的除杂效果见表 5-4。

表 5-4 不同淋洗剂浓度对除杂的影响

淋洗剂浓度/g · L^{-1}	P		Mo		Fe	
	除 P 率/%	WO_3/P(wt.)	除 Mo 率/%	WO_3/Mo(wt.)	除 Fe 率/%	WO_3/Fe(wt.)
10	89.3	1435	33.8	444	97.5	17021
15	90.4	1599	34.0	446	98.2	23641
20	91.2	1744	34.3	448	98	21277
25	91.8	1872	34.8	451	98.2	23641
30	92.2	1968	35.2	454	98.1	22396

采用一次淋洗作业及适当的提高淋洗剂的浓度，可以提高除杂效果。采用低浓度的 NaOH 溶液作为淋洗剂，淋洗时钨损失较少，虽然 OH^- 与树脂亲和力较小，但过高的浓度也会造成一定的钨损失。

5.2.2.3 钨酸钠结晶率对除杂的影响

将一次离子交换解吸后所得 Na_2WO_4 溶液（其成分为 WO_3 65.46g/L、Mo 0.1472g/L、

P 0.0425g/L、Fe 未检出）蒸发浓缩，不同结晶率下的除杂效果见表 5 - 5 和图 5 - 3。

表 5 - 5　结晶率对除杂的影响

结晶率/%	P		Mo		Fe①	
	除 P 率/%	WO_3/P(wt.)	除 Mo 率/%	WO_3/Mo(wt.)	除 Fe 率/%	WO_3/Fe(wt.)
43.22	85.53	6442	42.38	1140	—	—
51.53	82.46	6211	39.57	1064	—	—
63.45	78.19	5890	36.74	988	—	—
72.31	67.57	5090	30.45	819	—	—
81.46	61.23	4612	21.18	543	—	—

①Fe 未检出。

5.2.3　二次饱和吸附和淋洗

5.2.3.1　实验树脂、实验装置、试剂和实验操作

（1）实验树脂和实验装置同本章第 5.2.2.1 节。

（2）试剂：NH_4Cl（分析纯），NH_4OH（分析纯），蒸馏水（自制）。

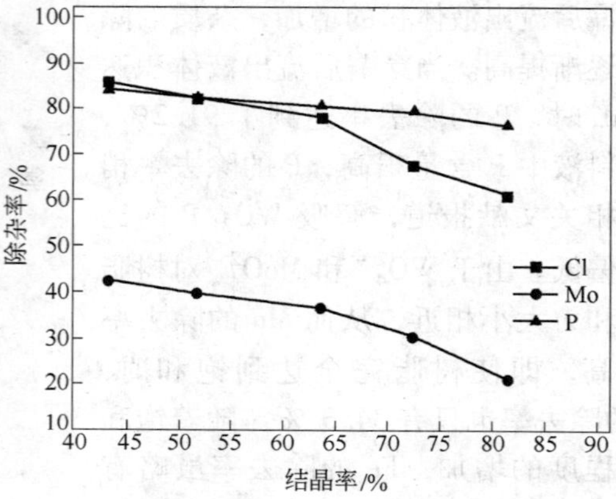

图 5 - 3　钨酸钠蒸发结晶率与除杂率的关系

（3）实验操作：一次饱和吸附后用 NaOH 对负载树脂进行淋洗和解吸，解吸所得一次钨酸钠液经过结晶提纯（控制结晶率），所得钨酸钠晶体经溶解稀释后配制二次交换料液。将成分为（g/L）：WO_3 20、P 0.00322、Mo 0.0188 的交前液进行二次离子交换。当树脂穿透后，继续让料液流过树脂吸附，分析穿透后流出液的体积对除杂效果的影响，结果见表 5 - 6。其中，杂质铁含量低于分析检测范围，未检出。

技术条件：树脂内径为 1.8cm，树脂层高度为 30cm，交换速度为 4cm/min，交换温度为 30℃，交换结束后用 20g/L NH_4Cl 和 1.5mol/L NH_4OH 混合液 100mL 进行淋洗，再用 5mol/L NH_4Cl + 2mol/L NH_4OH 混合液进行解吸。

表 5 - 6　二次交换穿透后流出液体积对除杂效果的影响

穿透后流出液体积/mL	P		Mo		Fe①	
	除 P 率/%	WO_3/P(wt.)	除 Mo 率/%	WO_3/Mo(wt.)	除 Fe 率/%	WO_3/Fe(wt.)
0	89.91	61558	33.23	1593	—	—
100	91.35	71806	33.98	1611	—	—
200	93.76	99538	35.47	1649	—	—
300	93.16	90807	36.23	1668	—	—
400	94.89	121550	37.18	1693	—	—
500	95.63	142132	37.45	1701	—	—
600	95.78	147184	37.58	1704	—	—
700	95.81	148238	37.58	1704	—	—

①Fe 未检出。

5.2.3.2 二次交前液 WO_3 浓度对除杂的影响

二次离子交换中，不同交前液 WO_3 浓度对除杂效果影响的实验结果见表5-7。

表5-7 WO_3 浓度对除杂效果的影响

交前液中 WO_3 浓度 /g·L^{-1}	P		Mo		Fe①	
	除P率/%	WO_3/P(wt.)	除Mo率/%	WO_3/Mo(wt.)	除Fe率/%	WO_3/Fe(wt.)
10	95.32	436698	36.34	1671	—	—
20	95.78	438806	37.58	1704	—	—
30	95.41	437111	38.12	1728	—	—

①Fe 未检出。

由表5-7可以看出，与除P率相比，交前液的 WO_3 浓度对除Mo率的影响更为显著。表5-7的数据表明，经过二次离子交换饱和吸附和淋洗后 WO_3/P已高达 4.3×10^5，远高于生产APT-0级品 6.0×10^3 的中控技术指标。而 WO_3/Mo仅为 1.7×10^3，远低于生产APT-0级品 6.25×10^3 的中控技术指标。需要增加深度除Mo工序才能满足超高纯APT的要求。

5.2.3.3 二次离子交换淋洗剂浓度对除杂效果的影响

二次离子交换中，不同浓度淋洗剂淋洗后，再经5mol/L NH_4Cl +2mol/L NH_4OH 溶液解吸的除杂效果见表5-8。

表5-8 淋洗剂浓度对除杂效果的影响

淋洗剂 NH_4Cl 浓度/g·L^{-1}	P		Mo		Fe①	
	除P率/%	WO_3/P(wt.)	除Mo率/%	WO_3/Mo(wt.)	除Fe率/%	WO_3/Fe(wt.)
10	95.23	428719	36.97	1688	—	—
15	95.64	430565	37.14	1696	—	—
20	95.78	431195	37.58	1716	—	—
25	95.93	431870	37.32	1704	—	—
30	96.12	432725	38.01	1735	—	—

①Fe 未检出。

表5-8的结果看出，淋洗剂 NH_4Cl 浓度大于10g/L，除P率变化不大，但除Mo率有所提高，显然这是因为 HPO_4^{2-}（PO_4^{3-}）与树脂的亲和力小于 MoO_4^{2-} 的原因。结果还表明，与一次交换NaOH淋洗相比，二次离子交换 NH_4Cl+NH_4OH 淋洗除P率和除Mo率都有较大幅度提高，这主要是因为 Cl^- 与树脂的亲和力远大于 OH^-，其除杂能力较强。

5.2.4 活性炭吸附除硫

二次饱和吸附→淋洗→解吸过程难以除去钼和硫，还需采用液相沉淀法和活性炭吸附分别净化除钼、硫。本节以二次饱和吸附→淋洗→解吸所得钨酸铵溶液（Mo浓度为0.104g/L，WO_3 浓度为178.5g/L）为原料液，实验得出了活性炭吸附除硫的技术条件。

5.2.4.1　不同 S 浓度除钼后液的吸附流出曲线

以不同 S 浓度除钼后液（pH 为 9.3）为料液，在 ϕ1.8cm、活性炭装柱高度为 30cm 吸附柱中，控制流速为 50mL/h 的条件下，起始 S 浓度对活性炭吸附除硫的影响如图 5－4 所示。

由图 5－4 可以看出，进料液中还原性硫含量越小，则活性炭吸附硫的效果越好。进料液中还原性硫含量浓度越大，则穿漏越早。这说明实验条件下，活性炭的除硫效果受吸附速度的影响较大。对含硫量 14.67mg/L 料液而言，如以 C/C_0 为 0.2 作为穿透点，则除硫率可以达到 83.2%。

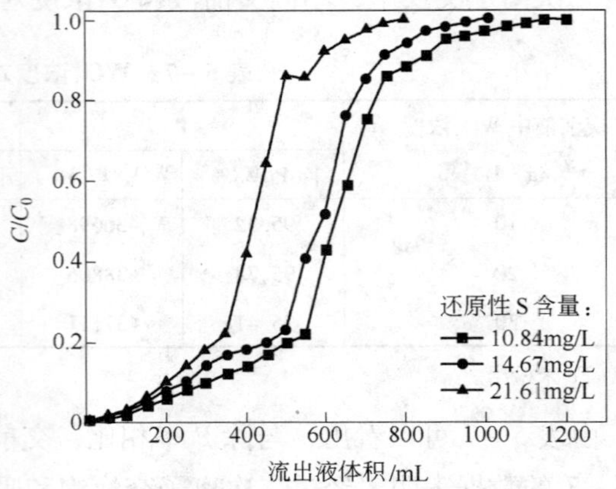

图 5－4　不同还原性硫浓度的流出曲线

（注：C 为流出液中还原性硫浓度，C_0 为料液中还原性硫浓度）

5.2.4.2　活性炭柱高径比对除硫的影响

采用还原性硫含量 14.67mg/L、pH 值为 9.18 的 $(NH_4)_2WO_4$ 溶液为料液，在 ϕ = 1.8cm 吸附柱中，流速为 50mL/h 的条件下，相同直径不同高径比对活性炭吸附除硫的影响如图 5－5 所示。

从图 5－5 可知，用颗粒状活性炭除硫，除硫效果与高径比有很大关系，高径比越大则除硫效果越好。但当高径比达到 20 之后，其除硫率可以达到 85.6%，继续增加高径比对除硫效果影响不明显。

5.2.4.3　吸附流速对活性炭除硫的影响

采用还原性硫含量 13.46mg/L、pH 值为 9.36 的 $(NH_4)_2WO_4$ 溶液为料液，在 ϕ = 1.8cm、高径比 20 的吸附柱中，不同吸附流速对活性炭除硫的影响如图 5－6 所示。

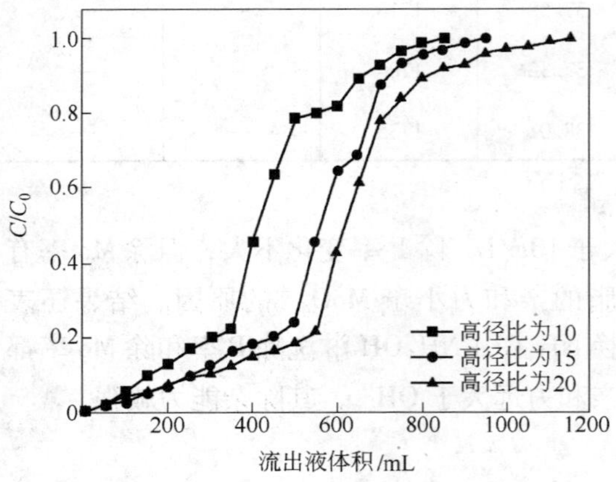

图 5－5　不同高径比的流出曲线

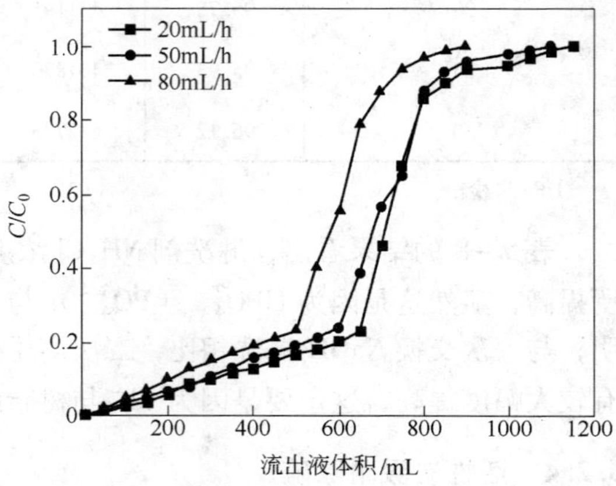

图 5－6　不同流速下活性炭吸附硫的流出曲线

从图 5－6 中看出，流速 20mL/h 和 50mL/h 的流出曲线较为接近。当流速为 80mL/h 时，流出液中硫的浓度上升较快，这说明该流速下，活性炭对硫的吸附速度已小于溶液中硫的下滑速度。

5.2.4.4 料液 pH 值对活性炭吸附脱硫的影响

采用 pH 值分别为 9.05、9.64、10.34，还原性硫含量（mg/L）依次为 14.75、15.68、14.83 的除钼后液为料液，在 ϕ = 1.8cm、高径比 20 的吸附柱中，以流速为 50mL/h 进行活性炭吸附除硫实验，结果如图 5－7 所示。

由图 5－7 可知，随着 pH 值升高，流出液的还原性硫含量略有升高，但是不明显。当 pH 值在 9～10.5 之间时，pH 值对活性炭吸附硫的影响很小。

5.2.5 高纯钨酸铵溶液结晶制取超纯 APT

作者采用经二次离子交换→液相沉淀法除钼→活性炭吸附除硫所得高纯钨酸铵溶液为原料，将不同起始 WO_3 浓度的钨酸铵溶液置于恒温水浴中，控制不同的温度、搅拌速度以及结晶率进行蒸发结晶。通过分析产品 APT 中 P、Mo、S、Fe 等杂质的含量，考察了上述工艺条件对 APT 结晶除杂的效果。

5.2.5.1 不同结晶率对仲钨酸铵纯度的影响

将 250mLWO_3 浓度为 178.5g/L、杂质离子浓度为（mg/L）：P 1.43、Fe 0.32、Mo 2.12、S 2.46 的钨酸铵溶液放入烧杯中，在转速为 60r/min，温度为 100℃ 的条件下蒸发结晶，分别控制结晶率为 43.62%、51.67%、64.15%、72.46%、85.11%。APT 中杂质含量如图 5－8 和表 5－9 所示。

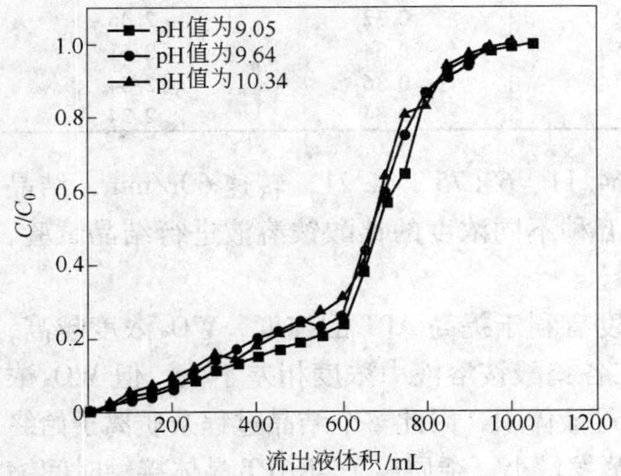

图 5－7 不同 pH 值下的活性炭吸附除硫的流出曲线

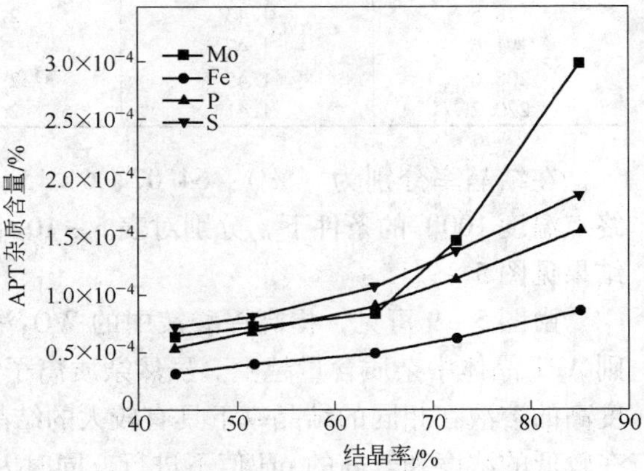

图 5－8 不同结晶率对 APT 中杂质含量的影响

表 5－9 杂质析出率

结晶率/%	杂质析出率/%			
	Mo	P	S	Fe
42.36	2.66	2.59	3.17	8.28
51.67	3.44	4.74	3.42	13.03
64.15	4.89	8.14	5.62	19.81
72.46	10.00	11.75	8.09	28.32
85.11	24.29	18.61	13.02	46.67

由图 5－9 可以看出，结晶率越高，仲钨酸铵结晶中杂质含量越高。在蒸发结晶前期，杂质 P、Mo、S、Fe 析出很少；结晶中后期随着蒸发程度加大、溶液 pH 值降低以及杂质离子浓度不断升高，杂质析出的趋势加大，结晶率超过 65% 以后，杂质的析出加快。杂质析出率 Fe > Mo > P > S，这与上述杂质析出机理分析相吻合。因此，采用控制结晶的方法制取超高纯 APT，结晶率应控制在 65% 以内。

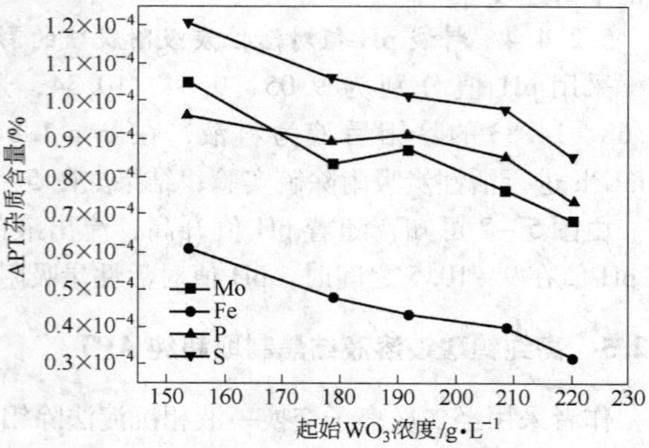

图 5－9　钨酸铵溶液起始 WO_3 浓度对 APT 中杂质含量的影响

5.2.5.2　不同起始 WO_3 浓度对 APT 中杂质含量的影响

选取 200mL 五种不同 WO_3 浓度、杂质含量相近的钨酸铵溶液进行对比试验，其浓度及杂质含量见表 5－10。

表 5－10　钨酸铵溶液成分

WO_3 浓度/$g \cdot L^{-1}$	杂质含量/$mg \cdot L^{-1}$			
	P	Mo	Fe	S
153.7	1.38	2.03	0.31	2.34
178.5	1.43	2.12	0.32	2.46
191.6	1.47	2.15	0.34	2.51
208.6	1.45	2.20	0.36	2.54
220.2	1.41	2.11	0.34	2.34

在结晶率分别为（%）：64.07、64.15、64.11、63.75、64.21，转速 60r/min，结晶终点温度 100℃的条件下，分别对表 5－10 中五种不同浓度的钨酸铵溶液进行结晶试验，结果见图 5－9。

由图 5－9 可见，提高钨酸铵中的 WO_3 浓度有利于提高 APT 的纯度，WO_3 浓度越高，则 APT 晶体中杂质含量越少。虽然杂质离子在各钨酸铵溶液中浓度相差不大，但 WO_3 浓度高的溶液在相同的结晶率下具有较大的结晶母液体积，因此整个结晶过程杂质离子始终在较低的浓度和较高的 pH 值下进行。同时因蒸发量小，杂质离子与 APT 晶体接触时间缩短也使杂质进入 APT 的可能性减小。试验结果还可看出，与 P、S、Fe 相比，WO_3 浓度高的溶液，由于结晶全过程 pH 值均较高，钼杂多酸铵盐较少生成，APT 中 Mo 含量下降得较快。表 5－11 的数据看出铁的析出率随 WO_3 的浓度升高有较明显的下降。

表 5－11　杂质析出率

WO_3/$g \cdot L^{-1}$	杂质析出率/%			
	Mo	P	S	Fe
153.7	5.76	7.74	5.75	21.90
178.5	5.07	8.05	5.58	19.41
191.6	5.62	8.59	5.59	17.55
208.6	5.19	8.81	5.80	16.70
220.2	5.15	8.27	5.80	15.04

5.2.5.3 不同结晶温度对 APT 杂质含量的影响

将200mL WO_3 178.5g/L，杂质含量（mg/L）：P 1.4、Fe 0.32、Mo 2.12、S 2.46 的$(NH_4)_2WO_4$溶液置于烧杯中，在转速为60r/min、结晶率分别为（%）：64.25、63.95、64.31、64.15 的条件下蒸发结晶，不同结晶温度对 APT 杂质含量的影响如图 5－10 和表 5－12所示。

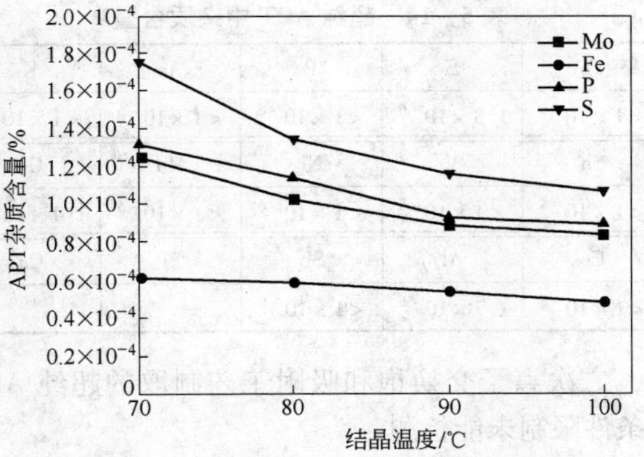

图 5－10 结晶温度对 APT 中杂质含量的影响

表 5－12 杂质析出率

温度/℃	杂质析出率/%			
	Mo	P	S	Fe
70	7.52	12.03	9.26	25.11
80	6.21	10.50	7.05	23.38
90	5.38	8.52	6.09	21.48
100	5.07	8.32	5.60	19.41

由图 5－10 可知，随着结晶温度的增加，APT 中杂质含量逐渐减少。其原因可能是高温下，杂质的溶解度增大，进入 APT 晶体的含量更少。同时高温容易得到均匀的粗晶，低温得到颗粒不均匀的细晶。APT 细晶有着较大的表面积和晶体缺陷，使得杂质离子进入晶格的机会增大。生产实践表明，完整的块状晶体及均匀的粗晶所夹带的杂质更少。另外，在相同的结晶率下，结晶温度升高，结晶时间必然缩短，杂质与 APT 接触时间也随之减少，这也使得杂质进入 APT 的机会减少。

5.2.6 工艺综合效果和高纯 APT 质量

5.2.6.1 二次离子交换饱和吸附、淋洗工艺各工序综合除杂率

二次离子交换饱和吸附工艺制备的钨酸铵溶液及深度除钼后各工序的除杂率如表 5－13 所示。

表 5－13 工艺全过程各工序除杂率

杂 质	各工序除杂率/%					
	一次离子交换	钨酸钠结晶	二次交换	深度除钼、硫	APT 结晶	总除杂率
P	91.2	82.46	95.81	—	90.48	99.99
Fe	98	87.64	98.75	—	88.47	99.999
S	—	85.48	—	95.58	87.35	99.92
Mo	34.3	39.57	37.58	99.50	68.32	99.96

5.2.6.2　高纯 APT 质量

经一次离子交换饱和吸附、淋洗、钨酸钠结晶、二次离子交换饱和吸附、淋洗、深度除钼，APT 结晶等工序除杂提纯后，杂质的总除去率 P 为 99.99%，Fe 为 99.999%，S 为 99.92%，Mo 为 99.96 %。

本工艺制取了杂质含量小于 30×10^{-6} 的超高纯 APT，化验结果见表 5－14。

表 5－14　超纯 APT 中杂质含量

元　素	Mo	Fe	S	P	As	K	Na	Mg
含　量	$<1\times10^{-6}$	$<1\times10^{-6}$	1.3×10^{-6}	$<1\times10^{-6}$	$<1\times10^{-6}$	$<1\times10^{-6}$	$<1\times10^{-6}$	1.8×10^{-6}
元　素	Pb	Sn	V	Ni	Mn	Cu	Ti	Cr
含　量	$<0.75\times10^{-6}$	$<1\times10^{-6}$	$<1\times10^{-6}$	$<1\times10^{-6}$	$<1\times10^{-6}$	1.4×10^{-6}	$<1\times10^{-6}$	$<1\times10^{-6}$
元　素	Bi	Co	Al	Sb	Si	Ca		
含　量	$<0.7\times10^{-6}$	$<1\times10^{-6}$	1.7×10^{-6}	$<1\times10^{-6}$				

由检测结果看出，二次离子交换饱和吸附工艺制取的超纯 APT 杂质含量小于 30×10^{-6}，Si、Ca 受检测条件限制未能检测。

5.2.6.3　工艺结果

A　工艺技术条件

（1）提高一次离子交换交前液 WO_3 浓度和淋洗剂 NaOH 浓度，可提高 P 和 Mo 的除去率，但对 Fe 的除去率影响不大。其中一次离子交换 WO_3 浓度对除 Mo 率影响较为显著。交前液 WO_3 浓度控制在 30g/L、淋洗剂 NaOH 浓度以 25g/L 为宜。

（2）降低一次离子交换解吸所得钨酸钠溶液蒸发结晶率可大幅度提高 P 和 Mo 的除去率，但除 Mo 率提高的幅度大于除 P 率。钨酸钠结晶率控制在 60%～70% 为宜。

（3）提高二次离子交换交前液 WO_3 浓度和淋洗剂 NH_4Cl 浓度可提高 Mo 的除去率，但对 P 的除去率影响不大。交前液 WO_3 浓度控制在 20g/L、淋洗剂 NH_4Cl 浓度以 10g/L 为宜。

（4）起始硫浓度、吸附柱高径比、吸附流速对活性炭吸附除硫影响较大，溶液 pH 值对活性炭吸附除硫的影响不大。实验条件下，活性炭吸附除硫率可达 85.32%。

（5）高纯钨酸铵溶液结晶率超过 65% 以后，杂质的析出加快。杂质析出率 Fe > Mo > P > S。提高起始 WO_3 浓度有利于提高 APT 的纯度，与 P、S 相比，APT 中 Mo、Fe 含量下降得较快。随着结晶温度的增加，APT 中杂质含量减少。

B　工艺除杂效果

（1）二次离子交换饱和吸附工艺能够大幅度除去 P（Si、As）一类杂质阴离子。试验条件下 P 的除去率高达 99.94%。

（2）由于钼的性质与钨相近，二次离子交换饱和吸附工艺难以彻底除去 Mo，必须增加有效的除 Mo 工序。

（3）交前液中 Fe 等不以络阴离子存在的金属阳离子杂质，在离子交换中不被树脂化学吸附，采用二次离子交换饱和吸附工艺只要洗涤树脂的去离子水纯度足够高，洗涤量足够大，可以彻底除去。

（4）增加除钼工艺和离子交换净化的次数，可制备超高纯度的 APT。

（5）二次离子交换饱和吸附工艺优化后，高纯 APT 制取工艺全过程杂质的除去率为：P 99.99%、Fe 99.999%、Mo 99.96%、S 99.92%。

5.3 APT 氨溶 - 活性炭吸附 - APT 重结晶工艺

5.3.1 APT 氨溶 - 活性炭吸附除硫、除钼

5.3.1.1 APT 氨溶制取钨酸铵溶液

APT 氨溶是一净化除杂过程。氨溶前的 APT 中 Fe、Al、Mg、Mn、Ti、Ca 等杂质主要以难溶的氢氧化物或硫化物机械夹杂存在，P、Si、As 以极难溶的杂多酸铵盐存在。将工业纯 APT 溶于氨水时，钨以钨酸铵形态溶解于溶液中，上述杂质难以溶解而残留于氨溶渣中，通过严格过滤可以除去部分杂质。由于 Mo 主要以仲钼酸铵的形态存在于 APT 中，且仲钼酸铵的溶解度大于仲钨酸铵，所以氨溶过程钼的除去率很低。S 在 APT 中大部分以易溶的（$(NH_4)_2S$）的形态存在，氨溶也难以除去，需要采用活性炭吸附工艺净化脱除。

黄成通将不合格 APT 在温度 280℃ 下进行热离解后，采用 26% 的工业氨水、液固比 1.4∶1 的条件下，氨溶前 APT 中杂质含量与氨溶渣杂质含量的数据见表 5 - 15。

表 5 - 15 氨溶前 APT 中杂质含量与氨溶渣杂质含量 （质量分数/%）

杂质元素	Fe	Al	Mg	Mn	Ti	Ca	Si	Mo
APT 中含量	0.0064	0.0018	0.0018	<0.001	<0.002	0.003	0.0044	0.0049
氨溶渣中含量	0.447	0.0168	0.040	0.0071	0.0089	0.0195	0.038	0.0066

作者以某公司生产的国标 0 级品 APT（Mo 含量不同）为原料（见表 5 - 16），采用 26% 的工业氨水、液固比 1.4∶1、温度 95℃、氨溶时间 4h 的条件下，制取出初步提纯的钨酸铵溶液作为下步活性炭吸附除硫（同时可除钼）的原料液。

表 5 - 16 重结晶原料 APT 成分

元 素	Al	As	Fe	K	Pb	S	Bi	Cd
含 量	$<4\times10^{-6}$	$<8\times10^{-6}$	$<5\times10^{-6}$	3×10^{-6}	$<1\times10^{-6}$	$<5\times10^{-6}$	$<1\times10^{-6}$	$<1\times10^{-6}$
元 素	Na	Mg	Sb	Si	Ca	Co	Mn	Mo
含 量	3×10^{-6}	$<3\times10^{-6}$	$<5\times10^{-6}$	$<5\times10^{-6}$	$<5\times10^{-6}$	$<4\times10^{-6}$	$<5\times10^{-6}$	$<5\times10^{-6}$
元 素	Sn	Ti	Cr	Cu	Ni	P	V	
含 量	$<1\times10^{-6}$	$<4\times10^{-6}$	$<4\times10^{-6}$	$<1\times10^{-6}$	$<3\times10^{-6}$	$<5\times10^{-6}$	$<4\times10^{-6}$	

5.3.1.2 活性炭除硫

采用本章第 5.2 节活性炭吸附除硫的优化条件，初始硫浓度 0.39 ~ 0.93mg/L 下，在吸附流速 50mL/h、pH 值 9.0 ~ 10.0、活性炭柱高 20 ~ 30cm 的条件下进行实验，实验结果表明控制吸附料液为活性炭体积的 4 倍之内，APT 氨溶溶液活性炭吸附的除硫率达到 92% ~ 96%。

5.3.1.3 钼浓度对活性炭吸附除钼的影响

采用 pH 值为 9.70 左右，WO_3 78.80g/L、还原性钼含量（mg/L）分别为：0.96、1.563、2.264 的氨溶 APT 溶液为料液，在 $\phi=1.8$cm、活性炭柱高 20cm 的吸附柱中，以

流速为 50mL/h 进行活性炭吸附除钼实验，结果如图 5－11 所示。

由图 5－11 可知，在流出体积相同的条件下，钼浓度越小，除钼率越大，但是钼浓度 1.563mg/L 和 0.96mg/L 的除钼率较为接近，而钼浓度为 2.264mg/L 时钼的吸附率下降较快。这是因为受活性炭颗粒内扩散速度的限制，当溶液中钼超过一定浓度后，钼的下滑速度已经大于活性炭的吸附速度。

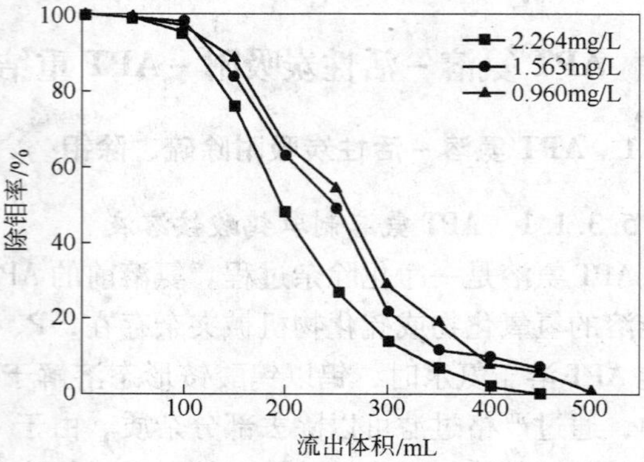

图 5－11　不同钼浓度对除钼率的影响

图 5－11 与活性炭除硫的结果比较可知，活性炭对钼的吸附能力小于硫。这与强碱性阴离子交换树脂吸附时的情况相同，S^{2-} 对树脂的亲和力大于 MoO_4^{2-}。

5.3.1.4　溶液流速对活性炭吸附除钼的影响

在活性炭柱高为 20cm，料液成分为 WO_3 78.63 g/L、Mo 1.563mg/L、pH 值 9.70 的条件下，以流速分别为 100mL/h、50mL/h、25mL/h 进行实验，实验结果如图 5－12 所示。

实验结果表明，当其他条件相同时，流速越快，吸附除钼效果越差。与流速为 50mL/h 和 25mL/h 的曲线相比，流速 100mL/h 的除钼率出现急剧下降。这表明，试验条件下，当流速小于 50mL/h 后，钼随溶液下滑的质量流速已经接近活性炭吸附钼的速度。再降低流速对除钼率提高的效果甚微。

5.3.1.5　柱高对活性炭吸附除钼的影响

流速为 50mL/h，料液成分：WO_3 78.63 g/L、Mo 1.563mg/L、pH 值 9.70 的条件下，在活性炭高度分别为 10cm、20cm、30cm 的吸附柱中进行实验，实验结果如图 5－13 所示。

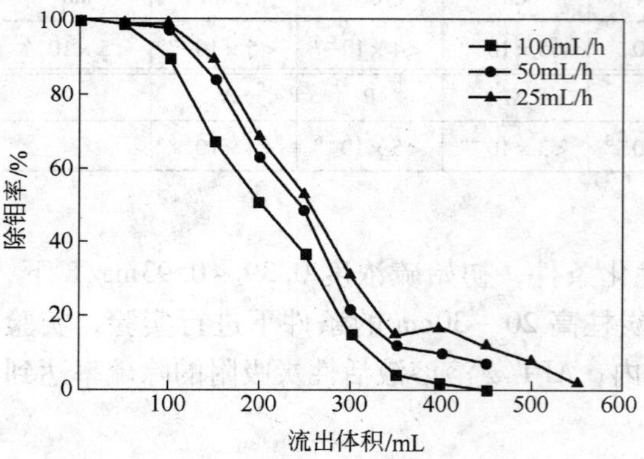

图 5－12　不同溶液流速对除钼率的影响

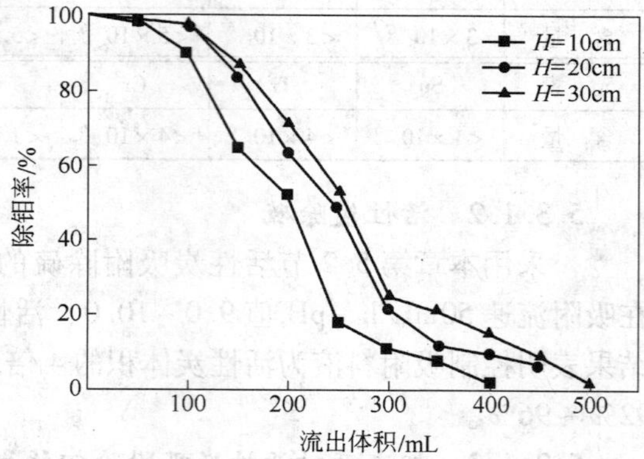

图 5－13　柱高对活性炭吸附除钼率的影响

由图 5－13 可以看出，柱高为 20cm 和 30cm 的除钼率较为接近，而柱高 10cm 的除钼率大幅下降。这表明，试验条件下，10cm 柱高已经小于活性炭吸附 Mo 的交换层高度，流出液中钼浓度与活性炭上钼浓度之比未达平衡时，溶液就已经脱离吸附体系而流出了。

5.3.1.6 溶液 pH 值对活性炭吸附除钼率的影响

在柱高 20cm、流速为 50mL/h，料液成分：WO_3 78.24 g/L、Mo 0.720mg/L、pH 值分别为 9.26、9.70、10.12 的条件下，活性炭除钼的实验结果如图 5－14 所示。

实验结果表明：在试验条件下，随着 pH 值的增大，钼的吸附效果略有下降，但幅度较小。这可能是因为活性炭吸附钼为阴离子交换机理，OH^- 同是阴离子，OH^- 浓度升高将因"竞吸"作用而影响 MoO_4^{2-} 吸附，但由于 OH^- 的亲和力远小于 MoO_4^{2-}，其影响相对较小。

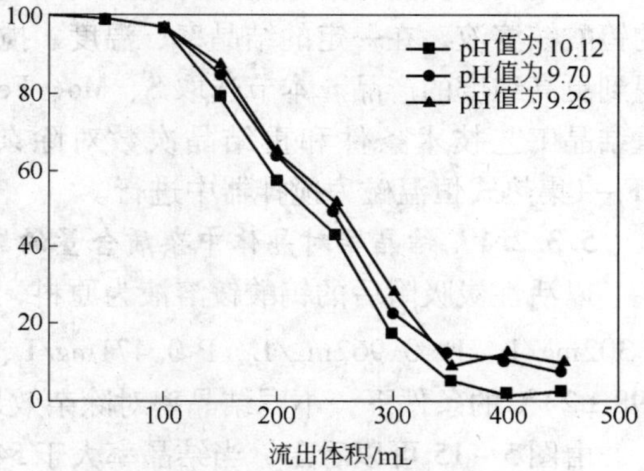

图 5－14 不同 pH 值的除钼率

5.3.1.7 活性炭对其他杂质的吸附

选取 Na、As、Fe 为代表性杂质元素，对活性炭吸附除硫、除钼后所得的钨酸铵溶液进行测定，得出活性炭吸附对其他杂质的除去情况见表 5－17。结果表明活性炭对其他杂质吸附除去的效果不大。

表 5－17 活性炭对其他杂质的吸附

杂质元素	Na	As	Fe
氨溶料液/mg · L^{-1}	0.257	0.624	0.636
吸附后液/mg · L^{-1}	0.248	0.574	0.593
吸附除杂率/%	3.5	8	6.8

5.3.1.8 饱和活性炭再生工艺和效果

对除硫、除钼吸附能力下降以致完全丧失的饱和活性炭进行再生工艺和效果的试验，再生工艺如下：

（1）酸法再生：将 10g 饱和活性炭放在 150mL HCl（2mol/L）溶液中煮沸 30min，用二次蒸馏水洗至中性。

（2）碱法再生：将 10g 饱和活性炭放在 150mL NaOH（2mol/L）溶液中煮沸 30min，用二次蒸馏水洗至中性。

再生炭的吸附效果试验：将 100mL 含硫量为 1.461mg/L 和 100mL 含钼量为 1.563mg/L 的 APT 溶解液，分别加入 5g 干量的新活性炭、HCl 再生活性炭、NaOH 再生活性炭中，室温下在一定的磁力搅拌速度下搅拌 30min，过滤后分析硫和钼含量。重复做一次取其平均值。结果如表 5－18 所示。

表 5－18 吸附饱和活性炭再生效果

种　类	除硫率/%	除钼率 /%
新活性炭	85.32	76.25
HCl 再生活性炭	79.40	67.43
NaOH 再生活性炭	83.30	73.55

从表5－18看出，NaOH处理后的饱和活性炭吸附除硫、除钼能力得到较大程度的恢复，再生后的吸附除硫、除钼率分别为83.30%和73.55%，接近新活性炭的吸附率，碱法再生效果好于酸法。

5.3.2　APT 重结晶

重结晶是提纯易溶固体无机化合物的有效方法。APT 重结晶是将氨水溶解 APT 所得的钨酸铵溶液，在一定的结晶率、温度、搅拌速度下一次或多次重新结晶去除杂质，最后得到更高纯度的产品。本节选取 S、Mo、Fe、P、Cl、Na 等具有代表性的杂质元素，研究重结晶工艺技术条件和重结晶次数对除杂效果的影响。实验在装有 S312 数显装置的 DF－1集热式恒温磁力搅拌器中进行。

5.3.2.1　结晶率对晶体中杂质含量的影响

以活性炭吸附后的钨酸铵溶液为原料，其成分为：$WO_3$78.95 g/L、S 0.132mg/L、Mo 0.302mg/L、Fe 0.962mg/L、P 0.471mg/L、Cl 0.589mg/L。在搅拌速度100r/min，温度(98±2)℃的条件下，不同结晶率对除杂效果的影响如图5－15所示。

由图5－15可以看出，当结晶率大于54.22%后，S、Mo、Fe、Cl 的析出率明显增加，这是因为结晶溶液的浓缩，使固体硫化物、铁的氢氧化物微粒和 Cl^- 进入 APT 的几率增加，也使仲钼酸铵过饱和析出的趋势增大。P 的析出率随着结晶率的升高呈现由上升到下降的特征，这与磷的杂多酸生成的 pH 值有关，结晶前期，P 以易溶磷酸氢铵的形态存在，随着结晶过程 pH 值的下降，结晶中期 P 形成极难溶的磷杂多酸铵盐，结晶后期 P 又与钨形成溶解度很大的杂多钨酸。

5.3.2.2　结晶温度对晶体中杂质含量的影响

以活性炭吸附后的钨酸铵溶液为原料，其成分同上。在搅拌速度100r/min，结晶率为54.22%条件下，不同结晶温度对除杂效果的影响如图5－16所示。

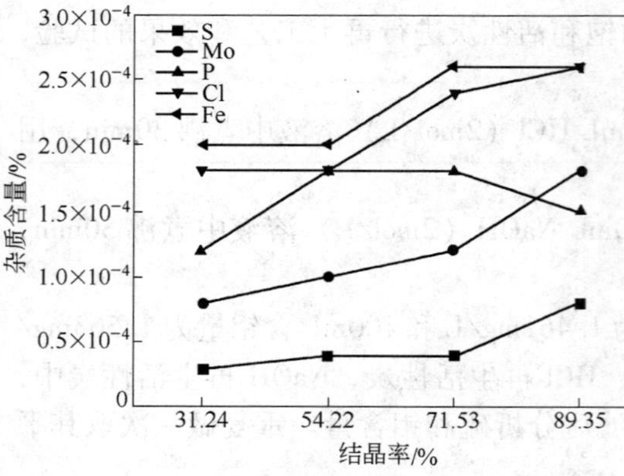

图5－15　不同结晶率对 APT 杂质含量的影响

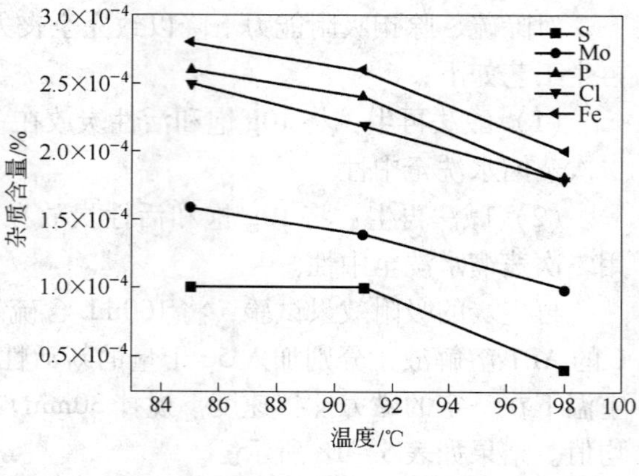

图5－16　不同结晶温度对 APT 杂质含量的影响

从图5－16可以看出，随着结晶温度的提高，S、Mo、P、Cl、Fe 的析出率均呈现下降的趋势，这是因为高温下难溶化合物的溶解度增大，同时结晶溶液的黏度下降导致杂质的吸附趋势下降。S 的析出率降低还与高温下 $(NH_4)_2S$ 的挥发加剧、溶液中 S^{2+} 浓度减少有关。

5.3.2.3 搅拌速度对晶体中杂质含量的影响

以活性炭吸附后的钨酸铵溶液为原料，其成分同上。在温度98℃、结晶率为54.22%条件下，不同搅拌速度对除杂效果的影响如图5－17所示。

从图5－17可以看出，实验范围内随着搅拌速度的增加，APT中的S、Mo、P、Fe含量略有上升，但是影响不大，Cl的含量基本保持不变。

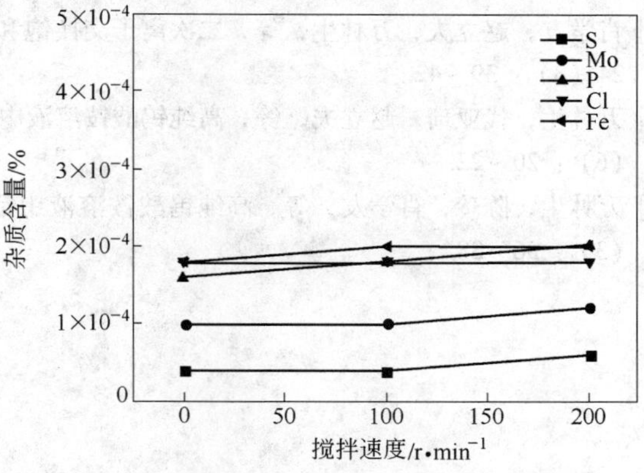

图5－17 不同搅拌速度对APT杂质含量的影响

5.3.2.4 重结晶次数对晶体中杂质含量的影响

在恒温水浴搅拌器中，采用结晶条件实验获得的优化技术条件进行重结晶。将原料APT加入工业氨水中，95℃下在密闭的容器中进行搅拌溶解4h。热过滤后，在直径ϕ1.8cm、活性炭柱高20cm的吸附柱中以流速50mL/h进行吸附除杂。吸附除杂后的钨酸铵溶液在温度98℃、搅拌转速100r/min的条件下，控制结晶率为81%进行重结晶。将一次重结晶得到的APT，按上述操作过程重复一次得到二次重结晶APT。一次、二次重结晶APT中5个代表性杂质的含量见表5－19，二次重结晶APT化学成分的全分析见表5－20。

表5－19 一次、二次重结晶APT部分杂质含量

杂质元素	Na	As	Fe	S	Mo
原料APT	3×10^{-6}	$<8\times10^{-6}$	$<5\times10^{-6}$	$<5\times10^{-6}$	5×10^{-6}
一次结晶APT	$<1\times10^{-6}$	$<1\times10^{-6}$	2×10^{-6}	2×10^{-6}	2×10^{-6}
二次结晶APT	$<1\times10^{-6}$	$<1\times10^{-6}$	$<1\times10^{-6}$	$<1\times10^{-6}$	$<1\times10^{-6}$

表5－20 二次重结晶APT杂质含量全分析

元　素	Al	As	Fe	K	Pb	S	Bi	Cd
含　量	2.9×10^{-6}	$<1\times10^{-6}$	$<1\times10^{-6}$	$<1\times10^{-6}$	$<0.67\times10^{-6}$	$<1\times10^{-6}$	$<0.5\times10^{-6}$	—
元　素	Na	Mg	Sb	Si	Ca	Co	Mn	Mo
含　量	$<1\times10^{-6}$	2.4×10^{-6}	$<0.5\times10^{-6}$	—	—	$<1\times10^{-6}$	$<1\times10^{-6}$	$<1\times10^{-6}$
元　素	Sn	Ti	Cr	Cu	Ni	P	V	
含　量	$<1\times10^{-6}$	$<1\times10^{-6}$	$<1\times10^{-6}$	$<1\times10^{-6}$	$<0.5\times10^{-6}$	1.9×10^{-6}	$<1\times10^{-6}$	

注：受测试技术条件的限制，Cd、Si、Ca无法测定。

结果表明，采用APT氨溶→活性炭吸附除硫、除钼→APT重结晶工艺可制取杂质总含量小于22.37×10^{-4}%（加上未测元素Si、Ca、Cd的含量，基本能控制总杂质含量不大于30×10^{-4}%）的高纯APT。如果全过程使用超纯水并多次进行重结晶，APT产品中杂质含量将大大降低。受仪器检测下限的限制，多次结晶的除杂效果难以测定。

参考文献

[1] 黄成通 . 热离解法制取高纯钨酸铵［J］. 稀有金属与硬质合金 . 1989，(98)：18 ~ 23.

[2] 肖学友，赵立夫，万林生，等 . 二次离子交换饱和吸附工艺制备超纯 APT［J］. 中国钨业，2009，24（3）：39 ~ 42.

[3] 万林生，代亚琦，赵立夫，等 . 高纯钨酸铵溶液中活性炭深度除钼研究［J］. 中国钨业，2009，24（6）：20 ~ 22.

[4] 万林生，陈玲，肖学友，等 . 高纯钨酸铵溶液中活性炭深度除硫研究［J］. 中国钨业，2009，24（3）：36 ~ 38.

6 金属钨粉的制取

6.1 概述

6.1.1 金属钨粉制取的主要方法

金属钨粉是生产硬质合金、纯钨、钨合金等制品的重要原料，其中约80%的钨粉用于硬质合金生产。目前制取金属钨粉的方法主要有钨氧化物氢还原法等几种。

6.1.1.1 钨氧化物氢还原法

这是一种利用H_2为还原剂将钨氧化物还原为钨粉的方法。以WO_3氢还原为例，其总反应为：

$$WO_3 + 3H_2 = W + 3H_2O$$

当前作为氢还原原料的钨氧化物主要有黄色氧化钨（WO_3）、蓝色氧化钨（主要为$WO_{2.9}$）和紫色氧化钨（$WO_{2.72}$）等。氧化钨氢还原法是目前生产金属钨粉的主要方法。

6.1.1.2 钨卤化物氢还原法

即利用H_2为还原剂将钨的卤化物（如氯化钨、氟化钨）还原为金属钨的方法。例如对WCl_6而言，其总反应为：

$$WCl_6 + 3H_2 = W + 6HCl$$

钨卤化物的氢还原过程为气相反应，易于制取超细钨粉或钨镀层。

钨卤化物氢还原法当前只用于小规模生产。

6.1.1.3 钨氧化物碳还原法

将钨氧化物与碳的混合物加热至一定温度时，钨氧化物被还原为钨粉。以WO_3碳还原为例，其总反应为：

$$WO_3 + 3C = W + 3CO$$

$$WO_3 + 3CO = W + 3CO_2$$

有时在炉中通入少量的氢气，对碳还原过程起促进作用。由于此法所制得的钨粉碳含量偏高，不宜用于钨制品。目前，碳还原法制取钨粉工艺采用较少。这种方法在直接生产碳化钨，特别是超细碳化钨粉时得到越来越多的使用。

6.1.1.4 其他方法

制取金属钨的方法还有熔盐电解法、物理气相沉积法、Zn还原法、等离子体化学合成法等。

本章将主要介绍氧化钨氢还原的原理及工艺，对其他方法也进行简单介绍。

6.1.2 金属钨粉的性能

金属钨粉的性能在很大程度上影响后续产品的加工性能和质量，因而不论是硬质合金领域或钨材加工领域，都对原料钨粉提出了相应的化学纯度和物理性能要求，特别是对物理性能的要求越来越高。

6.1.2.1　化学纯度

硬质合金及钨制品生产时，对钨粉的化学纯度要求较高。钨粉中残留的杂质元素对产品的加工性能和使用性能产生影响。例如在以 APT 为原料生产钨粉的过程中，物料与煅烧、还原炉管以及舟皿等直接接触，引起 Fe、Ni、Cr、Si 等杂质含量增高，化学纯度降低。这些杂质元素有的是从原料带入的，有的是由舟皿或炉管材料脱落引起的，当它们达到一定的含量或聚集成足够大的尺寸时，可能成为后续加工或使用的缺陷源。

钨粉中杂质对硬质合金性能的影响非常复杂。有些是有害的，有些是有益的。目前研究认为，Ca、Mg、P、As、Si、S、Fe、Ni、Cu、Al、Mo 会使合金强度降低，K、Na 促进 WC 晶粒长大，V、Cr 则起抑制晶粒长大的作用。如 WO_3 中的 Mo 含量超过 0.5% 后，引起合金抗弯强度降低。现生产的大部分钨粉品种中，残留的金属杂质（不包括作为添加剂加入的）含量在万分之几到十万分之几。

钨粉中的氧能与碳化物发生反应，吸收碳化物中的碳而引起硬质合金脱碳，合金严重脱碳时出现 η－相，使合金变脆；反应放出的气体增加合金中的孔隙度，降低合金的强度。根据不同的还原工艺与设备，钨粉中的氧含量一般在 0.05% ~0.5% 之间，且随钨粉粒度的减小而增加。

钨粉的化学纯度要求如表 6－1 所示。

表 6－1　钨粉的化学纯度要求（GB3458—2006）

产品牌号		FW－1	FW－2	FWP－1
杂质含量/%（不大于）	Pb	0.0001	0.0005	0.0007
	Bi	0.0001	0.0005	0.0007
	Sn	0.0003	0.0005	0.007
	Sb	0.0010	0.0010	0.0010
	As	0.0015	0.0020	0.0020
	Fe	0.0050	0.030	0.030
	Ni	0.0030	0.0040	0.0050
	Cu	0.0007	0.0010	0.0020
	Al	0.0010	0.0040	0.0050
	Si	0.0020	0.0050	0.010
	Ca	0.0020	0.0040	0.0040
	Mg	0.0010	0.0040	0.0040
	Mo	0.0050	0.010	0.010
	P	0.001	0.005	0.005
	C	0.005	0.010	0.010
	O	0.20	0.25	0.20
	K＋Na	0.0030	0.0030	0.0030
	P	0.0010	0.0040	0.0040
	C	0.0050	0.010	0.010

平均粒度范围/μm	氧含量（不大于）/%
BET ＜ 0.10	0.80
BET 0.10 ~ 0.20	0.50

续表 6－1

平均粒度范围/μm	氧含量（不大于）/%
Fsss≥0.8～1.0	0.40
Fsss ＞1.0～1.5	0.30
Fsss ＞1.5～2.0	0.30
Fsss ＞2.0～3.0	0.25
Fsss ＞3.0～4.0	0.25
Fsss ＞4.0～5.0	0.25
Fsss ＞5.0～7.0	0.25
Fsss ＞7.0～10	0.20
Fsss ＞10～15	0.20
Fsss ＞15～20	0.10
Fsss ＞20～30	0.10
Fsss ＞30	0.10

6.1.2.2 物理性能

金属钨粉的物理性能主要有平均粒度、粒度分布、颗粒聚集度、颗粒形貌、比表面积、松装密度、振实密度、霍尔流速等。

A 平均粒度和粒度分布

不论是硬质合金或钨制品，对钨粉的平均粒度和粒度分布都有着严格的要求。在硬质合金领域，W 粉的粒度和粒度分布直接影响所生产的 WC 粉的粒度及粒度分布。WC 粉粒度则影响硬质合金制品的性能。

研究发现，WC 粉的特性受 W 粉特性的制约，W 粉碳化成 WC 后，颗粒大小略有变化，一般情况下，WC 粉的晶粒度比原料钨粉的晶粒度更小。生产粗、中、细颗粒的 WC 粉需要采用粗、中、细颗粒的 W 粉，不均匀的 W 粉碳化所得到的 WC 粉也不均匀。粗、中、细颗粒 W 粉碳化后粉末粒度变化如表 6－2 所示。

表 6－2 粗、中、细颗粒 W 粉碳化后粉末粒度变化

粗颗粒钨粉碳化后粉末粒度变化								
粗颗粒粉末	粉末粒度组成/%							平均粒度/μm
	10μm	20～30μm	40～50μm	60～70μm	80～100μm	110～150μm	160～200μm	
W 粉	33.6	31.1	15.2	8.1	6.8	4.4	0.8	35.2
WC 粉	36.4	31.6	14.3	7.9	6.6	2.9	0.3	32.5

中、细颗粒钨粉碳化后粉末粒度变化									
中、细颗粒粉末		粉末粒度组成/%							平均粒度/μm
		0.5μm	1μm	2μm	3μm	4～5μm	6～7μm	8～10μm	
中颗粒	W 粉		10.9	21.6	31.1	31.1	5.1	0.2	3.27
	WC 粉		7.5	14.2	23.1	35.6	15.7	3.9	3.94
细颗粒	W 粉	35.9	39.9	22.7	1.3	0.2			1.08
	WC 粉	25.6	43	24	6.2	1.2			1.28

不同用途的硬质合金，根据其所用 WC 粉粒度不同，对原料 W 粉的平均粒度及粒度组成有不同的要求。切削刀具要求 W 粉及 WC 粉粒度细，粒度分布较窄。冲击工具要求 W 粉及 WC 粉粒度粗，粒度分布较宽。粗晶 WC 用平均粒度 25.8μm W 粉的粒度分布如图 6－1 所示。

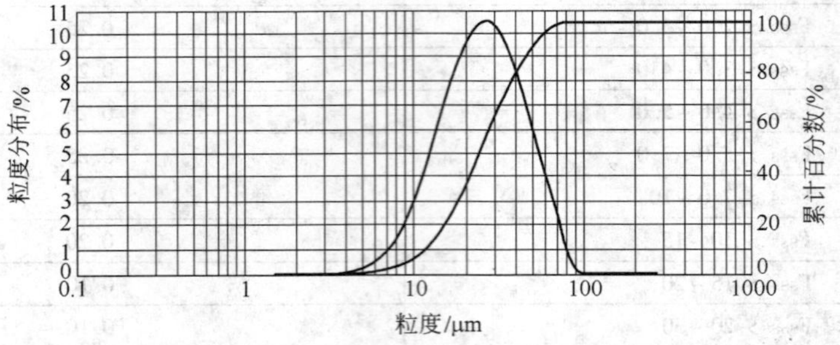

图 6－1　平均粒度 25.8μm W 粉的粒度分布

对钨材加工而言，钨粉的平均粒度和粒度分布对后续产品的压制性能、生坯密度和烧结性能产生影响。粉末粒径小会因颗粒间的摩擦力大而使生坯密度减小。粒度分布愈窄，颗粒的排列愈疏松。较宽的粒度分布，甚至将不同平均粒径的粉末混合，能获得较好的颗粒排列，得到较高的生坯强度。在钨材加工领域，要求钨粉的平均粒径一般在 2～6μm 范围。

测定粉末粒度和粒度分布的方法很多，费氏仪和激光粒度分析仪在金属钨粉中应用比较广泛。但由于两种测定方法的原理不同，同一粉末所得测定值不尽相同，因此钨粉粒度一般应说明是费氏平均粒度或激光平均粒度。另外还应指出，“供应态”钨粉通常存在不同程度的团聚，它与生产条件有关。采用这种样品测量得到的钨粉平均粒度与粉末的真实粒度存在差异。例如，某些亚微细钨粉“供应态”的粒径为 1～2μm，经解聚分散后的数值降至 0.4～0.5μm。对粒度在 1～10μm 范围的钨粉，在大多数情况下测定“供应态”粒径即可满足生产要求。对于亚微细钨粉和较粗颗粒的钨粉，为了更准确地表征颗粒的大小，须采用“研磨态”样品进行平均粒度和粒度分布测试。

粒度分布是粒度的函数。粒度愈粗，粒度分布愈宽。对某一给定的粒度，生产中采用湿氢或向氧化钨中添加碱金属化合物等方法，可使粒度长大并将粒度分布范围控制得窄一些。粒度分布的测定常采用“研磨态”样品。

钨粉的平均粒度一般用其直径的微米数表示，但在生产实践中往往采用一些半定量的概念，通常的分类有：

特粗颗粒：平均粒度大于 30μm
粗颗粒：平均粒度 10～30μm
中颗粒：平均粒度 3～10μm
细颗粒：平均粒度 0.5～3μm
超细颗粒：平均粒度小于 0.5μm

B　聚集程度

通常用“供应态”粉末和“研磨态”粉末的粒度之差来表征粉末的聚集程度。细钨粉的聚集程度通常比粗钨粉高。对钨材生产而言，聚集程度直接影响到生坯的强度。在

WC 生产过程中，W 粉的聚集程度对配碳的均匀性产生影响。

C 颗粒形貌

钨粉的颗粒形貌对其压制性能和生坯强度产生影响。不规则的颗粒形貌引起颗粒间的互锁，提高生坯强度。球形钨粉流动性好，特别适用于喷涂材料。同样在制备 WC 时，钨粉的形貌也影响到 WC 粉的形貌。

D 比表面积

单位质量钨粉所具有的总表面积称为钨粉的比表面积，常用 m^2/g 来表示。钨粉的比表面积通常在 0.01 ~ $12m^2/g$ 之间。它间接反映钨粉的粒度大小和颗粒形貌，是衡量钨粉的烧结活性、溶解特性以及在碳化过程中与气固态物质反应能力的重要指标。

E 松装密度和振实密度

钨粉的松装密度和振实密度随粉末平均粒度的增加而增加。某厂生产的钨粉的松装密度与其费氏平均粒度的关系如表 6-3 所示。粉末的粒度分布愈窄、颗粒形貌愈复杂和聚集程度愈严重，则松装密度愈小，一般可通过调整还原过程的工艺参数来控制。

表 6-3 钨粉的松装密度与费氏平均粒度的关系

费氏平均粒度/μm	0.51 ~ 1.0	1.51 ~ 2.0	3.01 ~ 4.0	4.01 ~ 5.5	5.51 ~ 7.0	15.01 ~ 25
松装密度/$g \cdot cm^{-3}$	1.7 ~ 2.5	2.2 ~ 3.0	3.2 ~ 4.2	3.8 ~ 4.8	4.0 ~ 5.2	4.5 ~ 6.5

F 流动性

钨粉的流动性受粒度、粒度分布以及颗粒形貌的影响，粉末粒度越粗、颗粒越圆、表面越光滑，则流动性越好。钨粉的流动性通常用霍尔流速来度量，即用 50g 钨粉流过霍尔流动计规定小孔的时间来表示。粉末的流动性直接影响压制过程的容积装料和压坯密度的均匀性。

G 压缩性

在规定的压制条件下钨粉被压紧的能力。通常在标准的模具中、在规定的润滑条件下加以测定，用在规定的压力下粉末所达到的压坯密度来表示。也可用压坯密度随压制压力变化的曲线图来表示。

H 成形性

即钨粉压坯保持既定形状的能力。用粉末得以成形的最小单位压力来表示，或用在一定成形压力下压坯的强度来衡量。

6.2 钨氧化物氢还原法制取金属钨粉

6.2.1 钨氧化物的制备

6.2.1.1 基本原理

钨氧化物氢还原制取金属钨粉的原料有黄色氧化钨（简称黄钨）、蓝色氧化钨（简称蓝钨）和紫色氧化钨（简称紫钨）三种，它们都是将仲钨酸铵在不同条件下煅烧制得的。在氧化性气氛下煅烧则得到黄钨，在密闭条件下则由于 APT 煅烧产生的 NH_3 部分分解为 N_2 和 H_2，因而系统中为还原气氛，钨氧化物被部分还原而得到蓝色氧化钨或紫色氧化钨，因此有必要先研究 APT · $4H_2O$ 在煅烧过程中的行为。

许多学者用差热分析（DTA）、热重分析（TG）、X 射线衍射分析（XRD）配合气相成分分析、质谱分析（MS）等方法对 APT · $4H_2O$ 在空气、N_2 气以及 H_2 气中热分解的规律性进行了研究。尽管他们的研究方法基本相同，由于分解过程本身的复杂性，同时具体试验设备、参数控制、原材料特性等不尽相同，因此试验结果存在差异，只能归纳出共同的规律性。

A　APT · $4H_2O$ 在空气（或 O_2 中）分解

对 APT · $4H_2O$ 在空气或 O_2 中的分解历程，不同学者们的试验结果比较接近。在差热分析 DTA 曲线上 50 ~ 500℃温度范围内随温度升高，依次出现了 3 个吸热峰和 1 个放热峰。在热重分析（TG）曲线上对应吸热峰出现失重，说明存在三个分解反应，不同学者结果的差异主要是这些峰的具体温度值不同（见表 6 – 4）。

表 6 – 4　APT 在空气中煅烧的研究结果

作　者	测试方法	第 1 吸热峰温度及失重/%	第 2 吸热峰温度及失重/%	第 3 吸热峰温度及失重/%	放热峰	备　注
J. W. 旺普特	综合 20 世纪 60 年代至 80 年代底 17 位学者的研究结果	100℃ 失重 2.30%	100 ~ 200℃ 失重 4.47%	220 ~ 450℃ 失重 4.40%	>450℃	
M. J. G. 法特（2008 年）	XRD，TG，MS 在线红外光谱分析	159℃ 失重 1.69%	242℃ 失重 1.48%	302℃ 失重 6.03%	412℃ 失重 1.2%	原文指出其原料为 APT · $2.5H_2O$
J. 玛达拉慈（2004 年） 陈绍衣（1984 年）	TG，DTA，FTIR，质谱 DTA，TG	132℃ 149.7℃	219℃ 212.7℃	287℃ 291.9℃	343℃，443℃ 433.5℃，451℃	
蒋鉴等（1987 年）	DTA，TG，XRD	63 ~ 74，165 ~ 184	231 ~ 258 产物为 AMT · $3H_2O$	290 ~ 315 产物为 AMT	397 ~ 412 产物为 ATB	

综合不同学者的看法，APT · $4H_2O$ 在空气或 O_2 中的分解历程为：

（1）APT · $4H_2O$ 脱结晶水，即

$$(NH_4)_{10}H_2W_{12}O_{42} \cdot 4H_2O = (NH_4)_{10}H_2W_{12}O_{42} + 4H_2O$$

此阶段对应于 DTA 线上第一个吸热峰，不同学者测定的温度值在 100 ~ 145℃之间。与之相对应的失重为 2.3% 左右。而 M. J. G. 法特等认为其所用的原料仅含 2.5 个结晶水，即 APT · $2.5H_2O$。因此脱水过程仅脱去 2.5 个结晶水，对应的温度为 159℃，失重为 1.69% 左右。

（2）$(NH_4)_{10}H_2W_{12}O_{42}$ 发生脱氨反应：

$$(NH_4)_{10}H_2W_{12}O_{42} = (NH_4)_6H_2W_{12}O_{40} \cdot 2H_2O + 4NH_3$$

此阶段对应于 DTA 曲线上第 2 个吸热峰，其温度大体为 100 ~ 219℃，M. J. G. 法特测

定值则为 190 ~ 250℃。关于其具体生成物的形态，比较共同的看法是非晶态偏钨酸铵（AMT）。H. H. 拉柯娃等人的试验结果表明，280℃时，产品的水溶性最好，说明在该温度下 AMT 的产出率最高。

与上述观点有所不同的是，M. J. G. 法特用 XRD、TG、MS、线红外光谱分析法系统地测定了第二阶段产物的形态，发现 190 ~ 250℃煅烧后，产物中仲钨酸铵根的结构没有改变。因此认为煅烧产物并不是 AMT 而是仲钨酸氢铵，反应为：

$$(NH_4)_{10}[H_2W_{12}O_{42}] \longrightarrow (NH_4)_{7.3}H_{2.7}[H_2W_{12}O_{42}] + 2.7\,NH_3$$

在产物水溶解的过程中 $H_2W_{12}O_{42}^{10-}$ 再与 H^+ 作用转化为偏钨酸根。

上述两阶段的总失重相当于原料 APT · $4H_2O$ 的 4.7% 左右。

（3）非晶态偏钨酸铵进一步析出 NH_3，转化为非晶态铵钨青铜［ATB，$(NH_3)_xWO_3$］，它对应于第 3 个吸热峰，其温度大体为 220 ~ 450℃。

（4）非晶态铵钨青铜再在温度为 432 ~ 450℃转化为结晶态，在此转变过程中出现放热峰（M. J. G. 法特认为此放热峰对应的是 ATB 转化为 WO_3）。

许多学者都报道在 300 ~ 400℃温度范围内，由于析出 NH_3 以致固体产物中 NH_4^+/WO_3 的摩尔比随温度的升高而降低，同时其主要组成成分亦发生相应的变化，如图 6 – 2 所示。

最后结晶态 ATB 转化为 WO_3，其温度约 450℃。

与上述有所不同的是，J. 玛达拉慈在非还原性气氛下煅烧 APT · $4H_2O$ 时，进行 DTA 和逸出气体成分分析，发现在 342℃和 443℃左右存在两个大放热峰，同时气相存在氮的氧化物 N_2O 和 NO，因此，认为两个放热峰是在上述温度下析出的 NH_3 被催化氧化所致。

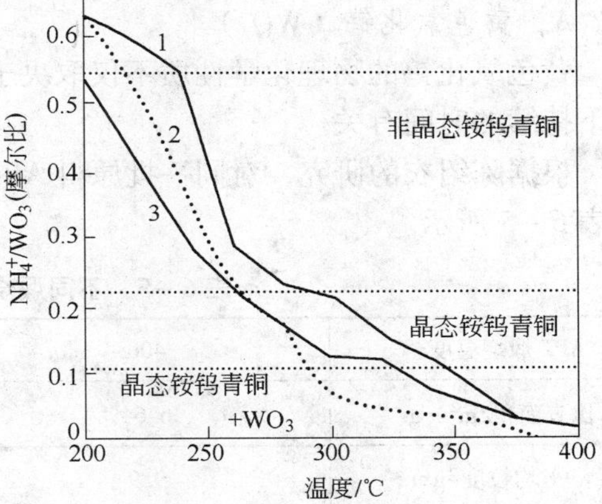

图 6 – 2 APT · $4H_2O$ 热分解的固体产物中 NH_4^+/WO_3 摩尔比与温度的关系

（图中 1，2，3 线根据不同学者的测定值绘制）

B APT · $4H_2O$ 在 N_2 气中分解

APT · $4H_2O$ 在 N_2 气中分解的前两阶段即脱水和生成非晶态偏钨酸铵阶段，与在空气中的情况相同，但其最终温度为 230℃左右。然后在 230 ~ 320℃发生下列分解反应：

$$(NH_4)_6H_2W_{12}O_{40} \cdot 2H_2O \longrightarrow (NH_4)_2O \cdot 12\,WO_3 + 4\,NH_3 + 5H_2O$$

从 APT · $4H_2O$ 开始其总失重为 9.51%。

$(NH_4)_2O \cdot 12WO_3$ 在 400 ~ 500℃分解：

$$(NH_4)_2O \cdot 12\,WO_3 \longrightarrow 12\,WO_3 + 2\,NH_3 + H_2O$$

过程中是否也经过铵钨青铜，则不同学者说法不一。总的说来在 N_2 中分解的行为与在空气中大同小异。

C APT · $4H_2O$ 在 H_2 或 H_2/N_2 中分解

N. E. Fouad 以 APT · $7H_2O$ 为原料，I. M. Szilágyi 以 APT · $4H_2O$ 为原料分别以差热、热重、气体在线分析的方法分别研究了它们在还原气氛下的热分解行为，其结果大同小异，即在380℃左右以下的行为与在空气中热分解大同小异，先后脱除结晶水再转化为铵钨青铜。在10% H_2/Ar气氛下，480~600℃有一个慢的失重过程，对应于还原产生金属钨，730℃左右全部变成金属钨。

大量的生产实践也证明，APT·$4H_2O$在密闭条件下加热时，由于其分解产生的NH_3进一步分解为N_2和H_2，形成还原气氛，因而在300~400℃则由于各种还原反应和分解反应而变成铵钨青铜、氢钨青铜、$W_{20}O_{58}$，甚至WO_2、β-W的混合物，颜色转变为深蓝色（称为蓝钨），进一步还原则将转化成紫色（称为紫钨），其具体成分及性质与煅烧温度及保温时间有关，详细情况将在下节介绍。

6.2.1.2 钨氧化物的性质及质量控制

在钨氧化物氢还原制取金属钨粉的过程中，所用氧化物的性质对还原过程及最终钨粉的质量具有较大的影响。例如，氧化物的粒度将在一定程度上影响到钨粉的粒度，氧化物的比表面积大则意味着还原过程有较好的动力学条件。在制取掺杂的灯用钨丝时亦要求钨氧化物比表面大，裂纹多，以便于掺杂。因此，制备钨氧化物时，应正确控制相关条件，以便为还原过程提供优质原料。

A 黄色氧化钨（WO_3）

黄色氧化钨的物理化学性质不仅取决于煅烧温度，而且与仲钨酸铵的热分解速度和高温下持续的时间有关。

根据陈绍衣的研究，对同一批原料APT·$4H_2O$而言，不同煅烧温度所得WO_3的性质如表6-5所示。

表6-5 不同煅烧温度所得WO_3的性质

APT煅烧温度/℃	400	650	850
比表面积/$m^2 \cdot g^{-1}$	6.64	2.0	0.02
平均粒度/μm	9.9	11.0	12.3

从表6-5可知，煅烧温度低，则产出的WO_3粒度细，比表面积大。

表6-6列出了同一批仲钨酸铵在不同温度下快速或慢速分解产出的WO_3的比表面积。表中数据说明：急剧升温，快速分解，则产出的WO_3比表面积较大。缓慢加热，慢速分解则产出的WO_3比表面积小。对煅烧后产出WO_3颗粒的电镜扫描也证实：快速升温的产品具有较多的宽深裂纹，慢速升温的产品晶形完整，只有较少的细浅裂纹。

表6-6 不同煅烧条件下生产的WO_3的比表面积

APT煅烧温度/℃	380	480	580	680	750
慢速分解/$m^2 \cdot g^{-1}$	4.4	3.0	2.0	1.0	0.69
快速分解/$m^2 \cdot g^{-1}$	7.7	6.7	3.7	2.1	0.93

此外，产出的三氧化钨的质量也与工艺设备有关。

三氧化钨的形貌如图6-3、图6-4所示，基本上保持APT（见图6-5，图6-6）的外形轮廓。

图 6-3 三氧化钨形貌（一）（×300）

图 6-4 三氧化钨形貌（二）（×1000）

图 6-5 APT 形貌（一）（×300）

图 6-6 APT 形貌（二）（×350）

B 蓝色氧化钨（TBO）

由于蓝色氧化钨还原制取钨粉比较容易控制粉末的粒度和粒度组成，同时当目的是制取灯丝用的钨粉时，蓝色氧化钨更容易掺杂。因此 20 世纪 50 年代开始，国内外许多钨冶金企业逐步用蓝色氧化钨取代 WO_3 作为生产钨粉的原料。

a 蓝色氧化钨的相组成

许多学者的研究工作和生产实践证明，蓝色氧化钨不是一种具有单一化学成分的化合物，而是主要由铵钨青铜（六方结晶）、氢钨青铜（正方或六方结晶）、β-氧化钨（$WO_{2.9}$）和 γ-氧化钨（$WO_{2.7}$）组成的混合物，在还原气氛较强的情况下还有 WO_2 和 β-W。这些物质的相对含量实际上是还原程度的体现，影响其相对含量和还原过程的因素主要有：

（1）温度。J. M. 旺普特在总结归纳大量前人研究成果的基础上，得出 TBO 中各组分的相对含量与煅烧温度的关系如图 6-7 所示。从图中可知，在低温下主要为铵钨青铜和氢钨青铜，其次为 β-氧化钨。随着煅烧温度的升高，钨青铜相的相对含量逐步减少，β-氧化钨含量增加，温度进一步升高，出现 γ-氧化钨和 β-W 相。即还原程度随着煅烧温度的升高而增加。

为将还原程度量化，人们还提出了指标“氧指数 OI”。OI 表示 TBO 中氧与钨的摩尔比（例如 WO_3、$WO_{2.9}$、$WO_{2.72}$的 OI 值分别为 3、2.9 和 2.72）。虽然 TBO 中的氧由两部分组成即与 W 结合的氧和与 H_2O［实际上是 $(NH_4)_2O$］结合的氧，按总氧计算的 OI 值不能完全反映钨的还原程度，但与 H_2O 结合的氧量相对很少，故可近似体现钨的还原程度。J. M. 旺普特归纳出蓝钨的 OI 与温度的关系如图 6－8 所示，从图中同样可以看出，还原程度随温度的升高而增加。

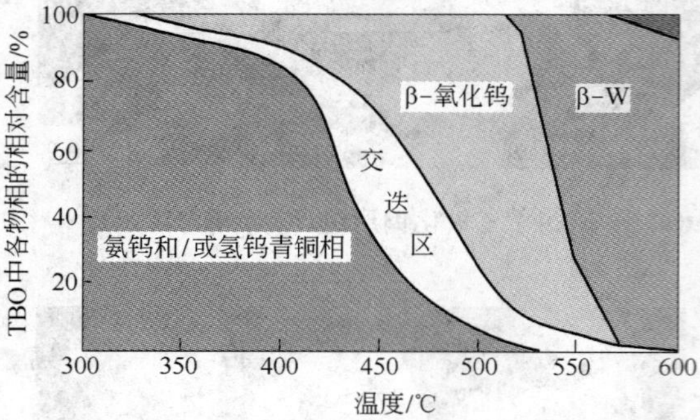

图 6－7　TBO 中各组分的相对含量与温度的关系

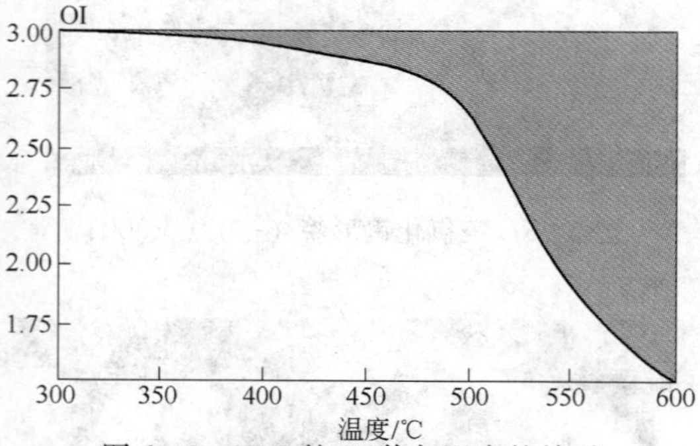

图 6－8　TBO 的 OI 值与温度的关系

（2）还原气氛。蓝钨中各组分的相对含量及氧指数还与还原气氛有关。还原气氛加强，则价态低的组分含量相应增加，邹志强等的研究结果如表 6－7。表中 ATB 为正常铵钨青铜 $(NH_4)_{0.25}WO_{3\sim2.9}$；ATB′为高氨铵钨青铜 $(NH_4)_xWO_3$，$x>0.25$；ATB″为低氨氧指数铵钨青铜 $(NH_4)_yWO_{2.9\sim2.8}$，$y<0.25$。

表 6－7　不同工艺条件下制得的蓝钨的相组成和氧指数

气　氛	温度/℃					
	350	400	450	500	550	600
H_2	—	ATB（2.906）	ATB″（2.879）	ATB″ $W_{20}O_{58}$（2.865）	$W_{20}O_{58}$ ATB″ WO_2（2.757）	—
$H_2:N_2=1:1$	—	ATB（2.926）	ATB（2.903）	ATB″ $W_{20}O_{58}$ WO_3（2.840）	$W_{20}O_{58}$ ATB″ WO_3（2.810）	—
NH_3	—	ATB′	ATB′（2.931）	ATB WO_3（2.927）	ATB″ WO_3（2.913）	$W_{20}O_{58}$ WO_3 WO_2（2.862）
$H_2:N_2=1:3$	—	ATB′（2.976）	ATB WO_3（2.946）	ATB $W_{20}O_{58}$ WO_3（2.925）	$W_{20}O_{58}$ WO_3（2.918）	—
$H_2:N_2=1:9$	ATB′（3.00）	ATB′（2.986）	ATB WO_3（2.962）	WO_3 ATB（2.961）	$W_{20}O_{58}$ WO_3（2.925）	$W_{20}O_{58}$ WO_3（2.919）

从表6-7中可知，在同样温度下，随着还原气氛的增加，铵钨青铜的还原程度增加，氧指数降低。

(3) 保温时间。保温时间延长则价态低的组分含量增加。

此外，设备的类型将影响到系统的传热传质条件，相应地影响反应速度和产品质量的均匀性，这将在有关工业实践部分介绍。

b 蓝色氧化钨的结构

一般蓝色氧化钨的假晶保留其原料APT颗粒的外形，但煅烧的过程中一方面由于气体的逸出和产物密度的升高（原料APT · $4H_2O$ 密度为4.61g/cm^3，而 $WO_{2.9}$ 的密度为7.15g/cm^3），因而颗粒内部收缩产生裂纹。每颗蓝色氧化钨假晶内部实际上是由更多小颗粒组成，由于裂纹的生成及颗粒变细，因而其比表面积较原料APT大大增加。蓝色氧化钨的形貌如图6-9、图6-10、图6-11所示。

图6-9 蓝色氧化钨的形貌（一）（×300）

图6-10 蓝色氧化钨的形貌（二）（×800）

与上述黄钨相似，蓝钨的比表面积随煅烧温度的升高及高温下停留时间的延长而减小，随升温速度的加快而增大，此外，根据文献介绍，蓝钨中有些组分处于非晶态，非晶态的量约为30%~55%。

综上所述，在进行蓝钨质量控制时，应考虑到下列因素：

(1) 煅烧温度是影响蓝钨中含氨量、氧指数以及比表面积的主要因素。温度升高，使含氨量降低，OI降低，比表面积降低。

(2) 保温时间的延长，对蓝钨质量造成上述同样的影响，但其影响程度比温度小。

(3) 系统的还原气氛加强有利于得到OI值低的产品。

(4) 与生产黄钨相同，加快升温速度有利于得到比表面积大、颗粒细的产品。

C 紫色氧化钨

紫色氧化钨是以 $W_{18}O_{49}$（即 $WO_{2.72}$）为主要相成分的钨氧化物。它具有细针状结构，活性大，氢还原速度快，有利于制取均匀的超细钨粉。以紫色氧化钨为原料，经氢还原生产超细钨粉，在此基础上生产超细碳化钨粉末，为超细硬质合金的制备开辟了一条新途径。

紫色氧化钨的生产主要有三种方法：(1) APT氢还原法，将APT装舟，在高温氢气环境下还原；(2) 回转炉煅烧法，有氨存在时，APT在氨裂解气氛中煅烧分解，脱除水

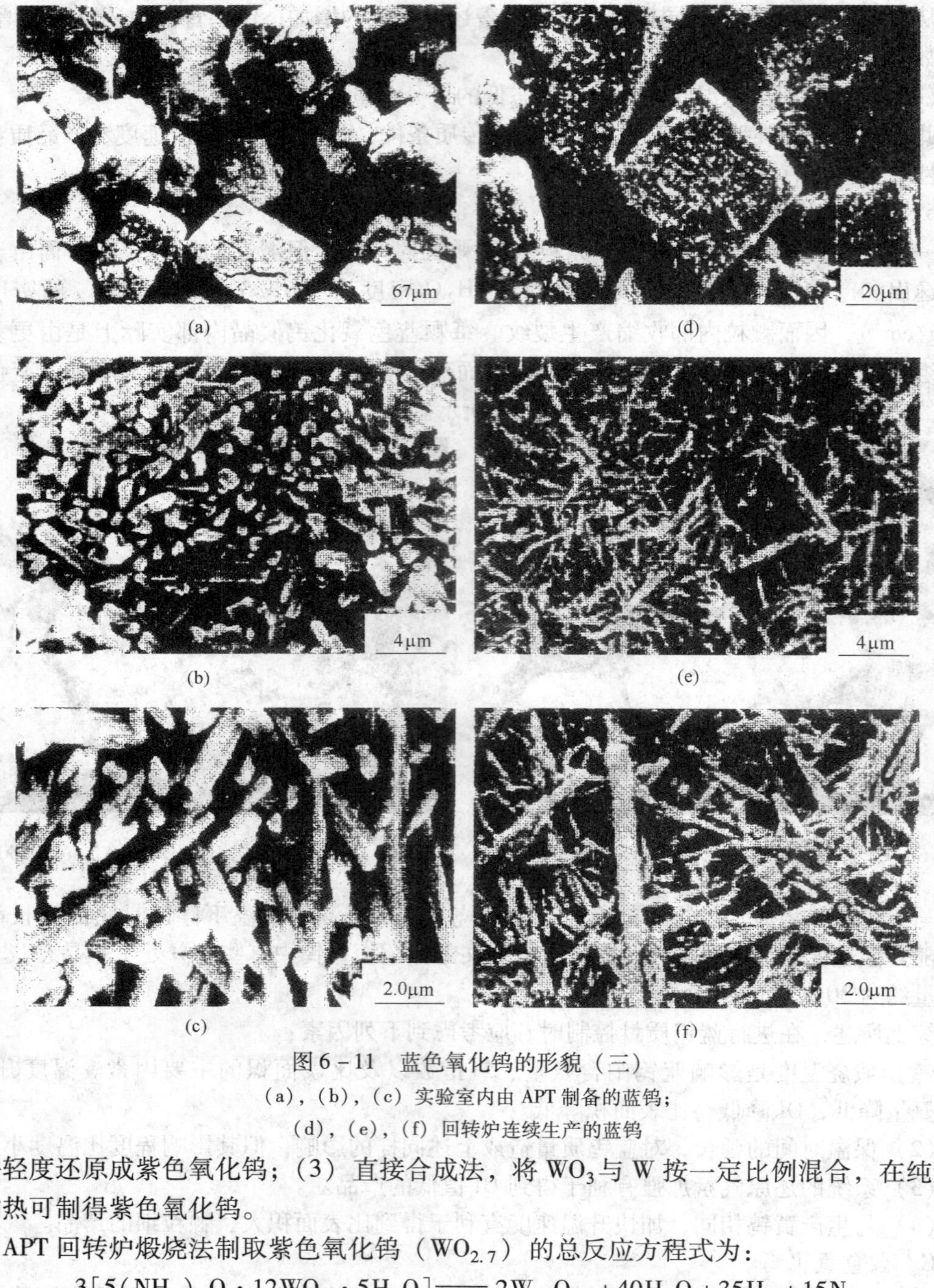

图 6-11　蓝色氧化钨的形貌（三）

(a)，(b)，(c) 实验室内由 APT 制备的蓝钨；

(d)，(e)，(f) 回转炉连续生产的蓝钨

分并轻度还原成紫色氧化钨；(3) 直接合成法，将 WO_3 与 W 按一定比例混合，在纯氩气中加热可制得紫色氧化钨。

APT 回转炉煅烧法制取紫色氧化钨（$WO_{2.7}$）的总反应方程式为：

$$3[5(NH_4)_2O\cdot 12WO_3\cdot 5H_2O] = 2W_{18}O_{49}+40H_2O+35H_2+15N_2$$

控制条件较好时可得到几乎是单一相的单斜 $W_{18}O_{49}$，工业条件下紫色氧化钨的存在区域位于 $WO_{2.9}$ 和 $WO_{2.72}$ 之间，其生成的最低温度为 612℃。随着温度的升高，紫色氧化钨存在的区域扩大，这说明高温有利于紫色氧化钨的生成，也说明它是通过蓝色氧化钨（$WO_{2.9}$）继续还原得到的。如果还原过强，紫色氧化钨中含 WO_2 相，如果还原不足，会出现 $WO_{2.9}$ 相。从低倍放大来看，它仍保持原来 APT 的外形，但进一步放大后知其内部实

际上是由无数针状或杆状 $W_{18}O_{49}$ 晶体组成，这种疏松的结构为其在氢还原过程中提供了良好的动力学条件。紫色氧化钨的形貌如图 6－12 和图 6－13 所示。

图 6－12 紫色氧化钨形貌（×800）

图 6－13 紫色氧化钨形貌（×100000）

6.2.1.3 钨氧化物制取的工业实践

A 煅烧设备

煅烧 APT 制备 WO_3、蓝色氧化钨或紫色氧化钨均可在推舟的管式炉（如四管炉）中或回转炉中进行。在管式炉中进行时，舟皿中的料是固定的，因此料上下层的气氛、扩散条件是各不相同，容易造成物料的不均匀性。而在回转炉中物料处于不断运动状态，不存在固定的料层，反应的动力学条件好。因此产品质量较均匀，活性比较大，根据 Γ. M. 沃利德玛恩的介绍，回转炉产出的蓝钨中非晶态占 40%～50%，而管式炉产出的仅占 20%～35%，因此在工业上大多采用回转炉。回转炉的不足处主要在于烟尘带走的钨较多，需妥善收尘。

工业回转炉的外形如图 6－14 所示，其结构如图 6－15 所示。其简单工作原理是，炉管 3 通过管外的加热装置 8 加热到一定温度，原料 APT 由炉管的进料装置 14 加入，由于炉管不断旋转，同时由进料端到出料端有一定的斜度，因此在炉管转动过程中物料逐步由进料端运动到出料端，而在经过高温区时，即发生各种煅烧反应，随炉内的温度制度和气氛的不同而变化，产出的 WO_3 或蓝钨或紫钨从卸料斗排出。废气与炉料逆流运动，最后在进料端经收尘系统 13 回收氧化钨烟尘后排出，物料在炉内停留时间及炉内保持的料层厚度则主要通过加料速度、炉管的转速及斜度进行控制。

图 6－14 APT 煅烧制取钨氧化物用回转炉

根据上述工作原理可知煅烧炉应由下列部分组成：

（1）炉管。由不锈钢焊成，其尺寸由产量要求决定。一般管长 8～11m，管径 0.3～0.6m，壁厚 12mm。管内壁上焊有筋条，其作用主要是在炉管旋转过程中将物料带至上部

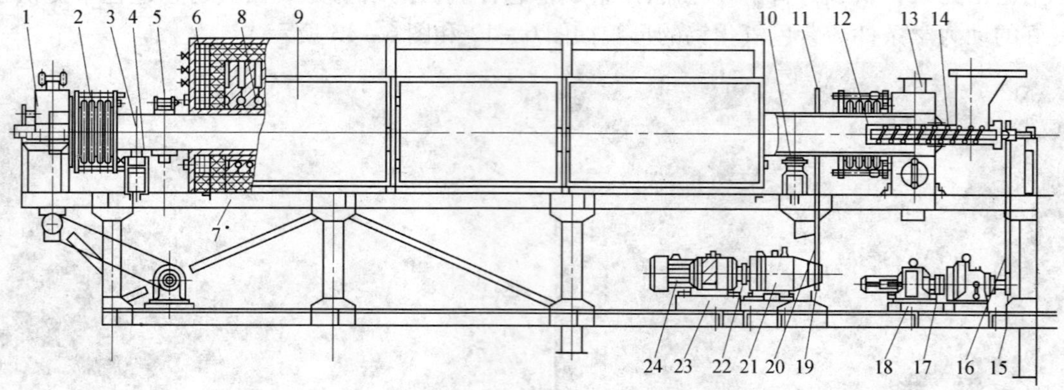

图 6 - 15　APT 煅烧用回转炉结构示意图

1—卸料斗；2—炉尾密封装置；3—炉管；4—后托轮装置；5—振打装置；6—砌体；7—炉架；8—发热体；9—炉壳；10—前托轮装置；11，15，19—链轮；12—炉头密封装置；13—除尘气箱；14—进料装置；16—套筒滚子链；17—弹性联接轴；18—机座；20—套筒滚子链；21—摆线针齿减速机；22—弹性联接轴；23—机座；24—电磁调速电动机

空间再洒落，因而改善物料中的热交换条件和反应的动力学条件，一般炉管斜度为 2°左右，转速为 1 ~ 12r/min，可根据生产要求调节。炉管通过密封装置保持良好密封状态，以便于控制炉内气氛。

（2）加热系统。在管外耐火砖炉膛中装 Ni - Cr 电阻丝通电加热，为控制管内适当的温度制度，加热区一般分 3 ~ 5 带，工作温度 600 ~ 800℃。对 ϕ400mm × 9000mm 的炉子而言，其加热功率约 95kW，每 24h 可产出蓝钨约 4t 左右。

（3）炉管的传动系统及振打系统。通过马达及减速装置带动炉管转动，同时为防止物料粘附炉壁，故有振打装置定期振打。

（4）收尘及尾气处理系统。

（5）加料系统，通过螺旋给料机将 APT 均匀加入炉内。

B　煅烧工艺

在回转煅烧炉内煅烧 APT 时控制不同的温度和气氛可得到 WO_3、蓝色氧化钨或紫色氧化钨等不同的钨氧化物产品。

APT 在高温氧化条件下煅烧热解，脱去结晶水和氨得到 WO_3。制取 WO_3 时，炉温分两带控制，一带炉温一般控制在 550℃，二带炉温控制在 650℃，回转炉管转速为 3r/min，下料速度随炉管直径变化，对于 ϕ450mm 的炉管，下料速度控制在 180kg/h 左右为宜。由于要求氧化气氛，故炉内气体压力控制在小于大气压强 100Pa 左右，让空气自动进入炉内，氨和水蒸气排出室外。分解产物 WO_3 连续从出料端排出，过 60 目筛后装入料桶。得到的 WO_3 为柠檬黄色。

制取蓝色氧化钨（$WO_{2.9}$）时，一带炉温一般控制在 550℃、二带炉温控制在 650℃左右，回转炉管转速为 3r/min，由于要求弱还原气氛，炉内气体压力应控制在大于大气压强 100Pa 左右，防止空气进入炉内。可通过 APT 的给量控制和减少排风量来维持炉内正压及适当的还原性气氛。得到的 $WO_{2.9}$ 呈蓝黑色。

制取紫色氧化钨时，一带炉温一般控制在 650℃、二带炉温控制在 700℃左右，回转炉管转速为 3r/min。由于比制取蓝色氧化钨需要更强的还原性气氛，炉内气体压力要控制在大于大气压强 150Pa 左右，防止空气进入炉内。通过 APT 的给量控制、减少排风量、补充少量的液氨来维持炉内正压及较强的还原性气氛。

生产实践证明，炉温是影响紫钨产品质量的主要因素，炉温太低或进料量太大，会导致产品结块甚至堵炉，还原不足，使紫钨中产生 $WO_{2.9}$杂相，炉温过高或进料量太小，产品中 WO_2 含量会上升。由于紫钨比普通蓝钨具有更低的氧指数，要求在炉内停留的时间更长，要求下料量与炉管转数不能太大，相应的单位产量更低。

在上述煅烧制备 WO_3，蓝钨或紫钨的过程中，钨的实收率为 98.5% 左右，其他的 1.5% 进入废气回收系统后可得到回收。

6.2.2 钨氧化物氢还原制取金属钨粉

6.2.2.1 基本原理

A 氧化钨氢还原过程的热力学分析

W－O 系中除存在 WO_3外，还存在 $WO_{2.9}$、$WO_{2.72}$、WO_2等低价氧化物，相应地 WO_3 氢还原过程中将进行一系列中间反应。这些反应的平衡条件取决于有关物质的标准生成自由能。目前关于这些标准生成自由能的具体数据，不同学者报道的有一定差别。现根据相关文献，对有关热力学的问题分析如下。

过程的主要反应及各反应的标准自由能变化及平衡常数与温度的关系如式(6－1) ～式(6－5)所示。

$$10WO_3 + H_2 = 10WO_{2.9} + H_2O \qquad (6-1)$$

$$\Delta_r G^{\ominus}_{(6-1)} = 32930 - 57.3T \ (J)$$

$$\lg K_{p(6-1)} = \lg (p_{H_2O}/p_{H_2}) = -1720.7/T + 2.99$$

$$\frac{50}{9}WO_{2.9} + H_2 = \frac{50}{9}WO_{2.72} + H_2O \qquad (6-2)$$

$$\Delta_r G^{\ominus}_{(6-2)} = 37572.2 - 46.53T \ (J)$$

$$\lg K_{p(6-2)} = -1963.3/T + 2.43$$

$$\frac{25}{18}WO_{2.72} + H_2 = \frac{25}{18}WO_2 + H_2O \qquad (6-3)$$

$$\Delta_r G^{\ominus}_{(6-3)} = 3159.7 - 7.81T \ (J)$$

$$\lg K_{p(6-3)} = -165.1/T + 0.41$$

$$\frac{1}{2}WO_2 + H_2 = \frac{1}{2}W + H_2O \qquad (6-4)$$

$$\Delta_r G^{\ominus}_{(6-4)} = 40886 - 30.13T \ (J)$$

$$\lg K_{p(6-4)} = -2132.2/T + 1.57$$

$$\frac{10}{9}WO_{2.9} + H_2 = \frac{10}{9}WO_2 + H_2O \qquad (6-5)$$

$$\Delta_r G^{\ominus}_{(6-5)} = 9972.2 - 15.56T \ (J)$$

$$\lg K_{p(6-5)} = -521/T + 0.813$$

将上述反应的 $\lg K_p$ 对 $1/T$ 做图如图 6－16 所示，分析图 6－16 可得到如下结论：

(1) 图中线 1 为反应式 (6－1) 的 $\lg K_p$ 对 $1/T$ 的关系曲线，当系统中实际的 $\lg(p_{H_2O}/p_{H_2})$ 值在线 1 的上方，则反应将向生成 WO_3 的方向进行，即区域Ⅰ为 WO_3 的稳定区。同理在区域Ⅱ中反应式 (6－1) 将向生成 $WO_{2.9}$ 方向进行，而且当系统中存在 $WO_{2.72}$ 时，它亦会被 H_2O 氧化成 $WO_{2.9}$，故区域Ⅱ为 $WO_{2.9}$ 的稳定区。依此类推，Ⅲ、Ⅳ、Ⅴ分别为 $WO_{2.72}$、WO_2、W 的稳定区。

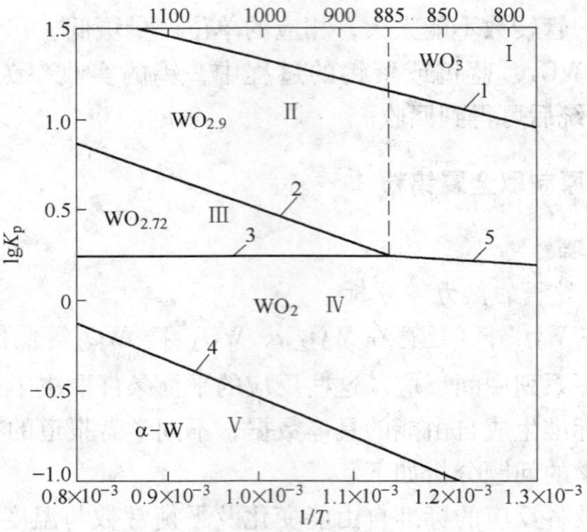

图 6－16　氧化钨氢还原反应的 $\lg K_p$ 与 $1/T$ 关系

1—反应式 (6－1)；2—反应式 (6－2)；3—反应式 (6－3)；4—反应式 (6－4)；5—反应式 (6－5)

根据上述分析可知，为得到金属钨粉，系统中的条件应控制在线 4 以下，当温度一定时，线 4 所对应的纵坐标即为该温度下得到钨粉所需的 $\lg(p_{H_2O}/p_{H_2})$ 的最大值。根据这一结论及 $\lg K_{p(6-4)}$，计算出在不同温度下为得到钨粉所需的气相成分如表 6－8 所示。

表 6－8　不同温度下得到钨粉所需的气相成分

温度/K	900	950	1000	1050	1100
p_{H_2O}/p_{H_2} (不大于)	0.158	0.214	0.275	0.347	0.436

按照同样的原理，也可根据图 6－16 求出在不同温度下制取其他低价化合物所需的气相条件。

(2) 反应式 (6－2) 与反应式 (6－3) 的 $\lg K_p - 1/T$ 线相交于 885K，即小于 885K 时，$WO_{2.72}$ 相不稳定。

(3) 在还原过程中随着系统中 p_{H_2O}/p_{H_2} 的降低，WO_3 将优先还原成 $WO_{2.9}$，在依次还原成 $WO_{2.72}$ (>885K 时) 和 WO_2 以及 W，当温度低于 885K，则 $WO_{2.9}$ 不经过 $WO_{2.72}$ 而直接还原成 WO_2。

B　氧化钨氢还原的历程及动力学分析

许多学者对氧化钨氢还原的历程进行了研究，但由于各级钨氧化物稳定的形态及其相互转化（进行氧化－还原反应）的条件，与系统的气氛及温度密切相关，因此在不同气相传质条件和温度下得出的结论不尽相同，甚至在相同的温度下升温制度不同（如升温速度、连续升温或阶段式升温、保温等），也将导致研究结果的差异。因此关于氧化钨氢还原的历程并没有统一的结论。

在诸多有关研究中，较有实际意义的是两种条件下的研究结果，即在少许样品或薄料层扩散良好条件下的结果和在厚料层透气性能差的情况下的研究结果，前者排除了气相成分对过程的干扰，能反映出物料本身的还原特征，后者更接近工业实际，能更好地为工业生产提供指导。

针对前一种情况，陈绍衣等人在干氢气中气相传质条件良好的情况下研究了转炉蓝钨、铵钨青铜、黄钨、紫钨的氢还原历程，分别将上述样品在干氢气中采用阶段升温保温的方式加热，在每一个保温阶段使用 X 衍射仪进行扫描，查明了其在不同温度下 XRD 图谱，有关图谱可参阅文献［13］。为了便于分析对比，将不同温度下的物相变化归纳如表 6－9 所示。

表 6－9　在干氢气中阶段式升温保温过程中转炉蓝钨、铵钨青铜、黄钨、紫钨的还原历程

温度/℃	转炉蓝钨	铵钨青铜	黄　钨	紫　钨
室温	WO_3(单) + $W_{20}O_{58}$	ATB + 少量 WO_3(单)	WO_3(单) + WO_3(六)	$W_{18}O_{49}$
300			WO_3(六) + WO_3(单)	
400	$W_{20}O_{58}$ + 微量 WO_3（单）	ATB + 少量 WO_3（单）		
450			$W_{20}O_{58}$ + WO_3（六）	
500		ATB + 少量 WO_3（单）		$W_{18}O_{49}$
550		ATB + 少量 $W_{20}O_{58}$	$W_{20}O_{58}$ + 少量 WO_3（六）	
575	$W_{20}O_{58}$ + 少量 WO_3（单）+ 少量 β－W		$W_{20}O_{58}$ + 少量 WO_3（六） + 少量 WO_2	
600	WO_2 + 较多 $W_{20}O_{58}$ + 较多 β－W	ATB + 少量 WO_2 + 少量 β－W	WO_2 + 少量 $W_{20}O_{58}$	$W_{18}O_{49}$ + 少量 β－W + 少量 α－W
625		ATB	铵钨青铜	WO_2 + α－W + 少量 ATB + 较多 β－W
650	WO_2 + 少量 α－W + 微量 β－W	α－W + WO_2 + 少量 β－W + 微量 ATB	WO_2	α－W + 少量 $W_{18}O_{49}$
700	WO_2 + 大量 α－W + 微量 β－W	α－W + WO_2		
750	α－W + 微量 WO_2	α－W + 微量 WO_2		α－W
775	α－W	α－W		
800			α－W + 少量 WO_2	
850			α－W	

注：表中 WO_3（单）、WO_3（六）分别表示单斜结晶 WO_3 和六方结晶 WO_3。

根据表 6－9 可知在干氢气氛、扩散条件良好的情况下，反应式（6－1）~反应式（6－5）

所必需的热力学条件都同时能得到满足，还原各阶段可能发生“短路”，因而转炉蓝钨还原的历程是：

$$WO_3 \rightarrow W_{20}O_{58} \rightarrow WO_2 \rightarrow \alpha - W$$
$$\searrow \beta - W \nearrow$$

铵钨青铜的还原历程与之大同小异，黄钨还原过程中未发现 β－W，其他就大同小异。

紫钨还原的历程是：

$$W_{18}O_{49} \rightarrow \alpha - W$$
$$\searrow \beta - W \nearrow$$

同时可看出，紫钨在750℃就全部转化为 α－W，因此在四种原料中它的活性最大，有可能在较低温度下制得较细的钨粉，有可能使设备具有较大的生产能力。

表6－9也能为人们根据原料的特点及产品的要求制定适当的还原工艺制度指明方向。

在工业条件下，即当料层厚度在数毫米至数厘米之间，温度在700～1100℃之间，还原的化学反应速度足够快，以致水蒸气从料层中逸出是反应总速度的控制步骤。在这种条件下，料层中的湿度总是较高的，足以防止还原过程的“短路”（即由 WO_3 直接还原为钨）。还原过程总是随着水蒸气的向外扩散以及氢向内扩散，以致 p_{H_2O}/p_{H_2} 值逐渐升高而明显分阶段地进行，即通过 $WO_3 \rightarrow WO_{2.9} \rightarrow WO_{2.72} \rightarrow WO_2$ 最后得到钨粉。

对于厚料层而言，同一断面其上下层的反应情况并不相同，这方面 D. C. 巴尔逊及山口昭雄等的试验结果具有代表性，他们将原料压成圆块，还原过程中料层断面的变化如图6－17所示。压块还原时（或原料层时），可认为 $WO_{2.9}$ 转变成 $WO_{2.72}$ 的速度极快，因而全部迅速转变成 $WO_{2.72}$，然后从外到内依次出现 WO_2 相和金属钨，产生这种情况的原因可认为是由于料层中 H_2O 及 H_2 扩散速度有限，过程为外扩散所控制，因而在还原初期和中期料层内部的实际 p_{H_2O}/p_{H_2} 值只能满足生成 $WO_{2.72}$ 和 WO_2 所需的热力学条件。随着还原过程的进行和水蒸气的不断排除，才能在颗粒表面逐步达到生成金属钨的条件，金属钨层开始形成并逐步向内层扩展。

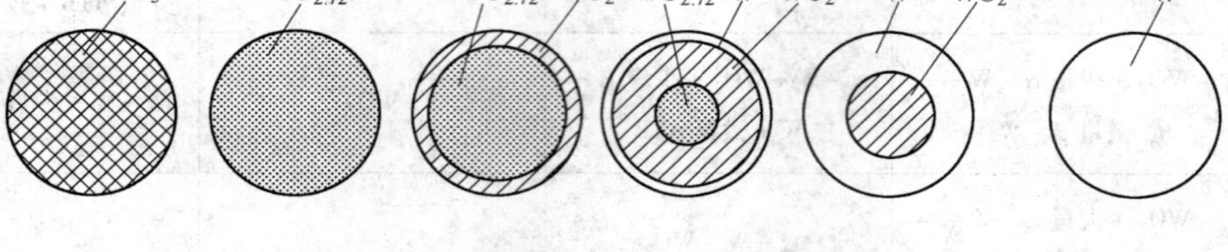

图6－17　WO_3 氢还原过程中料层断面的物相变化

应当指出，图6－17所示的核收缩模型是以氧化钨压块为原料，即孔隙度非常小的条件下形成的。对于实际的蓝钨或紫钨聚合体而言，其内部有较大的孔隙度（按计算达65%以上），因此不排除在颗粒表面发生反应的同时，部分 H_2 扩散到内部，同时发生还原反应的可能。赵秦生的试验表明，紫钨聚合体的氢还原不仅始于聚合体表面的活性中心，而且也始于聚合体内部的活性中心。

根据大量的试验研究，相关文献给出了 WO_3 氢还原的反应历程图（图6－18）。图中的粗线条表示主要的反应途径。该途径是在接近工业条件下观察到的。

不同研究者对 WO_3 氢还原过程及还原速率的影响因素进行了研究，得到的共同结论是：WO_3 氢还原过程主要由扩散控制。钨氧化物与 H_2 在还原温度下生成的水蒸气从料层中逸出具有一定的扩散阻力。粉末料层的厚度及粉末颗粒间的空隙度对水蒸气的扩散逸出产生重要影响。料层的扩散阻力决定了料层中动态湿度的高低，从而也决定了各种形成相在还原过程中的成核和生长条件。它同时也决定了还原反应的历程。试验证明，料层愈厚，水蒸气从料层中逸出的扩散阻力愈大，反应生成的水蒸气逸出愈慢，减缓反应朝还原方向进行。任何引起扩散阻力增加的因素，如增加料层厚度，减小钨氧化物原料的粒度等，将导致还原时间的明显延长，如图 6－19 所示。氧化物料层厚度的增加，导致还原时间的明显延长，这正是以扩散控制或以化学反应和扩散混合控制过程的特征。

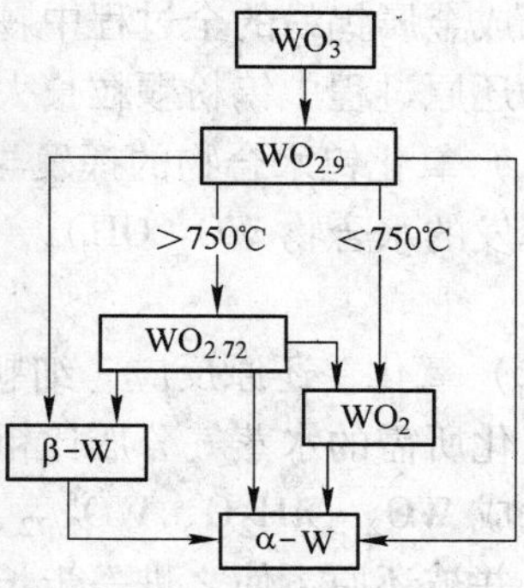

图 6－18　WO_3 氢还原的反应历程

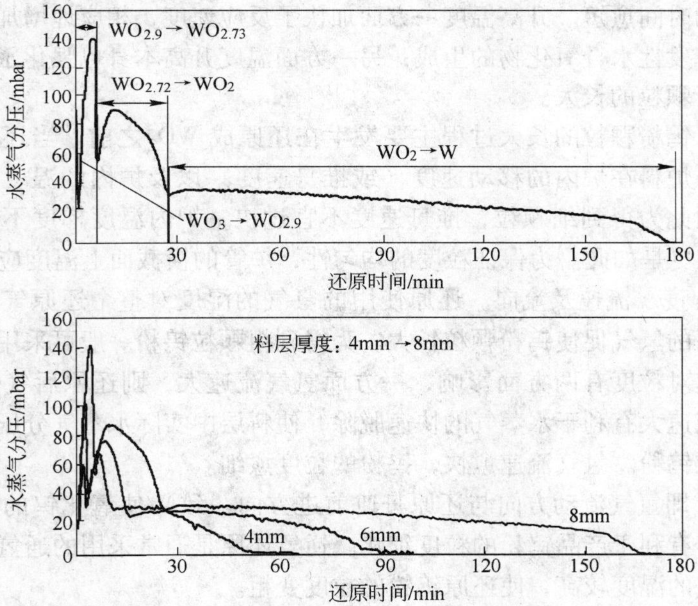

图 6－19　WO_3 还原过程中料层厚度、水蒸气分压与还原时间的关系

（注：$1bar = 10^5 Pa$）

仅在低温还原和氧化钨粉末料层极薄（小于 1mm）以及氢气流速较高时，才能观察到氧化钨还原过程的反应速度受化学反应控制。在这种干氢还原的条件下，从高价氧化钨直接还原成钨粉（α－W 或 β－W）的反应成为可能（$WO_{2.9}-W$，$WO_{2.72}-W$）。

C　还原过程中影响钨粉形貌及粒度的因素

a　钨粉粒度和粒度分布的影响因素

硬质合金工业或钨材加工工业，都对钨粉的粒度和粒度分布有着严格的要求，钨粉的粒度控制是钨粉生产中的关键问题。为了掌握好控制钨粉粒度的条件，有必要掌握钨氧化物还原成金属钨粉的全过程中颗粒长大的规律，进而找出影响粒度的主要因素。

对还原过程中钨粉颗粒长大的机理研究尚不充分，但一般认为有下列两种：

（1）氧化钨水合物的挥发与沉积　在600℃以上的温度下，钨的氧化物能与水蒸气形成易挥发的水合物 $WO_2(OH)_2$，它们挥发后沉积在其他颗粒上并被还原，促使钨粉颗粒长大。

（2）氧化－还原反应　细颗粒钨粉的比表面积大，表面能大，在 H_2-H_2O 系统中，它被氧化所需的水蒸气分压比粗颗粒钨粉小，也就是说它在比较小的水蒸气分压下也可能被氧化成 $WO_2 \cdot nH_2O$、$WO_{2.72} \cdot nH_2O$，这些挥发性的含水氧化物沉积到比表面积小的粗钨粉上并被还原，使之进一步长大，而细颗粒钨粉则逐步消失。这一机理已由下列事实所证实：将钨粉在干氢气中长期保温1200℃，未发现颗粒长大，但在接近反应（6－4）平衡条件的湿氢气中的1000～1050℃下保温，则其颗粒明显长大。

钨氧化物还原过程中，钨粉粒度和粒度分布的主要影响因素有：

（1）还原温度及升温速度。温度对还原过程中的各种反应产生影响，也影响还原过程的动态湿度和挥发性钨化合物 $WO_2(OH)_2$ 的分压。还原温度愈高，形成的钨粉粒度愈粗，还原所需的时间愈短。升高温度一方面加快了反应速度，相应地增加了料层中水蒸气分压，有利于挥发性水合氧化物的生成；另一方面温度升高本身也强化了水合物的挥发过程，因而有利于颗粒的长大。

研究发现，钨粉颗粒的长大过程主要发生在还原成 WO_2 之前。当还原过程在管式炉中连续进行时，炉料在炉内的移动速度（或推舟速度）以及炉内的温度梯度实际上决定了升温速度，因此为得到细颗粒，推舟速度不宜过快，炉内温度梯度不宜过大，特别在 $WO_3 \rightarrow WO_2$ 阶段更是如此。为保证粒度的均匀性，炉管的横截面上温度应是均匀的。

（2）氢气湿度、流速及流向。还原使用的氢气的湿度对整个还原气氛中的总湿度有影响。露点较高的氢气促使钨粉颗粒长大。为得到粗颗粒钨粉一般可采用湿氢还原。

氢气的流速对粒度有两方面影响，一方面氢气流速大，则还原后气体中水蒸气分压小；另一方面流速大有利于水蒸气的快速脱除，使料层中实际水蒸气分压降低，这些都有利于得到细颗粒钨粉。氢气流速愈快，钨粉的粒度愈细。

顺氢还原（即氢气流动方向与还原舟皿前进方向一致）使氧化钨的前期还原在较干的氢气中进行，有利于产品钨粉的粒度细化。逆氢还原是通常采用的通氢方法，它使还原过程的初期氢气的湿度较高，使还原钨粉的粒度变粗。

（3）料层厚度、加料速度及空隙度。料层厚度对氢还原过程中产生的水蒸气的向外扩散形成阻力，钨氧化物原料的料层厚度或加入速度决定了整个还原过程释放的水的总量。料层愈厚或加入速度愈快，水的总量愈大，扩散阻力愈大，水蒸气的脱除愈慢。料层底部的局部湿度较料层上部的湿度大，料层底部为高价氧化物，料层上部为低价氧化物。料层厚度在很大程度上影响钨粉的粒度分布。舟皿上下部位钨粉颗粒的成核和生长条件不同，导致粒度不均匀。湿度梯度导致料层内部的颗粒由上至下变粗，而料层表面区的颗粒较细。显然，对于高料层而言粒度分布会较宽，薄料层粒度分布会较窄。料层越厚，加料速度越快，粉末的粒度越粗，粒度越不均匀。基于这一原理，可采用湿氢改善钨粉的粒度分布，因为它使料层内外水蒸气浓度差变小。

料层的空隙度取决于氧化物颗粒之间的宏观空隙度和氧化物颗粒本身的微观空隙度。

钨氧化物颗粒粗大则宏观空隙度大，钨氧化物颗粒形貌影响料层的微观空隙度，不同的钨氧化物具有不同的颗粒形貌，即具有不同的空隙度。空隙度大有利于还原时产生的水蒸气迅速排除，从而使钨粉颗粒长大缓慢，获得较细粒度的钨粉。

为了证明料层厚度的影响，用下面条件进行试验。在内径为30mm的坩埚中装入厚度为26mm的WO_3粉（密度为2.5g/cm^3），在H_2还原炉中于900℃下还原2.5h，距离表面层不同高度的钨粉的比表面积列于表6－10中。

表6－10 钨粉比表面积与料层厚度的关系

距离表面层的高度/mm	比表面积/m^2·g^{-1}	距离表面层的高度/mm	比表面积/m^2·g^{-1}
0.6	3.51	12.4	2.55
2.4	3.72	14.4	1.90
4.6	3.37	16.0	1.51
7.0	3.32	18.4	1.56
9.6	2.78	21.6	1.79

在H_2流量3000L/h、推舟速度20min/舟、原料WO_3装舟量20～360g、还原温度为750℃、780℃、830℃、850℃的四带还原炉中进行还原，钨粉的平均粒径与装舟量的关系如表6－11所示。

表6－11 钨粉平均粒径与装料量的关系

装舟量/g	平均粒径/μm	装舟量/g	平均粒径/μm
20	1.3	180	1.7
40	1.4	200	1.7
60	1.6	220	2.1
80	1.9	240	2.3
100	1.6	260	2.3
120	1.7	280	2.35
140	2.0	320	2.70
160	1.7	360	2.60

（4）杂质元素。一般碱金属或碱土金属杂质能促进钨粉颗粒的长大，钙、镁、硅则影响不明显。铝、铬、钒的存在对颗粒的长大有抑制作用。

必须注意，钨粉的最终平均粒度是上述各种因素综合作用的结果。总的规律是：低温、干氢、高氢气流速、低氢气露点、薄料层、高空隙度和低供料速度制得细粒度钨粉。高温、湿氢、低氢气流速、高氢气露点、厚料层、低空隙度和高供料速度制得粗粒度钨粉。前驱物氧化钨的性状对还原钨粉的粒度也有相当影响。这对制备细颗粒钨粉特别显著，而对粗颗粒钨粉影响较小。在工业生产中，还原条件的选择主要依赖于实际经验。除平均粒度外，还原条件对钨粉的粒度分布、颗粒的聚集、表观密度和颗粒的形貌也有影响。

b 钨粉颗粒形貌的影响因素

随还原条件的不同，钨粉颗粒形貌发生相应的变化。在WO_3还原成$WO_{2.9}$的阶段中，颗粒的外形不发生改变，随着 WO_3 晶体中氧的减少和空位的增加，颗粒上出现裂纹。在进一步还原过程中，正如前面所介绍的，还原历程与温度及其他条件有关。当温度小于750℃时，则 $WO_{2.9}$ 直接还原成 WO_2，此时随着晶体中氧的进一步减少，晶体中裂纹和微孔隙增加，同时 $WO_{2.9}$ 晶体中产生许多 WO_2 的晶核，晶核长大，使原先的 $WO_{2.9}$ 晶粒变成 WO_2 颗粒的聚集体。WO_2 颗粒的粒度决定于晶核形成及晶核长大的相对速度，而这些又与温度及气相水蒸气分压相关，在料层比较薄（1～2mm）、外扩散不成为控制步骤时，气相水蒸气分压很小，不利于颗粒的长大，因此所得 WO_2 晶粒往往比较小；当料层较厚（20～30mm，相当于生产的实际条件），则水蒸气扩散慢，温度升高的同时还原速度加快，料层中 H_2O 分压升高，有利于钨由小颗粒向大颗粒转移，使 WO_2 粒度变粗。

还原过程在 20～50mm 的料层、800℃左右进行时，则 WO_3 还原过程经历 $WO_{2.72}$ 阶段，此时得到的 $WO_{2.72}$ 为针状，成杂乱无章地排列。针状物长度有时达 5～50μm，或一个 $WO_{2.72}$ 针状物变成一些 WO_2 颗粒的链状聚集体，后者再进一步还原成金属钨粉。钨粉还原过程中颗粒形貌的变化如图 6－20 所示。细颗粒与粗颗粒钨粉形貌分别如图 6－21 和图 6－22 所示。

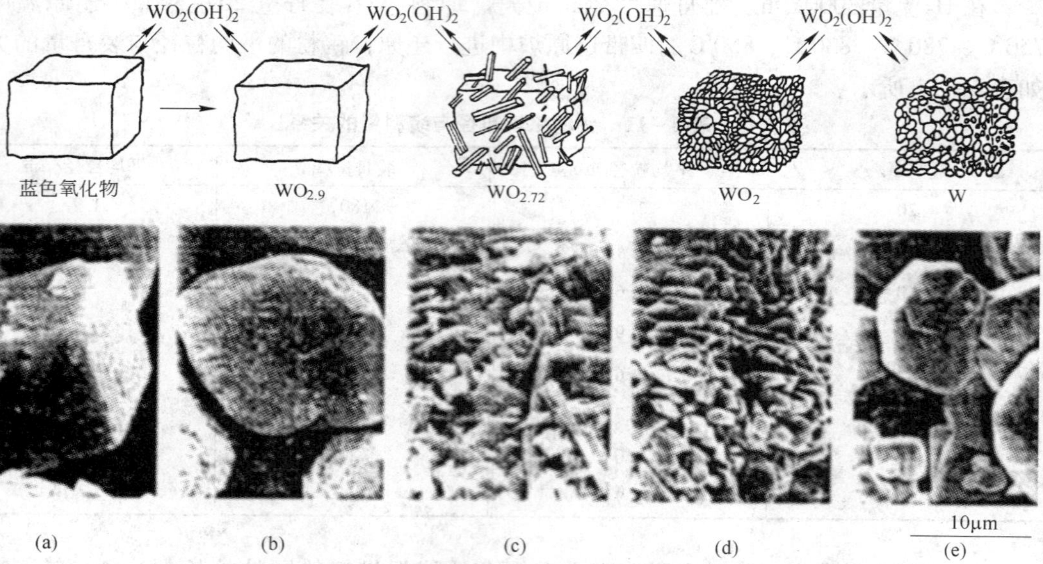

图 6－20　钨粉还原过程中颗粒形貌的变化

图 6－21　细颗粒钨粉形貌（×20000）

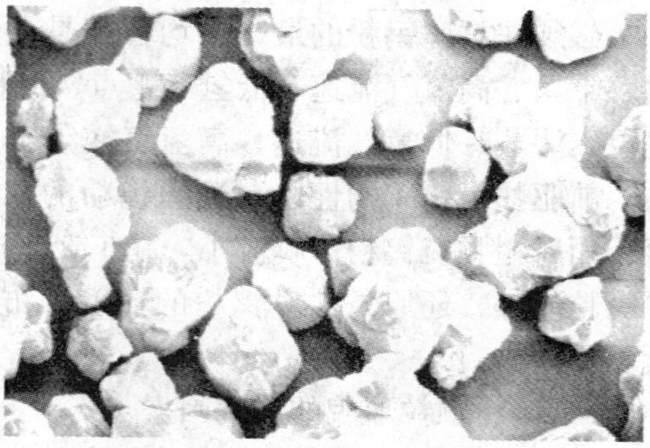

图 6－22　粗颗粒钨粉形貌（×1000）

低温和干氢条件下形成海绵态钨粉，其形貌为其前驱物 APT 的假晶。这些假晶是由细小的、多晶面的和多晶的金属颗粒组成，如图 6－23 所示。

随着温度和氢气湿度的增加，单个钨晶粒是靠较长距离的气相迁移形成的，它们具有多个晶面，晶粒通常呈立方金属的特征晶面，如图 6－24 所示。

当还原温度高和氢气湿度大时，则得到晶面发育完整的、显示出生成阶梯的、晶粒部分相互交联的粗大晶粒，如图 6－25 所示。

图 6－23　550℃下 H_2 还原 $WO_{2.9}$ 得到的 β－W 粉形貌

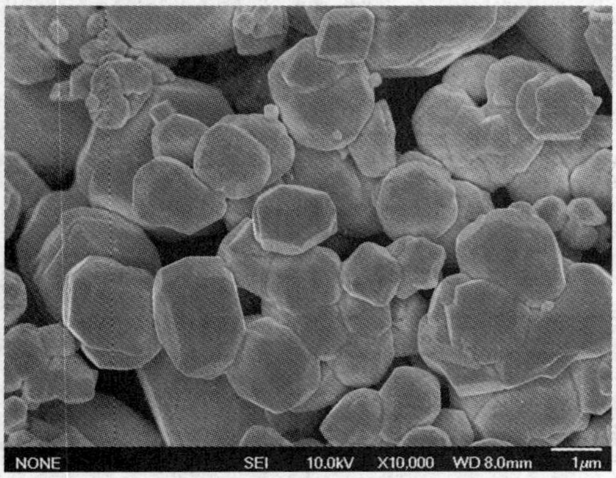

图 6－24　呈立方金属特征晶面的钨晶粒

图 6－25　粗颗粒共生的钨晶体形貌（×20000）

6.2.2.2　钨氧化物氢还原的工业实践

A　钨氧化物氢还原设备

还原设备对钨粉性能有重要影响。不同还原炉生产的钨粉具有不同的性能。根据上述原理及工艺特点，氧化钨氢还原设备应满足钨粉还原的工艺要求，便于实现钨粉的质量控制，特别是粒度以及粒度分布控制。此外，还应满足机械化、自动化、连续化、节能降耗、环境友好等要求。

工业生产中常用的还原炉有：固定床式还原炉（如二管炉、四管炉、十四管炉、十八管炉、无舟皿带式连续还原炉等）、流动床式还原炉（如回转管式还原炉）等。

a　固定床式还原炉

固定床式还原炉种类多，生产效率不同，还原温度各异，适用不同粒度、不同用途钨粉的还原。它们的共同特点是粉末在床中（舟皿中）固定不动。

目前国内用得较多的是二管炉、四管炉和十四管炉。二管炉主要用于高温还原生产粗颗粒钨粉，四管炉和十四管炉则主要用于中、细颗粒钨粉的生产。国外比较多见的为十四管、十八管还原炉。下面分别对四管还原炉、十八管还原炉和无舟皿带式超细均匀钨粉连续还原炉予以介绍。

四管还原炉如图 6－26 所示。四根炉管分两层设置（炉管上中下布置发热体）或置于炉膛的同一水平上（炉管上下布置发热体），炉温均匀性好。方形舟皿的装料厚度一致，因而制得的钨粉比较均匀。四管还原炉结构如图 6－27 所示。

德国 Elino 工业炉公司生产的十八管还原炉如图 6－28 所示。

图 6－26　四管还原炉

十八管还原炉由炉体、推舟机构及辅助装置、装卸料车三大部分组成。外形尺寸约为 20154mm × 5029.2mm × 3816mm。炉体用钢板及型钢焊制而成，内衬高硅酸铝耐火保温材料。炉顶为活动式炉顶，炉体装有手动提升装置，可将炉顶提升，便于对加热元件及炉管进行维护。炉管采用镍、铬钢管（DURALOY 公司提供），加热元件用镍、铬电阻丝（80% 镍和 20% 铬）。炉子设 3 个加热区，1 个预热区，每区单独进行自动温度控制。950℃以上时，炉温的均匀性为 ±12℃。

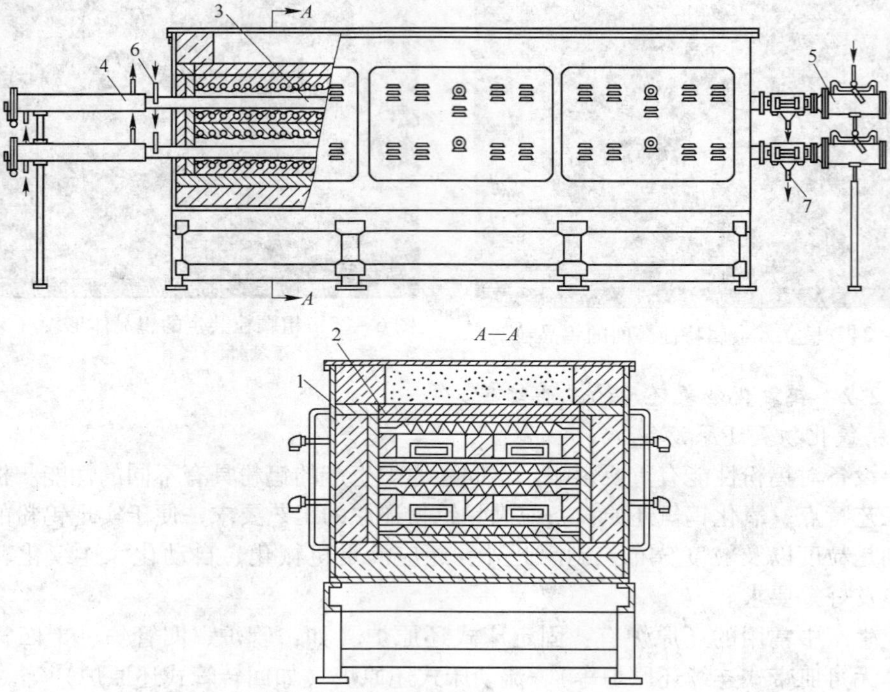

图 6－27　四管还原炉结构图

1—炉壳；2—加热元件；3—炉管；4—冷却套；
5—推进器；6—氢气进口；7—氢气出口

加料炉门为机械密封门，卸料门为气动密封门。炉子设有自动机械推舟装置。当参数和条件与设定值发生偏差和氢气泄漏时，能发出声响和视觉报警。

将装有钨氧化物的金属舟皿以适当的时间间隔推入还原炉中。每送入一批新舟，炉料即向前推进一舟的长度。炉管为圆管，采用高温不锈钢制成。炉管分上下两层水平排列，上层 10 根，下层 8 根，分别支撑在重质耐火砖上。电炉发热体为带状或螺旋状电热丝（片）。隔热保温材料为轻质耐火砖、石棉水泥板、石棉板、新型保温材料等。装料舟皿

图 6-28 十八管还原炉

采用镍钼合金（72% Ni、28% Mo）、Ni、Cr 合金（Inconel617 合金）制成。

德国 Elino 工业炉公司生产的十八管还原炉主要参数如下：

炉管内径：约 126.9mm；

炉管外径：约 142.76mm；

加热区长度：约 9379mm；

冷却区长度：约 3500mm；

炉中舟皿数量：558（个）；

舟皿尺寸（长×宽×高）：约 500mm×125mm×95mm；

炉子的安装功率：约 525kW（其中炉子传动功率为 25kW）；

炉内的最高工作温度：1050℃；

炉子质量：约 65t。

国内某公司研发的无舟皿带式超细均匀钨粉连续还原炉如图 6-29 所示，其结构如图 6-30 所示。

图 6-29 无舟皿带式超细均匀钨粉连续还原炉

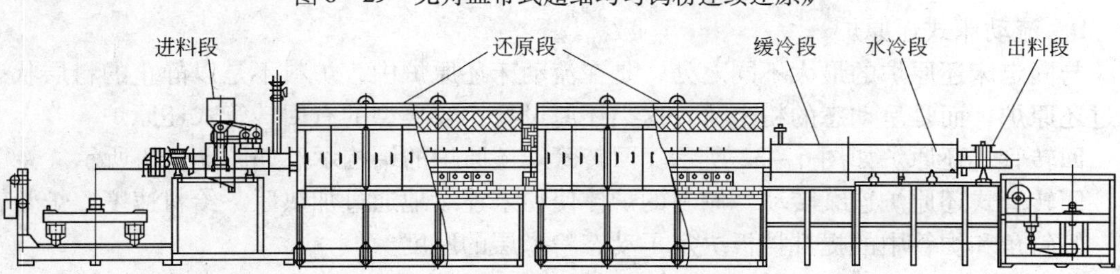

图 6-30 无舟皿带式连续还原炉结构

长期以来，国内外钨氧化物氢还原制取超细钨粉采用管式炉，如四管炉、十四管炉等，所生产的超细钨粉粒度分布范围较宽，生产效率低，粉末生产成本高。针对这些问题，国内设备制造厂研制出新型“无舟皿带式连续还原炉”，特别适用于超细均匀钨粉的大规模生产。

使用新型“无舟皿带式连续还原炉”时，钨氧化物由吸料机吸入料仓中，通过给料机构控制铺粉厚度并将物料刮平，物料随钢带运行进入还原区，还原好的钨粉经过缓冷段、水冷段后，温度达50℃以下，在自动清扫机构的作用下，经出料段卸料。承料钢带卸料后经自动清洗刷清理干净准备装料。

无舟皿带式连续还原炉的钢带宽度为600～1500mm，在主动轮和从动轮的作用下张紧并连续运转。钢带设有纠偏装置。炉体加热带长度8～16m，具有自动上料、均匀铺粉、不使用舟皿、粉末还原环境（均匀受热温度、接触气氛状况、运行速度）相同，闭式进出料（粉末不氧化、氢气不外溢），自动清洗物料承载钢带，生产效率及自动化程度高、安全性好等特点。无舟皿带式连续还原炉的主要技术参数见表6－12。

表6－12　无舟皿带式连续还原炉的主要技术参数

型号规格	GWH－600	GWH－800	GWH－1000	GWH－1200	GWH－1500
最高工作温度/℃	850	850	850	850	850
加热功率/kW	80	100	180	260	320
钢带宽度/mm	610	800	1000	1200	1500
钢带速度/mm · min^{-1}	40～300	40～300	40～300	40～300	40～300
适用气氛	H_2	H_2	H_2	H_2	H_2

所生产的超细、纳米均匀钨粉性能好。无舟皿带式连续还原炉所生产的纳米钨粉如图6－31所示。

图6－31　无舟皿带式连续还原炉所生产的纳米钨粉

b　流动床式还原炉

与固定床还原炉的最大不同之处，是在流动床还原炉中，炉料不是以静止的料层状态通过还原炉，而是呈动态的粉末流。这类还原设备比较典型的有回转管式还原炉。

回转管式还原炉如图6－32所示。回转管式还原炉的结构示意如图6－33所示。

回转管式还原炉连续转动，倾斜的炉体使粉末连续地通过加热区。给料速度、炉管转速、倾斜角和炉管中的提升挡板决定了动态粉末层的厚度。

炉子旋转使物料不断翻动，与固定床式炉相比，水蒸气较难停留在料层中，强化了氢

图 6－32　回转管式还原炉

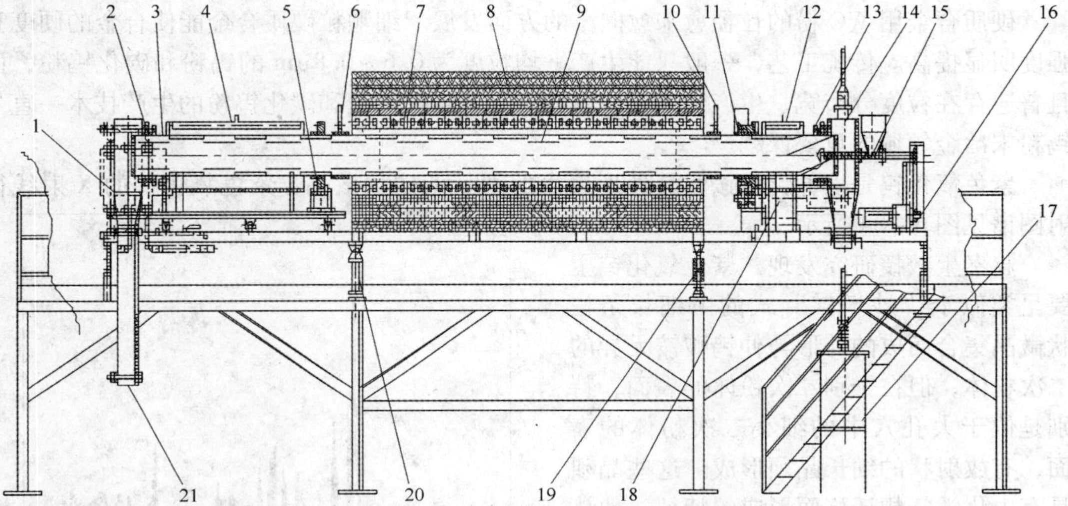

图 6－33　回转管式还原炉结构示意图

1—卸料斗；2—炉尾密封装置；3—炉管；4—后托轮装置；5—振打器；6—保温层；7—炉架；8—发热体装置；9—炉壳；10—前托轮装置；11—链轮；12—炉头密封装置；13—除尘气箱；14—送料装置；15，19—链轮；16，20—套筒滚子链；17—弹性连接口；18—机座；21—摆线针齿减速机

气自外向内和水蒸气自内向外的扩散。回转式还原炉料层中的湿度较低且物料不同部位的湿度差异小，有利于得到细而均匀的钨粉。

为维持钨粉颗粒长大所需的湿度，回转式还原炉只需要少量氢过剩。在回转式还原炉中，氢气过量系数对粒度长大的影响较小。高给料速度、低炉管转速、小倾斜角和高还原温度，有利于获得粗颗粒钨粉。

生产实践证明，回转式还原炉具有下述特点：

（1）生产连续化，效率高；

（2）装卸料密封，温度波动小，安全性好；

（3）能耗低；

（4）易于实现自动化；

（5）粉末粒度细且均匀性好。

不足之处是：

（1）传动机构较复杂，管理要求高；

（2）由于粉末料层不断翻动，细小的颗粒会被氢气吹走，所以必须用过滤收尘的方法加以回收；

（3）在高温下粉末较易粘附炉管内壁，必须振打炉管，产生噪声。

6.2.2.3　钨氧化物氢还原典型产品的生产工艺

金属钨粉80%以上用于生产硬质合金用WC粉。随着材料科学技术的发展，硬质合金、钨制品、喷涂材料、电子材料等对原料钨粉不断提出新的要求，例如，高韧性、高耐磨性的硬质合金微形钻要求超细钨粉，高质量的硬质合金冲击工具要求提供超粗钨粉等。

A　超细钨粉的生产

硬质合金用WC粉的粒径愈来愈向小的方面发展。细颗粒硬质合金能使合金的硬度和强度明显提高。传统工艺，一般只能生产平均粒度为0.6～0.8μm的钨粉和碳化钨粉，而且普遍存在粒度分布宽、生产效率低的问题。开发超细钨粉和碳化钨粉的生产技术一直是钨粉末冶金领域的重要课题。

紫色氧化钨是以仲钨酸铵假晶外形聚集的细长条柱状微晶，紫色氧化钨的X射线衍射图谱见图6－34所示。

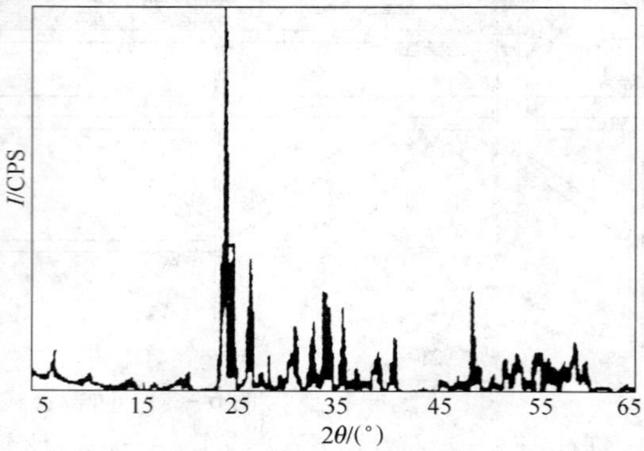

图6－34　紫色氧化钨X射线衍射图

赵秦生教授研究发现，紫色氧化钨主要呈类似于“炒米糕”式的由细长条柱状微晶集合而成的外形与仲钨酸铵无异的二次粉体，但在个别二次粉体的表面，特别是位于大孔穴中的细小二次粉体的表面，有放射状的细长晶须形成。这些晶须具有由化学气相迁移而形成的特征。他认为，紫钨细条晶的聚合体是疏松多孔的，在氢还原时有利于氢的渗入和水蒸气的逸出，因此在紫钨还原时，反应可以在多孔的紫钨聚合体中的任何活性点发生。紫钨的氢还原不仅始于$W_{18}O_{49}$聚合体表面的活性中心，而且也始于聚合体内部的活性中心。在生产条件下，氧化钨氢还原反应并不遵循反应核收缩模型。

陈绍衣的研究进一步证明，用同一批APT制得的各种氧化钨中，钨氢还原制得的钨粉是最细的。正是因为紫钨的化学活性高，还原速度大，所以在用紫钨为原料制取钨粉时，可以加快推舟速度和加大装舟量，从而显著提高钨粉的生产效率。与此同时，产品钨粉的粒度和粒度分布相当稳定，受紫钨装舟量的影响小。

以紫钨为前驱物生产超细钨粉的工艺过程如下：

将原料APT通过给料装置加入到回转炉内，在一定温度和弱还原气氛下令APT热分解，并连续预还原为$W_{18}O_{49}$。通过热分解和预还原，一颗APT晶体变为无数个针状或杆状紫钨晶体。生成$W_{18}O_{49}$的还原率一般在99%以上，产品为单相$W_{18}O_{49}$。

$W_{18}O_{49}$氢还原过程中，在$W_{18}O_{49}$的针状或杆状晶体上滋生出无数个细小均匀的球状二氧化钨颗粒，后者再转变成类似于串珠的金属钨粒。这说明$W_{18}O_{49}$在适当的氢还原条件下，可以避免因化学气相迁移而导致的钨粉粗化。继紫钨制备晶粒细化之后，$W_{18}O_{49}$

还原成钨粉又是一个粒度细化的过程。

用紫钨制得超细钨粉后，为制备超细碳化钨，可采用现行细粒级碳化钨制造工艺。以 $W_{18}O_{49}$ 前驱物制得的碳化钨，具有超细均匀、不易长大的特点。在从 APT 制得的各种氧化钨中，$W_{18}O_{49}$ 适合于制取超细碳化钨。

当钨粉粒度小于 1μm 时，可能具有自燃性。特别是在粒度小于 0.5μm 时，需要小心操作。对避免细钨粉燃烧而言，顺氢还原是最有效的方法。当细钨粉尚处于冷却阶段时，它已与湿氢接触，在它离开还原炉前，其表面已被饱和。在采用逆氢还原时，出炉的细钨粉必须缓慢地被氧饱和。这可用惰性气氛（含少量氧的氮或氢）保存的方法或将粉末暴露于少量空气的方法来达到，以避免钨粉局部过热。也可以用将钨粉留在舟中约 30min 的方法。

B 超粗钨粉的生产

超粗钨粉通常采用高温、湿氢、低氢气流速、厚料层或高供料速度来制备，还原一般在二带高温钼丝炉中进行，以 WO_3 为原料，还原温度在 1250℃ 以上，装舟量 2kg/舟，推速 1 舟/30min。

也可采用添加晶粒长大促进剂的办法制取超粗钨粉，如添加碱金属或碱土金属等。加入第三元素的作业称为掺杂。掺杂时是将氧化钨与掺入元素化合物的水溶液作用。实践证明，向蓝色氧化钨掺杂的效果优于向黄色氧化钨掺杂，生产中多采用蓝色氧化钨掺杂。

（1）掺钠。在制备粗颗粒钨粉时，添加钠的化合物是常用的方法。钠的添加量通常在 50～200μg/g 之间。在 1000℃ 和湿氢的条件下，根据料层厚度不同，可以得到平均粒径为 10～25μm 的钨粉。高温可保证钠在还原过程的末期强烈挥发。在特殊情况下，可采用酸浸或水浸的方法降低残余的钠含量。

（2）掺锂。对要求特粗粒度的钨粉（50～100μm），使用掺锂比掺钠更好。还原制度与掺钠的情况相同。由于锂的沸点高，它在还原过程中不会像钠那样挥发。在还原之后，粉末必须用盐酸和水洗涤。

超粗钨粉应符合表 6－13 要求。

表 6－13 超粗钨粉技术条件

项 目	铁/%	氧/%	氯化残渣/%	费氏平均粒度/μm	晶 粒
指 标	< 0.015	< 0.08	< 0.04	> 25	完 整

采用超粗晶粒钨粉生产的超粗晶粒硬质合金如图 6－35 所示。

图 6－35 超粗晶粒硬质合金微观组织

6.3　钨卤化物氢还原法制备金属钨

6.3.1　钨卤化物氢还原的基本原理

6.3.1.1　氯化钨氢还原

氯化钨氢还原的特点是存在多种低价氯化物，并伴生一系列分解反应和歧化反应。在 W－Cl体系中存在 WCl_6、WCl、WCl_2 等不同价态的氯化物，其中 WCl_2 在 840K 左右歧化成 WCl_4，即在还原温度（1000K 左右）下，稳定的氯化钨为 WCl_4，按下述反应确定平衡条件：

$$1/2WCl_{4(g)} + H_{2(g)} \xlongequal{} 1/2W_{(s)} + 2HCl_{(g)}$$

根据热力学计算，不同温度下的 K_p 值如下：

温度/K	900	1223	1400
K_p	1.74×10^2	1.61×10^2	1.48×10^2

因此还原反应能自动进行。

WCl_6 氢还原的总反应式为：

$$WCl_{6(g)} + 3H_2 \xlongequal{} W + 6HCl_{(g)}$$

$$\Delta G_0 = 33453 - 364.6T(J)$$

$$800℃时，\Delta G_0 = -258.2kJ/mol$$

表 6－14 列出了氯化钨氢还原反应的平衡常数值。

表 6－14　氯化钨氢还原反应的平衡常数值

反　应	K_p/MPa			
	723K	900K	1223K	1400K
$WCl_{6(g)} + 3H_{2(g)} \xlongequal{} W_{(s)} + 6HCl_{(g)}$	3.39×10^4	3.22×10^4	2.49×10^4	2.13×10^4
$2WCl_{(g)} + H_{2(g)} \xlongequal{} 2W_{(s)} + 2HCl_{(g)}$	4.29×10^2	4.79×10^2	4.46×10^2	4.12×10^2
$WCl_{4(g)} + 2H_{2(g)} \xlongequal{} W_{(s)} + 4HCl_{(g)}$	5.07×10	5.47×10	5.04×10	4.63×10
$2WCl_{6(g)} + H_{2(g)} \xlongequal{} 2WCl_{5(g)} + 2HCl$	1.00×10^{14}	4.33×10^{13}	1.33×10^{13}	7.93×10^{12}
$2WCl_{5(g)} + H_{2(g)} \xlongequal{} 2WCl_{4(g)} + 2HCl_{(g)}$	2.17×10^6	2.80×10^6	2.81×10^6	2.54×10^6

6.3.1.2　氟化钨氢还原

对 WF_6 还原而言，缺乏其低价氟化物的热力学数据，按总反应计算其 ΔG_0 及 K_p 值：

$$WF_{6(g)} + 3H_{2(g)} \xlongequal{} W + 6HF_{(g)}$$

$$\Delta G_0(T) = 97115 - 329.0T\ (J)$$

$$1000K 时，\Delta G_0 = 231885J$$

$$K_p = 3\times10^{12}$$

因此，1000K 时其还原过程也能自动进行。

6.3.2　钨卤化物氢还原的工业实践

6.3.2.1　钨卤化物氢还原法制取超细钨粉

这种制取超细钨粉的方法也称为“火焰”还原法。过程的实质是将卤化物蒸气和 H_2 一起通过喷嘴喷入反应室，在出口处燃烧形成火焰，在火焰中发生还原反应。这种气相反应得到的产物往往为超细粉末。按上述方法可用氢还原 WCl_6 或 WF_6，其设备分别用石英和蒙耐尔合金制成。

图 6－36 和表 6－15 分别为特雷斯（Tress）的氯化钨氢还原装置及部分操作数据。

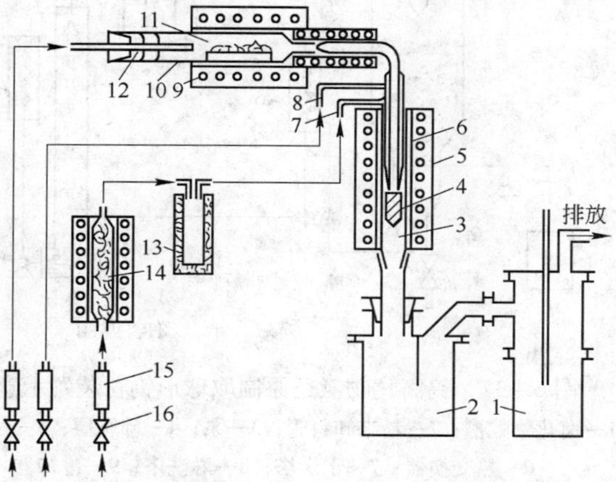

图 6－36 氯化钨氢还原制取超细钨粉装置

1—静电收粉器；2—机械收粉器；3—反应室；4—反应火焰；5—电炉；6—气体预热区；7—氢气入口；8—保护气体 Ar 入口；9—蒸发炉；10—氯化物蒸发器；11—装氯化物的烧舟；12—钼屏；13—液氮冷阱；14—Zr－Ti 除气剂；15—转子流量计；16—阀门

表 6－15 氯化钨氢还原操作数据

序号	WCl_6 进料速度/$g \cdot h^{-1}$	还原温度/K	预热温度/K	氢气流速/$L \cdot h^{-1}$	钨粉平均粒度/μm
1	13	873	873	70	0.046
2	14	973	973	69	0.044
3	55	1073	1073	49	0.023
4	250	1073	1123	68	0.035
5	99	1073	773	130	0.015
6	5	1078	1078	80	0.022
7	8	1173	1173	90	0.024
8	51	1193	1193	69	0.024
9	35	1193	948	76	0.027
10	9	1193	1008	69	0.016

6.3.2.2 钨卤化物氢还原法制取球形钨粉

钨卤化物氢还原过程如图 6－37 所示。在炉内预先装入粒度为 20～60μm 的钨粉，干燥的氢气则由炉底经过气体分布装置进入料层，在直线速度为 9～12cm/s 的情况下，使钨粉流态化，形成均匀的沸腾层 4，待还原的卤化物从贮槽 1 气化后用惰性气体带入沸腾层内，在适当的温度下，卤化物在颗粒表面还原并使之长大成圆球状，少部分卤化物在气相还原成细粉随气流带出，经过滤器 5 过滤下来，尾气流则经淋洗塔处理除去 HCl 或 HF 后返回。用这种方法能将原始的不规则颗粒长大成为球形颗粒。用它做成的制件其再结晶温度比通常粉末高得多。采用这种方法亦可在其他材料的颗粒表面上包覆钨层，使之成为复合粉，待包覆的颗粒如 Al_2O_3、SiC 等。这种方法还可用来制取难熔金属氧化物和碳化物、硼化物等粉末颗粒的钨镀层。

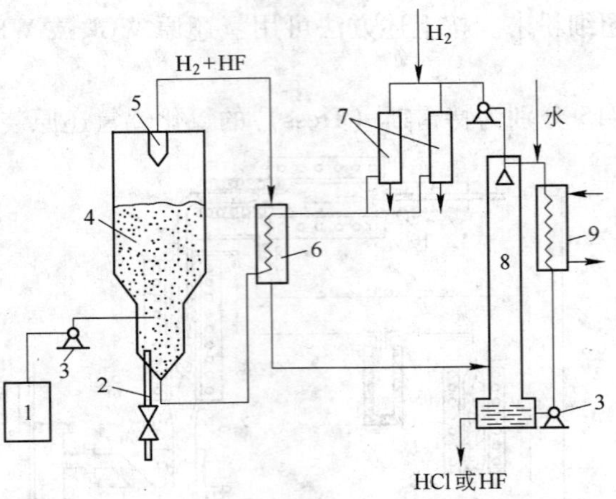

图 6－37　钨卤化物氢还原制取球形钨粉装置示意图

1—卤化物贮槽；2—粉末卸料管；3—泵；4—沸腾层；5—过滤器；6—热交换器；7—干燥塔；8—淋洗塔；9—冷却器

6.3.2.3　钨卤化物氢还原法直接制取钨制品

它是利用卤化钨的氢还原，在器件或零件的表面沉积钨，形成表面涂层；或在一定形状的基底材料上（如铜、镍、石墨等）形成致密的金属钨制品，然后设法除去基底材料，则形成单独的钨零件。这种方法又称为化学气相沉积法，可用以制取异形钨制品或复合材料。目前工业生产中应用较广的是氯化物氢还原制取钨镀层及复合材料和氟化物氢还原制取异形金属钨制品。图 6－38 示出氟化钨氢还原法制取钨制品的装置图。

6.4　钨氧化物碳还原法

6.4.1　基本原理

将 WO_3 与碳的混合物加热至 1023K 以上时，产生下列反应：

$$WO_3 + 3CO = W + 3CO_2$$

$$CO_2 + C = 2CO$$

$$WO_3 + 3C = W + 3CO$$

实际上，上述还原反应也可能经过中间氧化物阶段：

$$WO_3 + 0.1CO = WO_{2.9} + 0.1CO_2 \quad (6-6)$$

$$WO_{2.90} + 0.18CO = WO_{2.72} + 0.18CO_2 \quad (6-7)$$

$$WO_{2.72} + 0.72CO = WO_2 + 0.72CO_2 \quad (6-8)$$

$$WO_2 + 2CO = W + 2CO_2 \quad (6-9)$$

上述反应的平衡常数 K_p 与温度的关系

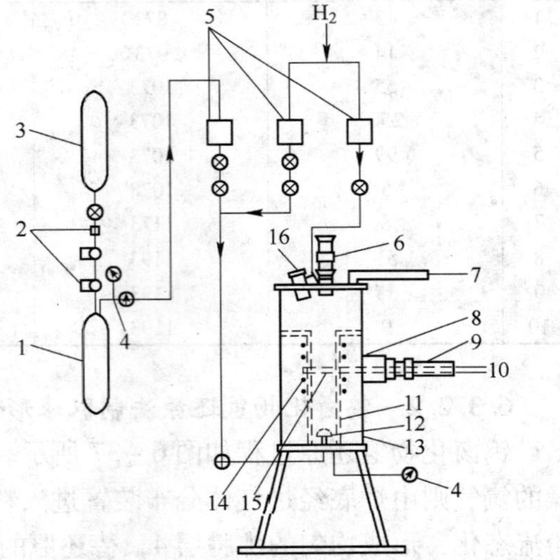

图 6－38　氟化钨氢还原法直接制取钨制品的装置

1—闪蒸室；2—程序控制阀；3—卤化物加料器；4—压力计；5—流量计；6—显微镜；7—冷阱和机械泵接口；8—球阀；9—O 形密封圈；10—热电偶；11—氧化铝管；12—鼓泡搅拌器；13—聚四氟乙烯炉室；14—感应线圈；15—心轴；16—光源

见图 6－39。

温度对反应 $WO_2+2CO═══W+2CO_2$ 平衡常数的影响如下：

温度	1273K	1331K	1439K	1473K	1497K
$K_p=p_{CO_2}/p_{CO}$	0.5380	0.535	0.528	0.490	0.448

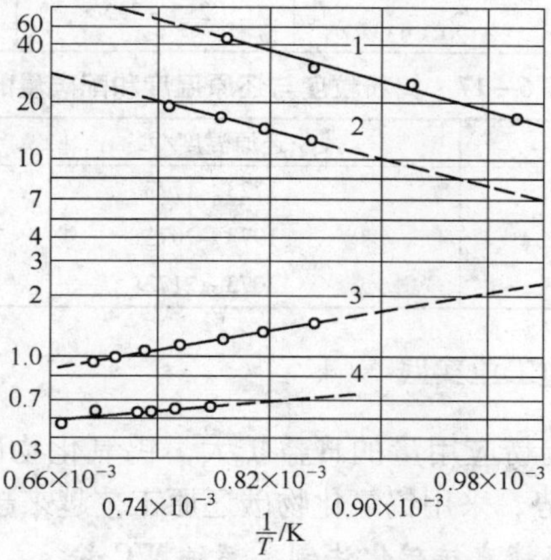

图 6－39　$WO_x-CO-CO_2$ 系中平衡常数与温度的关系

1—反应式（6－6）；2—反应式（6－7）；3—反应式（6－8）；4—反应式（6－9）

钨氧化物碳还原设备和工艺制度分别示于图 6－40、图 6－41 和表 6－16 中，表 6－17列出的是钨粉粒度与还原温度和配碳量的关系。

图 6－40　钨氧化物碳还原用碳管炉

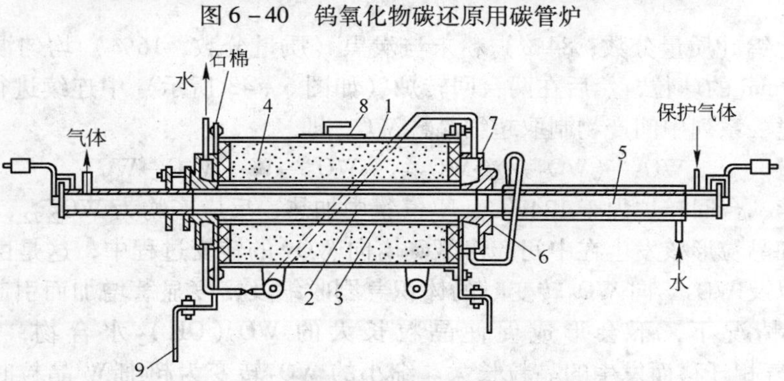

图 6－41　钨氧化物碳还原用碳管炉结构

1—炉壳；2—石墨发热管；3—保护管；4—炭黑填料；5—冷却器；6—接触石墨圆锥；7—水冷导电头；8—炭黑加入口；9—导电汇流排

表 6－16　WO_3碳还原工艺制度

类　别	还原设备	舟皿尺寸/mm × mm	装料量/kg	推舟速度/min · 舟$^{-1}$	还原温度/K
细颗粒	石墨管电炉	ϕ120 × 330 ϕ120 × 93	< 2.0	10	1723 ~ 1773
中颗粒	石墨管电炉	ϕ120 × 330 ϕ120 × 93	2.5 ~ 3.5	10	2073 ~ 2173

表 6－17　钨粉粒度与还原温度和配碳量的关系

配碳量/%	还原温度/℃	松装密度/g · cm^{-3}
15 ~ 16	1723 ~ 1773	2.0 ~ 2.5
12 ~ 13	1973 ~ 2073	3.0 ~ 4.0
12 ~ 13	2073 ~ 2173	4.0 ~ 4.5

6.4.2　钨氧化物碳还原的工业实践

随着超细钨粉/碳化钨粉应用量的日益扩大，钨氧化物碳还原工艺在制备超细/纳米 WC 方面显示出明显的优势，采用钨氧化物碳还原工艺越来越多。

6.4.2.1　三氧化钨连续直接碳化法制备超细 WC 粉

日本东京钨和住友电气公司研究开发的三氧化钨连续直接碳化制备优质超细碳化钨粉末新工艺和相应的设备。其工艺设备流程如图 6－42 所示。

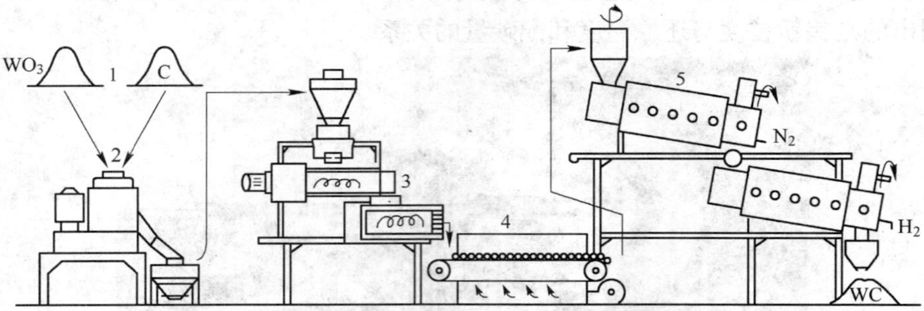

图 6－42　三氧化钨连续直接碳化生产碳化钨工艺设备流程
1—原料；2—混合器；3—制粒机；4—干燥器；5—回转炉

将三氧化钨（质量分数，84%）粉末与炭黑（质量分数，16%）均匀混合（45min）制成直径约 3mm 的球粒，然后在两台回转炉（如图 6－43 所示）中连续进行还原/碳化。反应过程经过一系列中间产物制取超细晶粒 WC，即

$$WO_3 \rightarrow (WO_{2.9}) \rightarrow WO_{2.72} \rightarrow WO_2 \rightarrow W \rightarrow W_2C \rightarrow WC$$

WO_3在第一台回转炉内于 1247℃、N_2气氛中加热，反应产物为 $WO_{2.72}$、WO_2和 W 的混合物，超细晶粒形核发生在中间产物 $WC_{2.72}$向 WO_2 的转变过程中，这是由于 $WO_{2.72}$本身晶粒极细以及 $WO_{2.72}$向 WO_2转变时的体积急剧收缩及密度显著增加而引起。在物料中含有炭黑的情况下，不会形成促使晶粒长大的 $WO_2(OH)_2$ 水合物，从而避免了 $WO_2(OH)_2$气相迁移而发生的晶粒长大。细小的 WO_2转变为超细 W 晶粒时粒度不易变粗。在第二台回转炉内于 1597℃、氢气气氛中超细 W 粉被直接碳化成超细 WC 粉。采用不同粒度的 WO_3和在不同温度下直接碳化时，一般都添加少量晶粒生长抑制剂，以防止

晶粒长大。

由 WO_3 连续直接碳化制取 WC 的整个工艺过程实质上是经过还原和碳化两个阶段进行的，其过程的总反应如下：

$$WO_3 + 4C \xlongequal{} WC + 3CO$$

其中第一阶段为还原阶段，在 N_2 中于1247℃下进行，其过程反应为：

$$WO_3 + 4C \xlongequal{} W + 3CO + C$$

第二阶段为碳化阶段，在 H_2 中于1597℃下进行，其过程反应为：

$$W + C \xlongequal{} WC$$

WO_3 连续直接碳化各阶段产物的主要成分如表 6－18 所示。

图 6－43 三氧化钨连续直接碳化用回转炉

表 6－18 WO_3 连续直接碳化各阶段产物的主要成分

工艺阶段	总碳含量/%	游离碳含量/%	氧含量/%
第一阶段	8.68	5.31	0.10
第二阶段	6.20	0.06	0.02

在连续直接碳化过程中，原始 WO_3 和炭黑对 WC 特性的影响如表 6－19 所示。炭黑颗粒度按 C—B—A 次序减小。

表 6－19 连续直接碳化过程中 WO_3 和炭黑粒度对 WC 性能的影响

WO_3 粒度/μm	炭黑类型	WC 粉末的特性			
		粒度/μm	总碳/%	游离碳/%	化合碳/%
1.0	A	0.36	6.19	0.10	6.09
2.6	A	0.50	6.19	0.08	6.11
	B	0.52	6.17	0.05	6.12
	C	0.53	6.20	0.08	6.12
18	A	0.50	6.17	0.07	6.10
	B	0.53	6.18	0.07	6.11
	C	0.53	6.19	0.09	6.10

从表 6－19 中可以看出，原料 WO_3 粒度为 2.6μm 和 18μm 的情况下，WC 的粒度不受 WO_3 粒度和炭黑类型的影响。在使用粒度为 1.0μm 的 WO_3 和较细的炭黑（A）的情况下，所制取的 WC 较细（0.36μm）。实验表明，在以极细的 WO_3 为原料时，WC 的粒度受控于 WO_3 的粒度。

采用连续直接碳化方法也可制取 WC－TiC 复式碳化物。这种方法的实质是将 WO_3、TiO_2 与 C 的混合物经两阶段还原、碳化生成 WC－TiC 复式碳化物，其过程的总反应式如下：

$$WO_3 + TiO_2 + 7C \xlongequal{} WC - TiC + 5CO$$

第一阶段是将 WO_3、TiO_2 与 C 的混合物在 1400℃下于 N_2 中加热 15min。WO_3 被 C 还原并碳化成细颗粒 WC 粉，TiO_2 成为 Ti(NCO) 化合物。

在第二阶段中，物料在1900℃下于 H_2 中加热。此时，随着WC与TiC反应转化为WC－TiC固溶体，物料中的 N_2、O_2 和 H_2 被排除。

碳化产物经1900℃、真空（10～3mm汞柱）净化处理60min，制得优质Ti－WC复式碳化物。碳化产物在真空处理前后的成分变化如表6－20所示。

表6－20 碳化产物真空处理前后的成分（质量分数）变化 （%）

工艺阶段	总 碳	游离碳	化合碳	氮	氧	氢
真空处理前	9.66	0.28	9.38	0.310	0.29	0.005
真空处理后	9.68	0.02	9.66	0.004	0.09	0.003

用这种方法制取的WC－TiC复式碳化物不仅粒度细，而且分布均匀，具有优良的质量。用这种粉末制取的硬质合金具有优异的性能。

6.4.2.2 喷雾转换法制备纳米碳化钨/钴复合粉末

1986年美国Rutgers大学B. H. Kear教授获得发明专利，首先用水溶液法（也称喷雾转换法）制备出纳米碳化钨/钴复合粉末。此方法的原理是先将钨盐及钴盐配制成水溶液、经喷雾干燥后得到钨钴复合盐前驱体粉末，然后在流化床中低温及 CO/CO_2 气氛条件下还原碳化制得纳米碳化钨/钴复合粉末。

萧东山博士在上述方法的基础上，以实现产业化为目的，提出了液体碳源等新概念，改进了生产装备，使粉末的碳量与粒度易于控制，产业化于2003年在Buffalo Tungsten工厂获得成功，形成了生产纳米WC－Co复合粉末的成熟技术。

这种方法通过调节还原碳化温度、时间以及气相中的碳活度，可在纳米至微米尺寸范围内直接进行粉末粒度控制。它是一种低成本生产超细（纳米）硬质合金复合粉末的新工艺。

新工艺包括溶液制备、喷雾干燥、前驱体粉末还原碳化三个阶段。以偏钨酸铵、氯化钴或醋酸钴、液体碳源、添加剂等为原料、采用喷雾转换工艺制取纳米WC－Co复合粉末的工艺流程如图6－44所示。纳米WC/Co前驱体粉末制备专用喷雾干燥塔如图6－45和图6－46所示。

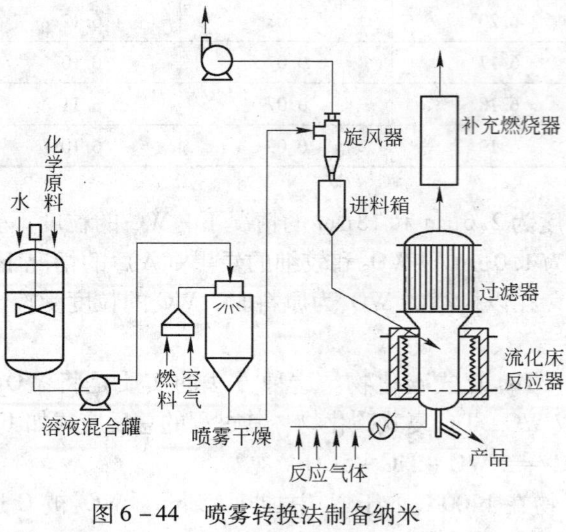

图6－44 喷雾转换法制备纳米WC/Co复合粉末工艺流程

图6－45 纳米WC/Co前驱体粉末制备专用喷雾干燥塔

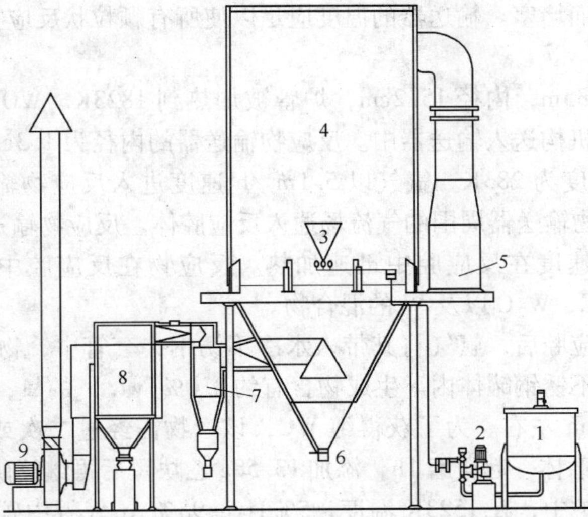

图6-46 纳米 WC/Co 前驱体粉末制备专用喷雾干燥系统原理

1—料浆槽；2—输料泵；3—喷嘴；4—塔体；5—气体加热器；
6—出料口；7—一级收尘器；8—二级收尘器；9—抽风机

溶液喷雾干燥是原始混合溶液在一定压力和温度下，经气体雾化后生成细小液滴，溶剂快速蒸发，从成分复杂的溶液中结晶出化学成分均匀的复合粉末前驱体。在碳的作用下，在回转炉内，前驱体粉末被连续还原碳化成纳米结构的 WC - Co 复合粉末。溶液喷雾干燥后得到的前驱体粉末和纳米 WC - Co 复合粉末分别如图 6 - 47 和图 6 - 48 所示。

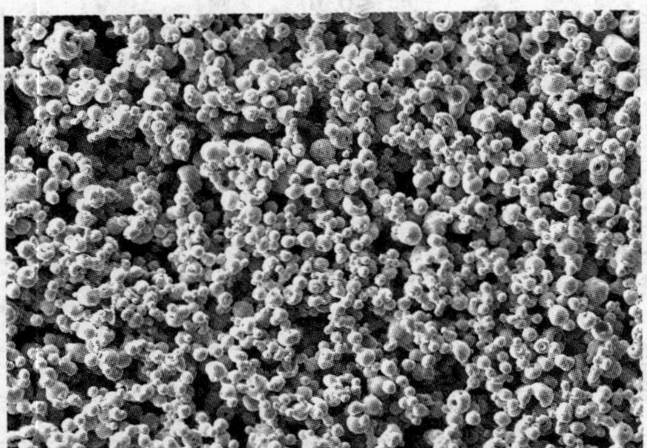

图 6 - 47 溶液喷雾干燥后得到的前驱体粉末

图 6 - 48 纳米 WC - Co 复合粉末

6.4.2.3 快速碳热还原法制备超细 WC 粉

快速碳热还原法是美国 DOW 化学公司在钨氧化物碳还原的基础上改进的方法，并已高效率、低成本地大规模生产 0.2μm 的超细 WC 粉末。

钨氧化物快速碳热还原在立式石墨管反应炉中进行。反应炉由 4 个主要部分构成。即：反应物输送器，反应腔，加热器、冷却腔。反应物输送器实际上是一个导管，被配置在环形气流场中，起着把颗粒状反应混合物（WO_3与炭黑的混合物）送入反应腔的作用。

该输送器合适地保持在混合物原料的熔化温度以下，以防止颗粒状反应物在输送器出口或靠近出口的地方聚结而堵塞。输送器的温度应足以使所有颗粒状反应物以离散的形式进入反应腔中。

反应腔炉管长3.35m，内径15.2cm，炉管被加热到1823K。WO_3和碳的颗粒状反应混合物由双螺旋送料机构送入输送器中。反应物输送器的内径为1.3cm，围绕输送器的冷却夹套管中的水流温度为283K。氩气以5.1m^3/h速度进入反应物输送器中，同时外加1.7m^3/h氩气经反应物输送器周围的气流场通入反应腔体。反应物输送速度为0.25r/min，以约10^4~10^8K/s的速度在反应腔中迅速加热。反应物在反应腔中的平均停留时间为3.9s，反应后形成WC、W_2C以及W的混合物。

生成产物离开反应腔后，氩气将其带入水冷不锈钢夹套管中，物料快速冷却到283K以下，然后被收集在不锈钢罐体内。生成物含有约3.0%(wt.)的氧，4.74%(wt.)的碳，粉末的平均粒径0.1μm左右。为了获得纯WC，该产物需经过二次或最后工序处理。取500g该产物与WC研磨体一起研磨1h，添加13.58g乙炔黑后再继续研磨1h。研磨好的物料放入旋转石墨坩埚炉中，在1523K温度，5% H_2 –95% Ar气氛中碳化1h。碳化反应期间，20cm直径的坩埚以6r/min的速度旋转。XRD检测表明，得到的产物为WC，碳含量为6.13%(wt.)，扫描电镜测量WC的平均粒径为0.1~0.2μm。

WO_3快速碳热还原制得的超细WC粉末性能如表6-21和表6-22所示。

表6-21　0.2μm超细WC粉末的性能

项　目		典型测试结果
粉末性能	比表面积/$m^2\cdot g^{-1}$	1.8±0.15
	总碳/%	6.13±0.05
	游离碳/%	≤0.10
	氧/%	≤0.20
	Al/%	<20
	Ca/%	<5
	Cr/%	<20
	Fe/%	75
	Mo/%	<40
	Si/%	<20
合金性能	成分/%	Co:6,　VC:0.6,　余WC
	烧结温度/℃	1380
	烧结时间/h	1
	HV (30) /$kg\cdot mm^{-2}$	2100
	矫顽磁力/$kA\cdot m^{-1}$	46.2

表6-22　0.4μm超细WC粉末的性能

项　目		典型测试结果
粉末性能	比表面积/$m^2\cdot g^{-1}$	1.3±0.15
	总碳/%	6.13±0.05
	游离碳/%	≤0.10
	氧/%	≤0.15

续表 6-22

项　目		典型测试结果
粉末性能	Al/%	<20
	Ca/%	<5
	Cr/%	<20
	Fe/%	75
	Mo/%	<40
	Si/%	<20
合金性能	成分/%	Co:6，　VC:0.6，　余 WC
	烧结温度/℃	1410
	烧结时间/h	1
	HV（30）/kg·mm^{-2}	2000
	矫顽磁力/kA·m^{-1}	39.8

6.5　其他方法制备金属钨的原理和实践

6.5.1　熔盐电解法

利用钨废料作阳极进行熔盐电解生产高纯钨粉，在不同类型的电解质中，以氯化物—氟化物体系为最佳。钨废料阳极熔盐电解工艺流程如图 6-49 所示。

钨废料阳极熔盐电解工艺实例如下：

电解质组成/%：60NaCl，15NaF，25WO_3

阴极电流密度/A·m^{-2}：4000～8000

阳极电流密度/A·m^{-2}：1000

工作温度/K：1143～1173

阴极材料：钼棒

保护气氛：Ar 或 N_2

熔盐电解钨废料产生的电极过程如下：

阳极：　$3O^{2-} - 6e = 3O$

$$W + 3O = WO_3$$

$$WO_3 + 3F^- = WO_3F_3^{\ 3-}$$

$$W + 1.5O_2 + 3NaF = Na_3WO_3F_3$$

阴极：$WO_3F_3^{\ 3-} + 6e = W + 3O^{2-} + 3F^-$

B. A. 帕弗洛夫斯基采用 400A 的不锈钢电解槽，直径 16mm 的钼棒作阴极，阳极为装入环状篮框内的钨废料块，通氮进行了半工业试验。在 1123～1163K 下，周期性改变阴极电流密度 0.5～2.0A/cm^2，每个循环为 1000A·h，30kg 阳极溶解了 22kg，阳极电流效率达 96%。电解精炼钨粉主要为长

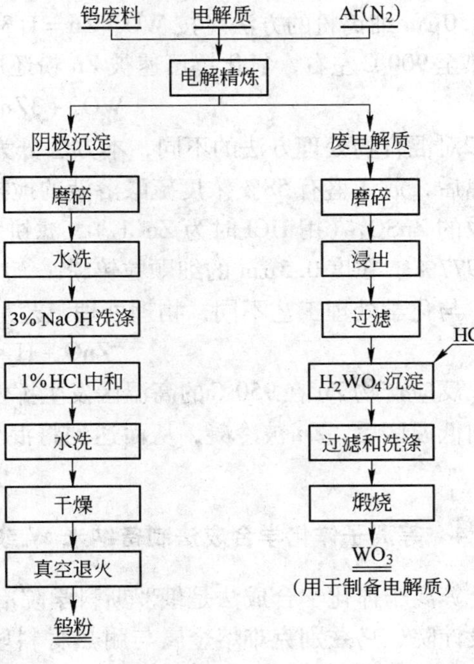

图 6-49　熔盐电解法处理钨废料制取高纯钨粉的工艺流程

20 ~ 40μm，由单晶和孪晶组成的树枝状晶体。可以净化除去除钼以外的金属和非金属杂质。使用石墨隔膜时，碳含量偏高，但在 1473K 下进行真空退火后即可降至 0.002% ~ 0.004%。精炼钨粉的粒度组成如下：

粒度/mm	+1	−1 ~ +0.4	−0.4 ~ +0.1	−0.1
含量/%	2.9	34.9	55.3	6.9

6.5.2　物理气相沉积法制取钨镀层

在 25℃时，六羰基钨的密度为 2.65g/cm³，在 323K 时开始升华，在 451.3K 时蒸气压达到 0.101MPa，在 133 × （10^{-4} ~ 10^{-3}） Pa 的真空条件下，可在很宽的温度范围内（300 ~ 800℃）分解沉积，主要的反应为：

$$W(CO)_6 = W + 6CO$$

根据条件不同，六羰基钨的分解按均相机理（在气相中形成钨晶核）和多相机理（在固体表面上沉积）进行。总的分解反应速度常数：

$$K = 10^{14.1}\exp(-E/RT)$$

式中，表观活化能 $E = 174473$J/mol（500 ~ 600K）。对均相分解 $E_{均相} = 2.26 \times 10^5$ J/mol，对多相分解 $E_{多相} = 1.53 \times 10^5$ J/mol。

六羰基钨物理气相沉积法被广泛用于制取致密金属钨镀层。

6.5.3　钨氧化物锌还原法

相关文献报道，用 Zn 还原钨的氧化物，是一种耗时短、成本低、易于大规模生产小于 1.0μm 细钨粉的方法。按 WO_3 : Zn = 1 : 3（摩尔比）配料与粉混合后，在还原性气氛中加热至 900℃左右，氧化钨迅速被 Zn 粉还原，所得产物为钨与氧化锌的混合物：

$$WO_3 + 3Zn = W + 3ZnO$$

基于对混合物处理方法的不同，本方法分为化学处理工艺与物理处理工艺。反应产物冷却取出后，放入盛有 58% 浓度硫酸溶液的搅拌器中，溶解 3h 后进行过滤与洗涤。滤液为可回收的 $ZnSO_4$（用 HCl 时为 $ZnCl_2$），滤饼为金属钨粉。干燥后还原 30min，可得到纯度 99.977%、粒度 0.5μm 的细颗粒钨粉。

与化学处理工艺不同，物理处理工艺是借助 H_2 和 ZnO 在高温下的反应：

$$ZnO + H_2 = Zn + H_2O$$

反应产物 Zn 在 950℃的高温区发生挥发（锌的沸点为 907℃），并与 H_2、水蒸气一起流向低温区后，Zn 被冷凝，从而达到将混合物分离的目的。物理处理工艺得到的钨粉较粗。

6.5.4　等离子体化学合成法制备纳米 W 或 WC 粉

等离子体化学合成法是俄罗斯科学院冶金与材料研究所、全俄难熔金属与硬质合金研究设计院、乌兹别克难熔金属与耐热材料联合工厂合作开发的制备纳米 W 粉、WC 粉的新方法，见图 6 − 50。

等离子体化学合成装置示意如图 6 − 50 所示。其功率为 100kW，作为等离子体气体的 H_2 被加热到 2700 ~ 3000K，碳氢化合物气体（或作为含钨原料的载气）（甲烷或乙烷 − 丙烷混合气体）与等离子气体一起通入反应器内。仲钨酸铵或三氧化钨原材料粉末以0.5～10kg/h的速度用螺旋给料器给料。气流中发生汽化、化学反应、凝结、聚集长大、吸附等过程，整个过程在1/10秒结束。得到的W粉颗粒在50nm左右，产物的相组成取决于原始粉末的还原程度、各种反应物的比例和温度。

上述制得的超细W－C粉末在氢气炉中合成WC。随着炉内温度的升高，炉料组元之间发生物理化学反应，当温度升高到600℃时，化学吸附的氧被H_2还原，当达到1000℃时，大部分氧发生碳热还原，其还原温度随粉末晶粒尺寸的不同而变化。一般情况下，碳热还原温度在900℃左右。合成时间根据超细粉末混合物的相组成和所要求的粉末粒度来确定，一般为1.5～3h。

采用等离子体化学合成方法制取的WC粉末粒度在10～50nm之间（BET比表面积8～40m^2/g）。游离碳含量可控制在0.1%精度范围内，氧含量在0.3%～0.5%之间，其中80%为吸附氧。

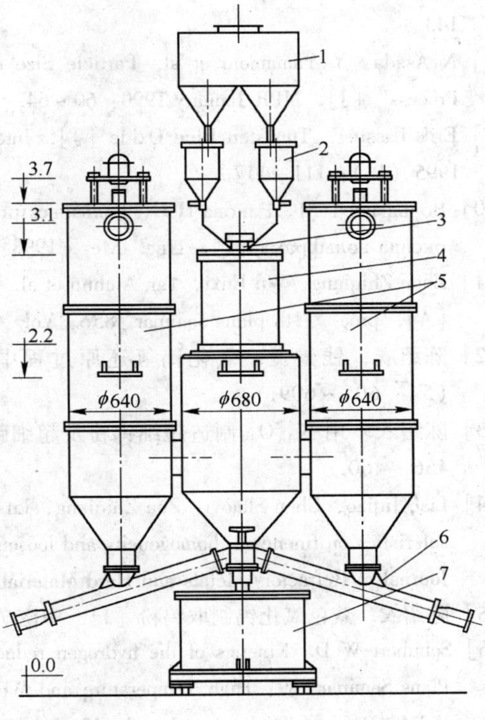

图6－50　等离子体化学合成装置
1—料斗；2—给料器；3—等离子体发生器；4—反应器；5—过滤器；6—螺旋推料器；7—料桶

参考文献

[1] Van Put J W. Crystallisation and Processing of Ammonium Paratungstate（APT）[J]. Int. J. of Refractory Metals & Hard Materials，1995（13）61～76.

[2] Fait M J G，Lunk H J，Feist M. Thermal decomposition of ammonium paratungstate tetrahydrate under non－reducing conditions Characterization by thermal analysis，X－ray diffraction and spectroscopic methods [J]. Thermochimica Acta，2008（469）12～22.

[3] Madarúsz J，Szilúgyi I M. Comparative evolved gas analyses（TG－FTIR，TG/DTA－MS）and solid state（FTIR，XRD）studies on thermal decomposition of ammonium paratungstate tetrahydrate（APT）in air [J]. Journal of analytical and applied pyrolysis，2004（72）：197～201.

[4] 陈绍衣，钱崇梁. 从APT制备WO_3的研究 [J]. 中南矿冶学院学报，1994（24）（钨专辑）151～154.

[5] 薛鉴，相福生. 非氧化气氛下仲钨酸铵生成蓝色氧化钨过程的研究 [J]. 稀有金素与硬质合金，1987（1～2）：55～61.

[6] Ракова Н Н. Исследование процесса низкотемпературной прокалки паравольфрамата аммония [J]. Цветные металлы，1997（11～12）：89～90.

[7] Fouad N E，Nohman A K H. Spectro－thermal investigation of the decompo－sition intermediates devel-

oped throughout reduction of ammonium paratungstate [J]. Thermochimica Acta, 2000 (343): 139 ~ 143.
[8] N Asada, Y Yamamoto et al. Particle Size of Fine Grain WC by the "Continuous Direct Carburizing Process" [J]. MPR January 1990: 60 ~ 64.
[9] Erik Lassner. Tungsten Blue Oxide [J]. International Journal of Refractory Metals and Hard Materials. 1995 (13): 111 ~ 117.
[10] Вольдман Г М, Ракова Н Н, Бальзовский А В Состав. способы получения и применение синего оксида вольфрама [J]. Цве. Мет, 1998: (9) 54 ~ 60.
[11] Zhou Zhiqiang, Wu Enxi, Tan Aichun et al. Formation of tungsten blue oxides and its hydrogen reduction [A]. proc. 11th plans seminar' 85c. Vol. 1. RM42, Reutte Austria, 1985: 337.
[12] 陈绍衣，钱崇良. 氧化钨氢还原过程中的物相转变 [J]. 中南工业大学学报，1995，26 (5): 605 ~ 609.
[13] 陈绍衣. 用 $W_{18}O_{49}$ 制造超细钨粉及超细碳化钨粉 [J]. 中南工业大学学报. 1997，28 (5): 456 ~ 460.
[14] Liao Jiqiao, Chen Shaoyi, Zou Zhiqiang, Lü Haibo, Huang Baiyun. Influence of tungsten oxides' characteristics on fineness, homogeneity and looseness of reduced ultrafine tungsten powder [J]. International Journal of Refractory Metals and Hard Materials, 1995, (17): 423 ~ 429.
[15] 陈绍衣. 紫色氧化钨制取钨粉 [J]. 中南矿冶学报. 1994，25 (5): 607 ~ 611.
[16] Schubert W D. Kinetics of the hydrogen reduction of tungsten oxides [J]. RM&HM. 12th International Plans Seminar' 89: High Temperature and Wear Resistant Materials in a World of Changing Technology. Vol 4; Reutte, Tirol; Austria; 8 - 12 May 1989. 41 ~ 78.
[17] Tsvetkov Yu V, Pure Appl. Chem. 1999, 71 (10): 1853 ~ 1862.
[18] Khaidarov, V, Makksudov, P, Pack, V. Ultrafine - Grained Tungsten Powder (Way of Obtaining, Some Properties and Application), In: Proceedings of the13th International Plans Seminar. Vol. 4, 306 ~ 313, Metallwork Plans, Reutte, 1993.
[19] 廖利波. 紫色氧化钨的研制 [J]. 硬质合金，2006，23: 127 ~ 129.
[20] 印协世. 钨丝生产原理、工艺及其性能 [M]. 北京：冶金工业出版社，1998.
[21]《有色金属提取冶金手册》编辑委员会编. 稀有高熔点金属（上）(W, Mo, Re, Ti) [M]. 北京：冶金工业出版社，1999.
[22] 王发展，唐丽霞，等. 钨材料及其加工 [M]. 北京：冶金工业出版社，2008.
[23] Conner C L. "Production and Properties of High Quality Submicron Tungsten Carbide Powder", in Oakes, J. J., Reinshagen J. H. (eds), 《Advances in Powder Metallurgy & Particulate Materials - 1998》, Part1, 17 ~ 27, Metal Powder Industr Federation. New Jersey, USA, 1998.
[24] Corrol D F, Conner C L. Processing of Superfine WC Powder into High Quality WC/Co Materials. In: Advances in Powder Metallurgy & Particulate Materials - 1997. Part12, 61 ~ 74, Metal Powder Industries Federation, New Jersey, USA, 1997.
[25] 张启修，赵秦生主编. 钨钼冶金 [M]. 北京：冶金工业出版社，2007.
[26] Schubert W D. Kinetic of the hydrogen reduction of tungsten oxides. J. Refract. Met. Hard Mater. 1990, 4: 178 ~ 191.
[27] Hellmer H et al. In Proc 11th Int. Plans Seminer. Bildstein H, Ortner Hed. Meal werk Plansee GhmbH, Reutte Austria, 1985, 3: 43 ~ 86.